Mensch-Maschine-Kommunikation

Joachim Schenk · Gerhard Rigoll

Mensch-Maschine-Kommunikation

Grundlagen von sprach- und bildbasierten
Benutzerschnittstellen

Dr.-Ing. Joachim Schenk
Technische Universität München
Lehrstuhl für Mensch-Maschine-
Kommunikation
Theresienstraße 90
80333 München
Deutschland
joachim.schenk@tum.de

Prof. Dr. Gerhard Rigoll
Technische Universität München
Lehrstuhl für Mensch-Maschine-
Kommunikation
Theresienstraße 90
80333 München
Deutschland
rigoll@mmk.ei.tum.de

ISBN 978-3-642-05456-3   e-ISBN 978-3-642-05457-0
DOI 10.1007/978-3-642-05457-0
Springer Heidelberg Dordrecht London New York

Die Deutsche Nationalbibliothek verzeichnet diese Publikation in der Deutschen Nationalbibliografie; detaillierte bibliografische Daten sind im Internet über http://dnb.d-nb.de abrufbar.

© Springer-Verlag Berlin Heidelberg 2010
Dieses Werk ist urheberrechtlich geschützt. Die dadurch begründeten Rechte, insbesondere die der Übersetzung, des Nachdrucks, des Vortrags, der Entnahme von Abbildungen und Tabellen, der Funksendung, der Mikroverfilmung oder der Vervielfältigung auf anderen Wegen und der Speicherung in Datenverarbeitungsanlagen, bleiben, auch bei nur auszugsweiser Verwertung, vorbehalten. Eine Vervielfältigung dieses Werkes oder von Teilen dieses Werkes ist auch im Einzelfall nur in den Grenzen der gesetzlichen Bestimmungen des Urheberrechtsgesetzes der Bundesrepublik Deutschland vom 9. September 1965 in der jeweils geltenden Fassung zulässig. Sie ist grundsätzlich vergütungspflichtig. Zuwiderhandlungen unterliegen den Strafbestimmungen des Urheberrechtsgesetzes.
Die Wiedergabe von Gebrauchsnamen, Handelsnamen, Warenbezeichnungen usw. in diesem Werk berechtigt auch ohne besondere Kennzeichnung nicht zu der Annahme, dass solche Namen im Sinne der Warenzeichen- und Markenschutz-Gesetzgebung als frei zu betrachten wären und daher von jedermann benutzt werden dürften.

Einbandentwurf: WMXDesign GmbH, Heidelberg

Gedruckt auf säurefreiem Papier

Springer ist Teil der Fachverlagsgruppe Springer Science+Business Media (www.springer.com)

Vorwort

In den vergangenen Jahren hat die Mensch-Maschine-Kommunikation immer mehr an Bedeutung gewonnen. Nicht nur die immer komplexer zu bedienenden elektronischen Endgeräte, sondern auch die rasche Leistungssteigerung von Computern und Embedded-Devices, wie Mobiltelefone u. Ä., sind für diesen Trend verantwortlich. Heutige Geräte imitieren zwar zum Teil die sensorischen und aktorischen Möglichkeiten des Menschen, gehen jedoch nicht auf die natürlichsten Formen der Kommunikation zwischen Menschen ein, die in erster Linie auf der Verwendung von Sprache und Gesten basieren.

Ausgehend von einem Überblick über bereits vorhandene Ein- und Ausgabegeräte, einer Beschreibung der wichtigsten Sinnesorgane des Menschen, einer Einführung in die Funktionsweise von intelligenten Systemen und der Behandlung von gängigen Ansätzen der Mustererkennung, insbesondere der Spracherkennung mithilfe von Hidden-Markov-Modellen, werden in diesem Buch die Grundlagen der Mensch-Maschine-Kommunikation vermittelt. Anschließend werden die Handschrifterkennung, die Personendetektion und Personenidentifikation sowie die Objektverfolgung behandelt. Die so vorgestellten Ansätze werden die Kommunikation zwischen Mensch und Maschine künftig näher am Menschen orientieren.

Die Vermittlung des Stoffs basiert einerseits auf einer fundierten Darstellung des Inhalts, andererseits auf der Verfestigung, Vertiefung und Erweiterung des zuvor Erlernten in Übungsaufgaben. Im letzten Kapitel werden die im Rahmen der einzelnen Themen gestellten Aufgaben ausführlich besprochen und gelöst. Dadurch eignet sich dieses Buch auch zum Selbststudium der gängigen Methoden der modernen Mensch-Maschine-Kommunikation.

München, *Joachim Schenk*
Frühjahr 2010 *Gerhard Rigoll*

Inhaltsverzeichnis

1	**Einleitung**	**1**
1.1	Mensch-Maschine-Kommunikation in der Informations- und Kommunikationstechnik	1
1.2	Grundbegriffe der Mensch-Maschine-Kommunikation	2
1.3	Disziplinen der Mensch-Maschine-Kommunikation	4
1.4	Literaturverzeichnis	5
2	**Ein-/Ausgabegeräte**	**7**
2.1	Datenrate verschiedener Ein-/Ausgabegeräte	7
2.2	Eingabegeräte	8
	2.2.1 Loch- und Markierungskarte	8
	2.2.2 Tastatur	10
	2.2.3 Maus	13
	2.2.4 Joystick	16
	2.2.5 Touchscreen	17
	2.2.6 Grafiktablett	21
	2.2.7 Scanner	22
	2.2.8 Videokamera	25
	2.2.9 Mikrofon	26
	2.2.10 Nutzung weiterer Modalitäten	27
2.3	Ausgabegeräte	28
	2.3.1 Bildschirm	28
	2.3.2 Lautsprecher	35
2.4	Übungen	36
	Aufgabe 2.1: Tastatur	36
	Aufgabe 2.2: Maus	36
	Aufgabe 2.3: Resistiver Touchscreen	37
2.5	Literaturverzeichnis	38

3 Menschliche Sinnesorgane 43
- 3.1 Übersicht über die Sinne 43
- 3.2 Sehen 44
  - 3.2.1 Aufbau des Auges 44
  - 3.2.2 Prinzip des Sehens 45
  - 3.2.3 Psychooptische und physikalische Messgrößen 46
  - 3.2.4 Farbsehen 48
  - 3.2.5 Gesichtsfeld 50
  - 3.2.6 Farbmischung 51
- 3.3 Hören 55
  - 3.3.1 Das Ohr 56
  - 3.3.2 Psychoakustik 57
- 3.4 Übungen 64
  - Aufgabe 3.1: Auflösungsvermögen des menschlichen Auges 64
  - Aufgabe 3.2: Sehen, Farbsehen und CIE-Normfarbtafel 65
  - Aufgabe 3.3: Farbdarstellung 66
  - Aufgabe 3.4: Sehen und Hören 67
- 3.5 Literaturverzeichnis 69

4 Dialogsysteme 71
- 4.1 Grundlagen intelligenter Systeme 71
  - 4.1.1 Suchverfahren 72
  - 4.1.2 Einfache Suchstrategien 73
  - 4.1.3 Heuristische Suche/A-Algorithmus 76
  - 4.1.4 A*-Algorithmus (A Star) 78
- 4.2 Logik und Theorembeweisen 79
  - 4.2.1 Aussagenlogik 79
  - 4.2.2 Prädikatenlogik 80
- 4.3 Wissensrepräsentation 87
  - 4.3.1 Prädikatenlogik zur Wissensrepräsentation 88
  - 4.3.2 Produktionsregeln 88
  - 4.3.3 Semantische Netze 90
  - 4.3.4 Rahmen (Frames) 92
- 4.4 Grammatiken 93
  - 4.4.1 Kontextfreie Grammatiken 94
  - 4.4.2 Normalformen von Grammatiken 95
  - 4.4.3 Kontextfreie Sprachen und Parsing 96
  - 4.4.4 Anwendung von Grammatiken in der KI-Forschung 99
- 4.5 Automatentheorie 100
  - 4.5.1 Zustandsautomaten 101
  - 4.5.2 Kellerautomaten (push-down automaton) 103
- 4.6 Dialoggestaltung 106
  - 4.6.1 Modellierung einfacher Dialoge mit Zustandsautomaten . . 109
  - 4.6.2 Intelligente interaktive Systeme 109

4.7 Übungen 114
    Aufgabe 4.1: Suchverfahren 114
    Aufgabe 4.2: Prädikatenlogik und logisches Schließen 116
    Aufgabe 4.3: Wissensdarstellung 117
    Aufgabe 4.4: Grammatik 118
4.8 Literaturverzeichnis 118

5 Sprachkommunikation   123
5.1 Klassifizierung 124
5.2 Abstandsklassifikatoren 124
    5.2.1 Quadratischer (Euklidischer) Abstand 125
    5.2.2 Mahalanobis-Abstand 125
5.3 Hidden-Markov-Modelle als statistische Klassifikatoren 126
    5.3.1 Markov-Modelle 127
    5.3.2 Hidden-Markov-Modelle 128
    5.3.3 Klassifizierung mit HMM 129
    5.3.4 Training von HMM 133
    5.3.5 Viterbi-Algorithmus 135
5.4 HMM in der Spracherkennung 136
    5.4.1 Merkmalsextraktion 136
    5.4.2 Modelle 137
    5.4.3 Training 138
    5.4.4 Erkennung 140
5.5 Übungen 141
    Aufgabe 5.1: Abstandsklassifizierung 141
    Aufgabe 5.2: Hidden-Markov-Modelle – Erkennung 143
    Aufgabe 5.3: Hidden-Markov-Modelle – Segmentierung 146
5.6 Literaturverzeichnis 148

6 Handschrifterkennung   151
6.1 Offline- und Online-Erkennung 151
6.2 Vorverarbeitung 152
    6.2.1 Ortsäquidistante Neuabtastung 153
    6.2.2 Korrektur der Zeilenneigung 153
    6.2.3 Korrektur der Schriftneigung 155
    6.2.4 Normierung der Schriftgröße 156
    6.2.5 Vorverarbeitungskette 157
6.3 Merkmalsextraktion 157
6.4 Erkennung 159
    6.4.1 Modelle 159
    6.4.2 Training und Erkennung 160
6.5 Übungen 161
    Aufgabe 6.1: Neuabtastung 161
    Aufgabe 6.2: Zeilenneigungskorrektur 162
6.6 Literaturverzeichnis 163

7 Grundlagen der Bildverarbeitung — 165
- 7.1 Kontinuierliche zweidimensionale Signale 165
  - 7.1.1 Separierbarkeit 165
  - 7.1.2 Spektraldarstellung 166
  - 7.1.3 Faltung 168
- 7.2 Diskrete Signale 168
  - 7.2.1 Ideale Abtastung 169
  - 7.2.2 Spektraldarstellung 171
  - 7.2.3 Quantisierung 172
  - 7.2.4 Faltung 174
- 7.3 Bildaufzeichnung und Bildstörung 174
  - 7.3.1 Additive Störungen 175
  - 7.3.2 Lineare, ortsinvariante Bildstörungen 176
- 7.4 Bildrestauration und Bildverbesserung 177
  - 7.4.1 Rauschkompensation 177
  - 7.4.2 Medianfilter 179
  - 7.4.3 Blur-Kompensation 180
  - 7.4.4 Histogrammausgleich 180
- 7.5 Kantenhervorhebung 184
  - 7.5.1 Gradientenfilter 184
  - 7.5.2 Laplace-Filter 186
  - 7.5.3 Binarisierung 187
- 7.6 Morphologische Operatoren 187
  - 7.6.1 Erosion 189
  - 7.6.2 Dilatation 189
  - 7.6.3 Öffnen und Schließen 190
  - 7.6.4 Anwendung morphologischer Operationen 191
- 7.7 Übungen 192
  - Aufgabe 7.1: Separierbare Signale 192
  - Aufgabe 7.2: Kontinuierliche Faltung 192
  - Aufgabe 7.3: Diskrete Faltung 193
  - Aufgabe 7.4: Bildrekonstruktion 194
  - Aufgabe 7.5: Histogrammausgleich – kontinuierliche Grauwertverteilung 196
  - Aufgabe 7.6: Histogrammausgleich – diskrete Grauwertverteilung . 197
  - Aufgabe 7.7: Laplace-Operator 199
  - Aufgabe 7.8: Morphologische Operatoren 199
- 7.8 Literaturverzeichnis 200

8 Gesichtsdetektion — 203
- 8.1 Farbbasierte Gesichtsdetektion 203
  - 8.1.1 Das YUV-Farbsystem 204
  - 8.1.2 Das HSV-Farbsystem 205
  - 8.1.3 Hautfarben-Segmentierung 207

8.2	Blockbasiertes Viola-Jones-Verfahren		208
	8.2.1	Gaußpyramide	209
	8.2.2	Überblick Viola-Jones-Verfahren	209
	8.2.3	Merkmalsgewinnung	210
	8.2.4	Merkmalsselektion	212
	8.2.5	AdaBoost-Algorithmus	214
	8.2.6	Detektionsfenster mit variabler Größe	216
	8.2.7	Kaskadierung mehrerer Klassifikatoren	217
	8.2.8	Verbesserung des Viola-Jones-Verfahrens	218
8.3	Übungen		218
	Aufgabe 8.1: Farbbasierte Gesichtsdetektion		218
	Aufgabe 8.2: Viola-Jones – Merkmale		219
	Aufgabe 8.3: Viola-Jones – Integralbild		219
8.4	Literaturverzeichnis		220

9 Gesichtsidentifikation   223

9.1	Merkmalsgewinnung durch Eigengesichter		224
	9.1.1	Bestimmung der Eigengesichter	225
	9.1.2	Identifikation mit Eigengesichtern	228
9.2	Merkmalsgewinnung mit Formmodellen		228
	9.2.1	Affine Transformationen	229
	9.2.2	Prokrustes-Analyse	230
	9.2.3	Objektabhängige Formen	232
	9.2.4	Point-Distribution-Model	234
	9.2.5	Anwendung des PDM auf Bilder	236
	9.2.6	Gesichtsidentifikation mit ASM	239
	9.2.7	Weitere Einsatzgebiete der ASM	240
9.3	Merkmalsgewinnung mit „Appearance"-Modellen		241
	9.3.1	Triangulation	242
	9.3.2	Warping	245
	9.3.3	Mittelwerttextur	247
	9.3.4	Texturmodell	248
	9.3.5	Kombination von Form- und Texturmodell	248
	9.3.6	Anpassung der Appearance-Parameter	250
	9.3.7	Weitere Einsatzgebiete von AAM	253
9.4	Übungen		254
	Aufgabe 9.1: Hauptachsentransformation		254
	Aufgabe 9.2: Hauptachsentransformation – Reduzierung des Rechenaufwands		255
	Aufgabe 9.3: Prokrustes-Analyse		256
	Aufgabe 9.4: Triangulation		257
9.5	Literaturverzeichnis		257

10 Objektverfolgung — 261
- 10.1 Dynamische Bildsequenz — 261
- 10.2 Realisierung der Objektverfolgung — 263
  - 10.2.1 Objektverfolgung mithilfe von Differenzbildern — 264
  - 10.2.2 Stochastische Objektverfolgung — 265
  - 10.2.3 Condensation-Algorithmus — 270
  - 10.2.4 Condensation-Algorithmus mit Verwendung von ASM — 272
- 10.3 Übungen — 273
  - Aufgabe 10.1: Tracking mit vollständiger Suche — 273
  - Aufgabe 10.2: Tracking mit Condensation-Algorithmus — 273
- 10.4 Literaturverzeichnis — 276

11 Musterlösungen zu den Übungen — 279
- 11.1 Lösung zu Abschnitt 2.4 — 279
  - Aufgabe 2.1: Tastatur — 279
  - Aufgabe 2.2: Maus — 281
  - Aufgabe 2.3: Resistiver Touchscreen — 284
- 11.2 Lösung zu Abschnitt 3.4 — 287
  - Aufgabe 3.1: Auflösungsvermögen des menschlichen Auges — 287
  - Aufgabe 3.2: Sehen, Farbsehen und CIE-Normfarbtafel — 290
  - Aufgabe 3.3: Farbdarstellung — 293
  - Aufgabe 3.4: Sehen und Hören — 297
- 11.3 Lösung zu Abschnitt 4.7 — 299
  - Aufgabe 4.1: Suchverfahren — 299
  - Aufgabe 4.2: Prädikatenlogik und logisches Schließen — 311
  - Aufgabe 4.3: Wissensdarstellung — 316
  - Aufgabe 4.4: Grammatik — 318
- 11.4 Lösung zu Abschnitt 5.5 — 322
  - Aufgabe 5.1: Abstandsklassifizierung — 322
  - Aufgabe 5.2: Hidden-Markov-Modelle – Erkennung — 326
  - Aufgabe 5.3: Hidden-Markov-Modelle – Segmentierung — 332
- 11.5 Lösung zu Abschnitt 6.5 — 337
  - Aufgabe 6.1: Neuabtastung — 337
  - Aufgabe 6.2: Zeilenneigung — 338
- 11.6 Lösung zu Abschnitt 7.7 — 342
  - Aufgabe 7.1: Separierbare Signale — 342
  - Aufgabe 7.2: Kontinuierliche Faltung — 345
  - Aufgabe 7.3: Diskrete Faltung — 345
  - Aufgabe 7.4: Bildrekonstruktion — 348
  - Aufgabe 7.5: Histogrammausgleich – kontinuierliche Grauwertverteilung — 352
  - Aufgabe 7.6: Histogrammausgleich – diskrete Grauwertverteilung — 353
  - Aufgabe 7.7: Laplace-Operator — 355
  - Aufgabe 7.8: Morphologische Operatoren — 356

11.7 Lösung zu Abschnitt 8.3 358
    Aufgabe 8.1: Farbbasierte Gesichtsdetektion 358
    Aufgabe 8.2: Viola-Jones – Merkmale 358
    Aufgabe 8.3: Viola-Jones – Integralbild 360
11.8 Lösung zu Abschnitt 9.4 361
    Aufgabe 9.1: Hauptachsentransformation 361
    Aufgabe 9.2: Hauptachsentransformation – Reduzierung des
        Rechenaufwands 363
    Aufgabe 9.3: Prokrustes-Analyse 364
    Aufgabe 9.4: Triangulation 367
11.9 Lösung zu Abschnitt 10.3 368
    Aufgabe 10.1: Tracking mit vollständiger Suche 368
    Aufgabe 10.2: Tracking mit Condensation-Algorithmus 370

Abkürzungsverzeichnis   **375**

Sachverzeichnis   **377**

1

Einleitung

Das vorliegende Buch behandelt die moderne Mensch-Maschine-Kommunikation (MMK). Diese stellt mit der Zunahme an Funktionen z. B. im Automobil eine größer werdende Herausforderung dar.

1.1 Mensch-Maschine-Kommunikation in der Informations- und Kommunikationstechnik

Die Entwicklungen in der Informations- und Kommunikationstechnik sind durch folgende Faktoren wesentlich geprägt, wobei dieser Einfluss über die letzten Jahrzehnte in allen Bereichen (z. B. Computertechnik oder Automatisierungssysteme) zu beobachten war:

- Steigerung der Leistungsfähigkeit
- Reduzierung der Kosten
- Erweiterung der Funktionalität
- Verbesserung der Bedienbarkeit

Die beiden ersten Punkte sind wichtige Voraussetzungen für die Einsetzbarkeit der MMK in Produkten, um diese einem breiten Publikum verfügbar zu machen. Dagegen sind die beiden letztgenannten Punkte wesentlich durch die MMK beeinflusst bzw. ermöglicht worden. Produktbeispiele, bei denen der erfolgreiche Einsatz der MMK in den letzten Jahren eindrucksvoll ersichtlich geworden ist, sind beispielsweise (siehe Abbildung 1.1):

- Mobiltelefon
- Cockpit (Automobil)
- Automaten (z. B. Bank, Fahrkarte)

Abb. 1.1. Beispiele aktueller MMK-Applikationen: Mobiltelefon (links, [4]), Cockpit im Automobil (Mitte, Quelle: BMW [1]) und Fahrkartenautomat (rechts).

Bezeichnend für alle drei Beispiele ist, dass die Mensch-Maschine-Schnittstelle mittlerweile mitentscheidend für die Produktwahl des Kunden ist [6], d. h. es wird häufig das Produkt mit der besten Bedienbarkeit gewählt [5]. Die Bedeutung der MMK zeigt sich auch in unserem täglichen Leben. Man denke nur an die Bedienung eines DVD-Spielers oder den intuitiven Umgang mit einer Software. In Produktinformationen und -tests wird nicht selten auf die Bedienbarkeit eines Produkts eingegangen. Sie fließt in eine Bewertung mit einem ähnlich hohem Gewicht wie beispielsweise die Qualität der Verarbeitung ein. Diese grundsätzliche Entwicklung ist auch mit der zunehmenden Komplexität der Produkte zu erklären, die nur mit einer ausgeklügelten und intelligenten Mensch-Maschine-Schnittstelle steuerbar, überschaubar und handhabbar wird.

1.2 Grundbegriffe der Mensch-Maschine-Kommunikation

Im Folgenden sind stichpunktartig einige Begriffe aufgeführt, die häufig im Zusammenhang mit der MMK genannt werden. Die Grundlagen werden in diesem Buch behandelt.

Interaktion Kommunikation zwischen Mensch und Maschine.

Interaktives System System, das auf Eingaben reagiert und gegebenenfalls auch Ausgaben generiert.

Human-Computer Interaction (HCI) Interaktion zwischen Mensch und Maschine.

Man-Machine-Interface (MMI) Schnittstelle zwischen Mensch und Maschine.

Usability Gebrauchstauglichkeit bzw. Eignung eines Produkts [3].

Usability Engineering Gestaltung und Testen eines Produkts mit dem Ziel optimaler Bedienbarkeit durch die Mensch-Maschine-Schnittstelle.

1.2 Grundbegriffe der Mensch-Maschine-Kommunikation

Software-Ergonomie Wissenschaft über die Gestaltung von Programmen mit benutzerfreundlicher Mensch-Maschine-Schnittstelle.

Medium Datenträger für Information, z.B. Papier oder CD.

Multimedia Datenverarbeitung und -darstellung unter Nutzung verschiedener Medien, z.B. Text, Grafik, Audio und Video.

Modalität Ein-/Ausgabekanal der menschlichen Kommunikation und Sinneswahrnehmung, z.B. Sprache, Zeigen, Gestik, Tastatur (detailliertere Definition siehe Tabelle 1.1)

Multimodalität Einsatz verschiedener Modalitäten in interaktiven Systemen (z.B. Tastatur, Sprache und Gestik) in komplementärer oder paralleler Verarbeitungsweise.

Sinnesbezeichnung	Modalität	Bemerkung
Sehen	visuell	
Hören	auditiv	
Riechen	olfaktorisch	„5 Sinne"
Schmecken	gustatorisch	
Tasten	taktil	
Druck, Kraft	haptisch	mechanische Modalität
Berührung, Vibration	taktil	oberflächensensitiv
Temperatur	thermorezeptorisch	
Bewegung, Orientierung	kinästhetisch	
Gleichgewicht	vestibulär	

Tabelle 1.1. Übersicht über die verschiedenen Sinnesmodalitäten nach [2].

In Tabelle 1.1 sind die Sinnesmodalitäten des Menschen aufgelistet und geeignet gruppiert. Der derzeitige Stand der Technik reizt jedoch bei weitem nicht alle Modalitäten für die MMK aus. Die wichtigsten Kanäle sind derzeit der visuelle (Bildschirm) sowie der auditive (Lautsprecher) Kanal von der Maschine zum Menschen und der taktile und haptische Kanal (Tastatur, Maus) für die Kommunikation vom Menschen zur Maschine. In Einzelanwendungen wie beispielsweise aufwendigen Flugsimulatoren wird auch der kinästhetische Kanal zur Kommunikation bzw. Informationsvermittlung eingesetzt. Olfaktorische und gustatorische Modalitäten (siehe Tabelle 1.1) finden derzeit keine Anwendung.

1.3 Disziplinen der Mensch-Maschine-Kommunikation

Abbildung 1.2 zeigt eine grafische Darstellung und Übersicht der Dialogformen zwischen Mensch und Maschine. Diese Dialogformen können auch als die derzeitigen „Arbeitsgebiete" der MMK betrachtet werden. Daraus ist ersichtlich, dass die MMK

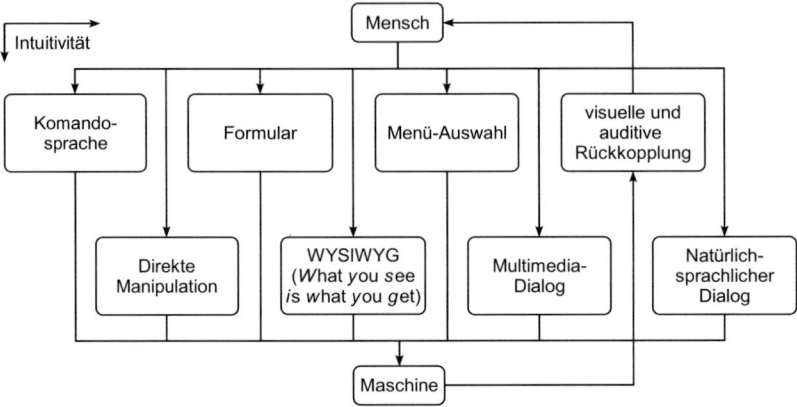

Abb. 1.2. Dialogformen zwischen Mensch und Maschine, eingeteilt nach der Intuitivität der Bedienung.

ein ausgesprochen vielschichtiges und breit gefächertes Arbeitsgebiet darstellt.

Grundsätzlich lässt sich die MMK in die Bereiche „Bedienkonzept" und „Schnittstellentechnologie" aufteilen, welche beide in einem interaktiven System zusammenwirken müssen, um eine gute und effiziente Interaktion zwischen Mensch und System zu ermöglichen. Ein Beispiel hierfür wäre ein Mobiltelefon, bei dem die Erstellung einer Nachricht durch den Short Message Service (SMS) über einen möglichst intuitiven Dialog mit entsprechenden visuellen Rückmeldungen am Bildschirm erfolgen sollte (Bedienkonzept), während der Text der SMS-Nachricht wahlweise über Tastatur, Spracherkennung oder Handschrifterkennung eingegeben werden kann (Schnittstellentechnologie). Erst aus dem optimalen Zusammenspiel und der Integration dieser beiden Disziplinen entsteht ein Produkt, das die Erwartungen eines Kunden erfüllt, der in der Regel nicht an der Technologie, sondern an der Funktionalität des Produkts interessiert ist.

Grundlegende Disziplinen für den Teil „Bedienkonzepte" sind die Bereiche „Softwaretechnik", „Ergonomie" und „intelligente Systeme", Grundlagen für den Bereich „Schnittstellentechnologie" sind die „Mustererkennung", die „Signal-", sowie die „Sprach- und Bildverarbeitung".

Die MMK ist damit ein so umfangreiches Gebiet, dass es praktisch unmöglich ist, alle diese Disziplinen innerhalb eines Buches zu vermitteln und zu beschreiben. Deswegen konzentriert sich dieses auf die folgenden Teilbereiche und möchte dem Leser damit eine Übersicht, den Einstieg und die Grundlagen der modernen MMK vermitteln:

In *Kapitel 2* wird eine Übersicht über die wichtigsten Ein-/Ausgabegeräte und -technologien gegeben. Eine adäquate Schnittstelle zwischen Mensch und Maschine setzt Kenntnisse über die beiden wichtigsten Sinnesorgane des Menschen, das Auge und das Ohr, voraus. Deren Funktionsweise wird in *Kapitel 3* vorgestellt. Die Grundlage moderner Bedienkonzepte und der Dialoggestaltung für die MMK wird in *Kapitel 4* zusammen mit einer Einführung in die Methoden der künstlichen Intelligenz und der Automatentheorie gegeben. Für die Kommunikation zwischen Menschen stellt die Sprache ein wichtiges Werkzeug dar. In *Kapitel 5* wird deswegen auf die Verfahren der Mustererkennung eingegangen, insbesondere auf die für die Erkennung von Sprache gebräuchlichen Hidden-Markov-Modelle (HMM). Der Übergang zur bildbasierten MMK erfolgt in *Kapitel 6* durch die Behandlung der Handschrifterkennung. Anschließend wird in Kapitel 7 detailliert auf die Grundlagen der zweidimensionalen Signalverarbeitung eingegangen, wie sie bei Bildsignalen zum Einsatz kommen. In *Kapitel 8* folgt eine erste Anwendung der visuellen MMK am Beispiel der Gesichtsdetektion. An die Gesichtsdetektion angelehnt, aber algorithmisch verschieden ist die in *Kapitel 9* vorgestellte Gesichtsidentifikation. Das *Kapitel 10* befasst sich schließlich mit der Objekt- bzw. der Personenverfolgung. Im Anschluss an die einzelnen Kapitel finden sich Übungsaufgaben, die den behandelten Stoff vertiefen und ergänzen. Die Musterlösungen zu diesen Aufgaben finden sich zusammengefasst in *Kapitel* 11.

So werden die wichtigsten Gebiete der modernen MMK behandelt und mit diesem Buch eine umfangreiche Übersicht und ein stabiles algorithmisches Grundwissen der aktuellen Forschungsthemen im Bereich der MMK vermittelt.

1.4 Literaturverzeichnis

[1] BMW AG: *Der neue BMW 7er.* Produktkatalog, 2009

[2] GEISER, G.: *Mensch-Maschine-Kommunikation.* Oldenbourg, 1990

[3] ISO 9241-11:1998: *Ergonomic Requirements for Office Work with Visual Display Terminals. Part 11: Giudance on Usability.* International Organization for Standardization, 1998

[4] NOKIA: *Nokia 5800 XpressMusic.* Bedienungsanleitung, 2009

[5] RYU, Y. S. ; BABSKI-REEVES, K. ; SMITH-JACKSON, T. L. ; NUSSBAUM, M. A.: Decision Models for Comparative Usability Evaluation of Mobile Phones Using the Mobile Phone Usability Questionnaire (MPUQ). In: *Journal of Usability Studies* 3 (2007), Nr. 1, S. 24–40

[6] THYRING, M. ; MAHLKE, S.: Usability, Aesthetics and Emotions in Human-Technology Interaction. In: *International Journal of Psychology* 42 (2007), Nr. 4, S. 253–264

2
Ein-/Ausgabegeräte

Dieses Kapitel beschäftigt sich mit den wichtigsten Ein-/Ausgabegeräten und -techniken, die für die Kommunikation zwischen Mensch und Maschine Verwendung finden. Die Kommunikation vom Menschen zur Maschine erfolgt dabei typischerweise über Eingabegeräte, von denen immer noch die Tastatur die gängigste Eingabemöglichkeit darstellt. Die Maschine gibt an den Menschen Rückmeldungen über Ausgabegeräte, bei denen es sich in den meisten Fällen um optische Anzeigegeräte handelt, wobei in diesem Fall der Bildschirm die am häufigsten verwendete Ausgabemöglichkeit ist. Neben der klassischen Kommunikation über Tastatur und Bildschirm ist jedoch in den letzten Jahrzehnten eine Vielzahl neuer Interaktionsmöglichkeiten entwickelt worden, von denen die wichtigsten in diesem Kapitel kurz vorgestellt werden. Ähnlich wie Tastatur und Bildschirm zählt man diese Systeme allgemein zu den Peripheriegeräten, also zu den extern an einen Rechner bzw. eine Maschine angeschlossenen Geräten.

2.1 Datenrate verschiedener Ein-/Ausgabegeräte

Wichtig sind in diesem Zusammenhang die Datenraten, mit denen Peripheriegeräte mit Maschinen und Menschen kommunizieren können. Tabelle 2.1 links zeigt die erzielbaren Datenraten bei klassischen Peripheriegeräten eines Rechnersystems. Diese teilweise sehr hohen Datenraten können erzielt werden, weil sehr schnelle elektronische Systeme miteinander kommunizieren, beispielsweise die Festplatte mit der Central Processing Unit (CPU). Dem stehen die Datenraten aus Tabelle 2.1 rechts gegenüber, die für Peripheriegeräte erzielt werden können, bei denen der Mensch direkt in die Kommunikation eingebunden ist.

Diese Übersicht zeigt, dass speziell im Bereich der Dateneingabe die erzielbaren Datenraten in der Mensch-Maschine-Kommunikation (MMK) deutlich unter den sonst üblichen Datenraten liegen und somit den Informationsfluss deutlich behindern, der andernfalls schneller erfolgen könnte. Dies impliziert selbstverständlich auch die

System	Verhalten	Datenrate (kByte/s)	System	Verhalten	Datenrate (kByte/s)
Scanner	Eingabe	200	Tastatur	Eingabe	$20 \cdot 10^{-3}$
Laserdrucker	Ausgabe	100	Handschrift	Eingabe	$2.5 \cdot 10^{-3}$
Grafikanzeige	Ausgabe	$30 \cdot 10^3$	Spracheingabe	Eingabe	$15 \cdot 10^{-3}$
Datenbus	Ein-/Ausgabe	$40 \cdot 10^3$	Maus	Eingabe	$2 \cdot 10^{-3}$
ISDN	Ein-/Ausgabe	8	Sprachausgabe	Ausgabe	0.6
Bluetooth	Ein-/Ausgabe	250	Text lesen	Ausgabe	0.2
Breitband-Netz	Ein-/Ausgabe	$15 \cdot 10^3$	Hören (CD)	Ausgabe	40
Diskette	Ein-/Ausgabe	60	Sehen (Video)	Ausgabe	$20 \cdot 10^3$
Magnetband	Ein-/Ausgabe	$3 \cdot 10^3$			
CD-ROM	Ausgabe	$6 \cdot 10^3$			
DVD-ROM	Ausgabe	$16 \cdot 10^3$			
Festplatte	Ein-/Ausgabe	$300 \cdot 10^3$			

Tabelle 2.1. Datenraten gängiger Rechnerperipheriegeräte (links) und Datenraten gängiger Peripheriegeräte für die MMK (rechts).

Notwendigkeit, mit neuen Eingabesystemen die MMK schneller und natürlicher zu gestalten.

2.2 Eingabegeräte

In diesem Abschnitt werden die gängigsten, teilweise in der Tabelle 2.1 bereits aufgeführten, Eingabegeräte näher beschrieben und erläutert.

2.2.1 Loch- und Markierungskarte

In veränderter Form fanden Lochkarten bereits im 18. Jahrhundert zur systematischen Durchführung sich wiederholender Abläufe Verwendung. So wurden beispielsweise Webstühle und Musikinstrumente von Lochkarten gesteuert. Das erste Patent zur Nutzung der Lochkarte in der Informationsverarbeitung lässt sich auf das Jahr 1889 datieren [30].

Abbildung 2.1 zeigt eine Loch- bzw. Markierungskarte nach einer Vorlage aus dem Jahre 1964 [19]. Das Grundprinzip ist wie bei allen Speicher- und Eingabemedien eine geeignete Codierung der einzugebenden Daten. Bei der Lochkarte geschieht dies durch Stanzung der jeweiligen Bereiche in jeder *Spalte* [2]. Dabei stehen dem Benutzer von den zwölf möglichen Stellen nur acht zur freien Verfügung, die übrigen vier sind für spezielle Steuerfunktionen der jeweiligen Rechenmaschine vorgesehen. Somit lässt sich pro Spalte ein Byte an Information codieren. Da die Lochkarte 80 Spalten umfasst, können pro Lochkarte 80 Byte, auch „Textzeile" genannt, gespeichert

2.2 Eingabegeräte

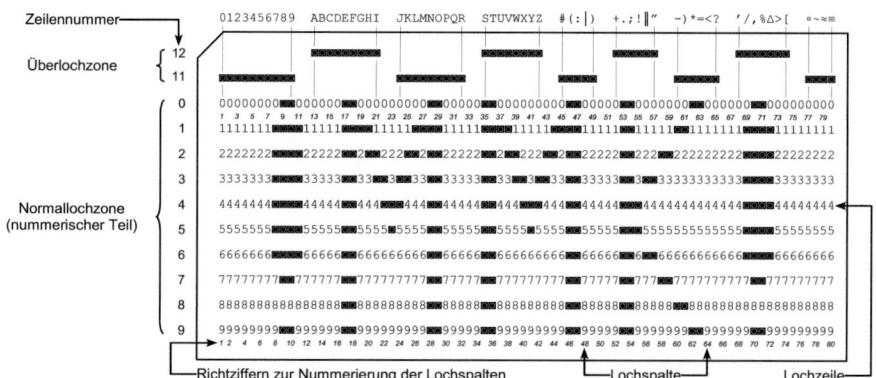

Abb. 2.1. Darstellung einer Lochkarte aus dem Jahre 1964.

werden. Auch heute findet man in manchen Anwendungen noch eine Zeilenbeschränkung auf 80 Zeichen, diese geht auf das oben beschriebene Lochkartenformat zurück. Die Codierung der Lochkarten erfolgt über Lochkartenstanzer, die mit einer Tastatur ausgestattet sind und für jede Textzeile eine eigene Lochkarte bestanzen. Die Auswertung im Rechner wird durch eine Lichtschranke oder ein Lichtschranken-Array in einem Lesegerät realisiert, das jede Lochkarte spaltenweise einliest. Später wurde als Vereinfachung der Lochkarte die Markierungskarte eingeführt. Bei dieser erfolgt die Codierung nicht durch Stanzung, sondern durch Einschwärzen der jeweiligen Bereiche. Im speziell modifizierten Lesegerät erfolgt die Auswertung über die Messung des reflektierten Lichts eines Lichtstrahls.

Umfangreiche Computerprogramme können aus Tausenden von Lochkarten bestehen, die ordentlich sortiert auf einem Stapel (engl. *batch*) abgelegt und später in den Rechner eingelesen und verarbeitet werden. Üblich ist heutzutage noch die Bezeichnung Stapelverarbeitung oder „Batch-Job", die auf diese Art der Programmverarbeitung zurückgeht. Aufgrund der Fehleranfälligkeit (Risse oder Flecken) sowie des hohen Organisationsaufwands wurden Lochkarten nach und nach von leistungsfähigeren Datenträgern abgelöst und spielen keine praktische Rolle mehr in der modernen EDV. Um sich eine Vorstellung von der Speicherkapazität heutiger Festplatten im Vergleich zu den Lochkarten machen zu können, werde das folgende Beispiel betrachtet: Mit einer Lochkarte können 80 Byte an Information gespeichert werden, die Dicke einer Lochkarte beträgt $d = 0.178\,\text{mm}$. Um die gleiche Menge an Information wie eine moderne Festplatte mit einer Größe von z. B. 2 TByte (entsprechend 2^{41} Byte) speichern zu können, werden demnach $N = 2.75 \cdot 10^{10}$ Lochkarten benötigt. Würde man diese Karten übereinander stapeln, entspräche die Höhe des entstehenden Stapels der Länge der Strecke zwischen Berlin und Abu Dhabi.

2.2.2 Tastatur

Das gängigste und in den verschiedensten Formen vertriebene Eingabegerät ist die Tastatur. Im Folgenden wird dieses weit verbreitete Eingabemedium beschrieben und auf die technischen Eigenschaften näher eingegangen.

Entstehung und Layout

Für die Eingabe alphanumerischer Zeichen und Texte werden Tastaturen verwendet, die das „QWERTY"-, bzw. in Deutschland das „QWERTZ"-Layout besitzen. Es wurde 1868 von C. L. Sholes entwickelt und fand in mechanischen Schreibmaschinen Verwendung [62]. Deswegen erfolgte die Anordnung der Tasten nicht nach ergonomischen Gesichtspunkten: Es gewährleistet vielmehr, dass häufig vorkommende Tastenkombinationen möglichst weit auseinanderliegen, um das Verklemmen der Letternhebel zu vermeiden, das auftritt, wenn zwei benachbarte Hebel beinahe gleichzeitig zur Walze bewegt werden [17]. Anekdoten berichten, dass die Verteilung der Tasten in der ersten alphanumerischen Zeile der (amerikanischen) Tastatur nicht zufällig ist: Das Wort „Typewriter" kann nur mit den Tasten aus dieser Zeile geschrieben werden. Das gängige Tastaturlayout „QWERTY" ist in Abbildung 2.2 dargestellt.

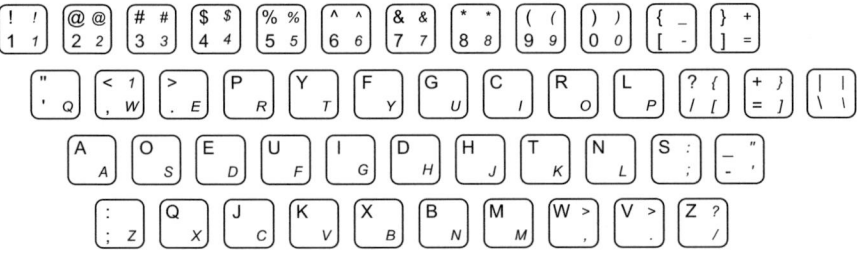

Abb. 2.2. „QWERTY"-Tastaturlayout (*kursiv*) und ergonomisch optimiertes Dvorak-Tastaturlayout.

Da die mechanischen Anforderungen an das Tastaturlayout seit einem halben Jahrhundert nicht mehr gelten, wird vermehrt auf ergonomische Gesichtspunkte Wert gelegt [42], die mitunter sprachabhängig sind. Die wichtigsten sind:

- Erreichbarkeit der häufigsten Tasten mit minimaler Fingerbewegung (abhängig von der Sprache)
- möglichst rechte und linke Hand abwechselnd (Ermüdung)
- häufige Tasten mit rechter Hand erreichbar (für Linkshänder mit linker Hand)
- seltene Tasten möglichst auf „schwache" Finger (z. B. der Ringfinger)

Diese sich teilweise widersprechenden Anforderungen an das Tastaturlayout werden in unterschiedlichen Ansätzen gewichtet und realisiert. Der bekannteste dieser Ansätze stellt das Dvorak-Layout aus dem Jahre 1932 dar, das sich jedoch bis heute nicht hat durchsetzen können [10]. Die Anordnungen der Tasten nach dem Dvorak-Layout sind ebenfalls in Abbildung 2.2 eingetragen.

Computertastatur

Im Folgenden wird die Erweiterung der Schreibmaschinentastatur zur Computertastatur erläutert. Während bei der herkömmlichen Schreibmaschine eine mechanische Verbindung zwischen jeder Taste und dem zugehörigen Letternhebel besteht, ist eine eigene Datenleitung jeder Taste zum Computer zu aufwendig und unnötig. Deswegen liegt zwischen der zu bedienenden Maschine und der Eingabeeinheit ein Controller, der meist in die Tastatur integriert ist. Der Controller codiert die Information über die gedrückte Taste in eine geeignete binäre Darstellung, die vom Computer interpretiert werden kann.

Row-Scanning

Auch der Controller ist nicht mit jeder einzelnen Taste verbunden. Man bedient sich dagegen eines Row-Scanning-Mechanismus, der in Abbildung 2.3 schematisiert ist [63]. Für das Row-Scanning kann man sich die Tasten in einer Matrix angeordnet vorstellen, die in horizontaler und vertikaler Richtung jeweils mit Datenleitungen verbunden sind. Die Matrix hat, je nach Anforderungen, eine bestimmte Anzahl an Reihen und Spalten. Im Prinzipbild aus Abbildung 2.3 könnten mit der Matrixanordnung von vier Zeilen und vier Spalten 16 Tasten mit nur acht Datenleitungen abgefragt werden. Die einzelnen Tasten der Tastatur verfügen über Schalter, die bei Betätigung jeweils eine horizontale und vertikale Datenleitung überbrücken. Zum Abfragen der aktuellen Tastenstellungen legt der Controller seriell jede Spalte auf hohes Potenzial („eins') und prüft gleichzeitig die horizontal verlaufenden Datenleitungen auf ihren Zustand hin. Da jeder Kreuzungspunkt genau einer Taste zugeordnet ist, können auf diese Weise alle Tasten eindeutig abgefragt werden.

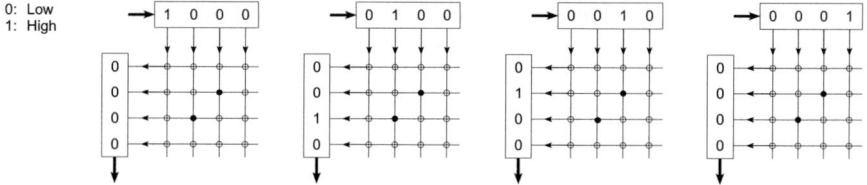

Abb. 2.3. Prinzip des Row-Scannings.

Nimmt man als Beispiel eine herkömmliche Tastatur mit 102 Tasten, so wären bei Verzicht auf das Row-Scanning 102 Datenleitungen zum Controller nötig. Bei der Wahl einer 6 × 17- Matrixanordnung reduziert sich die Anzahl der Leitungen auf 23, wobei nur sechs auf ihren Pegel hin geprüft werden müssen. Der Nachteil liegt in der Reaktionsgeschwindigkeit des Row-Scannings: Für den Fall einer 6 × 17 Anordnung müssen während eines Abfragezyklus nacheinander 17 Datenleitungen geschaltet werden. Dies führt zu einer Verringerung der maximal möglichen Anschlagrate (engl. *typematic-rate*). Der Controller kann entweder den Binärcode gedrückter Tasten selbst oder die Tastenbewegung „gedrückt" (engl. *pressed*), „losgelassen" (engl. *released*) und „abfragen" (engl. *scan*) über geeignete Schnittstellen zum Computer weiterleiten. Die Weitergabe der reinen Tastenbewegung erfordert im Rechner zwar einen zusätzlichen Aufwand, der sich in einer Verlängerung der Anschlagverzögerung (engl. *typematic-delay*) äußert, bringt aber eine erhöhte Flexibilität: Die Tasten können per Software mit beliebigen Zeichen belegt werden. Dadurch lassen sich nationale Sonderzeichen durch einfaches Austauschen der Tastenkappen verfügbar machen.

Bei Tasten mit schlechter haptischer Rückmeldung (z. B. Folientastatur) kann die Bedienung durch eine zusätzliche akustische Rückmeldung („Tastenklick") verbessert werden. In Tabelle 2.2 sind einige Vor- und Nachteile der Tastatur aufgeführt.

Vorteile	Nachteile
• schnelle Texteingabemöglichkeit	• Training nötig, wenn hoher Durchsatz gefragt ist
• weite Verbreitung	
• international einsetzbar	• hoher Platzbedarf (ca. 40 × 20 cm)
• intuitiv, bei langsamer Eingabe	• je nach Bauform nicht ergonomisch

Tabelle 2.2. Vor- und Nachteile von Computertastaturen.

Tastaturprelleffekt

Ein Problem elektrischer Schalter besteht in der Neigung zum „Prellen". Darunter versteht man den schnellen Wechsel des Pegels zu Beginn und Ende eines Schaltvorgangs, was in Abbildung 2.4 dargestellt ist. Im Fall der Tastatur kann dies dazu führen, dass ein einmaliger Tastendruck eine Mehrfacheingabe hervorruft. In praktischen Anwendungen ist dieser Tastaturprelleffekt unerwünscht und wird daher geeignet kompensiert und abgefangen. In einer praktischen Realisierung geschieht dies durch eine Entprellschaltung, bestehend aus einem RS-Flipflop [57]. Der Nachteil liegt im hohen Realisierungsaufwand.

Eine zweite Möglichkeit besteht im Zulassen einer Totzeit. Dabei wird für jedes Schalterereignis über einen bestimmten Zeitraum geprüft (in der Praxis $t = 20\,\text{ms}$), ob der jeweilige Pegel stabil bleibt. Da dies zentral im Controller geschieht, ist der

Realisierungsaufwand vergleichsweise gering, wird aber durch eine weitere Erhöhung des typematic-delays erkauft. Abschließend sind in Tabelle 2.3 die wichtigsten Kenngrößen gängiger Tastaturen zusammengefasst.

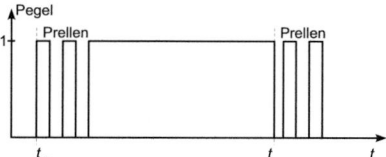

Abb. 2.4. Verdeutlichung des Prellens bei einem Ein- (beginnend zum Zeitpunkt t_{ein}) und Ausschaltvorgang (beginnend zum Zeitpunkt t_{aus}).

Kenngröße	typischer Wert
Anzahl der Tasten	> 100
Tastenhub	ca. 2 – 5 mm
Betätigungsdruck	ca. 0.1 N
typematic-delay	25 ms – 1 s
typematic-rate	2 – 30 Hz
erreichbarer Durchsatz	1 – 15 Zeichen/s

Tabelle 2.3. Typische Kenngrößen gängiger Tastaturen.

2.2.3 Maus

Die erste Maus wurde Anfang der 60er Jahre von Douglas Engelbart entwickelt [20]. Sie dient dem gezielten Positionieren einer Cursormarke auf dem Bildschirm mithilfe der Hand. Dabei werden die Relativbewegungen der Maus zur Oberfläche ermittelt [3]. Das Hauptunterscheidungsmerkmal der Mäuse sind ihre Tastenanzahl (eins bis fünf und mehr), die Auflösung mit der die Relativbewegung ermittelt wird, typischer weise 300 bis mehrere Tausend dots per inch (dpi), d. h. Bildpunkte pro Zoll, sowie die Art der Bewegungsmessung. Die Relativbewegung der Maus wird entweder mithilfe einer opto-mechanischen oder einer rein optischen Abtastung der Unterlage erreicht. Beide Maustypen sind schematisch in Abbildung 2.5 dargestellt.

Opto-mechanische Maus

Die Bewegung der opto-mechanischen Maus (siehe Abbildung 2.5 links) über die Oberfläche wird zunächst von einer Kontaktkugel in das Innere der Maus übertragen [25]. Die Kugel treibt dort zwei orthogonal in horizontaler Ebene angeordnete

14   2 Ein-/Ausgabegeräte

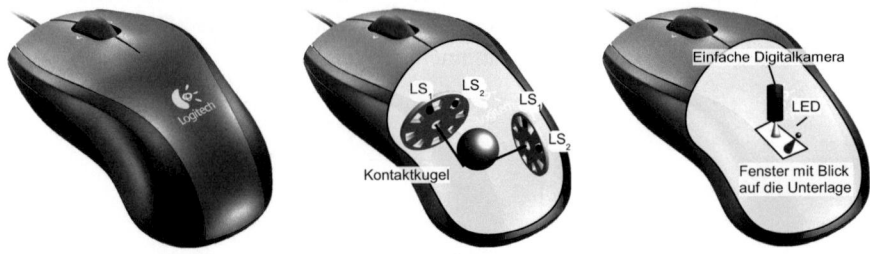

Abb. 2.5. Typische Computer Maus (links, [38]), Bewegungsaufzeichnung in einer opto-mechanischen Maus (Mitte) und in einer optischen Maus (rechts).

Walzen an, die ihrerseits mit zwei Lochscheiben verbunden sind. An jeder Lochscheibe befinden sich zwei Lichtschranken (in Abbildung 2.5 jeweils als LS_1 und LS_2 bezeichnet), die so angeordnet sind, dass die eine Lichtschranke komplett unterbrochen oder ganz offen ist, während sich die andere Lichtschranke gerade an einer Spaltkante (Schaltschwelle) befindet, wie in Abbildung 2.6 gezeigt ist. Bei einer Drehung im Uhrzeigersinn (Abbildung 2.6 links), ergibt sich für das analoge Signal des Fotosensors der Lichtschranken LS_1 und LS_2 das in der zweiten Zeile dargestellte Signal. Nach der Digitalisierung sind die beiden Signalverläufe getrennt für die Lichtschranke LS_1 (oben) und LS_2 (unten) skizziert. Die Drehung im Uhrzeigersinn ist durch die Beobachtungen an den vier „kritischen" Punkten A, B, C und D charakterisiert:

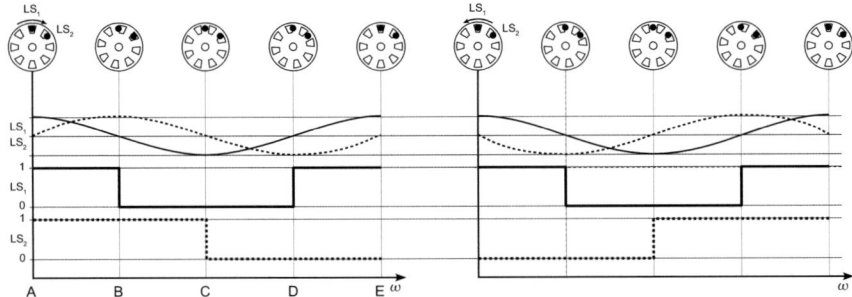

Abb. 2.6. Verdeutlichung der Bewegungsbestimmung in einer opto-mechanischen Maus.

A LS_1 auf 1 während steigender Flanke von LS_2

B LS_2 auf 1 während fallender Flanke von LS_1

C LS_1 auf 0 während fallender Flanke von LS_2

D LS_2 auf 0 während steigender Flanke von LS_1

Die Signalverläufe bei einer Drehung gegen den Uhrzeigersinn sind ebenfalls in Abbildung 2.6 gezeigt. Diese Drehrichtung kann durch den gegenüber der Drehung im Uhrzeigersinn um $\varphi = 90°$ phasenverschobenen Signalverlauf der Lichtschranke LS_2 erkannt werden. Durch geeignete Auswertung der Drehrichtungen und -geschwindigkeiten der beiden Lochscheiben lässt sich die exakte Relativbewegung in horizontaler Ebene bestimmen. Die Auflösung der opto-mechanischen Maus ist durch die Abstände der Löcher auf den Lochscheiben begrenzt und liegt bei ca. 300 dpi, die gerade bei grafischen Anwendungen zu gering sein kann.

Vorteile	Nachteile
• leichte Erlernbarkeit	• staubempfindlich
• intuitiv	(opto-mechanische Maus)
• unabhängig von der Oberfläche	• unergonomische Form
(optische Maus)	• relativ großer Platzbedarf

Tabelle 2.4. Vor- und Nachteile des Eingabegeräts „Maus".

Optische Maus

Der Aufbau einer optischen Maus ist in Abbildung 2.5 rechts schematisiert. Eine Leuchtdiode bestrahlt durch ein Sichtfenster die Oberfläche, die gleichzeitig von einer einfachen Digitalkamera aufgezeichnet wird [61]. Die Relativbewegung der Maus kann mittels Bestimmung des optischen Flusses zweier aufeinander folgender Bilder ermittelt werden. Die zeitliche Bewegungsauflösung ist von der Bildwiederholungsrate der verwendeten Kamera abhängig. Ein Überblick über die Kenndaten einer optischen Maus ist in Tabelle 2.5 gegeben. Einen zusammenfassenden Vergleich über die Vor- und Nachteile von Computermäusen gibt Tabelle 2.4.

Kenngröße	typischer Wert
optische Auflösung	16 × 16 oder 30 × 30 Pixel
Bildwiederholungsrate	bis zu 1 500 Hz
Bewegungsauflösung	> 1 000 dpi
Rechenleistung des Controllers	> 1 Million Instructions per Second (MIPS)
Unterlage	beliebig

Tabelle 2.5. Kenndaten einer optischen Maus.

Trackball

Ein Trackball ist die auf dem „Rücken" liegende Variante einer opto-mechanischen Maus, dessen Rollkugel im Durchmesser von 2 – 15 cm mit den Fingern bewegt wird [64] (siehe Abbildung 2.7 links). Da der Trackball ohne Relativbewegungen auskommt, ist die Standfläche wesentlich geringer als die einer Maus, jedoch ist die Handhabung insbesondere bei geringem Kugeldurchmesser schwierig. Aufgrund ihres geringen Platzbedarfs werden Trackballs häufig in das Tastaturgehäuse (space-saver Tastaturen) mobiler Rechner eingebaut und finden dort als Mausersatz Verwendung.

Abb. 2.7. Trackball (links, [39]), Spacemouse (Mitte, [1]) und Joystick (rechts, [37]).

Spacemouse

Als Weiterentwicklung eines Geräts zur Steuerung des Space-Shuttle-Roboterarms entstand die Spacemouse, wie sie in Abbildung 2.7 Mitte dargestellt ist. Sie wird als 3D-Eingabegerät insbesondere in CAD-Anwendungen eingesetzt. Mit ihr ist es möglich, alle Freiheitsgrade zu manipulieren. Hauptbestandteil der Spacemouse ist ein Puck, der auf einer Standfläche befestigt ist. Der Puck lässt sich in alle Richtungen drehen, neigen, ziehen und schieben. Nach dem Loslassen fällt der Puck wieder in seine Ausgangsposition zurück. Die Bewegung wird von Dehnungsmessstreifen aufgezeichnet und über einen Controller zum Rechner geleitet.

2.2.4 Joystick

Ein Joystick besteht aus einem auf einer Bodenplatte befestigten Stift (engl. *stick*), an dessen Spitze sich Tasten zum Auslösen von Aktionen befinden (siehe Abbildung 2.7). Er dient zur relativen oder absoluten Positionierung einer Cursormarke auf dem Bildschirm [23], neuerdings wird er auch in der Schiffs-und Flugzeugnavigation eingesetzt (in sog. „fly-by-wire" Systemen, [49]). Prinzipiell lassen sich Joysticks in die folgenden drei, in Tabelle 2.6 gegenübergestellte Kategorien unterteilen:

- analoger Joystick
- digitaler Joystick
- isometrischer Joystick

Der analoge (engl. *displacement*) Joystick kann in jede beliebige Richtung in der x-y-Ebene ausgelenkt werden. Beim digitalen Joystick sind Auslenkungen nur in vier oder acht diskrete Richtungen möglich. Bei beiden Typen sind oft Federn eingebaut, die den Stick nach dem Loslassen wieder in seine Nulllage zentrieren. Die Ermittlung der Auslenkung erfolgt beim analogen Joystick über Messung der Widerstandsänderung der am Ende des Sticks befestigten und im Gehäuse liegenden Potenziometer. Dadurch können beliebige Auslenkungswinkel registriert werden. Beim digitalen Joystick wird die Auslenkung diskret über Kontaktschalter ermittelt. Der isometrische Joystick dagegen erlaubt keine Auslenkung. Hier wird die auf den Stift wirkende Kraft, gemessen über Dehnungsmessstreifen, in die entsprechende Bewegung des Cursors am Bildschirm umgesetzt. Es gibt auch Joysticks, bei denen ein zusätzlicher Freiheitsgrad durch Drehen bzw. Torsion des Sticks um die eigene Achse implementiert ist.

Joysticktyp	analog	digital	isometrisch
Technologie	Potenziometer	Taster	Dehnungsmessstreifen
Anzahl der Richtungen	unbegrenzt	vier oder acht	unbegrenzt
Positionsbestimmung	spezielle Routinen	ein I/O-Kommando	spezielle Routinen
Kalibrierung	ja	nein	ja

Tabelle 2.6. Gegenüberstellung unterschiedlicher Joysticktypen.

2.2.5 Touchscreen

Die bisher beschriebenen Eingabegeräte waren von einem bestimmten Standplatz abhängig, außerdem mussten Eingaben in koordinierte Handbewegungen umgewandelt werden. Ein Touchscreen ist ein Display mit berührungsempfindlicher bzw. positionsermittelnder Oberfläche. Es handelt sich somit um ein direktes Eingabegerät, das es ermöglicht, ohne Zusatzgeräte mit dem Finger Objekte auf dem Bildschirm zu manipulieren. Prinzipiell kann jeder gebräuchliche Bildschirmtyp (siehe Abschnitt 2.3.1) durch Anbringen einer speziellen positionsermittelnden Technik zum Touchscreen erweitert werden [12].

Durch den unvermeidbaren Abstand zwischen Darstellungsebene des verwendeten Displays und der Berührungsebene kommt es zu Parallaxenverschiebungen. Beträgt der Abstand zwischen Berührfläche und Darstellungsebene beispielsweise 5 mm, so ergibt sich bei einem Betrachtungswinkel von 45° eine Parallaxe von ebenfalls 5 mm, welche zu Fehleingaben führen kann. Zusätzliche Probleme ergeben sich bei Cathode-Ray-Tube (CRT)-Bildschirmen aufgrund der meist gekrümmten Oberfläche.

Da Touchscreens eine Bedienung ohne bewegliche Teile ermöglichen, sind sie im Allgemeinen robust [31]. In der Kombination mit einfachen grafischen Oberflächen sind sie vor allem für den unerfahrenen Benutzer geeignet. Einsatz finden Sie deswegen z. B. in Banken und in Fahrkartenautomaten (siehe Abbildung 1.1 rechts). Touchscreens werden heute durch zahlreiche Funktionsprinzipien realisiert, welche sich in Kriterien wie Auflösung, Haltbarkeit, Lichtdurchlässigkeit und Kosten unterscheiden. Nachfolgend werden einige verbreitete Funktionsprinzipien näher erläutert und ihre Merkmale in Tabelle 2.7 verglichen.

Optischer Touchscreen

Der optische Touchscreen basiert auf einer Lichtschranke bestehend aus einer Light Emitting Diode (LED) und einem zugehörigen Empfänger. Die positionsermittelnde Einheit beim optischen Touchscreen, dessen Prinzip in Abbildung 2.8 links dargestellt ist, besteht aus einer vertikalen (zur Bestimmung der y-Position) und einer horizontalen (zur Bestimmung der x-Position) Reihe von Infrarot-LED am Rand des Displays [34]. Auf der gegenüberliegenden Seite der LED-Reihen befinden sich korrespondierende Fotosensoren, die die ausgesendeten Lichtstrahlen detektieren können. So wird ein Gitter unsichtbarer Lichtstrahlen[1] aufgebaut. Wird mit einem Zeiger (z. B. dem Finger) die Oberfläche berührt, werden sowohl horizontale als auch vertikale Lichtstrahlen der Optomatrix durchbrochen. Diese Abdunklung wird von den gegenüberliegenden Fotosensoren registriert und aus dieser Information die Berührposition ermittelt. Jedoch ist die Lokalisationsgenauigkeit aufgrund des Schattenwurfs ortsabhängig und kann, abhängig vom Umgebungslicht, verfälscht werden. Jedoch wird die Helligkeit des Displays durch die nachgeschaltete Optomatrix nicht beeinträchtigt, und die gesamte Einheit kann, wenn das darunterliegende Display entsprechend geschützt wird, vandalismussicher gestaltet werden.

Akustischer Touchscreen

Die Nachteile des optischen Touchscreens, Abhängigkeit von der Umgebungshelligkeit und Ungenauigkeiten wegen des Schattenwurfs, werden vom akustischen Touchscreen teilweise kompensiert, ohne die Vorteile zu beschränken[2]. Das Funktionsprinzip wird durch Abbildung 2.8 rechts verdeutlicht. Auf einer Glasscheibe über dem Display sind piezoelektrische Sender und Empfänger („Piezomikrofone" [28])

---

[1] Die überkreuzten Lichtstrahlen bilden die sog. „Optomatrix".
[2] Diese Art der Touchscreens werden auch als Surface Acoustic Wave (SAW)-Touchsreens bezeichnet..

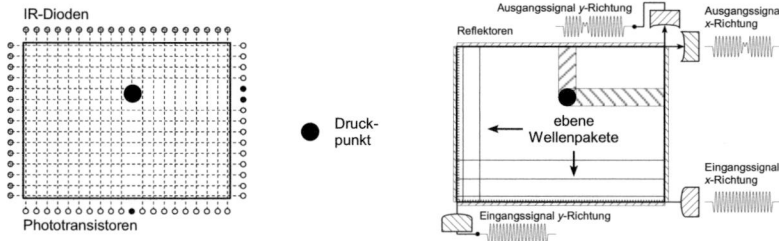

Abb. 2.8. Prinzipbild eines optischen (links, nach [52]) und akustischen Touchscreens (rechts, nach [34]).

angebracht, die elektrische Signale in Schallwellen und umgekehrt wandeln [53]. Ein elektrisches Burst-Signal im MHz-Bereich wird vom Sender in gerichtete Ultraschallwellen gewandelt. Das Wellenpaket trifft auf ein Array aus teildurchlässigen Reflektoren und wird dadurch über die Oberfläche der Glasscheibe verteilt. Das gegenüberliegende Reflektorarray lenkt die Wellen zum Empfänger, wo sie wieder in ein elektrisches Signal umgewandelt werden. Wird die Scheibe mit einem Griffel oder Finger berührt, absorbiert er einen Teil des Wellenpakets. Die x- und y-Koordinate des Berührpunkts lassen sich dann aus der zeitlichen Lage der Dämpfung im Ausgangssignal des Empfängers ermitteln. Darüber hinaus kann aus der Dämpfung die Anpresskraft auf die Scheibe ermittelt werden.

Resistiver Touchscreen

Ein resistiver Touchscreen besteht aus zwei durchsichtigen, sich gegenüberliegenden, leitfähigen Schichten (S_x und S_y), die durch eine isolierende Schicht getrennt sind [70]. Die isolierende Schicht besteht aus Isolatorpunkten (engl. *space dots*), die bei äußerer Druckeinwirkung einen elektrischen Kontakt zwischen den beiden leitenden Platten herstellen. Durch den leitenden Übergang entsteht auf jeder leitenden Schicht ein Spannungsteiler bestehend aus jeweils zwei Widerständen (siehe Abbildung 2.9 links). Für die x-Position ist das Verhältnis der beiden Widerstände $R_{x,1}$ und $R_{x,2}$ maßgeblich, für die y-Position $R_{y,1}$ und $R_{y,2}$. Zur Bestimmung der x-Position werden vom Controller an die leitende Schicht S_y zwei Gleichspannungen $U_{y,1}$ bzw. $U_{y,2}$ bekannter Größe angelegt, und die resultierende Spannung $U_{y|x}$ an der Schicht S_x wird hochohmig gemessen. Durch geeignete Wahl der Spannungen $U_{y,1}$ und $U_{y,2}$ kann so auf das Verhältnis der Widerstände $R_{x,1}$ und $R_{x,2}$ geschlossen werden. Zur Bestimmung der y-Position werden vom Controller die beiden Schalter S_1 und S_2 umgeschaltet. Dadurch liegen die Spannungen $U_{x,1}$ und $U_{x,2}$ an der Schicht S_x an, und die resultierende Spannung $U_{x|y}$ kann an der Schicht S_y gemessen werden, um das für die y-Position relevante Verhältnis der Widerstände $R_{y,1}$ und $R_{y,2}$ zu bestimmen. Durch die häufigen Spannungswechsel zur Bestimmung der x- und y-Position sendet ein resistiver Touchscreen ein elektromagnetisches Störfeld aus.

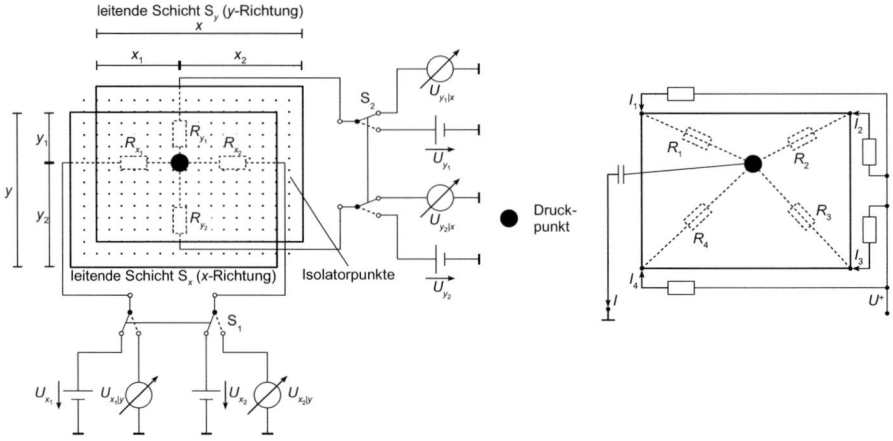

Abb. 2.9. Prinzipbild eines resistiven (links) und kapazitiven Touchscreens (rechts).

Kapazitiver Touchscreen

Die positionsbestimmende Einheit des kapazitiven Touchscreens bildet eine leitend beschichtete Glasplatte, wie in Abbildung 2.9 rechts gezeigt ist [31]. An ihren vier Ecken wird eine Spannung U^+ angelegt. Beim Berühren mit dem Finger erfolgt eine kapazitive Kopplung, und es fließt ein Strom I mit $I = I_1 + I_2 + I_3 + I_4$ über den Körper ab. Die Berührungsposition kann aus den Verhältnissen der Ströme $I_1, \ldots, I_4$ ermittelt werden. Die Positionsbestimmung kann jedoch nur erfolgen, falls ein ladungsabsorbierender Griffel (wie ihn auch der Finger darstellt) verwendet wird.

Piezoelektrischer Touchscreen

Ähnlich wie der kapazitive besteht auch der piezoelektrische Touchscreen aus einer Glasplatte. An ihren vier Ecken befindet sich je ein Piezoelement [59] (siehe Abbildung 2.10 links). Piezoelemente haben die Eigenschaft, bei Verformung eine elektrische Ladungsverschiebung zu erzeugen, die in Form einer elektrischen Spannung gemessen werden kann [24]. Je stärker die Krafteinwirkung ist, desto höher wird die messbare Spannung. Bei Berührung der Scheibe teilt sich der Druck abhängig vom Ort auf die vier Elemente auf. Aus den abfallenden Spannungen kann auf die Berührposition geschlossen werden. Die Summe der abfallenden Spannungen gibt Aufschluss über den Anpressdruck. Es gibt spezielle Standunterlagen, in die eine Piezoanordnung ähnlich der in Abbildung 2.10 links verbaut ist. Durch eine geeignete Kalibrierung können so handelsübliche Monitore als Touchscreens verwendet werden.

Funktions-prinzip	optisch	akustisch	resistiv	kapazitiv	piezo
Auflösung	niedrig	hoch	hoch	mittel	mittel
Lichtdurch-lässigkeit	100 %	> 90 %	> 70 %	> 90 %	bis > 94 %
Griffel-material	beliebig	weich, energieabsor-bierend	beliebig	leitend	beliebig
Kalibrierung	nie	einmalig	einmalig	wiederholt	einmalig
Haltbarkeit	nahezu unbegrenzt ($> 1.3 \cdot 10^5$ h MTBF)		mittel ($> 2.0 \cdot 10^6$ Drücke)	hoch ($> 2.0 \cdot 10^7$ Drücke)	nahezu unbegrenzt
Info über Anpresskraft	nein	ja	nein	nein	ja

Tabelle 2.7. Übersicht über die Merkmale von Touchscreens, teilweise entnommen aus [31].

2.2.6 Grafiktablett

Ein Grafiktablett besteht aus einer ebenen Platte beinahe beliebiger Größe, die die Position eines beweglichen Griffels oder Pucks, der vom Benutzer bewegt wird, erkennt. Mit diesen Eigenschaften ist der Stift zum einen für exakte grafische Eingaben (Pläne, Zeichnungen) geeignet, zum anderen als „elektronische Tinte" (engl. *electronic ink*) auch für die Handschrift- bzw. Unterschrifterkennung.

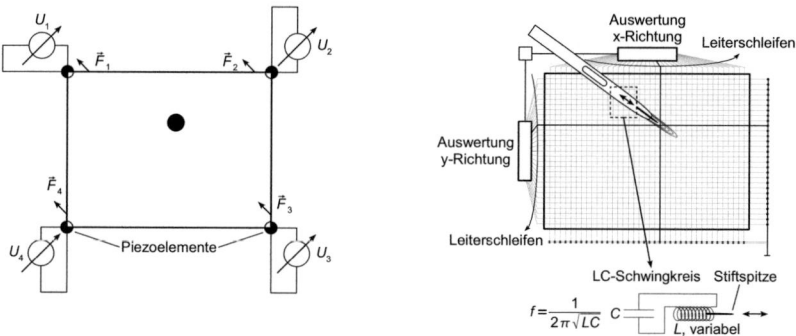

Abb. 2.10. Prinzipbild eines piezoelektrischen Touchscreens (links) und eines Grafiktabletts (rechts).

Am gebräuchlichsten sind heutzutage Tabletts mit elektromagnetischem Abtastmechanismus zur Bestimmung der Position des Griffels, wie in Abbildung 2.10 rechts dargestellt ist [22]. Bei einer solchen Anordnung ist ein Gitter von Drähten in horizontaler wie vertikaler Richtung in die Oberfläche des Tabletts eingelassen. Elektromagnetische Signale werden nacheinander in die Drähte geleitet und vom Griffel empfangen. Dieser gibt die Information über ein Kabel an die Auswerteelektronik weiter, die mit dem Signalgeber synchronisiert ist und so die Position des Griffels ermitteln kann. Es gibt auch elektromagnetische Tabletts, bei denen der Griffel passiv realisiert ist und ohne Kabel auskommt. Auch hier ist unter der Schreibfläche ein Gitter feiner Leiterbahnen angebracht. Diese senden oder empfangen in kurzen zeitlichen Abständen elektromagnetische Signale. Der passive Stift enthält einen Schwingkreis, wie ihn ebenfalls Abbildung 2.10 rechts zeigt, der die aufgenommene Energie mit kurzer Verzögerung wieder abgibt. Bei einigen Modellen variiert die Resonanzfrequenz in Abhängigkeit des auf die Spitze ausgeübten Anpressdrucks. So können Position, Anpressdruck und Geschwindigkeit bei sehr hoher Auflösung der Position (bis über 1 000 dpi) bestimmt werden. Darüber hinaus kommen bei Grafiktabletts auch weitere Funktionsprinzipien zum Einsatz, die bereits in Abschnitt 2.2.5 behandelt wurden. Sie unterscheiden sich im Wesentlichen durch ihre Auflösung, die Dicke der zu digitalisierenden Vorlage und ihre Größe.

2.2.7 Scanner

Eine wichtige Rolle bei der Dateneingabe spielen Scanner. Damit werden ebene Vorlagen (Fotos, Grafiken, Texte) durch optische Abtastung (Ortsdiskretisierung) in eine zweidimensionale Matrix von Bildpunkten umgewandelt. Jedem Bildpunkt wird mithilfe eines Analog/Digital-Wandlers ein diskreter Helligkeitswert zugeordnet. Bei Farbscannern erhält man drei Werte (getrennt für Rot, Grün und Blau) pro Bildpunkt. Die örtliche Auflösung wird üblicherweise in der Einheit dpi (in einer Dimension) angegeben. Dabei kann die Ortsauflösung in den beiden Dimensionen unterschiedlich sein. Die Farb- und Graustufenauflösung wird üblicherweise in Bit angegeben. Wird bei einem Farbscanner die Helligkeit jeder der drei Farben beispielsweise mit 8 Bit ($2^8 = 256$ Stufen) quantisiert, so erhält man insgesamt 24 Bit pro Bildpunkt (die sog. Farbtiefe). Damit lassen sich $2^{24} \approx 16.8 \cdot 10^6$ verschiedene Farben darstellen.

Bildabtastung

Für die Abtastung einer grafischen Vorlage im Analogbereich stehen zwei verschiedene Bauelemente zur Verfügung: der Charge Coupled Device (CCD)-Fotosensor und der Photo Multiplier (PMT), deren Prinzipien Abbildung 2.11 zeigt.

Charge Coupled Device

Der CCD-Fotosensor besteht aus einer Matrix mit lichtempfindlichen Siliziumzellen, die aus einem Si-Substrat mit einer darüber liegenden SiO_2-Schicht aufgebaut ist [21]. In Abbildung 2.11 ist eine Zeile einer solchen Matrix dargestellt. Trifft ein Lichtquant auf den Halbleiter, so entstehen durch den inneren fotoelektrischen Effekt gleichzeitig

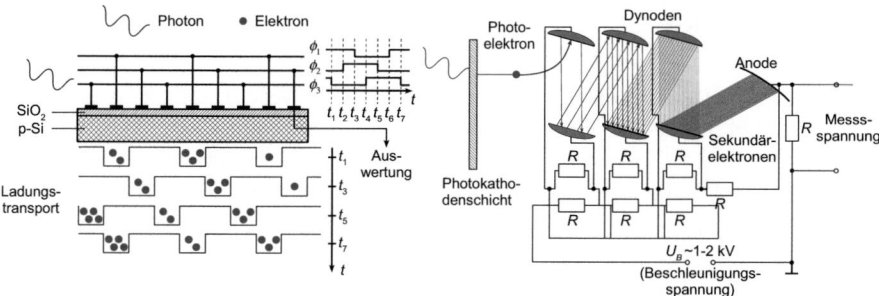

Abb. 2.11. Prinzipbild eines CCD (links, nach [55]) und PMT (rechts, nach [16]).

freie Elektronen (e^-) und Löcher (p^+). Nach der Belichtung werden die Ladungen aus den Zeilen ähnlich einer Eimerkette sequenziell ausgelesen. Dafür wird eine elektrische Spannung (in der Abbildung: ϕ_1, ϕ_3) an die jeweils benachbarten Zellen angelegt. So werden die Ladungspakete bis zum Messverstärker „gereicht", wo sie schließlich ausgelesen und der weiteren Verarbeitung zugeführt werden [55]. Damit wird die Helligkeit in eine elektrische Spannung gewandelt.

Die maximale Geschwindigkeit der Bildaufzeichnung hängt von der seriellen Auslesegeschwindigkeit der Pixelladungen ab, da während des Auslesens keine Belichtung stattfinden kann. Ein Nachteil der CCD-Fotosensoren besteht im „Blooming"-Effekt. Dabei weiten sich überbelichtete Pixelzellen zu überbelichteten Streifen in Richtung des Ladungstransports aus.

Photo Multiplier

Wie der CCD-Fotosensor dient auch der PMT zur Umwandlung von Licht in eine elektrische Spannung. Seine Funktionsweise ist in Abbildung 2.11 rechts erläutert. Ein auf eine Fotokathodenschicht treffendes Foton löst aus dieser ein Elektron (e^-) heraus [60]. Die sich daraus ergebende Spannung ist für eine weitere Verarbeitung zu gering. Deswegen sind kaskadenartig eine Reihe von Dynoden[3] (in der Praxis acht bis zehn) geschaltet. Das herausgelöste Fotoelektron trifft auf die erste Dynode und löst aus ihr weitere Elektronen heraus (typischerweise $n = 3,\ldots,10$). Diese treffen auf weitere Dynoden, bis die Elektronen über einen Messwiderstand zur Masse abfließen, an dem sie einen Spannungsabfall hervorrufen. Diese Spannung kann registriert und weiter verarbeitet werden. Damit eine Verstärkung stattfinden kann, müssen die Dynoden ein untereinander steigendes Potenzial aufweisen. Dies wird üblicherweise mithilfe einer Spannungsteilerkette und einer zugrundeliegenden Beschleunigungsspannung erreicht (siehe Abbildung 2.11 rechts).

---

[3] Eine Dynode ist eine metallisch beschichtete Oberfläche, die sog. Sekundärelektronen aussendet, wenn sie mit Elektronen hoher Energie beschossen wird [29].

Scannerbauformen

In der Praxis finden zwei unterschiedliche Scannertypen Verwendung. Es handelt sich um den in Abbildung 2.12 links dargestellten Flachbettscanner, der eine Bildabtastung mithilfe von CCD-Fotosensoren vornimmt und um den Trommelscanner, den Abbildung 2.12 rechts zeigt, dessen bilderfassende Einheit aus mehreren PMT besteht. Beide Scannertypen werden im Folgenden vorgestellt und ihre Funktionsweisen erläutert.

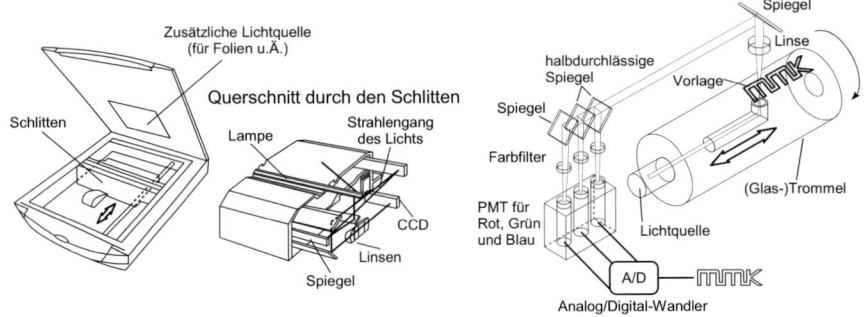

Abb. 2.12. Flachbettscanner (links) und Trommelscanner (rechts).

Flachbettscanner

Der Flachbettscanner, in Abbildung 2.12 links dargestellt, verfügt über eine gläserne Auflagefläche, auf dem das zu scannende Objekt positioniert wird [35]. Der Scanvorgang selbst wird mithilfe eines auf einem Schlitten befestigten CCD-Zeilen-Fotosensors bewerkstelligt. Dabei fährt der Schlitten unter der Scanvorlage und tastet sie zeilenweise ab. Eine Kathodenlampe sorgt für eine gleichmäßige Beleuchtung. In Abbildung 2.12 links ist ein Querschnitt durch den Schlitten dargestellt, der den Strahlengang des Lichts demonstriert. Zum Scannen von transparenten Vorlagen (z. B. Folien oder Dias) kann oberhalb der Dokumentenauflage eine weitere Lichtquelle angebracht werden. Handelsübliche Flachbettscanner erreichen eine Auflösung von bis zu 2 400 dpi und sind aufgrund ihrer Bauweise kostengünstig in der Herstellung und für unterschiedlichste Vorlagendicken geeignet.

Trommelscanner

Trommelscanner werden heute hauptsächlich in der professionellen Bildverarbeitung und im Verlagswesen eingesetzt und können sehr hohe Auflösungen erreichen (bis ca. 10 000 dpi). Für das Scannen von Büchern u. Ä. ist seine Mechanik, die das Spannen der Vorlage auf eine Trommel erfordert, nicht geeignet. Außerdem ist er groß im

Raumbedarf und teuer in der Anschaffung [35]. Der schematische Aufbau des Trommelscanners ist in Abbildung 2.12 rechts dargestellt. Eine Lichtquelle sendet einen kollimierten Lichtstrahl[4] durch eine bewegliche optische Spiegeleinheit. Diese lenkt ihn durch die auf der gläsernen Trommel montierte Vorlage, wo er diese durchdringt. Ein weiteres Linsen- und Spiegelsystem leitet den Lichtstrahl zur Auswerteeinheit. Diese führt den in drei Farbanteile (rot, grün und blau) geteilten Lichtstrahl in jeweils einen PMT, dessen Ausgangsspannung durch einen Analog/Digital-Wandler digital codiert wird.

In Tabelle 2.8 sind abschließend die wichtigsten Kenngrößen der beiden oben beschriebenen Scannertypen aufgeführt.

Scannertyp	Flachbett	Trommel
Auflösung	300 – 2 400 dpi	bis ca. 10 000 dpi
Farbtiefe	bis 14 Bit je Farbkanal	bis 16 Bit je Farbkanal
Geschwindigkeit	niedrig	hoch
Dokumentengröße	bis DIN A0	bis 1 m × 1 m

Tabelle 2.8. Kenndaten gängiger Flachbett- und Trommelscanner.

2.2.8 Videokamera

Für die Erfassung visueller Szenen, großer Gegenstände oder bewegter Objekte kann eine Videokamera verwendet werden. Früher wurden für die Bilderfassung spezielle Röhren (meist Vidicon-Röhren [68] oder Plumbicon-Röhren [7]) eingesetzt, bei denen eine Fotomembran von einem Elektronenstrahl abgetastet wird [14]. Bereits seit den 70er Jahren werden in Fernsehstudios CCD-Fotosensoren als Bildsensoren verwendet (siehe Abbildung 2.11 links), welche die teilweise fernrohrgroßen Röhren vollständig verdrängt haben.

Für CCD-Kameras existieren Schwarz-Weiß- und Farbausführungen. Bei Letzteren wird wiederum zwischen 1- und 3-Chip-Ausführungen unterschieden (siehe Abbildung 2.13). Die Aufnahmeszene wird durch ein Objektiv in das Innere der Kamera geleitet. Die Aufteilung des Lichtstrahls in die drei Grundfarben rot, grün und blau erfolgt bei der 3-Chip-Farbkamera mittels eines Prismas. Wie in Abbildung 2.13 oben rechts gezeigt, spaltet ein Prisma den Lichtstrahl in geeigneter Weise auf, um die einzelnen Komponenten anschließend mit drei CCD-Sensoren auszuwerten. Dadurch erreicht man eine hohe Auflösung und Farbechtheit [41].

Bei einer 1-Chip-Farbkamera treffen sie auf einen mit Farbfiltern versehenen CCD-Chip. Meist wird dafür eine Aufteilung gemäß der Bayer-Matrix [4] gewählt, die die

---
[4] In einem kollimierten Lichtstrahl verlaufen sämtliche Strahlen parallel zueinander.

selbe Anzahl an grünen Farbfiltern wie rote und blau Filter zusammen aufweist. Die Aufteilung der Rot-, Grün- und Blaufilter zeigt Abbildung 2.13 unten rechts [9]. Durch diese Anordnung verringert sich die effektive Auflösung der Kamera. Ebenso kann es zu Farbverfälschungen kommen. Jedoch sind diese Kameras deutlich kostengünstiger, da nur ein CCD benötigt wird.

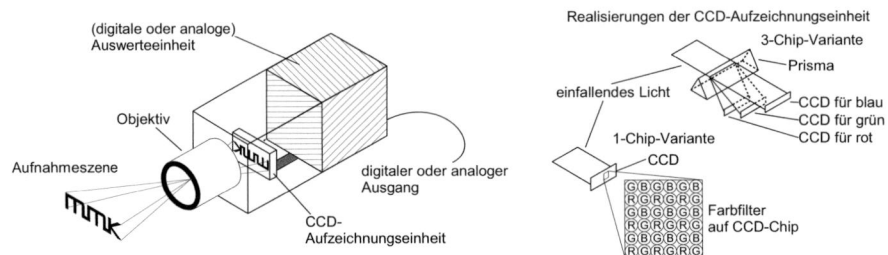

Abb. 2.13. Schematisierung einer CCD-Fotosensor-Kamera (links) und Aufteilung des Lichtstrahls mithilfe eines Prismas (3-CCD) bzw. einer Bayer-Matrix (1-CCD, nach [4]).

Für beide Kameravarianten erfolgt anschließend eine Weiterverarbeitung der mittels CCD-Sensoren in Spannungen verwandelten Bildsignale in einer Auswerteeinheit, die je nach Anwendungsfall analoge oder digitale Bilddaten liefert. Auflösungen für CCD-Kameras liegen zwischen 320×240 und $2\,000 \times 2\,000$ Pixel. Die Bilder können entweder progressiv (ein Vollbild je Abtastzeitpunkt) oder durch „Interlacing" (ein Halbbild je Abtastzeitpunkt, siehe Abschnitt 10.1) mit Bildwiederholfrequenzen von 15 Hz bis einige 1 000 Hz aufgenommen werden.

Derzeit schreitet die Entwicklung von Complementary Metal-Oxide-Semiconductor (CMOS)-Bildsensoren schnell voran. Auch hierbei handelt es sich um $Si-SiO_2$-Strukturen, welche sich vor allem in der Art des Auslesens der Belichtungsdaten von CCD unterscheiden [36]. Bisher unterliegen CMOS-Sensoren hinsichtlich der erzielbaren Bildqualität CCD-Sensoren. Ein großer Vorteil der CMOS-Sensoren liegt jedoch darin, dass sie im Gegensatz zu CCD in bereits vorhandenen CMOS-Chip-Fertigungsanlagen kostengünstig produziert werden können und dabei gleichzeitig zusätzliche Elektronik (z. B. Verstärker und Analog/Digital-Wandler) auf dem gleichen Chip untergebracht werden kann. Weitere Vorteile sind der nicht vorhandene Blooming-Effekt, der sehr hohe Dynamikbereich und die geringe Leistungsaufnahme.

2.2.9 Mikrofon

Mikrofone haben die Aufgabe, den Luftschall in ein elektrisches Signal zu wandeln [28]. Im Zusammenhang mit den Mensch-Maschine-Schnittstellen wird mit ihnen gesprochene Sprache aufgezeichnet und in einem weiteren Prozess digitalisiert und letztlich der Maschine zur Verfügung gestellt. Abbildung 2.14 oben links zeigt ein handelsübliches, dynamisches Mikrofon, das z. B. im Heimbereich Verwendung findet [67]. Den schematischen Aufbau der Mikrofonkapsel eines dynamischen Mikrofons zeigt Abbildung 2.14 oben rechts [32]. Die auf die Membran treffenden Schallwellen bewegen eine Schwingspule in einem Magnetfeld. Die dadurch induzierte Spannung wird als elektrisches Ausgangssignal verwendet. Andere Wandlerprinzipien liegen dem Kondensator-, Kohle- und Piezomikrofon zugrunde. Je nach Bauform der verwendeten Mikrofonkapsel ergeben sich unterschiedliche Richtcharakteristiken. Diese sind in Form von Poldiagrammen in Abbildung 2.14 unten dargestellt [67]. Die Richtwirkung nimmt von oben links nach unten rechts zu, sodass ein Mikrofon mit Kugelcharakteristik keinerlei Richtwirkung besitzt, während ein Mikrofon mit einer Keulencharakteristik eine deutliche Richtwirkung aufweist. Tabelle 2.9 stellt die unterschiedlichen Mikrofontypen vergleichend gegenüber.

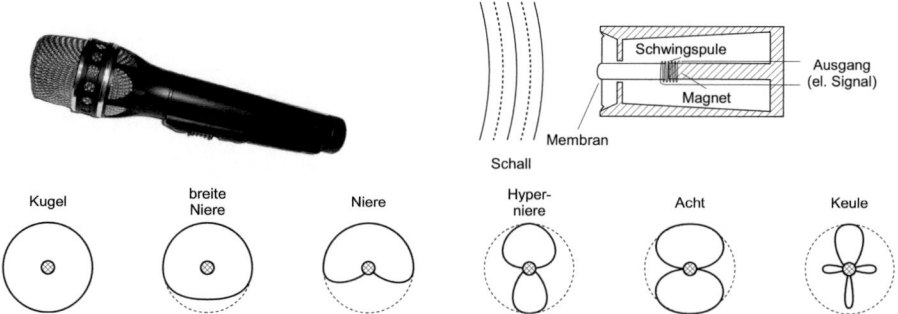

Abb. 2.14. Schematische Darstellung eines dynamischen Mikrofons (oben links) und zugehörige Mikrofonkapsel (oben rechts, nach [32]). Abhängig von der Form der Mikrofonkapsel erhaltene Richtcharakteristiken (unten, nach [67]).

2.2.10 Nutzung weiterer Modalitäten

Die Informationsübermittlung vom Menschen zur Maschine erfolgt heute überwiegend in Form von haptischen Eingaben. Bei der zwischenmenschlichen Kommunikation hingegen werden hauptsächlich die Modalitäten „Sprache" und „Gestik" verwendet [65]. Ein ideales Eingabegerät, welches diese natürlichen Informationskanäle des Menschen nutzt, würde sich somit dadurch auszeichnen, dass es für den Benutzer nicht als solches wahrnehmbar ist. Während der sprachliche Dialog die natürlichste Form des Informationsaustauschs ist, stellt er aber auch sehr hohe Anforderungen an das verarbeitende System. Noch aufwendiger gestaltet sich die Gestenerkennung. Die automatische Auswertung von Körperbewegungen steht noch in den Anfängen und ist Gegenstand aktueller Forschungsarbeiten [47].

Mikrofon-typ	dynamisch		Kondensator	Kohle	Piezo
	Tauchspule	Bändchen			
Kapselelemente	Membran, Spule und Magnet	Aluminiumstreifen, Magnet	Kondensatorplatte als Membran	Membran und Kohlegries	Membran auf Piezokristall
Wandlerprinzip	Induktion		Kapazitätsänderung	Gleichstrommodulation	Piezoelektrizität
Einsatzbereich	Bühne		Studio	Telefon (veraltet)	Telefon
Ansteuerung	passiv		aktiv		passiv
Kommentar	kostengünstig, robust	starker Nahbesprechungseffekt	sehr empfindlich	starkes Rauschen	kostengünstige Massenproduktion

Tabelle 2.9. Vergleich verschiedener Mikrofontypen.

2.3 Ausgabegeräte

In den vorangegangenen Abschnitten wurde ein kleiner Überblick über die zahlreichen Eingabegeräte gegeben. Ziel dieses Kapitels ist es, die beiden grundlegenden Ausgabegeräte für den visuellen Kanal (den Bildschirm) und den akustischen Kanal (den Lautsprecher) vorzustellen und zu erläutern.

2.3.1 Bildschirm

Bildschirme werden für die visuelle Kommunikation von der Maschine zum Menschen verwendet. Dabei werden drei grundlegend verschiedene Technologien für die Bilderzeugung unterschieden, die im Folgenden kurz vorgestellt und erläutert werden: die CRT-, Liquid-Crystal-Display (LCD)- und Plasmabildschirme.

Röhrenbildschirm

Der meist verbreitete Typ von Bildschirmen ist derzeit (noch) der Röhrenbildschirm. Ihre Grundlage bildet eine CRT, also eine Elektronenstrahlröhre. Ihr Grundprinzip ist in Abbildung 2.15 links verdeutlicht. In Elektronenkanonen werden durch eine Heizkathode Elektronen freigesetzt, die anschließend beschleunigt und fokussiert die Elektronenkanone als Elektronenstrahl verlassen [43]. Der Elektronenstrahl wird durch Magnetfelder abgelenkt und erreicht so eine Leuchtschicht an der Innenseite der Röhre. Für den Fall einer monochromen Darstellung wird nur eine Elektronenkanone benötigt. Die Helligkeit des jeweiligen Bildpunkts erfolgt durch Variation der Geschwindigkeit der Elektronen im Elektronenstrahl. Um farbige Bilder darzustellen, werden drei Elektronenkanonen benötigt. Deren Elektronenstrahlen treffen auf dem Leuchtschirm auf dicht beieinanderliegende rote, grüne bzw. blaue Phosphorzellen, deren ausgesendetes Licht sich im Auge des Betrachters zu einem Farbeindruck verschmilzt. Damit nicht „grüne" Elektronen blau leuchtende Phosphorzellen erreichen, wird in den Elektronenstrahl eine Schatten- oder Lochmaske gehängt [58].

Bauartbedingt weist die Bildschirmoberfläche eines CRT stets eine kugelförmige Wölbung auf. Diese wird bei neueren Trinitron®-Röhren vermieden [48]. Dabei kommt keine Lochmaske, sondern eine Schlitzmaske zum Einsatz. Für die Fixierung der Schlitzmasken sind spezielle Haltedrähte vonnöten, die einen Schattenwurf auf dem Leuchtschirm verursachen, der vom Betrachter wahrgenommen wird.

Da die Phosphorzellen (beinahe) monochromatisches Licht aussenden, werden eine hohe Farbsättigung und ein großer darstellbarer Farbbereich erreicht. Außerdem leuchten die Phosphorzellen nur, wenn sie vorher angeregt wurden. Deswegen lassen sich mit CRT-Röhren sehr hohe Kontrastverhältnisse realisieren. Das Kontrastverhältnis bezeichnet dabei das Helligkeitsverhältnis zwischen dem am hellsten und dem am dunkelsten gleichzeitig darstellbaren Pixel [43].

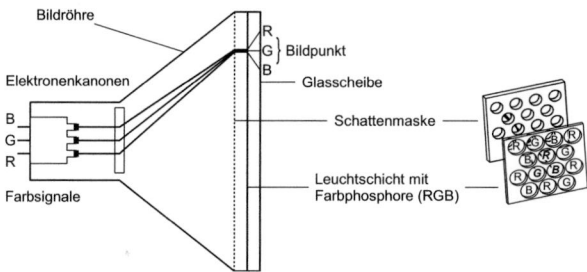

Abb. 2.15. Funktionsweise eines Röhrenbildschirms. Darstellung nach [69].

Mit CRT lassen sich Bildwiederholungsraten von 50-120 Hz realisieren. Flimmern stellt sich ein, da einmal zum Leuchten angeregte Phosphorzellen rasch an Helligkeit verlieren. Bei Bildwiederholfrequenzen oberhalb von 85 Hz liegt dieser Flimmereffekt unterhalb der Wahrnehmungsschwelle. Eine weitere Möglichkeit zur Reduzierung des Bildflimmerns insbesondere bei niedrigen Frequenzen liegt in der Verwendung des Zeilensprungverfahrens (engl. *Interlacing*) (siehe auch Abschnitt 10.1). Dabei wird jedes Vollbild aus zwei Halbbildern aufgebaut, indem zunächst die ungeraden Bildzeilen geschrieben werden (erstes Halbbild) und danach die geraden Zeilen (zweites Halbbild). Ein Phase Alternating Line (PAL)-Fernsehsignal [8, 33] besitzt eine Auflösung von 768 × 576 Pixel und enthält 50 Halbbilder pro Sekunde (siehe Abschnitt 10.1). Computermonitore verfügen über Bildschirmauflösungen von 640 × 480 bis über 1 600 × 1 200 Pixeln und Bildwiederholungsraten von 50 bis 100 Hz.

Mit zunehmender Verbreitung anderer Bildschirmtypen geht die Bedeutung der Röhrenmonitore mehr und mehr zurück. In Tabelle 2.10 sind einige Vor- und Nachteile von CRT aufgeführt. Einige Bildwiederholfrequenzen in technischen Anwendungen und Geräte finden sich in Tabelle 10.1 auf Seite 262.

Vorteile	Nachteile
• schnelle Reaktionszeit • hoher Kontrast (kein Abdunkeln des Raums nötig) • großer Betrachtungswinkelbereich • Farbdarstellung in hoher Qualität • Für viele Auflösungen geeignet	• hohes Gewicht • große Bautiefe und Gewicht • Emission gesundheitsschädlicher Strahlung • hoher Stromverbrauch • hohe Wärmeentwicklung • begrenzte Bildschärfe durch Konvergenzproblematik

Tabelle 2.10. Vor- und Nachteile von Röhrenbildschirmen.

Flachbildschirme

Während CRT bauartbedingt eine gewisse Krümmung des Bildschirms aufweisen sowie ein hohes Gewicht und eine große Bautiefe besitzen, ist es mithilfe von Flüssigkristall- und Plasmaanzeigen möglich, sog. Flachbildschirme herzustellen, die über absolut plane Oberflächen, geringes Gewicht und geringe Bautiefen verfügen. Im Folgenden werden zunächst die Grundlagen für die LCD-Bildschirme, d. h. Bildschirme, bei denen die Darstellung der Bilder auf sog. Flüssigkristallen basiert, erläutert und dann zwei konkrete Typen vorgestellt, das passive LCD und das aktive Thin-Film-Transistor (TFT)-LCD. Zuletzt erfolgt eine Beschreibung der Plasmabildschirme.

Flüssigkristallzelle

Grundlage der LCD sind deren Namensgeber, die 1888 von T. Reinitzer entdeckten Flüssigkristalle [54]. Es handelt sich hierbei um organische Moleküle, die sich hauptsächlich aus Kohlenstoff, Wasserstoff und Sauerstoff zusammensetzen. Sie sind der Hauptbestandteil einer Flüssigkristallzelle. Die Flüssigkristalle befinden sich zwischen zwei Glasplatten, wie in Abbildung 2.16 gezeigt ist [11]. Die Glasplatten sind an ihrer Außenseite elektrisch leitend beschichtet und in einem Abstand von ca. 5 µm fixiert. Sie werden von zwei um $\varphi = 90°$ gegeneinander gedrehten Polarisationsfiltern eingeschlossen, die nur Lichtwellen mit der vorgegebenen Polarisation (Schwingungsebene des elektrischen Felds) passieren lassen.

Durch eine spezielle Oberflächenbehandlung wird auf den Innenseiten der Glasplatten eine Richtungsstruktur aufgebracht, an der sich die länglichen Kristallmoleküle ausrichten. Durch Verdrehung der Glasplatten um 90° gegeneinander wird erreicht, dass sich die Kristallmoleküle in einer „90°-Schraube", in den sog. Twisted-Nematic

(TN)-Mode ausrichten [45]. Die Flüssigkristallschicht besitzt dadurch die Fähigkeit, die Polarisationsebene von Licht um ebenfalls 90° zu drehen. In Abbildung 2.16 links ist gezeigt, wie ein Lichtstrahl zunächst auf das vertikale Polarisationsfilter trifft. Anschließend wird die Polarisationsebene des Lichts derart gedreht, dass es den vertikalen Polarisationsfilter durchdringen kann. Die Flüssigkristallzelle ist demnach lichtdurchlässig. Wird eine elektrische Spannung U angelegt, richten sich die Kristalle im elektrischen Feld in Längsrichtung aus, sodass keine Drehung der Polarisationsebene des Lichts mehr erfolgt. Wie Abbildung 2.16 rechts zeigt, kann das polarisierte Licht den horizontalen Polarisationsfilter nicht mehr verlassen, die Anordnung wird lichtundurchlässig. Aus der hier beschriebenen Flüssigkristallzelle lässt sich ein LCD herstellen, das im Normalzustand ohne angelegte Spannung lichtdurchlässig ist. Es befindet sich im „normally white mode" [71]. Werden dagegen zwei horizontale oder vertikale Polarisationsfilter verwendet, so ist die Anordnung im spannungsfreien Fall dunkel, und man spricht vom „normally black mode". Durch Variation der angelegten Spannung U ist es möglich, Graustufen zu erzeugen. Bei niedrigerer Spannung richten sich die Kristalle nur teilweise aus, die Polarisationsebene wird um weniger als 90° gedreht, und deswegen kann ein gewisser Anteil des Lichts das horizontale Polarisationsfilter nicht mehr durchdringen. In Abbildung 2.16 Mitte ist der prinzipielle Verlauf des Transmissionsgrads der Zelle in Abhängigkeit der angelegten Spannung gezeigt [15]. Zusätzlich ist der Arbeitsbreich hervorgehoben. Innerhalb des Arbeitsbereich ist der Verlauf näherungsweise linear.

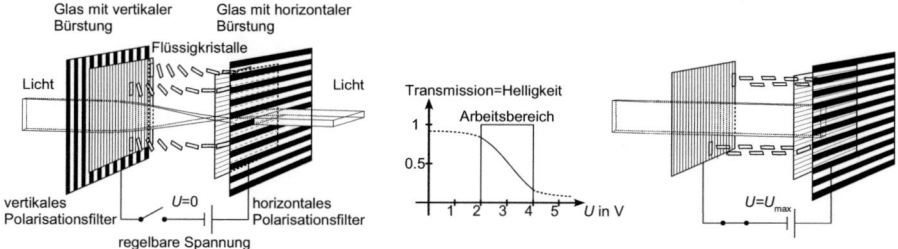

Abb. 2.16. Prinzipbild einer Flüssigkristallzelle im spannungsfreien Zustand (links) und nach Anlegen einer Spannung (rechts) nach [40]. Zusätzlich ist der Transmissionsgrad einer Flüssigkristallzelle in Abhängigkeit der Spannung gezeigt (Mitte, nach [15]).

Eine Problematik stellt der bei LCD eingeschränkte Betrachtungswinkel dar. Eine Begründung findet sich darin, dass Licht unter schrägem Betrachtungswinkel einen längeren Weg in der Flüssigkristallschicht zurücklegt, als bei senkrechter Betrachtung. Dieser kleine Wegunterschied führt dazu, dass die Drehung der Polarisationsebene nicht exakt 90° beträgt, wodurch sich der Displaykontrast verschlechtert. Unter bestimmten Betrachtungswinkeln erscheint das Bild sogar invertiert.

Als Lichtquelle werden heute sehr flache Leuchtstoffröhren (engl. *cold cathode flourescent tube*) verwendet, deren weißes Licht durch eine Diffusorscheibe gleichmäßig über das Display verteilt wird. Bei sog. reflektiven LCD, wie sie beispielsweise in Taschenrechnern eingesetzt werden, wird stattdessen das einfallende Umgebungslicht verwendet, welches von einem Reflektor an der Rückseite des Displays zurückgeworfen wird. Durch zusätzliche Anbringung einer dünnen (ca. 50 nm) Schicht aus elektrolumineszierendem Material zwischen Reflektor und LCD wird erreicht, dass das Display auch im Dunkeln abgelesen werden kann.[5]

Passives Matrix-Display

Im vorangegangenen Absatz wurde eine Flüssigkristallzelle beschrieben, die spannungsabhängig „weiß" (lichtdurchlässig) oder „schwarz" (lichtundurchlässig) erscheint. Daraus lässt sich ein sog. passives Matrix-Display oder passives LCD aufbauen. Es besteht, wie in Abbildung 2.17 links dargestellt, aus einem horizontalen und einem vertikalen Drahtgitter, das sich zwischen den Polarisationsfiltern aus Abbildung 2.16 befindet und die Glas-Flüssigkristallanordnung umschließt [46].

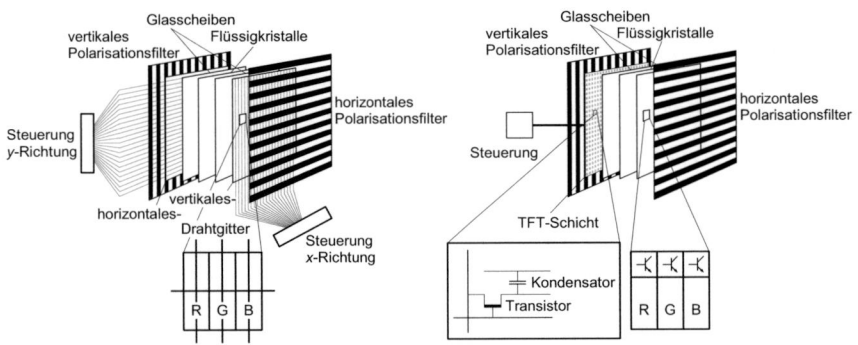

Abb. 2.17. Passives LCD (links, angelehnt an [56]) und TFT-LCD (rechts, angelehnt an [50]).

Wird an einen horizontalen sowie einen vertikalen Draht des Drahtgitters eine Spannung angelegt, so kann in Abhängigkeit dieser Spannung der Kreuzungspunkt der beiden Drähte weiß oder schwarz erscheinen. Durch geeignete, serielle Ansteuerung der einzelnen Drähte können so ganze Bilder dargestellt werden. Dies ist ohne Flimmern möglich, da die Flüssigkristalle zum Rückstellen der Polarisationsrichtung einige Hundert Millisekunden benötigen. Bei bewegten Szenen führt diese Eigenschaft jedoch zu störenden Schlieren. Für Farbdarstellungen werden drei benachbarte Monochrom-Zellen als ein Bildpunkt aufgefasst und separat angesteuert. Über ihnen befinden sich ein Rot-, Grün- bzw. Blaufilter, das den gewünschten Farbeindruck hervorruft. Die drei Farben eines Bildpunkts vermischen sich erst im Auge des Betrachters zu einem homogenen Farbeindruck. Da bereits bei der Fertigung die Anzahl

---

[5] Die elektrolumineszierende Schicht strahlt Licht (meist blau oder grün) aus, wenn ein hohes elektrisches Feld von etwa 10^6 V/m angelegt wird [13].

von Zellen feststeht, ist auch die Auflösung der LCD nicht veränderbar. Man spricht von der „nativen" Auflösung. Eine Darstellung von Bildern höherer Auflösung ist nur durch Informationsverlust (Auslassung von Pixel in der Darstellung), bei niedrigerer Auflösung nur durch qualitätsvermindernde Interpolation oder Variation der Darstellungsgröße möglich.

Eine möglichst gute Farbsättigung wird erreicht, wenn das von den einzelnen Farbzellen zurückgeworfene Licht monochromatisch ist. Anders als bei den Phosphorzellen in den Röhrenbildschirmen ist dies bei den Farbfiltern nicht der Fall. Die Ursache dafür liegt einerseits an dem ungleichmäßigen Spektrum des Leuchtmittels und andererseits daran, dass die Farbfilter Durchlassbereiche mit einer endlichen Bandbreite aufweisen. Deswegen können LCD Farben nicht in einer vergleichbaren Qualität wie CRT nachbilden.

Um eine übliche Leuchtdichte von ca. 500 cd/m^2 zu erreichen, werden Leuchten mit einigen Tausend cd/m^2 eingesetzt. Dies ist nötig, da durch verschiedene Effekte (Reflexionen, Streuungen, Verluste durch Polarisations- und Farbfilterung) Transmissionsverluste auftreten. Gleichzeitig führt die helle Hintergrundbeleuchtung zu einem steten „Durchschimmern", weswegen LCD nicht die Kontrastverhältnisse von CRT erreichen.

Aktives TFT-LCD:

Das aktive TFT-LCD unterscheidet sich vom passiven LCD dadurch, dass für die Ansteuerung jedes Pixels ein eigener Dünnschicht-Transistor [6] zur Verfügung steht. Den prinzipiellen Aufbau zeigt Abbildung 2.17. Die Si-Feldeffekttransistoren befinden sich in den Ecken der örtlich voneinander abgegrenzten Pixel, wobei die Source-Anschlüsse spaltenweise und die Gateanschlüsse zeilenweise miteinander verbunden sind, während die Drains die Pixel ansteuern [50]. Durch Variation der Sourcespannung ist es möglich, verschiedene Graustufen zu erzeugen. Bei Farbdisplays werden wieder drei benachbarte Zellen mit Farbfiltern (rot, grün und blau) versehen. Durch die aktive Steuerung der einzelnen Zellen können Flüssigkristalle verwendet werden, die ihre Polarisationsrichtung rascher als die der passiven LCD erreichen. Dadurch erhöhen sie die Reaktionszeit und sind für die Darstellung von Bewegtbildern geeignet [44].

In Tabelle 2.11 finden sich abschließend einige Vor- sowie Nachteile von LCD mit passiver Matrix sowie von aktiven TFT aufgeführt.

Plasma-Display

Plasma bezeichnet den vierten Aggregatzustand und beschreibt ein fast vollständig ionisiertes Gas [27]. Plasmabildschirme machen sich die Lichterzeugung und Emission von Ultraviolett (UV)-Strahlen in einem Plasma zunutze. Ihre Funktionsweise ähnelt der einer Leuchtstoffröhre und ist zusammen mit dem schematischen Aufbau

Vorteil	Nachteil
• leicht • flach • geringer Stromverbrauch • keine Emission gesundheitsgefährdender Strahlung • hohe Lebensdauer	• nicht selbstleuchtend • kleiner Betrachtungswinkel • langsame Reaktionszeit bei passiven LCD (ungeeignet für Bewegtbilder) • geringe Kontrastverhältnisse und Farbechtheit

Tabelle 2.11. Vor- und Nachteile von Flüssigkristallbildschirmen.

Vorteil	Nachteil
• flach • selbstleuchtend • hoher Kontrast • großer Betrachtungswinkelbereich • robust • hohe Farbbrillanz und -sättigung	• hohe Leistungsaufnahme (> 500 Watt) • Szintinatoren altern unterschiedlich schnell (Verlust der Farbechtheit im Laufe der Zeit) • unter Umständen Flimmern wegen Puls-Code-Modulation (PCM) • Hohe Anschaffungskosten

Tabelle 2.12. Vor- und Nachteile von Plasmabildschirmen.

in Abbildung 2.18 dargestellt: Zwischen zwei Glasplatten befinden sich viele kleine Plasmazellen. Zusätzlich ist ein Drahtgitter eingelassen, das zur Steuerung der Zellen dient. Zur Erzeugung eines Bilds wird jede Zelle „gezündet". Dafür dient die Zündspannung, die mehrere hundert Volt betragen kann. Durch das Zünden sendet eine Plasmazelle ultraviolettes Licht aus, das in der Abbildung 2.18 rechts mit einem vertikal nach oben gerichteten Pfeil ($\uparrow$) symbolisiert ist. Dieses UV-Licht wird anschließend mithilfe von Szintillatoren[6] in sichtbares Licht gewandelt. Für farbige Darstellungen bilden wieder drei Zellen einen farbigen Bildpunkt. Die drei Zellen senden dabei monochromatisches Licht in drei Farben (rot, grün und blau) aus, was zu einer hohen Farbbrillanz und Sättigung sowie hohen Kontrastverhältnissen führt, die selbst die der CRT übertrifft [66].

Für die Plasmazellen gibt es nur den Zustand „ein" und „aus". Um verschiedene Helligkeitseindrücke zu erhalten, wird eine Puls-Code-Modulation (PCM) angewendet [5]. Das Prinzip der PCM bei Verwendung innerhalb von Plasmabildschirmen zeigt Abbildung 2.18 unten rechts: Der Helligkeitseindruck einer Zelle wird dadurch hervorgerufen, dass sie innerhalb eines Darstellungsintervalls unterschiedlich häufig ein- und wieder ausgeschaltet wird. Soll ein heller Bildpunkt erscheinen, so wird die Zelle häufig angeregt, für einen dunklen Bildpunkt seltener. Da das menschliche Auge die häufigen „Lichtblitze" nicht getrennt wahrnehmen kann, verschmelzen sie zu einem Helligkeitseindruck. Einige Vor- und Nachteile von Plasmabildschirmen sind in Tabelle 2.12 zusammengefasst.

---

[6] Unter Szintilatoren versteht man spezielle Farbphosphorzellen, die, z. B. durch UV-Strahlung angeregt, sichtbares Licht emittieren.

2.3 Ausgabegeräte   35

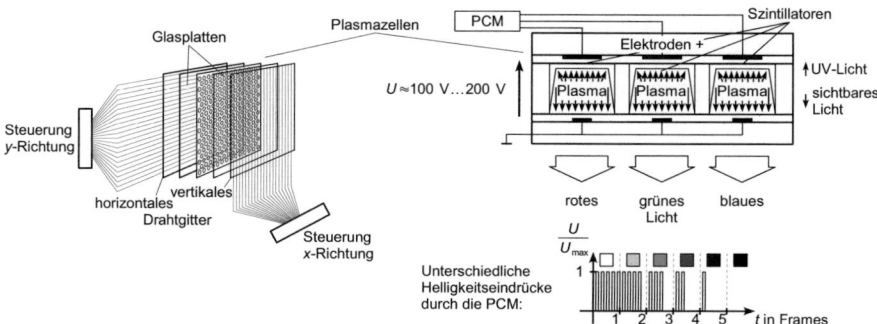

Abb. 2.18. Funktionsweise und Aufbau eines Plasmabildschirms (links) und dreier Plasmazellen (rechts, nach [44]).

2.3.2 Lautsprecher

Die Aufgabe eines Lautsprechers – Abbildung 2.19 zeigt auf der linken Seite einen dynamischen Lautsprecher, wie er in der Praxis häufig verwendet wird – besteht darin, elektrische Signale in Schallwellen zu wandeln, sodass sie vom menschlichen Ohr aufgenommen werden können [26]. Das Funktionsprinzip eines dynamischen Lautsprechers ist in Abbildung 2.19 rechts verdeutlicht [51].

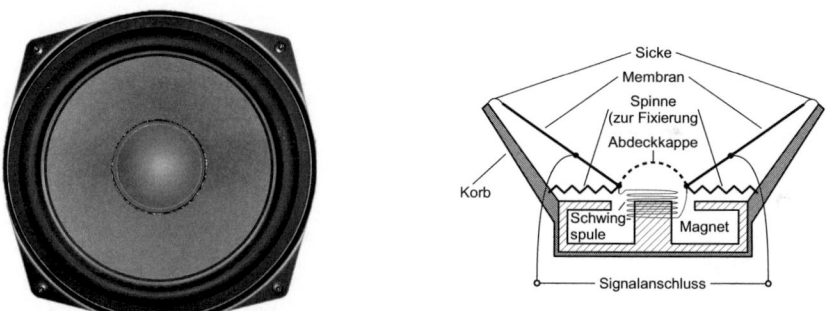

Abb. 2.19. Schaubild (links) und Funktionsweise (rechts) eines dynamischen Lautsprechers angelehnt an [18, 51].

Die Signalanschlüsse werden direkt auf eine Membran geführt, die an dem Lautsprecherkorb mittels der rings um den oberen Rand verlaufenden Sicke befestigt ist. Am unteren Teil der Membran ist eine Schwingspule angebracht, die ebenfalls mit den Signal führenden Leitungen verbunden ist. Die Schwingspule und die Membran werden mithilfe der sog. „Spinne" so zentriert, dass die Schwingspule nach unten berührungsfrei zwischen den Polen eines Dauermagneten schweben kann. Wird ein akustisches Signal in elektrischer Form auf die Signalleitung gegeben, so baut diese

2.4 Übungen

Aufgabe 2.1: *Tastatur*

a) Wie viele parallele Eingänge müsste ein Controller haben, wenn jede Taste einer 102-Tastentastatur direkt mit ihm verbunden wäre?

b) Erläutern Sie die Begriffe *typematic delay* Δt und *typematic rate* r, und geben Sie ihre für eine Tastatur typische Größenordnungen an.

c) Erläutern Sie, welchen Vorteil das „Row-Scanning" bietet, und wie es sich auf die Größen der vorigen Aufgabenpunkte auswirkt.

d) Dimensionieren Sie die „Zeilen" und „Spalten" einer Row-Scanning-Schaltung.

e) Wie können Sie die Anzahl der parallelen Eingänge (Anzahl der „Zeilen") des Controllers weiter reduzieren?

f) Erläutern Sie, weshalb diesem Ansatz in der Praxis Grenzen gesetzt sind. Ziehen Sie bei Ihren Betrachtungen die Definition von Δt mit ein.

Aufgabe 2.2: *Maus*

Insbesondere für „Zeigeoperationen" findet die Computermaus Verwendung, welche Gegenstand dieser Aufgabe ist.

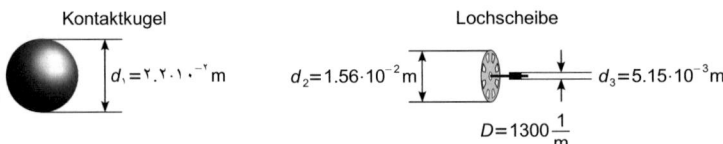

Abb. 2.20. Größenangaben der beiden wichtigsten mechanischen Bauteile (Kontaktkugel, links und Lochscheibe, rechts) einer opto-mechanischen Maus.

a) Erläutern Sie die Funktionsweise zweier Maustypen.

b) Berechnen Sie die Ortsauflösung r_o einer opto-mechanischen Maus in Abhängigkeit der Größen d_2, d_3 und der Lochdichte D der Lochscheibe in der Einheit dots per inch (dpi) = $\frac{\text{pixel}}{\text{inch}}$. (Hinweise: Es gilt 1 inch = $2.54 \cdot 10^{-2}$ m. Die Größenverhältnisse der in Abschnitt 2.2.3 behandelten charakteristischen Bauteile einer opto-mechanischen Maus können Abbildung 2.20 entnommen werden.)

c) Wie könnten Sie die Auflösung einer opto-mechanischen Maus vergrößern?

d) Wesentliche Kenngrößen einer *optischen* Maus sind die Auflösung r des gewählten Fotosensors sowie dessen Bildwiederholungsrate R. Berechnen Sie daraus die maximale örtliche Auflösung r_o und Bewegungsgeschwindigkeit v_{max} einer optischen Maus, für den Fall, dass für zwei aufeinander folgende Bilder eine Überlappung um mindestens $u = 25\%$ benötigt wird und die Kantenlänge des vom optischen Sensor aufgenommen Ausschnitts der Oberfläche $a = 2.00 \cdot 10^{-4}$ m beträgt. (Hinweis: Nehmen Sie für diese Aufgabe die typischen Kenndaten einer optischen Maus aus Tabelle 2.5 auf Seite 15.)

Aufgabe 2.3: *Resistiver Touchscreen*

Gegeben ist ein resistiver Touchscreen. Seinen prinzipiellen Aufbau zeigt Abbildung 2.9 links auf Seite 20. Charakteristische Größen sind die Widerstände R_{x_1}, R_{x_2}, R_{y_1} und R_{y_2}, die Spannungen U_{x_1}, U_{x_2}, U_{y_1} und U_{y_2} sowie die Länge x und Breite y des Touchscreens. Die Spannungen $U_{x_1|y}$, $U_{x_2|y}$, $U_{y_1|x}$ und $U_{y_2|x}$ werden, wie in Abbildung 2.9 angedeutet, gemessen. Der Ort des Berührpunkts auf dem Touchscreen ist bestimmt durch die Längen der Strecken x_1, x_2, y_1 und y_2.

a) Erläutern Sie *qualitativ* die Funktionsweise eines resistiven Touchscreens.

b) Wovon hängt die örtliche Auflösung des resistiven Touchscreens ab?

c) Zeigen Sie, dass die Länge der Abschnitte x_1, x_2, y_1 und y_2 nur von der Geometrie (x, y) des Touchscreens sowie den Widerstandsverhältnissen $\frac{R_{x_1}}{R_{x_1}+R_{x_2}}$, $\frac{R_{x_2}}{R_{x_1}+R_{x_2}}$, $\frac{R_{y_1}}{R_{y_1}+R_{y_2}}$ und $\frac{R_{y_2}}{R_{y_1}+R_{y_2}}$ abhängt.

d) Ermitteln Sie die Widerstandsverhältnisse in den oben ermittelten Gleichungen aus den Größen in Abbildung 2.9.

e) Leiten Sie daraus die Bestimmungsgleichungen für die Abschnitte x_1, x_2, y_1 und y_2 ab, die nur von den bekannten oder messbaren Spannungen abhängen.

f) Welchen Vorteil bietet die gleichzeitige Messung von x_1 und x_2 bzw. y_1 und y_2? Was gilt in diesem Fall für die Spannungen U_{x_1} und U_{x_2} bzw. U_{y_1} und U_{y_2}?

g) Sie betreiben Ihren Touchscreen (Oberflächenmaße $x = 32$ cm und $y = 24$ cm) mit den Spannungen $U_{x_1} = U_{y_1} = 10$ V und $U_{x_2} = U_{y_2} = 5$ V. Beim Berühren der Oberfläche messen Sie $U_{x_1|y} = -8$ V und $U_{y_2|x} = -6$ V. An welcher Stelle wurde der Touchscreen berührt? (Hinweis: Geben Sie die Entfernung vom oberen linken Bildschirmrand in „cm" an.)

h) Wie erhöht man die räumliche Auflösung des resistiven Touchscreens?

2.5 Literaturverzeichnis

[1] 3DCONNEXION: *SpaceMouse Classic*. Data sheet, 2002

[2] ASPRAY, W. ; BROMLEY, A. G. ; CAMPBELL-KELLY, M. ; CERUZZI, P. E. ; WILLIAMS, M. R. ; ASPRAY, W. (Hrsg.): *Computing before Computers*. Iowa State University Press, 1990

[3] BARDINI, T.: *Bootstrapping: Douglas Engelbart, Coevolution, and the Origins of Personal Computing*. Stanford University Press, 2000

[4] BAYER, B. E.: *Color Imaging Array*. U. S. Patent No. 3 971 065, 1976

[5] BŒUF, J. P.: Plasma Display Panels: Physics, Recent Developments and Key Issues. In: *Journal of Physics D: Applied Physics* 36 (2003), S. 53 – 79

[6] BONNAUD, O. ; MOHAMMED-BRAHIM, T. ; AST, D. G.: Poly-Si Thin Film and Substrate Materials. In: KUO, Y. (Hrsg.): *Thin Film Transistors: Polycrystalline Silicon Thin Film Transistors* Bd. 2. Kluwer Academic Publishers, 2004, S. 8 – 94

[7] BROERSE, P. H. ; ROOSMALEN, J. H. T. van ; TAN, S. L.: An Experimental Light-Weight Color Television Camera. In: *Philips Technical Review* 29 (1968), Nr. 11, S. 325 – 335

[8] BRUCH, W.: *Das PAL-Farbfernsehen – Prinzipielle Grundlagen der Modulation und Demodulation*. Bd. 17. Nachrichtentechnische Zeitschrift, 1965

[9] CAMERON, P.: Optical Sensors. In: TOZER, E. P. J. (Hrsg.): *Broadcast Engineer's Reference Book*. Elsevier, 2004, S. 417 – 438

[10] CASSINGHAM, R. C.: *The Dvorak Keyboard – The Ergonomically Designed Typewriter Keyboard, now an American Standard*. Freelance Communications, 1986

[11] CASTELLANO, J. A.: *Liquid Gold: The Story of Liquid Crystal Displays and the Creation of an Industry*. World Scientific Publishing, 2005

[12] CASWELL, N. S.: *Introduction to Input Devices*. Academic Press, 1988 (Computer Graphics: Technology and Applications)

[13] CHADHA, S. S.: *An Overview of Electronic Displays*. Applied Vision Association, 1995

[14] CHODROROW, M.: Electron Tubes. In: MIDDELTON, W. (Hrsg.) ; VALKENBURG, M. E. van (Hrsg.): *Radio, Electronics, Computer, and Communications*. 9. 2002 (Reference Data for Engineers), S. 1 – 59

[15] CRISTALDI, D. J. R. ; PENNISI, S. ; PULVIRENTI, F.: *Liquid Crystal Display Drivers: Techniques and Circuits*. Springer, 2009

[16] DANIEL, H.: *Physik: Optik, Thermodynamik, Quanten.* Bd. 3. Mouton de Gruyter, 1998

[17] DAVID, P. A.: Understanding the Economics of QWERTY: the Necessity of History. In: PARKER, W. N. (Hrsg.): *Economic History and the Modern Economist.* Basil Blackwell, 1986, S. 30–49

[18] EARGLE, J.: *Loudspeaker Handbook.* 2. Kluwer Academic Publishers, 2003

[19] ECKERT, W. J. ; MCPHERSON, J. C.: *Punched Card Methods in Scientific Computation.* The MIT Press, 1984

[20] ENGELBART, D. C.: *X-Y Position Indicator for a Display System.* U. S. Patent No. 3 541 541, 1970

[21] ERHARDT, A.: *Einführung in die Digitale Bildverarbeitung: Grundlagen, Systeme und Anwendungen.* Vieweg + Teubner, 2008

[22] FOLEY, J. D. ; DAM, A. van ; FEINER, S. K. ; HUGHES, J. F.: *Computer Graphics: Principles and Practice.* 3. Addison-Wesley, 2009 (The System Programming Series)

[23] FORSTER, W. ; FREUNDORFER, S.: *Joysticks – Eine illustrierte Geschichte der Game-Controller 1972–2004.* GAMEplan, 2004

[24] FRADEN, J.: *Handbook of Modern Sensors – Physics, Designs, and Application.* 3. Springer, 2004

[25] FRIEDEWALD, M.: *Aachener Beiträge zur Wissenschafts- und Technikgeschichte des 20. Jahrhunderts.* Bd. 3: *Der Computer als Werkzeug und Medium: Die geistigen und technischen Wurzeln des Personal Computers.* Verlag für Geschichte der Naturwissenschaften und der Technik, 1999

[26] GOERTZ, A.: Lautsprecher. In: *Handbuch der Audiotechnik.* Springer, 2008, S. 421–490

[27] GOLDSTON, R. J. ; RUTHERFORD, P. H.: *Introduction to Plasma Physics.* IOP Publishing Ltd., 1995 (Plasma Physics Series)

[28] GÖRNE, T.: *Mikrofone in Theorie und Praxis.* 7. Elektor-Verlag, 2007

[29] GUPTA, R. G.: *Television Engineering and Video Systems.* Tata McGraw Hill, 2006 (Electronics Engineering Series)

[30] HOLLERITH, H.: *Art of Compiling Statistics.* U. S. Patent No. 395 781, 1889

[31] HOLZINGER, A.: Finger Instead of Mouse: Touch Screens as a means of enhancing Universal Access. In: CARBONELL, N. (Hrsg.) ; STEPHANIDIS, C. (Hrsg.): *Universal Access, Theoretical Perspectives, Practice, and Experience.* Springer, 2003, S. 387–397

[32] HUBER, D. M. ; RUNSTEIN, R. E.: *Modern Recording Techniques.* 7. Focal Press, 2009

[33] ITU-R BT.470-6: *Conventional Television Systems*. International Telecommunications Union, 1998

[34] KAMALI, B.: Touch-Screen Displays. In: LIPTÁK, B. G. (Hrsg.): *Process Control and Optimization* Bd. 2. 4. CRC-Press, 2006, S. 845–853

[35] KIPPHAN, H. (Hrsg.): *Handbook of Print Media*. Springer, 2001

[36] LEE, H.-C.: *Introduction to Color Imaging Science*. Cambridge University Press, 2005

[37] LOGITECH: *Attack 3 Joystick*. Installation Manual, 2004

[38] LOGITECH: *V100 – Optical Mouse for Notebooks*. Installation Manual, 2007

[39] LOGITECH: *Logitech Cordless Optical TrackMan*. User's Manual, 2008

[40] LUCZAK, H. ; ROETTING, M. ; OEHME, O.: Visual Displays. In: SEARS, A. (Hrsg.) ; JACKO, J. A. (Hrsg.): *The Human-Computer Interaction Handbook: Fundamentals, Evolving Technologies and Emerging Applications*. 2. Human Factors and Ergonomics, 2008, S. 187–205

[41] LUTHER, A. C. ; INGLIS, A. F.: *Video Engineering*. 3. McGraw-Hill, 1999 (Video/Audio Engineering)

[42] MAGNAN, M.: Blueprint for a Healthy Workstation. In: *The Calgary Herald* (2007)

[43] MAGOUN, A. B.: *Television: The life story of a technology*. Greenwood Press, 2007

[44] MAHLER, G.: *Die Grundlagen der Fernsehtechnik: Systemtheorie und Technik der Bildübertragung*. Springer, 2005

[45] MAUGUIN, C. B.: Sur les Cristaux Liquides de Lehmann. In: *Bulletin de la Société Français de Minéralogie* 34 (1911), S. 71–117

[46] MCCONNELL, E.: Data Acquisition Systems. In: WEBSTER, J. G. (Hrsg.) ; COURSEY, B. M. (Hrsg.): *The Measurement, Instrumentation and Sensors Handbook*. Springer, 1999 (Electrical Engineering Handbook Series), S. 96.10–96.21

[47] MITRA, S. ; ACHARYA, T.: Gesture recognition: A Survey. In: *IEEE Transactions on Systems, Man and Cybernetics – Part C: Applications and Reviews* 37 (2007), S. 311–324

[48] MIYAOKA, S.: *Color Tube with Convergence Electrode Mounting and Connecting Structure*. U. S. Patent No. 3 575 625, 1969

[49] MOIR, I. ; SEABRIDGE, A. G.: *Civil Avionics Systems*. American Institute of Aeronautics & Astronautics, 2002 (AIAA Education Series)

[50] MOROZUMI, S.: Active-Matrix Thin-Film Transistor Liquid-Crystal Displays. In: HAWKES, P. W. (Hrsg.): *Advances in Electronics and Electron Physics* Bd. 77. Academic Press, 1990, S. 1–82

[51] MÖSER, M.: *Technische Akustik.* 7. Springer, 2007

[52] NUNLEY, W. ; BECHTEL, J. S.: *Optical Engineering.* Bd. 12: *Infrared Optoelectronics: Devices and Applications.* Marcel Dekker, 1987

[53] PLATSHON, M.: Acoustic Touch Technology Adds a New Input Dimension. In: *Computer Design* (1988), S. 89–93

[54] REINITZER, F.: Beiträge zur Kenntnis des Cholesterins. In: *Monatshefte für Chemie* 9 (1888), Nr. 1

[55] RUSS, J. C.: *The Image Processing Handbook.* 5. CRC-Press, 2006

[56] SCHMIDT, U.: *Professionelle Videotechnik.* 4. Springer, 2005

[57] SCHRÜFER, E.: *Elektrische Messtechnik: Messung elektrischer und nichtelektrischer Größen.* 9. Hanser Fachbuchverlag, 2007

[58] SCHROEDER, A. C.: *Picture Reproducing Apparatus.* U. S. Patent No. 2 595 548, 1952

[59] SEARS, A. ; PLAISANT, C. ; SHNEIDERMAN, B.: A New Era for High Precision Touchscreens. In: HARTSON, H. R. (Hrsg.) ; HIX, D. (Hrsg.): *Advances in Human-Computer Interaction* Bd. 3. Nordwood, 1992, S. 1–33

[60] SEIB, D. H. ; AUKERMAN, L. W.: Photodetectors for the 0.1 to 1.0 µm Spectral Region. In: MARTON, L. L. (Hrsg.): *Advances in Electronics and Electron Physics* Bd. 34. Elsevier, 1973, S. 95–216

[61] SHERR, S. (Hrsg.): *Input Devices. Computer Graphics – Technology and Applications.* Academic Press, 1988

[62] SHOLES, C. L. ; GLIDDEN, C. ; SOULE, S. W.: *Improvement in Type-Writing Machines.* U. S. Patent No. 79 265, 1868

[63] TYSON, J. ; WILSON, T. V.: *How Computer Keyboards Work.* HowStuffWorks.com, 2000

[64] VARDALAS, J.: From DATAR to the FP-6000: Technological Change in a Canadian Industrial Context. In: *IEEE Annals of the History of Computing* 16 (1994), Nr. 2, S. 20–30

[65] WATZLAWICK, P. ; BEAVIN, J. H. ; JACKSON, D. D.: *Menschliche Kommunikation. Formen, Störungen, Paradoxien.* 11. Hans Huber Verlag, 2007

[66] WEBER, L. F.: Plasma Displays. In: DORF, R. C. (Hrsg.): *Computers, Software Engineering, and Digital Devices.* 3. CRC-Press, 2005 (The Electrical Engineering Handbook), S. 5.17–5.30

[67] WEBERS, J.: *Handbuch der Tonstudiotechnik.* 9. Franzis, 2007

[68] WEIMER, P. K. ; FORGUE, S. V. ; GOODRICH, R. R.: The Vidicon Photoconductive Camera Tube. In: *Electronics* 23 (1950), Nr. 5, S. 70–73

[69] WHITAKER, J. C.: *Electronic Displays: Technology, Design, and Applications.* McGraw Hill, 1994

[70] WOLF, W.: *Computers as Components: Principles of Embedded Computing System Design.* 2. Morgan Kaufmann, 2008

[71] YEH, P. ; GU, C.: *Optics of Liquid Crystal Displays.* John Wiley & Sons, 1999

3

Menschliche Sinnesorgane

3.1 Übersicht über die Sinne

Der Mensch verfügt über die allgemein bekannten „fünf Sinne". Ein Überblick der Sinne mit den theoretischen Datenraten, mit denen sie Informationen aufnehmen, ist in Abbildung 3.1 gegeben.

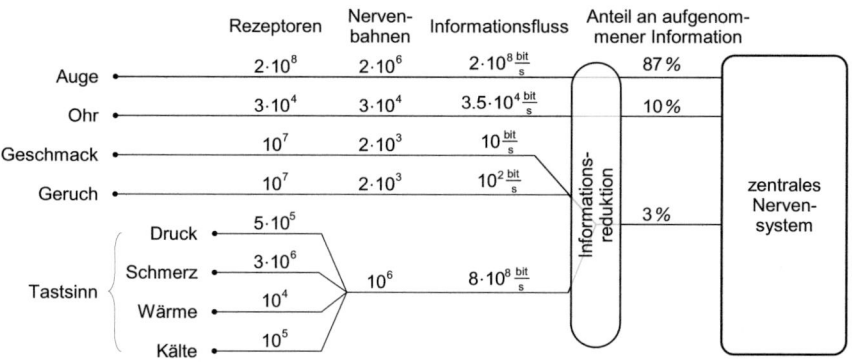

Abb. 3.1. Die Sinne des Menschen und ihre „Datenraten" nach [21].

Da, wie schon im ersten Kapitel erwähnt, der akustische und der visuelle Kanal die beiden bedeutendsten Modalitäten für die moderne Mensch-Maschine-Kommunikation (MMK) sind, werden im Folgenden der Seh- und Hörsinn sowie ihre zugehörigen Sinnesorgane vorgestellt und näher beschrieben.

3.2 Sehen

3.2.1 Aufbau des Auges

Der Sehsinn dient dem Menschen zur Aufnahme visueller Information, das zugehörige Organ ist das Auge [23]. Einen Schnitt durch das menschliche Auge zeigt Abbildung 3.2 links in einer schematischen Darstellung. Gezeigt ist ein Schnitt durch den Augapfel, der in einer aus Knochen bestehenden Augenhöhle sitzt.

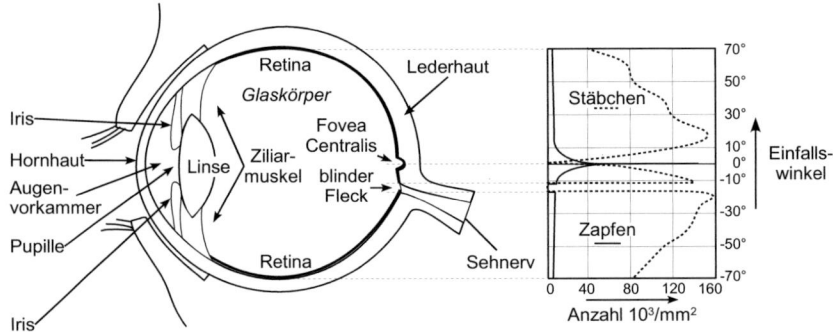

Abb. 3.2. Querschnitt durch das menschliche Auge (links, nach [28]) und die Verteilung der Zapfen und Stäbchen auf der Retina in Abhängigkeit des Einfallswinkels des Lichts (links, nach [25]).

Die Bestandteile des Auges sind [23]:

Cornea Die Cornea, auch *Hornhaut* genannt, ist lichtdurchlässig und schützt die dahinter liegende Iris, Pupille und Linse.

Iris Aufgabe der Iris oder *Regenbogenhaut* ist es, die dahinterliegende Pupille je nach Lichtverhältnissen mehr oder weniger weit zu öffnen. In einer dunklen Umgebung öffnet die Iris die Pupille weiter, damit mehr Licht in das Auge einfallen kann. Bei einer hellen Umgebung verkleinert sich die Pupillenöffnung. Dies wird auch als Hell-dunkel-Adaptation bezeichnet.

Ziliarmuskel Die Ziliarmuskeln dienen zum Verformen und damit zum Ändern der Brechungseigenschaft der *Linse*.

Linse Die Linse bündelt das Licht. Sie kann durch die *Ziliarmuskeln* so verformt werden, dass sowohl weit entfernte als auch nahe gelegene Objekte „scharf" abgebildet werden können, auch Akkommodation genannt.

Glaskörper Das Innere des Augapfels ist mit einer gallertartigen, lichtdurchlässigen Masse, dem Glaskörper gefüllt. Er leitet einerseits das Licht gut auf die *Retina* weiter, andererseits stützt er den Augapfel.

Retina Die lichtempfindliche Schicht des Auges wird Retina genannt. Hinter einer mit vielen Adern durchsetzten Schicht (siehe Abbildung 3.4) liegen die optisch aktiven Elemente der Netzhaut. Auf der Retina gibt es zwei besonders ausgezeichnete Orte:

1. Die *Fovea Centralis*, die im Zentrum der visuellen Achse liegt und die höchste Zapfendichte aufweist. Sie wird deswegen auch „gelber Fleck" genannt (siehe Abbildung 3.2).
2. Die visuellen Informationen werden durch den *Sehnerv* aus dem Auge zum Gehirn befördert. An der Stelle, an der dieser das Auge verlässt, liegt der sog. *blinde Fleck*. Dieser wird jedoch nicht bewusst wahrgenommen, da er einerseits durch eine nervöse Vorverarbeitung ausgeblendet, andererseits durch die Gesichtsfelder beider Augen überlagert wird.

Opticus Die visuelle Information der auf der Retina sitzenden Rezeptoren wird im Opticus, auch *Sehnerv* genannt, aus dem Auge transportiert. An dieser Stelle befinden sich keine lichtempfindlichen Zellen, das Auge kann dort demnach nicht sehen (siehe „blinder Fleck").

Chorioidea Die Chorioidea, auch *Aderhaut*, die hinter der Retina liegt, versorgt das Auge mit Blut.

Sclera Einen Schutz des Auges bietet die an der Außenseite des Augapfels liegende Sclera oder *Lederhaut*. Sie besteht aus weißem Gewebe und geht im Bereich der Linse in die Hornhaut über.

Der Augapfel kann mit den an ihm verwachsenen Augenmuskeln in verschiedene Richtungen gedreht werden.

3.2.2 Prinzip des Sehens

Abbildung 3.3 links zeigt einen Überblick über das in der Natur vorkommende Spektrum elektromagnetischer Strahlung. Wie aus der Abbildung zu entnehmen ist, macht das sichtbare Licht, das in einem Wellenlängenbereich von ca. 380 nm bis 750 nm liegt, nur einen sehr kleinen Teil der elektromagnetischen Strahlung aus [15]. Das menschliche Auge ist nur für Strahlung aus diesem Bereich empfindlich.

Zunächst tritt das Licht durch die Hornhaut, die eine konstante Brechkraft besitzt, in die Augenvorkammer. Um einen möglichst großen Helligkeits-Dynamikbereich (beim Menschen beträgt dieser ca. 110 dB [29]) abdecken zu können, kann der Durchmesser der Pupille, die das Licht in die Linse gelangen lässt, vergrößert oder verkleinert werden. In hellen Umgebungen, beispielsweise bei Sonnenlicht, wird die Iris über die Pupille geschoben, und somit fällt weniger Licht in das Auge. In dunkler Umgebung weitet sich die Pupille, und das Auge nimmt mehr Licht auf. Dieser Vorgang wird Adaptation genannt. Je nach Adaptation ändert sich die spektrale Empfindlichkeit des Auges (siehe Abbildung 3.3 rechts). Die spektrale Empfindlichkeit bei einem auf helle

46 3 Menschliche Sinnesorgane

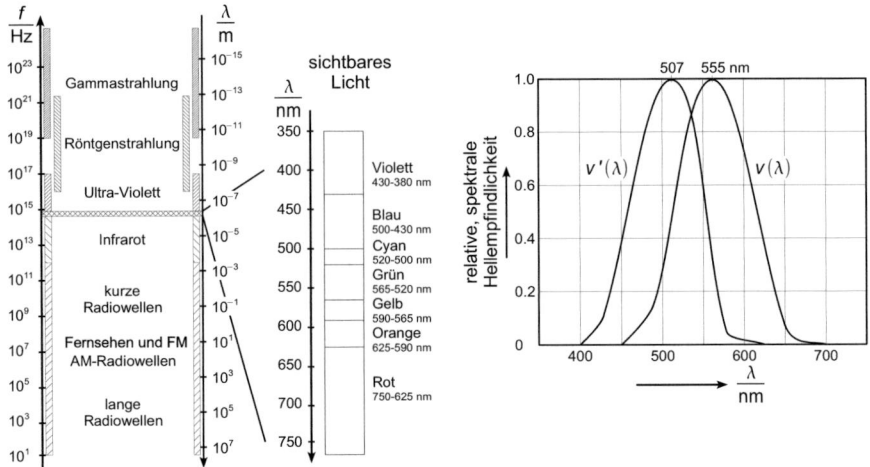

Abb. 3.3. Das in der Natur vorkommende Spektrum elektromagnetischer Strahlung sowie eine Unterteilung in gängige, aus der Praxis bekannte Wellen (links). Spektrale Empfindlichkeit des Auges bei Dunkel- und Helladaption ($v'(\lambda)$ bzw. $v(\lambda)$ rechts, nach [6]).

Umgebungen adaptierten Auge (Tagsehen, fotopisches Sehen) gibt die Kurve $v(\lambda)$ wieder. In diesem Fall sind Farbempfindungen möglich. Ein auf dunkle Umgebungen adaptiertes Auge (Nachtsehen, skotopisches Sehen) besitzt die spektrale Charakteristik $v'(\lambda)$ aus Abbildung 3.3. In diesem Fall sind keine Farbempfindungen möglich [20].

Da sowohl nah als auch fern gelegene Objekte vom Auge scharf gesehen werden sollen, wird die Brechkraft des Auges mithilfe der hinter der Pupille liegenden Linse angepasst. Dies wird auch Akkommodation genannt [16]. Bilder auf der Retina können nur in einem kleinen Bereich, der Fovea Centralis, scharf abgebildet werden. Um ein scharfes Gesamtbild zu erhalten, führt das Auge kleine Zuckbewegungen, sog. Sakkaden durch, um verschiedene Bildbereiche auf die Fovea Centralis abzubilden [3]. Während einer Sakkade nimmt das Auge keinerlei visuelle Information auf.

Durch die Linse und den Glaskörper wird das Bild auf die Retina abgebildet. Der schematische Aufbau der Retina ist in Abbildung 3.4 links gezeigt: Das Licht dringt durch das enge Netz an Adern, Sehnervenfasern und -zellen und trifft auf die lichtempfindlichen Fotorezeptoren. Die Tatsache, dass das über den Rezeptoren liegende Nervennetz nicht bewusst wahrgenommen wird, ist höheren Funktionen des visuellen Kortex zu verdanken [17].

3.2.3 Psychooptische und physikalische Messgrößen

Das Helligkeitsempfinden hängt, wie in Abbildung 3.3 rechts gezeigt, sowohl von der Wellenlänge des Lichts als auch von der Umgebungsbeleuchtung ab. Das menschliche

Auge ist demnach kein exakter physikalischer Sensor. Deswegen haben sich psychooptische Messgrößen etabliert, die in Tabelle 3.1 in der linken Spalte aufgeführt sind. In der rechten Spalte von Tabelle 3.1 sind die korrespondierenden physikalischen Parameter aufgeführt. Allen psychooptischen Messgrößen ist gemein, dass sie mit der spektralen Empfindlichkeit des Auges bewertet werden [17].

Psychooptik		Physik	
Bezeichnung	Einheit	Bezeichnung	Einheit
Lichtstärke I_v	cd (Candela)	Strahlungsstärke I	W/sr
Leuchtdichte L	cd/m²	Strahlungsdichte L_Ω	$\frac{W}{sr \cdot m^2}$
Lichtstrom Φ_v	lm (Lumen) 1 lm = 1 cd · sr	Strahlungsleistung P	W (Watt)
Lichtmenge Q_e	lm · s	Strahlungsenergie E	J = W · s
Beleuchtungsstärke E_v	lx (Lux) lx = lm/m²	Bestrahlungsstärke E	W/m²
Belichtung H	lx · s	Energiedichte w	J/m²
Lichtausbeute $\mu = \frac{\text{Lichtstrom}}{\text{Strahlungsleistung}}$ 1 lm/W			

Tabelle 3.1. Gegenüberstellung psychooptischer und physikalischer Messgrößen.

Lichtstärke I_v ist die Strahlungsleistung einer Lichtquelle pro Raumwinkel $\left(\text{sr, sr} = \text{m}^2/\text{m}^2 = \frac{[\text{Fläche}]}{[\text{Radius}]^2}\right)$, gewichtet mit der spektralen Empfindlichkeit des Auges. Für die Einheit gilt $[I_v] = \text{cd}$[1]. Eine monochromatische Lichtquelle der Frequenz 540 nm (grüngelbes Licht, siehe Abbildung 3.3), die mit einer Leistung von $\frac{1}{683}$ W/sr strahlt, hat die Lichtstärke 1 cd. Die Lichtstärke ist eine Eigenschaft der Lichtquelle und damit unabhängig vom Abstand des Beobachters. Außerdem stimmt die Lichtstärke nicht immer mit der physikalischen Strahlungsstärke überein.

Strahlungsstärke I ist der Strahlungsfluss dΦ je Raumwinkel dΩ und errechnet sich zu $I = \frac{d\Phi}{d\Omega}$. Die Einheit der Strahlungsstärke ist $[I] = \text{W/sr}$.

Leuchtdichte L beschreibt die Helligkeit, mit der das menschliche Auge ein Objekt wahrnimmt. Sie bildet sich aus dem Verhältnis der Lichtstärke I_v und der leuchtenden Fläche A eines Körpers. Es gilt somit $L = \frac{I_v}{A}$, und damit ergibt sich als Einheit $[L] = \text{cd/m}^2$.

---
[1] Die Einheit „cd" leitet sich vom lateinischen Wort *candela*, zu deutsch „Kerze" ab.

Strahlungsdichte L_Ω ist der Strahlungsfluss pro durchstrahlter Fläche dA und pro Raumwinkel $d\Omega$. Sie errechnet sich aus dem Strahlungsfluss $d\Phi$ zu $L_\Omega = \frac{d^2\Phi}{d\Omega \cdot dA}$. Ihre Einheit lautet $[L_\Omega] = \frac{W}{sr \cdot m^2}$.

Lichtstrom Φ_v ist die psychooptische Leistungsgröße und stellt somit die fotometrische Entsprechung zur Strahlungsleistung dar mit der Einheit $[\Phi] = lm = cd \cdot sr^2$.

Strahlungsleistung Φ ist die pro Zeiteinheit dt von einer elektromagnetischen Welle transportierte Strahlungsenergie dQ. Damit gilt: $\Phi = \frac{dQ}{dt}$. Sie ist eine objektive Messgröße und unabhängig von der Wahrnehmung des Menschen. Ihre Einheit lautet $[\Phi] = W$ (Watt).

Lichtmenge Q_e ist die fotometrische Bezeichnung für die mit den Seheigenschaften des menschlichen Auges gewichtete Strahlungsenergie. Ihr Wert wird mit der Einheit Lumensekunden ($[Q_e] = lm \cdot s$) angegeben.

Strahlungsenergie E bezeichnet die Energie des Lichts. Sie errechnet sich, wie bei elektromagnetischen Wellen üblich, über $E = h \cdot \nu$, wobei h das plancksche Wirkungsquantum und ν die Frequenz des Lichts ist. Die Einheit lautet $[E] = J = W \cdot s$.

Beleuchtungsstärke E_v wird aus dem Quotienten des einfallenden Lichtstroms $d\Phi_v$ und der bestrahlten Fläche des Empfängers A_E berechnet: $E_v = \frac{d\Phi_v}{dA_E}$. Dadurch ergibt sich die Einheit $[E_v] = lm/m^2 = lx$[3].

Bestrahlungsstärke E beschreibt den Strahlungsfluss $d\Phi$ pro Fläche dA. Es folgt: $E = \frac{d\Phi}{dA}$. Die Einheit lautet W/m^2.

Belichtung H beschreibt die von einem Flächenelement dA empfangene Lichtmenge bei Bestrahlung mit Licht der Beleuchtungsstärke E_v innerhalb der Zeitspanne T. Sie berechnet sich zu $H = \int_0^T E_v(t)dt$. Damit erhält man als Einheit $[H] = lx \cdot s$.

Energiedichte $w = \frac{dQ}{dA}$ beschreibt die auf eine Fläche dA wirkende Energie dQ. Die Einheit ergibt sich zu $[w] = J/m^2$.

Lichtausbeute μ wird aus dem Quotienten des Lichtstroms Φ_v einer Lichtquelle und der dafür aufgewendeten Strahlungsleistung Φ errechnet. Es gilt: $\mu = \frac{\Phi_v}{\Phi}$ mit der Einheit $[\mu] = lm/W$.

3.2.4 Farbsehen

Die Fotorezeptoren der Retina sind mit dem fotochemischen Stoff Rhodopsin (auch „Sehpurpur" genannt [3]) gefüllt [23]. Man unterscheidet „Stäbchen" und „Zapfen". Ihre Verteilung auf der Retina ist in Abbildung 3.2 rechts auf Seite 44 dargestellt. Die Stäbchen sind für das Schwarz-Weiß- und das Kontrastsehen verantwortlich, über die

---

[2] Die Einheit „lm" leitet sich vom lateinischen Wort *lumen*, zu deutsch „Leuchte" ab.
[3] Die Einheit „lx" leitet sich vom lateinischen Wort *lux* zu deutsch „Licht" ab.

gesamte Retina in hoher Konzentration verteilt und vornehmlich beim Nachtsehen aktiv. Insgesamt verfügt die Retina über $1.2 \cdot 10^8$ Stäbchen. Das Farbsehen wird durch die Zapfen ermöglicht – sie sind beim Tagsehen aktiv und befinden sich nur im Zentrum der Retina (im sog. gelben Fleck). Die Gesamtanzahl an Zapfen auf der Retina beträgt ca. $7.0 \cdot 10^6$. Damit existieren wesentlich mehr Stäbchen als Zapfen, was auch aus ihrer Verteilung in Abbildung 3.2 rechts hervorgeht. Für die Farbwahrnehmung gibt es drei unterschiedliche Arten von Zapfen [1, 9]:

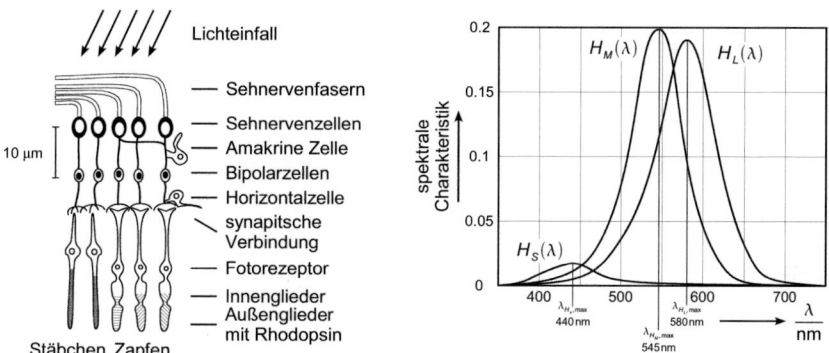

Abb. 3.4. Vereinfachter schematischer Aufbau der Retina (links) und die spektrale Empfindlichkeit der drei verschiedenen Rezeptoren (*S*-, *M*- und *L*-Zapfen) für das Farbsehen (rechts, die sog. „Absorptionskurven" nach [24]).

S-**Zapfen** oder Blaurezeptoren decken den Blaubereich des Lichts bei einer Wellenlänge von ca. 430 nm ab.

M-**Zapfen** oder Grünrezeptoren besitzen ihr Absorptionsmaximum bei ca. 530 nm und sind häufig für Farbfehlsichtigkeiten verantwortlich.

L-**Zapfen** oder Rotrezeptoren absorbieren Licht um einen Wellenlängenbereich von 560 nm.

Das zahlenmäßige Verhältnis der Zapfen auf der Retina beträgt 1 : 10 : 10, d. h. die *L*- und *M*-Zapfen kommen ca. zehnmal so häufig vor wie die *S*-Zapfen. In Abbildung 3.4 rechts sind die normierten Absorptionscharakteristika $H_S(\lambda)$ (der S-Zapfen), $H_M(\lambda)$ (der M-Zapfen) und $H_L(\lambda)$ (der L-Zapfen) dargestellt. Trifft Licht einer bestimmten Wellenlänge auf die Retina, so werden die drei Zapfentypen gemäß der Absorptionskurven aus Abbildung 3.4 angeregt. Durch die unterschiedlich starke Anregung der drei Rezeptortypen entsteht so durch eine entsprechende Verarbeitung im Gehirn der Farbeindruck.

3.2.5 Gesichtsfeld

Wie in den vorausgegangen Abschnitten beschrieben, wird das Farbsehen durch die Anregung dreier unterschiedlicher Rezeptortypen ermöglicht [1]. Außerdem sind, wie in Abbildung 3.2 gezeigt, die Zapfen und Stäbchen nicht gleichmäßig über die gesamte Retina verteilt. Dies führt dazu, dass nicht unter jedem Blickwinkel gleich gut gesehen werden kann. Man unterscheidet das horizontale und vertikale Gesichtsfeld. Das Gesichtsfeld beschreibt dabei den Bereich (z. B. in ° gemessen), der mit ruhendem Auge und Kopf gesehen werden kann. Das vertikale Gesichtsfeld ist in Abbildung 3.5 links, das horizontale in derselben Abbildung rechts dargestellt. Es ist außerdem der Sichtbereich der einzelnen Farben dargestellt. Volles Farbempfinden ist nur im Überlappungsbereich der Farbzonen möglich. Man spricht auch von dem „primären Gesichtsfeld", das sich horizontal im Bereich von $-15° < \theta < +15°$ und vertikal im Bereich von $-17° < \varphi < +14°$ befindet. Außerhalb der Farbzonen ist nur Schwarz-Weiß-Sehen möglich. Dieser Bereich liegt beim vertikalen Gesichtsfeld im Bereich von $20° < \theta < 27°$ bzw. $-33° < -24°\theta <$ und beim horizontalen Gesichtsfeld im Bereich von $47° < \varphi < 55°$ bzw. $-55° < \phi < -47°$.

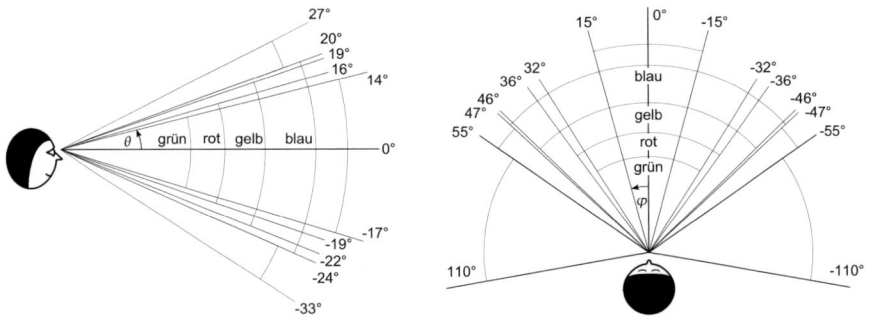

Abb. 3.5. Vertikales (links) und horizontales (rechts) Gesichtsfeld des Menschen (Werte entnommen aus [27]). Zusätzlich zum horizontalen Gesichtsfeld ist auch das maximale Blickfeld eingezeichnet.

Neben dem Gesichtsfeld existiert auch das maximale Blickfeld. Es ist der Bereich, der einschließlich der Augen- und Kopfbewegung erfassbar ist. Dieser unterscheidet sich mitunter stark von Person zu Person[4]. Dennoch ist der typische Wert von $\varphi = \pm 110°$ für das maximale horizontale Blickfeld in Abbildung 3.5 rechts eingetragen. Das horizontale Gesichtsfeld ist deutlich weiter als das vertikale. Dies liegt daran, dass das horizontale Gesichtsfeld aus der Überlagerung der Gesichtsfelder des linken und rechten Auges entsteht. Dreidimensionales Sehen ist nur im Überlappungsbereich der Gesichtsfelder des linken und rechten Auges möglich. Dieser Bereich, der sich geringfügig von Person zu Person unterscheiden kann, erstreckt sich im Bereich von $-55° < \phi < 55°$.

---

[4] Das maximale Blickfeld ist z. B. von der Gelenkigkeit der Individuen abhängig.

3.2.6 Farbmischung

Farbeindrücke lassen sich durch elektromagnetische Strahlung unterschiedlicher Wellenlänge hervorrufen. Aufgrund der Eigenschaft des menschlichen Auges, Farben als überlagerte Anregung dreier verschiedener Rezeptoren zu interpretieren [1], lassen sich Farbeindrücke auch durch „Mischung" erzeugen. Dabei werden Mischfarben aus sog. Primärfarben erzeugt [22]. Man unterscheidet zwei prinzipielle Arten der Farbmischung, die *additive* und *subtraktive* Farbmischung.

Additive Farbmischung

Bei der additiven Farbmischung werden typischerweise drei Primärstrahler, z. B. Rot, Grün und Blau verwendet. Unterschiedliche Farbeindrücke entstehen durch Überlagerung der Strahlenkegel der drei Strahler. Dabei können die Beleuchtungsstärken der Strahler unterschiedlich eingestellt werden. Für die Beleuchtungsstärke I des Strahlers S gilt:

$$I = K \cdot \int_{\lambda=0}^{\infty} p_S(\lambda) \cdot H_S(\lambda) \mathrm{d}\lambda. \tag{3.1}$$

In Gleichung 3.1 bezeichnet $p_S(\lambda)$ die Energieflussdichte der Strahlungsquelle (gemessen in $\mathrm{W/m^3}$), $H_S(\lambda)$ die spektrale Charakteristik des stimulierten Rezeptors und K einen Normierungsfaktor, der für selbstleuchtende Strahler zu $K = 683\,\mathrm{lm/w}$ festgelegt ist. Es gilt definitionsgemäß für die Beleuchtungsstärke $I_0 = 1\,\mathrm{cd}$ für einen monochromatischen Strahler mit einer Wellenlänge von $\lambda_0 = 555\,\mathrm{nm}$ und der Energieflussdichte $p_0(\lambda_0) = \frac{1}{683}\,\mathrm{W/m^3}$.

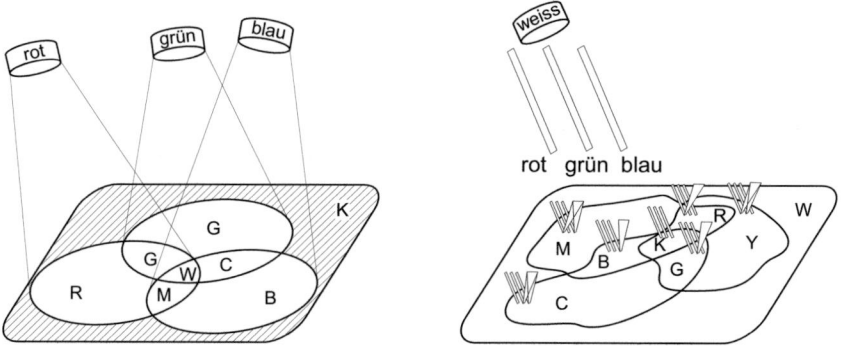

Abb. 3.6. Beispiel für additive (links) und subtraktive (rechts) Farbmischung.

In Abbildung 3.6 links ist das Prinzip der additiven *RGB*-Farbmischung dargestellt. Alle drei Primärstrahler leuchten mit der gleichen Beleuchtungsstärke. Bei der Überlagerung der drei Strahler entsteht die Farbe *Weiß*. Werden nur zwei Strahler überlagert, so entstehen die sog. Sekundärfarben. Im *RGB*-Farbsystem sind diese Sekundärfarben „Gelb" (durch Überlagerung von R und G), „Magenta" (durch Überlagerung von Rot und Blau) und „Cyan" (durch Überlagerung von G und B). Typischerweise wird die additive Farbmischung bei visuellen Anzeigegeräten wie Computerbildschirmen, Fernsehern etc. verwendet (siehe Abschnitt 2.3.1). Sie wird also überall dort angewendet, wo aktive Strahler zum Einsatz kommen können.

Subtraktive Farbmischung

Während bei der additiven Farbmischung der Farbeindruck durch Überlagerung von Primärfarben entsteht, also die beleuchtete Oberfläche die Farben reflektiert, beruht die subtraktive Farbmischung von Farben auf der Absorption bestimmter Primärfarben. Ausgegangen wird von einer weiß beleuchteten Oberfläche. Wird auf sie ein Farbpigment aufgebracht, so entsteht der korrespondierende Farbeindruck durch Absorption der zugehörigen Wellenlänge. In der Regel wird das *CMY*-Farbsystem zur subtraktiven Farbmischung verwendet, wobei C, M und Y die Sekündarfarben des *RGB*-Farbsystems darstellen.

In Abbildung 3.6 rechts ist die subtraktive Farbmischung schematisiert: Werden alle Farbanteile absorbiert (die Überlagerung der drei Primärfarben), so entsteht der Farbeindruck „Schwarz" (engl. *black*). Bei subtraktiver Überlagerung zweier Primärfarben entstehen Sekundärfarben, nämlich R (durch Überlagerung von Y und M), G (durch Überlagerung von C und Y) und B (durch Überlagerung von C und M), also die Primärfarben des additiven *RGB*-Farbsystems. Anwendung findet die subtraktive Farbmischung überall dort, wo keine aktiven Strahler zur Farbmischung zur Verfügung stehen, also beim (Offset-)Druck oder in der Malerei.

Die additive sowie subtraktive Farbmischung kann im sog. *Farbwürfel*, wie in Abbildung 3.7 gezeigt, zusammenfassend beschrieben werden. Der Farbwürfel stellt alle darstellbaren Farben im jeweiligen Farbsystem in einem Koordinatensystem dar. Für die additive Farbmischung entsprechen die Achsen dem Rot (R)-, Grün (G)- und Blau (B)-Farbanteil zur Farbmischung. Die Achsen des Koordinatensystems für die subtraktive Farbmischung werden durch den Cyan (C)-, Magenta (M)- und Gelb (Y)-Anteil der Mischfarbe beschrieben. Die Ecken der Farbwürfel sind definiert durch die jeweiligen Grundfarben sowie deren Mischungen und den Farben „Weiß" und „Schwarz". Diese sind für die additive Farbmischung in Abbildung 3.7 links und für die subtraktive Farbmischung in Abbildung 3.7 rechts dargestellt. Zwischen den Farben des additiven und subtraktiven Farbsystems besteht, wie aus Abbildung 3.7 hervorgeht, der Zusammenhang

$$\begin{pmatrix} R \\ G \\ B \end{pmatrix} = \begin{pmatrix} 1 \\ 1 \\ 1 \end{pmatrix} - \begin{pmatrix} C \\ M \\ Y \end{pmatrix}. \qquad (3.2)$$

Somit lässt sich der Farbeindruck $\mathbf{X} = (R_1, G_1, B_1)^\mathrm{T}$ im *RGB*-Farbsystem durch $\mathbf{Y} = \underbrace{(1-R_1}_{=C_1}, \underbrace{1-G_1}_{=M_1}, \underbrace{1-B_1}_{=Y_1})^\mathrm{T}$ im *CMY*-Farbsystem ausdrücken.

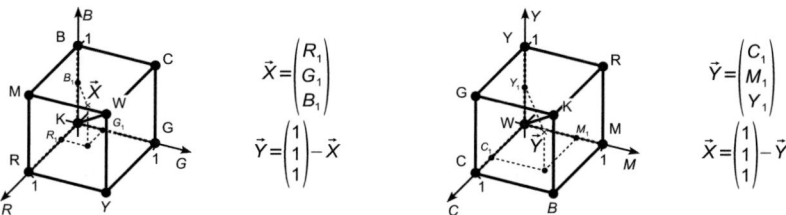

Abb. 3.7. Farbwürfel des additiven (links) und subtraktiven (rechts) Farbsystems nach [13].

Normfarbtafel nach CIE

Die Commission International de l'Eclairage (CIE) hat im Jahre 1931 eine Normfarbtafel entwickelt [2], deren Ziel es ist, alle für den Menschen darstellbaren Farben einheitlich zu beschreiben. Dazu wurde in Experimenten [14, 30] versucht, den Farbeindruck sämtlicher spektraler Farben durch die additive Überlagerung dreier monochromatischer Strahler nachzubilden. Verwendet wurde je ein Strahler für „rot" mit einer Wellenlänge von $\lambda_{R,\mathrm{CIE}} = 700$ nm, „grün" mit $\lambda_{G,\mathrm{CIE}} = 546.1$ nm und „blau" mit $\lambda_{B,\mathrm{CIE}} = 435.8$ nm, die sog. Normvalenzen [31].

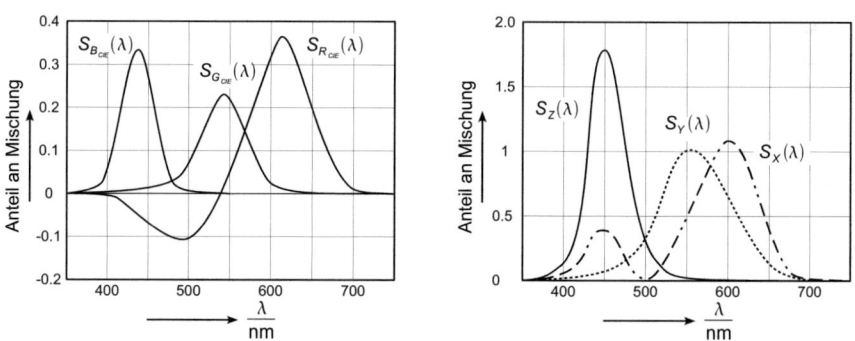

Abb. 3.8. Farbanteile zur Mischung aller sichtbaren Farben dreier realer Primärstrahler (die sog. „Spektralwertkurven" links, nach [12]) und der virtuellen Primärstrahler *X*, *Y* und *Z* (die sog. „Normspektralwertfunktionen" rechts, nach [7]).

Die gewählten Farbanteile der jeweiligen Strahler in Abhängigkeit der Wellenlänge des nachzubildenden Farbeindrucks, die Spektralwertkurven, zeigt Abbildung 3.8

links. Betrachtet man den Verlauf des Farbanteils $S_{R,\text{CIE}}$, so zeigt dieser im Bereich von 350 nm $< \lambda <$ 540 nm negative Werte. Dies kommt dadurch zustande, dass die spektralen Farben in diesem Bereich *nicht* durch additive Überlagerung nachgebildet werden konnten. Stattdessen wurde die nachzubildende Farbe mit dem roten Strahler überlagert. Der so entstandene Farbeindruck konnte mit den beiden anderen Strahlern nachgebildet werden. Diese „uneigentliche Farbmischung" ist in der Praxis nicht möglich. Somit wurde auch gezeigt, dass es *nicht* möglich ist, sämtliche wahrnehmbare Farben mit nur drei Primärstrahlern nachzubilden.

Deswegen wurden von der CIE die virtuellen Normvalenzen X (virtuelles rot), Y (virtuelles grün) und Z (virtuelles blau) eingeführt [2], die zwar nicht real existieren, aber jede wahrnehmbare Farbe durch additive Überlagerung darstellen können. Die Farbanteilsverteilungen der Strahler, die Normspektralwertfunktionen, sind in Abbildung 3.8 rechts in Abhängigkeit der Wellenlänge dargestellt. Es wurde demnach eine Transformation des $R_{\text{CIE}}G_{\text{CIE}}B_{\text{CIE}}$-Farbsystems durchgeführt, sodass keine negativen Farbanteile mehr vorkommen. Das $R_{\text{CIE}}G_{\text{CIE}}B_{\text{CIE}}$-Farbsystem hängt mit dem XYZ-Farbsystem zusammen:

$$\begin{pmatrix} X \\ Y \\ Z \end{pmatrix} = \begin{pmatrix} 4.90 \cdot 10^{-1} & 3.10 \cdot 10^{-1} & 2.00 \cdot 10^{-1} \\ 1.77 \cdot 10^{-1} & 8.13 \cdot 10^{-1} & 1.00 \cdot 10^{-2} \\ 0 & 1.00 \cdot 10^{-2} & 9.90 \cdot 10^{-1} \end{pmatrix} \cdot \begin{pmatrix} R_{\text{CIE}} \\ G_{\text{CIE}} \\ B_{\text{CIE}} \end{pmatrix}. \qquad (3.3)$$

Das (X,Y,Z)-Farbsystem beschreibt einen dreidimensionales Farbsystem. Da dieser für die Anschauung unhandlich ist, geht man durch eine *Luminanznormierung* auf die virtuellen, luminanznormierten Normvalenzen x, y und z über. Für sie gilt:

$$x = \frac{X}{X+Y+Z}, \ y = \frac{Y}{X+Y+Z} \text{ und } z = \frac{Z}{X+Y+Z}. \qquad (3.4)$$

Daraus ergibt sich

$$x+y+z = 1 \text{ und damit } z = 1-(x+y), \qquad (3.5)$$

d. h. man erhält eine nur von zwei Parametern abhängige (und damit zweidimensionale) Darstellung aller sichtbaren Farben. Diese lassen sich in der CIE Normfarbtafel nach [7] eintragen. Sie ist in Abbildung 3.9 dargestellt.

Die Farbeindrücke, die durch elektromagnetische Wellen bestimmter Frequenz hervorgerufen werden, befinden sich auf der Begrenzungslinie der Fläche. Im Inneren befinden sich sämtliche Mischfarben, die sich durch additive Mischung der x- und y-Valenzen erzeugen lassen. Man beachte, dass die Farbeindrücke der „Purpurgeraden", die den blauen und roten Bereich verbinden, keine spektrale Entsprechung besitzen.

Mithilfe der Normfarbtafel können unterschiedliche Farbsysteme in Bezug auf die mit ihnen darstellbaren Farbbereiche verglichen werden. So ist in das CIE-Diagramm aus Abbildung 3.22 auf Seite 67 auch das Farbdreieck herkömmlicher Monitore, die nach dem Prinzip der additiven Farbmischung arbeiten, sowie das Farbvieleck des im Offsetdruck verwendeten CMYK-Farbsystems eingetragen. Man sieht, dass das

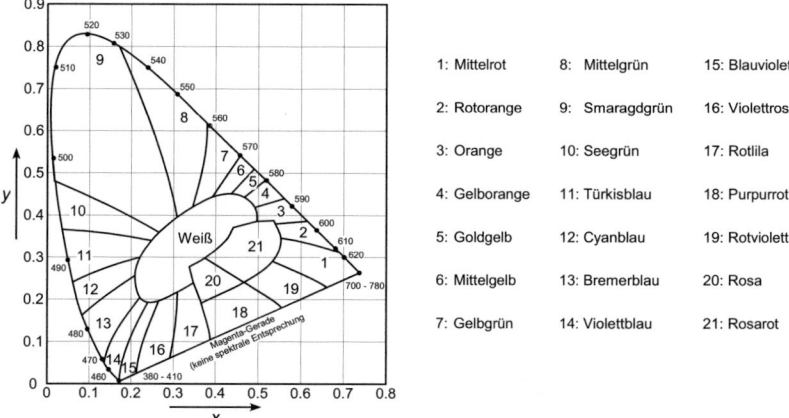

Abb. 3.9. Normkarte der luminanznormierten virtuellen Normvalenzen x und y nach [7]. Zusätzlich ist die etwaige Farbempfindung in den jeweiligen Bereichen angedeutet.

CMYK-Farbsystem einen deutlich kleineren Bereich der sichtbaren Farben abdeckt, als dies bei einem Farbmonitor der Fall ist. Jedoch gibt es auch Farben, die zwar druckbar, aber nicht auf dem Monitor darstellbar sind. Sowohl beim Vierfarbdruck als auch auf dem Bildschirm sind bei weitem nicht alle sichtbaren Farben, insbesondere die Spektralfarben, darstellbar.

3.3 Hören

Der Hörsinn dient zur Aufnahme akustischer Information in Form von Schallwellen [28]. Anders als das Licht, bei dem es sich um transversale, elektromagnetische Wellen handelt, die sich mit Lichtgeschwindigkeit auch im Vakuum ausbreiten, sind Schallwellen longitudinale Druckwellen, die sich mit der wesentlich geringeren Schallgeschwindigkeit in einem Medium ausbreiten.

Abbildung 3.10 zeigt schematisch den Unterschied zwischen Transversal- und Longitudinalwellen. Bei Transversalwellen liegt die Schwingungsebene[5] senkrecht zur Ausbreitungsrichtung der Welle, während bei der Longitudinalwelle die Schwingungsebene[6] parallel zur Ausbreitungsrichtung ist. Zur Aufnahme der longitudinalen Schallwellen dient dem Menschen das Ohr, dessen prinzipieller Aufbau nachfolgend erklärt ist.

---

[5] Im Fall des Lichts handelt es sich um orthogonal zueinander schwingende E- und B-Felder.
[6] Bei den hier betrachteten Schallwellen sind es die Moleküle des Mediums, in dem sich die Wellen ausbreiten.

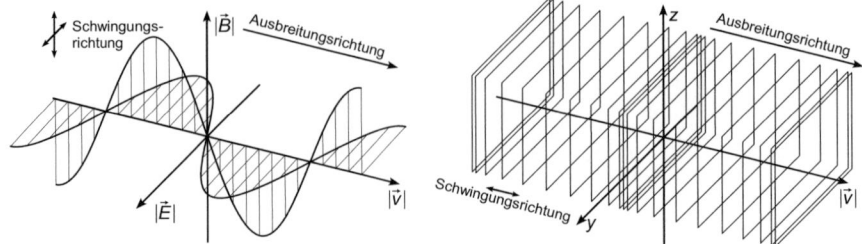

Abb. 3.10. Vergleich einer (elektromagnetischen) Transversal- (links) und einer (akustischen) Longitudinalwelle (rechts).

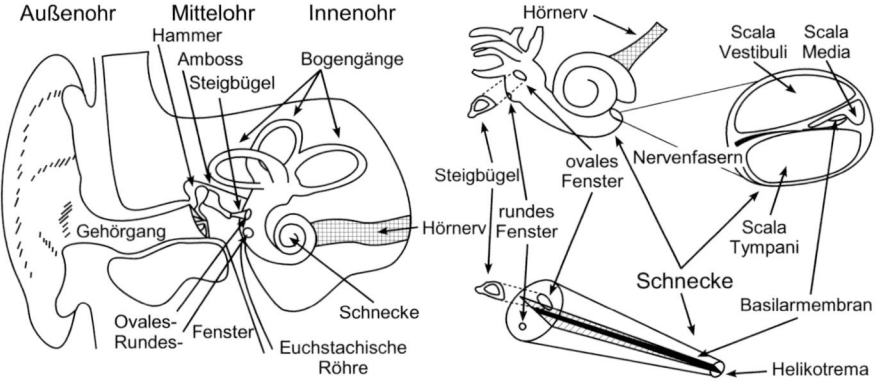

Abb. 3.11. Schematische Darstellung des Ohrs (links) und vergrößerte Darstellung der Schnecke im Innenohr (rechts) nach [11].

3.3.1 Das Ohr

Ohrmuschel und Gehörgang bilden das sog. Außenohr. Schall wird von der Ohrmuschel in den Gehörgang geleitet (siehe Abbildung 3.11 links). Von dort gelangt er auf das Trommelfell, wo seine Schwingung auf die Gehörknöchelchen (Hammer, Amboss und Steigbügel) übertragen wird. Diese Umwandlung einer Luftschwingung in eine mechanische Schwingung erfolgt im Mittelohr. Ebenfalls Teil des Mittelohrs ist die eustachische Röhre, die eine Verbindung des Ohrs mit der Nase herstellt. Dadurch können Luftdruckschwankungen ausgeglichen werden. Die Bewegung der Gehörknöchelchen wird vom Steigbügel über das ovale Fenster in die mit Flüssigkeit gefüllte Schnecke eingeleitet, die das Innenohr bildet. So findet die Impedanzwandlung von Luft (Außen- und Mittelohr) zu Flüssigkeit (Innenohr) statt [3].

Eine detailliertere Darstellung der Schnecke ist in Abbildung 3.11 rechts gegeben. Wie gezeigt, teilt sich die Schnecke in die drei Gänge *Scala Vestibula*, *Scala Media* und *Scala Tympani*. Die vom Steigbügel durch das ovale Fenster in die Schnecke übertragenen mechanischen Schwingungen laufen über die Scala Vestibula zur Spitze der Schnecke, wo sie über das Helikotrema (griechisch „Schneckenloch") mit der Scala

Tympani verbunden ist. Diese grenzt an das runde Fenster, das frei schwingen kann. So gelangen die Schwingungen über das Helikotrema und die Scala Tympani zum runden Fenster. Die Scala Media ist von der Scala Tympani durch die Basilarmembran getrennt. Auf der Basilarmembran sitzen Haarzellen, die ihre Schwingung in elektrische

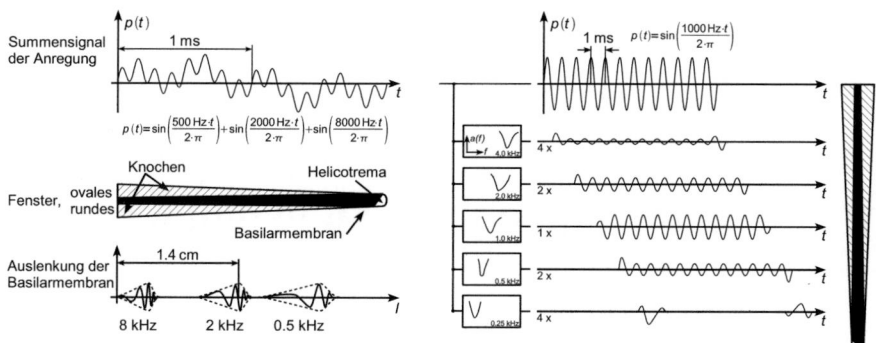

Abb. 3.12. Darstellung der ortsabhängigen Frequenzempfindlichkeit der Basilarmembran nach [11].

Nervenimpulse umwandeln. Aufgrund ihrer Form und Steifigkeit wird die Basilarmembran jedoch nur an bestimmten, von der Frequenz der Schwingung abhängigen Orten in Resonanz gebracht. Dadurch kommt es zu einer Frequenz-Ort-Umwandlung, die die Schwingung in ihre Frequenzanteile zerlegt. Die Empfindlichkeit der Basilarmembran für unterschiedliche Frequenzen ist in Abbildung 3.12 links verdeutlicht. Die auf diese Weise in elektrische Signale gewandelten Schallwellen gelangen über den Hörnerv zum Gehirn.

3.3.2 Psychoakustik

Das Ohr ist empfindlich für akustische Signale in einem Frequenzbereich (oder Spektrum) von etwa 20 Hz bis 20 kHz [3, 11]. Abbildung 3.13 zeigt die Lage einiger Schallquellen im Spektrum. So liegt die Grundfrequenz eines männlichen Sprechers für gewöhnlich bei 100 Hz, die eines weiblichen Sprechers (einer Sprecherin also) bei ca. 150 Hz. Das Ohr verarbeitet nicht alle ankommenden Schallreize linear. Deswegen existieren ähnlich wie in der visuellen Wahrnehmung, psychoakustische Messgrößen, die sich von den objektiven, physikalischen Messgrößen unterscheiden.

Psychoakustische Messgrößen

In Tabelle 3.2 ist eine Gegenüberstellung gebräuchlicher psychoakustischer und physikalischer Messgrößen für den Bereich der Akustik gegeben [11].

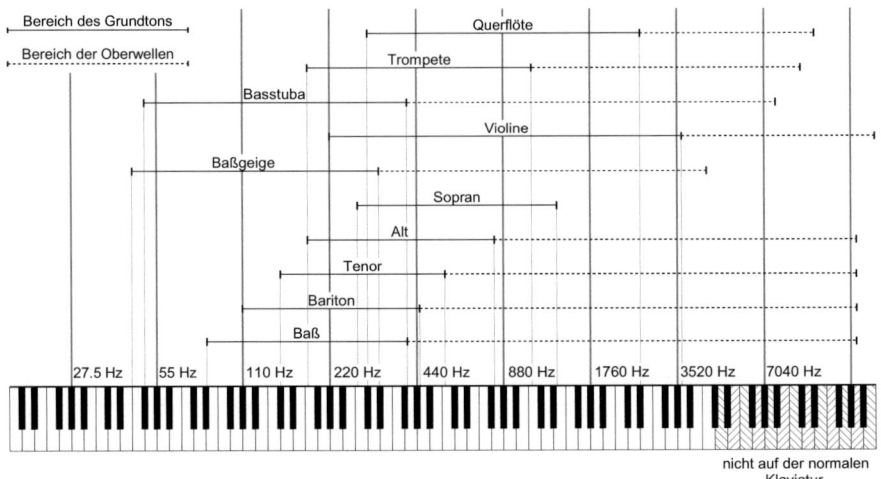

Abb. 3.13. Frequenzbereiche ausgewählter Schallquellen.

Psychoakustik		Physik	
Bezeichnung	Einheit	Bezeichnung	Einheit
Tonheit Z	Bark	Frequenz f	Hz
Verhältnistonhöhe V	Mel		
		Schalldruck p	$N/m^2 = Pa$
		Schallschnelle v	m/s
		Schallintensität I	$W/m^2 = N/s \cdot m$
Lautstärkepegel L_n	Phon	Schalldruckpegel L	dB
Lautheit N	sone		
		Schallleistung P_{ak}	$W = \frac{N \cdot m}{s}$
Bezugsschalldruck $p_0 = 2 \cdot 10^{-5}\,N/m^2 = 20\,\mu Pa$,			
Bezugsintensität $I_0 = 1.0 \cdot 10^{-12}\,W/m^2$			

Tabelle 3.2. Gegenüberstellung psychoakustischer und physikalischer Messgrößen.

Tonheit Z ist die psychoakustische Empfindungsgröße für die Tonhöhe. Sie unterscheidet sich von der physikalisch messbaren Frequenz und leitet sich von den Frequenzgruppen auf der Basilarmembran ab (siehe Abschnitt 3.3.2 auf Seite 61). Die Tonheit wird in der Einheit $[Z]$ = Bark gemessen.

Verhältnistonhöhe V, gemessen in $[V]$ = Mel, dient wie die Tonheit zur Bestimmung der Tonhöhe. Sie ist ebenfalls eine psychoakustische Messgröße.

Frequenz f ist die quantitativ messbare Größe für die Tonhöhe. Sie wird in der Einheit $[f] = $ Hz angegeben.

Schalldruck p bezeichnet die Druckschwankungen in einem schallübertragenden Medium. Er gibt das Verhältnis zwischen der Kraft F und der Fläche A, auf die sie wirkt, an. Es gilt somit für den Schalldruck $p = F/A$. Seine Einheit ist $[p] = $ N/m² = Pa.

Schallschnelle v gibt an, mit welcher Geschwindigkeit die Teilchen eines schallleitenden Mediums schwingen. Sie ist demnach nicht mit der Schallgeschwindigkeit c zu verwechseln ($c_{\text{Luft}} = 340$ m/s, während für die Bezugsschnelle $v_0 = 5.0 \cdot 10^{-8}$ m/s gilt).

Schallintensität I errechnet sich aus dem Effektivwert des Produkts des Schalldrucks $p(t)$ und der Schallschnelle $v(t)$: $I = \frac{1}{T} \int_0^T p(t) \cdot v(t) \mathrm{d}t$, die Einheit ergibt sich so zu $[I] = $ W/m² $= \frac{N}{s \cdot m}$.

Schalldruckpegel L gibt das Verhältnis des gemessenen Schalldrucks p (oder Schallintensität I) und des Bezugsschalldrucks $p_0 = 20\,\mu$Pa (bzw. Bezugsschallintensität $I_0 = 1.0 \cdot 10^{-12}$ W/m²) in Dezibel an. Man erhält den Schalldruckpegel demnach zu $L = 20 \cdot \log_{10}(p/p_0)$ dB $= 10 \cdot \log_{10}(I/I_0)$ dB.

Lautstärkepegel L_n bezeichnet im Gegensatz zum Schalldruckpegel L die *empfundene* Lautstärke eines Tons. Die Einheit der Lautheit wird in $[L] = $ phon angegeben. Der Lautstärkepegel eines 1 kHz-Sinustons mit einem Schalldruckpegel von $L = 40$ dB beträgt $L_n = 40$ phon. Für Töne aller anderen Frequenzen und Schalldruckpegel gibt der zugehörige Lautstärkepegel an, welchen Schalldruckpegel ein 1 kHz-Sinuston besitzt, um gleich laut empfunden zu werden. Die in Abbildung 3.14 rechts gezeigten „Kurven gleicher Lautheit" spiegeln diese Definition wieder.

Lautheit N, gemessen in der Einheit $[N] = $ sone, gibt an, wie laut ein Schall subjektiv wahrgenommen wird. 1 sone ist als empfundene Lautstärke eines 1 kHz-Sinustons mit einem Lautstärkepegel von $L = 40$ dB definiert. Die Lautheit verdoppelt sich, wenn ein Schall doppelt so laut empfunden wird. Dabei erhöht sich der Schalldruckpegel um 10 dB. Breitbandrauschen wird bis zu dreimal lauter wahrgenommen als Schmalbandrauschen bei gleichem Pegel.

Schallleistung P_{ak} beschreibt die pro Zeiteinheit von einer Schallquelle abgegebene Energie, gemessen in der Einheit $[P_{\text{ak}}] = $ W. Errechnet werden kann sie mit dem Schalldruck p, der Schallschnelle v und der durchsetzten Fläche A der Schallquelle zu $P_{\text{ak}} = p \cdot v \cdot A = I \cdot A$.

Hörfläche

Die Empfindlichkeit des Ohres weist für sehr hohe und niedrige Frequenzen starke Dämpfungen auf. Dadurch wird ein Sinuston mit einer Frequenz von 100 Hz leiser wahrgenommen als ein 1 kHz-Sinuston mit gleichem Schalldruckpegel (siehe Tabelle 3.2). Diese Eigenschaft ist in der Hörkurve nach [5] in Abbildung 3.14 links verdeutlicht. Eingezeichnet ist die sog. Ruhehörschwelle. Sie gibt denjenigen Schalldruckpegel an, der für einen Sinuston der jeweiligen Frequenz notwendig ist, um ihn in einer absolut ruhigen Umgebung gerade noch wahrnehmen zu können. Dämpfungspole liegen demnach an den Rändern des Wahrnehmungsbereichs, wäh-

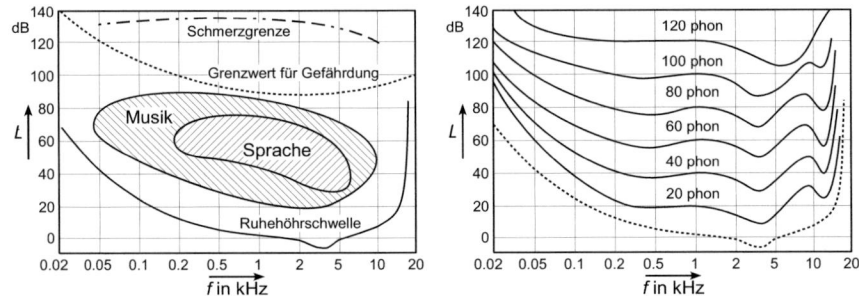

Abb. 3.14. Die Hörfläche (links, nach [5]) sowie die „Kurven gleicher Lautheit" (rechts, nach [4]).

rend eine erhöhte Empfindlichkeit des Ohres bei ca. $f_r = 3, \ldots, 3.4\,\text{kHz}$ festzustellen ist. Diese Frequenz entspricht der Resonanzfrequenz des Gehörgangs (er ist ein $\lambda/4$-Resonator), weswegen eine Verstärkung des Eingangssignals auftritt. Eine Übersicht über verschiedene Schalle und ihren typischen Lautstärkepegel zeigt Tabelle 3.3.

Schall ggf. Entfernungsangabe	Pegel
Düsenjäger, 30 m	$L = 140\,\text{dB} \equiv p = 2.0 \cdot 10^2\,\text{Pa}$
lautes Händeklatschen, 1 m	$L = 130\,\text{dB} \equiv p = 63\,\text{Pa}$
Trillerpfeife, 1 m	$L = 120\,\text{dB} \equiv p = 20\,\text{Pa}$
MP3-Spieler	$L = 110\,\text{dB} \equiv p = 6.3\,\text{Pa}$
Presslufthammer, 10 m	$L = 100\,\text{dB} \equiv p = 2\,\text{Pa}$
Bohrmaschine, 1 m	$L = 90\,\text{dB} \equiv p = 6.3 \cdot 10^{-1}\,\text{Pa}$
einfahrende S-Bahn	$L = 80\,\text{dB} \equiv p = 2.0 \cdot 10^{-1}\,\text{Pa}$
Staubsauger, 1 m	$L = 70\,\text{dB} \equiv p = 6.3 \cdot 10^{-2}\,\text{Pa}$
normale Sprache, 1 m	$L = 60\,\text{dB} \equiv p = 2.0 \cdot 10^{-2}\,\text{Pa}$
ruhiger Bach, 1 m	$L = 50\,\text{dB} \equiv p = 6.3 \cdot 10^{-3}\,\text{Pa}$
normale Wohngeräusche, 1 m	$L = 40\,\text{dB} \equiv p = 2.0 \cdot 10^{-3}\,\text{Pa}$
Flüstersprache	$L = 30\,\text{dB} \equiv p = 6.3 \cdot 10^{-4}\,\text{Pa}$
Uhrticken, 1 m	$L = 20\,\text{dB} \equiv p = 2.0 \cdot 10^{-4}\,\text{Pa}$
Blätterrauschen	$L = 10\,\text{dB} \equiv p = 6.3 \cdot 10^{-5}\,\text{Pa}$

Tabelle 3.3. Ausgewählte Schallquellen und ihre typischen Pegel nach [10].

3.3 Hören

Um der frequenzbewertenden Eigenschaft des Ohrs gerecht zu werden, finden in der Praxis Bewertungsfilter Einsatz, die objektive Messgrößen wie den Schalldruckpegel geeignet bewerten, um der auralen Empfindung des Menschen gerecht zu werden. Grundlage für diese A-, B-, C- oder D-Filter genannten Bewertungsfilter [8] sind die „Kurven gleicher Lautheit", wie sie in Abbildung 3.14 rechts dargestellt sind. Alle Töne auf der „20-Phon"-Kurve haben den gleichen Lautstärkeeindruck, obwohl sich ihre Schalldruckpegel deutlich unterscheiden. Das A-Bewertungsfilter ist von der 20-Phon-Kurve abgeleitet. A-bewertete Schalldruckpegel werden üblicherweise mit „dB(A)" bezeichnet. Da das A-Filter nur für sehr leise Töne dem menschlichen Gehör angepasst ist, werden in der Praxis weitere Filter, das B- (50 phon-Kurve), C- (70 phon-Kurve) und D-Filter (100 phon-Kurve, besonders bei Fluglärm) eingesetzt. In Abbildung 3.15 sind Verläufe der Pegelanpassung für das A-, B-, C- und D-Filter dargestellt. Eine bessere Möglichkeit, Lautstärken dem menschlichen Gehör angepasst zu bewerten, ist jedoch die Lautheit Z in Sone, da sie auch das Spektrum des Schalls berücksichtigt.

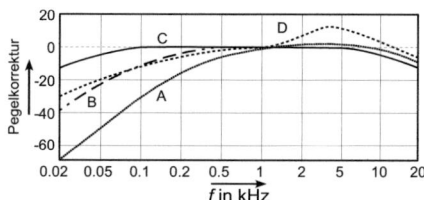

Abb. 3.15. Pegelkorrekturen des A-, B-, C- und D-Bewertungsfilter nach [8].

Frequenzgruppen

Das menschliche Gehör weist ein begrenztes Frequenzauflösungsvermögen auf: Bestimmte Frequenzbereiche werden zu sog. Frequenzgruppen zusammengefasst und gemeinsam ausgewertet [11]. Jede Frequenzgruppe nimmt die gleiche Länge auf der Basilarmembran ein. Man unterscheidet 24 Frequenzgruppen, wie in Abbildung 3.16 dargestellt ist. Die örtliche Länge einer Frequenzgruppe auf der Basilarmembran entspricht dabei $l_G = 1.3$ mm. Die Frequenzgruppenbreite beträgt unterhalb einer Frequenz von $f = 500$ Hz $\Delta f = 100$ Hz. Darüber entspricht sie einer kleinen Terz, also einem Frequenzverhältnis von 1.19 oder 23 % der Mittenfrequenz. Von den Frequenzgruppen abgeleitet ist die Bark-Frequenzskala, die im Wesentlichen eine Nummerierung der Frequenzgruppen angibt. Die Bark-Frequenzskala ist in Abbildung 3.16 oben dargestellt. Neben der Bark-Frequenzskala gibt es die Mel-Frequenzskala, die sich von der Tonhöhenempfindung ableiten lässt. Für die Bark-, Mel- und Frequenzskala gilt der Zusammenhang 1.31 Bark = 131 Mel = 131 Hz.

62   3 Menschliche Sinnesorgane

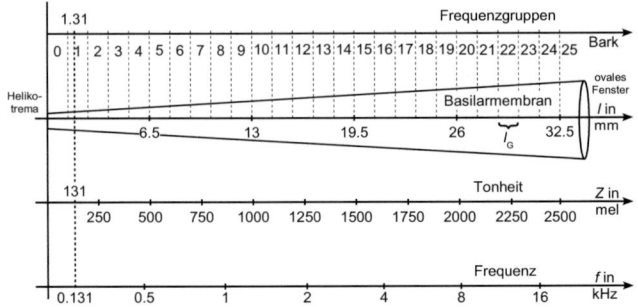

Abb. 3.16. Gemeinsame Darstellung der Frequenzgruppen, der Bark-Frequenzskala sowie der Verhältnistonhöhe und der Frequenz über die Länge der Basilarmembran nach [11].

Verdeckungen

Eine für die Praxis relevante Eigenschaft des Gehörs ist die Verdeckung [11, 26]. Sie beschreibt die Hörschwelle bei Vorhandensein eines Störschalls (Maskierer). Bemerkenswert ist, dass die resultierende Mithörschwelle nicht nur in dem Frequenzbereich, in dem der Maskierer liegt, angehoben wird, sondern auch in der spektralen und zeitlichen Umgebung. Deswegen unterscheidet man zwischen der *spektralen* und *zeitlichen* Verdeckung. Töne, die unterhalb der Mithörschwelle liegen, können vom menschlichen Gehör nicht wahrgenommen werden.

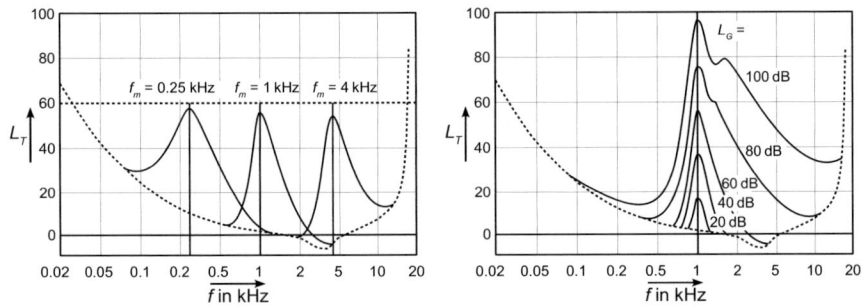

Abb. 3.17. Zur spektralen Verdeckung nach [11]: Darstellung der Mithörschwellen bei Darbietung von Schmalbandrauschen (links) und einem Sinuston (rechts).

Spektrale Verdeckung

Die spektrale Verdeckung ist in Abbildung 3.17 skizziert. Im linken Teil der Abbildung 3.17 ist die Mithörschwelle gezeigt, wenn ein Schmalbandrauschen mit den Mittenfrequenzen $f_m = 0.25$ kHz, 1 kHz bzw. 4 kHz mit einem Pegel von $L = 60$ dB dargeboten wird. Ein Testschall müsste, um wahrgenommen zu werden, einen Pegel oberhalb der Mithörschwelle aufweisen. Die Form der Mithörschwelle, die von einem Sinuston mit der Frequenz $f = 1\,\mathrm{kHz}$ und unterschiedlichen Pegeln als Maskierer bewirkt wird, zeigt Abbildung 3.17 rechts. Mit steigendem Pegel verbreitet sich die Mithörschwelle überproportional.

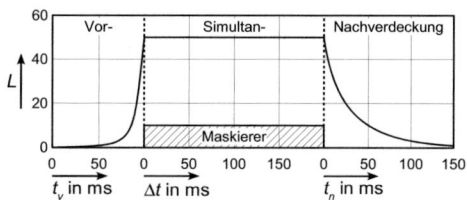

Abb. 3.18. Verdeutlichung der zeitlichen Verdeckung nach [11].

Zeitliche Verdeckung

In Abbildung 3.18 ist die zeitliche Verdeckung dargestellt. In einem kurzen Zeitabschnitt t_v, bevor der Maskierer wahrgenommen wird, tritt bereits eine Verdeckung auf, die sog. *Vorverdeckung*. Solange der Maskierer dargeboten wird (für die Dauer Δt), liegt die konstante *Simultanverdeckung* vor. Sie hat ihre Ursache in der Anregung der Haarzellen im zur Frequenz korrespondierenden Bereich der Basilarmembran durch den Maskierer. Nach dem Ausschalten des Maskierers stellt sich die sog. *Nachverdeckung* ein, deren Dauer t_n einige Hundert Millisekunden betragen kann. Sie rührt von dem Abklingverhalten der Haarzellen her. Während die Simultan- und Nachverdeckung hinreichend physiologisch erklärt werden kann, steht eine ausreichende Begründung für die Vorverdeckung noch aus und ist Gegenstand aktueller Forschung [11]. Eine bekannte technische Anwendung, die sich zur Datenreduktion von Audiodaten psychoakustische Effekte zunutze macht, ist das „Perceptual Audio Coding" [26]. Der bekannteste Vertreter dieser Verfahren ist der MPEG-1 Audio Layer 3 (MP3)-Standard [18, 19]. Ein vereinfachtes Signalflussdiagramm des Codierers zeigt Abbildung 3.19. Es handelt sich dabei um ein verlustbehaftetes Verfahren zur Kompression von Audiodaten. Das unkomprimierte Audiosignal wird mithilfe einer Filterbankanalyse in dem menschlichen Gehör ähnliche Frequenzgruppen zerlegt (siehe Abbildung 3.16). Das so zerlegte Audiosignal wird einer weiteren Analyse unterzogen. So werden Töne, die unterhalb der Ruhehörschwelle (siehe Abbildung 3.14) liegen und somit nicht wahrnehmbar sind, für die weitere Verarbeitung nicht berücksichtigt. Die größte Komprimierung wird durch die Berechnung der Mithörschwellen erreicht. Wie in Abbildung 3.17 zu sehen ist, trägt jeder Ton zur Bildung einer Mithörschwelle bei. Töne, die unterhalb der Mithörschwelle liegen, können nicht wahrgenommen werden. Die Schwierigkeit besteht darin, die jeweils gültige Mithörschwelle aus den Audiodaten zu ermitteln. Wird sie falsch gewählt, kann es

64   3 Menschliche Sinnesorgane

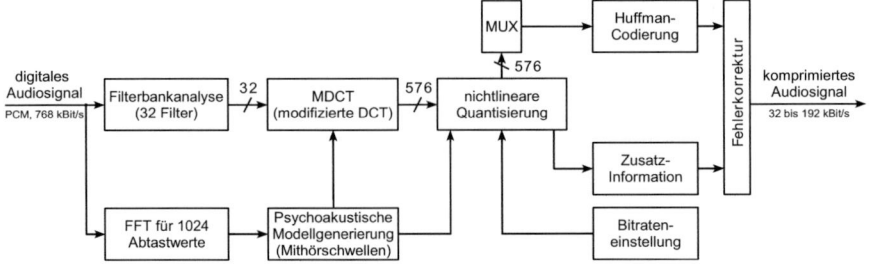

Abb. 3.19. Vereinfachtes Signalflussdiagramm zur MP3-Audiokompression.

zu hörbaren Kompressionsartefakten kommen, da hörbare Töne fälschlicherweise verworfen werden, oder die Kompressionsrate ist unzureichend, da unhörbare Töne codiert werden. Abschließend werden die einzelnen Signalströme mit einem Multiplexer (MUX) zu einem Signalstrom zusammengefasst und zusätzliche Redundanz durch eine Huffman-Codierung entfernt. Die für MP3-Dateien typische Datenrate nach der Kompression liegt im Bereich von $r = 8\,\text{kBit/s}, \ldots, 320\,\text{kBit/s}$. Dabei wird entweder die Datenrate konstant (bei schwankender Qualität) oder die Qualität (bei schwankender Datenrate) konstant gehalten. Die Qualität der Codierung ist dabei subjektiv zu bewerten, da der Höreindruck sowohl von Gehör zu Gehör wie auch von dem Eingangssignal selbst abhängig ist. Bei MP3 wird ab einer Datenrate von 160 kBit/s davon ausgegangen, dass kein hörbarer Unterschied zum unkomprimierten Datenstrom vorliegt. Standardisiert ist bei dem MP3-Verfahren nur der Decoder, wie ihn Abbildung 3.20 zeigt. Die Qualität des resultierenden Audiostroms hängt demnach nur vom verwendeten Codierer ab.

Abb. 3.20. Vereinfachte Darstellung des MP3-Decoders.

3.4 Übungen

Aufgabe 3.1: *Auflösungsvermögen des menschlichen Auges*

In dieser Aufgabe wird das Ortsauflösungsvermögen des menschlichen Auges bestimmt, das von der Dichteverteilung der Zapfen auf der Retina abhängt. Die Dichteverteilung der Zapfen auf der Retina ist in Abbildung 3.2 rechts auf Seite 44 dargestellt.

Zur Vereinfachung wird angenommen, dass die Zapfen eine quadratische Oberfläche aufweisen und lückenlos aneinandergereiht sind.

a) Beschreiben Sie kurz die wichtigsten Bestandteile des Auges und ihre Funktion.

b) Schätzen Sie die Kantenlänge h_z der Zapfen an der „Fovea Centralis" (d. h. an der Stelle der Retina mit der größten Zapfendichte) ab.

Abb. 3.21. Die lateinischen Buchstaben „o" (links) und „c" (rechts).

In Abbildung 3.21 sind die Buchstaben „o" und „c" dargestellt. Das einzige Unterscheidungsmerkmal besteht in der Unterbrechung des Kreisrings beim „c". Für die Breite des Spalts gilt: $v = c \cdot h = 1/5 \cdot h$. Ein auf die Retina projizierter Buchstabe „c" soll nur dann als solcher erkannt werden, wenn mindestens ein Zapfen auf der Retina aufgrund der Kreisöffnung unerregt bleibt.

c) Mit welchem Winkel β (in Winkelminuten) muss ein Text dargeboten werden, damit der Beobachter die Buchstaben „o" und „c" unterscheiden kann. (Hinweise: Die Projektion des Spalts weist die Kantenlänge zweier Zapfen auf. Der Durchmesser des Auges beträgt $d_{\text{Auge}} = 1.67 \cdot 10^{-2}$ m.)

d) Berechnen Sie daraus die minimale Darstellungshöhe h des Buchstabens auf einer Anzeigetafel in Abhängigkeit von der Entfernung l zwischen Betrachter und Tafel. Welche Werte ergeben sich für $l = 0.5$ m (z. B. Computermonitor) und $l = 100$ m (z. B. Stadionanzeige)?

e) Unter welchem Winkel $\tilde{\beta}$ (auch in Winkelminuten gemessen) müssen die Buchstaben dargestellt werden, um nicht nur auf der „Fovea Centralis", sondern im gesamten Gesichtsfeld unterschieden werden zu können?

Aufgabe 3.2: *Sehen, Farbsehen und CIE-Normfarbtafel*

a) Wie viele Arten von Rezeptoren unterscheidet man im Auge? Welche ermöglichen das Farb- und welche das Schwarz-Weiß-Sehen?

b) Wie wurde die CIE-Normfarbtafel ermittelt?

c) Wie lassen sich aus den Grundfarben R_{CIE}, G_{CIE} und B_{CIE} die virtuellen und die luminanznormierten Normvalenzen berechnen?

d) Welches Verfahren zur Farbmischung kommt bei einem Thin-Film-Transistor (TFT)-Display zum Einsatz, welches bei einem Farbdrucker? Bitte erläutern Sie beide Verfahren.

e) Für ein TFT-Display werden zur Farbdarstellung drei unterschiedliche Farbfilter verwendet. Ihre Farben lassen sich durch die CIE Grundfarben (R_{CIE}, G_{CIE} und B_{CIE}) wie folgt beschreiben (Anteile der jeweiligen Grundfarbe): R_{TFT}: $\mathbf{R}_{TFT} = (1.00, 1.48 \cdot 10^{-1}, 2.11 \cdot 10^{-2})^T$, G_{TFT}: $\mathbf{G}_{TFT} = (5.53 \cdot 10^{-2}, 1.00, 1.94 \cdot 10^{-1})^T$ und B_{TFT}: $\mathbf{B}_{TFT} = (-9.35 \cdot 10^{-2}, 1.17 \cdot 10^{-1}, 1.00)^T$. Transformieren Sie diese Farben in das XYZ- bzw. x-y-Farbsystem.

f) Ein Farbdrucker verwendet üblicherweise vier Grundfarben (C, M, Y und C). Durch einen Testdruck aller darstellbaren Farben eines Druckers und anschließender „Messung" konnten die folgenden charakteristischen Farben $S_1 - S_6$ und Ihre Beschreibung im $R_{CIE}G_{CIR}B_{CIE}$-Farbraum identifiziert werden:

$$\begin{aligned} S_1: \mathbf{S}_1 &= (4.77 \cdot 10^{-2}, 1.89 \cdot 10^{-1}, 1.00)^T, \\ S_2: \mathbf{S}_2 &= (1.00, 1.14 \cdot 10^{-1}, 2.79 \cdot 10^{-2})^T, \\ S_3: \mathbf{S}_3 &= (1.00, 1.05 \cdot 10^{-1}, 1.19 \cdot 10^{-2})^T, \\ S_4: \mathbf{S}_4 &= (1.00, 7.71 \cdot 10^{-1}, 4.87 \cdot 10^{-2})^T, \\ S_5: \mathbf{S}_5 &= (-7.73 \cdot 10^{-2}, 1.00, 2.19 \cdot 10^{-1})^T, \\ S_6: \mathbf{S}_6 &= (-2.24 \cdot 10^{-1}, 5.27 \cdot 10^{-1}, 1.00)^T. \end{aligned} \quad (3.6)$$

Berechnen Sie für die Farben $S_1 - S_6$ aus Gleichung 3.6 ihre Entsprechungen im XYZ-Farbsystem und die luminanznormierten Normvalenzen x und y.

g) Tragen Sie Ihre Ergebnisse in die CIE-Farbtafel ein. Sie erhalten den mit jedem System maximal darstellbaren Bereich, also den $R_{CIE}G_{CIE}B_{CIE}$-, $R_{TFT}G_{TFT}B_{TFT}$- und $CMYK$-Gamut.

Aufgabe 3.3: *Farbdarstellung*

Gegeben sind die virtuellen Normvalenzen $(X, Y, Z)^T$ der Primärfarben des ABC-Farbsystems

$$A: \mathbf{A} = \begin{pmatrix} X \\ Y \\ Z \end{pmatrix} = \begin{pmatrix} 0.84 \\ 0.36 \\ 0 \end{pmatrix}, \quad B: : \mathbf{B} = \begin{pmatrix} 0.1 \\ 0.54 \\ 0.26 \end{pmatrix}, \text{ und } C: : \mathbf{C} = \begin{pmatrix} 0.2 \\ 0.1 \\ 0.7 \end{pmatrix}.$$

(Hinweis: Sie können Ihre Ergebnisse in das CIE-Diagramm in Abbildung 3.23 auf Seite 68 eintragen.)

a) Wie lautet die Koordinatentransformation zur Umrechnung von Farbvektoren des ABC-Farbsystems in virtuelle Normvalenzen $(X, Y, Z)^T$?

b) Geben Sie die luminanznormierten Normvalenzen $(x, y)^T$ der Primärfarben **a, b** und **c** an. Warum genügen zwei Koordinaten zur Darstellung luminanznormierter Farben?

c) Zeichnen Sie die Primärfarben in eine luminanznormierte Farbtafel ein. Umranden Sie den durch *additive* Mischung der Primärfarben darstellbaren Farbbereich sowie

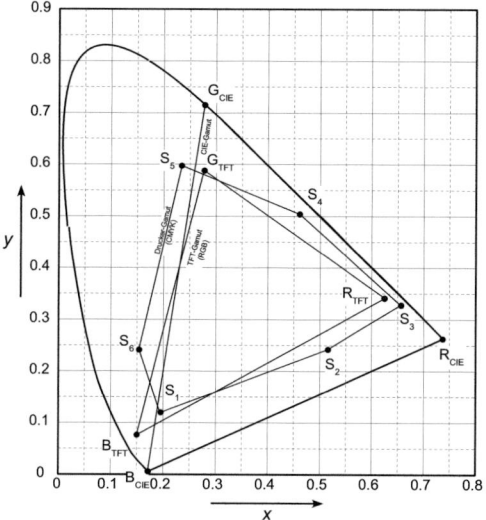

Abb. 3.22. Darstellung unterschiedlicher Gamuts in der CIE-Farbtafel.

den Bereich aller sichtbaren Farben, und zeichnen Sie den Weißpunkt w_{CIE} gemäß CIE-Normfarbtafel ein.

d) Mischfarben entstehen durch Überlagerung der drei Strahler mit unterschiedlicher Helligkeit. Dabei strahlt Strahler „A" mit der Helligkeit l_A, Strahler „B" mit der Helligkeit l_B und Strahler „C" mit der Helligkeit l_C. Geben Sie die luminanznormierten Normvalenzen $(x,y)^T$ derjenigen Farbe w_{ABC} an, die durch gleich intensive Mischung der drei Primärfarben a, b und c entsteht (d. h. $l_A = l_B = l_C$). Welche Koordinaten hat der Farbeindruck für $l_A = l_B = l_C = 0$? (Hinweise: Nehmen Sie für die Farbmischung der Farbe **F** an, dass gilt:

$$\mathbf{F} = A \cdot \mathbf{A} + B \cdot \mathbf{B} + C \cdot \mathbf{C}.$$

Für die Helligkeit l_A gilt $l_A = A \cdot (X_A + Y_A + Z_A)$. Errechnen Sie daraus eine Bestimmungsgleichung für die luminanznormierte Mischfarbe **f** in Abhängigkeit von **a**, **b**, **c**, l_A, l_B und l_C.)

e) Wo liegen die (Misch-)Farben mit konstantem Anteil der Primärfarbe „A" im Farbdreieck?

f) Welche Koordinaten $(\alpha, \beta)^T$ im abc-Farbsystem besitzt die Farbe **f** mit den luminanznormierten Normvalenzen $\mathbf{f} = (x,y)^T = (0.2, 0.31)^T$?

Aufgabe 3.4: *Sehen und Hören*

Vom Menschen werden zum Sehen und Hören elektromagnetische Wellen bzw. Druckwellen wahrgenommen und verarbeitet. In dieser Aufgabe werden einige Vergleiche der beiden Rezeptoren (Auge und Ohr) und der jeweiligen verarbeiteten Wellen aufgestellt.

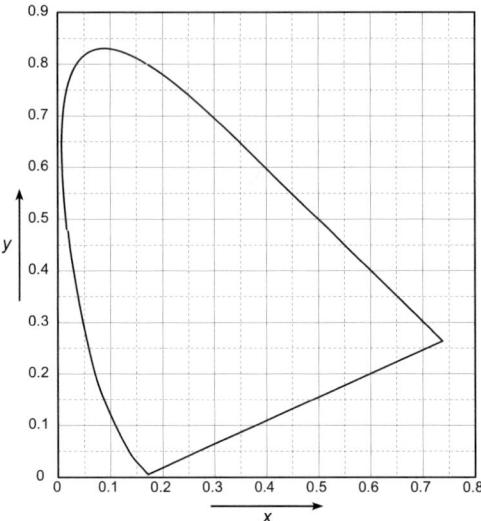

Abb. 3.23. CIE-Diagramm, das im Rahmen der Aufgabe vervollständigt wird.

a) Von welcher Wellennatur sind elektromagnetische bzw. Druckwellen? Wie verhält sich dabei die Ausbreitungsrichtung relativ zur Schwingungsebene?

b) In welchem Frequenzbereich liegen die sichtbaren elektromagnetischen Wellen bzw. die hörbaren Druckwellen? Wie vielen Oktaven entspricht in etwa der jeweilige Frequenzumfang?

c) Skizzieren Sie in einem einfachen Blockdiagramm die prinzipielle Verarbeitung optischer bzw. akustischer Information.

d) Erläutern Sie in kurzen Worten die Verarbeitung von Licht und Schall in der jeweiligen peripheren Ebene (Auge bzw. Ohr).

e) Was charakterisiert Empfindungsgrößen? Wie werden sie erfasst und normiert? Nennen Sie Empfindungsgrößen aus Psychooptik und Psychoakustik. Wie stehen diese mit physikalischen Größen in Beziehung?

f) Welche psychooptische Empfindung korrespondiert zur Frequenz der Lichtwelle, welche psychoakustische Empfindung zur Frequenz der Schallwelle?

g) Welche psychooptische Empfindung korrespondiert zur Amplitude der Lichtwelle, welche psychoakustische zur Amplitude der Schallwelle?

h) Wie viele Rezeptoren befinden sich in der jeweiligen peripheren Ebene? Wie viele Nervenfasern entspringen dort?

3.5 Literaturverzeichnis

[1] BROWN, P. K. ; WALD, G.: Visual Pigments in Human and Monkey Retina. In: Nature (1963), Nr. 200, S. 37–43

[2] CIE: *CIE Proceedings 1931*. Cambridge University Press, 1932

[3] DEETJEN, P. ; SPECKMANN, E.-J. ; HESCHELER, J.: *Physiologie*. 4. Elsevier, 2007

[4] DIN ISO 226:2006-04: *Akustik - Normalkurven gleicher Lautstärkepegel*. Beuth, 2006

[5] DIN 45 630-1:1971-12: *Grundlagen der Schallmessung; Physikalische und subjektive Größen von Schall*. Beuth, 1971

[6] DIN 5 031-3:1982-3: *Strahlungsphysik im optischen Bereich und Lichttechnik; Größen, Formelzeichen und Einheiten der Lichttechnik*. Beuth, 1982

[7] DIN 5 033-3:1992-07: *Farbmessung; Farbmaßzahlen*. Beuth, 1992

[8] DIN EN 61 672-1:2003-10: *Elektroakustik – Schallpegelmesser – Teil 1: Anforderungen*. Beuth, 2003

[9] DRENCKHAHN, D.: *Anatomie, makroskopische Anatomie, Embryologie und Histologie des Menschen*. 16. Elsevier, 2004

[10] FASTL, H. ; MENZEL, D. ; MAIER, W.: Entwicklung und Verifikation eines Lautheits-Thermometers. In: *Fortschritte der Akustik* 2 (2006), S. 669–670

[11] FASTL, H. ; ZWICKER, E.: *Psychoacoustics: Facts and Models*. 3. Springer, 2007

[12] FOLEY, J. D. ; DAM, A. van ; FEINER, S. K. ; HUGHES, J. F. ; PHILIPS, R. L.: *Grundlagen der Computergraphik. Einführung, Konzepte, Methoden*. 2. Addison-Wesley, 1999

[13] GONZÁLEZ, R. C. ; WOODS, R. E.: *Digital Image Processing*. 3. Pearson Prentice-Hall, 2008

[14] GUILD, J.: The Colorimetric Properties of the Spectrum. In: *Philosophical Transactions of the Royal Society London* 230 (1931), S. 149–187

[15] HAFERKORN, H.: *Optik: Physikalisch-technische Grundlagen und Anwendungen*. 4. Wiley-VCH, 2003

[16] HARTEN, U.: *Physik für Mediziner: Eine Einführung*. 12. Springer, 2007

[17] HAUSKE, G.: *Systemtheorie der visuellen Wahrnehmung*. 2. Shaker, 2003

[18] ISO/IEC 11 172-3:1993: *Information Technology – Coding of Moving Pictures and Associated Audio for Digital Storage Media at up to about 1,5 Mbit/s – Part 3: Audio*. International Organization for Standardization, 1993

[19] ISO/IEC 13 818-3:1998-2: *Information technology – Generic coding of moving pictures and associated audio information – Part 3: Audio.* International Organization for Standardization, 1998

[20] KAMKE, D. ; WALCHER, W.: *Physik für Mediziner.* 2. B. G. Teubner, 1994

[21] KÜPFMÜLLER, K.: Informationsverarbeitung durch den Menschen. In: *Nachrichtentechnische Zeitschrift* 12 (1959), Nr. 2, S. 68–74

[22] KÜPPERS, H.: *Das Grundgesetz der Farbenlehre.* 10. DuMont, 2002

[23] LIPPERT, H.: *Lehrbuch Anatomie.* 7. Elsevier, 2006

[24] MARKS, W. B. ; DOBELLE, W. H. ; MACNICHOL, E. F.: Visual Pigments of Single Primate Cones. In: *Science* 143 (1964), Nr. 3611, S. 1181–1182

[25] ØSTERBERG, G. A.: Topography of the Layer of Rods and Cones in the Human Retina. In: *Acta Ophthalmol* 6 (1935), Nr. 13, S. 1–103

[26] PAINTER, T. ; SPANIAS, A.: Perceptual Coding of Digital Audio. In: *Proceedings of the IEEE* 88 (2000), Nr. 4, S. 451–515

[27] REIF, C. ; HOVE, N. vom ; WERTH, D. ; BESTE, J.: *Medien gestalten: Lernsituationen und Fachwissen zur Gestaltung und Produktion von Digital- und Printmedien.* Bildungsverlag EINS, 2009

[28] SCHMIDT, R. F. (Hrsg.) ; THEWS, G. (Hrsg.) ; LANG, F. (Hrsg.): *Physiologie des Menschen mit Pathophysiologie.* 29. Springer, 2000

[29] SCHUSTER, N. ; KOLOBRODOV, V. G.: *Infrarotthermographie.* 2. Wiley-VCH, 2004

[30] WRIGHT, W. D.: A Re-Determination of the Trichromatic Coefficients of the Spectral Colours. In: *Transactions of the Optical Society* (1929), Nr. 30, S. 141–164

[31] WRIGHT, W. D.: 50 Years of the 1931 CIE Standard Observer for Colorimetry. In: *Die Farbe* 6 (1981), Nr. 4

4

Dialogsysteme

In diesem Kapitel wird aufgezeigt, wie fortgeschrittene Mensch-Maschine-Schnittstellen mit Methoden des Dialogdesigns gestaltet werden können. Heutige und künftige interaktive Systeme zeichnen sich durch folgende Eigenschaften aus:

1. intuitive Ein-/Ausgabetechniken, wie z. B. Sprach- und Gestenerkennung,
2. hohes Maß an Interaktivität durch benutzerfreundliche Mensch-Maschine-Schnittstellen und ausgeprägte Dialogfähigkeit,
3. intelligentes Systemverhalten und Fähigkeit, logische Schlüsse zu ziehen.

Beispiel hierfür ist ein intelligenter interaktiver Roboter, der z. B. als Haushaltsassistent mit Menschen kooperiert. Er muss beispielsweise über natürliche Sprache kommunizieren können (siehe Punkt 1). Er sollte aber auch per Touchscreen bedienbar sein (siehe Punkt 2), um einen bestimmten Ort eingeben zu können, an dem er etwas abstellen soll. Daneben sollte er z. B. selbstständig erkennen können, dass eine Spülmaschine bereits voll ist und bestimmte Gegenstände dort nicht untergebracht werden können (siehe Punkt 3).

Während Punkt 1 später im Bereich der natürlichsprachlichen Systeme behandelt wird, werden die Punkte 2 und 3 im vorliegenden Abschnitt behandelt. Dabei wird zunächst erklärt, nach welchen Grundprinzipien intelligente Systeme funktionieren. Danach wird behandelt, nach welchen algorithmischen Grundlagen Dialoge gestaltet werden können.

4.1 Grundlagen intelligenter Systeme

Die meisten heutigen interaktiven Systeme verfügen über ein gewisses Maß an maschineller Intelligenz, weswegen sie für einen Benutzer als ein intelligentes System erscheinen, das z. B. bestimmte Schlussfolgerungs- oder sogar Lernfähigkeiten besitzt.

4 Dialogsysteme

Beispiel hierfür ist ein Fahrplanauskunftssystem für Zugverbindungen. Neben der Fähigkeit der Interaktivität und der einfachen Bedienbarkeit durch den Benutzer, der auf möglichst einfache Art und Weise die erwünschte Information erfragen können soll, kann das System beispielsweise auch Vorschläge für alternative Routen unterbreiten oder eine beliebige Menge an gewünschten Zwischenstationen berücksichtigen und die Umwege hierfür einplanen.

Grundsätzlich wird in all diesen Beispielen die Möglichkeit zur Wissensverarbeitung benötigt. Die Wissensverarbeitung ist ein spezielles Forschungsgebiet im Bereich „Künstliche Intelligenz (KI)" [40]. Abbildung 4.1 zeigt die verschiedenen Teilgebiete der KI-Forschung.

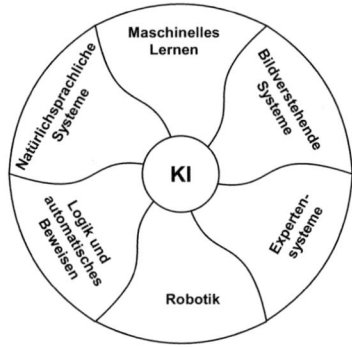

Abb. 4.1. Verschiedene Teilgebiete der Forschung im Bereich „Künstliche Intelligenz".

Die Verarbeitung von Wissen erfordert die Darstellung in maschineller Form. Die Maschine muss darüber hinaus in der Lage sein, aus maschinell dargestellten Fakten neue Schlüsse ziehen zu können. Ebenso muss sie in der Lage sein, durch intelligente Suchverfahren in großen Wissensbeständen Fakten abrufen zu können. Alle diese Fähigkeiten werden in den nächsten Abschnitten behandelt.

4.1.1 Suchverfahren

In der Praxis gibt es eine Vielzahl von technischen Fragestellungen, die sich auf Suchprobleme zurückführen lassen [9]. Beispiel dafür ist ein intelligentes Schachprogramm. Suchverfahren stellen eine Grundtechnik dar, auf dem viele KI-Systeme aufgebaut sind. Grundlage für die Suchtechnik ist die Formulierung und Darstellung eines Problems in einem Zustandsraum (engl. *state space*). In ihm lassen sich alle möglichen Zustände eines Problems darstellen. Die verschiedenen Zustände und ihre Übergänge ineinander können in einem Graphen dargestellt werden [51].

In Abbildung 4.2 ist ein Beispiel für ein Suchproblem dargestellt. Es handelt sich um das Schiebepuzzle nach [33]. Aus einem beliebigen Startzustand heraus wird durch geschicktes Verschieben der Zahlenplättchen ein definierter Endzustand erreicht. Eine mögliche Reihenfolge von beliebigen Schiebevorgängen ist ebenfalls in Abbildung 4.2 dargestellt.

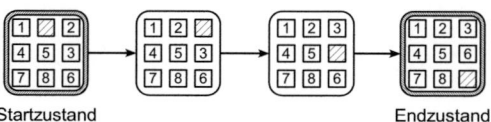

Abb. 4.2. Populäres Beispiel für ein Suchproblem (das „Achter-Puzzle" nach [33]).

Wird der Endzustand aus Abbildung 4.2 für das Problem „Schiebepuzzle" gefunden, so kann das Suchproblem strukturiert in einem Suchbaum nach Abbildung 4.3 dargestellt werden. Zum Erstellen des Suchbaums werden die folgenden Überlegungen angestellt:

- jede Verschiebung eines Plättchens ausgehend vom Anfangszustand führt zu einem weiteren Zustand im Zustandsraum,
- Verschiebung der Plättchen und Darstellung der sich ergebenen Zustände in einem Graphen,
- suche im Graphen, bis der Endzustand gefunden wird (Anwendung bestimmter *Suchstrategien*, siehe 4.1.2).

Analog zu den obigen Überlegungen kann ein vollständiger Suchbaum, dessen erste drei Stufen in Abbildung 4.3 dargestellt sind, erstellt werden. Dieser enthält alle möglichen Lösungswege (Schiebereihenfolgen), um den Endzustand zu erreichen. Zyklische Wiederholungen bereits vorhandener Spielsituationen werden durch Überprüfung innerhalb eines Zweiges vermieden. Auch der Lösungsweg aus Abbildung 4.2 ist enthalten.

4.1.2 Einfache Suchstrategien

Wie Abbildung 4.3 vermuten lässt, kann problemabhängig der Suchbaum unbrauchbar groß werden, sodass unter Umständen keine Lösung gefunden wird. Ähnliches gilt, wenn nicht nur ein beliebiger Weg durch den Suchbaum vom Start- zum Endzustand gesucht wird, sondern z. B. der kürzeste. Aus Gründen der Effizienz werden sog. Suchstrategien eingeführt, die bestimmte Suchpfade vom Beginn der Suche an ausschließen, den vollständigen Baum also geeignet „beschneiden" (engl. *pruning*). Im Folgenden werden einige gebräuchliche Suchverfahren vorgestellt und anhand des Schiebepuzzleproblems erläutert.

74   4 Dialogsysteme

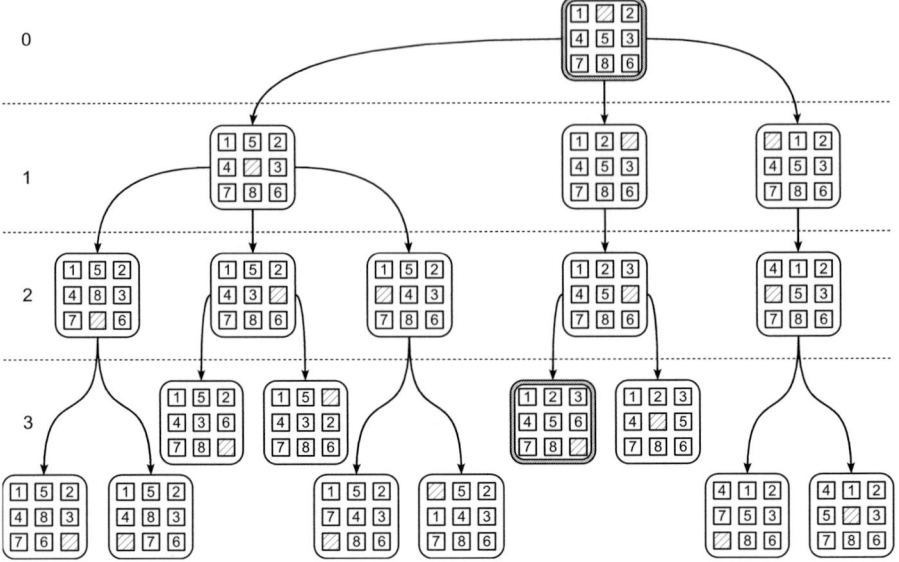

Abb. 4.3. Drei Ebenen des vollständigen Suchbaums für das Schiebepuzzleproblem.

Tiefensuche (Depth-First)

Die erste Erwähnung der Tiefensuche erfolgte 1882 [24] zum Finden des Wegs aus einem Labyrinth [50]. Die hier vorgestellte Darstellung stützt sich auf [49].

Bei der Tiefensuche wird stets nur ein neuer Zustand direkt aus einem vorhergehenden Schritt abgeleitet. Man steigt so lange „in die Tiefe", bis entweder der gewünschte Endzustand oder eine bestimmte Suchtiefe erreicht ist. Wird der Endzustand durch Suche in tieferen Schichten bis zur maximalen Suchtiefe nicht gefunden, wird in einem höher gelegenen Knoten ein neuer Zustand erzeugt und abermals die Tiefensuche auf diesen neuen Zustand angewendet [43]. Dieses Vorgehen lässt sich algorithmisch wie folgt beschreiben [22]:

1. Bilde eine ein-elementige Liste, die aus dem Wurzelknoten (Startzustand) besteht.

2. Bis Liste leer oder das Ziel erreicht ist:

    - prüfe, ob das erste Element in der Warteliste der Zielknoten ist oder maximale Suchtiefe erreicht ist,
    - wenn ja, fertig,
    - wenn nein, entferne dieses Element aus der Liste und ersetze es an gleicher Stelle durch alle seine Nachfolger (sofern vorhanden) aus der Warteliste.

Dabei wird davon ausgegangen, dass die einzelnen Elemente der Warteliste systematisch erzeugt werden. Beim Schiebepuzzle geschieht dies, wie auch in Abbildung 4.3

angedeutet, durch Verschieben der Plättchen in einer festen, immer gleichen Reihenfolge. Abbildung 4.4 zeigt, wie der Suchbaum aus Abbildung 4.3 für die Tiefensuche

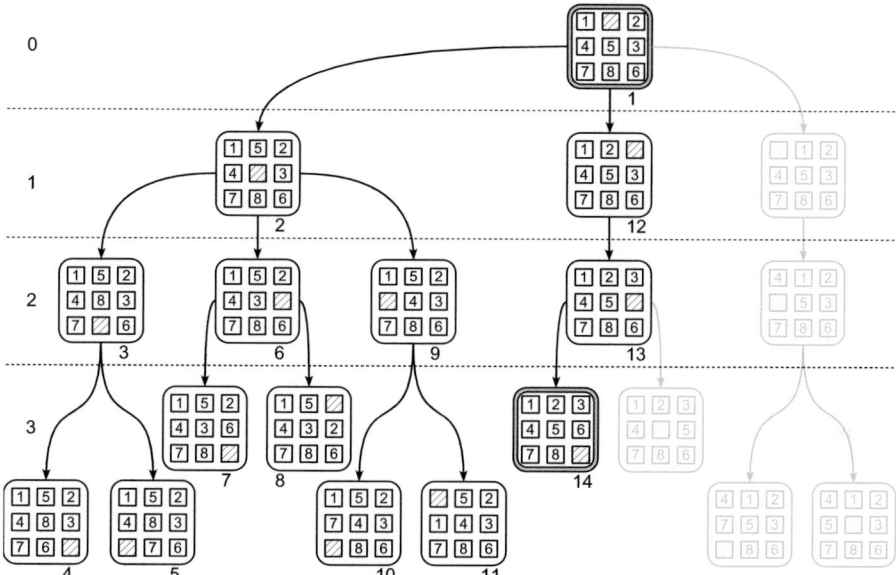

Abb. 4.4. Durchsuchen des Suchbaums gemäß der Tiefensuche bei einer Suchtiefe von $n = 3$

beschnitten wird. Aufgrund der Anordnung der Knoten im Baum wird eine Lösung (in diesem Fall sogar die kürzeste) bereits im siebten Abstieg gefunden. Da die Reihenfolge der eingefügten Nachfolger willkürlich ist, kann es passieren, dass der gesamte Suchbaum nach dem Zielknoten durchsucht werden muss. Darüber hinaus wird, vorausgesetzt die Suchtiefe wird geeignet groß festgesetzt, *irgendeine* Lösung gefunden, die mitunter viele Spielzüge erfordert, obwohl im vollständigen Suchbaum die kürzeste Lösung ebenfalls enthalten ist, aber nicht mehr gesucht wird.

Breitensuche (Breadth-First)

Die oben beschriebene Tiefensuche birgt die Gefahr, naheliegende Lösungen zu „übersehen" [51]. Diese wird bei der Breitensuche umgangen. Sie wurde erstmals in [28] beschrieben. Bei ihr wird nacheinander jede Ebene vollständig entwickelt und nach der Lösung abgesucht, bevor zur nächsten Ebene übergegangen wird. Ein Algorithmus lässt sich wie folgt formulieren [22]:

1. Bilde eine einelementige Liste, die aus dem Wurzelknoten besteht.
2. Bis die Liste leer oder das Ziel erreicht ist:

76   4 Dialogsysteme

- prüfe, ob das erste Element in der Liste der Zielknoten ist,
- wenn ja, fertig,
- wenn nein, entferne dieses Element aus der Liste und setze alle seine Nachfolger (sofern vorhanden) an das Ende der Liste.

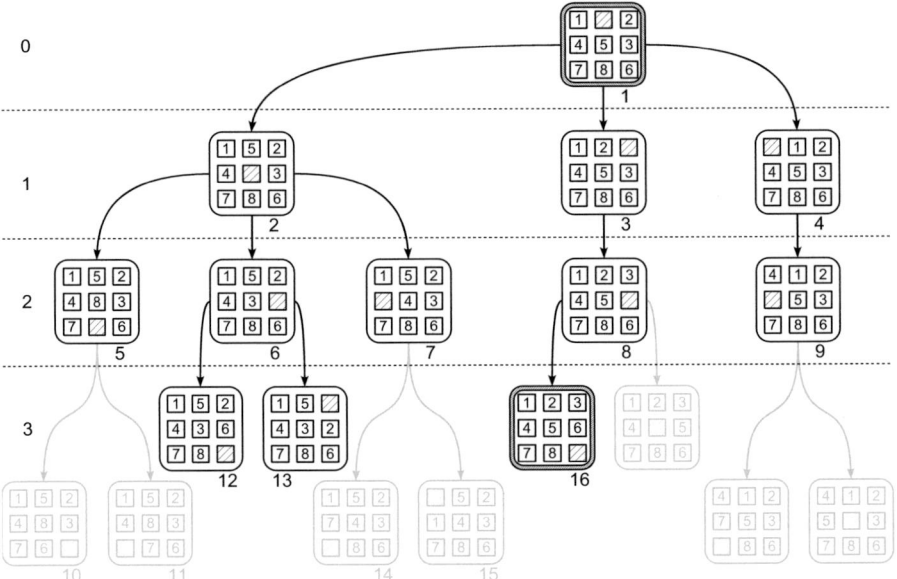

Abb. 4.5. Untersuchen des Suchbaums gemäß der Breitensuche.

In Abbildung 4.5 wird die Breitensuche anhand des zugehörigen Suchbaums verdeutlicht, bei der zunächst alle Zustände in einer Schicht besucht werden, bis der kürzeste Lösungsweg gefunden ist. Analog zur Tiefensuche bedeutet dies, dass, abhängig von der Verzweigung des Baums, selbst ein in einer hohen Ebene des Suchbaums liegender Lösungszustand erst spät erreicht wird. Außerdem muss bis zum Auffinden des Zielzustands der bis dato ausgewertete Suchbaum gespeichert werden.

4.1.3 Heuristische Suche/A-Algorithmus

Um die beschriebene Problematik der Abhängigkeit der Tiefen- und Breitensuche, die u. a. von der jeweils vorgegebenen Struktur der Suchbäume abhängt, zu umgehen, werden zusätzliche Informationen bei der Entscheidung, welcher Pfad weiter verfolgt wird, ausgenutzt. Dafür wird in der Regel eine Bewertungsmöglichkeit gesucht, die Auskunft über die Erfolgsaussichten eines bestimmten Pfads gibt, den Zielknoten zu erreichen [36]. Nach diesem Bewertungsmaß werden die Entscheidungen geordnet und die vielversprechendste Alternative kann zuerst untersucht werden. Da die Definition des Bewertungsmaßes in den meisten Fällen nach Faustregeln, Erfahrungswerten oder schlicht durch Ausprobieren erfolgt, werden solche Suchverfahren mit dem Begriff „heuristische Suche" bezeichnet. Die Heuristik besteht dabei in der Definition einer für die Aufgabe geeigneten Bewertungsfunktion (auch Kostenfunktion) $f(n)$. Diese schätzt für jeden Knoten n die Kosten, um vom Startknoten zum Zielknoten zu gelangen. Man definiert:

$$f(n) = g(n) + h(n). \tag{4.1}$$

Dabei bedeutet:

$g(n)$ Tiefe des Knotens n, also die Anzahl der bisher erfolgten Schritte bzw. Verzweigungen, um den Knoten n zu erreichen.

$h(n)$ eine Schätzfunktion über die Anzahl der zu durchlaufenden Knoten, um von Knoten n aus den Zielknoten zu erreichen. In diesem Beispiel gibt $h(n)$ die Anzahl der Plättchen an, die noch falsch positioniert sind, also die Anzahl der Schritte, die mindestens noch zum Erreichen des Endzustands nötig sind.

$f(n)$ eine Bewertungsfunktion, die in diesem Fall für jeden Knoten eine Abschätzung der Kosten angibt, die vom Anfangszustand bis zum Erreichen des Endzustands durch den Knoten n anfallen.

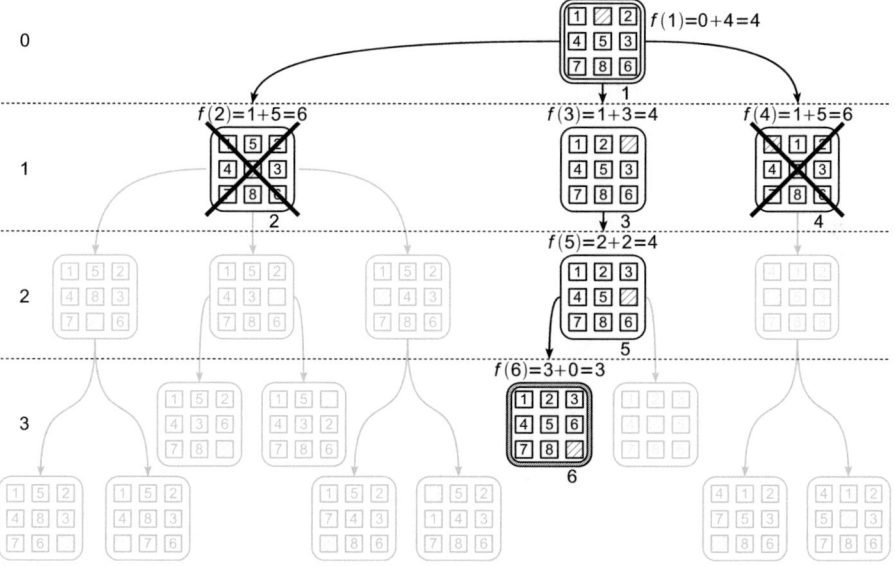

Abb. 4.6. Suchbaum, wie er sich bei einer heuristischen Suche ergibt.

Abbildung 4.6 zeigt den Suchbaum für den Fall einer heuristischen Suche mit der Bewertungsfunktion nach Gleichung 4.1. Es wird in jedem Verzweigungspunkt stets der Pfad weiter verfolgt, der die beste Bewertung erhält. In diesem Fall ist es derjenige Knoten mit dem niedrigsten Wert von $f(n)$. Somit ist es Ziel der heuristischen Suche, die Kostenfunktion $f(n)$ in jedem Schritt zu minimieren. Es gilt ferner, dass ein Algorithmus, der die Funktion $f(n)$ verwendet, um die Knoten n zu evaluieren, auch „A-Algorithmus" genannt wird. Für den Fall, dass $h(n) \equiv 0$ gewählt wird und $g(n)$ stets gleich der Tiefe des Knotens n ist, ist der A-Algorithmus identisch mit der Breitensuche.

Eine vergleichende Gegenüberstellung der Anzahl an durchsuchten Knoten der drei behandelten Suchalgorithmen ist für dieses Beispiel in Tabelle 4.1 gegeben.

	Tiefensuche	Breitensuche	heuristische Suche
Anzahl durchlaufene Knoten	14	16	6

Tabelle 4.1. Anzahl der durchsuchten Knoten unterschiedlicher Suchalgorithmen für das Beispiel „Schiebepuzzle".

4.1.4 A*-Algorithmus (A Star)

Der A*-Algorithmus stellt eine Modifikation des oben erwähnten A-Algorithmus dar [15]. Man bedient sich wieder der Bewertungsfunktion nach Gleichung 4.1. Es wird eine zulässige heuristische Funktion $h(n)$, welche in der Regel monoton ist, verwendet. Monoton bedeutet hier, dass $h(n)$ die tatsächlichen Kosten zum Erreichen des Zielknotens vom Knoten n aus *nicht* überschätzt. Existiert eine heuristische Funktion $h^*(n)$, die die exakten Kosten angibt, um von Knoten n aus den Zielknoten zu erreichen, so gilt

$$0 \leq h(n) \leq h^*(n). \tag{4.2}$$

Demnach sind alle durch $f(n)$ bewerteten Teilpfade länger als ihre Schätzung. Der Algorithmus verfolgt, beginnend vom Startknoten, die Pfade zu seinen Folgeknoten und speichert den Wert der Bewertungsfunktion nach Gleichung 4.1 in einer sortierten Liste. Anschließend wird iterativ der Knoten mit den minimalen Kosten aus der Liste entfernt, dessen Kanten verfolgt, und die Kosten der Knoten werden wieder geschätzt. Der Algorithmus terminiert, wenn die Kosten des Zielknotens berechnet wurden und keine anderen Knoten in der sortierten Liste geringere Kosten aufweisen. Der vom A*-Algorithmus gefundene Pfad ist kürzer als alle anderen *unterschätzten* Pfade vom Start- zum Zielknoten im Suchbaum. Somit ist er der optimale Pfad. Die Anzahl der durchlaufenen Pfade hängt dabei von der verwendeten heuristischen Funktion $h(n)$ ab. Wird die optimale Kostenfunktion $h^*(n)$ verwendet, so wird der kürzeste Pfad auf Anhieb gefunden. Man spricht dann von einer *informierten* Suche.

4.2 Logik und Theorembeweisen

In diesem Teilabschnitt wird behandelt, wie man Wissen algorithmisch, d. h. in geschlossener Form in Digitalrechnern darstellen und verarbeiten kann. Mithilfe maschineller Logik ist es für einen Rechner (Maschine) möglich, aus bestehenden Fakten neue Erkenntnisse abzuleiten oder bestimmte Behauptungen zu beweisen bzw. zu widerlegen [56]. Der Bereich Logik und Theorembeweisen ist somit die methodische Grundlage der meisten regelbasierten Verfahren der KI und nimmt damit eine zentrale Stellung innerhalb der KI-Forschung ein [34]. Die wichtigsten Teilgebiete Aussagenlogik, Prädikatenlogik und logisches Schließen werden in diesem Abschnitt näher behandelt.

4.2.1 Aussagenlogik

Die Aussagenlogik beschäftigt sich mit der Analyse von Elementaraussagen sowie deren Verknüpfungen, die entweder „wahr" oder „falsch" sein können [52]. Aussagen sind Repräsentationen von Sätzen der natürlichen Sprache der Art, „Petra studiert", „Tiere können nicht sprechen" etc. Man bezeichnet derartige Aussagen auch als atomare Aussagen. Die Aussagen können dabei nur „wahr" oder „falsch" sein. Die Aussagenlogik behandelt die Regeln, nach denen aus atomaren Aussagen komplexere Aussagen zu bilden sind. Dazu dienen die folgenden elementaren Verknüpfungen [1]:

$$
\begin{array}{lll}
\text{„UND"} & \text{Konjunktion} & \cdot \\
\text{„ODER"} & \text{Disjunktion} & + \\
\text{„NICHT"} & \text{Negation} & \neg
\end{array}
$$

Damit lassen sich atomare Aussagen wie H = „Hans kommt", P = „Peter kommt" und Verknüpfungen wie $H \cdot P$ = „Hans kommt und Peter kommt" bilden. Eine Bedeutung über die reine Tatsache hinaus lässt die Aussagenlogik nicht zu.

A_1 = „Otto wird krank", A_2 = „Der Arzt verschreibt Otto eine Medizin." Die „UND"-Verknüpfung der beiden Aussagen erhält in der Umgangssprache einen unterschiedlichen Sinn, je nachdem, ob man $B = A_1 \cdot A_2$ oder $B' = A_2 \cdot A_1$ bildet.

Neben Konjunktion, Disjunktion und Negation spielt die Implikation $A \Rightarrow B$ in der Aussagenlogik eine wichtige Rolle [20]. Die Bedeutung ist, dass Aussage B aus Aussage A folgt (*wenn* A, *dann* B). Die Überprüfung der Gültigkeit von Aussagen kann über die Wahrheitstabelle, wie sie Tabelle 4.2 zeigt, erfolgen. Dabei gilt: Eine Aussage ist „wahr" (bzw. erfüllbar), wenn eine Wertebelegung in der Wahrheitstabelle gefunden werden kann, bei der die Aussage den Wert „wahr" annimmt.

$A \cdot \neg B$ und $A \Rightarrow B$ sind erfüllbar. $A \cdot \neg A$ ist nicht erfüllbar. $A + \neg A$ ist eine Tautologie (für jede Belegung – also immer – „wahr").

A	B	A · ¬B	A ⇒ B ≡ ¬A + B
1	1	0	1
1	0	1	0
0	1	0	1
0	0	0	1

Tabelle 4.2. Wahrheitstabelle für das Beispiel „Otto ist krank".

4.2.2 Prädikatenlogik

Der Vorläufer der heutigen Prädikatenlogik wurde von G. Frege im Jahre 1979 eingeführt und als „Begriffsschrift" [12] bezeichnet [23]. Allgemein beschäftigt sich die Prädikatenlogik mit der Analyse und Bewertung von Prädikaten, die eine Beziehung zwischen Objekten bzw. Variablen beschreiben, sowie deren logische Verknüpfungen [25]. Der Unterschied gegenüber der Aussagenlogik besteht darin, dass mithilfe der Prädikatenlogik Schlussfolgerungen möglich sind [38]. Beispiele für einfache Prädikate und ihre Argumente sind:

- Vater(Hans)
- Besitzer(Mann, Auto)
- verheiratet(x, y)

Auch Teile der natürlichen Sprache können in der Schreibweise der Prädikatenlogik formuliert werden, z. B.:

1. „Der Mann besitzt ein Auto." ⇒ Besitzer(Mann, Auto).
2. „Hans und Klara sind verheiratet." ⇒ verheiratet(Hans, Klara)
3. „Hans ist mit Klara verheiratet und besitzt ein Auto."
   ⇒ $\underbrace{\text{verheiratet(Hans, Klara)}}_{\text{Aussage } A} \cdot \underbrace{\text{Besitzer(Hans, Auto)}}_{\text{Aussage } B}$.
   ⇒ $A \cdot B$ entspricht Formel in der Aussagenlogik.

Prinzipiell stellt die Aussagenlogik einen Teilbereich der Prädikatenlogik dar, wenn die einzelnen Prädikate als Elementaraussagen (atomare Aussagen) betrachtet werden. Somit können beide Bereiche mit den gleichen Methoden behandelt werden. Allerdings ist die Behandlung von Prädikaten wegen der zusätzlichen Existenz von Objekten, Variablen, Quantoren etc. wesentlich komplexer. Im Rahmen dieses Buchs wird nur die Prädikatenlogik erster Ordnung betrachtet[1]. Grundelemente der Prädikatenlogik sind [30]:

(1) Prädikate und Funktionen, z. B. verheiratet(x, y), Vater(x)

---

[1] In der Prädikatenlogik erster Ordnung sind als veränderbare Parameter keine Prädikate, sondern nur deren Objekte zulässig [25].

(2) Konstanten, z. B. Vater(Hans)

(3) Variablen, z. B. Besitzer(x, y)

(4) Funktionen, z. B. f(x, y)

(5) Konjunktion · („UND"-Verknüpfung)

(6) Disjunktion + („ODER"-Verknüpfung)

(7) Negation ¬, z. B. ¬A

(8) Existenz-Quantor ∃, z. B. $(\exists x)$Vater(x) „Es gibt ein x"

(9) All-Quantor ∀, z. B. $(\forall x)$Vater(x) „Für alle x"

(10) Implikation ⇒, z. B. Mensch(x) ⇒ Vater(x) „Jeder Mensch hat einen Vater"

(11) Äquivalenz ⇔, z. B. Mensch(x) ⇔ Vater(x)

Damit lassen sich auch komplexe Sachverhalte mit Methoden der Prädikatenlogik formulieren, beispielsweise

1. „In jeder Stadt gibt es einen Bürgermeister."

   $(\forall x)\{\text{Stadt}(x) \Rightarrow (\exists y)[\text{Mensch}(y) \cdot \text{Bürgermeister}(x,y)]\}$

2. „Für jede ableitbare Funktion existiert eine ableitbare Umkehrfunktion."

   $(\forall x)\{\text{Funktion}(x) \cdot \text{ableitbar}(x) \Leftrightarrow (\exists y)[\text{Umkehrfunktion}(x,y) \cdot \text{ableitbar}(y)]\}$

Für die Verwendung der Prädikatenlogik in der KI werden zunächst über ein Problem die daraus ableitbaren Regeln und Zusammenhängen aufgestellt. Dies führt zu einem problemorientierten Regelwerk, den Axiomen. Anschließend wird eine Frage bzw. eine Behauptung an das Regelwerk gestellt, das sog. Theorem. Mithilfe der Axiome und des „Theorembeweisens" kann dann die Frage beantwortet, bzw. die Behauptung bewiesen werden [5]. Dies erfolgt entweder durch eine Wahrheitstabelle oder durch Umformung der Regeln und Schlussfolgerungen, dem logischen Schließen. Bei komplexen Problemen ist der zweite Weg über das logische Schließen wesentlich effektiver.

Wahrheitstabellen für die Prädikatenlogik

Das Beiweisen bzw. das Widerlegen von Aussagen ist im folgenden Beispiel in Anlehnung an [34] gezeigt. Es werde dazu das Regelwerk

1. „Jeder, der lesen kann, ist gebildet.": L ⇒ G

2. „Delfine sind nicht gebildet.": D ⇒ ¬G

3. „Es gibt intelligente Delfine.": D · I

betrachtet. Diese Axiome dienen der Überprüfung des Theorems

$$\text{„Es gibt Intelligente, die nicht lesen können.“}: I \cdot \neg L \qquad (4.3)$$

z. B: mithilfe der Wahrheitstabelle 4.3: Das Theorem $I \cdot \neg L$ ist erfüllt für die Fälle 1,

Nr.	L	G	D	I	L $\Rightarrow$ G	D $\Rightarrow$ ¬G	D$\cdot$I	I$\cdot$¬L	D$\cdot$L
0	0	0	0	0	1	1	0	0	0
1	0	0	0	1	1	1	0	1	0
2	0	0	1	0	1	1	0	0	0
3	0	0	1	1	1	1	1	1	0
4	0	1	0	0	1	1	0	0	0
5	0	1	0	1	1	1	0	1	0
6	0	1	1	0	1	0	0	0	0
7	0	1	1	1	1	0	1	1	0
8	1	0	0	0	0	1	0	0	0
9	1	0	0	1	0	1	0	0	0
10	1	0	1	0	0	1	0	0	1
11	1	0	1	1	0	1	1	0	1
12	1	1	0	0	1	1	0	0	0
13	1	1	0	1	1	1	0	0	0
14	1	1	1	0	1	0	0	0	1
15	1	1	1	1	1	0	1	0	1

Tabelle 4.3. Wahrheitstabelle zum Prüfen der Theoreme aus Gleichung 4.3 und 4.4.

3, 5 und 7. Für den Fall 3 sind auch die Axiome 1 – 3 „wahr", womit das Theorem *und* die Axiome erfüllbar sind.

Ein weiteres Theorem, das geprüft werden kann, ist

$$\text{„Delfine können lesen.“}: D \cdot L. \qquad (4.4)$$

Dieses Theorem ist für die Fälle 10, 11, 14 und 15 war. Jedoch können für keinen dieser Fälle alle Axiome 1 – 3 gleichzeitig erfüllt werden. Deswegen ist das Theorem $D \cdot L$ ist *nicht* erfüllbar.

In den meisten realistischen Fällen ist die Vorgehensweise wie im vorherigen Beispiel mit einer Wahrheitstabelle zu aufwendig, da der kombinatorische Suchaufwand zu groß ist[2]. Deshalb benötigt man Umformungsregeln zur logischen Verarbeitung der Ausdrücke, um mit anderen Methoden den Wahrheitswert solcher Ausdrücke feststellen zu können.

---
[2] Die Überprüfung der Erfüllbarkeit des Theorems und aller Axiome entspricht der Breitensuche in einem Suchbaum, der aus der Tabelle abgeleitet wird.

Umformungsregeln für Formeln der Prädikatenlogik

Die nachfolgend aufgeführten Umformungsregeln dienen der Überführung von Axiomen und Theoremen der Prädikatenlogik in sog. Normalformen [30]. Mit den hier vorgestellten Regeln können sämtliche prädikatenlogische Aussagen in die unten aufgeführten Normalformen überführt werden.

(1) Doppelte Negation $\neg\neg A \equiv A$

(2) Idempotenz $A + A \equiv A$ und $A \cdot A \equiv A$

(3) Kommutativität $A \cdot B \equiv B \cdot A$ und $A + B \equiv B + A$

(4) Assoziativität $A \cdot (B \cdot C) \equiv (A \cdot B) \cdot C$ und $A + (B + C) \equiv (A + B) + C$

(5) Distributivität $A + (B \cdot C) \equiv (A + B) \cdot (A + C)$ und $A \cdot (B + C) \equiv (A \cdot B) + (A \cdot C)$

(6) De Morgan $\neg(A \cdot B) \equiv \neg A + \neg B$ und $\neg(A + B) \equiv \neg A \cdot \neg B$

(7) Kontrapositiv $A \Rightarrow B \equiv \neg B \Rightarrow \neg A$

(8) $A \Rightarrow B \equiv \neg A + B$

(9) $A \Leftrightarrow B \equiv (A \Rightarrow B) \cdot (B \Rightarrow A) \equiv (A \cdot B) + (\neg A \cdot \neg B)$

(10) $\neg(\forall x)A(x) \equiv (\exists x)(\neg A(x))$

(11) $\neg(\exists x)A(x) \equiv (\forall x)(\neg A(x))$

(12) $(\forall x)(A(x) \cdot B(x)) \equiv (\forall x)A(x) \cdot (\forall y)B(y)$

(13) $(\exists x)(A(x) + B(x)) \equiv (\exists x)A(x) + (\exists y)B(y)$

Umformung von Formeln der Prädikatenlogik auf Normalform

Aufgestellte Axiome können beliebig komplexe Formen annehmen, z. B.

$$(\forall x)\{A(x) \Rightarrow \{(\forall y)[A(y) \Rightarrow A(f(x,y))] \cdot (\neg(\forall y)[B(x,y) \Rightarrow A(y)])\}\}. \quad (4.5)$$

Werden beispielsweise Resolutionsregeln auf die Axiome angewendet, ist eine Umformung der Ausdrücke in eine Standardform, auch „Normalform" genannt, notwendig. Diese Standardform ist entweder die

- Konjunktive Normalform (KNF)
  $(A_1 + A_2 + \ldots) \cdot (B_1 + B_2 + \ldots) \cdot \ldots \cdot (X_1 + X_2 + \ldots) \cdot \ldots$

oder die

- Disjunktive Normalform (DNF)
  $(A_1 \cdot A_2 \cdot \ldots) + (B_1 \cdot B_2 \cdot \ldots) + \ldots + (X_1 \cdot X_2 \cdot \ldots) + \ldots$

Es existieren Regeln zur Umformung eines beliebigen Axioms in die Konjunktive Normalform (KNF). Diese sind in der folgenden Liste und jeweils beispielhaft angewendet auf das Axiom 4.5 aufgeführt:

Regel 1 Eliminierung aller Äquivalenzen → Umformregel 9

Regel 2 Eliminierung aller Implikationen → Umformregel 8
$(\forall x)\{\neg A(x) + \{(\forall y)[\neg A(y) + A(f(x,y))] \cdot (\neg(\forall y)[\neg B(x,y) + A(y)])\}\}$

Regel 3 Einziehen der Negation „nach innen" ⇒ Umformungsregeln 6, 10 und 11
$(\forall x)\{\neg A(x) + \{(\forall y)[\neg A(y) + A(f(x,y))] \cdot (\exists y)[B(x,y) \cdot \neg A(y)]\}\}$

Regel 4 Einführung neuer Variablen für jeden Quantifizierer
$(\forall x)\{\neg A(x) + \{(\forall y)[\neg A(y) + A(f(x,y))] \cdot (\exists w)[B(x,w) \cdot \neg A(w)]\}\}$

Regel 5 Eliminierung aller Existenz-Quantoren

Beispiel $(\forall x)\{(\forall y)[(\exists z)A(z)]\} \equiv (\forall x)\{(\forall y)A(g(x,y))\}$

Dabei wurde gesetzt:
$z = g(x,y)$ g: Skolemfunktion

Die Skolemfunktion $z = g(x,y)$ erzwingt für z einen Wert passend zu den Werten von x und y, sodass sich keine neuen Belegungen durch das Eliminieren der Existenz-Quantoren ergeben [13].

$(\forall x)\{\neg A(x) + \{(\forall y)[\neg A(y) + A(f(x,y))] \cdot [B(x,g(x)) \cdot \neg A(g(x))]\}\}$

Regel 6 Ausklammern der All-Quantoren und Entfallen dieser Quantoren
$\{\neg A(x) + \{[\neg A(y) + A(f(x,y))] \cdot [B(x,g(x)) \cdot \neg A(g(x))]\}\}$

Regel 7 Anwendung des Distributivgesetzes zur Transformation in die KNF → Umformregel 5
$[\neg A(x) + \neg A(y) + A(f(x,y))] \cdot [\neg A(x) + B(x,g(x))] \cdot [\neg A(x) + \neg A(g(x))]$

Regel 8 Eliminierung der „UND"-Verknüpfungen durch Auflistung der Klauseln

$\neg A(x) + \neg A(y) + A(f(x,y))$	Klausel (1)
$\neg A(x) + B(x,g(x))$	Klausel (2)
$\neg A(x) + \neg A(g(x))$	Klausel (2)

Regel 9 Einführung getrennter Variablen für jede Klausel

$\neg A(x) + \neg A(y) + A(f(x,y))$	(1)
$\neg A(u) + B(u,g(u))$	(2)
$\neg A(v) + \neg A(g(v))$	(3)

In jedem Schritt ist die Äquivalenz zwischen der ursprünglichen Formel und der entstehenden Klausel ist sichergestellt. Diese Klauseln repräsentieren den Satz von Axiomen, mit denen man z. B. durch Resolution neue Theoreme beweisen kann.

Logisches Schließen

Grundidee hierbei ist der Beweis von Behauptungen (Theoreme) auf der Basis existierender Fakten (Axiome), die üblicherweise durch Umformung auf die KNF entstanden sind und anschließend entsprechend in Form von logischen Klauseln vorliegen. Das hierfür wichtigste Verfahren ist die Methode der Resolution.

Resolutionsverfahren

Bei der Resolution werden neue logische Formeln auf der Basis von bereits existierenden logischen Formeln abgeleitet [41]. Voraussetzung ist, dass die existierenden Formeln in der KNF vorliegen. Aus zwei Klauseln C_1 und C_2 der Form

$$C_1 = A_1 + A_2 + \ldots + A_n + P \tag{4.6}$$
$$C_2 = B_1 + B_2 + \ldots + B_n + \neg P, \tag{4.7}$$

die das *Literal* P einmal in nicht-negierter (hier in der Klausel C_1) und einmal in negierter Form (hier in der Klausel C_2) enthalten, wird dann die Formel

$$R \equiv (C_1 \setminus \{P\}) + (C_2 \setminus \{\neg P\}) = A_1 + A_2 + \ldots + A_n + B_1 + B_2 + \ldots + B_n \tag{4.8}$$

abgeleitet, wobei die Formel R die *Resolvente* der beiden obigen Formeln beschreibt und nicht equivalent zu den beiden ursprünglichen Klauseln C_1 und C_2 ist [5]: Sie ist die notwendige Bedingung zur Erfüllung der Klauseln C_1 und C_2. Wie in Gleichung 4.8 beschrieben, entsteht die Resolvente durch „ODER"-Verknüpfung der Klauseln C_1 und C_2 nach der Eliminierung von P und $\neg$ P. Dies wird im nächsten Beispiel allgemein gezeigt. Es gilt zu beachten, dass in jedem Schritt der Resolution stets nur jeweils ein Literal eliminiert werden kann.

Im Folgenden wird gezeigt, dass aus den Klauseln C_1 nach Gleichung 4.6 und C_2 nach Gleichung 4.7 die Resolvente R nach Gleichung 4.8 folgt. Die Resolvente beschreibt die notwendige Bedingung zur gleichzeitigen Erfüllung der beiden Klauseln C_1 und C_2, und folglich gilt

$$(C_1 \cdot C_2) \Rightarrow R,$$

d. h. gelten C_1 und C_2, dann folgt daraus die Resolvente R. Setzt man für C_1, C_2 und R die Werte aus den Gleichungen 4.6, 4.7 und 4.8 ein, so ergibt sich

$$\begin{aligned}(A_1 + A_2 + \ldots + A_n + P) \cdot (B_1 + B_2 + \ldots + B_n + \neg P) \Rightarrow \\ \Rightarrow A_1 + A_2 + \ldots + A_n + B_1 + B_2 + \ldots + B_n.\end{aligned} \tag{4.9}$$

Aus Gleichung 4.9 lässt sich mithilfe der Umformungsregeln auf Seite 83

$$\neg[(A_1+A_2+\ldots+A_n+P)\cdot(B_1+B_2+\ldots+B_n+\neg P)]+$$
$$+(A_1+A_2+\ldots+A_n+B_1+B_2+\ldots+B_n)\equiv$$
$$\stackrel{(4),(6)}{\equiv}[\neg(A_1+A_2+\ldots+A_n)\cdot\neg P]+(A_1+A_2+\ldots+A_n)+$$
$$+[\neg(B_1+\neg B_2+\ldots+\neg B_n)\cdot P]+(B_1+B_2+\ldots+B_n)\equiv$$
$$\stackrel{(5)}{\equiv}\underbrace{[\neg(A_1+A_2+\ldots+A_n)+(A_1+A_2+\ldots+A_n)]}_{=1}\cdot$$
$$\cdot(A_1+A_2+\ldots+A_n+\neg P)+(B_1+B_2+\ldots+B_n+P)\equiv 1$$

ableiten, d. h. es gilt die Resolvente R nach Gleichung 4.8.

Im Folgenden werden einige Sonderfälle betrachtet:

1. $C_1 = A$, $C_2 = A \Rightarrow B \equiv \neg A + B$: $R \equiv B$. Diese Regel heißt *Modus Ponens*: Gilt A und folgt aus A B, dann gilt auch B.
2. $C_1 = A+B$, $C_2 = \neg A+B$: $R \equiv B+B \equiv B$.
3. $C_1 = A$, $C_2 = \neg A$: $R \equiv$ NIL. Dies ist eine leere Klausel, d. h. beide Klauseln können nicht gleichzeitig „wahr" sein.
4. $C_1 = A \Rightarrow B \equiv \neg A + B$, $C_2 = B \Rightarrow C \equiv \neg B + C$: $R \equiv \neg A + C \equiv A \Rightarrow C$. Verkettung: Aus A folgt B, und aus B folgt C, dann folgt aus A auch C.

Anwendung der Resolution beim Theorembeweisen

Gegeben ist der Satz (Set) $\mathcal{S} = \{S_1, S_2, \ldots, S_n\}$ von n existierenden und bewiesenen Axiomen. Für dieses Set wird das Theorem T bewiesen. Dazu wird das ursprüngliche Set $\mathcal{S}$ um das negierte Theorem, $\neg T$, erweitert. Man erhält so das Set $\mathcal{S}^* = \{S_1, S_2, \ldots, S_n, \neg T\}$. Anschließend wird die Resolution so lange auf die Klauseln in $\mathcal{S}^*$ angewendet, bis die leere Klausel erzeugt ist, die nicht erfüllbar ist und somit den Widerspruch der Annahme nachweist, dass alle Klauseln aus $\mathcal{S}^*$ einschließlich der des negierten Theorems erfüllbar sind [5].

Im Folgenden wird das Theorem 4.3 von Seite 82 mithilfe der Resolution bewiesen. Mithilfe der Wahrheitstabelle 4.3 wurden die folgenden Klauseln bereits überprüft und bilden das Set $\mathcal{S}$ bzw. das Theorem T:

$$\mathcal{S}: \quad L \Rightarrow G \tag{4.10}$$
$$D \Rightarrow \neg G \tag{4.11}$$
$$D \cdot I \tag{4.12}$$
$$T: \quad I \cdot \neg L. \tag{4.13}$$

Um die Resolution anzuwenden, werden diese Klauseln zunächst in KNF überführt, und zur Bildung des Sets $\mathcal{S}^*$ wird das Theorem aus Gleichung 4.13 negiert:

$$\text{(aus 4.10)} \quad \neg L + G \tag{4.14}$$

(aus 4.11)	$\neg D + \neg G$	(4.15)
(aus 4.12)	D	(4.16)
(aus 4.12)	I	(4.17)
(aus 4.13)	$\neg I + L$	(4.18)

Anschließend werden aus den einzelnen Klauseln geeignete Resolvente gebildet:

$(4.17 \setminus \{I\}) + (4.18 \setminus \{\neg I\})$	L	(4.19)
$(4.14 \setminus \{\neg L\}) + (4.19 \setminus \{L\})$	G	(4.20)
$(4.15 \setminus \{\neg G\}) + (4.20 \setminus \{G\})$	$\neg D$	(4.21)
$(4.16 \setminus \{D\}) + (4.21 \setminus \{D\})$.	NIL	

Wird durch die Resolution die Unerfüllbarkeit der Negation des Theorems $\neg T$ bei gleichzeitiger Erfüllbarkeit der restlichen Klauseln $\mathcal{S}$ gezeigt, so ist das Theorem T bewiesen: Angenommen, T ist „wahr" und folgt aus $\mathcal{S}$, dann macht jede Parameterkonfiguration, die $\mathcal{S}$ „wahr" macht, auch T „wahr". Keine dieser Konfigurationen macht deshalb $\neg T$ „wahr". Deshalb kann keine Konfiguration $\mathcal{S}^* \equiv \{\mathcal{S}, \neg T\}$ „wahr" machen. Damit ist $\mathcal{S}^*$ unerfüllbar, und die Resolution führt zur leeren Klausel.

Es gibt allerdings auch Probleme des Resolutionsverfahrens. So ist eine mögliche Kontrollstrategie unklar: Welche Sätze sind mit welchen zu resolvieren, um möglichst schnell die leere Klausel zu erzeugen? Lässt sich die leere Klausel nicht herleiten, kann man nicht sicher sein, ob dies an einer unzureichender Herleitung liegt oder das Theorem tatsächlich falsch ist.

4.3 Wissensrepräsentation

Intelligente Systeme verarbeiten nicht nur Wissen, sondern speichern auch umfangreiche Wissensquellen effizient und stellen diese strukturiert dar. Das Gebiet der Wissensrepräsentation hat sich als spezielles Teilgebiet der KI-Forschung etabliert.

Wissen in der KI lässt sich als eine Menge von Fakten, Regeln, Prozeduren, Modellen, Daten und Heuristiken, die in KI-Systemen zur Problemlösung verwendet werden, definieren [34]. Dabei sind die Fakten und Regeln bereits aus der Prädikatenlogik bekannt. Suchprozeduren und Heuristiken wurden bereits in Abschnitt 4.1.1 zu den Suchverfahren vorgestellt. Die Daten, bekannt aus der Datenverarbeitung, können z. B. in Form von Datenstrukturen und -banken vorliegen. Die Repräsentation von Wissen ist notwendig, um es strukturiert darzustellen und zu formulieren. Um das Wissen über komplexe Systeme nachvollziehbar darstellen zu können, benötigt man ein bestimmtes Darstellungsschema. Die Repräsentationsstruktur gibt an, wie die Abbildungsvorschrift zwischen den Strukturen und der realen Welt lautet. Die Wissensrepräsentation ist außerdem notwendig, um umfangreiches Spezialwissen eines

Experten schematisch zu extrahieren und strukturiert darzustellen. Mithilfe des Repräsentationsmechanismus kann das Wissen interpretierbar gemacht werden. Mit einem geeigneten Inferenzmechanismus, dieser gehört nicht zur Wissensrepräsentation, kann das gespeicherte Wissen verarbeitet werden [48]. Zu den populärsten Methoden der Wissensrepräsentation gehören die Prädikatenlogik, die Produktionsregeln, semantische Netze und Rahmen.

4.3.1 Prädikatenlogik zur Wissensrepräsentation

Die Prädikatenlogik ist eine grundlegende Art zur Darstellung von Wissen [18]. Alle anderen Wissensrepräsentationen bauen praktisch implizit auf der Prädikatenlogik auf. Jedoch stellt die Prädikatenlogik nicht die natürlichste Art der Wissensrepräsentation dar. Sie ermöglicht die Aufteilung des Wissens in Fakten und Regeln. Durch Umformung in KNF ergibt sich eine standardisierte Form des Wissens. Das auf diese Weise dargestellte Wissen kann mithilfe des Resolutionsverfahrens abgearbeitet werden. Daher ist der hier verwendete Inferenzmechanismus die Resolution. Jedoch birgt die Wissensrepräsentation mithilfe der Prädikatenlogik auch Nachteile. Zum einen ist die Formulierung des Wissens aufwendig und unnatürlich. Sie entspricht nicht der Umgangsform. Zum anderen ist stets eine Umformung in die KNF notwendig.

4.3.2 Produktionsregeln

Produktionsregeln verwenden die Schreibweise der Prädikatenlogik. Die Hauptunterschiede zur klassischen Prädikatenlogik sind, dass keine Umformung in die KNF stattfindet, sondern die *wenn-dann*-Regelstrukturen erhalten bleiben [31]. Außerdem verwenden sie als Inferenzmechanismus nicht die Resolution, sondern die Vorwärts- und Rückwärtsverkettung [3, 14, 54]. Während die Inferenz in der Prädikatenlogik den Wahrheitswert eines Theorems bestimmt, impliziert die Inferenz bei Produktionsregeln aus dem *wenn*-Teil einer Regel den *dann*-Teil (bei der Vorwärtsverkettung).

Zur grundlegenden Struktur von Produktionsregeln gehören Fakten (wie in der Prädikatenlogik) und *wenn-dann*-Regeln (wie in der Prädikatenlogik vor der Umformung in die KNF). Die Vorwärts- und Rückwärtsverkettung innerhalb eines Regelwerks können anhand eines „Autoverkaufs" erläutert werden.

Die folgenden (vereinfachten) Regeln und Fakten gelten für einen Autokauf:

Regel 1 *Wenn* der Preis gering sein soll (GP), Dieselantrieb erwünscht ist (D) und das Auto dreitürig sein soll (3T) oder *wenn* das Auto einen Turbolader (Tu) und fünf Türen (5T) haben soll, *dann* kaufe einen Golf Turbo-Diesel.

Regel 2 *Wenn* ein hoher Preis akzeptabel ist (HP), das Auto eine Limousine (L) und schnell (S) sein soll, *dann* kaufe einen Mercedes.

Regel 3 *Wenn* geringer Spritverbrauch (GS) und Wartungsfreundlichkeit (W) gewünscht sind, *dann* soll das Auto ein Diesel sein (D).

Regel 4 *Wenn* ein viertüriges (4T) und geräumiges Auto gewünscht ist (G), *dann* soll es eine Limousine sein (L).

Fakten Gewünscht wird ein dreitüriges Auto mit geringem Spritverbrauch, hoher Wartungsfreundlichkeit und geringem Preis.

Die Regeln lassen sich wie folgt formulieren:

Regel 1 $GP \cdot D \cdot 3T + Tu \cdot 5T \Rightarrow$ Golf

Regel 2 $HP \cdot L \cdot S \Rightarrow$ Mercedes

Regel 3 $GS \cdot W \Rightarrow D$

Regel 4 $4T \cdot G \Rightarrow L$

Fakten $3T, GS, W, GP$

Die Darstellung des Regelwerks und der Fakten mithilfe von „UND"/„ODER"-Graphen zeigt Abbildung 4.7.

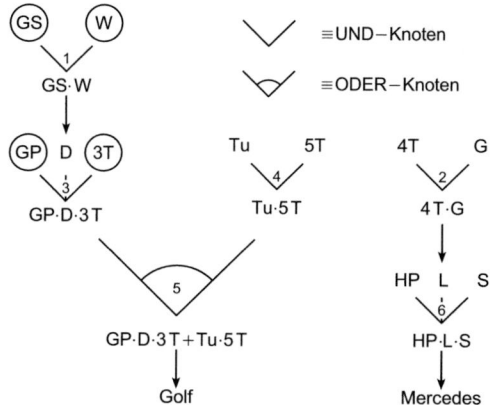

Abb. 4.7. Darstellung eines Regelwerks und Fakten mithilfe von „UND"/„ODER"-Graphen.

Im Folgenden wird die Lösung mithilfe der Vorwärtsverkettung nach [54] inferiert:

Schritt 1 Betrachten der gültigen Fakten (in Abbildung 4.7 eingekreist).

Schritt 2 Suchen nach Regeln, in denen diese Fakten im *wenn*-Teil der Regeln vorkommen.

Schritt 3 Überprüfen, ob *dann*-Teil der Regeln eingeleitet werden kann.

Schritt 4 Zurück zu *Schritt 2* und Suche nach weiteren Regeln, deren *wenn*-Teil erfüllt werden kann.

Schritt 5 Wenn keine neuen Regeln feuern, Überprüfung, ob ein Ziel erfüllt wurde.

In diesem Fall würden im „UND"/„ODER"-Graphen die Knoten (1), (3) und (5) erfüllt werden und aus (5) das Ziel „Golf" ermittelt werden.

Eine weitere Lösungsmöglichkeit stellt die Rückwärtsverkettung nach [3] dar:

Schritt 1 Vorgabe eines der möglichen Ziele.

Schritt 2 Untersuchen der Bedingungen, die zum Erreichen dieses Ziels erfüllt sein müssen (=*wenn*-Teil der Regel, die zum gesetzten Ziel führt).

Schritt 3 Formulierung der Bedingung als neues Teilziel und zurück zu *Schritt 2*.

Schritt 4 Falls das Ziel wegen nicht gefundener Bedingungen nicht erfüllt werden konnte, zurück zu *Schritt 1* mit einem anderen Ziel.

Schritt 5 Wurden für ein Ziel alle Bedingungen gefunden, wird das Suchverfahren beendet.

Eine mögiche Vorgehensweise für die Rückwärtsverkettung im „UND"/„ODER"-Graphen aus Abbildung 4.7 wäre beispielsweise:

1. Ziel Mercedes
2. Ziel Knoten (6) nicht erfüllbar, Abbruch
3. Ziel Golf
4. Ziel Knoten (5) erfüllbar, wenn Knoten (4) erfüllt
5. Ziel Knoten (4) nicht erfüllbar, Abbruch
6. Ziel Knoten (3) erfüllbar, wenn Knoten (1) erfüllt
7. Ziel Knoten (1) erfüllt → Ziel Golf erfüllt

Die Wissensrepräsentation mit Produktionsregeln entspricht einer Wissensrepräsentation mithilfe von „UND"/„ODER"-Graphen. Der Inferenzmechanismus entspricht einer Suche im „UND"/„ODER"-Graphen. Das Hauptsuchverfahren stellen die Vorwärts- und Rückwärtsverkettung dar. In der Praxis kommen kompliziertere Suchverfahren zum Einsatz, z. B. Kombination von Vorwärts- und Rückwärtsverkettung, Konfliktlösung beim Feuern mehrerer Regeln oder Heuristiken. Demnach erfolgt keine Resolution im klassischen Sinne.

4.3.3 Semantische Netze

Semantische Netze sind grafische Modelle zur Darstellung von Wissen über Beziehungen zwischen Objekten und wurden für die Wissensrepräsentation im Jahre 1968 von M. R. Quillian eingeführt [37]. Sie entsprechen den Fakten bei der Prädikatenlogik. Die Knoten des Netzes entsprechen Objekten, die Kanten entsprechen den Prädikaten. Sie finden insbesondere bei sprachverstehenden Systemen Verwendung. Dabei werden natürlichsprachliche Aussagen in einem semantischen Netz dargestellt [19].

Ihr Ursprung liegt im Konzept der Assoziativspeicher und der assoziativen Netze, also Netze ohne Kantenbeschriftung. Ein Beispiel für ein semantisches Netz zeigt Abbildung 4.8. Im Netz treten keine zwei Knoten gleicher Beschriftung auf. Alle im

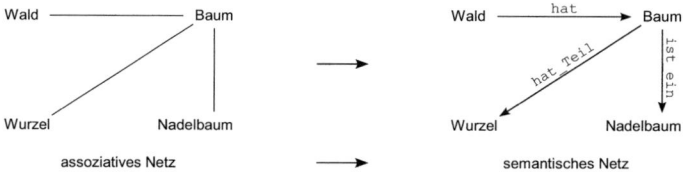

Abb. 4.8. Beispiel für ein semantisches Netz.

Netz repräsentierten Aussagen sind implizit konjunktiv („UND"-) verknüpft. Schlussfolgerungen aus dem Netz müssen mit außerhalb des Netzes formulierten Regeln abgeleitet werden. Das Netz ist somit eine reine Wissensbasis. Die Richtung der Kanten ist in einem semantischen Netz von Bedeutung. Sie zeigen in Richtung der Beziehung, z. B. dargestellt in Abbildung 4.9 oben links.

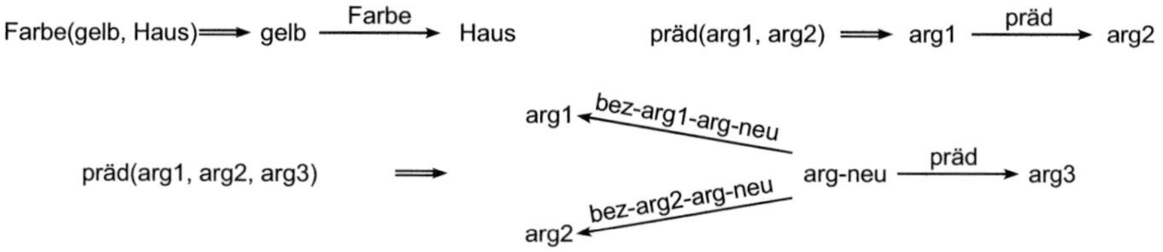

Abb. 4.9. Kantenrichtung (oben links), einstellige Prädikate (oben rechts) und mehrstellige Prädikate (unten).

Es existieren Möglichkeiten zur verbesserten Wissensrepräsentation. Üblicherweise können nur zweistellige Prädikate dargestellt werden, wie in Abbildung 4.9 oben rechts gezeigt ist. Jedoch ist die Darstellung mehrstelliger Prädikate durch die Einführung neuer Knoten möglich, siehe Abbildung 4.9 unten.

Für den Inferenzmechanismus bei semantischen Netzen gibt es verschiedene Möglichkeiten. Entweder verwendet man wenn-dann-Regeln, wobei der *wenn*-Teil als Fakt im semantischen Netz ermittelt wird, oder spezielle Suchalgorithmen im semantischen Netz z. B. um herauszufinden, in welcher Beziehung zwei entfernte Knoten im Netz miteinander stehen (durch Ermittlung der Schnittpunkte der von ihnen ausgehenden Graphen). Eine weitere Möglichkeit besteht in der Entwicklung von Fragenetzen, deren Knoten Fragezeichen sein können. In Abbildung 4.10 ist ein etwas komplexeres Beispiel für ein semantisches Netz dargestellt.

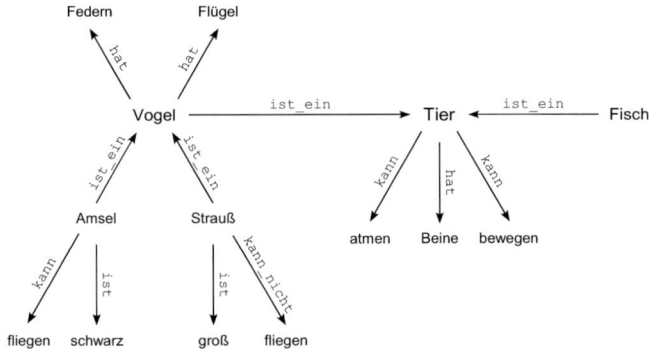

Abb. 4.10. Beispiel für ein komplexeres semantisches Netz.

4.3.4 Rahmen (Frames)

Rahmen sind neben Produktionsregeln und semantischen Netzen eine weitere populäre Methode der Wissensrepräsentation und wurden für diesen Zweck von M. Minsky 1975 vorgestellt [26]. Ein Rahmen dient zur Darstellung der Zerlegung von Objekten oder Situationen in ihre Bestandteile. Die Bestandteile von Rahmen werden Slots genannt. Bei der Verarbeitung vieler Probleme beim Menschen werden bereits gespeicherte Strukturen aus früheren Problemlösungen aufgerufen. Diese „Rahmenstrukturen" werden dann mit den aktuellen Einzelheiten des anstehenden Problems aufgefüllt. Diese Vorgehensweise stellt den Ursprung der Rahmen dar. Rahmen besitzen Ähnlichkeiten zu semantischen Netzen, sind aber bezüglich ihrer Funktionalität und ihres Darstellungsvermögens wesentlich mächtiger und flexibler. Abbildung 4.11 zeigt beispielhaft die Rahmen-Darstellung eines Computers. Im Prinzip lässt sich

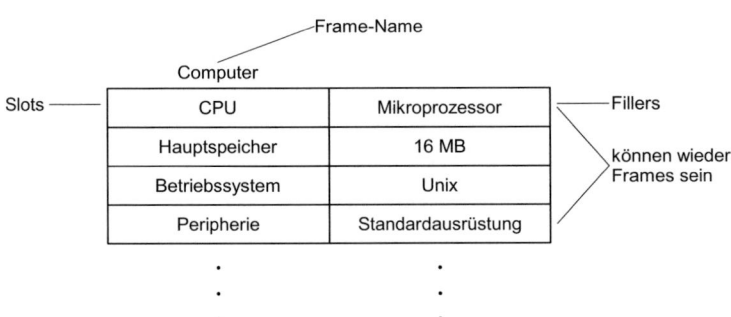

Abb. 4.11. Beispiel für einen Rahmen zur Darstellung eines Computers.

sagen: Der Rahmen-Name entspricht einem zentralen Knoten im semantischen Netz, Slots entsprechen den Kanten, und Filler entsprechen den Knoten, zu denen die Kanten vom Zentralknoten aus hinführen. Dies ist in Abbildung 4.12 gezeigt [39].

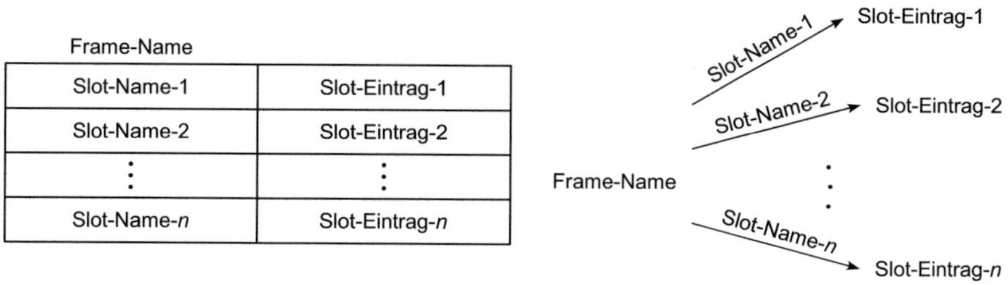

Frame-Name	
Slot-Name-1	Slot-Eintrag-1
Slot-Name-2	Slot-Eintrag-2
⋮	⋮
Slot-Name-*n*	Slot-Eintrag-*n*

Abb. 4.12. Vergleich zwischen Rahmen (links) und semantischem Netz (rechts).

Inferenzmethoden für Rahmen

Es existieren prinzipiell zwei verschiedene Methoden, um das Wissen, das in Rahmen repräsentiert ist, zu verarbeiten. Die erste Methode ähnelt der Wissensverarbeitung mit semantischen Netzen. Sie basiert auf Suchverfahren, um Beziehungen zwischen den gespeicherten Rahmen zu ermitteln, z. B. die Feststellung von Klassenzugehörigkeiten, die Feststellung, ob zwei Objekte in einer semantischen Beziehung sind etc.

Die zweite, interessantere Methode ist der sog. „Rahmenabgleich". Die Abfrage an ein rahmenbasiertes System kann als Rahmen formuliert werden, bei dem die gefragten Fakten im Rahmen als Fragezeichen vermerkt werden, die durch entsprechende Such- und Vergleichsverfahren mit aktuellen Daten aufgefüllt werden müssen. Beispielsweise kann die Frage „Welche Blumen mit gelber Farbe gibt es?" als Rahmen formuliert werden, wie in Abbildung 4.13 verdeutlicht ist.

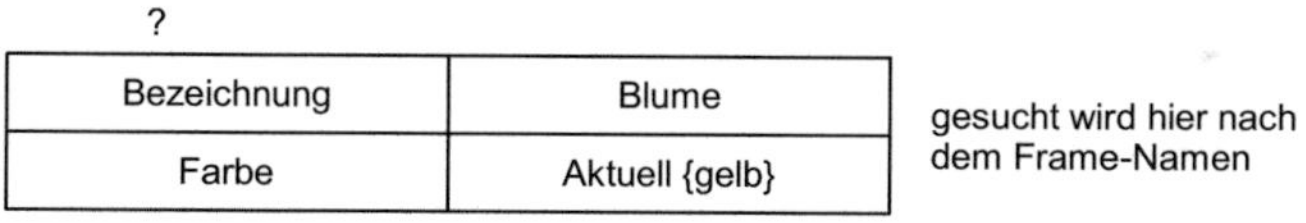

?	
Bezeichnung	Blume
Farbe	Aktuell {gelb}

gesucht wird hier nach dem Frame-Namen

Abb. 4.13. Beispiel für einen Rahmen-Abgleich.

4.4 Grammatiken

Die erste, linguistische Verwendung von Grammatiken erfolgte im Jahre 1903 durch W. Wundt [57]. Seither haben sich vielfältige Anwendungsbeispiele für Grammatiken entwickelt und reichen von der linguistischen Beschreibung von Sprachen bis hin zur Definition von Programmiersprachen und finden im Compilerbau Anwendung. In ihrer heutigen Form wurden Grammatiken erstmals 1956 von N. Chomsky eingeführt [6]. In der KI-Forschung treten Grammatiken insbesondere in der Computerlinguistik, d. h. bei natürlichsprachlichen Systemen und bei der Modellierung von Dialogen auf.

Beispiele für den Ursprung von Grammatiken sind die Beschreibungen einfacher natürlicher Sätze oder Formeln. Betrachtet man die einfache Grammatik:

$$\begin{aligned}
\text{<Satz>} &\longrightarrow \text{<Hauptsatz> <Nebensatz>} \\
\text{<Hauptsatz>} &\longrightarrow \text{<Artikel> <Hauptsatz>} \\
\text{<Hauptsatz>} &\longrightarrow \text{<Nomen>} \\
\text{<Nomen>} &\longrightarrow \text{Sonne} \\
\text{<Artikel>} &\longrightarrow \text{die} \\
\text{<Nebensatz>} &\longrightarrow \text{<Verb>} \\
\text{<Verb>} &\longrightarrow \text{scheint,}
\end{aligned}$$

so kann damit beispielsweise

$$\begin{aligned}
\text{<Satz>} &\longrightarrow \text{<Artikel> <Hauptsatz> <Nebensatz>} \\
\text{<Satz>} &\longrightarrow \text{<Artikel> <Nomen> <Nebensatz>} \\
\text{<Satz>} &\longrightarrow \text{<Artikel> <Nomen> <Verb>} \\
\text{<Satz>} &\longrightarrow \text{Die Sonne scheint}
\end{aligned}$$

gebildet werden.

Betrachtet man eine Grammatik für eine mathematische Formel der Form

$$\begin{aligned}
\text{<Ausdruck>} &\longrightarrow \text{<Ausdruck>} + \text{<Ausdruck>} \\
\text{<Ausdruck>} &\longrightarrow \text{<Ausdruck>} \cdot \text{<Ausdruck>} \\
\text{<Ausdruck>} &\longrightarrow (\text{<Ausdruck>}) \\
\text{<Ausdruck>} &\longrightarrow x,
\end{aligned} \tag{4.22}$$

so lässt sich damit z. B. folgende Formel ableiten:

$$\begin{aligned}
\text{<Ausdruck>} &\longrightarrow \text{<Ausdruck>} \cdot \text{<Ausdruck>} \\
&\longrightarrow (\text{<Ausdruck>}) \cdot \text{<Ausdruck>} \\
&\longrightarrow (\text{<Ausdruck>} + \text{<Ausdruck>}) \cdot \text{<Ausdruck>} \\
&\longrightarrow (\text{<Ausdruck>} \cdot \text{<Ausdruck>} + \text{<Ausdruck>}) \cdot \text{<Ausdruck>} \\
&\longrightarrow (x \cdot x + x) \cdot x = (x^2 + x) \cdot x.
\end{aligned}$$

4.4.1 Kontextfreie Grammatiken

Eine Context-Free Grammar, kontextfreie Grammatik (CFG) wird nach [6] durch das Set $\mathcal{G} = \{V, T, P, S\}$ beschrieben mit:

V ≡ Variable z. B. <Ausdruck> (üblicherweise in Großbuchstaben notiert)

T ≡ Terminale z. B. „x" (üblicherweise in Kleinbuchstaben notiert)

P ≡ Produktionsregel z. B. <Ausdruck> ⟶ „x"

S ≡ Startsymbol.

Dabei sind die Produktionsregeln von der Form

$$A \longrightarrow \alpha$$

mit $A \in \{V\}$ und $\alpha \in \{V \cup T\}$. Bestehen für dieselbe Variable A mehrere Produktionsregeln z. B. $A \longrightarrow \alpha$; $A \longrightarrow \beta$; $A \longrightarrow \gamma$, so kann dafür auch $A \longrightarrow \alpha \mid \beta \mid \gamma$ geschrieben werden. In einer CFG wird somit jede Variable unabhängig von ihrem Kontext, d. h. von den vorausgehenden oder nachfolgenden Symbolen und Variablen durch eine Regel ersetzt.

4.4.2 Normalformen von Grammatiken

Ähnlich wie für die Darstellung von Axiomen in der Prädikatenlogik (siehe Seite 83) existieren auch für Grammatiken Normalformen.

Chomsky-Normalform

Jede CFG lässt sich auch als Chomsky-Normalform (CNF) formulieren [16]. Eine CNF enthält nur Produktionsregeln, bei denen auf der rechten Seite entweder nur zwei Variable oder nur ein terminaler Ausdruck stehen, also

$$A \longrightarrow BC \text{ oder } A \longrightarrow a$$

mit $A, B, C \in \{V\}$ und $a \in \{T\}$. Zur Umformung einer CFG in eine CNF ist folgende CFG gegeben [8]:

$$S \longrightarrow b A \mid a B; A \longrightarrow b A A \mid a; B \longrightarrow a B B \mid b.$$

Sie kann durch die folgenden Schritte in eine CNF umgeformt werden:

1. Ersetzen von $S \longrightarrow b A$ in $S \longrightarrow C A$ mit $C \longrightarrow b$
2. Ersetzen von $S \longrightarrow a B$ in $S \longrightarrow D B$ mit $D \longrightarrow a$
3. Ersetzen von $A \longrightarrow b A A$ in $A \longrightarrow C A A$
4. Ersetzen von $A \longrightarrow C A A$ in $A \longrightarrow C E$ und $E \longrightarrow A A$
5. Ersetzen von $B \longrightarrow a B B$ in $B \longrightarrow D B B$
6. Ersetzen von $B \longrightarrow D B B$ in $B \longrightarrow D F$ und $F \longrightarrow B B$

Damit ergibt sich insgesamt für die CNF:

$$S \longrightarrow C A \mid D B;$$
$$A \longrightarrow C E \mid a; B \longrightarrow D F \mid b; C \longrightarrow b; D \longrightarrow a; E \longrightarrow A A; F \longrightarrow B B$$

Backus-Naur-Form

Eine weitere gebräuchliche Darstellungsform von CFG ist die Backus-Naur-Form (BNF). Sie findet vornehmlich für die formal exakte Definition von Programmiersprachen Verwendung [21]. In den Ableitungsregeln werden bei der BNF Nichtterminalsymbole, auch syntaktische Variablen genannt und durch spitze Klammern („<" und „>") gekennzeichnet, definiert. Alternativen werden wie in der CNF durch einen senkrechten Strich („|") angezeigt. Des Weiteren lassen sich auch Terminalfolgen (Sequenzen) definieren, die sowohl Terminal- als auch Nichtterminalsymbole enthalten. Wiederholungen werden durch Rekursionen dargestellt:

$$<A> \longrightarrow a \mid <A>.$$

Im folgenden Beispiel werden die „natürlichen Zahlen" als BNF dargestellt.

Eine natürliche Zahl (<Zahl>) besteht entweder aus einer positiven ganzen Zahl, einer negativen ganzen Zahl oder ist ‚null'. Durch Voranstellen eines negativen Vorzeichens („-") wird eine positive ganze Zahl zu einer negativen ganzen Zahl gemacht. Positive ganze Zahlen sind Ziffernfolgen, die nicht mit ‚null' beginnen. Ziffernfolgen bestehen aus Ziffern. Diese Bildungsvorschrift ist im Folgenden in BNF dargestellt:

<Ziffer außer Null> ⟶ 1 | 2 | 3 | 4 | 5 | 6 | 7 | 8 | 9
<Ziffer> ⟶ 0 | <Ziffer außer Null>
<Ziffernfolge> ⟶ <Ziffer> <Ziffernfolge>
<positive ganze Zahl> ⟶ <Ziffer außer Null> <Ziffernfolge>
<Zahl> ⟶ positive ganze Zahl| - <positive ganze Zahl> | 0

Eine nach [17] ISO-spezifizierte Erweiterung der BNF stellt die Erweiterte Backus-Naur-Form (EBNF) dar. In der EBNF sind Optionen (eckige Klammern [...]), beliebige (geschweifte Klammer {...}) und abgezählte (Anzahl der Wiederholungen, angezeigt durch eine natürliche Zahl und einem „Stern" z. B. 4∗) Wiederholungen definiert. Außerdem dürfen Nichtterminalsymbole auch aus mehr als einem Ausdruck bestehen. Die einzelnen zu einem Nichtterminalsymbol zusammengefassten Ausdrücke werden dann durch Kommata getrennt. Die natürlichen Zahlen lassen sich mit der EBNF wie folgt beschreiben:

ZifferAußerNull ⟶ „1" | „2" | „3" | „4" | „5" | „6" | „7" | „8" | „9"
Ziffer ⟶ „0" | ZifferAußerNull
Zahl ⟶ [„-"] ZifferAußerNull {Ziffer} | '0'.

4.4.3 Kontextfreie Sprachen und Parsing

Eine kontextfreie Sprache ist eine Sprache, die von einer CFG generiert wird [46]. Zur Generierung eines Satzes einer Sprache, die durch eine Grammatik generiert wird, wendet man die Produktionsregeln der Grammatik so lange an, bis alle Variablen aus {V} durch terminale Symbole aus {T} ersetzt sind und der Satz nur noch aus terminalen Symbolen besteht. Dies wird anhand der beiden folgenden Beispielen verdeutlicht.

Gegeben ist die folgende, einfache Grammatik aus [8, 53]:

$$S \longrightarrow \underbrace{a\,S\,b}_{(1)} \mid \underbrace{a\,b}_{(2)}. \tag{4.23}$$

Anwendung von (1): $S \longrightarrow a\,S\,b$
$\longrightarrow a\,a\,S\,b\,b$
$\longrightarrow a\,a\,a\,S\,b\,b\,b$
$\vdots$
$\longrightarrow a\,a\ldots a\,S\,b\,b\ldots b$

Anwendung von (2): $S \longrightarrow a\ldots a\,a\,b\,b\,b\ldots b = a^n b^n$

Zur Veranschaulichung ist in Abbildung 4.15 erster von links die Entwicklung eines Beispielstrings mit dieser Grammatik dargestellt.

Die Entwicklung von Sätzen für eine komplexere Grammatik wird durch die bekannte Grammatik (siehe z. B. [29, 44, 46])

$$S \longrightarrow \underbrace{a\,B}_{(1)} \mid \underbrace{b\,A}_{(2)}; A \longrightarrow \underbrace{a}_{(3)} \mid \underbrace{a\,S}_{(4)} \mid \underbrace{b\,A\,A}_{(5)}; B \longrightarrow \underbrace{b}_{(6)} \mid \underbrace{b\,S}_{(7)} \mid \underbrace{a\,B\,B}_{(8)}, \tag{4.24}$$

verdeutlicht. Beispiele für Sätze aus dieser Grammatik sind:

Anwendung von (1) $S \longrightarrow a\,B$
Anwendung von (8) $\longrightarrow a\,a\,B\,B$
Anwendung von (6) $\longrightarrow a\,a\,b\,b$

Anwendung von (2) $S \longrightarrow b\,A$
Anwendung von (4) & (2) $\longrightarrow b\,a\,b\,A$
Anwendung von (5) $\longrightarrow b\,a\,b\,b\,A\,A$
$\longrightarrow b\,a\,b\,b\,b\,A\,A\,b\,A\,A$
Anwendung von (3) $\longrightarrow b\,a\,b\,b\,b\,a\,a\,b\,a\,a$

Ein weiteres Beispiel für diese Grammatik zeigt Abbildung 4.15 zweiter von links. Man kann beweisen, dass die Anzahl der Elemente „a" und „b" in jedem von dieser Grammatik erzeugten Satz immer gleich groß ist.

Ein schwieriges Problem ist es, umgekehrt von einem Satz aus festzustellen, ob dieser von einer bestimmten Grammatik erzeugt wurde und wie die Erzeugung zustande kam. Das Zustandekommen des Ausdrucks „$(x \cdot x + x) \cdot x$" bei Verwendung der Grammatik 4.22 auf Seite 94 ist in Abbildung 4.14 dargestellt. Das Ergebnis wird auch als „Parse-Tree" bezeichnet [55].

Im Folgenden wird das Parsen eines Strings verdeutlicht: Gegeben ist der String $S = (a, a, a, b, b, b)$ nach Anwendung der beiden Grammatiken 4.23 und 4.24.

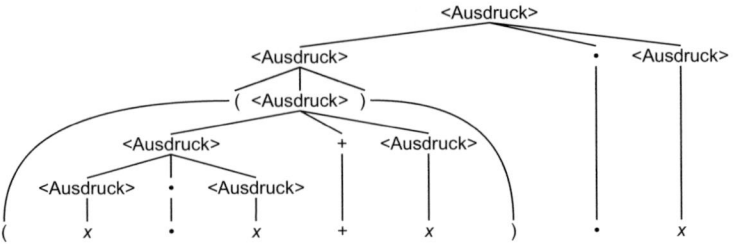

Abb. 4.14. Parse-Tree, der sich für die Grammatik 4.22 und die Formel „$(x \cdot x + x) \cdot x$" ergibt.

Grammatik 4.23: Erzeugt Sätze der Form $a^n b^n$. Diese Grammatik kann demnach den String S parsen, und es ergibt sich der erste Parse-Tree aus Abbildung 4.15.

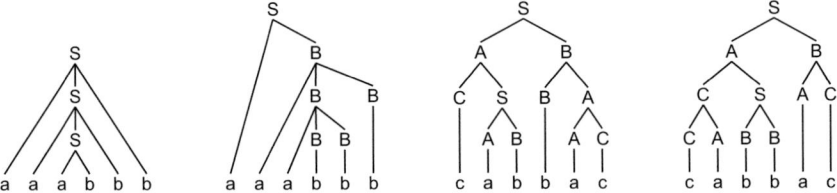

Abb. 4.15. Parse-Tree für die Grammatiken 4.23 (erster von links) und Beispiel 4.24 (zweiter von links) und dem String $S = (a, a, a, b, b, b)$. Die Grammatik 4.25 führt zu unterschiedlichen Parse-Trees (erster und zweiter von rechts), die Grammatik ist ambig.

Grammatik 4.24: Erzeugt Sätze mit gleicher Anzahl von „a" und „b". Auch diese Grammatik eignet sich, den String S zu parsen. Ein möglicher Parse-Tree ist in Abbildung 4.15 zweiter von links dargestellt.

Dieselben Sätze können demnach von einer Vielzahl verschiedener Grammatiken erzeugt werden. Andererseits kann selbst ein und dieselbe Grammatik zu verschiedenen Parsing-Ergebnissen führen. Diese Ambiguitäten (Undeutigkeiten) von Grammatiken wird im Folgenden verdeutlicht. Gegeben ist dazu die Grammatik

$$
\begin{aligned}
S &\longrightarrow A\,B \mid B\,B \\
A &\longrightarrow A\,C \mid C\,S \mid a \\
B &\longrightarrow B\,A \mid A\,C \mid b \\
C &\longrightarrow C\,A \mid c
\end{aligned}
\qquad (4.25)
$$

und der Satz $S = (c, a, b, b, a, c)$.

Mit dieser Grammatik kann der Satz S auf verschiedene Arten geparst werden. Die Grammatik ist damit ambig (uneindeutig). Die beiden Parse-Trees in Abbildung 4.15 erster und zweiter von rechts machen diese Ambiguität einer Grammatik deutlich.

4.4.4 Anwendung von Grammatiken in der KI-Forschung

Im Folgenden wird anhand zweier Beispiele gezeigt, wie Grammatiken in der KI-Forschung Einsatz finden. Gegeben ist die folgende Grammatik $\mathcal{G} = \{V, T, P, S\}$:

$$V = \{NP, VP, AUX, ADJ, PRE, DET, V, N\}$$
$$T = \{der, die, das, \ldots, groß, klein, \ldots, wird, \ldots,$$
$$\quad streicheln, \ldots, mit, in \ldots, Junge, Hund, Hand, \ldots\}$$
$$P = \{$$

S	$\longrightarrow$	NP VP | VP NP,
NP	$\longrightarrow$	DET N | ADJ N | DET NP | NP PP,
VP	$\longrightarrow$	V NP | AUX V | V PP | V NP | VP PP | AUX VP, (4.26)
PP	$\longrightarrow$	PRE NP,
DET	$\longrightarrow$	„der", „die", „das", \ldots,
ADJ	$\longrightarrow$	„klein", „groß", \ldots,
AUX	$\longrightarrow$	„wird", \ldots,
V	$\longrightarrow$	„streicheln", \ldots
PRE	$\longrightarrow$	„in", „mit", \ldots,
N	$\longrightarrow$	„Junge", „Hund", „Hand" \ldots\}

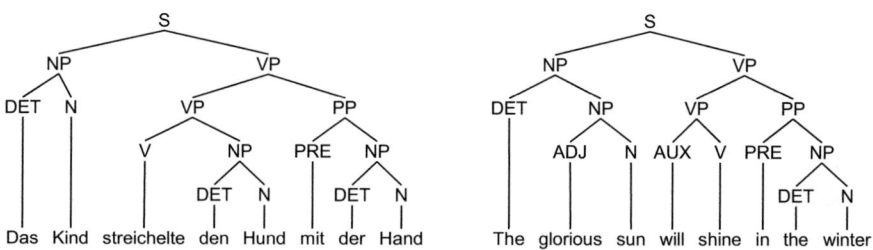

Abb. 4.16. Parse-Tree des deutschen Satzes „Das Kind streichelte den Hund mit der Hand" (links) und des englischen Satzes „The glorious sun will shine in the winter" (rechts).

Die variablen Symbole „AUX" (Hilfswort), „N" (Nomen), „V" (Verb), „DET" (Determinator, Artikel), „PRE" (Präposition) entsprechen den grammatikalischen Einheiten der deutschen bzw. englischen Sprache. Aus diesen Symbolen werden Teile eines Satzes (S), die Nominalphrase (NP), Verbalphrase (VP) und Präpositionalphrase (PP) gebildet gemäß obiger Produktionsregeln P. Die Abbildung 4.16 zeigt die sich daraus ergebenden Parse-Trees für die zwei natürlichsprachlichen Sätze „Das Kind streichelte den Hund mit der Hand" bzw. „The glorious sun will shine in the winter" (nach [55]).

Für die Erkennung von Rechtecken seien eine horizontale (h) und vertikale (v) Linie, wie in Abbildung 4.17 oben links gezeigt, gegeben. Es gelten die Prädikate

Prädikate: $\quad \text{über}(X, Y) \quad \equiv \quad X$ ist über Y

links(X, Y) ≡ X ist links von Y
Grammatik: S ⟶ über(h, X); X ⟶ über(Y, h); Y ⟶ links(v, v)

Der sich daraus ergebende Parse-Tree ist in Abbildung 4.17 Mitte dargestellt. Die abgeleiteten Variablen S, X und Y zeigt Abbildung 4.17 unten links. Eine Erkennung von bestimmten Formen wird durch erfolgreiches Parsen der geometrischen Objekte erreicht. Die oberen drei Objekte aus Abbildung 4.17 rechts können mit obiger Grammatik erfolgreich geparst werden. Die restlichen vier Objekte werden von der Grammatik nicht akzeptiert und werden somit als Rechtecke zurückgewiesen.

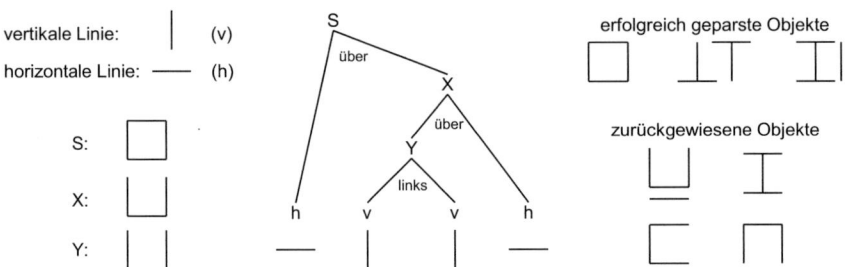

Abb. 4.17. Horizontale und vertikale Linie (oben links) sowie die Variablen S, X und Y (unten links), der Parse-Tree und die akzeptierten sowie zurückgewiesenen Objekte.

4.5 Automatentheorie

Im vorhergehenden Abschnitt über Grammatiken wurden effiziente Verfahren vorgestellt zur Verarbeitung von „Strings" bzw. Sätzen mit entsprechender Syntax. In diesem Abschnitt wird mit der Automatentheorie ein weiteres mächtiges Paradigma eingeführt, welches sich ebenfalls zur Verarbeitung von Symbolfolgen eignet wie beispielsweise Strings oder Wortfolgen. Dies zeigte bereits N. Chomsky 1957 [7], der Grammatiken mithilfe von sog. „Zustandsdiagrammen" [47] darstellte. Unter dem allgemeinen Begriff „Symbolfolgen" können aber auch andere erweiterte Prozesse verstanden werden wie z. B. Handlungsabläufe, die nach bestimmten Regeln erfolgen und ebenfalls mit Zustandsautomaten verarbeitet werden können. Somit eignet sich die Automatentheorie sehr gut zur Modellierung von Dialogen. Zustandsautomaten haben sich als eine der am weitesten verbreiteten Methoden zur Dialogverarbeitung etabliert.

Es ist sogar möglich, die grundsätzliche Äquivalenz von (speziellen) Zustandsautomaten und Grammatiken herzustellen, sodass Zustandsautomaten idealerweise Dialoge auf Basis von Grammatiken verarbeiten können und für die Praxis weitere zusätzliche Vorteile bieten.

4.5.1 Zustandsautomaten

Ein endlicher Zustandsautomat wird typischerweise in Form eines Graphs dargestellt, der aus einer bestimmten Anzahl von Knoten und Verbindungen besteht [16]. Die Knoten stellen die Zustände s_i dar, während die Verbindungen mögliche Transitionen t_{ij} zwischen den Zuständen darstellen. Ein weiteres wesentliches Element von Automaten ist eine Symbolfolge X, bestehend aus einer endlichen Anzahl von Symbolen aus einem Alphabet $\mathcal{X} = \{x_1, x_2, \ldots, x_M\}$. Eine solche „beobachtete" Symbolfolge wird vom Automaten verarbeitet. Entscheidend für die Verarbeitung sind die Transitionsregeln, die festlegen, welche Transitionen zwischen bestimmten Zuständen vollzogen werden können, wenn ein bestimmtes Symbol der Folge $\mathbf{X}$ beobachtet wird. Ähnlich wie das Parsing von Symbolfolgen mit Grammatiken kann also ein Zustandsautomat die Symbolfolge $\mathbf{X}$ verarbeiten, indem der Automat sich zunächst in einem Anfangszustand befindet, dann der Reihe nach jedes Symbol der Folge $\mathbf{X}$ eingelesen wird und dementsprechend Transitionen zu anderen Zuständen erfolgen. Befindet sich nach Verarbeitung des letzten Symbols der Automat in einem festgelegten Endzustand, dann wurde die Symbolfolge erfolgreich verarbeitet bzw. „akzeptiert". Die formale Definition eines Zustandsautomaten Z ergibt sich daher zu

$$Z = (\mathcal{S}, \mathcal{X}, \mathbf{T}, s_0, \mathcal{F}) \qquad (4.27)$$

mit $\mathcal{S}$, einem Set mit einer endlichen Anzahl von Zuständen, $\mathcal{X}$, dem zulässigen Alphabet für die zu verarbeitende Symbolfolge X, $\mathbf{T}$, Transitionsfunktionen für die Zustände in $\mathcal{S}$, s_0, dem Anfangszustand und $\mathcal{F}$, einem Set von festgelegten Endzuständen.

Die Symbolfolge $\mathbf{X}$ gilt dann als akzeptiert, wenn sich nach deren Verarbeitung der Automat in einem Zustand $s_{\text{end}} \in \mathcal{F}$ befindet. Die Transitionsfunktion $\mathbf{T}$ kann in Form von Transitionsregeln folgendermaßen angegeben werden:

$$t(s^-, x_i) = s^+, \qquad (4.28)$$

wobei damit angezeigt wird, dass eine Transition t hin zum Zustand s^+ ausgeführt wird, wenn sich der Automat bei der Verarbeitung des Symbols x_i gerade im Zustand s^- befindet. Die alternative Möglichkeit zur vollständigen Angabe aller Transitionen mithilfe einer Tabelle bzw. in grafischer Form wird im folgenden Beispiel vorgestellt. Abbildung 4.18 zeigt die grafische Darstellung eines Zustandsautomaten mit folgender Konfiguration

$$\begin{aligned} \mathcal{S} &= \{s_0, s_1, s_2, s_3\} \\ \mathcal{X} &= \{0, 1\} \\ \mathcal{F} &= \{s_0\}. \end{aligned} \qquad (4.29)$$

In diesem Fall existiert also ein Endzustand, der ebenfalls s_0 ist und hier als doppelter Kreis dargestellt wird. Die Transitionsregeln sind aus Abbildung 4.18 ablesbar und können wie in Tabelle 4.4 dargestellt werden.

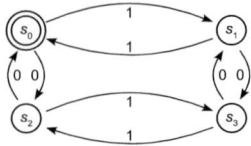

Abb. 4.18. Zustandsautomat nach Gleichung 4.29.

alter Zustand	Symbol-Input	
s^-	0	1
s_0	s_2	s_1
s_1	s_3	s_0
s_2	s_0	s_3
s_3	s_1	s_2

Tabelle 4.4. Tabelle der Transitionen für das Beispiel aus Abbildung 4.18.

Man kann leicht zeigen, dass dieser Automat alle Symbolfolgen akzeptiert, bei denen jeweils eine gerade Anzahl der Symbole 0 und 1 vorliegt. Tabelle 4.5 zeigt die Transitionen, die aus der Verarbeitung der Symbolfolge $X = (1,0,1,1,0)$ hervorgehen. Diese Folge würde also nicht akzeptiert werden. Um zu einer geraden Anzahl der Symbole ‚null' und ‚eins' zu kommen, müsste man dieser Folge noch das Symbol ‚eins' hinzufügen, was vom Zustand s_1 wieder zum Zustand s_0 und somit zur Akzeptanz der Folge führen würde.

Symbolfolge	1	0	1	1	0	
Zustandsfolge	s_0	s_1	s_3	s_2	s_3	s_1

Tabelle 4.5. Transitionen für die Symbolfolge $X = (1,0,1,1,0)$ für das Beispiel aus Abbildung 4.18.

Aufgrund der sich aus einer beobachteten Sequenz ergebenden eindeutigen Zustandsfolge spricht man hier auch von deterministischen Automaten. Ein nichtdeterministischer Automat ist leicht formulierbar, indem man für einen oder mehrere Zustände pro Eingabesymbol mehrere verschiedene Transitionen zulässt. Dadurch entstehen Mehrdeutigkeiten, weil sich nach Verarbeitung eines Symbols der Automat in verschiedenen Zuständen befinden kann.

Mit sich vervielfachenden Kopien der möglichen resultierenden Zustandsfolgen kann man dennoch diese Problematik behandeln und für eine gegebene Symbolfolge die verschiedenen Zustände berechnen, die nach Verarbeitung der Folge erreicht werden können.

Abbildung 4.19 zeigt die Änderungen des weiter oben dargestellten deterministischen Automaten zu einem nicht-deterministischen Automaten durch Hinzufügen der Selbsttransition von s_0 nach s_0 für das Eingabesymbol ‚eins'. Somit kann sich der Zustand nach Verarbeitung der Symbolfolge $X = (1, 0)$ entweder im Zustand s_2 oder s_3 befinden.

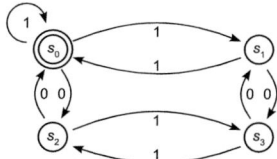

Abb. 4.19. Erweiterung des Zustandsautomaten aus Abbildung 4.18 zu einem nichtdeterministischen Automaten.

4.5.2 Kellerautomaten (push-down automaton)

Man kann zeigen, dass sich mit endlichen Zustandsautomaten nur einfache Symbolfolgen verarbeiten lassen und dass komplexere Symbolfolgen, die durch entsprechend komplizierte Grammatiken beschrieben werden, eine erweiterte Form der Zustandsautomaten benötigen, die sog. „Kellerautomaten" (engl. *push-down automaton*) [16]. Mit ihnen lassen sich natürlichsprachliche Dialoge und andere Dialogformen, die auf Grammatiken beruhen, besser beschreiben. Einfachere Dialoge lassen sich jedoch auch durch gewöhnliche Zustandsautomaten modellieren.

Ein Kellerautomat entspricht einem gewöhnlichen Zustandsautomaten mit der Erweiterung eines sog. „Stacks". Ein Stack ist ein Speicher vom Typ „first in, last out", vergleichbar mit einem Stapel, auf dem Symbole gespeichert werden, indem man sie aufeinander stapelt und das aktuell oberste Symbol im Bedarfsfall als Erstes wieder aus dem Speicher abruft. Der Stack wird mit dem Zustandsautomaten zu einem Kellerautomaten kombiniert, indem die Transitionen des Zustandsautomaten nicht nur vom aktuellen Eingangssymbol der Symbolfolge X, sondern auch vom aktuell obersten Stacksymbol abhängig sind. Gleichzeitig können bei einer Transition auch Veränderungen am Stack vorgenommen werden.

Die Verarbeitung einer Symbolfolge **X** erfolgt auf diese Weise so, dass – wie bei einem gewöhnlichen Zustandsautomaten – zunächst in einem Anfangszustand gestartet wird, zusätzlich jedoch im Stack ein Startsymbol platziert wird. Abhängig von den Elementen in der Symbolfolge **X** erfolgen dann entsprechende Transitionen und Veränderungen des Stacks, die aus dem Hinzufügen von Symbolen im Stack und deren Entfernen bestehen können. Ist bei der Verarbeitung des letzten Eingabesymbols in **X** der Stack leer (bzw. enthält das ursprünglich erste gespeicherte Startsymbol als letztes Stackelement), so wurde die Symbolfolge **X** erfolgreich verarbeitet bzw. gilt als akzeptiert. Somit lässt sich ein Kellerautomat formal definieren zu

$$K = (\mathcal{S}, \mathcal{X}, \mathcal{Y}, \mathbf{T}, s_0, y_0, \mathcal{F}) \qquad (4.30)$$

mit $\mathcal{S}$, einem Set mit einer endlichen Anzahl von Zuständen, $\mathcal{X}$, dem zulässigen Alphabet für die zu verarbeitende Symbolfolge X, $\mathcal{Y}$, dem zulässigen Alphabet für die Symbole im Stack, $\mathbf{T}$, der Transitionsfunktionen für die Zustände in $\mathcal{S}$, s_0, dem Anfangszustand, y_0, dem Startsymbol für den Stack und $\mathcal{F}$, einem Set von festgelegten Endzuständen (leere Menge für den Fall, dass Akzeptanz von $\mathbf{X}$ über den leeren Stack definiert ist).

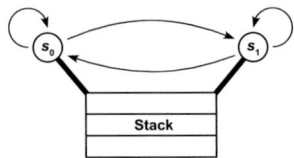

Abb. 4.20. Beispiel für einen Kellerautomaten.

Der Aufbau eines Kellerautomaten ist in Abbildung 4.20 dargestellt. Als Beispiel dient ein Kellerautomat mit zwei Zuständen, der Symbolfolgen verarbeiten kann, die durch folgende Grammatik definiert werden:

$$S \rightarrow 0S0 \mid 1S1 \mid \text{„z"}. \qquad (4.31)$$

Dies ergibt symmetrische Strings, die links eine Folge von ‚null' und ‚eins' enthalten, in der Mitte das Symbol „z" und rechts davon die umgekehrte Folge von ‚null' und ‚eins' wie links, z. B. $X = (0,0,1,0,1,\text{„z"},1,0,1,0,0)$. Damit ergeben sich folgende Definitionen für den Kellerautomaten:

$$\begin{aligned} \mathcal{S} &= \{s_0, s_1\} \\ \mathcal{X} &= \{0, 1, \text{„z"}\} \\ \mathcal{Y} &= \{\text{„a"}, \text{„b"}, \text{„c"}\} \\ y_0 &= \text{„c"}. \end{aligned} \qquad (4.32)$$

In Gleichung 4.32 entspricht „a" dem Symbol ‚null', „b" dem Symbol ‚eins' und „c" dem Stackstartsymbol. Die Transitionsfunktionen $\mathbf{T}$ hierfür sind in Tabelle 4.6 zusammengefasst.

In Tabelle 4.6 finden in den mit „—" gekennzeichneten Feldern keine Aktionen statt, die Verarbeitung der Symbolfolge $\mathbf{X}$ kann in diesen Situationen also nicht fortgeführt werden. „Trans" bezeichnet eine Transition zu einem anderen Zustand. Bei der Reduzierung des Stacks wird jeweils das oberste Element entfernt.

Prinzipiell erfolgt die Verarbeitung in diesem Beispiel nach einem recht einfachen Muster: Betrachtet man als Beispiel wieder die Verarbeitung der Symbolfolge $X = \{0,0,1,0,1,z,1,0,1,0,0\}$, so bleibt der Kellerautomat nach dem Start zunächst einmal im Zustand s_0 und legt gleichzeitig in seinem Stack eine genaue Kopie der bis

oberstes Stacksymbol	alter Zustand s^-	Symbol-Input		
		0	1	„z"
„a"	s_0	Verbleib in s_0, „a" auf Stack	Verbleib in s_0, „b" auf Stack	Trans zu s_1, Stack bleibt
	s_1	Verbleib in s_1, reduziere Stack	—	—
„b"	s_0	Verbleib in s_0, „a" auf Stack	Verbleib in s_0, „b" auf Stack	Trans zu s_1, Stack bleibt
	s_1	—	Verbleib in s_1, reduziere Stack	—
„c"	s_0	Verbleib in s_0, „a" auf Stack	Verbleib in s_0, „b" auf Stack	Trans zu s_1, Stack bleibt
	s_1	entferne sofort oberstes Stacksymbol		

Tabelle 4.6. Transitionen für einen Kellerautomaten nach Gleichung 4.32.

dahin verarbeiteten Symbolfolge an. Bis direkt vor der Verarbeitung des Symbols „z" beinhaltet der bis dahin angelegte Stack die Folge $X =$ („c",„a",„a",„b",„a",„b"), was (nach dem Stackstartsymbol „c") genau eine Kopie der Folge $X_1 = (0,0,1,0,1)$ ist für den Fall, dass „a" äquivalent ist zu ‚null' und „b" zu ‚eins'. Erst die Verarbeitung des Symbols „z" führt dann zur Transition in den Zustand s_1 ohne Veränderung des Stacks. In s_1 sind dann nur noch Verarbeitungen möglich, wenn das aktuelle Eingabesymbol identisch mit dem obersten Symbol des Stacks ist, welches danach entfernt wird. Dies sorgt dafür, dass dann die gesamte Symbolfolge **X** nur noch erfolgreich verarbeitet werden kann, wenn die zweite Hälfte nach dem Symbol „z" eine direkte umgekehrte Kopie der ersten Hälfte vor „z" war, was z. B. für die aktuelle Folge $X = \{0,0,1,0,1,„z",1,0,1,0,0\}$ der Fall ist. Am Ende bleibt im Stack das Startsymbol „c" übrig, welches sofort ohne Verarbeitung eines weiteren Eingabesymbols entfernt wird. Somit steht am Ende der Eingabefolge **X** ein leerer Stack, was unmittelbar zur Akzeptanz der Symbolfolge **X** führt. Der Stack eines Kellerautomaten ist also behilflich bei der Speicherung größerer Ausdrücke, die durch die rekursive Generationstechnik von Symbolfolgen mithilfe von Grammatiken entstehen können.

Die formale Konstruktion von Kellerautomaten unmittelbar aus vorgegebenen Grammatiken ist möglich, aber kompliziert und erfordert tiefer gehende Kenntnisse in der Automatentheorie, die über den Inhalt dieses Buchs jedoch hinausgehen. Noch komplexer ist die Generierung von Grammatiken direkt aus Kellerautomaten, sodass auf die exakten Details bezüglich der direkten Beziehung zwischen Kellerautomaten und Grammatiken an dieser Stelle verzichtet wird.

Einfachere Grammatiken können anschaulicherweise in Kellerautomaten umgesetzt werden, speziell Grammatiken, die symmetrische Symbolfolgen erzeugen, welche typischerweise durch Automaten mit zwei Zuständen modelliert werden, bei denen der Stack die erste Hälfte der Symbolfolge effizient speichern kann. Als einfaches Beispiel dient die Symbolfolge $X = (0^n, 1^n)$, welche Strings mit der gleichen Anzahl von ‚Nullen' und ‚Einsen' erzeugt. Ein solcher Kellerautomat besteht aus zwei Zuständen, wobei die Transitionen hier alternativ direkt in der grafischen Darstellung vorgestellt werden. Dazu wird in Abbildung 4.21 direkt an jede Transition ein Ausdruck der Form (y, x, op) geschrieben mit den Bedeutungen:

y aktuelles Stacksymbol (hier „a" oder „b", entsprechend zu ‚null' und ‚eins')

x aktuell verarbeitetes Eingangssymbol (hier ‚null' oder ‚eins')

op anschließende Stackoperation: push (y) bedeutet, dass das Kellersymbol y auf den Stack geschoben wird; pop bedeutet die Entfernung des obersten Symbols aus dem Stack.

Damit ergibt sich für den hier resultierenden Kellerautomaten der in Abbildung 4.21 dargestellte Graph und damit ein etwas einfacheres Transitionsverhalten wie im ersten Beispiel: Der Automat bleibt im Zustand s_0, solange das Symbol ‚null' verarbeitet wird, und schiebt dabei jeweils das Symbol „a" auf den Stack. Bei der ersten ‚eins' erfolgt eine Transition nach s_1, und das oberste Stacksymbol wird entfernt. Danach darf nur noch eine Selbsttransition nach s_1 erfolgen, allerdings nur, wenn ‚eins' als Eingabe erfolgt. Jeweiliges Entfernen des obersten Stacksymbols führt dann wieder zum leeren Stack, wenn die letzte ‚eins' beobachtet wurde. Alle anderen Symbolfolgen werden daher nicht mit leerem Stack akzeptiert.

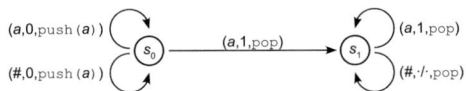

Abb. 4.21. Weiteres Beispiel für einen Kellerautomaten.

4.6 Dialoggestaltung

Eines der Kerngebiete der Mensch-Maschine-Kommunikation (MMK) ist die Dialoggestaltung [45]. Einen Überblick über die verschiedenen Dialogformen [2] sowie deren Vor- und Nachteile zeigt Tabelle 4.7. Eine Normierung der Dialoggestaltung findet sich in [10].

Ein Dialog zwischen Mensch und Maschine kommt typischerweise immer dann zustande, wenn die Maschine in Kooperation mit dem Menschen eine Aufgabe zu bewältigen hat und dies in mehreren Schritten erfolgen muss, bei denen die Maschine

4.6 Dialoggestaltung

Dialogform	Stärken	Schwächen
Frage-Antwort	• leicht erlernbar	• Dialogmöglichkeit begrenzt
Menüauswahl	• leicht erlernbar • weniger Tastaturanschläge • strukturierte Entscheidungsprozesse • Werkzeuge zur Dialogabwicklung einsetzbar • reduzierte Fehlerhäufigkeit	• evtl. umständlich für erfahrene Benutzer • Gefahr zu vieler Menüs • viel Bildschirmfläche erforderlich • schnelle Bildwechsel erforderlich
Formular Ausfüllen	• leicht erlernbar • vereinfachte Dateneingabe • gute Systemunterstützung • Werkzeuge zur Formularbearbeitung einsetzbar	• viel Bildschirmfläche erforderlich • Übersichtlichkeit
Kommandosprachen	• angemessen für Experten • unterstützt Benutzerinitiativen • Benutzer kann eigene Makros einführen	• erfordert Übung • belastet Gedächtnis • beschränktes Vokabular • Fehlerbehandlung schwierig
Natürlichsprachlicher Dialog	• Lernprozess entfällt • flexibel • benutzerfreundlich • großes Repertoire an Ausdrucksmitteln • breites Anwendungsspektrum	• natürliche Sprachen mehrdeutig • langatmige Formulierungen • Dialogstruktur muss geklärt werden • technisch anspruchsvoll • noch nicht hinreichend erforscht
direkte Manipulation	• leicht erlernbar • benutzerfreundlich • visuelle Darstellung des Arbeitsraums • Fehler leicht erkennbar	• Grafikdisplay erforderlich • Zeigeinstrument erforderlich
Multimediadialog	• Nutzung des Repertoires kombinierter Dialogformen • Integration von Diensten • Reduzierung der Gerätevielfalt	• hohe Anforderung an die Bedienbarkeit • technisch anspruchsvoll • noch nicht hinreichend erforscht

Tabelle 4.7. Übersicht über verschiedene Dialogformen und ihre Vor- und Nachteile.

sowohl Eingaben des Menschen verarbeitet als auch Ausgaben über den Status der Maschine bzw. der bisher bewältigten Aufgabe zurückmeldet [35]. Bei einfachen Interaktionen wie z. B. einem Knopfdruck, bei dem beispielsweise eine Kaffeemaschine oder ein Rasierapparat eingeschaltet werden, würde man noch nicht von einem Dialog sprechen. Ebenso wenig wäre dies bei einem völlig autonomen, ohne den Menschen agierenden Gerät wie z. B. einer vollautomatischen Fertigungseinrichtung der Fall. Hingegen wäre ein einfaches Beispiel für einen Dialog der Abhebevorgang von einem Geldautomaten, bei dem die Aufgabe nur in mehreren Teilschritten mit entsprechenden Eingabe- und Rückmeldeaktionen bewältigt werden kann.

Es muss daher bei einem Mensch-Maschine-Dialog immer auch die dabei zu bewältigende Aufgabe betrachtet werden [27], wie in Abbildung 4.22 angedeutet. Das Wissen

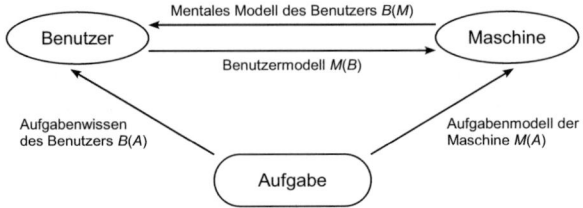

Abb. 4.22. Beziehung zwischen Aufgabe, Maschine und Benutzer nach [2].

über die Aufgabe ist daher meistens ebenfalls Bestandteil der Dialogkomponente, weshalb zu Beginn dieses Kapitels auch die Grundlagen der Wissensverarbeitung präsentiert wurden. Ebenfalls kann die Maschine über ein wissensbasiertes Modell des Menschen verfügen, dem sog. Benutzermodell [4]. Dort können z. B. typische Verhaltensmuster von Benutzergruppen abgespeichert sein, beispielsweise Vorlieben des Benutzers. Diese können bei adaptiven Benutzermodellen auch während der Benutzung des Dialogsystems gelernt werden. Die bisherigen Abschnitte von Kapitel 4 behandelten daher die algorithmischen Grundlagen, um intelligente interaktive Systeme entwerfen und modellieren zu können. Hierzu gehören die Grundlagen der KI, die Funktionsweise von Grammatiken sowie die Weiterentwicklung von Grammatiken zu Zustandsautomaten. Letztendlich können auf der Basis von Zustandsautomaten Dialoge elegant entworfen und auch gleichzeitig effizient visualisiert werden.

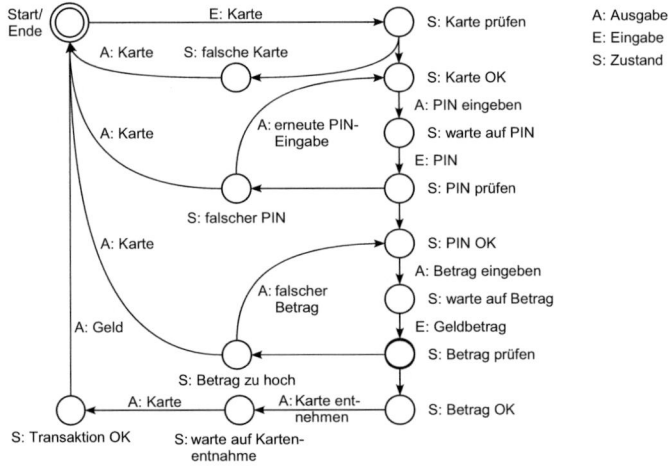

Abb. 4.23. Zustandsautomat des Geldautomaten.

4.6.1 Modellierung einfacher Dialoge mit Zustandsautomaten

In diesem Abschnitt wird die Modellierung des einfachen Dialogs für die Bedienung eines Geldautomaten mit einer überschaubaren Komplexität dargestellt. Zustandsautomaten wurden bisher für die Verarbeitung von Symbolfolgen vorgestellt. Die dabei eingenommenen Zustände konnten zunächst nur als abstrakte Information ohne tiefere Bedeutung interpretiert werden. Bei der Dialogmodellierung mit Zustandsautomaten ist dies jedoch anders: Die beobachtete Symbolfolge **X** stellt eine Abfolge von Ein- oder Ausgaben dar, während die dadurch eingenommenen Zustände den aktuellen Status des Dialogs repräsentieren, wie z. B. (im folgenden Beispiel) „warte auf nächste Eingabe" oder „Überprüfung des eingegebenen Betrags".

Abbildung 4.23 zeigt den Zustandsautomaten für den Abhebevorgang bei einem Geldautomaten. Hierbei handelt es sich um einen überschaubaren Dialog mit wenigen Verzweigungsmöglichkeiten. Einfach sind ebenfalls die Ein-/Ausgabemodalitäten, überwiegend bestehend aus Tasteneingabe und Ausgabe auf dem Kleinbildschirm. Wie in Abbildung 4.23 gezeigt, stellen Transitionen entweder Eingaben des Benutzers oder Ausgaben bzw. Rückmeldungen des Systems dar. Zustände sind z. B. Wartezeiten des Systems oder interne Aktionen der Maschine, die mit einer Interaktion zwischen Mensch und Maschine nichts zu tun haben, z. B. Überprüfungen. Aufgrund solch interner Aktionen können teilweise auch Transitionen ohne externe Ein-/Ausgabeaktionen zu Zuständen erfolgen, die durch diese internen Systemfunktionen erreicht wurden. Wie aus dem Zustandsautomaten abgeleitet werden kann, wurden einige vereinfachende Annahmen getroffen, z. B. dass man beliebig oft eine falsche PIN-Nummer oder einen falschen Geldbetrag eingeben kann.

Auch bei der Bedienung der Geräte im Automobil mit einem sog. Fahrerinformationssystem (FIS) findet ein Dialog zwischen Fahrer und Fahrzeug statt. Moderne Infotainment-Systeme in Limousinen der Oberklasse führen Informations-, Kommunikations-, Navigations- und Entertainment-Geräte in ein zentrales Anzeige/Bedienkonzept (ABK) zusammen. Die einzelnen Funktionen werden dabei hierarchisch in einer Menüstruktur untergliedert und über ein grafisches Interface repräsentiert.

4.6.2 Intelligente interaktive Systeme

Die im vorhergehenden Abschnitt dargestellten Dialogbeispiele, die auf Zustandsautomaten basieren, sind noch relativ einfach und könnten noch nicht als „intelligente Dialogsysteme" bezeichnet werden. Zu Beginn des Kapitels über die Grundlagen intelligenter Systeme wurde bereits anhand des Beispiels eines Fahrplanauskunftsystems für Züge erwähnt, dass heutige interaktive Systeme teilweise über einen beträchtlichen Grad an maschineller Intelligenz verfügen. Solche Systeme werden häufig auch als „wissensbasierte Systeme" bzw. „Expertensysteme" bezeichnet, da sie das Expertenwissen eines menschlichen Spezialisten abbilden [11]. Diese Systeme verfügen meistens auch über eine fortgeschrittene Benutzungsschnittstelle, da sie häufig nur im direkten Dialog mit dem Menschen sinnvoll einsetzbar sind. Viele heute existierende Expertensysteme kann man somit eigentlich auch als interaktive intelligente Dialogsysteme bezeichnen. Sie stellen damit eine der höchsten Entwicklungsstufen interaktiver Systeme dar, da sie Dialogfähigkeit und intelligentes Verhalten miteinander kombinieren. Die folgenden Unterabschnitte enthalten daher abschließend noch ausgewählte Ausführungen zur Funktionsweise von wissensbasierten Systemen, um zu verdeutlichen, wie man Dialogsysteme mit entsprechenden KI-Komponenten zu intelligenten interaktiven Systemen erweitern kann.

Expertensysteme

Unter einem Experten versteht man jemanden, der die Fakten und Regeln seines Fachs besser versteht als die Mehrzahl aller anderen Menschen [42]. Dementsprechend ist ein Expertensystem ein Computerprogramm, das Expertenwissen in einem speziellen Gebiet speichern, verwalten und auswerten kann. Ferner kann es Auskünfte an einen Benutzer geben oder zum Ausführen bestimmter Aufgaben benutzt werden. Ein Expertensystem stellt somit ein komplexes wissensbasiertes Softwarepaket dar. Das Wissen ist in einer separaten Wissensbasis abgelegt. Voraussetzung ist aber zunächst die Entwicklung bzw. das Vorhandensein von Programmiertechniken, die es gestatten, symbolische Ausdrücke und umfangreiche Wissensstrukturen darzustellen und zu verarbeiten.

Zugrunde liegt somit eine bestimmte Programmiertechnik, denn auch herkömmliche Software enthält Wissen. Ein Inferenzmechanismus, der die Lösungsstrategien enthält, versucht mit dem gespeicherten Wissen ein vorgelegtes Problem zu lösen. Es existieren typische Merkmale für Expertensysteme und unterscheiden diese von herkömmlichen Softwaresystemen. Das Expertensystem enthält anstelle der *Datenbasis* eine *Wissensbasis*. Es besitzt Komponenten zur Pflege und Erweiterung dieser Basis. Ausgehend von den in der Wissensbasis gespeicherten Fakten und Regeln kann das System aufgrund von Schließregeln neues Wissen produzieren. Handelt es sich um Produktionsregeln, so spricht man von einem Produktionssystem. Die aus Hard- und Software bestehende Einrichtung hierzu heißt Inferenzmaschine. Zur Erläuterung der bei der Lösung eines Problems ausgeführten Schritte verfügt das System über eine Erklärungskomponente. Ein Anschluss an Datenbanken und damit eine Verbindung zu konventionellen Softwaresystemen ist möglich.

Wissen

Menschliches Wissen kann in informelles, technisches und formales Wissen unterteilt werden. Während der Mensch informelles Wissen durch „Beobachten und Nachahmen" (z. B. Sprache, Musizieren etc.) erwirbt, wird technisches Wissen aus Theorien abgeleitet. Mathematik, physikalische Formeln, technische und wirtschaftswissenschaftliche Rechenverfahren sind Beispiele dafür. Zugrunde liegen Algorithmen, die als Programme auf Computern ausführbar sind. Dies ist das Gebiet der klassischen

Datenverarbeitung. Während die Algorithmen kaum Änderungen unterliegen, ändern sich die Daten bei jeder Berechnung. Die Aufteilung in leicht zu ändernde Daten und schwer zu ändernde Programme bietet sich an. Formales Wissen drückt man nicht in Formeln, sondern in „wenn-dann-Regeln" aus. Da sich diese Regeln wie die Fakten viel häufiger ändern als das algorithmische Wissen, legt man sie in einer leicht änderbaren und erweiterbaren Wissensbasis ab. Expertsysteme arbeiten oft mit algorithmischen Systemen zusammen, sollten also in der Lage sein, auf diese zugreifen zu können.

Einsatzgebiete

Einsatz finden derartige Systeme in Bereichen, wo Fachwissen und Erfahrung vorliegen, die routinemäßig anwendbar sind. Der Einsatz von Expertensystemen erfolgt typischerweise bei komplexen Aufgabenstellungen, die einer algorithmischen Lösung nicht oder nur mit großem Aufwand zugänglich sind (z. B. Schachspiel), oder aus Bereichen, in denen Expertenwissen vorliegt (z. B. Kfz-Diagnose). Klassische Gebiete für den Einsatz sind Diagnoseaufgaben im technischen wie im medizinischen Bereich, Konfigurationsaufgaben (Rechner, Telefonanlagen, Einrichtung) und Beratungsaufgaben (Anlageberatung, Bausparberatung).

Der Aufwand für die Erstellung lohnt sich nur, wenn das Wissen über längere Zeit unverändert bleibt und das System von vielen Personen oder als Ersatz für den Menschen als Experten benötigt wird. Ob der Einsatz eines Expertensystems sinnvoll ist, lässt sich anhand folgender Kriterien überprüfen:

- Mangelt es an Mitarbeitern mit bestimmten Fachkenntnissen?
- Besteht große Nachfrage nach Schulung?
- Engpässe durch Urlaub, Krankheit, Kündigung?
- Fließt Wissen aus vielen Köpfen zur Lösung immer wiederkehrender Aufgaben zusammen?
- Gibt es Aufgaben mit komplexen Bedingungen und Abhängigkeiten?

Damit ein Expertensystem heutiger Leistungsfähigkeit einsetzbar ist, sind folgende Fragen zu beantworten:

- Handelt es sich um ein enges Spezialgebiet, für das wenige menschliche Experten verfügbar sind?
- Ist die Lösung nicht von „Gefühl", gesundem Menschenverstand oder zwischenmenschlichen Beziehungen abhängig?
- Sind keine speziellen Sinneswahrnehmungen erforderlich?
- Ist der Mensch in Bezug auf Kosten günstiger und ihm die Belastung zumutbar? Umwelteinflüsse, Reaktionszeit.

- Tritt die Aufgabe oft auf?

Aufbau und Arbeitsweise eines wissensbasierten Systems

Ein wissensbasiertes System besteht aus den in Abbildung 4.24 dargestellten Komponenten, wobei Fakten und Regeln die Wissensbasis bilden. Die aufgeführten Komponenten haben dabei folgende Funktion:

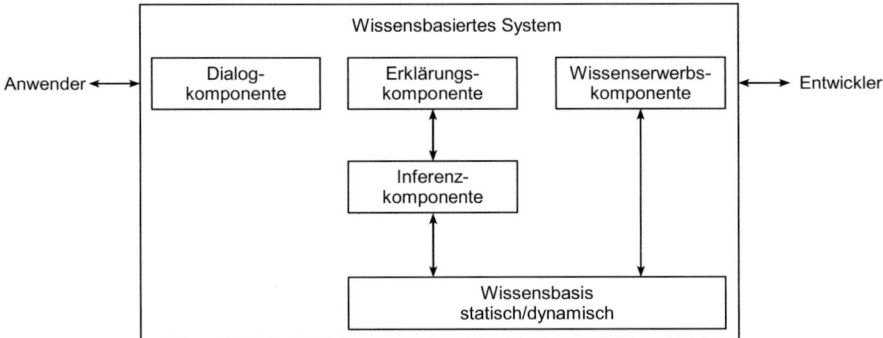

Abb. 4.24. Die Komponenten eines Wissenssystems nach [32].

Die Wissensbasis enthält alle Fakten, Regeln und Prozeduren aus dem Anwendungsbereich, die für die Problemlösung wichtig sind. Obwohl alle aufgezählten Komponenten eines Expertensystems unverzichtbar sind, kann man die Wissensbasis immer noch als die wichtigste Komponente bezeichnen, deren Erstellung den größten Aufwand erfordert. Die Darstellung der Fakten erfolgt meistens mit einem der diesem Kapitel vorgestellten Wissensrepräsentationsmechanismen, also z. B. mit Produktionsregeln, semantischen Netzen oder Frames. Die Regeln werden üblicherweise in der bekannten wenn-dann-Form repräsentiert, wie dies auch bei den Produktionsregeln der Fall ist. Es ist darauf zu achten, dass die Regeln möglichst vollständig sind und alle Objekte erfasst werden, die für die Problematik relevant sind.

Die Inferenzkomponente ist verantwortlich für die korrekte Verarbeitung der in der Wissensbasis festgelegten Regeln. Hier ist der Such- bzw. Verkettungsmechanismus festgelegt, der zum Ausführen der verschiedenen Regeln führt. Dieser Mechanismus basiert üblicherweise auf den in diesem Kapitel erwähnten Prinzipien der Vorwärts- und der Rückwärtsverkettung. Ändert oder erweitert man die Wissensbasis, so muss normalerweise der Inferenzmechanismus nicht entsprechend verändert oder angepasst werden, da er nur für den Abarbeitungsmechanismus zuständig ist, der für das Problem unverändert bleibt. Es kann jedoch – je nach Problemstellung z. B. Diagnose oder Planung – unterschiedliche optimale Inferenzstrategien geben. Möglich ist auch eine Kombination aus Vor- und Rückwärtsverkettung. Darüber hinaus ist die

Inferenzkomponente noch für die Ausführung anderer Strategien bei der Lösungssuche verantwortlich, z. B. bezüglich der Reihenfolge der Regelverarbeitung oder der Konfliktlösung beim Greifen mehrerer Regeln oder der Implementierung von Heuristiken.

Ein weiteres wichtiges Teilmodul stellt die Erklärungskomponente dar. Sie dient hauptsächlich dazu nachzuvollziehen, in welcher Weise das Expertensystem seine Lösung gefunden hat, und stellt den Lösungsweg dar. Diese Darstellung erfolgt meistens grafisch, weniger oft natürlichsprachlich. Zur Nachvollziehbarkeit der Entscheidungen sind jedoch noch weitere Erklärungen notwendig, die diese Komponente liefert, z. B. die Darstellung von Zwischenlösungen oder die Erklärung der Eigenschaften von bestimmten Objekten. In vielen Fällen findet das Expertensystem eine Lösung, indem es an den Benutzer Fragen stellt. In der Erklärungskomponente können auch die Gründe für die Fragestellungen dargelegt werden. Die Erklärungskomponente ist nicht nur für den Anwender, sondern auch besonders für den Entwickler des Expertensystems in der Entwicklungsphase nutzbringend. Dort dient sie als eine Art Debugging-Hilfe bei der Entwicklung der Wissensbasis und der Inferenzkomponente.

Die Dialogkomponente – auch Benutzeroberfläche genannt – stellt das Interface zwischen der wissensbasierten Software und dem Anwender dar. Sie ist daher für das äußere Erscheinungsbild des Expertensystems und somit für den Erfolg der Software entscheidend. Das Hauptkriterium für die Benutzeroberfläche muss sein, dass sie zur Verständlichkeit des Systems beiträgt. Dies beinhaltet eine verständliche Darstellung der Ergebnisse in grafischer oder sprachlicher Form, eine gute Präsentation der Erklärungen, eine komfortable und fehlersichere Eingabemöglichkeit sowie eine schnelle Erlernung der Handhabung des Systems. Der Anteil der Software für die Erstellung der Benutzeroberfläche ist oft nicht unerheblich im Vergleich zum Gesamtaufwand für die Erstellung des kompletten Expertensystems.

Als letzte Komponente wird die Wissenserwerbskomponente oder auch Akquisitionskomponente betrachtet. Sie dient dem Wissensingenieur für die Entwicklung des Systems. Ihre Hauptaufgabe ist es, den Entwickler möglichst effizient von aufwendiger Programmiertätigkeit zu entlasten, damit er sich eher auf die Strukturierung des Wissens konzentrieren kann. Das so aufbereitete Wissen kann dann in einer möglichst einfachen Form, z. B. in einer einfachen „wenn-dann-Syntax" oder teilweise auch mit grafischen Hilfsmitteln eingegeben werden (z. B. Auffüllung von Frames). Hierzu gehört auch eine Überprüfung bezüglich einer korrekten Eingabesyntax sowie eine übersichtliche Darstellung des gespeicherten Wissens. Eine einfache Bedienung ermöglicht auch für den Benutzer oder den Experten eine evtl. später notwendig werdende Änderung der Wissensbasis.

Entwicklung und Pflege von Expertensystemen

An der Entwicklung eines Expertensystems sind üblicherweise drei verschiedene Gruppen beteiligt, die aus jeweils einer oder mehreren Personen bestehen können.

Die erste Gruppe repräsentiert die Experten, die das Fachwissen für das Expertensystem zur Verfügung stellen. Die Gruppe der Entwickler – auch Knowledge-Engineer genannt – ist für die Befragung des Experten, die Wissensaufbereitung und die Implementierung des Systems verantwortlich. Da es sich bei Expertensystemen normalerweise um Spezialsoftware handelt, die spezifisch im Auftrag eines Kunden entwickelt wird, können als dritte Gruppe die Anwender von Anfang an in den Entwicklungsprozess mit einbezogen werden, um so die Wünsche und Vorstellungen bezüglich des Systems von Beginn an einzubringen. Die Entwicklung des Expertensystems erfolgt in der ersten Phase meistens durch Befragung des Experten durch den Knowledge-Engineer. In dieser Phase wird das Spezialwissen des Experten durch die Befragung des Knowledge-Engineers extrahiert und strukturell aufbereitet, sodass dieses Wissen dann in einfacher Weise mithilfe der Wissenserwerbskomponente in das Expertensystem eingegeben werden kann. Zwei wesentliche Hilfsmittel werden üblicherweise bei der Softwareentwicklung eingesetzt: Bei dem ersten Hilfsmittel handelt es sich um sog. „Shells", also um ein Software-Werkzeug, das wie eine Art Interpreter funktioniert und die Eingabe der Wissensbasis erheblich unterstützt und vereinfacht. Man kann eine Shell auch – vereinfacht ausgedrückt – als Expertensystem mit leerer Wissensbasis bezeichnen. Bei dem zweiten wesentlichen Hilfsmittel handelt sich um das „Rapid Prototyping". Wie bereits der Name sagt, bedeutet dies die Möglichkeit einer schnellen Entwicklung eines Prototypen des geplanten Expertensystems in einem Bruchteil der Entwicklungszeit, die für die Entwicklung des Gesamtsystems erforderlich wäre. Dadurch ist es möglich, im Verlauf der Entwicklung verschiedene Testimplementierungen des geplanten Systems vorzunehmen und deren Funktionalität und Softwareschnittstellen laufend dem aktuellen Entwicklungsstand anzupassen.

Typische Expertensysteme sind Ankunftssysteme, Diagnosesysteme (anspruchsvolle Auskunftssysteme), Reparatursysteme (weitergeführte Diagnosesysteme), Debugsysteme, Interpretationssysteme (Sprach-, Bild-, Messwertanalyse), Vorhersage-, Planungs-, Konfigurations-, Überwachungs-, Steuerungs- und Ausbildungssysteme.

4.7 Übungen

Aufgabe 4.1: *Suchverfahren*

Sie fahren unter Verwendung der in Abbildung 4.25 dargestellten „Landkarte" mit dem Auto von München nach Tübingen. Unter den Städtenamen ist die Länge der Luftlinie zwischen der Stadt und Tübingen angegeben. Die Weglänge sowie die mittlere Fahrzeit, um zwei Orte zu erreichen, stehen an ihrer Verbindungslinie.

a) Erstellen Sie aus der Landkarte in Abbildung 4.25 einen vollständigen Suchbaum. Wie viele Wege führen nach Tübingen?

b) Ermitteln Sie für jeden Pfad die Wegstrecke und die Reisedauer. Wie lautet die kürzeste, wie die schnellste Route von München nach Tübingen?

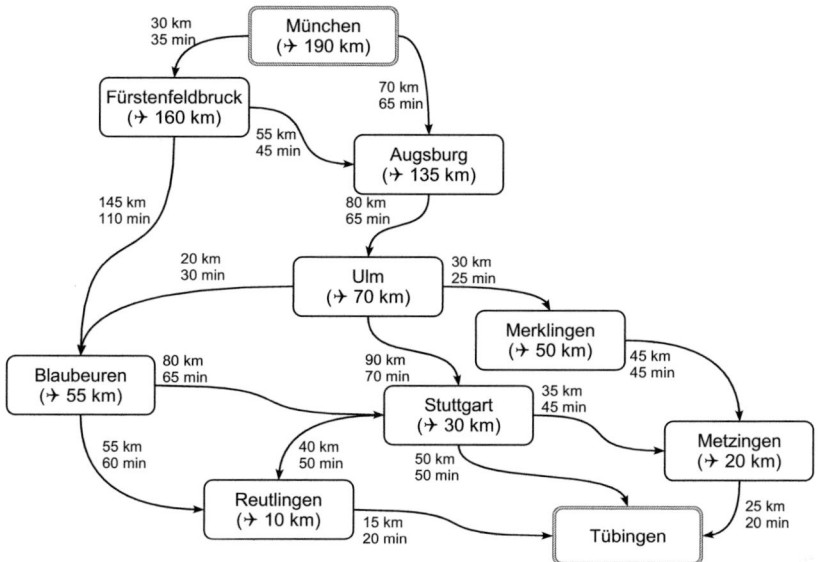

Abb. 4.25. Sehr stark vereinfachte „Landkarte" von Bayern und Baden-Württemberg.

c) Welche Strecke findet die Breitensuche in dem in Abbildung 11.6 auf Seite 305 gezeigten Suchbaum? Welche Wegstrecke und Reisedauer ergeben sich?

d) Wie lang ist der mit der Tiefensuche gefundene Pfad? Wie lange würde ein Reisender für diese Route benötigen?

Sie wollen die kürzeste Route mit einem geeigneten Suchverfahren finden. Sie verwenden eine „heuristische Tiefensuche", bei der Sie in jeder Ebene den Knoten n wählen, der die geringsten Gesamtkosten aufweist, um von München nach Tübingen zu gelangen. Zum Schätzen der Gesamtkosten $f(n)$ gilt:

$$f(n) = g(n) + h(n) \qquad (4.33)$$

$g(n)$ zurückgelegte Strecke von München zum Knoten n.

$h(n)$ heuristische Kostenfunktion als Maß für die noch zurückzulegende Strecke, um vom Knoten n nach „Tübingen" zu kommen.

e) Welche Strecke finden Sie durch diese heuristische Suche? Wie viele Kilometer legen Sie dabei zurück und wie lange sind Sie unterwegs?

Mit diesem Suchverfahren und der Metrik aus Gleichung 4.33 finden Sie weder die schnellste noch die kürzeste Strecke, da Sie auch Knoten verwerfen, die zur kürzesten Strecke gehören. Deswegen behalten Sie die *geschätzten Gesamtkosten* jedes Knotens in einer Liste und verfolgen den jeweils günstigsten Knoten.

f) Wie nennt man einen solchen heuristischen Suchalgorithmus allgemein?

g) Wie unterscheidet sich der A- vom A^*-Algorithmus, und welcher Algorithmus liegt hier vor? Wenden Sie ihn auf Ihren Suchbaum an. Verwenden Sie die Kostenfunktion aus Gleichung 4.33.

h) Welche *schnellste* Strecke finden Sie mit der „heuristischen Tiefensuche" unter Verwendung der heuristischen Funktion $h(n)$? (Hinweis: Die Geschwindigkeit auf der Luftlinien-Strecke beträgt $v = 200\,\text{km/h}$)

i) Finden Sie die tatsächlich schnellste Route mit dem A^*-Algorithmus und der heuristischen Funktion $h(n)$ aus der vorherigen Aufgabe.

Aufgabe 4.2: *Prädikatenlogik und logisches Schließen*

a) Die Aussage „Heinrich ist Joachims Vater" wird durch Vater(Joachim, Heinrich) und die Aussage „Johann ist Joachims Vorfahr" durch Vorfahr(Joachim, Johann) beschrieben. Stellen Sie die Aussage „Jeder Vorfahre von Joachim ist entweder sein Vater, seine Mutter oder deren Vorfahr" mittels Prädikatenlogik dar.

b) Drücken Sie folgende Aussagen mithilfe der Prädikatenlogik aus:

b1) „Ein Computer ist intelligent, wenn er eine Aufgabe lösen kann, zu deren Lösung ein Mensch Intelligenz benötigt."

b2) „Eine Formel mit der Hauptverknüpfung „$\Rightarrow$" ist äquivalent zu einer Formel mit der Hauptverknüpfung „$+$"."

b3) „Kann einem Programm eine Tatsache nicht beschrieben werden, so kann es diese nicht lernen."

c) Formen Sie folgenden Aussagen in die Konjunktive Normalform (KNF) um:

c1) $(\forall x)\{P(x) \Rightarrow P(x)\}$

c2) $\neg[(\forall x)\{P(x)\}] \Rightarrow (\exists x)\{\neg P(x)\}$

d) Zeigen Sie, dass es sich bei den folgenden Aussagen um Tautologien handelt:

d1) $(P \Rightarrow Q) \Rightarrow [(R+P) \Rightarrow (R+Q)]$

d2) $[(P \Rightarrow Q) \Rightarrow P] \Rightarrow P$

d3) $(P \Rightarrow Q) \Rightarrow (\neg Q \Rightarrow \neg P)$.

e) Beweisen Sie die Gültigkeit der folgenden Formel

$$(\exists x)\{[P(x) \Rightarrow P(A)] \cdot [P(x) \Rightarrow P(B)]\}.$$

f) Sie schnappen folgendes Gespräch auf: „Max (M), Flo (F) und Karl (K) sind beim Alpenverein. Jedes Mitglied beim Alpenverein, das kein Skifahrer ist, ist ein Bergsteiger. Bergsteiger mögen keinen Regen (R), und jeder, der keinen Schnee (S) mag, ist kein Skifahrer! Flo mag nicht, was Max mag, und mag, was Max nicht mag. Max mag Regen und Schnee". Es wird anschließend die Frage „gibt es ein Mitglied des Alpenvereins, das ein Bergsteiger, aber kein Skifahrer ist?" gestellt. Sie wollen die Frage mithilfe der Prädikatenlogik beantworten.

f1) Stellen Sie die Frage als Prädikatenkalkül T dar.

f2) Stellen Sie das Wissen aus dem obigen Text als eine Menge von Aussagen im Prädikatenkalkül dar.

f3) Beantworten Sie obige Frage, indem Sie zeigen, dass $\neg T$ unerfüllbar ist. (Hinweis: Ermitteln Sie, ob Flo Bergsteiger und/oder Skifahrer ist.)

Aufgabe 4.3: *Wissensdarstellung*

a) Lösen Sie Aufgabe 4.2 f) mithilfe der Rückwärtsverkettung und dem Regelwerk aus Abbildung 4.26.

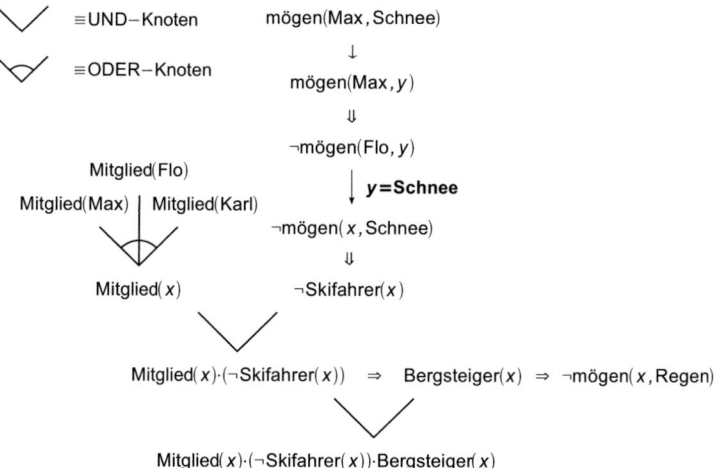

Abb. 4.26. Regelwerk zur Beantwortung der Frage „Gibt es Alpenvereinsmitglieder, die keine Skifahrer, aber Bergsteiger sind?" mithilfe der Rückwärtsverkettung.

b) Geben Sie für jeden der folgenden Sachverhalte eine Repräsentation in Form eines semantischen Netzes an:

b1) „Alle violetten Pilze sind giftig."

b2) „Ein gelbes Auto hält wie alle Autos nur vor einer roten Ampel."

Aufgabe 4.4: *Grammatik*

a) Erstellen Sie eine kontextfreie Grammatik mit dem Alphabet T = {a,b}, die die folgenden Sprachen generiert:

a1) Palindrom-Strings (Strings, die vorwärts- und rückwärtsgelesen identisch sind z. B. „a", „bab", „abbba" etc.).

a2) Strings, bei denen die Anzahl der Elemente „a" immer doppelt so groß wie die Anzahl der Elemente „b" ist.

b) Gegeben ist die Grammatik (siehe Gleichung 4.24 auf Seite 97)

$$S \longrightarrow \underbrace{aB}_{1.} \mid \underbrace{bA}_{2.}, A \longrightarrow \underbrace{a}_{3.} \mid \underbrace{aS}_{4.} \mid \underbrace{bAA}_{5.}, B \longrightarrow \underbrace{b}_{6.} \mid \underbrace{bS}_{7.} \mid \underbrace{aBB}_{8.}$$

und der daraus erzeugte String S = aaabbabbba.

b1) Parsen Sie diesen String, indem Sie in einem Suchbaum alle Pfade suchen, die zum gesuchten String führen. Verwenden Sie die Linksentwicklung, d. h. ersetzen Sie stets die am weitesten links stehende Variable.

b2) Bilden Sie die möglichen Parse-Trees.

b3) Begründen Sie, ob die Grammatik ambig ist.

b4) Formen Sie die Grammatik in Chomsky-Normalform (CNF) um.

c) Finden Sie für die folgenden Sätze mindestens zwei gültige Parse-Trees aufgrund ihrer *syntaktischen* Struktur (Syntax-Baum), und markieren Sie den *semantisch* sinnvollen. Verwenden Sie die Grammatik 4.26 auf Seite 99. (Hinweis: Nehmen Sie eine Rechtsentwicklung der Sätze vor.)

c1) „Der Junge sieht den Vogel mit einem Fernrohr."
c2) „Der Junggeselle hat noch keine Frau zu seinem Glück."

4.8 Literaturverzeichnis

[1] ABRAMSKY, S. (Hrsg.) ; GABBAY, D. M. (Hrsg.) ; MAIBAUM, T. S. E. (Hrsg.): *Handbook of Logic in Computer Science: Logic and Algebraic Methods*. Bd. 5. Oxford Science Publications, 2000

[2] BARFIELD, L.: *The User Interface: Concepts & Design*. 2. Bosko Books, 2004

[3] BROWNSTON, L. ; FARRELL, R. ; KANT, E. ; MARTIN, N.: *Programming Expert Systems in OPS 5: An Introduction to Rule-Based Programming* . Addison-Wesley, 1985

[4] CARROLL, J. M. ; OLSON, J. R.: Mental Models in Human-Computer Interaction. In: HELANDER, M. (Hrsg.): *Handbook of Human-Computer-Interaction.* Elsevier, 1988, S. 45 – 65

[5] CHANG, C.-L. ; LEE, R. C.-T.: *Symbolic Logic and Mechanical Theorem Proving.* Academic Press, 1973 (Computer Science Classics)

[6] CHOMPSKY, N.: Three Models for the Description of Language. In: *IEEE Transactions on Information Theory* 2 (1956), Nr. 3, S. 113 – 124

[7] CHOMSKY, N.: *Syntactic Structures.* 2. Mouton de Gruyter, 2002

[8] COHEN, D. I. A.: *Introduction to Computer Theory.* 2. John Wiley & Sons, 1996

[9] CORMEN, T. H. ; LEISERSON, C. E. ; RIVEST, R. L. ; STEIN, C.: *Introduction to Algorithms.* 2. The MIT Press, 2001

[10] DIN EN ISO 9 241-10: *Ergonomie der Mensch-System-Interaktion.* International Organization for Standardization, 2006

[11] FEIGENBAUM, E. A.: Themes and Case Studies of Knowledge Engineering. In: MICHIE, D. (Hrsg.): *Expert Systems in the Micro-Electronic Age.* 2. Edinburgh University Press, 1984, S. 3 – 25

[12] FREGE, G.: *Begriffsschrift, eine der arithmetischen nachgebildete Formelsprache des reinen Denkens.* Louis Nebert, 1879

[13] GÖRZ, G. (Hrsg.) ; ROLLINGER, C.-R. (Hrsg.) ; SCHNEEBERGER, J. (Hrsg.): *Handbuch der künstlichen Intelligenz.* 4. Oldenbourg, 2003

[14] HARMON, P. H. ; KING, D.: *Expertensysteme in der Praxis: Perspektiven, Werkzeuge, Erfahrungen.* 3. Oldenbourg, 1989

[15] HART, P. E. ; NILSSON, N. J. ; RAPHAEL, B.: A Formal Basis for the Heuristic Determination of Minimum Cost Paths. In: *IEEE Transactions on Systems Science and Cybernetics* 4 (1968), Nr. 2, S. 100 – 107

[16] HOPCROFT, J. E. ; MOTWANI, R. M. ; ULLMAN, J. D.: *Introduction to Automata Theory, Languages and Computation.* 3. Addison-Wesley, 2006

[17] ISO/IEC 14 977:1996(E): *Information technology – Syntactic metalanguage – Extended BNF.* International Organization for Standardization, 1996

[18] JACKSON, P.: *Expertensysteme – Eine Einführung.* 2. Addison-Wesley, 1992

[19] KARAGIANNIS, D. ; TELESKO, R.: *Wissensmanagement: Konzepte der künstlichen Intelligenz und des Softcomputing.* Oldenbourg, 2001

[20] KLEINE-BÜNING, H. ; LETTMANN, T.: *Propositional Logic: Deduction and Algorithms.* Cambridge University Press, 1999 (Cambridge Tracts in Theoretical Computer Science)

[21] KNUTH, D. E.: Backus Normal Form versus Backus Naur Form. In: *Communications of the ACM* 7 (1964), Nr. 12, S. 735–736

[22] KNUTH, D. E.: *The Art of Computer Programming: Fundamental Algorithms*. Bd. 1. 3. Addison-Wesley, 1997

[23] KUTSCHERA, F. von: *Gottlob Frege: Eine Einführung in sein Werk*. Mouton de Gruyter, 1989

[24] LUCAS, É.: *Récréations Mathématiques*. 4. Blanchard, 1884

[25] MATES, B.: *Elementare Logik. Prädikatenlogik der ersten Stufe*. 2. Vandenhoeck & Ruprecht, 1997

[26] MINSKY, M.: A Framework for Representing Knowledge. In: WINSTON, P. H. (Hrsg.): *The Psychology of Computer Vision*. McGraw-Hill, 1975, S. 211–277

[27] MOLICH, R. ; NIELSEN, J.: Improving a Human-Computer Dialoge. In: *Communications of the ACM* 33 (1990), Nr. 3, S. 338–348

[28] MOORE, E. F.: The Shortest Path through a Maze. In: *Proceedings of International Symposium on the Theory of Switching* 2 (1959), S. 285–292

[29] NATARAJAN, A. M. ; TAMILARASI, A. ; BALASUBRAMANI, P.: *Theory of Computation*. New Age International Publishers, 2003

[30] NERODE, A. ; SHORE, R. A.: *Logic for Applications*. 2. Springer, 1997 (Texts in Computer Science)

[31] NEWELL, A. ; SIMON, H. A.: *Human Problem Solving*. Prentice-Hall, 1972

[32] NIKOLOPOULOS, C.: *Expert Systems: Introduction to First and Second Generation and Hybrid Knowledge Based Systems*. Marcel Dekker, 1997

[33] NILSSON, N. J.: *Problem-Solving Methods in Artificial Intelligence*. McGraw-Hill, 1971

[34] NISSON, N. J.: *Principles of Artificial Intelligence*. Morgan Kaufmann Publishers, 1982

[35] NORMAN, D. A.: Some Observations on Mental Models. In: GENTNER, D. A. (Hrsg.) ; STEVENS, A. L. (Hrsg.): *Mental Models*. Lawrence Erlbaum Associates Inc., 1983, S. 7–14

[36] PEARL, J.: *Heuristics: Intelligent Search Strategies for Computer Problem Solving*. Addison-Wesley, 1984

[37] QUILLIAN, M. R.: Semantic Memory. In: MINSKY, M. (Hrsg.): *Semantic Information Processing*. The MIT Press, 1968, S. 216–270

[38] RECHENBERG, P. ; POMBERGER, G.: *Informatik-Handbuch*. 3. Hanser Fachbuchverlag, 2006

[39] REIMER, U.: *Einführung in die Wissensrepräsentation: Netzartige und schemabasierte Repräsentationsformate.* B. G. Teubner, 1991

[40] RICH, E.: *KI – Einführung und Anwendung.* McGraw-Hill, 1988

[41] ROBINSON, J. A.: A Machine-Oriented Logic Based on the Resolution Principle. In: *Journal of the ACM* 12 (1965), Nr. 1, S. 23 – 41

[42] ROMMELFANGER, H. J.: Fuzzy Logic-Based Processing of Expert Rules Used for Checking the Creditability of Small Business Firms. In: *Proceedings of the Austrian Artificial Intelligence Conference on Fuzzy Logic in Artificial Intelligence* (1993), S. 103 – 113

[43] RUSSELL, S. ; NORVIG, P.: *Artificial Intelligence: A Modern Approach.* 2. Prentice-Hall, 2002 (Prentice-Hall Series in Artificial Intelligence)

[44] SANE, S. S.: *Theory of Computer Science.* 2. Technical Publications Pune, 2007

[45] SCHNEIDERMAN, B. ; PLAISANT, C.: *Designing the User Interface: Strategies for Effective Human-Computer Interaction.* 4. Addison-Wesley, 2004

[46] SCHÖNING, U.: *Theoretische Informatik – kurzgefasst.* 4. Spektrum Akademischer Verlag, 2003

[47] SHANNON, C. E.: A Mathematical Theory of Communication. In: *The Bell System Technical Journal* 27 (1948), S. 379 – 423

[48] STOCK, W. G. ; STOCK, M.: *Wissensrepräsentation: Auswerten und Bereitstellen von Informationen.* Oldenbourg, 2008

[49] TARJAN, R. E.: Depth-First Search and Linear Graph Algorithms. In: *SIAM Journal Computing* 1 (1972), Nr. 2, S. 146 – 160

[50] TARRY, G.: Le Problème des Labyrinthes. In: *Nouvelles Annales de Mathématiques* 14 (1895), Nr. 3, S. 187 – 190

[51] TURAU, V.: *Algorithmische Graphentheorie.* 2. Oldenbourg, 2004

[52] WEGENER, I.: *The Complexity of Boolean Functions.* John Wiley & Sons, 1987 (Wiley-Teubner Series in Computer Science)

[53] WEGENER, I.: *Theoretische Informatik: Eine algorithmenorientierte Einführung.* 3. B. G. Teubner, 2005

[54] WEISS, S. M. ; KULIKOWSKI, C. A.: *A Practical Guide to Designing Expert Systems.* Rowman & Littlefield Pub., 1984

[55] WINOGRAD, T.: *Language as a Cognitive Process: Syntax.* 1. Addison-Wesley, 1982

[56] WINSTON, P. H.: *Artificial Intelligence.* 3. Addison-Wesley, 1992

[57] WUNDT, W.: *Die Sprache.* Bd. 1. 3. Engelman, 1903

5

Sprachkommunikation

Wie im vorherigen Kapitel dargestellt, sind die wesentlichen Komponenten eines interaktiven Systems die Dialogkomponente zur Steuerung des Interaktionsverlaufs mit dem Benutzer und die Benutzerschnittstelle, über die das System die Eingaben des Benutzers erhält und die Systemrückmeldungen ausgibt. Ohne dieses Benutzerinterface wäre das System nicht kommunikationsfähig. Bereits in Kapitel 2 wurde gezeigt, dass die Ein-/Ausgabe über viele unterschiedliche Modalitäten realisiert werden kann, wobei die Interaktion über die Standardgeräte Bildschirm, Tastatur und Maus immer noch am populärsten ist. Bei den weiter fortgeschrittenen Kommunikationsmöglichkeiten ist die Sprachkommunikation diejenige Kommunikationsart mit dem größten Potenzial, da auch zwischen Menschen diese Kommunikationsform die am häufigsten verwendete ist [31]. Diese bietet sich somit als eine der natürlichsten Kommunikationsformen zwischen Mensch und Maschine an.

Die Sprachkommunikation beinhaltet eine Vielzahl unterschiedlicher Aspekte, beispielsweise die Sprachsynthese oder die Verwendung der Sprache bei der Generierung von Ausgabemeldungen eines interaktiven Systems. Der bedeutendste und komplexeste Teilaspekt ist jedoch die Spracherkennung, auf die sich die folgenden Unterabschnitte konzentrieren. Dabei wird aus einem Sprachsignal, das eine unbekannte Äußerung enthält, die gesprochene Wort- bzw. Lautfolge ermittelt. Die Zuordnung von Signalmustern (hier das digitalisierte Sprachsignal) zu unterschiedlichen, vorgegebenen Klassen (hier z. B. Wort- oder Lautfolgen) ist das zentrale Aufgabengebiet der Mustererkennung [13]. In den folgenden Abschnitten werden daher zunächst einfache Klassifizierungsalgorithmen untersucht und anschließend die sog. Hidden-Markov-Modelle vorgestellt, die sich als das mit Abstand leistungsfähigste Erkennungsverfahren in der Sprachkommunikation etabliert haben [15].

5.1 Klassifizierung

Die Klassifizierung dient der Zuordnung von Signalen zu bestimmten Klassen (den Bedeutungseinheiten). Sprache wird vom Menschen in Form von Schall ausgesendet. Dieser kann von der Maschine mithilfe eines Mikrofons (siehe Abschnitt 2.2.9 auf Seite 26) in elektrische Signale umgewandelt werden. Die so gewonnenen Signale werden in der Regel aber nicht direkt einem Klassifikator, der die Klassifizierung vornimmt, zugeführt, sondern es erfolgt zuvor eine Merkmalsextraktion. Dabei werden aus dem Signal nur die bedeutungstragenden Teile herausgenommen und geeignet in einem sog. Merkmalsvektor zusammengefasst [6]. Dieser kann Abtastwerte, Koeffizienten von Transformationen etc. enthalten. Die Merkmalsvektoren kann man sich in einem meist hochdimensionalen Merkmalsraum verteilt vorstellen. Diese Verteilung im Merkmalsraum ist in Abbildung 5.1 für den zweidimensionalen Fall und zwei verschiedene Klassen dargestellt. Aufgabe des Klassifikators ist es, diese Merkmalsvektoren bestimmten Klassen, die ihre Bedeutung eindeutig repräsentieren, zuzuordnen. Damit der Klassifikator „weiß", welche Signalverläufe und zugehörigen Merkmalsvektoren welcher Klasse angehören, geht in der Regel der eigentlichen Klassifizierungsaufgabe ein Training voraus [8]. Dafür werden dem Klassifikator Merkmalsvektoren und zugehörige Klassen präsentiert. Dadurch „lernt" der Klassifikator, welche Muster welcher Klasse angehören. Das Lernen bezeichnet dabei die Bestimmung der Parameter des Klassifikators. In Abbildung 5.1 sind die Mustervektoren bestimmten Klassen zugeordnet. Die Klassifizierungsaufgabe besteht darin, das unbekannte Muster $\mathbf{x}$ nach Möglichkeit richtig zu klassifizieren, also derjenigen Klassen zuzuordnen, zu der das unbekannte Muster tatsächlich gehört.

Im Folgenden werden zwei unterschiedliche Klassifikatortypen vorgestellt und erläutert: Die geometrischen Klassifikatoren, die zur Klassifizierung Abstandsmaße verwenden[1] und die statistischen Klassifikatoren. Letztere sind insbesondere bei der Spracherkennung, aber auch im Allgemeinen für die Klassifizierung dynamischer Sequenzen von großer Bedeutung.

5.2 Abstandsklassifikatoren

Abstandsklassifikatoren berechnen die Distanz eines Mustervektors zu einer bestimmten Klasse. Eine allgemeine Formel für die Berechnung des Abstands eines unbekannten Mustervektors $\mathbf{x}$ zu einer Klasse k, repräsentiert durch ihren Mittelwertsvektor $\mathbf{m}_k$, lautet

$$d_k(\mathbf{x}, \mathbf{m}_k) = (\mathbf{x} - \mathbf{m}_k)^\mathrm{T} \cdot \mathbf{W}_k \cdot (\mathbf{x} - \mathbf{m}_k). \tag{5.1}$$

Für die Eigenschaft (und letztlich auch für den Namen) des Klassifikators ist die Form seiner Gewichtsmatrix $\mathbf{W}_k$ entscheidend. Zur Berechnung des Mittelwertsvektors $\mathbf{m}_k$

---

[1] Aufgrund ihrer Eigenschaft, Klassenzugehörigkeiten über die Berechnung von Abstandsmaßen zu bestimmen, werden diese Klassifikatoren auch „Abstandsklassifikatoren" genannt.

der Klasse k werden die Merkmalsvektoren der zugehörigen Repräsentanten benötigt. Sie ist also Teil des Trainings des Abstandsklassifikators. Sind M_k Repräsentanten $\mathbf{r}_{k,i}$ der Klasse k gegeben, so errechnet sich $\mathbf{m}_k$ zu

$$\mathbf{m}_k = \frac{1}{M_k} \cdot \sum_{i=1}^{M_k} \mathbf{r}_{k,i}. \qquad (5.2)$$

Die Klassifizierung, also die Entscheidung, zu welcher Klasse $\hat{k}$ der unbekannte Mustervektor $\mathbf{x}$ gehört, wird über

$$\hat{k}_x = \underset{1 \leq k \leq K}{\mathrm{argmin}}\, d_k(\mathbf{x}, \mathbf{m}_k) \qquad (5.3)$$

getroffen, d. h. es wird diejenige Klasse ausgewählt, zu der der Mustervektor $\mathbf{x}$ den geringsten Abstand besitzt.

5.2.1 Quadratischer (Euklidischer) Abstand

Wählt man für die Gewichtsmatrix $\mathbf{W}_k$ aus Gleichung 5.1 die Einheitsmatrix, also

$$\mathbf{W}_k = \mathbf{W} = \mathbf{W}^{-1} = \mathbf{1}, \qquad (5.4)$$

spricht man vom „quadratischen" Abstand; er beschreibt den quadratischen, euklidischen Abstand eines Testvektors von den Mittelwertvektoren. Zur Auseinanderhaltung von Heringsrassen auch während der Wanderung, wurde der euklidische Abstand bereits 1898 von F. Heincke eingeführt [21] und hat sich in der Mustererkennung etabliert [16, 19]. Für die Klassifizierung wird für jede Klasse der Abstand zum unbekannten Mustervektor $\mathbf{x}$ über Gleichung 5.1 berechnet. Es kann dann nach Gleichung 5.3 auf diejenige Klasse geschlossen werden, die den geringsten Abstand zum unbekannten Muster $\mathbf{x}$ besitzt. Dies kann auch durch die Bestimmung einer Trennfunktion zwischen den beiden Klassen geschehen. Der quadratische Abstandsklassifikator besitzt als Trennfunktion eine Gerade.

5.2.2 Mahalanobis-Abstand

Wird als Gewichtsmatrix $\mathbf{W}$ in Gleichung 5.1 die Inverse der Kovarianzmatrix $\mathbf{W}_{K,k}$ verwendet, erhält man mit

$$\mathbf{W}_{K,k} = \frac{1}{M_k} \sum_{i=1}^{M_k} \mathbf{r}_{k,i} \cdot \mathbf{r}_{k,i}^{\mathrm{T}} \quad - \mathbf{m}_k \cdot \mathbf{m}_k^{\mathrm{T}} \qquad (5.5)$$

als Abstandsmaß den Mahalanobis-Abstand [22]

$$d_k(\mathbf{x}, \mathbf{m}_k) = (\mathbf{x} - \mathbf{m}_k)^{\mathrm{T}} \cdot \mathbf{W}_{K,k}^{-1} \cdot (\mathbf{x} - \mathbf{m}_k). \qquad (5.6)$$

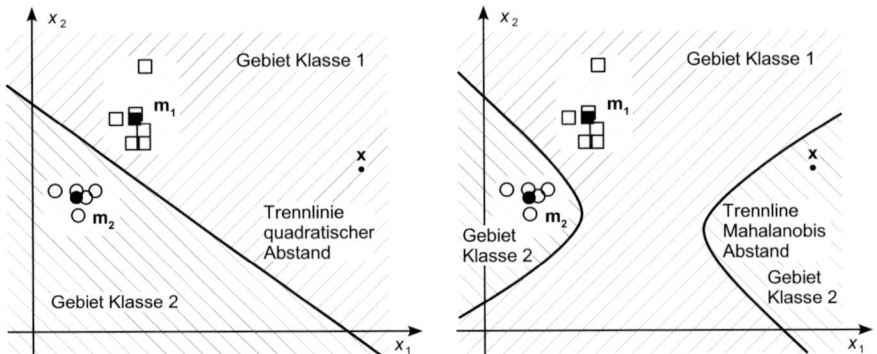

Abb. 5.1. Resultierende Klassengebiete bei Verwendung des quadratischen (links) und des Mahalanobis- (rechts) Abstandsklassifikators auf dasselbe Zweiklassenproblem.

Da die Gewichtsmatrix in diesem Fall von den Repräsentanten $\mathbf{r}_{k,i}$ der Klasse abhängt, ist ihre Bestimmung Teil des Trainings. Wie beim quadratischen Abstandsklassifikator angedeutet, kann auch für den Mahalanobis-Abstand eine Trennfunktion zwischen den Klassen berechnet werden. Für den Mahalanobis-Abstand handelt es sich dabei um Kegelschnitte, also Geraden, Ellipsen, Parabeln oder Hyperbeln. Abbildung 5.1 zeigt exemplarisch die Trennfunktion zwischen zwei Klassen bei Verwendung des quadratischen (links) und Mahalanobis-Abstandsklassifikators (rechts).

5.3 Hidden-Markov-Modelle als statistische Klassifikatoren

Während die Abstandsklassifikatoren den Abstand eines Mustervektors zu einer bestimmten Klasse als Entscheidungskriterium verwenden, liefern statistische Klassifikatoren eine Wahrscheinlichkeit dafür, dass eine Beobachtung einer bestimmten Klasse zugeordnet werden kann. Sie vermögen nicht nur einzelne Merkmalsvektoren zu klassifizieren, sondern ganze Sequenzen (dynamische Folgen).[2]

Eine weitere Unterteilung der statistischen Klassifikatoren führt zu den generativen Modellen. Ihre Klassifizierung kann man qualitativ wie folgt ausdrücken: „Finde diejenige Klasse, die die Beobachtung $\mathbf{o} = (o_1, o_2, \ldots, o_T)$ am besten *nachbilden* kann". Ein populärer Vertreter der statistischen, generativen Klassifikatoren sind die Hidden-Markov-Modelle (HMM).

---

[2] Auch mithilfe eines Abstandsklassifikators können Sequenzen klassifiziert werden. Dazu sind aber Verfahren wie Dynamic Time Warping (DTW), o. Ä, nötig [29, 32], die jedoch im Rahmen dieses Buchs nicht behandelt werden.

5.3.1 Markov-Modelle

Die Grundlage der HMM bilden die Markov-Ketten, im Folgenden als Markov-Modelle (MM) bezeichnet, erster Ordnung. Mit MM erster Ordnung werden stochastische Prozesse nachgebildet, deren aktueller Zustand nur vom vorausgegangenen Zustand abhängt [23, 24]. Ein einfaches MM zeigt Abbildung 5.2 links. Es besteht aus drei Zuständen s_1, s_2 und s_3. Mit der Wahrscheinlichkeit a_{ij} wird in einem Zeitschritt vom Zustand s_i in den Zustand s_j gewechselt. Dieser Übergang der Zustände ist in Abbildung 5.2 durch gerichtete Pfeile gekennzeichnet. Für eine mathematische Darstellung des MM werden die Übergangswahrscheinlichkeiten a_{ij} in der Matrix $\mathbf{A}$ zusammengefasst:

$$\mathbf{A} = p\{q_{t+1} = s_j | q_t = s_i\} = \begin{bmatrix} a_{11} & a_{12} & \cdots & a_{1N} \\ a_{21} & a_{22} & \cdots & a_{2N} \\ \vdots & \vdots & \ddots & \vdots \\ a_{N1} & a_{N2} & \cdots & a_{NN} \end{bmatrix}. \quad (5.7)$$

Die N Zustände s_i, $i = 1, \ldots, N$ eines MM können zu verschiedenen Zeitpunkten erreicht werden. Der zum Zeitpunkt t erreichte Zustand wird mit q_t bezeichnet.

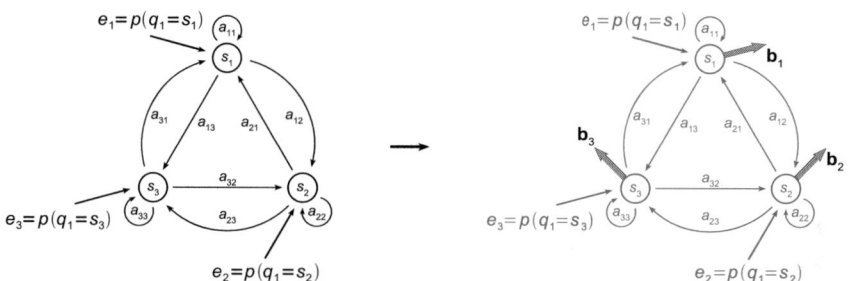

Abb. 5.2. Markov-Modell (links) und Hidden-Markov-Modell (rechts).

Um das MM vollständig zu beschreiben, wird zusätzlich die Information benötigt, in welchem Zustand das MM startet (q_1). Im Allgemeinen kommt für q_1 jeder beliebige Zustand infrage, sodass für jeden Zustand die Wahrscheinlichkeit $p(q_1 = s_i)$ angegeben wird. Diese Wahrscheinlichkeiten werden kompakt im Vektor $\mathbf{e}$ der Einsprungswahrscheinlichkeiten zusammengefasst:

$$\mathbf{e} = \begin{pmatrix} p(q_1 = s_1) \\ p(q_1 = s_2) \\ \vdots \\ p(q_1 = s_N) \end{pmatrix}. \quad (5.8)$$

5.3.2 Hidden-Markov-Modelle

HMM weisen gegenüber gewöhnlichen MM eine Erweiterung auf [3, 4], die in Abbildung 5.2 rechts gezeigt ist: Jeder Zustand s_i kann mit einer Wahrscheinlichkeit b_{mi} eine Beobachtung v_m aus der Menge der möglichen Beobachtungen $\mathbf{v} = \{v_1, v_2, \ldots, v_M\}$, d. h. $b_{mi} = p(v_m|s_i)$ „aussenden"[3]. Unter den Beobachtungen kann man der Einfachheit halber diskrete Symbole aus einem bestimmten Alphabet verstehen, ähnlich wie dies bei den Zustandsautomaten der Fall war. Insofern kann man HMM als eine Art stochastische Version von endlichen Zustandsautomaten sehen, bei denen die Zustandsübergänge und Symbolemissionen nicht deterministisch, sondern auf der Basis von Wahrscheinlichkeiten erfolgen. Für eine kompakte Schreibweise lassen sich die Beobachtungswahrscheinlichkeiten in einer Matrix $\mathbf{B}$ zusammenfassen:

$$\mathbf{B} = \begin{bmatrix} p(v_1|s_1) & p(v_1|s_2) & \cdots & p(v_1|s_N) \\ p(v_2|s_1) & p(v_2|s_2) & \cdots & p(v_2|s_N) \\ \vdots & \vdots & \ddots & \vdots \\ p(v_M|s_1) & p(v_M|s_2) & \cdots & p(v_M|s_N) \end{bmatrix} = \begin{bmatrix} b_{11} & b_{21} & \cdots & b_{N1} \\ b_{12} & b_{22} & \cdots & b_{N2} \\ \vdots & \vdots & \ddots & \vdots \\ \underbrace{b_{1M}}_{=\mathbf{b}_1} & \underbrace{b_{2M}}_{=\mathbf{b}_2} & \cdots & \underbrace{b_{NM}}_{=\mathbf{b}_N} \end{bmatrix}. \quad (5.9)$$

Mit den Gleichungen 5.7, 5.8 und 5.9 kann ein HMM vollständig beschrieben werden. Seine Parameter $\mathbf{e}$, $\mathbf{A}$ und $\mathbf{B}$ werden auch mit

$$\lambda = (\mathbf{e}, \mathbf{A}, \mathbf{B}) \quad (5.10)$$

gemeinsam beschrieben. Das HMM führt mit einer Wahrscheinlichkeit von

$$p(\mathbf{o}|\lambda) \quad (5.11)$$

zu der Beobachtung $\mathbf{o} = (o_1, o_2, \ldots, o_T)$. Die Wahrscheinlichkeit $p(\mathbf{o}|\lambda)$ aus Gleichung 5.11 hängt von den gewählten Parametern λ nach Gleichung 5.10 ab und trägt den Namen „Produktionswahrscheinlichkeit" Von der Beobachtungsfolge $\mathbf{o}$ kann im Allgemeinen nicht auf die dafür durchlaufene Zustandsfolge $\mathbf{q} = (q_1, q_2, \ldots, q_T)$ geschlossen werden – sie bleibt verborgen (engl. *hidden*). Davon leitet sich der Name *Hidden*-Markov-Modell ab.

Ergodisches HMM

Für unterschiedliche Anforderungen haben sich unterschiedliche Typen von HMM herausgebildet. Diese unterscheiden sich u. a. in der Belegung der $\mathbf{A}$-Matrix [27]. In

---

[3] Diese Vorstellung setzt voraus, dass eine Observierung aus eben diesen *diskreten* Beobachtungen besteht. Dies wird in der Praxis durch eine Quantisierung mit einem Vektorquantisierer (VQ) erreicht [20]. Im Rahmen dieses Buchs werden aus Gründen des besseren Verständnisses nur *diskrete* HMM behandelt, die Beobachtungen sind also (vektor)quantisiert.

5.3 Hidden-Markov-Modelle als statistische Klassifikatoren

Abbildung 5.2 rechts ist ein HMM abgebildet, bei dem von jedem Zustand aus jeder andere Zustand erreicht werden kann. Die zugehörige **A**-Matrix ist voll besetzt, d. h.

$$\mathbf{A} = \begin{bmatrix} a_{11} & a_{12} & \cdots & a_{1N} \\ a_{21} & a_{22} & \cdots & a_{2N} \\ \vdots & \vdots & \ddots & \vdots \\ a_{N1} & a_{N2} & \cdots & a_{NN} \end{bmatrix} \text{ mit } (\forall i,j)\{a_{ij} > 0\}. \tag{5.12}$$

Ein solches HMM wird *ergodisches* HMM genannt, da das zugrunde liegende MM ergodisch, also voll verbunden ist [28].

Links-Rechts-HMM

Insbesondere in der Sprachverarbeitung, bei der die zu untersuchenden Muster eine zeitliche Struktur aufweisen, werden sog. Links-Rechts-Modelle oder Bakis-Modelle verwendet [2, 28]. Diese zeichnet aus, dass von einem Zustand s_j kein Zustand s_i erreicht werden kann mit $i < j$. Demnach erlaubt das Links-Rechts-Modell keine Rücksprünge. Die **A**-Matrix des Links-Rechts-Modells hat die in Gleichung 5.13 dargestellte obere Dreiecksform:

$$\mathbf{A} = \begin{bmatrix} a_{11} & a_{12} & \cdots & a_{1N} \\ 0 & a_{22} & \cdots & a_{2N} \\ \vdots & \vdots & \ddots & \vdots \\ 0 & 0 & \cdots & a_{NN} \end{bmatrix}, \text{ also } a_{ij} = 0 \text{ für } i < j. \tag{5.13}$$

Abbildung 5.3 zeigt ein Links-Rechts-HMM, wie es in der Spracherkennung verwendet wird. Dabei sind die einzelnen Zustände von links nach rechts nach ihrem Index sortiert. Auf diese Weise kann es nur von „links" nach „rechts" durchlaufen werden, was letztlich zu seinem Namen geführt hat.

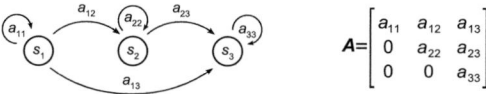

Abb. 5.3. Zustandsdiagramm und **A**-Matrix eines Links-Rechts-Modells.

5.3.3 Klassifizierung mit HMM

Mit den Parametern λ aus Gleichung 5.10 wird ein HMM vollständig beschrieben, eine Klassifizierung mit nur einem HMM ist jedoch nicht möglich. Für Klassifizierungsaufgaben wird für jede zu unterscheidende Klasse k ein eigenes HMM benötigt, dessen Parameter λ_k so angepasst werden, dass es die zu der jeweiligen Klasse gehörende Beobachtung **o** möglichst gut nachbilden kann. Auskunft darüber, wie gut das HMM mit den Parametern λ_k eine Beobachtung **o** nachbildet, wird über die Berechnung von $p(\mathbf{o}|\lambda_k)$ erhalten.

Zur Klassifizierung eines Musters wird dieses als unbekannte beobachtete Symbolfolge aufgefasst, allen HMM für die verschiedenen Klassen präsentiert und die jeweilige Produktionswahrscheinlichkeit $p(\mathbf{o}|\lambda_k)$ berechnet. Das HMM, welches die größte Produktionswahrscheinlichkeit liefert, dass die unbekannte Symbolfolge von diesem HMM erzeugt wurde, repräsentiert die gesuchte Klasse $\hat{k}$, d. h. es gilt

$$\hat{k} = \underset{k}{\mathrm{argmax}}\, p(\mathbf{o}|\lambda_k). \quad (5.14)$$

Dies ist in Abbildung 5.4 verdeutlicht: Gezeigt sind die Repräsentanten zweier

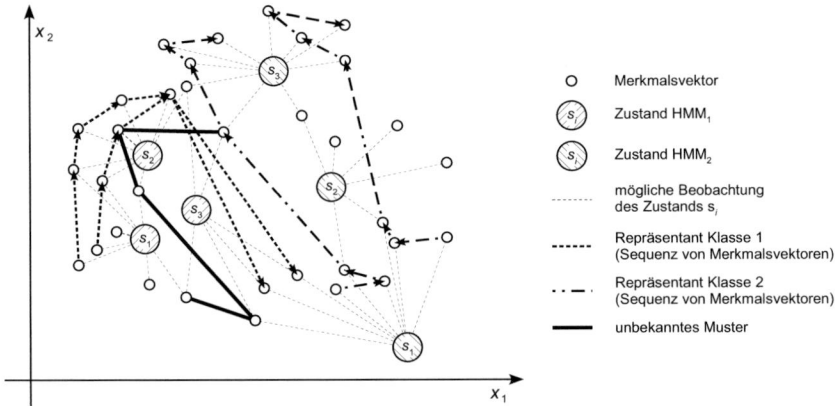

Abb. 5.4. Verdeutlichung der Klassifizierung mit HMM anhand zweier Klassen und ihrer Repräsentanten. Die Übergänge zwischen den Zuständen wurden der Übersichtlichkeit halber nicht eingezeichnet.

Klassen als Sequenz von Merkmalsvektoren. Die zu den Klassen gehörenden Zustände können bestimmte (Teil-)Beobachtungen emittieren. Die unbekannte Sequenz wird dann derjenigen Klasse zugeordnet, die die größte Wahrscheinlichkeit für ihre Produktion liefert (in Abbildung 5.4 ist dies die Klasse 1).

Trellis

Alle möglichen zeitlichen Zustandsfolgen einer Beobachtung **o** können übersichtlich in ein einem Trellisdiagramm [17, 27] dargestellt werden. Abbildung 5.5 links zeigt das Trellisdiagramm eines ergodischen HMM, auf der rechten Seite ist das Tellisdiagramm eines Links-Rechts-Modells dargestellt. Beide HMM verfügen über jeweils

5.3 Hidden-Markov-Modelle als statistische Klassifikatoren

drei Zustände (s_1, s_2 und s_3) und erzeugen die Beobachtung $\mathbf{o} = (o_1, o_2, o_3, o_4)$. Für die Pfadwahrscheinlichkeit, also die Wahrscheinlichkeit, die Beobachtung $\mathbf{o}$ auf einem bestimmten Weg $\mathbf{q} = (s_{q_1}, s_{q_2}, \ldots, s_{q_T})$ im Trellis zu machen, gilt:

$$p(\mathbf{o}, \mathbf{q} | \lambda_k) = e_{q_1} b_{q_1}(o_1) \cdot \underbrace{a_{q_1 q_2} b_{q_2}(o_2) \cdots a_{q_{t-1} q_t} b_{q_t} \cdots a_{q_{T-1} q_T} b_{q_T}(o_T)}_{= \prod_{t=2}^{T} a_{q_{t-1} q_t} b_{q_t}(o_t)}. \quad (5.15)$$

Die nach Gelichung 5.15 definierte Wahrscheinlichkeit wird auch mit „vollständiger Datenwahrscheinlichkeit" bezeichnet, da sie auch die Information über den zur Beobachtung führenden Pfad enthält. Die Produktionswahrscheinlichkeit $p(\mathbf{o} | \lambda_k)$ ist die Summe der Wahrscheinlichkeiten *aller* Pfade, die zur gewünschten Beobachtung $\mathbf{o}$ führen, also

$$p(\mathbf{o} | \lambda_k) = \sum_{\text{alle Pfade } \mathbf{q}} p(\mathbf{o}, \mathbf{q} | \lambda_k). \quad (5.16)$$

Sie trägt auch den Namen „unvollständige Datenwahrscheinlichkeit", da in ihr keinerlei Information über die durchlaufene Zustandsfolge enthalten ist. Wird Gleichung 5.15 in Gleichung 5.16 eingesetzt, so erhält man für $p(\mathbf{o} | \lambda_k)$ (siehe Abbildung 5.5 links):

$$p(\mathbf{o} | \lambda_k) = \sum_{\mathbf{q} \in Q} e_{q_1} b_{q_1}(o_1) \prod_{t=2}^{T} a_{q_{t-1} q_t} b_{q_t}(o_t). \quad (5.17)$$

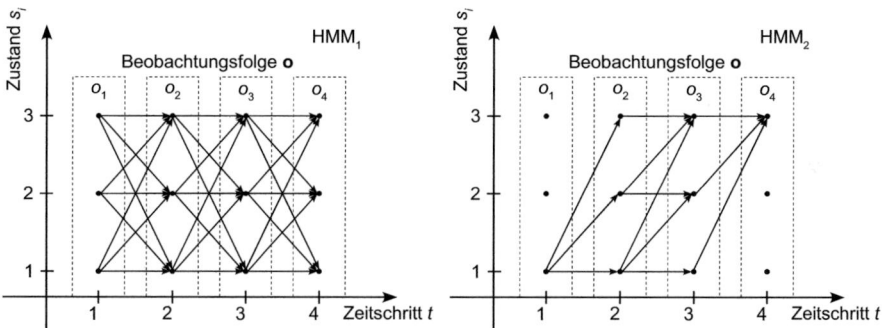

Abb. 5.5. Trellisdiagramme eines ergodischen Modells (links) und eines Links-Rechts-Modells (rechts).

Bei der Berechnung der Wahrscheinlichkeit nach Gleichung 5.17 stößt man auf das Problem der langen Rechenzeit: Für die Berechnung der Wahrscheinlichkeit $p(\mathbf{o} | \lambda_k)$ nach Gleichung 5.17 werden in Abhängigkeit der Anzahl der Zustände N und der Länge einer Beobachtung T

$$\text{OP}_\text{B} \sim 2T \cdot N^T \quad (5.18)$$

Rechenoperationen (OP) benötigt [27]. Für $N = 5$ und $T = 100$ ergeben sich so OP$_B \approx 10^{72}$ Rechenoperationen. Selbst Hochleistungsrechner würden für diese Berechnung Hunderttausende von Jahren benötigen.

Vorwärtsalgorithmus

Für eine effiziente Berechnung der Wahrscheinlichkeit $p(\mathbf{o}|\lambda_k)$ wird im Folgenden der *Vorwärts*-Algorithmus vorgestellt [3, 5]. Anders als bei der Berechnung der Wahrscheinlichkeit nach Gleichung 5.17, wird beim Vorwärtsalgorithmus die Wahrscheinlichkeit eines Teilpfads nur einmal berechnet. Der Vorwärtsalgorithmus definiert zunächst die Vorwärtswahrscheinlichkeit

$$\alpha_t(i) = P(o_1, o_2, \ldots, o_t, q_t = s_i | \lambda_k), \tag{5.19}$$

d. h. die Wahrscheinlichkeit, dass die Teilbeobachtungen $\{o_1, o_2, \ldots, o_t\}$ emittiert wurden und sich das HMM zum Zeitpunkt t im Zustand s_i befindet. Die Bedeutung dieser zunächst willkürlich erscheinenden Definition wird im Folgenden klarer werden. Die Vorwärtswahrscheinlichkeit lässt sich rekursiv berechnen durch

1. Initialisierung:
$$\alpha_1(i) = e_i b_i(o_1), \quad 1 \leq i \leq N \tag{5.20}$$

2. Induktion:
$$\alpha_{t+1}(j) = \left[\sum_{i=1}^{N} \alpha_t(i) a_{ij}\right] b_j(o_{t+1}), \quad 1 \leq t \leq T-1; \quad 1 \leq j \leq N \tag{5.21}$$

3. Terminierung:
$$P(\mathbf{o}|\lambda_k) = \sum_{i=1}^{N} \alpha_T(i). \tag{5.22}$$

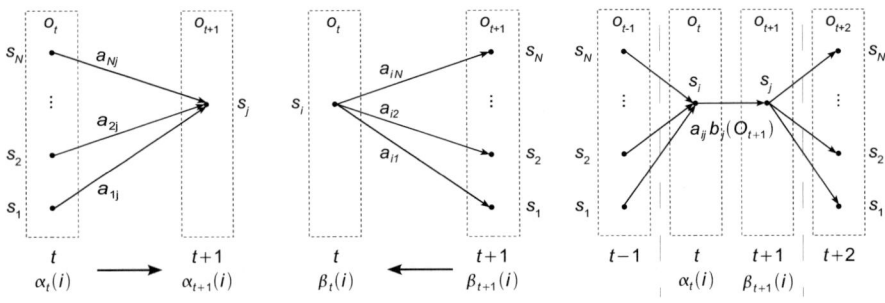

Abb. 5.6. Verdeutlichung des Induktionsschritts bei der Vorwärtswahrscheinlichkeit $\alpha_t(i)$ (links) und Rückwärtswahrscheinlichkeit $\beta_t(i)$ (Mitte) sowie der Größe $\xi_t(i,j)$ (rechts).

5.3 Hidden-Markov-Modelle als statistische Klassifikatoren   133

Bei der Initialisierung berechnet sich $a_1(i)$ über die Einsprungswahrscheinlichkeit e_i des Zustands s_i. In Abbildung 5.6 links ist der Induktionsschritt dargestellt. Die Terminierung ergibt die gesuchte Wahrscheinlichkeit $p(\mathbf{o}|\lambda_k)$. Die benötigten Rechenoperationen reduzieren sich damit signifikant zu

$$\text{OP}_\text{V} \sim T \cdot N^2. \tag{5.23}$$

Damit ergeben sich für ein System mit $N = 5$ und $T = 100$ eine überschaubare Anzahl von $\text{OP}_\text{V} \approx 3\,000$ Rechenoperationen [27].

5.3.4 Training von HMM

Der Vorteil der HMM liegt darin, dass sie aufgrund ihrer stochastischen Struktur Störungen in den Beobachtungen in gewissem Maße kompensieren können. Damit jedoch eine Klassifikation nach Gleichung 5.14 möglich ist, werden geeignete Parameter λ_k benötigt, die die Produktionswahrscheinlichkeit des zugehörigen HMM maximieren. Die Produktionswahrscheinlichkeit aus Gleichung 5.17 lässt sich jedoch aufgrund der Summierung über Produkte *nicht* analytisch optimieren [7]. Zur Bestimmung der Parameter $\lambda_k = (\mathbf{e}, \mathbf{A}, \mathbf{B})$ werden deswegen iterative Verfahren verwendet. An dieser Stelle wird aufgrund seiner häufigen Anwendung der *Baum-Welch*-Algorithmus vorgestellt [4].

Baum-Welch-Algorithmus

Der Baum-Welch-Algorithmus benötigt neben der Vorwärtswahrscheinlichkeit α die Berechnung der sog. „Rückwärtswahrscheinlichkeit" β mit

$$\beta_t(i) = P(o_{t+1}, o_{t+2}, \ldots, o_T | q_t = s_i, \lambda_k). \tag{5.24}$$

Die Rückwärtswahrscheinlichkeit beschreibt die Wahrscheinlichkeit, die restlichen Teilbeobachtungen $\{o_{t+1}, o_{t+2}, \ldots, o_T\}$ zu emittieren, wenn sich das HMM zum Zeitpunkt t im Zustand s_i befindet.

Wie die Vorwärtswahrscheinlichkeit kann auch die Rückwärtswahrscheinlichkeit mithilfe des „Rückwärtsalgorithmus" rekursiv berechnet werden durch

1. Initialisierung:
$$\beta_T(i) = 1, \qquad 1 \leq i \leq N \tag{5.25}$$

2. Induktion:

$$\beta_t(i) = \sum_{j=1}^{N} a_{ij} b_j(o_{t+1}) \beta_{t+1}(j), \qquad t = T-1, T-2, \ldots 1; \quad 1 \leq i \leq N. \tag{5.26}$$

Da es keine „restlichen" Beobachtungen zum Zeitpunkt T gibt, ist die Initialisierung trivial. Zur Verdeutlichung ist der Induktionsschritt in Abbildung 5.6 Mitte dargestellt.

Des Weiteren werden die Variablen $\gamma_t(i) = p(q_t = s_i|\mathbf{o},\lambda_k)$ und $\xi_t(i,j) = P(q_t = s_i, q_{t+1} = s_j|\mathbf{o},\lambda_k)$ definiert. Dabei beschreibt $\gamma_t(i) = p(q_t = s_i|\mathbf{o},\lambda_k)$ die Wahrscheinlichkeit, dass sich das HMM zum Zeitpunkt t im Zustand s_i befindet und die gesamte Beobachtung $\mathbf{o}$ emittiert wird und es gilt

$$\gamma_t(i) = \frac{\alpha_t(i)\beta_t(i)}{P(\mathbf{o}|\lambda_k)} = \frac{\alpha_t(i)\beta_t(i)}{\sum_{i=1}^{N} \alpha_t(i)\beta_t(i)}. \tag{5.27}$$

Dagegen beschreibt $\xi_t(i,j) = P(q_t = s_i, q_{t+1} = s_j|\mathbf{o},\lambda_k)$ die Wahrscheinlichkeit, dass sich das HMM zum Zeitpunkt t im Zustand s_i und zum Zeitpunkt $t+1$ im Zustand s_j befindet, wobei

$$\xi_t(i,j) = \frac{\alpha_t(i)a_{ij}b_j(o_{t+1})\beta_{t+1}(j)}{P(\mathbf{o}|\lambda_k)} = \frac{\alpha_t(i)a_{ij}b_j(o_{t+1})\beta_{t+1}(j)}{\sum_{i=1}^{N} \alpha_t(i)\beta_t(i)} \tag{5.28}$$

gilt. Die Berechnung der Wahrscheinlichkeit $\xi_t(i,j)$ ist zur Verdeutlichung anhand eines Trellis in Abbildung 5.6 rechts dargestellt. Die Wahrscheinlichkeit $\gamma_t(i)$ lässt sich durch $\xi_t(i,j)$ ausdrücken, es gilt:

$$\gamma_t(i) = \sum_{j=1}^{N} \xi_t(i,j). \tag{5.29}$$

Die Summierung über die Zeit t der beiden Variablen $\gamma_t(i)$ und $\xi_t(i,j)$ kann qualitativ folgendermaßen beschrieben werden:

$$\sum_{t=1}^{T-1} \gamma_t(i) \equiv \text{„alle Aufenthalte im Zustand } s_i\text{"} \quad \text{und} \tag{5.30}$$

$$\sum_{t=1}^{T-1} \xi_t(i,j) \equiv \text{„alle Übergänge vom Zustand } s_i \text{ zum Zustand } s_j\text{"}. \tag{5.31}$$

Mit den Gleichungen 5.30 und 5.31 können die Parameter eines HMM wie folgt geschätzt werden [27] (man spricht auch von „Reestimation")[4]:

$$\hat{e}_i \equiv \text{„Wahrscheinlichkeit, zum Zeitpunkt } t=1 \text{ im Zustand } s_i \text{ zu sein"} = \gamma_1(i) \tag{5.32}$$

$$\hat{a}_{ij} \equiv \frac{\text{„alle Übergänge vom Zustand } s_i \text{ zum Zustand } s_j\text{"}}{\text{„alle Aufenthalte im Zustand } s_i\text{"}} = \frac{\sum_{t=1}^{T-1} \xi_t(i,j)}{\sum_{t=1}^{T-1} \gamma_t(i)} \tag{5.33}$$

---
[4] In der Regel werden die Parameter mit einer zufälligen Belegung initialisiert.

$$\hat{b}_j(m) \equiv \frac{\text{„alle Aufenthalte im Zustand } s_j \text{ mit Beobachtung des Symbols } v_m\text{"}}{\text{„alle Aufenthalte im Zustand } s_j\text{"}} =$$

$$= \frac{\sum_{t=1}^{T} (\gamma_t(j) \cdot \delta_{o_t v_m})}{\sum_{t=1}^{T} \gamma_t(j)} \text{ mit Kronecker-Delta } \delta_{xy} = \begin{cases} 1 & \text{für } x = y \\ 0 & \text{sonst.} \end{cases} \quad (5.34)$$

Durch Anwendung der Gleichungen 5.32 bis 5.33 können die Parameter $\hat{\lambda}_k = (\hat{\mathbf{e}}, \hat{\mathbf{A}}, \hat{\mathbf{B}})$ eines „neuen" HMM berechnet werden, für das gilt (hier nicht bewiesen):

$$P(\mathbf{o}|\hat{\lambda}_k) \geq P(\mathbf{o}|\lambda_k).$$

Auf diese Weise können die Parameter nach Neuberechnung der Gleichungen 5.19 bis 5.21, 5.25 und 5.26 sowie 5.27 und 5.28 eines HMM auf iterativem Weg weiter verbessert werden. Es wird jedoch nicht das globale, sondern nur ein lokales Optimum gefunden, das von der Initialisierung abhängt. Der Baum-Welch-Algorithmus ist eine spezielle Realisierung des Expectation-Maximization (EM)-Algorithmus [12].

5.3.5 Viterbi-Algorithmus

Während der Vorwärtsalgorithmus die Wahrscheinlichkeit $p(\mathbf{o}|\lambda_k)$, die Wahrscheinlichkeit aller Pfade im Trellis eines HMM berechnet, wird in der Praxis die Kenntnis des *wahrscheinlichsten* Pfads benötigt (siehe auch Abschnitt 5.4.4), um das wahrscheinlichste HMM zu einer Beobachtung zu finden. Zur Bestimmung des wahrscheinlichsten Pfads in einem Trellis sowie dessen Wahrscheinlichkeit wird im Folgenden der Viterbi-Algorithmus [18, 30] vorgestellt und erläutert.

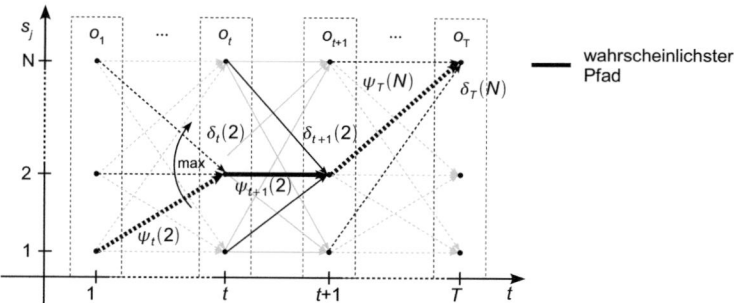

Abb. 5.7. Trellisdiagramm und wahrscheinlichster Pfad, gefunden mit dem Viterbi-Algorithmus (unvollständig).

Der Viterbi-Algorithmus unterscheidet sich vom Vorwärtsalgorithmus im Wesentlichen nur im Induktionsschritt, da hier nicht die Summe über alle Pfadwahrscheinlichkeiten, sondern nur die Wahrscheinlichkeit des wahrscheinlichsten Pfads in der

„Metrik" $\delta_t(j)$ mitgeführt wird, siehe auch Abbildung 5.7. Sie enthält am Ende die Wahrscheinlichkeit des wahrscheinlichsten Pfads. Zusätzlich wird in einer weiteren Variablen, $\psi_t(j)$ der Pfad, d. h. die durchlaufene Zustandsfolge, die zum wahrscheinlichsten Pfad geführt hat, festgehalten. Formal lässt sich der Viterbi-Algorithmus wie folgt beschreiben:

1. Initialisierung:

$$\delta_1(i) = e_i b_i(o_1), \quad 1 \leq i \leq N \psi_1(i) = 0 \quad (5.35)$$

2. Induktion:

$$\delta_t(j) = \max_{1 \leq i \leq N} [\delta_{t-1}(i) a_{ij}] \cdot b_j(o_t), \quad 2 \leq t \leq T; \quad 1 \leq j \leq N \quad (5.36)$$

$$\psi_t(j) = \underset{1 \leq i \leq N}{\operatorname{argmax}} [\delta_{t-1}(i) a_{ij}], \quad 2 \leq t \leq T; \quad 1 \leq j \leq N \quad (5.37)$$

3. Terminierung:

$$P^* = \max_{1 \leq i \leq N} [\delta_T(i)], \quad q_T^* = \underset{1 \leq i \leq N}{\operatorname{argmax}} [\delta_T(i)] \quad (5.38)$$

4. Ermittlung der wahrscheinlichsten Zustandsfolge:

$$q_t^* = \psi_{t+1}(q_{t+1}^*), \quad t = T-1, T-2, \ldots, 1. \quad (5.39)$$

Diese Implementierung des Viterbi-Algorithmus wird mit den Worten „Add, Compare, Select" zusammengefasst (auch wenn die Addition in diesem Fall eine Multiplikation ist).

5.4 HMM in der Spracherkennung

In den vorangegangenen Kapiteln wurden unterschiedliche Klassifikatoren und deren Grundlage vorgestellt. In der Spracherkennung finden vornehmlich die HMM Verwendung [32]. Ihr Einsatz in der Spracherkennung wird in diesem Abschnitt erläutert.

5.4.1 Merkmalsextraktion

Für die Merkmale, die die Beobachtungen des HMM bilden, wird in der Sprachverarbeitung meist die Darstellung als Mel Frequency Cepstral Coefficient (MFCC) verwendet [11, 26]. Es handelt sich dabei um eine dem menschlichen Gehör angepasste Darstellung des Audiosignals, die sich auf die Mel-Frequenzskala zurückführen lässt (siehe Abschnitt 3.3.2 auf Seite 57). Zur Berechnung bedarf es der folgenden Schritte:

1. Aufzeichnung und Digitalisierung der gesprochenen Sprache (Zeitsignal),
2. Fensterung des Zeitsignals in quasi-stationäre Abschnitte,
3. Berechnung des Kurzzeitleistungsspektrums eines Fensters (Spektrum),
4. Filterung des Spektrums mit einer Mel-Filterbank (ähnlich dem menschlichen Gehör, Mel-bewertetes Spektrum),
5. Logarithmierung des Mel-skalierten Leistungsspektrums,
6. Bildung der inverse diskrete Kosinus-Transformation (IDCT) [1] des logarithmierten Spektrums (Cepstrum).

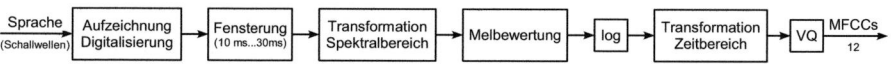

Abb. 5.8. Blockdiagramm zur Extraktion der MFCCs als Merkmale für die Spracherkennung.

Das sich aus der Rücktransformation des logarithmierten Spektrums ergebene Signal wird Cepstrum genannt (abgeleitet von dem englischen Wort *spectrum*) [9, 10][5]. Im Cepstrum werden die bedeutungstragende Anregung und die sprecherspezifische Vokaltransferfunktion im Sprachsignal getrennt. Üblicherweise wird so ein 12-dimensionaler Merkmalsvektor gebildet.[6] In Abbildung 5.8 ist die Bildung der Merkmalsvektoren für die Spracherkennung schematisiert. Für die Verwendung mit den hier vorgestellten diskreten HMM erfolgt anschließend eine Quantisierung der Merkmale mit einem Vektorquantisierer (VQ), die in Abbildung 5.8 angedeutet ist.

5.4.2 Modelle

Man unterscheidet in der Praxis *Einzelwort*erkenner und Erkenner für *fließend* gesprochene Sprache. Einzelworterkenner definieren für jedes zu erkennende Wort ein HMM (Wortmodelle). Eine unmittelbare Folge ist, dass für jedes dieser Wörter im Trainings-Datensatz mehrere Beispielexemplare vorkommen müssen.

Wesentlich komplexer und für die Anwendung interessanter ist jedoch die Erkennung von fließend gesprochener Sprache. Für diese Art der Erkennung werden Wörter in kleinere Einheiten z. B. Phoneme zerlegt. Phoneme stellen die kleinsten bedeutungsunterscheidenden Lauteinheiten der gesprochenen Sprache dar [25] und können sich von Sprache zu Sprache unterscheiden. Analog dazu existieren in der Schriftsprache

---

[5] In [9] wird die Analyse seismischer Signale beschrieben. Dabei sind die Begriffe *alanysis* und *saphe* weitere Kunstworte, die sich von den Begriffen *analysis* und *phase* ableiten.

[6] In praktischen Systemen werden zusätzlich noch die Energie E sowie die ersten beiden Ableitungen der Energie und der MFCCs als Merkmale verwendet. Somit erhält man insgesamt $N = 39$ Merkmale.

Grapheme, z. B. die lateinischen Buchstaben. Einen Überblick über die 40 verschiedenen Phoneme der deutschen Sprache nach [14] und ihre ungefähre Aussprache gibt Tabelle 5.1.

Für die Spracherkennung fließend gesprochener Sprache wird jedes Phonem durch ein HMM mit ein, zwei, drei oder vier Zuständen dargestellt (Phonemmodelle). Wörter werden durch Verkettung der Modelle gebildet. Auf diese Weise können unbekannte Wörter, die nicht im Trainings-Datensatz vorkommen, erkannt werden, falls ihre Phonembeschreibung bekannt ist.

Zusätzlich gibt es in der Regel noch zwei weitere Modelle, /sp/ (engl. *short pause*) und /sil/ (engl. *silence*), die kurze Pausen innerhalb bzw. längere Pausen zwischen den Wörtern beschreiben.

Phonem	Klang		Klang	Klang	Phonem	Klang	Phonem	Klang
/a/	Kampf	/a:/	Kahn		/ai/	weit	/au/	Haus
/ax/	mache	/b/	Ball		/d/	deutsch	/eh/	wenn
/eh:/	Affäre	/ey/	wen		/f/	fern	/g/	gern
/h/	Hand	/i/	Himmel		/i:/	Hier	/j/	Junge
/jh/	Joystick	/k/	Kind		/l/	links	/m/	matt
/n/	Nest	/ng/	lang		/o/	offen	/o:/	Ofen
/oe/	Hölle	/oe:/	Höhle		/oy/	freut	/p/	Paar
/r:/	rennen	/s/	fassen		/sh/	schön	/t/	Tafel
/u/	Mutter	/u:/	Mut		/v/	wer	/x/	lachen
/y/	Typ	/y:/	Kübel		/z/	singen	/zh/	Ingenieur
/sp/	„short pause"	/sil/	„silence"					

Tabelle 5.1. Die 40 Phoneme der deutschen Sprache nach [14] und je ein Beispiel für ihre Aussprache anhand von Wörtern sowie die beiden Pausenmodelle /sp/ (engl. *short pause*) und /sil/ (engl. *silence*).

5.4.3 Training

Bevor mit den oben erläuterten Modellen Sprache erkannt werden kann, werden sie trainiert. Für das Training wird zu den Sprachdaten eine Beschreibung, die sog. Transkription (engl. *labeling*) bereitgestellt. Bei Einzelworterkennern beschreiben die Transkriptionen das in einer Audiodatei enthaltene Wort. Transkriptionen für die Erkennung fließend gesprochener Sprache beschreiben Wörter oder ganze Sätze in Phonemschreibweise. Die Wortmodelle, die die Basis der Einzelworterkenner bilden, werden durch Präsentation der jeweiligen Beispiele aus dem Trainingsmaterial (Einzelwörter) und der Parameter trainiert [28].

Um die Phonemmodelle für die Erkennung fließend gesprochener Sprache zu trainieren, bedarf es eines Zwischenschritts, da die Segmentgrenzen zwischen zwei

5.4 HMM in der Spracherkennung

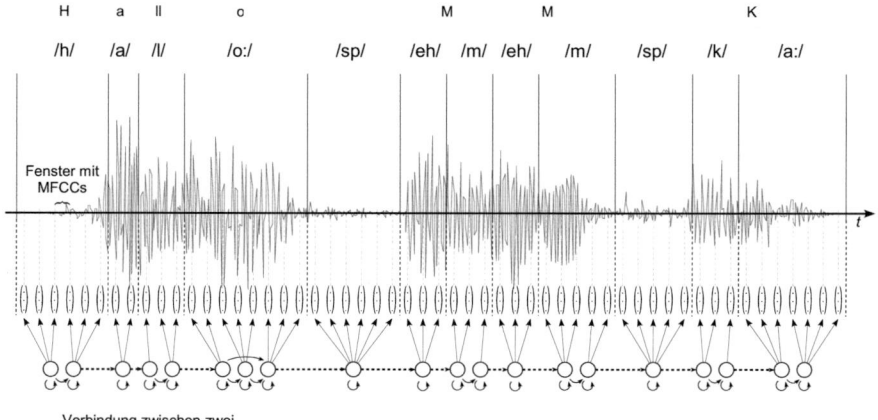

Abb. 5.9. Phonemdarstellung und Zeitsignal des gesprochenen Satzes „Hallo MMK" (oben) und des zugehörigen HMM für das Training, zusammengesetzt aus den Phonem-HMM (unten).

Phonemen nicht bekannt sind. Die Phonemgrenzen werden gefunden, indem die einzelnen Phonem-HMM zu *einem* Gesamt-HMM zusammengefasst werden [32]. Abbildung 5.9 zeigt das Zeitsignal des gesprochenen Satzes „Hallo MMK". Ebenfalls in Abbildung 5.9 ist eine Phonembeschreibung des Satzes gemäß Tabelle 5.1 gegeben. Aus der Phonembeschreibung leitet sich eine bekannte Folge von Phonemmodellen und damit der zu durchlaufenden Zustandsfolge ab, die in Abbildung 5.9 unten in ihrer zeitlichen Abfolge dargestellt ist. Zum Training werden diese durch Zulassen einer Transition vom letzten Zustand des Vorgängermodells zum ersten Zustand des Nachfolgermodells zu einem Ersatz-HMM verbunden. Anschließend wird das neu entstandene HMM gemäß des in Abschnitts 5.3.4 beschriebenen Baum-Welch-Algorithmus trainiert. Nach dem Training wird das HMM wieder in (dann trainierte) Phonemmodelle zerlegt. Gleichzeitig erhält man dadurch eine Segmentierung des Satzes in Phoneme.

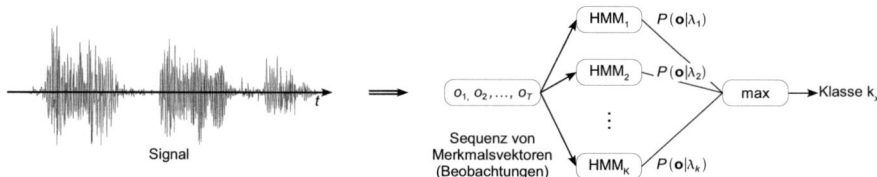

Abb. 5.10. Prinzipbild für die Erkennung von Sprachsignalen mit HMM.

5.4.4 Erkennung

Wie oben bereits erläutert, unterscheidet man zwischen Einzelworterkennern und Erkennern für fließend gesprochene Sprache. Bei Einzelworterkennern repräsentiert das zu erkennende Audiomaterial ein unbekanntes Wort. Nach der Aufzeichnung und Digitalisierung erfolgen die Merkmalsextraktion und eine Erkennung gemäß Gleichung 5.14, d. h. mithilfe des Vorwärtsalgorithmus. Dieses Vorgehen ist in Abbildung 5.10 verdeutlicht. Dabei wird die Produktionswahrscheinlichkeit $P(\mathbf{o}|\lambda)$ der Merkmalssequenz $\mathbf{o}$ für jedes HMM λ_k berechnet und das zugehörige Wort mit der größten ermittelten Wahrscheinlichkeit ausgewählt.

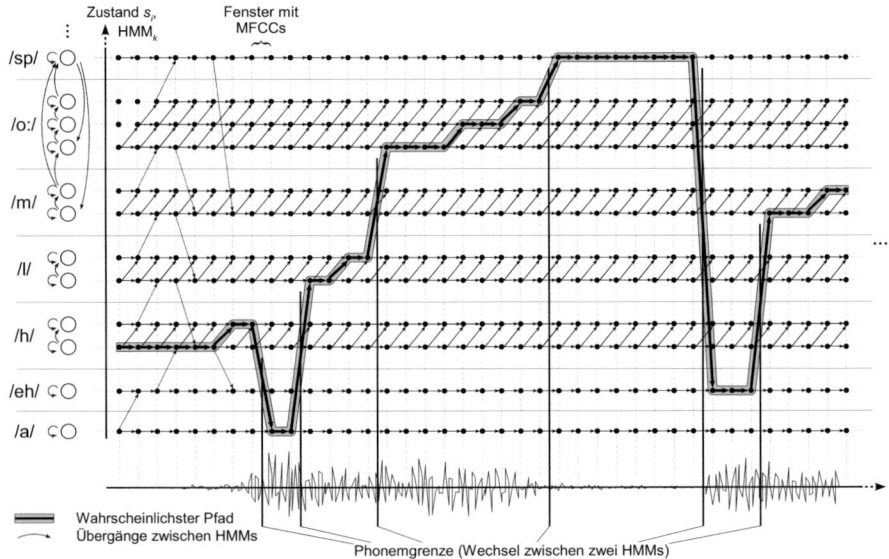

Abb. 5.11. Trellisdiagramm zur Erkennung eines gesprochenen Satzes.

Die Erkennung von fließend gesprochener Sprache erfolgt auf Phonemebene mit den in Abschnitt 5.4.2 vorgestellten Phonemmodellen. Die Beobachtung $\mathbf{o}_x$ entspricht dann üblicherweise einem vollständigen Satz. In einer unbekannten Beobachtung $\mathbf{o}_x$ liegt jedoch keine unmittelbare Information über die in ihr enthaltenen Phoneme vor. Die Phoneme sowie ihre Reihenfolge müssen durch die Erkennung bestimmt werden [32]. Dafür wird ein Trellisdiagramm erstellt, das nicht nur aus den Zuständen eines Phonems, sondern aus den Zuständen aller Phoneme besteht, siehe Abbildung 5.11. Im letzten Zustand eines Modells ist ein Übergang zum ersten Zustand eines (beliebigen) anderen Modells erlaubt. Für die Erkennung der gesamten Beobachtung wird in diesem Trellisdiagramm der wahrscheinlichste Pfad gesucht und mithilfe des Viterbi-Algorithmus aus Abschnitt 5.3.5 gefunden. Durch den wahrscheinlichsten Pfad werden die einzelnen Phonemmodelle verbunden. Die Phonemfolge, die durch den Verlauf des wahrscheinlichsten Pfads angezeigt wird, entspricht im Idealfall dem gesprochenen Satz. An der Stelle, an der der wahrscheinlichste Pfad zwei Modelle verbindet, liegt mit größter Wahrscheinlichkeit eine Segmentgrenze in $\mathbf{o}_x$. Um die Anzahl der Kombinationsmöglichkeiten einzuschränken, bedient man sich entweder Wörterbücher, die alle zu erkennenden Wörter in Phonemschreibweise enthalten, Grammatiken, die die Aussprache als Regeln beschreiben, n-Grammen, die die Wahrscheinlichkeiten für bestimmte Phonemkombinationen liefern, sowie Sprachmodellen, die Wahrscheinlichkeiten für bestimmte Wortkombinationen angeben. Durch Zuordnung der erkannten Phonemfolge zu einem Wort (etwa durch ein Aussprachelexikon) kann letztlich aus dem Sprachsignal das gesprochene Wort oder der ganze Satz erkannt werden.

5.5 Übungen

Aufgabe 5.1: *Abstandsklassifizierung*

Sie sehen sich mit einer Klassifizierungsaufgabe im $\mathbb{R}^2$ konfrontiert. Die Repräsentanten der Klasse 1 besitzen die Koordinaten

$$\mathbf{r}_{1,1} = \begin{pmatrix} 6.0 \\ 1.5 \end{pmatrix}, \quad \mathbf{r}_{1,2} = \begin{pmatrix} 6.5 \\ 3.0 \end{pmatrix}, \quad \mathbf{r}_{1,3} = \begin{pmatrix} 5.0 \\ 2.0 \end{pmatrix}$$

$$\mathbf{r}_{1,4} = \begin{pmatrix} 5.5 \\ 3.5 \end{pmatrix}, \quad \mathbf{r}_{1,5} = \begin{pmatrix} 4.0 \\ 2.5 \end{pmatrix}, \quad \mathbf{r}_{1,5} = \begin{pmatrix} 4.5 \\ 4.0 \end{pmatrix}.$$

Die Repräsentanten der Klasse 2 sind gegeben durch

$$\mathbf{r}_{2,1} = \begin{pmatrix} 2.5 \\ 4.0 \end{pmatrix}, \quad \mathbf{r}_{2,2} = \begin{pmatrix} 2.0 \\ 4.0 \end{pmatrix}, \quad \mathbf{r}_{2,3} = \begin{pmatrix} 1.5 \\ 4.0 \end{pmatrix}$$

$$\mathbf{r}_{2,4} = \begin{pmatrix} 2.5 \\ 4.5 \end{pmatrix}, \quad \mathbf{r}_{2,5} = \begin{pmatrix} 2.0 \\ 4.5 \end{pmatrix}, \quad \mathbf{r}_{2,5} = \begin{pmatrix} 1.5 \\ 4.5 \end{pmatrix}.$$

Zu klassifizieren ist das Muster $\mathbf{x} = \begin{pmatrix} 4.0 \\ 5.0 \end{pmatrix}$.

a) Tragen Sie die Repräsentanten der beiden Klassen in das Koordinatensystem in Abbildung 5.12 ein. Kennzeichnen Sie die Repräsentanten in geeigneter Weise (z. B. Klasse 1 durch „□" und Klasse 2 durch „○").

b) Berechnen Sie die Mittelwerte $\mathbf{m}_1$ und $\mathbf{m}_2$ der beiden Klassen (siehe Gleichung 5.2 auf Seite 125), und tragen Sie diese in Abbildung 5.12 ein.

c) Bestimmen Sie die Klassenzugehörigkeit des Musters $\mathbf{x}$ mit dem

c1) quadratischen Abstand,

c2) Mahalanobis-Abstand,

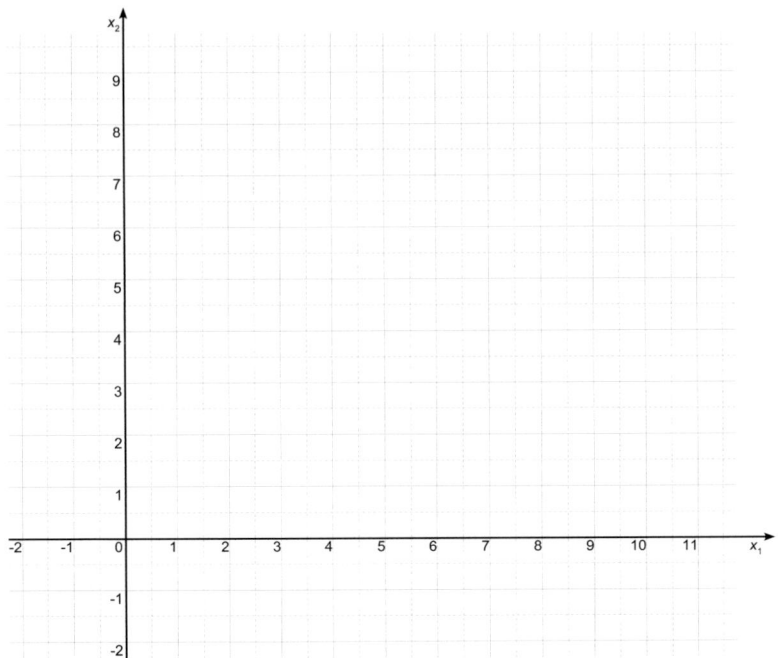

Abb. 5.12. Koordinatensystem, das im Laufe der Übung gefüllt werden soll.

indem Sie jeweils die Gewichtsmatrix $\mathbf{W}_k$ bestimmen und die Abstände des Musters $\mathbf{x}$ zu den einzelnen Klassen berechnen.

d) Berechnen Sie die Trennfunktion zwischen Klasse 1 und Klasse 2, indem Sie Punkte finden, die von der Klasse 1 und von der Klasse 2 jeweils denselben Abstand besitzen für den

d1) quadratischen Abstand,

d2) Mahalanobis-Abstand.

Da Ihnen die Berechnungen zu aufwendig erscheinen, führen Sie die Klassifizierung grafisch mit Kurven konstanten Abstands um die Klassenmittelpunkte durch.

e) Welche Form haben die Kurven konstanten Abstands beim quadratischen und Mahalanobis-Abstand?

f) Zeichen Sie Kurven konstanten Abstands um die Mittelpunktsvektoren der Klasse 1 und Klasse 2.

g) Bestimmen Sie aus den Schnittpunkten der Kurven konstanten Abstands die Trennfunktion zwischen den beiden Klassen.

Aufgabe 5.2: *Hidden-Markov-Modelle – Erkennung*

Gegeben sind die zwei in Abbildung 5.13 dargestellten *Symbole*, eine *Beere*[7] sowie eine *Rebe*. Die *Beobachtung* für das Symbol „🍓" ist die Folge $\mathbf{o} = (\text{,b',,e',,e',,r',,e,})$, für das Symbol „🍇" lautet die Beobachtung $\mathbf{o} = (\text{,r',,e',,b',,e'})$. Beide Symbole werden im Folgenden abhängig von der tatsächlichen Beobachtung unterschieden. Es handelt sich also um eine Klassifizierungsaufgabe. Dazu werden die zwei Hidden-

Abb. 5.13. Das Symbol *Beere* (links) und *Rebe* (rechts) mit ihren typischen Beobachtungen.

Markov-Modelle (HMM) (HMM$_1 \equiv$ HMM🍓) und (HMM$_2 \equiv$ HMM🍇) betrachtet. Für deren Parameter $\lambda_1 = (\mathbf{e}_1, \mathbf{A}_1, \mathbf{B}_1)$ und $\lambda_2 = (\mathbf{e}_2, \mathbf{A}_2, \mathbf{B}_2)$ gilt

$$\text{HMM}_1: \quad \mathbf{A}_1 = \begin{bmatrix} 0.1 & 0.9 & 0 \\ 0 & 0.2 & 0.8 \\ 0 & 0 & 1 \end{bmatrix}, \quad \mathbf{B}_1 = \begin{bmatrix} 0.8 & 0.1 & 0 \\ 0.1 & 0.8 & 0.6 \\ 0.1 & 0.1 & 0.4 \end{bmatrix}, \quad \mathbf{e}_1 = \begin{pmatrix} 1 \\ 0 \\ 0 \end{pmatrix} \text{ und}$$

$$\text{HMM}_2: \quad \mathbf{A}_2 = \begin{bmatrix} 0.1 & 0.8 & 0.1 \\ 0 & 0.1 & 0.9 \\ 0 & 0 & 1 \end{bmatrix}, \quad \mathbf{B}_2 = \begin{bmatrix} 0.1 & 0.1 & 0.5 \\ 0.1 & 0.8 & 0.5 \\ 0.8 & 0.1 & 0 \end{bmatrix}, \quad \mathbf{e}_2 = \begin{pmatrix} 0.5 \\ 0.5 \\ 0 \end{pmatrix}.$$

Die möglichen Beobachtungen stammen aus dem Alphabet $\mathbf{v} = (\text{,b',,e',,r'})^{\mathrm{T}}$. Es liegen die beiden unbekannten Beobachtungen

$$\mathbf{o}_1 = (\text{,r',,e',,b',,e'}) \text{ und } \mathbf{o}_2 = (\text{,b',,e',,e',,r',,e'})$$

vor, die im Folgenden mit den beiden HMM klassifiziert werden.

a) Um welche Art HMM handelt es sich bei den gegebenen HMM?

b) Skizzieren Sie für beide HMM das Zustandsübergangsdiagramm sowie die möglichen Übergänge für zwei beliebige Zeitpunkte t und $t + 1$ unabhängig von der Beobachtung.

c) Zeichnen Sie für die Beobachtung $\mathbf{o}_1$ die Trellisdiagramme in Abbildung 5.14. Beachten Sie, dass in beiden Fällen $q_T = 3$ gilt.

d) Berechnen Sie die Produktionswahrscheinlichkeiten $p_1(\mathbf{o}_1|\lambda_1)$ und $p_2(\mathbf{o}_1|\lambda_2)$

---
[7] Im Bild ist eine Erdbeere dargestellt, die botanisch gesehen zur Gattung der Nüsse gehört – richtiger wäre eine Banane, die hier aber nur zur Verwirrung führen würde.

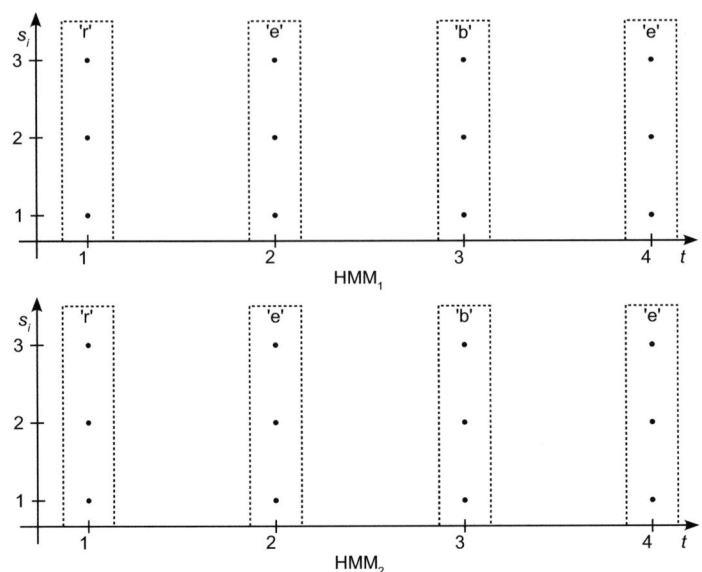

Abb. 5.14. Trellisdiagramme des HMM_1 und HMM_2 für die Beobachtung $\mathbf{o}_1$.

d1) mit der Gleichung 5.17 auf Seite 131,

d2) unter Verwendung des Vorwärtsalgorithmus.

d3) Schätzen Sie beide Methoden in Hinblick auf ihren Berechnungsaufwand hin ab. Welchem HMM wird die Beobachtung $\mathbf{o}_1$ zugeordnet?

Sie entscheiden sich dafür, nur noch den Vorwärtsalgorithmus zu verwenden. Allerdings verlieren Sie dadurch die Information über den wahrscheinlichsten Pfad.

e) Ermitteln Sie die wahrscheinlichste Zustandsfolge für die Beobachtung $\mathbf{o}_1$ sowohl für HMM_1 und HMM_2 mit dem Viterbi-Algorithmus.

f) Berechnen Sie Produktionswahrscheinlichkeiten $p_1(\mathbf{o}_2|\lambda_1)$ und $p_2(\mathbf{o}_2|\lambda_2)$ sowie den wahrscheinlichsten Pfad, und klassifizieren Sie $\mathbf{o}_2$. (Hinweis: Tragen Sie die Pfade in das Trellisdiagramm aus Abbildung 5.15 ein.)

Es liegen zwei weitere Beobachtungen,

$$\mathbf{o}_3 = (,r',,e',,e',,b',,e') \text{ und } \mathbf{o}_4 = (,b',,e',,r',,e')$$

vor, die ebenfalls mit den HMM λ_1 und λ_2 klassifiziert werden.

g) Berechnen Sie die Produktionswahrscheinlichkeiten $p_1(\mathbf{o}_3|\lambda_1)$ und $p_2(\mathbf{o}_3|\lambda_2)$ sowie $p_1(\mathbf{o}_4|\lambda_1)$ und $p_2(\mathbf{o}_4|\lambda_2)$ mit dem Vorwärtsalgorithmus, indem Sie die Trellisdiagramme der HMM der Beobachtungen in die Diagramme in Abbildung 5.16 bzw. Abbildung 5.17 eintragen. Wie werden die Beobachtungen klassifiziert?

h) Finden Sie jeweils den wahrscheinlichsten Pfad mit dem Viterbi-Algorithmus.

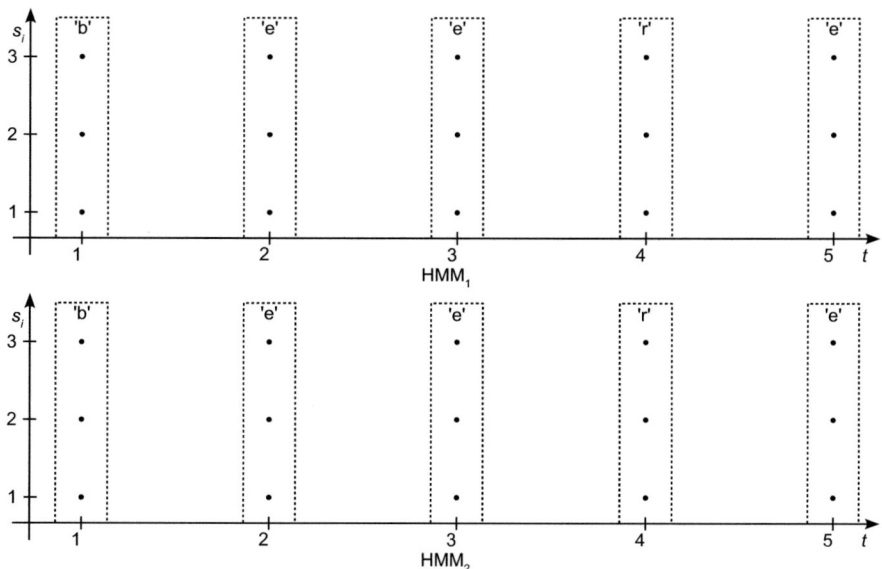

Abb. 5.15. Trellisdiagramme des HMM$_1$ und HMM$_2$ für die Beobachtung o_2.

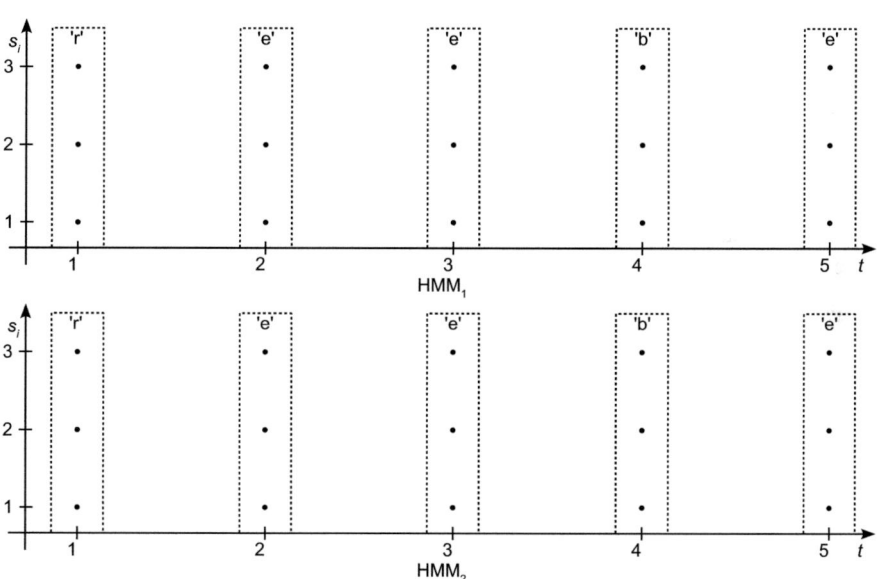

Abb. 5.16. Trellisdiagramme des HMM$_1$ und HMM$_2$ für die Beobachtung o_3.

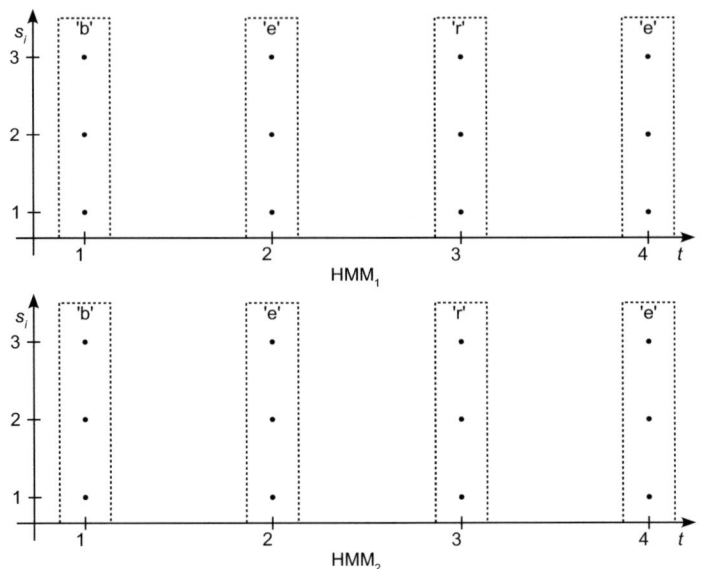

Abb. 5.17. Trellisdiagramme des HMM_1 und HMM_2 für die Beobachtung o_4.

Aufgabe 5.3: *Hidden-Markov-Modelle – Segmentierung*

Bei der Übertragung eines Texts S ist ein Fehler aufgetreten: Die Trennzeichen zwischen den einzelnen Wörtern wurden entfernt. In dieser Aufgabe werden Hidden-Markov-Modelle (HMM) verwendet, um die empfangene Buchstabenfolge wieder in einzelne Wörter zu zerlegen. Die Modellierung erfolgt auf Wortebene, das Lexikon umfasst $L = 10\,000$ Wörter, als Beobachtungen werden „Buchstaben" verwendet.

a) Wie viele HMM werden benötigt?

Gehen Sie für den weiteren Verlauf der Aufgabe davon aus, dass der Text S nur die Worte W_1 und W_2 enthält. Das Wort W_1 wird mit dem HMM $\lambda_1 = (\mathbf{e}_1, \mathbf{A}_1, \mathbf{B}_1)$ und das Wort W_2 mit dem HMM $\lambda_2 = (\mathbf{e}_2, \mathbf{A}_2, \mathbf{B}_2)$ modelliert, wobei für die beiden HMM $q_T = 2$ gilt. Ihre Parameter sind gegeben zu:

$$W_1: \quad \mathbf{A}_1 = \begin{bmatrix} 0.4 & 0.6 \\ 0 & 1 \end{bmatrix}, \quad \mathbf{B}_1 = \begin{bmatrix} 0.1 & 0.2 \\ 0.2 & 0 \\ 0.7 & 0.8 \end{bmatrix}, \quad \mathbf{e}_1 = \begin{bmatrix} 1 \\ 0 \end{bmatrix} \text{ und}$$

$$W_2: \quad \mathbf{A}_2 = \begin{bmatrix} 0.6 & 0.4 \\ 0 & 1 \end{bmatrix}, \quad \mathbf{B}_2 = \begin{bmatrix} 0 & 0.7 \\ 0.7 & 0.2 \\ 0.3 & 0.1 \end{bmatrix}, \quad \mathbf{e}_1 = \begin{bmatrix} 1 \\ 0 \end{bmatrix}.$$

Die möglichen Beobachtungen für beide HMM stammen aus dem Alphabet $\mathbf{v} = („h`, „o`, „w`)^T$.

b) Wie lautet die geläufige Bezeichnung des HMM-Typs von λ_1 bzw. λ_2?

Der Text S kann beliebige Kombinationen der Wörter W_1 und W_2 enthalten (z. B. $S \longrightarrow W_1$; $S \longrightarrow W_2 W_2$; $S \longrightarrow W_1 W_2 W_1$; $S \longrightarrow W_1 W_2 W_1 W_2 W_2$ usw.).

c) Im Folgenden werden Grammatiken verwendet, um den Text S zu parsen und schließlich mit den HMM λ_1 und λ_2 zu segmentieren.

c1) Drücken Sie die Kombinationsmöglichkeiten der Worte W_1 und W_2 zur Bildung des Texts S durch eine Context-Free Grammar, kontextfreie Grammatik (CFG) aus.

c2) Geben Sie die CFG für die Wörter W_1 und W_2 an, die sämtliche mögliche Buchstabenkombinationen dieser Wörter beschreiben.

c3) Wie lautet die Grammatik S in Chomsky-Normalform (CNF)?

d) Die Abschnitte S gemäß obiger Grammatik können durch *ein* kombiniertes HMM λ_R modelliert werden. Das HMM λ_R besitzt für die Beobachtung $\mathbf{o} \equiv S$ dieselbe Beobachtungswahrscheinlichkeit wie sämtliche, mit obiger Grammatik mögliche Kombinationen aus den HMM λ_1 und λ_2. Geben Sie die Parameter $\mathbf{e}_R$, $\mathbf{A}_R$ und $\mathbf{B}_R$ des kombinierten HMM λ_R an. Was gilt jetzt für q_T? (Hinweise: Gehen Sie für die Wahl der Parameter davon aus, dass die beiden Wörter W_1 und W_2 gleich wahrscheinlich sind. Das aktuelle Wort-HMM wird mit der Wahrscheinlichkeit $p = 0.8$ verlassen.)

e) Zeichnen Sie das Zustandsübergangsdiagramm des HMM λ_R.

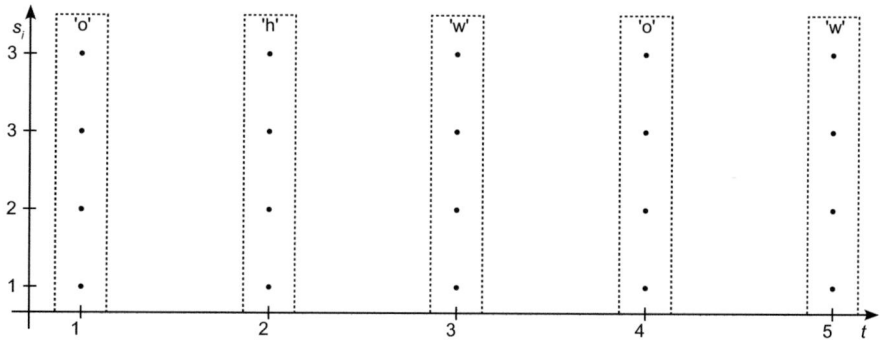

Abb. 5.18. Trellisdiagramm des HMM_R für die Beobachtung $\mathbf{o} = \{,o',,h',,w',,o',,w'\}$.

Gegeben ist der Text $S \equiv \mathbf{o} = \{,o',,h',,w',,o',,w'\}$, der der Beobachtung entspricht und im Folgenden segmentiert wird.

f) Parsen Sie die Beobachtung mithilfe der obigen Grammatik, und geben Sie die Parse-Trees an. Welche möglichen Segmentierungen ergeben sich?

g) Tragen Sie alle möglichen Pfade der Beobachtung $\mathbf{o} = \{,o',,h',,w',,o',,w'\}$ für das kombinierte HMM λ_R in das Trellisdiagramm aus Abbildung 5.18 ein. Wie viele gültige Pfade gibt es?

h) Segmentieren Sie die Beobachtung $\mathbf{o} = \{,o`,,h`,,w`,,o`,,w`\}$. Machen Sie dabei Ihr Vorgehen im Trellisdiagramm aus Abbildung 5.18 deutlich. Heben Sie alle Übergänge, die Segmentgrenzen anzeigen, im obigen Trellis hervor. Wie lauten das Wort W_1 (dem HMM λ_1 zugeordnet) und das Wort W_2 (dem HMM λ_2 zugeordnet)?

5.6 Literaturverzeichnis

[1] AHMED, N. ; NATARAJAN, T. ; RAO, K. R.: Discrete Cosine Transform. In: *IEEE Transactions on Computers* 23 (1974), S. 90–93

[2] BAKIS, R.: Continuous Speech Word Recognition via Centi-Second Acoustic States. In: *Proceedings of the ASA Meeting* (1976)

[3] BAUM, L. E. ; EAGON, J. A.: An Inequality with Applications to Statistical Estimation for Probabilistic Functions of Markov Processes and to a Model for Ecology. In: *Bulletin of the American Mathematical Society* 73 (1967), Nr. 3, S. 360–363

[4] BAUM, L. E. ; PETRIE, T.: Statistical Inference for Probabilistic Functions of Finite State Markov Chains. In: *The Annals of Mathematical Statistics* 37 (1966), Nr. 6, S. 1554–1563

[5] BAUM, L. E. ; SELL, G. R.: Growth Functions for Transformations on Manifolds. In: *Pacific Journal of Mathematics* 27 (1968), Nr. 2, S. 211–227

[6] BEALE, R. ; JACKSON, T.: *Neural Computing – an Introduction.* IOP Publishing Ltd., 1990

[7] BILMES, J. A.: *A Gentle tutorial of the EM Algorithm and its Application to Parameter Estimation for Gaussian Mixture and Hidden Markov Models.* U. C. Berkely, TR-97-02, 1998

[8] BISHOP, C. M.: *Pattern Recognition and Machine Learning.* Springer, 2006

[9] BOGERT, B. P. ; HEALY, M. J. R. ; TUKEY, J. W.: The Quefrency Alanysis of Time Series for Echoes: Cepstrum, Pseudo-Autocovariances, Cross-Cepstrum and Sapge Cracking. In: *Proceedings of the Symposium on Time Series Analysis* (1963), S. 209–243

[10] CHILDERS, D. G. ; SKINNER, D. P. ; KEMERAIT, R. C.: The Cepstrum: A Guide to Processing. In: *Proceedings of the IEEE* 65 (1977), Nr. 10, S. 1428–1443

[11] DAVIS, S. P. ; MERMELSTEIN, P.: Comparison of Parametric Representations for Monosyllabic Word Recognition in Continuously Spoken Sentences. In: *IEEE Transactions on Acoustics, Speech, and Signal Processing* 28 (1980), Nr. 4, S. 357–366

[12] DEMPSTER, A. P. ; LAIRD, N. M. ; RUBIN, D. B.: Maximum Likelihood from Incomplete Data via the EM Algorithm. In: *Journal of the Royal Statistical Society* 39 (1977), Nr. 1, S. 1–38

[13] DUDA, R. O. ; HART, P. E. ; STORK, D. G.: *Pattern Classification*. 2. John Wiley & Sons, 2001

[14] DUDEN: *Aussprachewörterbuch*. Bd. 6. Duden, 2006

[15] FINK, G. A.: *Mustererkennung mit Markov-Modellen*. B. G. Teubner, 2003 (Leitfäden der Informatik)

[16] FISHER, W. D.: On a Pooling Problem from the Statistical Decision Viewpoint. In: *Econometrica* 21 (1953), Nr. 4, S. 567–585

[17] FORNEY, G. D.: *Concatenated Codes*. The MIT Press, 1967

[18] FORNEY, G. D.: The Viterbi Algorithm. In: *Proceedings of the IEEE* 61 (1973), Nr. 3, S. 268–278

[19] GOWER, L. C. ; ROSS, G. J. S.: Minimum Spanning Trees and Single Linkage Cluster Analysis. In: *Applied Statistics* 18 (1969), Nr. 1, S. 54–64

[20] GRAY, R. M.: Vector Quantization. In: *IEEE ASSP Magazine* 1 (1984), Nr. 4, S. 4–29

[21] HEINCKE, F.: Die Lokalformen und die Wanderungen des Herings in den europäischen Meeren. In: *Naturgeschichte des Herings*. 2. Verlag von Otto Salle, 1898 (Abhandlungen des Deutschen Seefischerei-Vereins), S. 1–223

[22] MAHALANOBIS, P. C.: On the Generalised Distance in Statistics. In: *Proceedings of the National Institute of Science of India* 2 (1936), Nr. 1, S. 49–55

[23] MARKOV, A. A.: Rasprostranenie Zakona Bol'shih Chisel na Velichiny, Zavisyaschie Drug ot Druga. In: *Izvestiya Fiziko-matematicheskogo obschestva pri Kazanskom Universitete* 15 (1906), S. 135–156

[24] MARKOV, A. A.: Extension of the Limit Theorems of Probability Theory to a Sum of Variables Connected in a Chain. In: HOWARD, R. (Hrsg.): *Markov Chains* Bd. 1. John Wiley and Sons, 1971, S. Appendix B

[25] MEIBAUER, J. ; DEMSKE, U. ; GEILFUSS-WOLFGANG, J.: *Einführung in die germanistische Linguistik*. 2. J. B. Metzler, 2007

[26] MERMELSTEIN, P.: Distance Measures for Speech Recognition, Psychological and Instrumental. In: CHEN, R. C. H. (Hrsg.): *Pattern Recognition and Artificial Intelligence*. Academic Press, 1976, S. 374–388

[27] RABINER, L. R.: A Tutorial on Hidden Markov Models and Selected Applications in Speech Recognition. In: *Proceedings of IEEE* 77 (1989), Nr. 2, S. 257–285

[28] RABINER, L. R. ; JUANG, B.-H.: *Fundamentals of Speech Recognition.* Prentice-Hall, 1993

[29] SAKOE, H. ; CHIBA, S.: Dynamic Programming Algorithm Optimization for Spoken Word Recognition. In: *IEEE Transactions on Acoustics, Speech and Signal Processing* 26 (1978), S. 43 – 49

[30] VITERBI, A.: Error Bounds for Convolutional Codes and an Asymptotically Optimum Decoding Algorithm. In: *IEEE Transactions on Information Theory* 13 (1967), Nr. 2, S. 260 – 267

[31] WATZLAWICK, P. ; BEAVIN, J. H. ; JACKSON, D. D.: *Menschliche Kommunikation. Formen, Störungen, Paradoxien.* 11. Hans Huber Verlag, 2007

[32] WENDEMUTH, A.: *Grundlagen der stochastischen Sprachverarbeitung.* Oldenbourg, 2004

6

Handschrifterkennung

Neben der im Kapitel 5 behandelten Spracherkennung stellt auch die Handschrifterkennung eine wichtige Modalität für die moderne, am Menschen orientierte Mensch-Maschine-Kommunikation (MMK) dar [11]. Mittlerweile verfügen eine Vielzahl von Geräten über einen Touchscreen. Über diesen können auch handschriftliche Notizen in das Gerät eingegeben und von diesem entweder als Bitmap gespeichert oder direkt als Wörter erkannt werden. In diesem Kapitel werden die Vorverarbeitung, die Merkmalsextraktion und die Erkennung von Handschriftdaten erläutert.

6.1 Offline- und Online-Erkennung

Prinzipiell unterscheidet man in der Handschrifterkennung die *Offline-* und *Online*-Erkennung [12, 18]. Während bei der Offline-Erkennung nur der Schriftzug als Bitmap vorliegt, wird für die Online-Erkennung zu jedem Punkt der abgetasteten Schrifttrajektorie sowohl die zeitliche Information als auch die räumliche Information (Ort, Druck, Stiftneigung, u. Ä.) aufgezeichnet. Die Offline-Erkennung findet in der automatischen Auswertung von Adressen auf Briefen oder Überweisungsformularen Einsatz. Für die Kommunikation zwischen dem Menschen und der Maschine, bei der die Handschrift auf dem Gerät selbst aufgezeichnet und ausgewertet wird, liegen vorwiegend Online-Daten vor. Es hat sich herausgestellt, dass mit Online-Daten höhere Erkennungsraten als mit Offline-Daten erreicht werden können [12]. Deswegen wird im Rahmen dieses Buchs nur auf die Online-Erkennung eingegangen. Für Offline-Erkennung – beispielsweise zur automatischen Erkennung von Druckbuchstaben – hat sich der Begriff Optical Character Recognition (OCR) etabliert [9].

6.2 Vorverarbeitung

Üblicherweise unterscheidet man zwischen drei Arten der handschriftlichen Eingabe: die freie Eingabe, die liniengeführte Eingabe und die feldgeführte Eingabe. Während die feldgeführte Eingabe (wie beispielsweise bei Überweisungsträgern und Formularen) einzeln segmentierte Buchstaben liefert, über deren Ort und Maße dem Erkenner genaue Informationen vorliegen, wird bei der freien Eingabe ein hoher Anspruch an die Vorverarbeitung gestellt. Unabhängig von der Art der Eingabe besteht das kontinuierliche Eingangssignal $\mathbf{x}(t)$ aus drei Komponenten, der x- und y-Position sowie des Drucks (p):

$$\mathbf{x}(t) = (x(t), y(t), p(t))^{\mathrm{T}}. \tag{6.1}$$

Andere Merkmale wie die Stiftneigung benötigen spezielle Aufzeichnungsgeräte und werden deswegen im Allgemeinen nicht verwendet.

In Abbildung 6.1 ist der Schriftzug „Mensch-Maschine-Kommunikation" als freie Eingabe realisiert. Sie liefert Freiheitsgrade sowohl im Bezug auf die Zeilenneigung (engl. *skew*) als auch auf die Schriftneigung (engl. *slant*) und auf die Schriftgröße (engl. *scale*). Diese Freiheitsgrade sind ebenfalls in Abbildung 6.1 dargestellt. Vor der eigentlichen Erkennung werden diese Freiheitsgrade eliminiert – das Schriftsignal wird normalisiert [2, 8, 10]. Dies ist in der Handschrifterkennung Aufgabe der Vorverarbeitung.

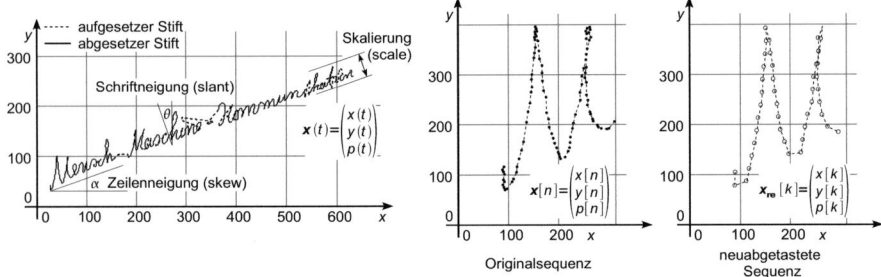

Abb. 6.1. Freie Eingabe eines Schriftzugs (links) sowie abgetasteter und neu abgetasteter Teil des Anfangsbuchstabens des Schriftzugs (rechts).

Bei der Eingabe wird das zunächst kontinuierliche Schriftsignal $\mathbf{x}(t)$ durch Abtastung mit $n \cdot \Delta T$ diskretisiert. Da diese Abtastung in der Regel zeit- und nicht ortsäquidistant erfolgt, finden sich in Schriftteilen mit niedriger Stiftgeschwindigkeit (z. B. bei Kurven) mehr Abtastpunkte als in solchen mit hoher Stiftgeschwindigkeit (z. B. Geradenstücke), wie Abbildung 6.1 Mitte zeigt. Diese Überabtastung führt zu einer längeren Verarbeitungszeit. Deswegen werden für die Erkennung räumlich äquidistant liegende Abtastpunkte verwendet, weshalb der erste Schritt der Vorverarbeitungskette die Neuabtastung des Eingangssignals darstellt. Im Abschnitt 6.3 wird die räumlich äquidistante Abtastung für eine ortsunabhängige Merkmalsextraktion verwendet.

6.2.1 Ortsäquidistante Neuabtastung

Wie oben bereits erwähnt, finden sich aufgrund unterschiedlicher Stiftgeschwindigkeiten in einer Schriftprobe räumlich ungleiche Abtastpunktdichten. So besitzen Schriftabschnitte mit hoher Stiftgeschwindigkeit (z. B. gerade Linien wie in „t") weniger Abtastpunkte als Schriftabschnitte mit langsamer Stiftbewegung (z. B. enge Kurven wie in „e"). Deswegen werden die Schriftzüge so neu abgetastet, dass ihre Abtastpunkte anschließend *ortsäquidistant*, d. h. im gleichen räumlichen Abstand l zueinander liegen, wie in Abbildung 6.1 Mitte dargestellt ist. Bei der Neuabtastung wird eine zeitlich äquidistant abgetastete Trajektorie $\mathbf{x}[n]$ bestehend aus N Schriftpunkten in eine räumlich äquidistant abgetastete Folge $\mathbf{x}_{re}[k]$ der Länge K überführt und ist ein gängiger Teil der Vorverarbeitung in der automatischen Handschrifterkennung [4, 7]. Dabei gilt für drei Punkte $\mathbf{x}_{re}[k-1]$, $\mathbf{x}_{re}[k]$, $\mathbf{x}_{re}[k+1]$ stets

$$\left| \begin{pmatrix} x[k] \\ y[k] \end{pmatrix} - \begin{pmatrix} x[k-1] \\ y[k-1] \end{pmatrix} \right| = \left| \begin{pmatrix} x[k+1] \\ y[k+1] \end{pmatrix} - \begin{pmatrix} x[k] \\ y[k] \end{pmatrix} \right|, \quad 1 < k < K. \tag{6.2}$$

Zum Finden der neuen Abtastpunkte wird die Stifttrajektorie zwischen den ursprünglichen Abtastpunkten linear interpoliert [14], es existieren jedoch auch Ansätze bei denen die Interpolation der Abtastpunkte durch sog. „Splines" erfolgt [5]. Den Vergleich zwischen einer abgetasteten und einer neu abgetasteten Schriftprobe zeigt Abbildung 6.1 Mitte bzw. rechts.

6.2.2 Korrektur der Zeilenneigung

Durch die Korrektur der Zeilenneigung (engl. *skew*) wird der Schriftzug so ausgerichtet, dass die *Kernlinie* des Geschriebenen möglichst horizontal verläuft. Dazu wird das neu abgetastete Segment mit dem Winkel α_0 um seinen Mittelpunkt gedreht. Es gilt somit für die rotierten Abtastpunkte

$$\mathbf{x}_{skew}[k] = \begin{bmatrix} \cos\alpha_0 & -\sin\alpha_0 & 0 \\ \sin\alpha_0 & \cos\alpha_0 & 0 \\ 0 & 0 & 1 \end{bmatrix} \cdot \mathbf{x}_{re}[k], \quad 1 \leq k \leq K. \tag{6.3}$$

Ein Ansatz zur Abschätzung des Zeilenneigungswinkels α_0 verwendet die durch die Abtastpunkte definierte Regressionsgerade [3, 16]. Im Folgenden wird der Rotationswinkel α_0 basierend auf der Auswertung der sog. Richtungshistogrammen oder Projektionsprofilen (in diesem Fall das Histogramm P_y in y-Richtung) abgeschätzt. Dazu wird die vertikale Projektionsebene (die y-Achse) in eine feste Anzahl von B Abschnitten $b_1, \ldots, b_B$ (engl. *bin*) der Breite $W = \frac{y_{max} - y_{min}}{B}$ unterteilt. Für die Korrektur der Zeilenneigung gilt

$$y_{min} = \min_{\alpha_{min} \leq \alpha \leq \alpha_{max}} \left(\min_{1 \leq k \leq K} (\sin(\alpha) \cdot x_{re}[k] + \cos(\alpha) \cdot y_{re}[k]) \right) \tag{6.4}$$

$$y_{max} = \max_{\alpha_{min} \leq \alpha \leq \alpha_{max}} \left(\max_{1 \leq k \leq K} (\sin(\alpha) \cdot x_{re}[k] + \cos(\alpha) \cdot y_{re}[k]) \right). \tag{6.5}$$

Als Projektionsprofil $P_y(j)$ des Segments $\mathbf{x}[k]$ erhält man bei der Verwendung von B Bins in Abhängigkeit des Bins j ($1 \leq j \leq B$)

$$P_y(j,\alpha) = 1/K \sum_{k=1}^{K} \begin{cases} 1 & y_{\min} + (j-1) \cdot W \leq y_{\text{skew}}[k] < y_{\min} + j \cdot W \\ 0 & \text{sonst.} \end{cases} \quad (6.6)$$

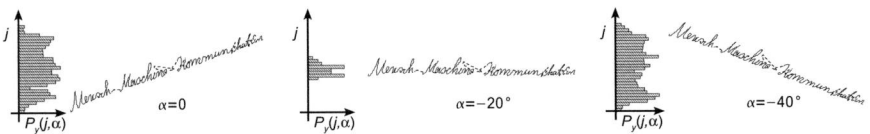

Abb. 6.2. Projektionsprofile für unterschiedliche Drehwinkel α eines Schriftzugs.

In Abbildung 6.2 sind die Projektionsprofile für verschiedene Drehwinkel α des Schriftzugs aus Abbildung 6.1 dargestellt. Bei einer horizontalen Ausrichtung weist das Histogramm ein deutliches Maximum bei geringer Streuung auf, während bei anderen Drehwinkeln das Maximum weniger stark ausgeprägt ist. Zur Auswertung des Projektionsprofils wird die Entropie [1, 5] verwendet. Sie errechnet sich für das Projektionsprofil P_y aus Gleichung 6.6 zu

$$H_y(\alpha) = -\sum_{j=1}^{B} P_y(j,\alpha) \cdot \operatorname{ld} P_y(j,\alpha) \quad \text{mit} \quad \operatorname{ld}(x) = \log_2(x). \quad (6.7)$$

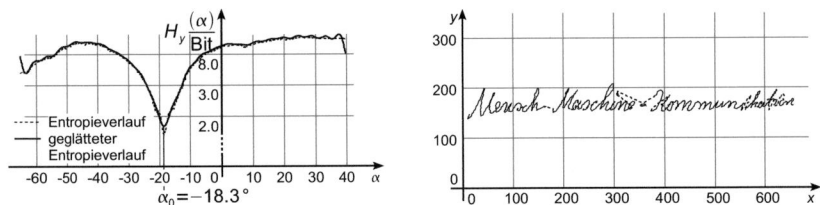

Abb. 6.3. Entropieverlauf $H_y(\alpha)$ des Projektionsprofils $P_{y,\alpha}$ in Abhängigkeit des Drehwinkels α (links) und um die Zeilenneigung gedrehter Schriftverlauf (rechts).

Abbildung 6.3 zeigt den Verlauf der Entropie $H_y(\alpha)$ des Schriftsegments aus Abbildung 6.1 in Abhängigkeit des Drehwinkels α über einen großen Bereich. Es bildet sich ein deutliches Minimum bei dem Drehwinkel α_0 heraus, dem die horizontale Ausrichtung des Schriftzugs entspricht. Mithilfe des so gefundenen Rotationswinkels kann die Zeilenneigung des neu abgetasteten Signals mithilfe von Gleichung 6.3 kompensiert werden.

6.2.3 Korrektur der Schriftneigung

Ein weiterer Freiheitsgrad bei der Eingabe von handschriftlichen Notizen ist die Schriftneigung (engl. *slant*), die durch die Schriftneigungskorrektur entfernt wird. Geht man von einer konstanten Schriftneigung innerhalb einer Textzeile aus, so lässt sich die Schriftneigung durch eine Scherung um den Winkel ϕ_0 beschreiben [5, 6]. Für den um den Scherwinkel ϕ gescherten Schriftzug $\mathbf{x}_{\text{slant}}[k]$ gilt

$$\mathbf{x}_{\text{slant}}[k] = \begin{bmatrix} 1 & -\tan(\phi_0) & 0 \\ 0 & 1 & 0 \\ 0 & 0 & 1 \end{bmatrix} \cdot \mathbf{x}_{\text{skew}}[k]. \tag{6.8}$$

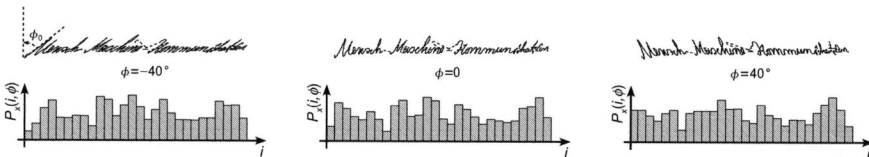

Abb. 6.4. Projektionsprofils $P_x(j,\phi)$ für verschiedene Scherwinkel ϕ.

Der Scherwinkel ϕ_0 wird hier analog zu Abschnitt 6.2.2 mithilfe von Projektionsprofilen geschätzt [6]. Anders als bei der Zeilenneigung wird hier jedoch das Projektionsprofil $P_x(j,\phi)$ in x-Richtung verwendet.

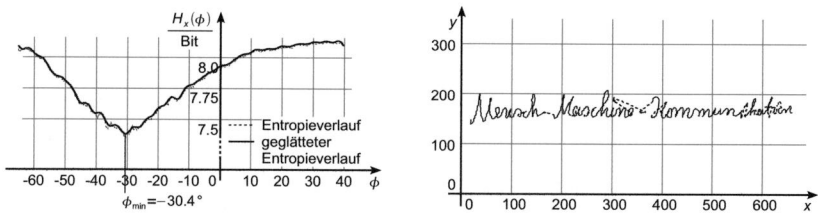

Abb. 6.5. Entropieverlauf $H_x(\phi)$ des Projektionsprofils $P_{x,\phi}$ in Abhängigkeit des Scherwinkels ϕ (links) sowie um den entgegengesetzten Scherwinkel ϕ_0 gescherter Schriftverlauf (rechts).

Abbildung 6.4 zeigt die x-Projektionsprofile für unterschiedliche Scherwinkel ϕ. Weniger deutlich als bei der Zeilenneigung, aber immer noch ausreichend, zeigt sich, dass das zum Scherwinkel, der zu einer möglichst aufrechten Schrift führt, gehörende Histogramm die geringste Entropie $H_x(\phi)$ besitzt. Dabei wird die Entropie $H_x(\phi)$ analog zu der Entropie $H_y(\alpha)$ nach Gleichung 6.7 berechnet. In Abbildung 6.5 ist der Entropieverlauf $H_x(\phi)$ in Abhängigkeit des Scherwinkels ϕ für den Schriftzug aus Abbildung 6.1 dargestellt. Das Minimum des Verlaufs indiziert den gesuchten

Scherwinkel ϕ, mit dem die Schriftneigung des Schriftzugs kompensiert werden kann. Anders als bei den auf Wortebene arbeitenden Ansätzen aus z. B. [7, 17], kann hier eine fehleranfällige, heuristische Unterteilung des Schriftzugs in Abschnitte konstanter Schriftneigung entfallen.

6.2.4 Normierung der Schriftgröße

Der letzte Freiheitsgrad, der im Rahmen der Vorverarbeitung kompensiert wird, ist die Schriftgröße. Dazu werden die Referenzlinien in einem Schriftzug, die sog. Schriftlinien, geschätzt. Man unterscheidet die Oberlängenlinie, Kernlinie, Basislinie und Unterlängenlinie. Diese charakteristischen Linien sind in dem um die Zeilen- und Schriftneigung kompensierten Schriftzug in Abbildung 6.6 rechts eingezeichnet.

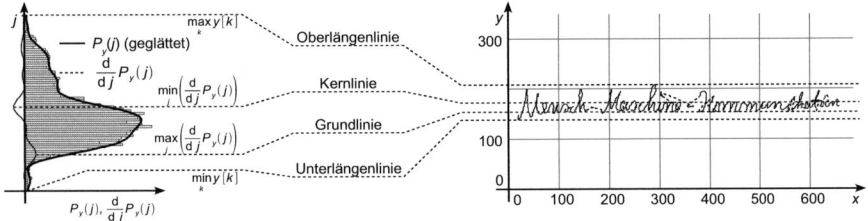

Abb. 6.6. Referenzlinien (rechts) und ihre Schätzung aus dem Projektionsprofil P_y.

Zu beachten ist, dass in diesem Fall die Basislinie und Unterlängenlinie fast (bis auf den Anfang) zu einer Linie zusammenfallen, da der Schriftzug keine Buchstaben mit Unterlänge (z. B. „g", „y" etc.) besitzt.

Die verschiedenen Referenzlinien können aus dem vertikalen Projektionsprofil $P_y(j)$ bzw. der ersten Ableitung $\frac{d}{dj}P_y(j)$ des zeilen- und schriftneigungskorrigierten Schriftverlaufs geschätzt werden. Es gilt für die einzelnen Linien

Oberlängenlinie: $y_{\text{ober}} = \max_k(y[k]) = y_{\max}$

Kernlinie: $y_{\text{kern}} = \left(\underset{j}{\text{argmin}} \left(\frac{d}{dj}P_y(j) \right) - 0.5 \right) \cdot W + y_{\min}$

Basislinie: $y_{\text{grund}} = \left(\underset{j}{\text{argmax}} \left(\frac{d}{dj}P_y(j) \right) - 0.5 \right) \cdot W + y_{\min}$

Unterlängenlinie: $y_{\text{unter}} = \min_k(y[k]) = y_{\min}$

Die Korrespondenzen zwischen den Schriftlinien und dem Projektionsprofil bzw. dessen Ableitung sind in Abbildung 6.6 links gezeigt.

Nachdem jeder Schriftzug sowohl eine Basislinie als auch eine Kernlinie enthält, kann der Abstand dieser beiden Linien, die sog. Kernhöhe $h_{\text{kern}} = |y_{\text{kern}} - y_{\text{grund}}|$, zur

Schriftgrößennormalisierung verwendet werden. Für das größennormierte Segment $\mathbf{x}_{\text{norm}}[k]$ gilt schließlich (zusammen mit einer Translation in den Koordinatenursprung)

$$\mathbf{x}_{\text{norm}}[k] = \frac{1}{h_{\text{kern}}} \cdot \begin{pmatrix} x[k] - x_{\text{min}} \\ y[k] - \left(y_{\text{grund}} + \frac{h_{\text{kern}}}{2} \right) \end{pmatrix} \quad (6.9)$$

mit $x_{\text{min}} = \min\limits_{1 \leq k \leq K} x[k]$ d. h. eine Größennormalisierung auf ‚eins'.

6.2.5 Vorverarbeitungskette

Auch nach der Größennormierung einer Textzeile nach Gleichung 6.9 liegen die Abtastpunkte des Schriftzugs äquidistant zueinander, da die erforderliche Skalierung sowohl in y- als auch x-Richtung gilt. Jedoch können die einzelnen aufgezeichneten Textzeilen untereinander vor der Normierung in ihrer Größe variieren, was nach der Normierung zu verschiedenen Abtastpunktabständen in den Textzeilen untereinander führt. Deswegen wird i. d. R. der normierte Schriftzug $\mathbf{x}_{\text{norm}}$ ein weiteres Mal neu abgetastet, um denselben ortsäquidistanten Abstand l_2 zwischen allen Abtastpunkten aller Schriftzüge zu erreichen [4]. Man erhält so den vorverarbeiteten Schriftzug mit den Abtastpunkten $\mathbf{x}_n[k]$. Die einzelnen Schritte der Vorverarbeitung sind in Abbildung 6.7 nochmals zusammenfassend dargestellt.

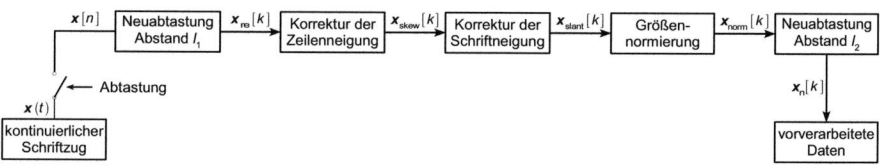

Abb. 6.7. Vorverarbeitungskette für die Handschrifterkennung.

6.3 Merkmalsextraktion

Für die Erkennung der handschriftlichen Notizen werden aus dem normalisierten Schriftzug Merkmale extrahiert [4, 15]. Im Fall der Online-Handschrifterkennung sind dies zunächst die Sekantensteigungswinkel $\theta[k]$ zweier benachbarter Abtastpunkte $\mathbf{x}_{\text{norm}}[k]$ und $\mathbf{x}_{\text{norm}}[k+1]$ zur Horizontalachse. Es gilt für $\theta[k]$ mit $\Delta x = x_{\text{norm}}[k+1] - x_{\text{norm}}[k]$ und $\Delta y = y_{\text{norm}}[k+1] - y_{\text{norm}}[k]$

$$\theta[k] = \frac{\pi}{2} + \begin{cases} \arctan\left(\frac{\Delta y}{\Delta x}\right) - \frac{\pi}{2} \cdot \text{sgn}(\Delta x) & \text{für } \Delta x \neq 0 \\ \frac{\pi}{2} \cdot (1 - \text{sgn}(\Delta y)) & \text{für } \Delta x = 0, \end{cases} \quad (6.10)$$

wobei

$$\operatorname{sgn}(x) = \begin{cases} 1 & \text{für } x > 0 \\ 0 & \text{für } x = 0 \\ -1 & \text{für } x < 0, \end{cases} \qquad (6.11)$$

die Signumfunktion, verwendet wird.

Die nach Gleichung 6.10 definierte Sekantensteigung weist eine Unstetigkeit bei $\theta = \frac{3\pi}{2}$ auf: Für kleine Änderungen der x-Koordinate bei annähernd senkrechter Bewegung in negative vertikale Richtung „springt" der Wert der Funktion im Bereich $\left[-\frac{\pi}{2}; \frac{3\pi}{2}\right]$. Aus diesem Grunde werden als eigentliche Merkmale $\mathbf{m}_\theta[k]$

$$\mathbf{m}_\theta[k] = (\sin(\theta[k]), \cos(\theta[k])) \qquad (6.12)$$

herangezogen. Dank der Punktsymmetrie des Kosinus, bzw. der Achsensymmetrie des Sinus um $\frac{3\pi}{2}$ erhält man so einen kontinuierlichen Verlauf der Merkmale im Bereich von $[-1; 1]$. Da die Neuabtastung im Rahmen der Vorverarbeitung für räumlich äquidistant abgetastete Datenpunkte sorgt, kann mithilfe der Merkmale aus Gleichung 6.12 der vollständige Schriftzug rekonstruiert werden.

In analoger Weise lässt sich ein Merkmalsvektor ermitteln, der Richtungsänderungen explizit erfasst. Mit $\Delta\theta[k] = \theta[k+1] - \theta[k]$ mit $1 \leq k < K - 1$, erhält man

$$\mathbf{m}_{\Delta\theta}[k] = (\sin(\Delta\theta[k]), \cos(\Delta\theta[k])). \qquad (6.13)$$

Abbildung 6.8 zeigt den Sekantenwinkel $\theta[k]$ und die Änderung zweier Sekantenwinkel $\Delta\theta[k]$.

Abb. 6.8. Sekantenwinkel $\theta[k]$ und die Differenz zweier Sekantenwinkel $\Delta\theta[k]$.

Liegt zusätzlich zu jedem Abtastzeitpunkt auch die Druckinformation $p[k]$ vor, so ergibt sich folgender fünf-dimensionaler Merkmalsvektor

$$\mathbf{m}[k] = (\sin(\theta[k]), \cos(\theta[k]), \sin(\Delta\theta[k]), \cos(\Delta\theta[k]), p[k])^{\mathrm{T}}. \qquad (6.14)$$

6.4 Erkennung

Durch die Vorverarbeitung wurden einige schreiberabhängige Merkmale der Handschrift wie z. B. die Zeilenneigung, die Schriftneigung sowie die Schriftgröße korrigiert. Davon unberührt ist jedoch die Tatsache, dass ein und derselbe Buchstabe von zwei unterschiedlichen Schreibern verschieden geschrieben wird. Auch Schriftproben ein und desselben Schreibers werden entsprechende Varianzen aufweisen. In Abbildung 6.9 ist dies anhand des Buchstabens „H" verdeutlicht. Durch die Neuabtastung liegen die Abtastpunkte zwar äquidistant auseinander, die Anzahl der Abtastpunkte kann dennoch von Schreiber zu Schreiber und Buchstabe zu Buchstabe variieren.

Weder die schreiberabhängige Form der Buchstaben noch deren unterschiedliche räumliche Ausdehnung können durch die Methoden der Vorverarbeitung kompensiert werden. Für eine kompakte Modellierung werden die verschiedenen Schreibweisen deswegen direkt auf Modellebene erfasst.

Abb. 6.9. Alternative Schreibweisen des Buchstabens „H" für verschiedene Schreiber.

Bereits in Kapitel 5 wurde für die Spracherkennung auf die Notwendigkeit einer gemeinsamen Segmentierung und Erkennung des Eingabesignals eingegangen. Auch für die Erkennung handgeschriebener Notizen ist diese gemeinsame Segmentierung und Erkennung notwendig: Die Erkennung von z. B. Buchstaben führt innerhalb eines Worts zum sog. „Sayre-Paradoxon" [13], das eine zyklische Abhängigkeit zwischen der Segmentierung und der Erkennung der Buchstaben bezeichnet. Daher bieten sich die aus dem Kapitel 5 bekannten Hidden-Markov-Modelle (HMM) für die Modellierung der dynamischen Struktur der Handschrift und zur anschließenden Erkennung an.

6.4.1 Modelle

In der Spracherkennung wird die Sprache in kleine Lautsegmente, die Phoneme, zerlegt. Bei der Erkennung der Handschrift werden die sog. *Grapheme* als Modelle verwendet. Sie entsprechen in ihrer Form den Buchstaben der Sprache. Dieses Vorgehen ist zumindest bei den Schriftsprachen mit lateinischen Buchstaben üblich. Die in der deutschen Sprache gebräuchlichen Grapheme (Buchstaben, Sonderzeichen und Ziffern) sind in Tabelle 6.1 aufgeführt. Zur Repräsentation von Irregularitäten bzw. kleinen Abständen zwischen Buchstaben innerhalb von Worten sowie größere Abständen zwischen Wörtern werden, ähnlich wie in der Spracherkennung, zwei weitere Modelle, /sp/ (engl. *short pause*) und /space/ verwendet. Somit werden insgesamt $N = 89$ Modelle benötigt.

a /a/	b /b/	c /c/	d /d/	e /e/	f /f/	g /g/	h /h/	i /i/	j /j/
k /k/	l /l/	m /m/	n /n/	o /o/	o /p/	q /q/	r /r/	s /s/	t /t/
u /u/	v /v/	w /w/	x /x/	y /y/	z /z/	A /A/	B /B/	C /C/	D /D/
E /E/	F /F/	G /G/	H /H/	I /I/	J /J/	K /K/	L /L/	M /M/	N /N/
O /O/	P /P/	Q /Q/	R /R/	S /S/	T /T/	U /U/	V /V/	W /W/	X /X/
Y /Y/	Z /Z/	ä /ae/	ü /ue/	ö /oe/	Ä /AE/	Ü /UE/	Ö /OE/	ß /sz/	. /pt/
, /km/	: /dp/	; /sc/	" /qu/	! /az/	? /fz/	(/ka/	) /kz/	% /pr/	- /mi/
+ /pl/	& /ku/	' /ap/	/ /sl/	= /eq/	< /kl/	> /gr/	0 /n0/	1 /n1/	2 /n2/
3 /n3/	4 /n4/	5 /n5/	6 /n6/	7 /n7/	8 /n8/	9 /n9/	_ /sp/	␣ /space/	

Tabelle 6.1. Grapheme der deutschen Sprache (inkl. Sonderzeichen, links) und ihre Entsprechung als Modellbezeichnung (rechts).

Während in der Spracherkennung HMM mit Zustandsanzahlen von $S = 1\ldots, 4$ zur Modellierung ausreichen, werden für die Handschrifterkennung aufgrund der zeitlichen Ausgedehntheit und Komplexität der nachzubildenden Beobachtungen mitunter mehr Zustände benötigt. Für Grapheme mit wenigen Abtastpunkten und geringer Intraklassenvarianz (z. B. /mi/ oder /pl/) gilt $S = 1\ldots, 3$. Dagegen werden für Grapheme, die eine hohe Intraklassenvarianz aufweisen (z. B. /H/), HMM mit bis zu $S = 12$ Zuständen definiert [14].

6.4.2 Training und Erkennung

Sind die Merkmale aus den Rohdaten extrahiert und die Modelle definiert, werden die HMM trainiert. Der dafür verwendete Baum-Welch-Algorithmus wurde bereits für die Spracherkennung in Abschnitt 5.3.4 ausführlich erläutert.

Die wahrscheinlichste Wortfolge des zu erkennenden Schriftzugs wird mithilfe des wahrscheinlichsten Pfads ermittelt. Auch hier erfolgt die Suche mithilfe des im Abschnitt 5.3.5 behandelten Viterbi-Algorithmus. Der wahrscheinlichste Pfad durch das Trellisdiagramm eines Schriftzugs ist in Abbildung 6.10 dargestellt. Aus Gründen der Übersichtlichkeit wurde bei der Darstellung der Modelle in Abbildung 6.10 auf die tatsächliche Anzahl der Zustände verzichtet, die gezeigten Zustände sind demnach nur symbolisch zu verstehen.

Zusammenfassend unterscheiden sich Handschrift- und Spracherkennung daher algorithmisch gesehen nur in der komplexen Vorverarbeitung der Handschrift. Die eigentliche Modellierung der Merkmalsvektoren erfolgt bei beiden Systemen sehr ähnlich.

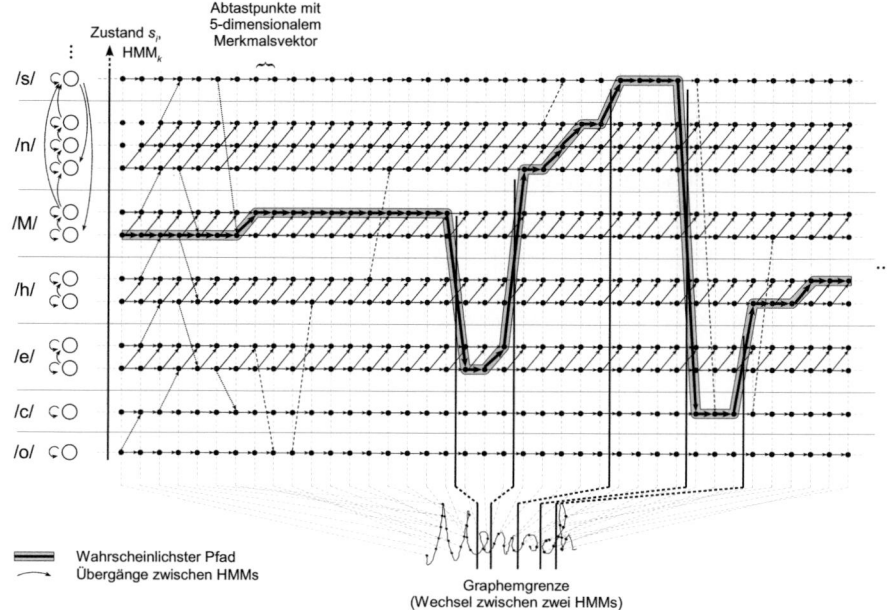

Abb. 6.10. Trellisdiagramm zur Erkennung eines Schriftzugs.

6.5 Übungen

Aufgabe 6.1: *Neuabtastung*

a) Wo wird die Handschrifterkennung heute schon eingesetzt, wo ist ein Einsatz in der nahen Zukunft wahrscheinlich? Nennen Sie einen Grund für die Verbreitung der Handschrifterkennung.

b) Was versteht man unter der *Neuabtastung*?

Gegeben sind im Folgenden drei Abtastpunkte $\mathbf{s}_1 = (x_1, y_1, p_1)^T$, $\mathbf{s}_2 = (x_2, y_2, p_2)^T$ und $\mathbf{s}_3 = (x_3, y_3, p_3)^T$, wie in Abbildung 6.11 gezeigt. Zunächst sind nur die Ortskoordinaten (x_i, y_i) von Bedeutung. Diese Folge wird neu abgetastet. Zusätzlich ist bekannt, dass $\mathbf{s}_1$ auf dem neu abgetasteten Schriftzug liegt. Die Abstände zweier neu abgetasteter Punkte beträgt l. Ferner gilt $d(\mathbf{s_1}, \mathbf{s_2}) < l < d(\mathbf{s_1}, \mathbf{s_3})$ mit $d(\mathbf{x}, \mathbf{y})$ dem euklidischen Abstand zwischen zwei Punkten $\mathbf{x}$ und $\mathbf{y}$.

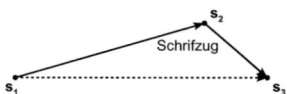

Abb. 6.11. Drei nicht äquidistant liegende Abtastpunkte eines Schriftzugs.

c) Wie berechnet sich allgemein der neu abgetastete Punkt s_n, der auf der Strecke $[s_2 s_3]$ liegt und vom Punkt s_1 den Abstand l besitzt?

d) Wie nennt man das gewählte Verfahren zur Neuabtastung?

e) Wie errechnet sich die Druckkomponente des neuen Abtastpunkts? Ist es sinnvoll, die Druckkomponente p zu interpolieren?

f) Nennen Sie eine weitere Möglichkeit zur Berechnung der neu abgetasteten Punkte. Wie errechnet sich dann der Abstand l der Punkte?

Aufgabe 6.2: *Zeilenneigungskorrektur*

Gegeben sind die in Abbildung 6.12 links dargestellten Abtastpunkte s_i mit $i = \{1, 2, \ldots, 16\}$ eines „Schriftzugs". Dieser Schriftzug wird im Rahmen dieser Aufgabe horizontal ausgerichtet.

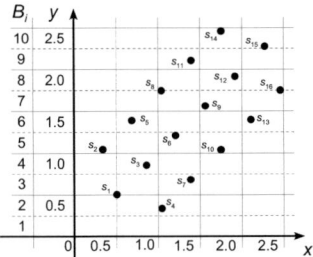 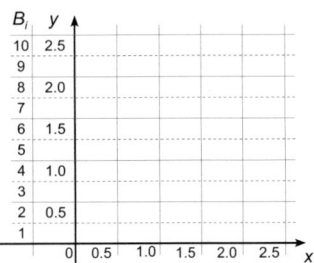

Abb. 6.12. Abtastpunkte eines Schriftzugs (links) samt Bin-Einteilung der y-Achse (links und rechts).

a) Was versteht man unter Zeilenneigungskorrektur (engl. *skew correction*)?

b) Bestimmen Sie das Projektionsprofil in y-Richtung des Schriftzugs aus Abbildung 6.12 links für die $B = 10$ Bins, wie sie in Abbildung 6.12 links entlang der y-Achse eingezeichnet sind, sowie seine Entropie. Tragen Sie die relevanten Werte in nachfolgende Tabelle ein.

B_i	1	2	3	4	5	6	7	8	9	10
$N(B_i)$										
$I(B_i)$										

c) Bestimmen Sie eine Geradengleichung $y = m \cdot x + b$, die von allen Abtastpunkten den geringsten Abstand besitzt. Wie nennt man so eine Gerade? Berechnen Sie anschließend die Steigung der Geraden. Welchem Zeilenneigungswinkel α entspricht dies?

d) Welche Koordinaten s_{rot} besitzt ein Punkt s_i, der um den Punkt $\mathbf{m} = (x_m, y_m)^T$ und den Winkel α rotiert wird?

e) Bestimmen Sie den Mittelpunkt $\mathbf{m}_A$ des Schriftzugs aus Abbildung 6.12, und rotieren Sie den Schriftzug um den Mittelpunkt und den vorher berechneten Winkel α. Tragen Sie das Ergebnis in das vorbereitete Diagramm in Abbildung 6.12 rechts ein. (Hinweis: Für beide Teile der Aufgabe genügt eine qualitative Lösung.)

f) Ermitteln Sie das Projektionsprofil des rotierten Schriftzugs sowie dessen Entropie. Verwenden Sie dazu unten stehende Tabelle. Was stellen Sie fest? Unter welchen Umständen ist das Verfahren der Entropieminimierung des Projektionsprofils geeignet? Geben Sie je zwei geeignete und zwei nicht geeignete Schriftzüge an.

B_i	1	2	3	4	5	6	7	8	9	10
$N(B_i)$										
$I(B_i)$										

6.6 Literaturverzeichnis

[1] BÅDE, L. ; WESTERGREN, B.: *Mathematische Formeln und Tabellen.* Springer, 2000

[2] BROWN, M. K. ; GANAPATHY, S.: Preprocessing Techniques for Cursive Script Word recognition. In: *Pattern Recognition Journal* 16 (1983), Nr. 5, S. 447–458

[3] CAESAR, T. ; GLOGER, J. M. ; MANDLER, E.: Preprocessing and Feature Extraction for a Handwriting Recognition System. In: *Proceedings of the International Conference on Document Analysis and Recognition* (1993), S. 408–411

[4] JAEGER, S. ; MANKE, S. ; REICHERT, J. ; WAIBEL, A.: On-Line Handwriting Recognition: The NPen++ Recognizer. In: *International Journal on Document Analysis and Recognition* 3 (2001), Nr. 3, S. 169–180

[5] KOSMALA, A.: *HMM-basierte Online Handschrifterkennung – ein integrierter Ansatz zur Text- und Formelerkennung.* Gerhard-Mercator-Universität – Gesamthochschule Duisburg, 2000 (Dissertation)

[6] KUVALLIERATOU, E. ; FAKOTAKIS, N. ; KOKKINAKIS, G.: New Algorithms for Skewing Correction and Slant Removal on Word-Level. In: *Proceedings of the International Conference on Electronics* 2 (1999), S. 1159–1162

[7] LIWICKI, M. ; BUNKE, H.: HMM-Based On-Line Recognition of Handwritten Whiteboard Notes. In: *Proceedings of the International Workshop on Frontiers in Handwriting Recognition* (2006), S. 595–599

[8] MAARSE, F. J. ; THOMASSEN, A. J.: Produced and Perceived Writing Slant: Difference Between Up and Down Strokes. In: *Acta Psychologica* 54 (1983), S. 131–147

[9] MORI, S. ; NISHIDA, H. ; YAMADA, H.: *Optical Character Recognition*. John Wiley & Sons, 1998 (Wiley Series in Microwave and Optical Engineering)

[10] NOUBOUD, F. ; PLAMONDON, R.: On-Line Recognition of Handprinted Characters: Survey and Beta Tests. In: *Pattern Recognition Journal* 23 (1990), Nr. 9, S. 1031–1044

[11] PLAMONDON, R.: A Renaissance of Handwriting. In: *Machine Vision and Applications* 8 (1995), S. 195–196

[12] PLAMONDON, R. ; SRIHARI, S. N.: On-Line and Off-Line Handwriting Recognition: A Comprehensive Survey. In: *IEEE Transactions on Pattern Analysis and Machine Intelligence* 22 (2000), Nr. 1, S. 63–84

[13] SAYRE, K. M.: Machine Recognition of Handwritten Words: A Project Report. In: *Pattern Recognition Journal* 5 (1973), Nr. 3, S. 213–228

[14] SCHENK, J.: *Online-Erkennung handgeschriebener Whiteboard-Notizen*. Technische Universität München, 2009 (Dissertation)

[15] SCHENK, J. ; LENZ, J. ; RIGOLL, G.: Novel Script Line Identification Method for Script Normalization and Feature Extraction in On-Line Handwritten Whiteboard Note Recognition. In: *Pattern Recognition Journal* 42 (2009), Nr. 12, S. 3383–3393

[16] SENI, G. ; SRIHARI, R. K. ; NASRABADI, N.: Large Vocabulary Recognition of On-Line Handwritten Cursive Words. In: *IEEE Transactions on Pattern Analysis and Machine Intelligence* 18 (1996), Nr. 7, S. 757–762

[17] UCHIDA, S. ; TAIRA, E. ; SAKOE, H.: Nonuniform Slant Correction Using Dynamic Programming. In: *Proceedings of the the International Conference on Document Analysis and Recognition* (2001), S. 434–438

[18] VINCIARELLI, A.: A Survey on Off-Line Cursive Script Recognition. In: *Pattern Recognition Journal* 7 (2002), Nr. 35, S. 1433–1446

7
Grundlagen der Bildverarbeitung

Die Verarbeitung von Signalen auf modernen Computern erfolgt stets digital. Die in der Natur vorkommenden Signale liegen dagegen kontinuierlich vor. Bilder entstehen durch optische Messungen z. B. mit dem im Kapitel 2 beschriebenem Charge Coupled Device (CCD) oder Photo Multiplier (PMT) und anschließender Digitalisierung. Bilder sind kontinuierliche zweidimensionale Signale, die auf Computern in digitaler Form vorliegen. Deswegen werden im ersten Teil dieses Kapitels mathematische Methoden für die Behandlung von zweidimensionalen Signalen, deren Spektraldarstellung, Faltung und letztlich Diskretisierung beschrieben, während im zweiten Teil auf die weitere Verarbeitung der digitalisierten Bilder eingegangen wird.

7.1 Kontinuierliche zweidimensionale Signale

Grundlage der Bildverarbeitung stellt die zweidimensionale Signalverarbeitung dar. Während sich die eindimensionale Signalverarbeitung mit Signalen mit einer Veränderlichen (meist t für die Zeit) und somit mit Signalen der Form $g(t) = f(t)$, der Zeitfunktion, beschäftigt, behandelt die zweidimensionale Signalverarbeitung Signale mit zwei Veränderlichen (meist x_1 und x_2 für zwei Raumkoordinaten), die Ortsfunktion (oder Bildfunktion) [4], der Form

$$g(x_1, x_2) = f(x_1, x_2). \qquad (7.1)$$

7.1.1 Separierbarkeit

Bei der Verarbeitung zweidimensionaler Signale kommt es häufig vor, dass das Signal separierbar ist. In diesem Fall kann das Signal als Multiplikation zweier eindimensionaler Signale aufgefasst werden [34], d. h.

$$g(x_1, x_2) = g_1(x_1) \cdot g_2(x_2), \qquad (7.2)$$

166   7 Grundlagen der Bildverarbeitung

und die weiteren Betrachtungen sind getrennt in x_1- und x_2-Richtung möglich.

Abbildung 7.1 zeigt das kontinuierliche Signal

$$g(x_1,x_2) = \underbrace{\frac{\sin(x_1)}{x_1}}_{g_1(x_1)} \cdot \underbrace{\frac{\sin(x_2)}{x_2}}_{g_2(x_2)} \qquad (7.3)$$

in dreidimensionaler Darstellung. Das Signal ist separierbar. Fasst man das Signal aus Gleichung 7.3 als Bildfunktion auf (die Amplitude entspricht der Intensität), so ergibt sich das in Abbildung 7.1 rechts gezeigte Grauwertbild. Dabei wurde der Helligkeitsbereich so angepasst, dass die Farbe „Schwarz" dem niedrigsten und die Farbe „Weiß" dem höchsten Signalwert entspricht. Auf diese Weise können auch negative Werte der Bildfunktion einem Grauwert zugeordnet werden.

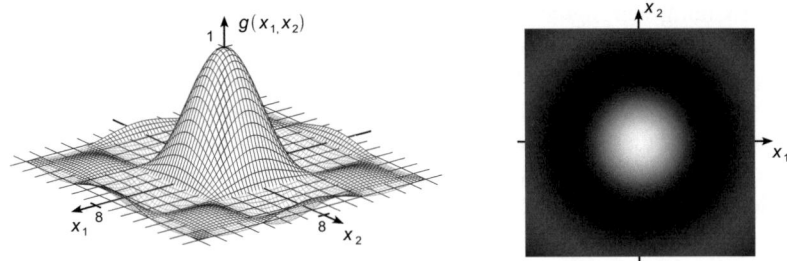

Abb. 7.1. Darstellung einer kontinuierlichen Bildfunktion in drei Dimensionen (links) und als Graustufenbild (rechts).

7.1.2 Spektraldarstellung

Mithilfe der Fouriertransformation kann das kontinuierliche Signal $g(x_1,x_2)$ in das Ortsspektrum $G_c(\omega_1,\omega_2)$ transformiert werden [14]. Für das Ortsspektrum zweidimensionaler Signale gilt

$$G_c(\omega_1,\omega_2) = \int_{-\infty}^{\infty} \int_{-\infty}^{\infty} g(x_1,x_2) \cdot e^{-j \cdot (\omega_1 \cdot x_1 + \omega_2 \cdot x_2)} dx_1 dx_2. \qquad (7.4)$$

In der Umkehrung erhält man das Bild $g(x_1,x_2)$ aus dem Ortsspektrum $G_c(\omega_1,\omega_2)$:

$$g(x_1,x_2) = \frac{1}{(2\pi)^2} \int_{-\infty}^{\infty} \int_{-\infty}^{\infty} G_c(\omega_1,\omega_2) \cdot e^{j \cdot (\omega_1 \cdot x_1 + \omega_2 \cdot x_2)} d\omega_1 d\omega_2. \qquad (7.5)$$

Für separierbare Signale lässt sich das Spektrum des Bildsignals über die Spektren der einzelnen Teilsignale berechnen. Es gilt:

$$g(x_1, x_2) = g_1(x_1) \cdot g_2(x_2) \circ\!\!-\!\!\bullet G_1(\omega_1) \cdot G_2(\omega_2). \tag{7.6}$$

Da das Signal aus Gleichung 7.3 separierbar ist, kann sein Spektrum aus der Multiplikation der beiden Einzelspektren ermittelt werden. Es gilt

$$\frac{\sin(a \cdot t)}{t} \circ\!\!-\!\!\bullet \pi \cdot \begin{cases} 1 & |\omega| < a \\ 0 & \text{sonst.} \end{cases} \tag{7.7}$$

Somit folgt mit den Gleichungen 7.6 und 7.7 für das Signal aus Gleichung 7.3

$$G_c(\omega_1, \omega_2) = \pi^2 \cdot \begin{cases} 1 & |\omega_1| < 1, |\omega_2| < 1 \\ 0 & \text{sonst} \end{cases} \tag{7.8}$$

und ist in Abbildung 7.2 links dargestellt. Ähnlich wie im Eindimensionalen existieren auch für die zweidimensionale Fouriertransformation Transformationspaare. Mit ihnen können auch nicht separierbare Funktionen in den Spektralbereich transformiert werden. Ein Überblick über einige Transformationspaare (ohne Herleitung) ist in Tabelle 7.1 gegeben [4].

$g(x_1, x_2)$	$G_c(\omega_1, \omega_2)$
$g(a \cdot x_1, b \cdot x_2)$, $(a, b \text{ reell})$	$\frac{1}{|a \cdot b|} G_c\left(\frac{\omega_1}{a}, \frac{\omega_2}{b}\right)$
$g(x_1 - a, x_2 - b)$, $(a, b \text{ reell})$	$e^{-j \cdot (a \cdot \omega_1 + b \cdot \omega_2)} G_c(\omega_1, \omega_2)$
$e^{-j \cdot (a \cdot x_1 + b \cdot x_2)} g(x_1, x_2)$	$G_c(\omega_1 - a, \omega_2 - b)$
$\frac{\partial^m}{\partial x_1^m} \frac{\partial^n}{\partial x_2^n} g(x_1, x_2)$	$(j \cdot \omega_1)^m (j \cdot \omega_2)^n \cdot G_c(\omega_1, \omega_2)$
$(-j \cdot x_1)^m (-j \cdot x_2)^n \cdot g(x_1, x_2)$	$\frac{\partial^m}{\partial \omega_1^m} \frac{\partial^n}{\partial \omega_2^n} G_c(\omega_1, \omega_2)$
$G_c(x_1, x_2)$	$(2\pi)^2 g(-\omega_1, -\omega_2)$
$\delta(x_1 - a, x_2 - b) = \delta(x_1 - a) \cdot \delta(x_2 - b)$	$e^{-j \cdot (a \cdot \omega_1 + b \cdot \omega_2)}$
$\frac{1}{4\pi\sqrt{a \cdot b}} e^{-\left(\frac{x_1^2}{4 \cdot a} + \frac{x_2^2}{4 \cdot b}\right)}$, $(a, b > 0)$	$e^{-(a \cdot \omega_1^2 + b \cdot \omega_2^2)}$
$\begin{cases} 1 & \text{für } |x_1| < a, |x_2| < b \\ 0 & \text{sonst} \end{cases}$ (Rechteck)	$4 \cdot \frac{\sin(a \cdot \omega_1) \cdot \sin(b \cdot \omega_2)}{\omega_1 \cdot \omega_2}$
$\begin{cases} 1 & \text{für } |x_1| < a \\ 0 & \text{sonst} \end{cases}$ (Streifen)	$2 \cdot \frac{\sin(a \cdot \omega_1)}{\omega_1} \cdot \delta(\omega_2)$

Tabelle 7.1. Tabelle einiger Fouriertransformationspaare im Zweidimensionalen.

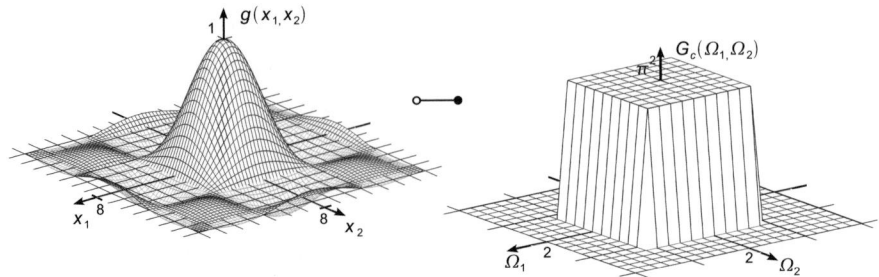

Abb. 7.2. Bildfunktion (links) und Spektrum (rechts) eines zweidimensionalen Signals.

7.1.3 Faltung

Analog zum Eindimensionalen existiert auch in der zweidimensionalen Signalverarbeitung die Faltung [5]. Wird das Signal $g(x_1, x_2)$ mit einem Filter $h(x_1, x_2)$ (dabei wird das Filter durch seine Impulsantwort beschrieben) bewertet, so erhält man das resultierende Signal $s(x_1, x_2)$ über

$$s(x_1, x_2) = g(x_1, x_2) * h(x_1, x_2) = \int_{\xi_1=-\infty}^{\infty} \int_{\xi_2=-\infty}^{\infty} g(\xi_1, \xi_2) \cdot h(x_1 - \xi_1, x_2 - \xi_2) d\xi_1 d\xi_2.$$
(7.9)

Die Faltung stellt damit die integrale Betrachtung des Signals $g(x_1, x_2)$ durch ein Fenster $h(x_1, x_2)$ dar. Für das Spektrum $S(\omega_1, \omega_2)$ gilt

$$g(x_1, x_2) * h(x_1, x_2) = s(x_1, x_2) \quad \circ\!\!-\!\!\bullet \quad S(\omega_1, \omega_2) = G(\omega_1, \omega_2) \cdot H(\omega_1, \omega_2). \quad (7.10)$$

Durch Umkehrung erhält man

$$g(x_1, x_2) \cdot h(x_1, x_2) \quad \circ\!\!-\!\!\bullet \quad \frac{1}{4 \cdot \pi^2} G(\omega_1, \omega_2) * H(\omega_1, \omega_2). \quad (7.11)$$

In Abbildung 7.3 ist exemplarisch das Ergebnis der Faltung des Signals aus Gleichung 7.3 mit der Funktion $h(x_1, x_2) = \sin(x_1)$ dargestellt.

7.2 Diskrete Signale

Um das sowohl orts- als auch wertkontinuierliche Signal $g(x_1, x_2)$ digital verarbeiten zu können, wird es diskretisiert. Die Ortsdiskretisierung wird durch die Abtastung, die Wertdiskretisierung durch die Quantisierung ermöglicht. In der Praxis erfolgt die Ortsdiskretisierung bereits auf Sensorebene. Beispielsweise liefert ein CCD ein ortsdiskretes, wertkontinuierliches Signal. Die beiden grundlegenden Verfahren Abtastung und Quantisierung werden im Folgenden für den zweidimensionalen Fall näher erläutert.

7.2 Diskrete Signale

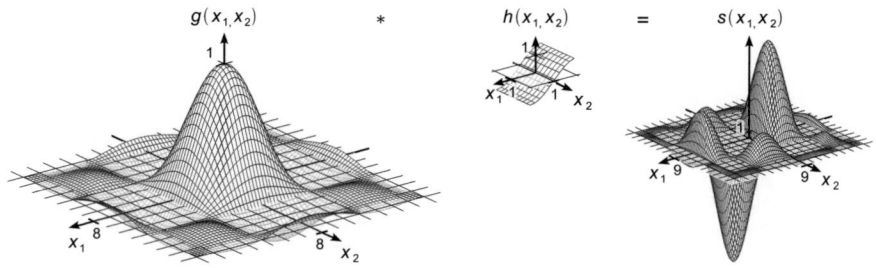

Abb. 7.3. Ergebnis der Faltung zweier Signale.

7.2.1 Ideale Abtastung

Durch die Abtastung erhält man aus dem ortskontinuierlichen Signal $g(x_1, x_2)$ über

$$g[x_1, x_2] = \sum_{l_1=-\infty}^{\infty} \sum_{l_2=-\infty}^{\infty} g(x_1, x_2) \cdot \delta[x_1 - l_1 \cdot X_1, x_2 - l_2 \cdot X_2] \qquad (7.12)$$

das von den Abtastabständen X_1 und X_2 abhängige ortsdiskrete Signal $g[x_1, x_2]$ [8, 22]. Das abgetastete Signal aus Gleichung 7.3 ist in Abbildung 7.4 dargestellt.

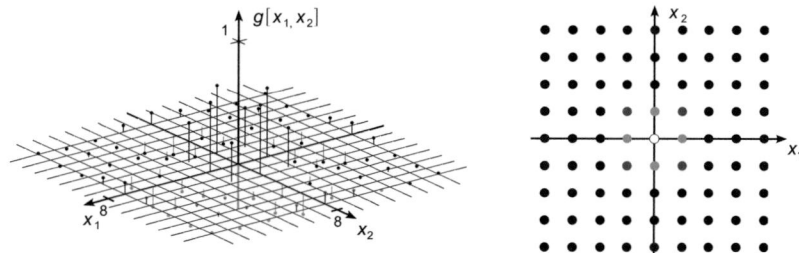

Abb. 7.4. Darstellung eines abgetasteten Signals in drei Dimensionen (links) und als Grauwertbild (rechts).

Das Spektrum $G(\Omega_1, \Omega_2)$ des abgetasteten Signals errechnet sich aus dem Spektrum $G_c(\omega_1, \omega_2)$ des kontinuierlichen Signals zu

$$G(\Omega_1, \Omega_2) = \frac{1}{X_1 \cdot X_2} \sum_{l_1=-\infty}^{\infty} \sum_{l_2=-\infty}^{\infty} G_c\left(\frac{\Omega_1 - 2\pi \cdot l_1}{X_1}, \frac{\Omega_2 - 2\pi \cdot l_2}{X_2}\right) \qquad (7.13)$$

mit $\Omega_1 = \omega_1 \cdot X_1$ und $\Omega_2 = \omega_2 \cdot X_2$. Demnach führt das Abtasten des Bildsignals zu einer Periodisierung des Spektrums. Eine Rekonstruktion des kontinuierlichen Signals aus den Abtastwerten ist nur möglich, wenn das Abtasttheorem eingehalten wird [18, 28]. Es lautet für den zweidimensionalen Fall

$$\frac{\pi}{X_1} \geq \omega_{g,1} \quad \text{und} \quad \frac{\pi}{X_2} \geq \omega_{g,2}. \tag{7.14}$$

Dabei bezeichnet $\omega_{g,i}$ die maximal vorkommende Frequenz (die sog. Grenzfrequenz) in Richtung ω_i. Abbildung 7.5 zeigt das Spektrum des abgetasteten Signals $g[x_1, x_2]$ aus Gleichung 7.3 links unter Einhaltung und rechts unter Verletzung des Abtasttheorems nach Gleichung 7.14. Wird das Abtasttheorem verletzt, so überlappen sich die Spektren, und eine Rekonstruktion des ursprünglichen Signals durch Tiefpassfilterung ist nicht fehlerfrei möglich.

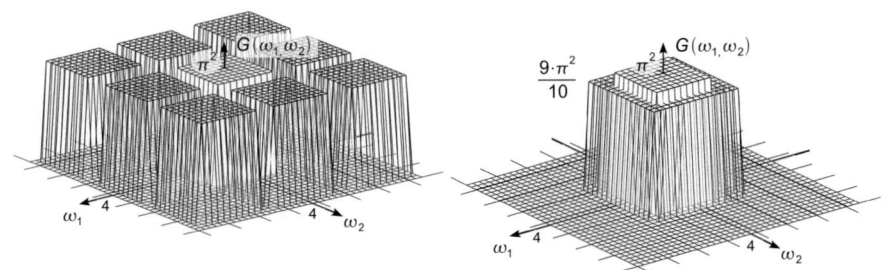

Abb. 7.5. Spektrum eines überabgetasteten (links) und unterabgetasteten (rechts) zweidimensionalen Signals. Zur Verdeutlichung der Überlappung wurde die periodische Fortsetzung links um Faktor 9/10 gedämpft und nur für eine periodische Wiederholung dargestellt.

Durch die Normierung

$$n_1 = \frac{x_1}{X_1} \quad \text{und} \quad n_2 = \frac{x_2}{X_2} \tag{7.15}$$

erhält man aus $g[x_1, x_2]$ die Sequenz $g[n_1, n_2]$ mit

$$g[n_1, n_2] = \sum_{m_1=-\infty}^{\infty} \sum_{m_2=-\infty}^{\infty} g[m_1, m_2] \cdot \delta[n_1 - m_1, n_2 - m_2], \tag{7.16}$$

die von den Abtastabständen unabhängig ist. Für den verwendeten Einheitsimpuls (oder Dirac) in zwei Dimensionen $\delta[n_1, n_2]$ gilt

$$\delta[n_1, n_2] = \delta[n_1] \cdot \delta[n_2] = \begin{cases} 1 & \text{für } n_1 = n_2 = 0 \\ 0 & \text{sonst.} \end{cases} \tag{7.17}$$

In Abbildung 7.6 ist oben links der zweidimensionale Dirac als Bildfunktion gezeigt. Man beachte, dass die Intensität nicht als Grauwert, sondern als Zahlenwert dargestellt ist. Zusätzlich zum Dirac $\delta[n_1, n_2]$ sind in der zweidimensionalen Signalverarbeitung auch die Richtungsimpulse

$$\delta_T[n_1] = \begin{cases} 1 & \text{für } n_1 = 0 \\ 0 & \text{sonst} \end{cases} \quad \text{und} \quad \delta_T[n_2] = \begin{cases} 1 & \text{für } n_2 = 0 \\ 0 & \text{sonst} \end{cases} \tag{7.18}$$

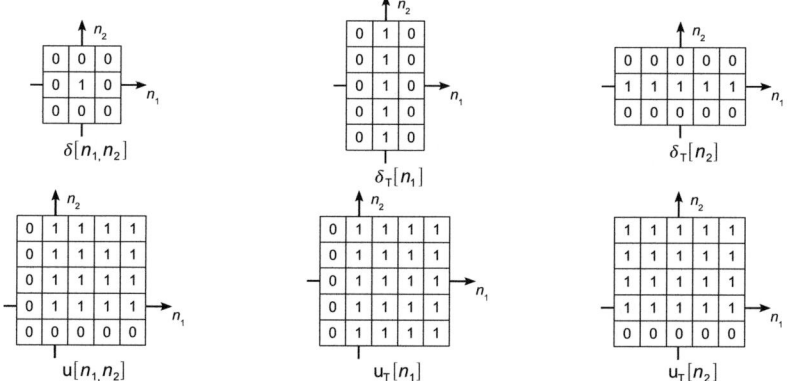

Abb. 7.6. Einheitsimpuls (oben links), Richtungsimpulse (oben Mitte und rechts), Einheitssprung (unten links) und Einheitssequenzen (unten Mitte, rechts).

gebräuchlich. Sie haben kein eindimensionales Analogon und sind in Abbildung 7.6 oben Mitte bzw. rechts gezeigt. Aus dem Dirac leitet sich der in Abbildung 7.6 unten links dargestellte zweidimensionale Einheitssprung

$$u[n_1,n_2] = u[n_1] \cdot u[n_2] = \begin{cases} 1 & \text{für } n_1, n_2 \geq 0 \\ 0 & \text{sonst} \end{cases} \qquad (7.19)$$

ab. Die zwei vom Einheitssprung abgeleiteten Einheitssequenzen

$$u_T[n_1] = \begin{cases} 1 & \text{für } n_1 \geq 0 \\ 0 & \text{sonst} \end{cases} \text{ und } u_T[n_2] = \begin{cases} 1 & \text{für } n_2 \geq 0 \\ 0 & \text{sonst} \end{cases} \qquad (7.20)$$

besitzen wie die Richtungsimpulse keine eindimensionale Entsprechung. Die Einheitssequenzen sind in Abbildung 7.6 unten Mitte bzw. rechts dargestellt.

7.2.2 Spektraldarstellung

Wie im kontinuierlichen Fall existiert auch für den diskreten Fall eine spektrale Darstellung der abgetasteten Sequenz $g[n_1,n_2]$. Für den Fall einer unendlichen Sequenz gilt die z-Transformation. Endliche (räumlich begrenzte) Sequenzen können zusätzlich mithilfe der diskreten Fouriertransformation beschrieben werden.

z-Transformation

Mithilfe der z-Transformation [6, 19] kann für die Sequenz $g[n_1,n_2]$ eine spektrale Darstellung erhalten werden [13]. Für die z-Transformation gilt im zweidimensionalen Fall

$$G(z_1,z_2) = \sum_{n_1=-\infty}^{\infty} \sum_{n_2=-\infty}^{\infty} g[n_1,n_2] \cdot z_1^{-n_1} \cdot z_2^{-n_2}. \qquad (7.21)$$

In der Umkehrung erhält man mit der inversen z-Transformation

$$g[n_1,n_2] = \frac{1}{(j\cdot 2\pi)^2} \oint_{C_1} \oint_{C_2} G(z_1,z_2) \cdot z_1^{n_1-1} \cdot z_2^{n_2-1} \mathrm{d}z_1 \mathrm{d}z_2. \qquad (7.22)$$

Diskrete Fouriertransformation

Für aperiodische Sequenzen endlicher Länge N_1, N_2 und

$$g[n_1,n_2] = 0 \text{ für } n_1 \notin \{0,\ldots,N_1-1\} \text{ und } n_2 \notin \{0,\ldots,N_2-1\} \qquad (7.23)$$

kan man über die diskrete Fouriertransformation (DFT) das diskrete Spektrum

$$G[k_1,k_2] = \begin{cases} \sum_{n_1=0}^{N_1-1} \sum_{n_2=0}^{N_2-1} g[n_1,n_2] \cdot \mathrm{e}^{-j\cdot 2\pi \cdot \left(\frac{k_1 \cdot n_1}{N_1} + \frac{k_2 \cdot n_2}{N_2}\right)} & \text{für } \begin{array}{l} 0 \leq k_1 \leq N_1-1 \\ 0 \leq k_2 \leq N_2-1 \end{array} \\ 0 & \text{sonst} \end{cases} \qquad (7.24)$$

erhalten [9, 24]. Aus dem diskreten Spektrum kann über die inverse diskrete Fouriertransformation (IDFT)

$$g[n_1,n_2] = \begin{cases} \sum_{k_1=0}^{N_1-1} \sum_{k_2=0}^{N_2-1} G[k_1,k_2] \cdot \mathrm{e}^{j\cdot 2\pi \cdot \left(\frac{k_1 \cdot n_1}{N_1} + \frac{k_2 \cdot n_2}{N_2}\right)} & \text{für } \begin{array}{l} 0 \leq n_1 \leq N_1-1 \\ 0 \leq n_2 \leq N_2-1 \end{array} \\ 0 & \text{sonst} \end{cases} \qquad (7.25)$$

die Sequenz wiedergewonnen werden. Da sie mit Sequenzen endlicher Länge arbeiten, sind die DFT und IDFT geeignet für die spektrale Untersuchung von örtlich begrenzten digitalen Bildsignalen (Bildern).

7.2.3 Quantisierung

Bei der Quantisierung wird das wertkontinuierliche Signal $g[n_1,n_2]$ in das wertdiskrete Signal $\hat{g}[n_1,n_2]$ durch

$$\hat{g}[n_1,n_2] = Q(g[n_1,n_2]) \qquad (7.26)$$

überführt [1, 3]. Q bezeichnet dabei den Quantisierer, der durch seine Kennlinie, seine Stufenzahl N und Quantisierungsstufen $s_0,\ldots s_{N-1}$ beschrieben wird. Dabei wird der Wertebereich $[g_i,\ldots g_{i+1}]$ der Quantisierungsstufe s_i zugeordnet. Für die Quantisierungsstufenbreite Δg_i gilt dann $\Delta g_i = g_{i+1} - g_i$. Für $\Delta g_{i-1} = \Delta g_i$, $1 \leq i \leq$

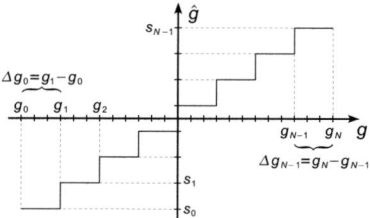

Abb. 7.7. Quantisiererkennlinie eines linearen Quantisierers mit N Stufen.

$N-1$ spricht man von einer linearen Quantisierung. Üblicherweise wählt man die Anzahl der Stufen als Zweierpotenz, d. h. $N = 2^n$. Eine mögliche Quantisiererkennlinie zur linearen Quantisierung ist in Abbildung 7.7 dargestellt.

Angewendet auf die Sequenz $g[n_1,n_2]$, ergibt sich die in Abbildung 7.8 links dargestellte Stufenverteilung mit $N = 2^5 = 32$ und linearer Quantisierung. Zur Darstellung als Graustufenbild werden die negativen Werte der Sequenz durch eine Verschiebung des Wertebereichs in Graustufen überführt. Dies führt zu der, immer noch mit 5 Bit quantisierten Grauwertverteilung aus Abbildung 7.8 Mitte und dem daraus abgeleiteten Graustufenbild in Abbildung 7.8 rechts. Bei der Quantisierung kommt es zum unvermeidlichen Quantisierungsrauschen e_Q mit

$$e_Q = g[n_1,n_2] - \hat{g}[n_1,n_2]. \tag{7.27}$$

Ziel ist es, die Quantisierungsgrenzen $s_0,\ldots s_N$ so festzulegen, dass der Quantisierungsfehler für ein bestimmtes Signal minimal wird. Aufgrund der begrenzten Un-

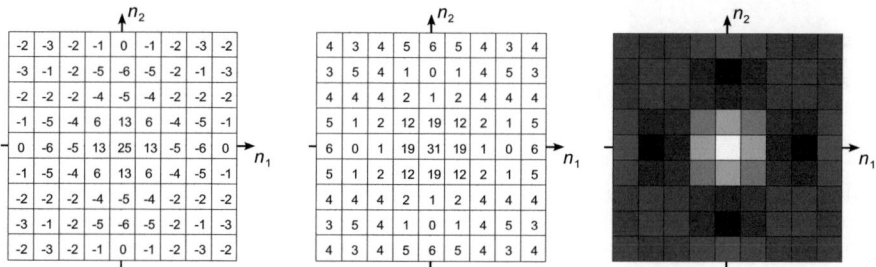

Abb. 7.8. Stufenverteilung (links), in den positiven Wertebereich verschobene Stufenverteilung (Mitte) und resultierendes Grauwertbild (rechts) einer diskreten, quantisierten Sequenz.

terscheidbarkeit von Grautönen durch das menschliche Auge genügen in der Praxis $N = 2^8 = 256$ Graustufen.

7.2.4 Faltung

Auch für diskrete Sequenzen existiert eine Faltung. Sie beschreibt eine Bewertung der diskreten Sequenz $g[n_1,n_2]$ mit einem Filter $h[n_1,n_2]$. Das Filter $h[n_1,n_2]$ wird dabei als Impulsantwort dargestellt. Für die resultierende Sequenz $s[n_1,n_2]$ gilt [1]

$$s[n_1,n_2] = g[n_1,n_2] * h[n_1,n_2] = \sum_{m_1=-\infty}^{\infty} \sum_{m_2=-\infty}^{\infty} g[m_1,m_2] \cdot h[n_1-m_1,n_2-m_2]. \quad (7.28)$$

Wie im kontinuierlichen Fall gelten für die Spektren $G[k_1,k_2]$, $H[k_1,k_2]$ und $S[k_1,k_2]$ die Zusammenhänge [10]

$$g[n_1,n_2] * h[n_1,n_2] = s[n_1,n_2] \quad \circ\!\!-\!\!\bullet \quad S[k_1,k_2] = G[k_1,k_2] \cdot H[k_1,k_2] \quad (7.29)$$
$$g[n_1,n_2] \cdot h[n_1,n_2] = s[n_1,n_2] \quad \circ\!\!-\!\!\bullet \quad S[k_1,k_2] = G[k_1,k_2] * H[k_1,k_2]. \quad (7.30)$$

In Abbildung 7.9 ist exemplarisch das Ergebnis der diskreten Faltung der Sequenz $\hat{g}[n_1,n_2]$, entstanden aus dem Signal aus Gleichung 7.3 durch Abtastung und Quantisierung mit der Sequenz $\hat{h}[n_1,n_2]$, die Sequenz der abgetasteten und quantisierten Funktion $h(x_1,x_2) = \sin(x_1)$ dargestellt.

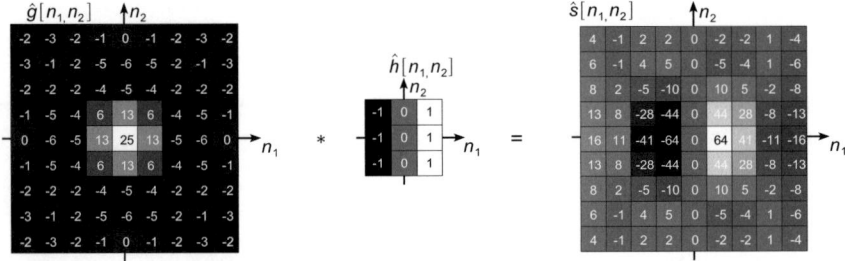

Abb. 7.9. Ergebnis der diskreten Faltung zweier Signale.

In diesem Manuskript werden Filter immer als Impulsantwort beschrieben. Für die Faltung muss die Impulsantwort zweifach gespiegelt werden (siehe Gleichung 7.28). In der Literatur werden für Filter teilweise auch sog. Filter-, Faltungsmasken oder Faltungskerne angegeben [22]. Diese beinhalten bereits die notwendigen Spiegelungen. Es bleibt im Einzelfall zu prüfen, ob Filter als Faltungskern oder durch ihre Impulsantwort dargestellt werden.

7.3 Bildaufzeichnung und Bildstörung

Das kontinuierliche Bild $g(x_1,x_2)$ wird mithilfe von Sensoren (z. B. CCD) ortsdiskretisiert und anschließend mithilfe eines Analog-/Digital-Wandlers wertdiskretisiert und quantisiert [9]. Die so entstandene Sequenz $\hat{g}(x_1, x_2)$ kann digital weiterverarbeitet werden. Im Folgenden werden orts- und wertdiskrete sowie (mit typischer Weise acht Bit) quantisierte Graustufensequenzen betrachtet und mit $b[n_1, n_2]$, dem Graustufenbild, bezeichnet. Diese Graustufenbilder sind nicht frei von Störungen. Die Ursachen und Wirkungen der Störungen können mannigfaltig sein. Im Rahmen dieses Buchs werden zwei prinzipielle Arten von Störungen, additive und lineare, ortsinvariante Störungen und ihre Kompensation erläutert.

7.3.1 Additive Störungen

Als additive Störungen bezeichnet man Störungen, die das ideale Bild $b_\text{I}[n_1, n_2]$ additiv überlagern [9]. Die Abbildung 7.10 links zeigt exemplarisch das Idealbild[1] „Lena" [21]. Bei der additiven Überlagerung ist die Störung des einzelnen Pixels nicht von seinen umgebenen Pixeln abhängig. Für das gestörte Signal gilt dann

$$b[n_1, n_2] = b_\text{I}[n_1, n_2] + n[n_1, n_2]. \tag{7.31}$$

Als Maß für die Störung des Bilds der Größe $M \times N$ gilt das Signal zu Rauschleistungsverhältnis (SNR). Es errechnet sich (siehe z. B. [9]) zu

$$\text{SNR} = 10 \cdot \log_{10} \left(\frac{\sum_{n_1=1}^{N} \sum_{n_2=1}^{M} (b_\text{I}[n_1, n_2])^2}{\sum_{n_1=1}^{N} \sum_{n_2=1}^{M} (n[n_1, n_2])^2} \right). \tag{7.32}$$

Weißes, gaußverteiltes Rauschen

Bildrauschen, das durch spontane Ladungstrennung im Elementarsensor und nicht durch Photonen verursacht wird, sowie thermische Störungen bei der Analog-/Digitalwandlung lassen sich als additive Störung beschreiben. In der Regel sind das ungestörte Bild und das Rauschsignal unkorreliert. Rauschen, das durch Unschärfe in den Sensoren und Wandlern entsteht, kann ferner durch eine Normalverteilung mit Mittelwert μ, Standardabweichung σ und Varianz σ^2 beschrieben werden. Man spricht dann von weißem (da unkorreliertem), gaußverteiltem Rauschen. Dabei gilt für die Grauwertverteilung h_n des Rauschsignals $n[n_1, n_2]$:

$$h_n(n_1, n_2) = \frac{1}{2\pi\sigma} e^{-\frac{(n_1-\mu_1)^2+(n_2-\mu_2)^2}{2\sigma^2}}, \tag{7.33}$$

wobei für die Mittelwerte i. d. R. $\mu_1 = \mu_2 = \mu$ gewählt wird [29]. Abbildung 7.10 Mitte zeigt das verrauschte Idealbild $b_\text{G}[n_1, n_2]$ mit einem SNR von 50 dB.

---
[1] Wie eingangs erläutert, existiert in digitaler Form aufgrund der Orts- und Wertdiskretisierung kein Idealbild. Hier erfolgt die Bezeichnung dennoch im Sinne eines „ungestörten" Bilds. Wie „Lena" zu einem der populärsten Motive der Bildverarbeitung wurde, beschreibt [11].

Abb. 7.10. Ungestörtes (links), mit additivem weißen Rauschen überlagertes (Mitte) und durch Impulsrauschen gestörtes (rechts) Idealbild „Lena".

Impulsrauschen

Neben anderen Rauscharten existiert in der Bildverarbeitung das „Salt-and-pepper"- oder Impulsrauschen [2]. Es entsteht durch systematische Pixelfehler auf dem aufzeichnenden Sensor. Diese fehlerhaften Pixel erscheinen im gestörten Bild als weiße (engl. *salt*) und schwarze (engl. *pepper*) Bildpunkte. Man kann sich diese Störung als additive Überlagerung des ungestörten Bilds mit einer zufälligen Folge von positiven und negativen Dirac-Stößen vorstellen. In Abbildung 7.10 rechts ist das mit Impulsrauschen (SNR = 50 dB) gestörte Idealbild $b_S[n_1,n_2]$ dargestellt.

7.3.2 Lineare, ortsinvariante Bildstörungen

Unter dem Begriff lineare, ortsinvariante Bildstörungen fasst man solche Störungen zusammen, die durch Faltung des Idealbilds $b_I[n_1,n_2]$ und einen Störfilter $h[n_1,n_2]$ hervorgehen. Im Englischen wird diese Art von Störungen „Blurring" (Unschärfe, Verwischung) genannt. Für das gestörte Bild $b_B[n_1,n_2]$ gilt [29]

$$b_B[n_1,n_2] = b_I[n_1,n_2] * h[n_1,n_2]. \tag{7.34}$$

Man unterscheidet häufig zwei Arten von Blurring:

Motion Blur: Verwischung durch Bewegung. Sie entsteht, wenn sich entweder das aufzunehmende Objekt und/oder der Sensor zum Zeitpunkt der Aufnahme in Bewegung befinden. Da eine Aufnahme stets mit einer gewissen Belichtungszeit einhergeht, verteilt sich die Bildinformation abhängig von der Belichtungszeit und der relativen Bewegungsgeschwindigkeit zwischen dem aufzunehmenden Objekt und dem Sensor auf verschiedene Bildpunkte [17]. In Abbildung 7.11 Mitte ist ein Beispiel für ein verwaschenes Bild durch eine unbeabsichtigte Kamerabewegung auf einem Halbkreis von links nach rechts dargestellt.

Focus Blur: Unschärfe aufgrund von falscher Fokussierung. Wird ein Bild nicht richtig auf den Sensor abgebildet, so erscheint es unscharf. Die rechte Seite von Abbildung 7.11 zeigt ein unscharf aufgenommenes Bild [29].

Abb. 7.11. „Lena" als Idealbild (links), mit Verwaschung durch Bewegung (Mitte) und Unschärfe (rechts).

7.4 Bildrestauration und Bildverbesserung

Aufgabe der Bildrestauration ist es, die bei der Aufzeichnung eines Bilds aufgetretenen Störungen oder andere, nicht optimale Aufnahmebedingungen wie Beleuchtung u. Ä. zu kompensieren. Dies geschieht durch eine Filterung des Bilds. Sind die Störungen innerhalb eines Bilds kompensiert, kann der Bildeindruck verbessert werden. Eine häufige Anwendung ist der sog. Histogrammausgleich, bei dem der Dynamikbereich des Bilds angepasst wird.

7.4.1 Rauschkompensation

Zur Kompensation des weißen Rauschens oder Impulsrauschens werden sowohl lineare als auch Rangordnungsfilter verwendet [25]. Je nach Art des Rauschens werden jedoch bestimmte Filtertypen bevorzugt.

Mittelwertfilter

Das Mittelwertfilter, auch „Boxfilter" genannt, liefert den Mittelwert der Grauwerte einer $N_2 \times N_1$ Filtermaske um den Zentralpixel [12]. Seine Impulsantwort $h_{\text{Mittel}}[n_1, n_2]$ ist gegeben durch

$$h_{\text{Mittel}}[n_1, n_2] = \begin{cases} \frac{1}{N_1 \cdot N_2} & -\left\lfloor \frac{N_1}{2} \right\rfloor \leq n_1 \leq \left\lfloor \frac{N_1}{2} \right\rfloor, \ -\left\lfloor \frac{N_2}{2} \right\rfloor \leq n_2 \leq \left\lfloor \frac{N_2}{2} \right\rfloor \\ 0 & \text{sonst.} \end{cases} \quad (7.35)$$

Wird ein Bild mit einem Mittelwertfilter beaufschlagt, so entspricht dies einer Faltung mit einer Rechteckfunktion – eine Multiplikation des Spektrums mit einer zweidimensionalen Spaltfunktion. Somit stellt das Mittelwertfilter einen Tiefpass dar. Eine 3×3 Faltungsmaske des Mittelwertfilters zeigt Abbildung 7.12 links. In der Mitte von Abbildung 7.12 ist das Ergebnis nach der Unterdrückung des weißen Rauschens und rechts das Ergebnis nach Unterdrückung des Impulsrauschens mit einem Mittelwertfilter dargestellt. Aufgrund des langsamen Abklingens des Spektrums des Mittelwertfilters haben gestörte Punkte des ursprünglichen Bilds nach der Filterung einen starken Einfluss auf ihre Nachbarn. Durch die Faltung mit einem Mittelwertfilter gleichen sich die Intensitätswerte benachbarter Punkte an, wie im Fall des Impulsrauschens in Abbildung 7.12 rechts deutlich zu sehen ist.

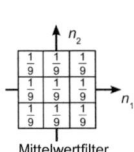  

Abb. 7.12. Faltungsmaske eines 3×3 Mittelwertfilters (links) sowie ein mit einem Mittelwertfilter beaufschlagtes, verrauschtes Bild (Mitte: weißes Rauschen, rechts: Impulsrauschen).

Gaußtiefpass (Gaußfilter)

Aufgrund des nur langsam abklingenden Spektrums des Mittelwertfilters ergeben sich, abhängig vom auftretenden Rauschen, oftmals unerwünschte Verschlechterungen im Bild. Aus diesem Grund wird für die Rauschunterdrückung häufig ein Gaußtiefpass eingesetzt, bei dem der Mittelpunkt-Pixel im ursprünglichen Bild stärker gewichtet wird [9, 12]. Die Impulsantwort des Gaußtiefpasses ergibt sich zu

$$h_{\text{Gauß}}[n_1, n_2] = A \cdot e^{-\frac{n_1^2 + n_2^2}{2 \cdot \sigma}}. \tag{7.36}$$

Der Koeffizient A dient zum Normieren des Filters, sodass

$$\sum_{n_1 = -\left\lfloor \frac{N_1}{2} \right\rfloor}^{\left\lfloor \frac{N_1}{2} \right\rfloor} \sum_{n_2 = -\left\lfloor \frac{N_2}{2} \right\rfloor}^{\left\lfloor \frac{N_2}{2} \right\rfloor} h_{\text{Gauß}}[n_1, n_2] = 1 \tag{7.37}$$

gilt und die durchschnittliche Intensität des gefilterten Bilds nicht erhöht wird. Die räumliche Ausgedehntheit der Impulsantwort wird durch σ beeinflusst. In der Bildverarbeitung gebräuchliche Werte sind $A = \frac{1}{4}$ und $\sigma = 17/23$. Sie führen nach geeigneter Quantisierung zu der in Abbildung 7.13 links dargestellten 3×3 Faltungsmaske. Der Einfluss der Gaußfilterung auf die verrauschten Idealbilder zeigt Abbildung 7.13 Mitte bzw. rechts.

7.4 Bildrestauration und Bildverbesserung

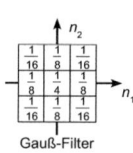

Abb. 7.13. Faltungsmaske eines 3×3 Gaußfilters (links) sowie ein mit einem Gaußfilter beaufschlagtes, verrauschtes Bild (Mitte: weißes Rauschen, rechts: Impulsrauschen).

7.4.2 Medianfilter

Während das Mittelwerts- und Gaußfilter lineare Filter repräsentieren, gehört das Medianfilter der Gruppe der Rangordnungsfilter an [33]. Rangordnungsfilter sind nichtlineare Filter. Für den Medianwert einer *geordneten* Reihe (auf- oder absteigend nach ihren Werten) $\mathbf{x} = \{x_1, \ldots, x_N\}$ gilt

$$\mathrm{Median}(\mathbf{x}) = \begin{cases} x_{\frac{N+1}{2}} & \text{für } N \text{ ungerade} \\ \frac{x_{\frac{N}{2}} + x_{\frac{N+2}{2}}}{2} & \text{für } N \text{ gerade.} \end{cases} \qquad (7.38)$$

Der Median-Operator liefert also den „mittleren" Wert, der nicht zwangsläufig dem Mittelwert entspricht. Wie das Mittelwerts- und Gaußfilter beeinflusst das Medianfilter einen Bildausschnitt der Größe $N_2 \times N_1$, jedoch kann für ein Medianfilter keine Faltungsmaske angegeben werden. Um anzuzeigen, welche Bildpunkte mit einem Medianfilter beaufschlagt werden sollen, ist die Darstellung aus Abbildung 7.14 links gebräuchlich. Wie Abbildung 7.14 rechts zeigt, ist der Median besonders für die Korrektur des Impulsrauschens geeignet [20].

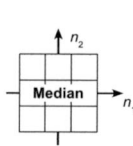

Abb. 7.14. Darstellung eines 3×3 Medianfilters (links) sowie ein mit einem Medianfilter beaufschlagtes, verrauschtes Bild (Mitte: weißes Rauschen, rechts: Impulsrauschen).

7.4.3 Blur-Kompensation

Wie im Abschnitt 7.3.2 erläutert, kommt es bei der Bildaufzeichnung zu linearen, ortsinvarianten Störungen, dem sog. „Blurring". Ist die Art der Verfälschung bekannt, so kann sie kompensiert bzw. rückgängig gemacht werden. Für die Störung gilt nach Gleichung 7.29 und Gleichung 7.34

$$b_{\mathrm{I}}[n_1,n_2] * h[n_1,n_2] = b_{\mathrm{B}}[n_1,n_2] \circ\!\!-\!\!\bullet\ B_{\mathrm{B}}[k_1,k_2] = B_{\mathrm{I}}[k_1,k_2] \cdot H[k_1,k_2]. \quad (7.39)$$

Ist der Frequenzgang $H[k_1,k_2]$ des Blurrings bekannt, so kann über

$$\frac{B_{\mathrm{B}}[k_1,k_2]}{H[k_1,k_2]} = \frac{B_{\mathrm{B}}[k_1,k_2] \cdot H^*[k_1,k_2]}{|H([k_1,k_2])^2|} = B_{\mathrm{I}}[k_1,k_2] \ \bullet\!\!-\!\!\circ$$
$$b_{\mathrm{I}}[n_1,n_2] = b_{\mathrm{B}}[n_1,n_2] * h^{-1}[n_1,n_2] \quad (7.40)$$

auf das Spektrum $B_{\mathrm{I}}[k_1,k_2]$ und die Ortsfunktion $b_{\mathrm{I}}[n_1,n_2]$ des ungestörten Idealbilds geschlossen werden.

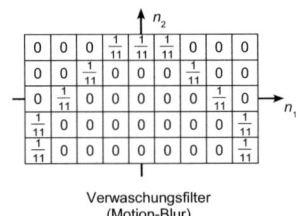
Verwaschungsfilter
(Motion-Blur)

Abb. 7.15. Geschätztes Störfilter des Motion-Blur (links) und kompensiertes Bild (rechts).

Die Schwierigkeit besteht in der Praxis darin, die Übertragungsfunktion oder Impulsantwort der Störung zu ermitteln. Dies geschieht u. a. durch mechanische Sensoren (die z. B. die Bewegung der Kamera registrieren) oder Heuristiken aus dem Bild selbst. In den Abbildungen 7.15 und 7.16 sind jeweils links die für die Verfälschung des Idealbilds angenommenen Impulsantworten als Faltungsmaske angegeben. Das nach Gleichung 7.40 kompensierte Bild aus Abbildung 7.11 zeigt Abbildung 7.15 bzw. Abbildung 7.16 rechts. Deutlich zu sehen sind Artefakte in den kompensierten Bildern. Diese stammen von den Nulldurchgängen der verfälschenden Übertragungsfunktionen und können nicht kompensiert werden.

7.4.4 Histogrammausgleich

Bei der Aufzeichnung natürlicher Bilder kommt es häufig vor, dass nicht der gesamte zur Verfügung stehende Dynamikbereich (Graustufenbereich) verwendet wird. Dies

Abb. 7.16. Geschätztes Störfilter des Focus-Blur (links) und kompensiertes Bild (rechts).

führt zu Bildern, die entweder kontrastarm, unter- oder überbelichtet sind. Bei dem Histogrammausgleich wird der Dynamikbereich im Nachhinein bestmöglich ausgenutzt, man spricht auch vom „Egalisieren" des Bilds [25]. Bereits im Kapitel 6 wurden Histogramme zur Betrachtung von Projektionsprofilen vorgestellt. In der Bildverarbeitung verwendet man sog. Grauwerthistogramme, um die Häufigkeitsverteilung der einzelnen Graustufen in einem Bild zu untersuchen. Dazu wird die Anzahl B der Bins der Anzahl G der Graustufen (meist $G = 256 = 2^8$) gleichgesetzt. Für das Histogramm $H_b(g)$ des Bilds $b[n_1, n_2]$ der Größe $N_2 \times N_1$ gilt in Abhängigkeit der jeweiligen Graustufe g

$$H_b(g) = \sum_{\substack{n_1=1 \\ b[n_1,n_2]=g}}^{N_1} \sum_{n_2=1}^{N_2} 1, \ 0 \leq g \leq G-1. \tag{7.41}$$

 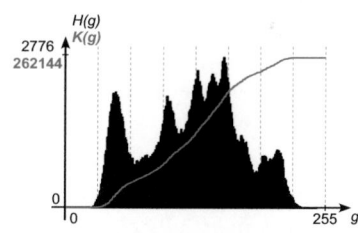

Abb. 7.17. Grauwertbild (links) und zugehöriges Grauwerthistogramm (rechts).

In Abbildung 7.17 rechts ist das Grauwerthistogramm eines natürlichen Bilds dargestellt. Wie anhand der Grauwertverteilung in Abbildung 7.17 rechts zu sehen ist, wird der Grauwertbereich im Bild nicht vollständig ausgenutzt. Außerdem fällt auf, dass einige Grauwerte besonders häufig, andere selten vorkommen. Um den Dynamikbereich des Bilds bestmöglich auszunutzen und den Kontrast gleichzeitig zu verbessern, wird die (beliebige) Grauwertverteilung in eine Gleichverteilung transformiert. Abbildung 7.18 stellt die Grauwertverteilung eines natürlichen Bilds (links) der einer

Grauwertgleichverteilung (rechts) gegenüber. Für die notwendige Transformation wird die Abbildungsvorschrift T gesucht, die die tatsächlichen Grauwerte g auf die Grauwerte g_{norm} der Gleichverteilung abbilden. Es gilt dann für das egalisierte Bild

$$b_{\text{norm}}[n_1,n_2] = T(b[n_1,n_2]). \tag{7.42}$$

Die meist nichtlineare Abbildungsvorschrift T kann mithilfe der kumulierten Histogramme $K_b(g)$ und $K_{b_{\text{norm}}}(g)$, die in den Abbildungen 7.17 und 7.18 zusätzlich zu den Histogrammen eingetragen sind, gefunden werden. Es gilt

$$K_b(g) = \sum_{\lambda=1}^{g} H_b(\lambda), \; 0 \leq g \leq G-1. \tag{7.43}$$

für das kumulierte Histogramm. Die Abbildungsvorschrift T ist implizit definiert über

$$K_b(T(g)) = K(g_{\text{norm}}). \tag{7.44}$$

Dabei gilt für das kumulierte Histogramm der Grauwertgleichverteilung in Abhängigkeit der Bildgröße $N_2 \times N_1$ und der Anzahl G der Graustufen

$$K(g_{\text{norm}}) = \left\lfloor \frac{g_{\text{norm}}}{G} \cdot N_1 \cdot N_2 \right\rfloor + \left\lceil \frac{N_1 \cdot N_2}{G} \right\rceil, \; 0 \leq g_{\text{norm}} \leq G-1. \tag{7.45}$$

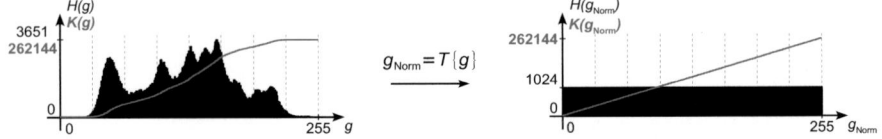

Abb. 7.18. Grauwerthistogramm und kumuliertes Histogramm eines natürlichen Bilds (links) und einer idealen Grauwertgleichverteilung (rechts).

Da es sich bei den Graustufen stets um diskrete Werte handelt, ist Gleichung 7.44 im Allgemeinen nicht erfüllbar. Aus diesem Grund wird als Näherung

$$T(g) = \underset{0 \leq g_{\text{norm}} \leq G-1}{\arg\min} \; |K_b(g) - K(g_{\text{norm}})| \tag{7.46}$$

verwendet. Abbildung 7.19 verdeutlicht den in Gleichung 7.46 beschriebenen Histogrammausgleich. Sie zeigt oben links ein Bild mit normalverteilten Graustufen (weißes Rauschen). Das Grauwerthistogramm in Abbildung 7.19 unten links macht dies deutlich. Zusätzlich zum Histogramm ist auch das kumulierte Histogramm dargestellt. Über die Transformationskennlinie, siehe Abbildung 7.19 Mitte, werden die Grauwerte des Bilds transformiert. Das entstehende Bild zeigt Abbildung 7.19 oben rechts. Es ist eine deutliche Kontrastverstärkung festzustellen. Das Grauwerthistogramm des egalisierten Bilds, wie es Abbildung 7.19 unten rechts zeigt, entspricht

7.4 Bildrestauration und Bildverbesserung   183

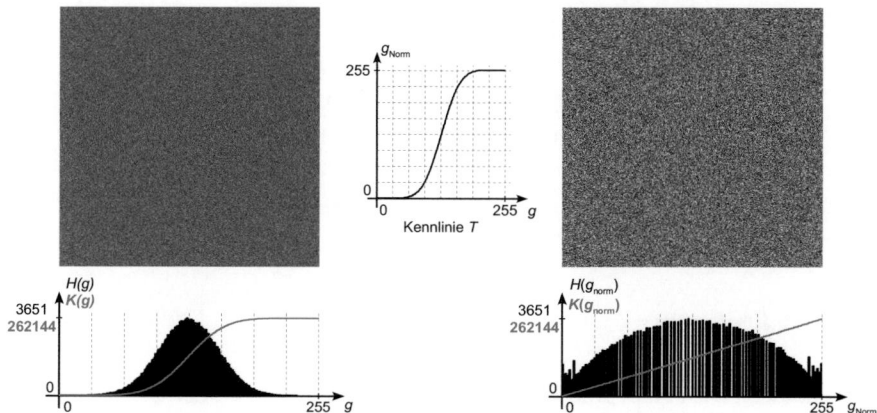

Abb. 7.19. Bild mit normalverteilten Graustufen (oben links) mit zugehörigem Grauwerthistogramm (unten links), Transformationskennlinie (Mitte) und resultierendes, egalisiertes Bild (oben rechts) samt (annähernd) gleichverteiltem Grauwerthistogramm (unten rechts).

noch immer nicht einer Gleichverteilung. Die Transformation wird aber deutlich, wenn das kumulierte Histogramm betrachtet wird, es gleicht dem einer Gleichverteilung.

Die Anwendung des Histogrammausgleichs für natürliche Bilder zeigt Abbildung 7.20. Das bewusst kontrastarme Bild auf der linken Seite von Abbildung 7.20 erscheint nach der Egalisierung deutlich kontrastreicher, wie in Abbildung 7.20 rechts dargestellt ist. Ebenfalls in Abbildung 7.20 sind die zugehörigen Grauwert- sowie kumulierten Histogramme vor und nach der Egalisierung gezeigt.

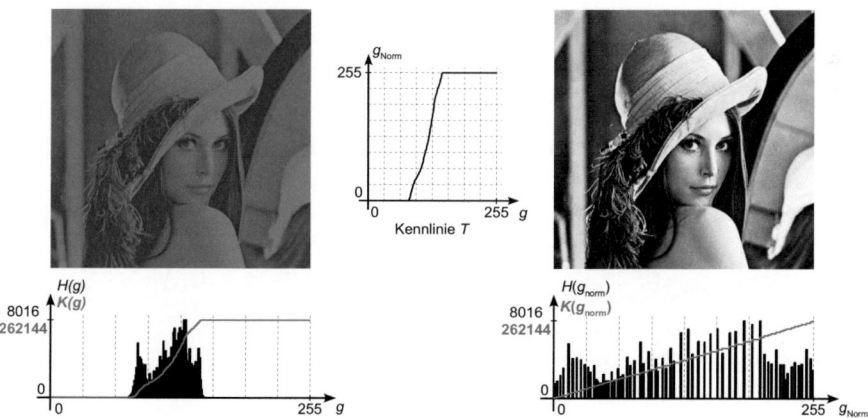

Abb. 7.20. Natürliches, kontrastarmes Bild (oben links) mit zugehörigem Grauwerthistogramm (unten links), Transformationskennlinie (Mitte) und resultierendes, egalisiertes Bild (oben rechts) samt Grauwerthistogramm (unten rechts).

7.5 Kantenhervorhebung

Nach der Aufzeichnung der Bilddaten und deren Vorverarbeitung stehen sie der Weiterverarbeitung zur Verfügung. In der Weiterverarbeitung sollen aus den Bildern die bedeutungstragenden Bereiche oder Segmente extrahiert werden. Diese werden häufig durch Kanten begrenzt [26]. Zentrale Aufgabe dieses Abschnitts ist deswegen die Darstellung der Kantenhervorhebung.

7.5.1 Gradientenfilter

Mathematisch betrachtet sind Kanten in einem Bild Sprünge oder Bereiche großer Steigung in der das Bild beschreibenden Grauwertfunktion [22]. Ein Maß für die Änderung einer Funktion im Eindimensionalen ist ihre erste Ableitung. Im zweidimensionalen Raum existiert die Richtungsableitung, der Gradient. Der Gradient eines Bilds $b(x_1, x_2)$ errechnet sich zu [4]

$$\nabla b(x_1, x_2) = \begin{pmatrix} \frac{\partial b(x_1,x_2)}{\partial x_1} \\ \frac{\partial b(x_1,x_2)}{\partial x_2} \end{pmatrix}. \tag{7.47}$$

Dabei gibt der Gradient die Richtung der größten Änderung in einem Bild an. Für einen Richtungsvektor

$$\mathbf{u} = \begin{pmatrix} \cos\varphi \\ \sin\varphi \end{pmatrix} \tag{7.48}$$

lässt sich die Ableitung in Richtung $\mathbf{u}$ durch die Multiplikation

$$G_{\mathbf{u},b}(x_1,x_2) = \mathbf{u}^T \cdot \nabla b(x_1,x_2) = \cos\varphi \cdot \frac{\partial b(x_1,x_2)}{\partial x_1} + \sin\varphi \frac{\partial b(x_1,x_2)}{\partial x_2} \tag{7.49}$$

ermitteln.

Für diskretisierte Bilder geht der Gradient in den Differenzoperator

$$\nabla_v b[n_1,n_2] = \begin{pmatrix} b[n_1,n_2] - b[n_1-1,n_2] \\ b[n_1,n_2] - b[n_1,n_2-1] \end{pmatrix} \tag{7.50}$$

$$\text{und } \nabla_z b[n_1,n_2] = \begin{pmatrix} b[n_1+1,n_2] - b[n_1-1,n_2] \\ b[n_1,n_2+1] - b[n_1,n_2-1] \end{pmatrix} \tag{7.51}$$

über [12], wobei Gleichung 7.50 den Vorwärtsdifferenzoperator (∇_v) und Gleichung 7.51 den zentrierten (∇_z) Differenzoperator beschreibt. Mit

$$b[n_1,n_2] - b[n_1-1,n_2] = b[n_1,n_2] * \underbrace{(\delta[n_1] - \delta[n_1-1])}_{g_v[n_1]} \tag{7.52}$$

$$b[n_1,n_2] - b[n_1,n_2-1] = b[n_1,n_2] * \underbrace{(\delta[n_2] - \delta[n_2-1])}_{g_v[n_2]} \tag{7.53}$$

$$b[n_1+1,n_2] - b[n_1-1,n_2] = b[n_1,n_2] * \underbrace{(\delta[n_1+1] - \delta[n_1-1])}_{g_z[n_1]} \quad (7.54)$$

$$b[n_1,n_2+1] - b[n_1,n_2-1] = b[n_1,n_2] * \underbrace{(\delta[n_2+1] - \delta[n_2-1])}_{g_z[n_2]} \quad (7.55)$$

lassen sich die Differenzoperatoren aus den Gleichungen 7.50 und 7.51 als Faltung beschreiben. Somit lässt sich die Gradientenbildung als Faltung mit dem Filter $g[n_1]$

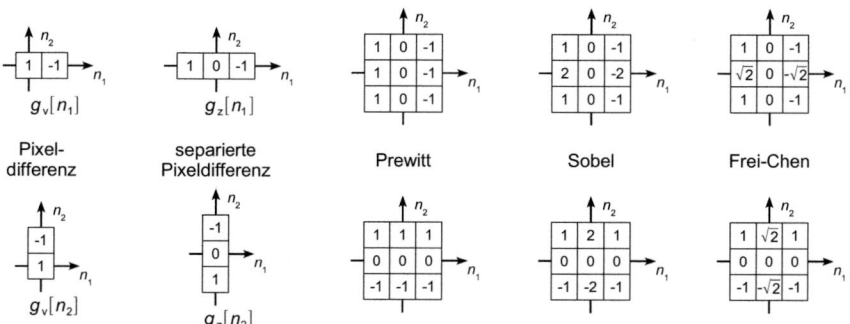

Abb. 7.21. Verschiedene, häufig verwendete Gradientenfilter mit ihren, in der Literatur üblichen Namen (Prewitt [23], Sobel [30], Frei-Chen [7]).

(Gradientenfilter in n_1-Richtung) bzw. $g[n_2]$ (Gradientenfilter in n_2-Richtung) formulieren. In Abbildung 7.21 oben links bzw. unten sind die Impulsantworten der Gradientenfilter in n_1- und n_2-Richtung dargestellt. Nach Tabelle 7.1 stellt das Gradientenfilter einen Hochpass dar. Im diskreten Fall kann für jede Richtung, die durch einen Richtungsvektor nach Gleichung 7.48 definiert ist, ein Richtungsgradientenfilter $g_\mathbf{b}[n_1,n_2]$ in Richtung $\mathbf{b}$ angegeben werden durch

$$g_\mathbf{b}[n_1,n_2] = \cos\varphi \cdot g_v[n_1] + \sin\varphi \cdot g_v[n_2]. \quad (7.56)$$

In der Praxis wird häufig ein Gradientenfilter in n_1- oder n_2-Richtung mit einem Tiefpassfilter (z. B. Mittelwertfilter oder Gaußtiefpass) in die orthogonale Richtung kombiniert. Die entstehende separierbare Filtermaske erhält in Abhängigkeit des verwendeten Differenzoperators, des Winkels φ des Richtungsvektors und des jeweils kombinierten Tiefpassfilters in der Literatur verschiedene Namen. Abbildung 7.21 zeigt die Impulsantworten gebräuchlicher Gradientenfilter mit ihren in der Literatur üblichen Namen.

Durch Verarbeitung eines Bilds mit einem Gradientenfilter erhält man das sog. Gradientenbild $b_g[n_1,n_2]$. In n_1- und n_2-Richtung erhält man so

$$b_{n_1}[n_1,n_2] = b[n_1,n_2] * g[n_1] \text{ und } b_{n_2}[n_1,n_2] = b[n_1,n_2] * g[n_2]. \quad (7.57)$$

Die Gradientenbilder (erstellt mit dem Sobel-Gradient) in n_1- und n_2-Richtung des Bilds aus Abbildung 7.10 links sind in Abbildung 7.22 als erstes bzw. zweites Bild von links dargestellt.

Aus den Gradientenbildern lassen sich die Kantenstärke

$$b_S[n_1,n_2] = \sqrt{(b_{n_1}[n_1,n_2])^2 + (b_{n_2}[n_1,n_2])^2} \qquad (7.58)$$

und die Kantenrichtung

$$b_\Theta[n_1,n_2] = \arctan\left(\frac{b_{n_2}[n_1,n_2]}{b_{n_1}[n_1,n_2]}\right), \; b_{n_1}[n_1,n_2] \neq 0 \qquad (7.59)$$

berechnen [12]. Das Bild der Kantenstärke und der Kantenrichtung der zugehörigen Gradientenbilder aus Abbildung 7.22 ist in derselben Abbildung im zweiten bzw. ersten Bild von rechts gezeigt. Anders als das Gradientenbild sind die Bilder der Kantenstärke bzw. der Kantenrichtung richtungsunabhängig.

Abb. 7.22. Von links nach rechts: horizontales und vertikales Gradienten-, Kantenstärke- und Kantenrichtungsbild (verwendet wurde der Sobel-Gradient).

7.5.2 Laplace-Filter

Gradientenfilter bilden die erste Richtungsableitung der kontinuierlichen Bildfunktion. Diese eignen sich besonders zum Hervorheben von harten Kanten. Für Kanten, die einen weichen Übergang besitzen, sind die Gradientenfilter hingegen nicht geeignet. Stattdessen wird der Laplace-Operator eingesetzt. Der Laplace-Operator $\Delta b(x_1,x_2)$ liefert die zweite Ableitung in x_1- und x_2-Richtung einer Ortsfunktion $b(x_1,x_2)$ [4]. Er ist definiert zu

$$\Delta b(x_1,x_2) = \nabla^2 b(x_1,x_2) = \left(\frac{\partial^2}{\partial x_1^2} + \frac{\partial^2}{\partial x_2^2}\right) b(x_1,x_2). \qquad (7.60)$$

Ähnlich wie der Gradientenoperator kann auch der Laplace-Operator für diskrete Sequenzen $b[n_1,n_2]$ als Faltung formuliert werden. Dabei gilt

$$\Delta b[n_1,n_2] = b[n_1,n_2] * l[n_1,n_2] \qquad (7.61)$$

mit $l[n_1,n_2]$ die Impulsantwort des Laplace-Filters. Das Laplace-Filter ist wie das Gradientenfilter ein Hochpass. Abbildung 7.23 zeigt mögliche Impulsantworten des Laplace-Filters.

Wird ein Bild mit einem Laplace-Filter gefaltet, so erhält man als Ergebnis ein Bild mit hervorgehobenen Kanten, wie Abbildung 7.24 zeigt.

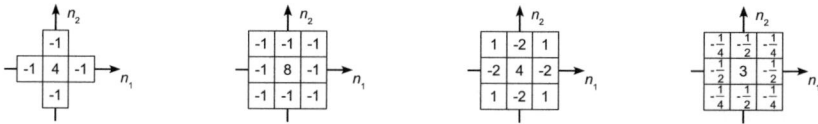

Abb. 7.23. Verschiedene Impulsantworten des Laplace-Filters.

Abb. 7.24. Bilder nach Anwendung der Laplace-Filter aus Abbildung 7.23.

7.5.3 Binarisierung

Um die durch die oben beschriebenen Filterungen hervorgehobenen Kanten weiter herauszuarbeiten (für eine evtl. anschließende Segmentierung oder Skelettierung), wird das Bild binarisiert. Bei der Binarisierung wird das Bild $b[n_1, n_2]$ auf die Werte $\{0;1\}$ gemappt [3]. Es gilt für das binarisierte Bild $b_{\text{Bin}}[n_1, n_2]$

$$b_{\text{Bin}}[n_1, n_2] = F(b[n_1, n_2]) \tag{7.62}$$

mit F eine Funktion, die den Grauwertbereich (z. B. $[0;255]$) auf die Werte $\{0;1\}$ abbildet. Im einfachsten Fall handelt es sich dabei um eine Schwellwertentscheidung. Das binarisierte Bild erhält man dann durch

$$b_{\text{Bin}}[n_1, n_2] = \begin{cases} 1 & \text{für } b[n_1, n_2] \geq s \\ 0 & \text{für } b[n_1, n_2] < s \end{cases} \tag{7.63}$$

bei gegebener Entscheiderschwelle s. Die Wahl der Schwelle s ist in der Praxis nicht immer einfach. Beispielsweise kann s in einem Bild der Größe $N_2 \times N_1$ zu $K(s) = \frac{N_1 \cdot N_2}{2}$ aus dem kumulierten Histogramm gewählt werden. In Abbildung 7.25 sind die Binärbilder des Bilds aus Abbildung 7.22 rechts für drei unterschiedliche Schwellen (Grauwertindizes) $s = 8$, $s = 18$ und $s = 46$ dargestellt. Man beachte, dass aus Darstellungsgründen ‚eins' der Farbe Schwarz und ‚null' der Farbe Weiß zugeordnet ist.

7.6 Morphologische Operatoren

In der bisherigen Schreibweise wurde ein Bild über verschiedene Pixel mit unterschiedlichen Grauwerten definiert. Auf diese können die linearen und nichtlinearen

Abb. 7.25. Von links nach rechts: Binärbilder nach Schwellwertentscheidung mit $s=8$, $s=18$ und $s=46$.

Filter der vorherigen Abschnitte angewendet werden. Bei dem Ansatz der mathematischen Morphologie[2] geht man dagegen davon aus, dass ein Bild aus der Überlagerung von Objekten unterschiedlicher Form und Größe besteht [15, 16, 27]. Für diese Vorstellung betrachtet man das Bild $\mathcal{B}$. Die Objekte X_i dieses Bilds sind Teilmengen von $\mathcal{B}$ ($X_i \subset \mathcal{B}$). Die Menge der Objekte, die alle Details des Bilds beschreibt, ist die Menge aller N Teilmengen $X_i \subset \mathcal{B}$. Man schreibt

$$P(\mathcal{B}) = \bigcup_{i=1}^{N}(X_i \subset \mathcal{B}) \tag{7.64}$$

für den morphologischen Raum $P(\mathcal{B})$. Dabei ist $P(\mathcal{B})$ strukturierter als $\mathcal{B}$ selbst. Auf $P(\mathcal{B})$ sind die Methoden der Booleschen Algebra anwendbar. Damit lassen sich morphologische Transformationen (Operatoren) $\Psi: P(\mathcal{B}) \to P(\mathcal{B})$ definieren. Morphologische Transformationen modifizieren die Objekte X_i innerhalb von $P(\mathcal{B})$. Ist eine morphologische Transformation auf das gesamte Bild $\mathcal{B}$ anwendbar und translationsinvariant, so spricht man von morphologischen Filtern. Für morphologische Filter können einige Eigenschaften angegeben werden. Diese müssen jedoch nicht alle auf ein einzelnes Filter zutreffen. Die wichtigsten Eigenschaften sind [27]:

Inklusionserhaltend: $X \subset Y \to \Psi(X) \subset \Psi(Y) \ \forall X,Y \subset P(\mathcal{B})$

Antiextensiv: $\Psi(X) \subset X, \forall X \subset P(\mathcal{B})$

Idempotenz: $\Psi(\Psi(X)) = \Psi(X), \forall X \subset P(\mathcal{B})$

Homotop: Das Filter Ψ kann zwar die Komponenten von X verändern, nicht aber ihre Beziehungen untereinander.

Morphologische Filter werden durch ein Strukturelement $m[n_1,n_2]$ definiert. Dieses ähnelt in seiner Darstellung der Impulsantwort von Filtern. Jedoch sind morphologische Filter nur auf morphologischen Räumen definiert. Mit der Bezeichnung $m[n_1,n_2]$ werde im Folgenden das Strukturelement m und *alle* seine enthaltenen Felder beschrieben. Ferner werden die vorgestellten morphologischen Filter nur auf Binärbilder

---

[2] Morphologie bedeutet in etwa „Lehre von der Form".

angewendet. Auf die allgemeineren Formulierungen für Graustufenbilder wird an dieser Stelle verzichtet, sie werden jedoch in [32] behandelt.

7.6.1 Erosion

Das Ergebnis der Erosion (auch Minkowski-Subtraktion oder Kontraktion genannt) der Punktmenge X mit dem Strukturelement $m[n_1,n_2]$ sind diejenigen Punkte, für die $m[n_1,n_2]$ vollständig in X liegt [31], mathematisch ausgedrückt

$$X \ominus m[n_1,n_2] = \{(n_1,n_2) | m[n_1,n_2] \subset X\}. \tag{7.65}$$

Für die Darstellung bedeutet dies, dass der zentrale Punkt des Strukturelements nur dann zu ‚eins' wird, wenn er und alle umgebenden Punkte ‚eins' sind. In Abbildung 7.26 ist die Wirkungsweise der Erosion an einem Beispielmuster gezeigt. Der zentrale Punkt des Strukturelements ist stets der Schnittpunkt der Koordinatenachsen. Damit führt die Erosion stets zu einer Verkleinerung des zu erodierenden Objekts. Die Erosion ist nicht kommutativ, d.h.

$$X \ominus m[n_1,n_2] \neq m[n_1,n_2] \ominus X. \tag{7.66}$$

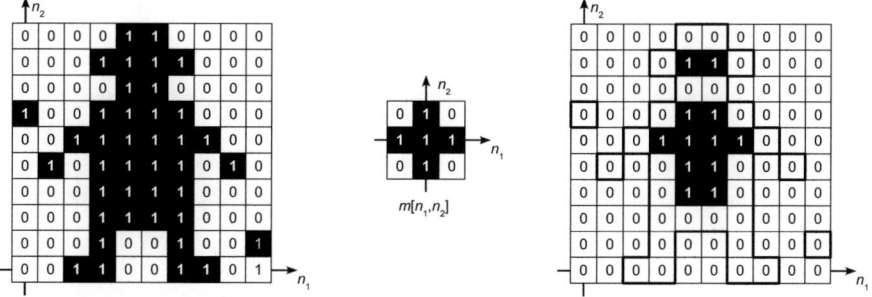

Abb. 7.26. Beispiel für die Erosion: Das Originalbild (links) wird mit dem Strukturelement (Mitte) erodiert (rechts).

7.6.2 Dilatation

Im Gegensatz zur Erosion führt die Dilatation (auch Minkowski-Addition oder Expansion genannt) zu einer Vergrößerung des zu dilatierenden Objekts. Der zentrale Punkt des Strukturelements $m[n_1,n_2]$ erhält bei der Dilatation genau dann den Wert ‚eins', wenn mindestens ein Feld des Strukturelements mit einem Punkt des Objekts zusammenfällt [31]. Es gilt für die Dilatation

$$X \oplus m[n_1,n_2] = \{(n_1,n_2) | m[n_1,n_2] \cap X \neq \emptyset\}. \tag{7.67}$$

Die beispielhafte Wirkungsweise der Dilatation ist in Abbildung 7.27 dargestellt. In Abbildung 7.27 wird ein Beispielbild (auf der linken Seite gezeigt) mithilfe eines Strukturelements (Abbildung 7.27 Mitte) dilatiert. Das Ergebnis zeigt Abbildung 7.27 rechts.

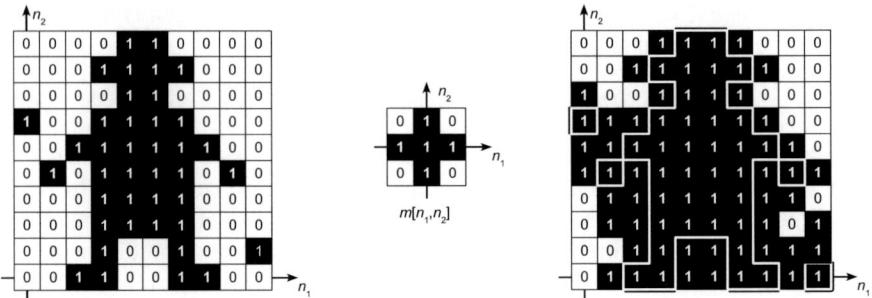

Abb. 7.27. Beispiel für die Dilatation: Das Originalbild (links) wird mit dem Strukturelement (Mitte) dilatiert (rechts).

7.6.3 Öffnen und Schließen

Mithilfe der oben definierten morphologischen Filter Erosion und Dilatation können zwei weitere, häufig verwendete Operationen formuliert werden. Es handelt sich dabei um das Öffnen (engl. *opening*) und Schließen (engl. *closing*) [31]. Diese beiden Operationen sind die jeweilige Verkettung von Erosion und Dilatation. Es gilt für das Öffnen

$$X \circ m[n_1,n_2] = (X \ominus m[n_1,n_2]) \oplus m[n_1,n_2]. \tag{7.68}$$

Zunächst wird auf das Objekt X die Erosion mit dem Strukturelement $m[n_1,n_2]$ angewendet. Dadurch werden kleine Objekte und Störungen entfernt. Anschießend wird das Ergebnis dilatiert, dadurch werden Objekte, die durch die Erosion verkleinert, aber nicht eliminiert wurden, wieder annähernd in die ursprüngliche Größe gebracht. Hierbei werden durch das Öffnen feine Strukturen gelöscht, während große Objekte weitestgehend erhalten bleiben. In Abbildung 7.28 Mitte ist die Operation Öffnen mit dem Strukturelement $m[n_1,n_2]$ aus Abbildung 7.26 an dem links dargestellten Beispielbild erläutert.

Während beim Öffnen unruhige Teile eines Bilds entfernt werden, wird beim Schließen der umgekehrte Weg gegangen. Es werden die kleinen, getrennt liegenden Teile zu einem großen Objekt zusammengefasst. Dazu wird das Bild zunächst dilatiert. Anschließend erfolgt eine Erosion, um das Bild zu glätten. Der Zusammenhang lautet demnach

7.6 Morphologische Operatoren   191

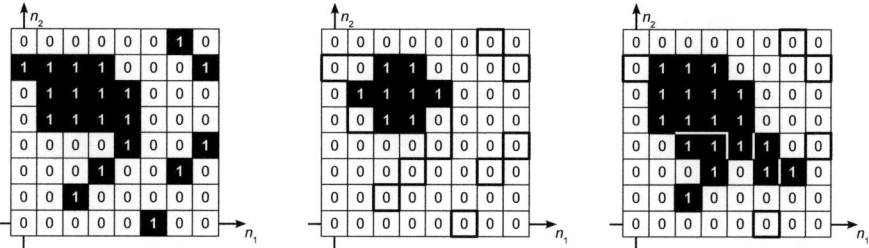

Abb. 7.28. Ergebnis des Öffnens (Mitte) und Schließens (rechts) eines Bilds (links).

$$X \bullet m[n_1, n_2] = (X \oplus m[n_1, n_2]) \ominus m[n_1, n_2]. \tag{7.69}$$

Die Wirkung des Schließens nach Gleichung 7.69 mit dem Strukturelement $m[n_1, n_2]$ aus Abbildung 7.26 Mitte ist in Abbildung 7.28 rechts dargestellt.

7.6.4 Anwendung morphologischer Operationen

Ein Binärbild kann als morphologischer Raum aufgefasst werden. Auf ihm lassen sich die morphologischen Operationen der obigen Abschnitte anwenden. Die Operationen „Öffnen" und „Schließen" können beispielsweise dazu verwendet werden, um die Kanten in einem Bild (nach geeigneter Filterung) noch deutlicher hervorzuheben, bzw. Störungen, die durch die Binarisierung entstanden sind, zu entfernen. In Abbildung 7.29 links ist ein Binärbild der Kantenstärke eines natürlichen Bilds dargestellt. Das Ergebnis des Öffnens zeigt Abbildung 7.29 Mitte. Deutlich zu sehen ist, dass die nicht zu Kanten gehörenden Schwarzfärbungen eliminiert wurden. Allerdings werden die tatsächlichen Kanten ausgedünnt. Anschließend werden die ausgedünnten Teile mithilfe des Schließen-Operators wieder zusammengefasst. Das Resultat ist in Abbildung 7.29 rechts dargestellt.

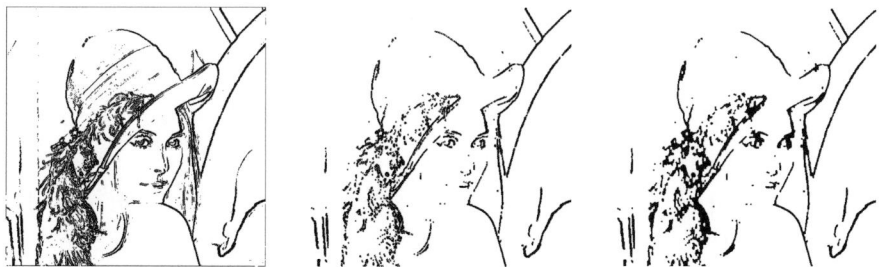

Abb. 7.29. Binärbild (links) nach Anwendung des Öffnen- (Mitte) und Schließen-Operators (rechts) zum Entfernen von störenden Bildteilen.

7.7 Übungen

Aufgabe 7.1: *Separierbare Signale*

Gegeben ist die Impulsantwort eines Filters $h(x_1,x_2) = h_1(x_1) \cdot h_2(x_2)$, deren einzelne Komponenten $h_1(x_1)$ und $h_2(x_2)$ nur von der x_1- bzw. x_2-Richtung abhängen.

a) Drücken Sie die Fouriertransformierte $H(\omega_1,\omega_2) \circ\!\!-\!\!\bullet\, h(x_1,x_2)$ in Abhängigkeit der beiden Einzelspektren $H_1(x_1) \circ\!\!-\!\!\bullet\, h_1(x_1)$ und $H_2(x_2) \circ\!\!-\!\!\bullet\, h_2(x_2)$ aus.

b) Filtern Sie das Bildsignal $g(x_1,x_2)$ mit dem Filter $h(n_1,n_2)$.

b1) Drücken Sie das gefilterte Signal $g(x_1,x_2) * h(n_1,n_2)$ nur durch die Komponenten $g(x_1,x_2)$, $h_1(n_1)$ und $h_2(n_2)$ aus.

b2) Interpretieren Sie das Ergebnis anhand einer Filterstruktur.

b3) Das Ergebnis ist auch auf diskrete Signale anwendbar. Worin liegt demnach die besondere Bedeutung separierbarer Signale?

Aufgabe 7.2: *Kontinuierliche Faltung*

Gegeben sind die beiden zweidimensionalen Signale $g(x_1,x_2)$ und $h(x_1,x_2)$ aus Abbildung 7.30. Es gelten

$$g(x_1,x_2) = x_1^2 \cdot x_2^2 \quad \text{und} \quad h(x_1,x_2) = -x_1^2 - x_1^2 \cdot x_2^2 + 2 \cdot x_1^2 \cdot x_2 - 2 \cdot x_2 + x_2^2 + 1. \tag{7.70}$$

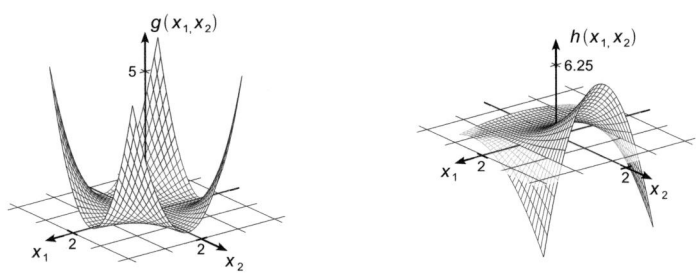

Abb. 7.30. Zweidimensionale, kontinuierliche Signale $g(x_1,x_2)$ (links) und $h(x_1,x_2)$ (rechts).

a) Zeigen Sie, dass sowohl $g(x_1,x_2)$ als auch $h(x_1,x_2)$ separierbar sind, d.h. dass $g(x_1,x_2) = g_1(x_1) \cdot g_2(x_2)$ und $h(x_1,x_2) = h_1(x_1) \cdot h_2(x_2)$ gelten.

b) Skizzieren Sie $h_1(x_1)$ und $h_2(x_2)$ in den Diagrammen aus Abbildung 7.31.

c) Wie berechnet sich $s(x_1,x_2) = g(x_1,x_2) * h(x_1,x_2)$? Berücksichtigen Sie dabei die Ergebnisse aus der vorherigen Aufgabe.

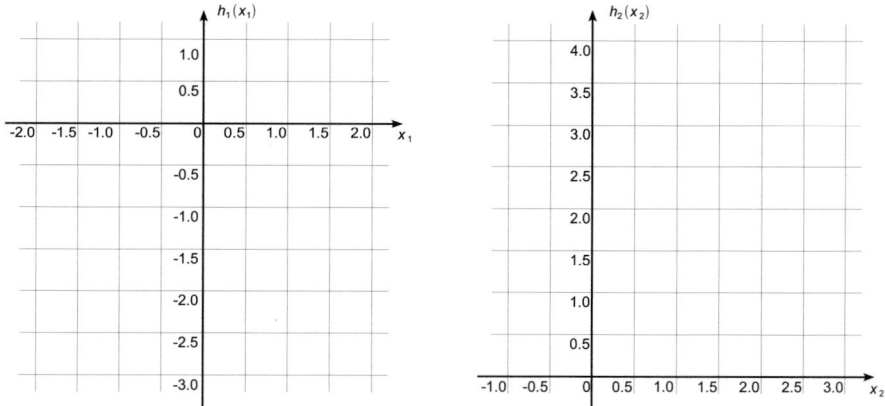

Abb. 7.31. Diagramme zum Einzeichnen der eindimensionalen Signale $h_1(x_1)$ (links) und $h_2(x_2)$ (rechts).

Aufgabe 7.3: *Diskrete Faltung*

Gegeben ist das in Abbildung 7.32 links dargestellte Bitmap $g[n_1,n_2]$. Dieses wird mit dem in der Mitte gezeigten Filter $h[n_1,n_2]$ beaufschlagt.

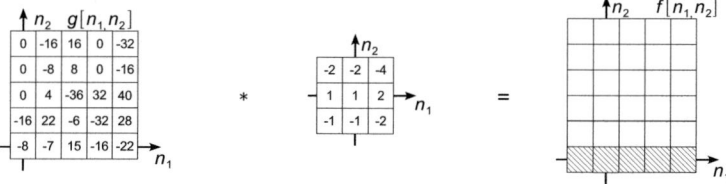

Abb. 7.32. Bild (links), Filter (Mitte) und Faltungsergebnis (links).

a) Falten Sie das Bild $g[n_1,n_2]$ mit der Funktion $g[n_1,n_2]$ und tragen Sie die entstehende Grauwertverteilung $f[n_1,n_2] = g[n_1,n_2] * h[n_1,n_2]$ in Abbildung 7.32 rechts ein.

b) Wie viele Bit werden für die Speicherung des Bilds $f[n_1,n_2]$ benötigt, wenn der volle Dynamikbereich benötigt wird?

c) Ist das Filter $h[n_1,n_2]$ kausal? Wenn ja, bitte begründen Sie, wenn nein, wie erhält man aus $h[n_1,n_2]$ das kausale Filter $h_k[n_1,n_2]$?

d) Geben Sie die Impulsantwort sowie die z-Transformierte $H(z_1,z_2)$ des Filters $h[n_1,n_2]$ bzw. dessen kausalen Variante $h_k[n_1,n_2]$ an.

e) Zeigen Sie, dass $H(z_1, z_2) = H_1(z_1) \cdot H_2(z_2)$ separierbar ist, und leiten Sie eine zeitdiskrete Filterstruktur von $H(z_1, z_2)$ ab. Handelt es sich bei $H(z_1, z_2)$ um ein Infinite Impuls Response (IIR)- oder Finite Impuls Response (FIR)-Filter?

f) Führen Sie die Faltung aus Aufgabe a) getrennt nach $h_1[n_1]$ ○—• $H_1[z_1]$ und $h_2[n_2]$ ○—• $H_2[z_2]$ durch. Verwenden Sie dazu die in Abbildung 7.33 dargestellten Diagramme. Was fällt Ihnen auf?

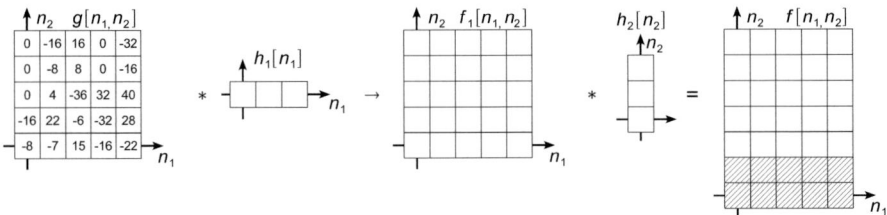

Abb. 7.33. Diagramme zum Filtern eines Bilds (links) mit separierbarem Filter.

Aufgabe 7.4: *Bildrekonstruktion*

Zur routinemäßigen Verkehrsüberwachung hat die Polizei einen mobilen „Blitzer" in Ihrer Zone-Dreißig aufgestellt. Sie werden auf ein sehr schnell vorbeifahrendes Auto aufmerksam. Sie befragen den Polizisten, wer so schnell durch die Straße gefahren sei. Jedoch kann die Aufnahme nicht ausgewertet werden, da das Auto mit $v = 198\,\frac{\text{km}}{\text{h}}$ gefahren ist und das Nummernschild deswegen nur unscharf abgebildet wurde. Abbildung 7.34 links zeigt den Bereich der Aufnahme, der den Stadt-Kennbuchstaben enthält, das Bild $f[n_1, n_2]$. Sie betrachten kurz den Aufbau zur Geschwindigkeitsmessung und stellen fest, dass ein geblitztes Auto zentral auf die Kamera zufährt.

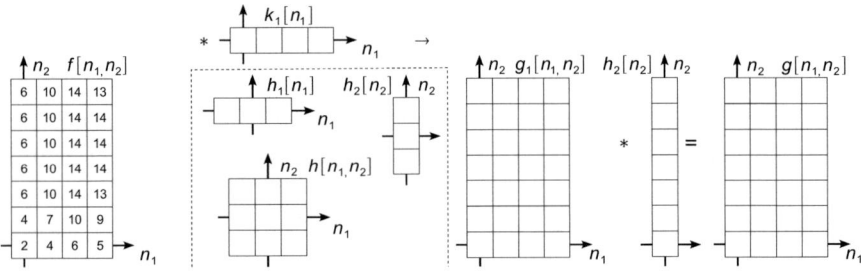

Abb. 7.34. Unscharfes Bild eines Nummernschilds (links) sowie Impulsantworten zur Kompensation (Mitte, rechts).

a) Wie nennt man die in diesem Fall vorliegende Art von Bildstörung?

Sie haben im Buch „Grundlagen der Mensch-Maschine-Kommunikation" gelesen, dass die vorliegende Störung kompensiert werden kann. Sie bieten also dem Polizisten Ihre Hilfe zur Lösung des Falls „Verkehrsrowdy" an.

Aus dem Physikunterricht wissen Sie, dass in einem abbildenden System die in Abbildung 7.35 gezeigten Verhältnisse und Linsengleichungen gelten. Der Polizist teilt Ihnen mit, dass es sich bei der zur Aufzeichnung verwendeten Kamera um eine sehr einfache Digitalkamera mit nur einer Linse als Objektiv handelt. Die Brennweite des Objektivs beträgt $f = 16$ mm. Der Abstand zwischen dem Charge Coupled Device (CCD) und der Linse bemisst sich auf $b = 16.032$ mm. Zum Einsatz kommt in der Kamera ein 2/3-Zoll CCD mit 145 200 quadratischen Pixeln. Demnach hat das rechteckige CCD eine Kantenlänge von 8.8 mm × 6.6 mm.

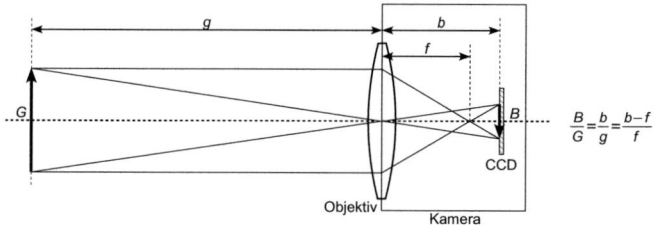

Abb. 7.35. Darstellung eines abbildenden Systems.

b) Welche Pixeldichte D weist das CCD der Kamera auf?

Auf Ihr Fragen hin teilt Ihnen der Polizist mit, dass laut EU-Verordnung ein Buchstabe eines Nummernschilds die Höhe $G = 70$ mm besitzen muss.

c) Welche Höhe hat ein „scharf" abgebildeter Buchstabe auf dem CCD? Wie vielen Pixeln entspricht dies?

d) Wenn Sie davon ausgehen, dass die Kamera in dem Moment auslöst, in dem das Nummernschild „scharf" auf das CCD abgebildet wird, in welchem Abstand von der Kamera wird die Geschwindigkeit gemessen?

Das betreffende Raserfoto wurde mit einer Belichtungszeit von $t = 32$ ms erstellt.

e) Welche Strecke Δg legte das Auto innerhalb der Belichtungszeit zurück? (Hinweis: Während der Belichtung ändert sich die Geschwindigkeit des Fahrzeugs nicht.)

f) Welche Höhe B_2 hat ein Buchstabe des Nummernschilds am Ende der Belichtungszeit? Wie vielen belichteten Pixeln entspricht dies?

g) Auf wie viele Pixel wird demnach die Intensität eines Pixels in vertikaler Richtung verteilt?

h) Geben Sie die Impulsantwort der die Verfälschung beschreibenden Filter in horizontaler ($h_1[n_1]$) und vertikaler ($h_2[n_2]$) Richtung an, und skizzieren Sie sie in Abbildung 7.34 Mitte bzw. rechts. Skizzieren Sie die resultierende Gesamtimpulsantwort

$h[n_1,n_2]$. (Hinweise: Man erhält aus dem ungestörten Bild $g[n_1,n_2]$ durch Beaufschlagung mit dem Störfilter $h[n_1,n_2]$ das gestörte Bild $f[n_1,n_2]$. Gehen Sie davon aus, dass die Verfälschungen in horizontaler und vertikaler Richtung identisch sind.)

i) Wie lauten die kausalen Realisierungen $h_{1,k}[n_1]$ und $h_{2,k[n_2]}$ der Filter $h_1[n_1]$ und $h_1[n_2]$ sowie die des Gesamtstörfilters $h[n_1,n_2]$? Bestimmen Sie auch jeweils die z-Transformierte, und beschreiben Sie im z-Bereich, wie aus dem ungestörten Bild $G(z_1,z_2)$ das gestörte Bild $F(z_1,z_2)$ erhalten werden kann.

j) Leiten Sie das Kompensationsfilter $K(z_1,z_2)$ ab, und zeigen Sie, dass das Filter $K(z_1,z_2) = K_1(z_1) \cdot K_2(z_2)$ separierbar ist. Geben Sie seine zeitdiskrete Filterstruktur an. Handelt es sich um ein IIR- oder FIR-Filter?

k) Wie lauten die Impulsantworten der beiden Kompensationsfilter in n_1-Richtung ($k_1[n_1]$ ○—● $K_1(z_1)$) und n_2-Richtung ($k_2[n_2]$ ○—● $K_2(z_2)$)? Skizzieren Sie die beiden Impulsantworten in Abbildung 7.34. Was ist zu beachten?

l) Aus welcher Stadt stammt der Verkehrssünder? (Hinweis: Wenn Sie das Filter $k_1[n_1]$ zunächst auf das Bild $f[n_1,n_2]$ anwenden, ergibt sich das Bild $g_1[n_1,n_2]$. Sie erhalten das Originalbild $g[n_1,n_2]$, wenn Sie $g_1[n_1,n_2]$ mit dem Filter $k_2[n_2]$ beaufschlagen.)

Aufgabe 7.5: *Histogrammausgleich – kontinuierliche Grauwertverteilung*

Sie haben mit Ihrer *Analog*kamera ein Bild $g(x_1,x_2)$ aufgezeichnet. Die Anzahl der vorkommenden Bildpunkte und Graustufen ist so groß, dass die Grauwertverteilung als kontinuierlich betrachtet werden kann. Für die Wahrscheinlichkeitsdichtefunktion (WDF) der Grauwertverteilung ermitteln Sie

$$p_g(g) = 6 \cdot g - 6 \cdot g^2 \text{ mit } 0 \leq g \leq 1. \tag{7.71}$$

a) Zeigen Sie, dass es sich bei $p_g(g)$ tatsächlich um eine WDF handelt.

b) Skizzieren Sie die Grauwertverteilung im linken Diagramm aus Abbildung 7.36.

Die Amplitudenwerte $g[n_1,n_2]$ werden so in die Amplitudenwerte $f[n_1,n_2]$ transformiert, dass $0 \leq f \leq 1$ gilt und f *gleichverteilt* ist.

c) Zeichnen Sie die geforderte Gleichverteilung $p_f(f)$ in das rechte Diagramm aus Abbildung 7.36 ein.

d) Welchen Vorteil bietet die Grauwertgleichverteilung, welcher Nachteil wird dabei in Kauf genommen?

e) Welche Bedingung muss zwischen differenziell kleinen Produkten $p_g(g_0) \cdot \mathrm{d}g_0$ und $p_f(f_0) \cdot \mathrm{d}f_0$ gelten, wenn der Bereich $\mathrm{d}g_0$ mittels der gesuchten Transformation in den Bereich $\mathrm{d}f_0$ umgerechnet wird?

f) Bestimmen Sie mit den Überlegungen der vorangegangenen Teilaufgabe die Transformationsgleichung $f = T_f(g)$, und tragen Sie sie in das mittlere Diagramm aus Abbildung 7.36 ein.

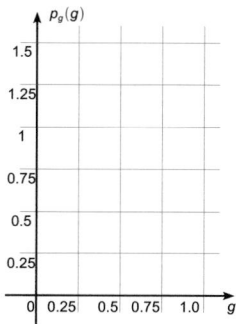 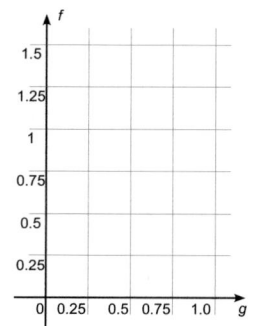 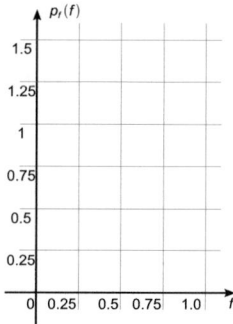

Abb. 7.36. Diagramme für den Histogrammausgleich einer kontinuierlichen Grauwertverteilung.

g) Kann mithilfe der Transformationsgleichung $T_f(g)$ eine exakte Gleichverteilung erreicht werden? Bitte begründen Sie Ihre Antwort.

Aufgabe 7.6: *Histogrammausgleich – diskrete Grauwertverteilung*

Sie haben mit Ihrer *Digital*kamera das in Abbildung 7.37 links dargestellte Bitmap $g[n_1, n_2]$ mit 8×8 Bildpunkten aufgezeichnet.

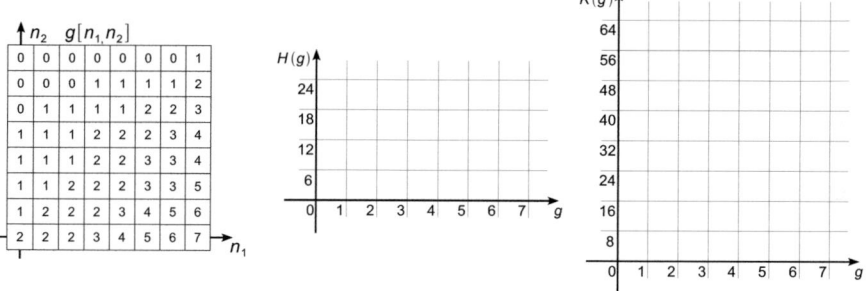

Abb. 7.37. Kontrastschwaches „Bild" (links), zugehöriges Histogramm (Mitte) und kumuliertes Histogramm (rechts).

a) Skizzieren Sie das Histogramm $H(g)$ sowie das kumulierte Histogramm $K(g)$ in den Diagrammen in Abbildung 7.37 Mitte bzw. rechts.

Sie wollen im Folgenden zur Verbesserung des Kontrasts das Histogramm $H(g)$ an eine Gleichverteilung annähern.

b) Tragen Sie zunächst das kumulierte Histogramm $K_{\text{gleich}}(x)$ der Grauwertgleichverteilung eines Bilds mit 8×8 Bildpunkten und 3 Bit Quantisierungsbreite in das Diagramm aus Abbildung 7.38 links ein.

c) Entwerfen Sie eine Zuordnung $T_{\text{gleich}}(g) : g \to f$ so, dass die Grauwertgleichverteilung $p_{\text{Gleich}}(x)$ möglichst gut angenähert wird. Verwenden Sie dazu das Diagramm aus Abbildung 7.38 Mitte. Skizzieren Sie schließlich das resultierende Histogramm $H(f)$ im rechten Diagramm aus Abbildung 7.38. Warum lässt sich keine exakte Gleichverteilung erreichen?

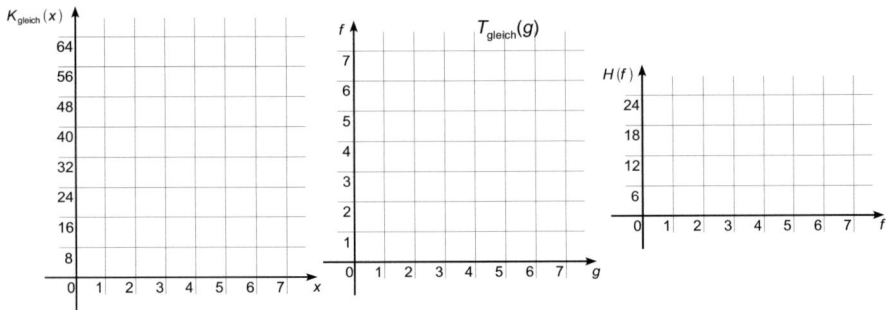

Abb. 7.38. Kumuliertes Histogramm einer Gleichverteilung (rechts), Transformationskennlinie (Mitte) und angenäherte Gleichverteilung (rechts).

Aus Erfahrung wissen Sie, dass eine für den Betrachter „gute" Grauwertverteilung $p_{\text{opt}}(x)$ den folgenden Verlauf besitzt:

x	0	1	2	3	4	5	6	7
p_{opt}	$\frac{1}{16}$	$\frac{2}{16}$	$\frac{2}{16}$	$\frac{3}{16}$	$\frac{3}{16}$	$\frac{2}{16}$	$\frac{2}{16}$	$\frac{1}{16}$

d) Skizzieren Sie das zugehörige kumulative Histogramm $K_{\text{opt}}(x)$ für ein Bild mit 8×8 Bildpunkten in das linke Diagramm aus Abbildung 7.39.

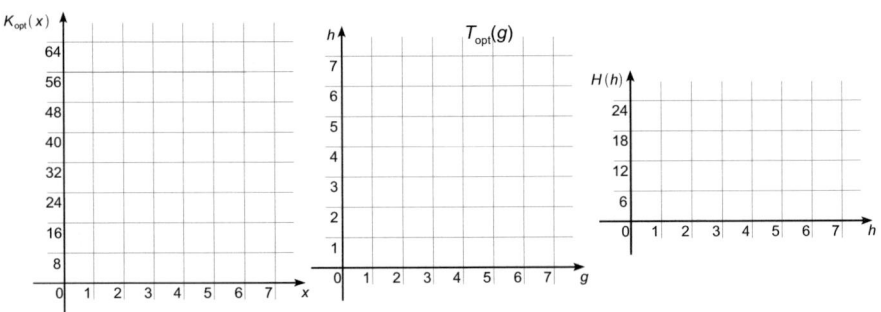

Abb. 7.39. Kumuliertes Histogramm einer „Optimalverteilung" (rechts), Transformationskennlinie (Mitte) und angenäherte Gleichverteilung (rechts).

e) Entwerfen Sie eine Zuordnung $T_{opt}(g) : g \to h$ so, dass die Grauwertverteilung $p_{opt}(x)$ möglichst gut angenähert wird. Skizzieren Sie das resultierende Histogramm $H(h)$ und das transformierte Bild $h_{opt}[n_1, n_2]$ in die Diagramme aus Abbildung 7.39.

Aufgabe 7.7: *Laplace-Operator*

Im Rahmen dieser Aufgabe wird der Laplace-Operator

$$\Delta b(x_1, x_2) = \nabla^2 b(x_1, x_2) = \left(\frac{\partial^2}{\partial x_1^2} + \frac{\partial^2}{\partial x_2^2} \right) b(x_1, x_2),$$

wie er bereits aus Gleichung 7.60 bekannt ist, für eine zweidimensionale, bandbegrenzte Ortsfunktion $b(x_1, x_2)$ untersucht. Sie können alle Größen dieser Aufgabe als dimensionslos betrachten.

a) Warum ist der Laplace-Operator zur Kantendetektion geeignet?

b) Wie lautet die Fourier-Transformierte des Laplace-Operators?

Betrachten Sie die mit $X_1 = X_2 = 1$ abgetastete Ortsfunktion $b[n_1, n_2]$ mit den normierten Ortsfrequenzen $\Omega_i = \omega_i \cdot T_i$.

c) Verwenden Sie für den Operator aus Teilaufgabe b) die normierten Ortsfrequenzen Ω_i und vereinfachen Sie ihn mit der Näherung $\cos(\Omega_i) \approx 1 - \frac{\Omega_i^2}{2}$.

d) Transformieren Sie die Näherung aus Teilaufgabe c zurück in den Ortsbereich. Mit welcher Operation müssen Sie also den diskreten Laplace-Operator mit der zweidimensionalen diskreten Ortsfunktion verknüpfen, um Kanten zu detektieren? (Hinweis: Es gilt $\cos(\Omega_i) = 1/2 \left(e^{j \cdot \Omega_i} + e^{-j \cdot \Omega_i} \right)$.)

Aufgabe 7.8: *Morphologische Operatoren*

a) Drücken Sie die beiden morphologischen Operationen „Erosion" und „Dilatation" als Faltung aus.

Gegeben sind das in Abbildung 7.40 links dargestellte Bitmap $g[n_1, n_2]$ sowie das Strukturelement $m[n_1, n_2]$, in Abbildung 7.40 rechts gezeigt.

b) Die zusammengesetzt morphologische Operation „Öffnen".

b1) Wie ist die zusammengesetzte morphologische Operation „Öffnen" definiert?

b2) Wenden Sie die morphologische Operation „Öffnen" mit dem Strukturelement $m[n_1, n_2]$ auf das Bild $g[n_1, n_2]$ an. Machen Sie Ihr Vorgehen in Abbildung 7.41 deutlich.

b3) Beschreiben Sie qualitativ die morphologische Operation „Öffnen".

c) Die zusammengesetzt morphologische Operation „Schließen".

c1) Wie ist die zusammengesetzte morphologische Operation „Schließen" definiert?

200   7 Grundlagen der Bildverarbeitung

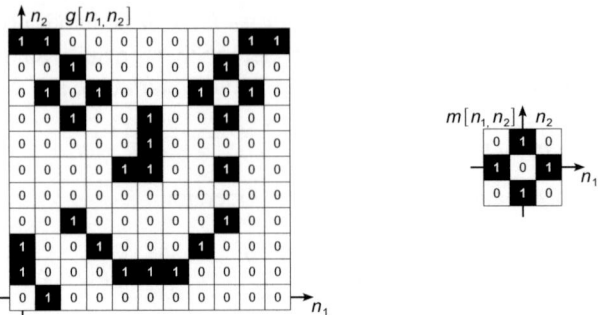

Abb. 7.40. Bitmap (links) und Strukturelement (rechts).

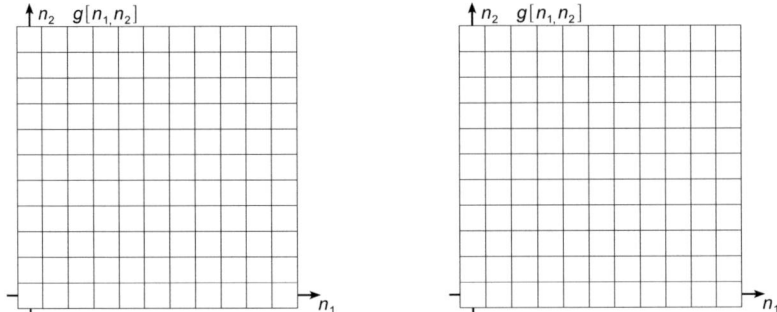

Abb. 7.41. Bitmap nach Anwendung der Operation „Erosion" (links) und „Öffnen" (rechts).

c2) Wenden Sie die morphologische Operation „Schließen" auf das Bild $g[n_1,n_2]$ mit dem Strukturelement $m[n_1,n_2]$ an. Machen Sie Ihr Vorgehen in Abbildung 7.42 auf Seite 201 deutlich.

c3) Beschreiben Sie qualitativ die morphologische Operation „Schließen".

7.8 Literaturverzeichnis

[1] ABMAYR, W.: *Einführung in die digitale Bildverarbeitung.* 2. Vieweg + Teubner, 2002

[2] ASTOLA, J. ; KUOSMANEN, P.: *Fundamentals of Nonlinear Digital Filtering.* CRC-Press, 1997

[3] BALLARD, D. H. ; BROWN, C. M.: *Computer Vision.* Prentice-Hall, 1982

[4] BÅDE, L. ; WESTERGREN, B.: *Mathematische Formeln und Tabellen.* Springer, 2000

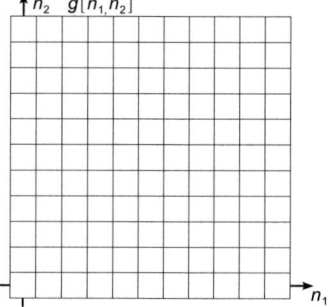
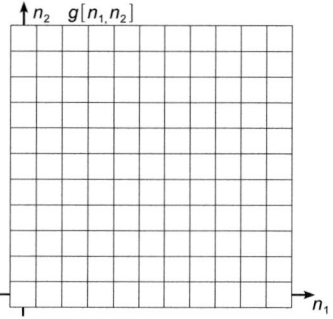

Abb. 7.42. Bitmap nach Anwendung der Operation „Dilatation" (links) und „Schließen" (rechts).

[5] BRIGHAM, E. O.: *FFT: Schnelle Fourier Transformation.* 6. Oldenbourg, 1995

[6] DOETSCH, G.: *Anleitung zum praktischen Gebrauch der Laplace-Transformation und der z-Transformation.* 6. Oldenbourg, 1989

[7] FREI, W. ; CHEN, C. C.: Fast Boundary Detection: A Generalization and a new Algorithm. In: *IEEE Transactions on Computers* 26 (1977), Nr. 10, S. 988–998

[8] FRITZSCHE, G.: *Theoretische Nachrichtentechnik.* VEB Technik, 1984

[9] GONZÁLEZ, R. C. ; WOODS, R. E.: *Digital Image Processing.* 3. Pearson Prentice-Hall, 2008

[10] HUNT, B.: A Matrix Theory Proof of the Discrete Convolution Theorem. In: *IEEE Transactions on Audio and Electroacoustics* 19 (1971), Nr. 4, S. 285–288

[11] HUTCHISON, J.: Culture, Communication, and an Information Age Madonna. In: *IEEE Professional Communication Society Newsletter* 45 (2001), Nr. 3

[12] JÄHNE, B.: *Digital Image Processing.* 6. Springer, 2005

[13] LIM, J. S.: *Two-Dimensional Signal and Image Processing.* Prentice-Hall, 1989

[14] MARKO, H.: *Systemtheorie: Methoden und Anwendungen für ein- und mehrdimensionale Systeme.* 3. Springer, 2009

[15] MATHERON, G.: *Random Sets and Integral Geometry.* John Wiley & Sons, 1975 (Probability & Mathematical Statistics)

[16] MINKOWSKI, H.: Volumen und Oberfläche. In: *Mathematische Annalen* 57 (1903), S. 447–495

[17] NIXON, M. S. ; AGUADO, A. S.: *Feature Extraction and Image Processing.* 2. Academic Press, 2008

[18] NYQUIST, H.: Certain Topics in Telegraph Transmission Theory. In: *Proceedings of the IEEE* 90 (2002), Nr. 2, S. 280–305

[19] OPPENHEIM, A. B. ; WILLSKY, A. S. ; NAWAB, H.: *Signals and Systems*. 2. Prentice-Hall, 1996 (Prentice-Hall Series in Signal Processing)

[20] PERREAULT, S. ; HEBERT, P.: Median Filtering in Constant Time. In: *IEEE Transactions on Image Processing* 16 (2007), Nr. 9

[21] PLAYBOY: *Playboy November 1972*. Hugh Heffner, 1972 (11)

[22] PRATT, W. K.: *Digital Image Processing*. 4. John Wiley & Sons, 2007

[23] PREWITT, J. M. S ; MENDELSOHN, M. L.: The Analysis of Cell Images. In: *Annals of the New York Academy of Sciences* 128 (1966), Nr. 3, S. 1035–1053

[24] PROAKIS, J. G.: *Digital Communications*. 4. McGraw-Hill, 2000

[25] RUSS, J. C.: *The Image Processing Handbook*. 5. CRC-Press, 2006

[26] SCHNEIDER, N.: *Kantenhervorhebung und Kantenverfolgung in der industriellen Bildverarbeitung*. Vieweg + Teubner, 1990

[27] SERRA, J. P.: *Image Analysis & Mathematical Morphology Series*. Bd. 1: *Image Analysis and Mathematical Morphology*. Academic Press, 1984

[28] SHANNON, C. E.: Communication in the Presence of Noise. In: *Proceedings of the IEEE* 72 (1984), Nr. 9, S. 1192–1201

[29] SHAPIRO, L. G. ; STOCKMAN, G. C.: *Computer Vision*. Prentence Hall, 2001

[30] SOBEL, I. ; FELDMANN, G.: A 3×3 Isotropic Gradient Operator for Image Processing. In: DUDA, R. (Hrsg.) ; HART, P. (Hrsg.): *Pattern Classification and Scene Analysis*. 1973, S. 271–272

[31] SOILLE, P.: *Morphologische Bildverarbeitung*. Springer, 1998

[32] STERNBERG, S. R.: Grayscale Morphology. In: *Computer Vision, Graphics, and Image Processing* 35 (1986), Nr. 3, S. 333–355

[33] TUKEY, J. W.: *Exploratory Data Analysis*. Addison-Wesley, 1977

[34] VARY, P. ; HEUTE, U. ; HESS, W. ; BOSSERT, M. (Hrsg.) ; FLIEGE, N. (Hrsg.): *Digitale Sprachsignalverarbeitung*. B. G. Teubner, 1998 (Informationstechnik)

8
Gesichtsdetektion

Für die Mensch-Maschine-Kommunikation (MMK) spielen die in den Bildern enthaltenen Informationen eine wichtige Rolle. Von besonderem Interesse sind dabei Gesichter. Ihre Detektion in Bildern wird in diesem Abschnitt beschrieben.

8.1 Farbbasierte Gesichtsdetektion

Kanten bilden, wie im vorangegangenen Kapitel erläutert, in einem Bild bedeutungstragende Einheiten [16]. Wie in Abbildung 7.22 zu sehen, werden die Umrisse eines Gesichts nach einer Gradientenfilterung deutlich. Jedoch reichen Kanten zur alleinigen Gesichtsdetektion nicht aus, da auch andere Objekte in einem Bild durch Kanten ausgezeichnet sind. Neben den Kanten spielt aber auch die Farbe in einem Bild eine wichtige, bedeutungstragende Rolle [17]. Für die Gesichtsdetektion sind damit Bildbereiche von Bedeutung, in denen die Farbe der Haut, die sog. „Hautfarbe", dominiert.

Wie im Kapitel 2 bereits erläutert, werden Farbbilder für eine Farbdarstellung getrennt nach den drei Primärfarben „Rot" „Grün" und „Blau" mit entsprechenden Sensoren aufgezeichnet [2]. Man erhält so ein Bild $b_{RGB}[n_1,n_2]$ im additiven *RGB*-Farbsystem. Die Rot-Komponente des Tripels wird hier mit $b_R[n_1,n_2]$, die Grün-Komponente mit $b_G[n_1,n_2]$ und die Blau-Komponente mit $b_B[n_1,n_2]$ bezeichnet. In Abbildung 8.1 ist ein farbiges Bild in seine rote, grüne und blaue Komponente zerlegt dargestellt.

Eine Erweiterung des *RGB*-Farbsystems stellt das Farbsystem der Commission International de l'Eclairage (CIE) (siehe Kapitel 3), das alle für den Menschen sichtbaren Farben enthält. Die trichromatische Farbtheorie entspricht der sensorischen Bildaufzeichnung im menschlichen Auge, da sich auf der Retina Zapfen befinden, die jeweils für rotes, grünes und blaues Licht empfindlich sind [3]. Die Farbempfindung des Menschen beruht jedoch nicht auf drei Primärfarben, sondern auf den subjektiven Eindrücken Helligkeit (engl. *intensity*), Farbton (engl. *hue*) und Farbsättigung (engl.

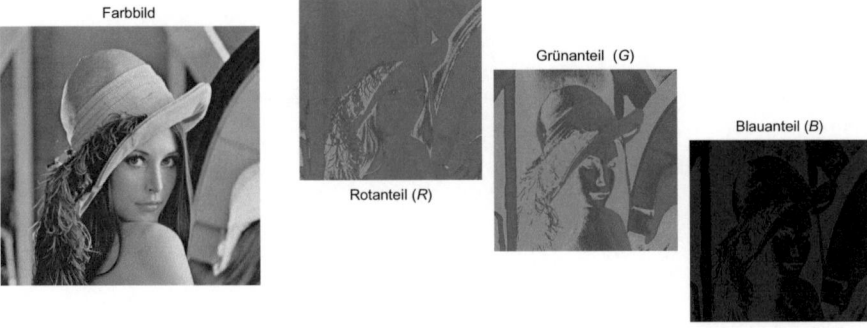

Abb. 8.1. Farbbild (links) und Aufteilung in die drei Farbkomponenten Rot (*R*), Grün (*G*) und Blau (*B*).

saturation) [17]. Die Farbsättigung unterscheidet zwischen einer pastelligen oder kräftigen Ausprägung der Farbe. Farbton und -sättigung eines Farbeindrucks sind in weiten Bereichen unabhängig von seiner Helligkeit. Dies motiviert die Einführung weiterer, von der Helligkeit abhängiger Farbsysteme. Zwei bekannte und weit verbreitete Farbsysteme sind das *YUV*- und das *HSV*-Farbsystem.

8.1.1 Das *YUV*-Farbsystem

Das *YUV*-Farbsystem findet vornehmlich für die analoge Übertragung von Fernsehbildern Verwendung [13, 24]. Die *Y*-Komponente repräsentiert die Helligkeit (Luminanz), während *U* und *V* die Farbe (Chrominanz) beschreiben. Die *RGB*-Darstellung kann in die *YUV*-Darstellung wie folgt umgerechnet werden. Für die Helligkeitskomponente *Y* gilt

$$Y = 0.299 \cdot R + 0.587 \cdot G + 0.114 \cdot B. \tag{8.1}$$

Dabei wurde berücksichtigt, dass Grün heller als Rot und Rot heller als Blau vom menschlichen Auge wahrgenommen werden. Die Chrominanzkomponenten *U* und *V* erhält man zu

$$U = 0.492 \cdot (B - Y) \tag{8.2}$$
$$V = 0.877 \cdot (R - Y). \tag{8.3}$$

Für eine effiziente Verarbeitung existiert auch die Matrix-Vektor-Notation

$$\begin{pmatrix} Y \\ U \\ V \end{pmatrix} = \begin{bmatrix} 0.299 & 0.587 & 0.114 \\ -0.147 & -0.289 & 0.436 \\ 0.615 & -0.515 & -0.1 \end{bmatrix} \cdot \begin{pmatrix} R \\ G \\ B \end{pmatrix}. \tag{8.4}$$

Dadurch wird ein Bild $b_{RGB}[n_1,n_2]$ im *RGB*-Farbsystem in das Bild $b_{YUV}[n_1,n_2]$ mit den Komponenten $b_Y[n_1,n_2]$, $b_U[n_1,n_2]$ und $b_V[n_1,n_2]$ im *YUV*-Farbsystem überführt. Während das *RGB*-Farbsystem den visuellen Sensor des Menschen (das Auge) be-

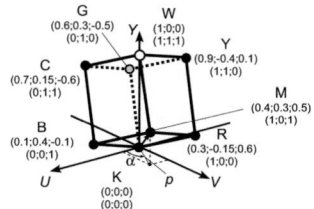
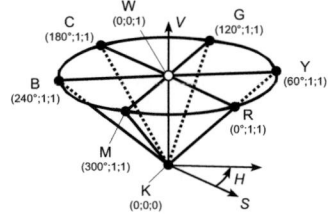

Abb. 8.2. *RGB*-Farbwürfel im *YUV*- (links) und im *HSV*-Farbsystem (rechts).

schreibt, ist das *YUV*-Farbsystem charakteristisch für die *Wahrnehmung* der Farben durch das Nervensystem. Dieses nimmt ebenfalls eine Aufteilung in Helligkeit und Farbe vor. In Abbildung 8.2 links ist der in das *YUV*-Farbsystem transformierte *RGB*-Farbwürfel eingezeichnet. Die Farbkoordinaten der Ecken des *RGB*-Farbwürfels sind ebenfalls in Abbildung 8.2 eingetragen. Die Wertebereiche für Y, U und V ergeben sich zu $Y \in [0;1]$, $U \in [-0.436; 0.436]$ und $V \in [-0.615; 0.615]$. Die Y-Achse enthält alle Graustufen. Die Länge p der Projektion einer Farbe auf die UV-Ebene entspricht der Farbsättigung, während der mit der U-Achse eingeschlossene Winkel α dem Farbton entspricht. Aus dem *YUV*-Farbsystem können über

$$\begin{pmatrix} R \\ G \\ B \end{pmatrix} = \begin{bmatrix} 1 & 0 & 1.140 \\ 1 & -0.395 & -0.581 \\ 1 & 2.033 & 0 \end{bmatrix} \cdot \begin{pmatrix} Y \\ U \\ V \end{pmatrix} \tag{8.5}$$

die *RGB*-Farbwerte berechnet werden.

8.1.2 Das *HSV*-Farbsystem

Wie im vorangegangenen Abschnitt erläutert, können aus dem *YUV*-Diagramm der Farbton (engl. *hue*) und die Sättigung (engl. *saturation*) abgelesen werden. Ein Farbsystem, das diese beiden Werte einer Farbe als Bestimmungsgrößen verwendet, ist das *HSV*-System, das neben der Farbsättigung und dem Farbton auch den dominanten Farbwert (engl. *value*) mit einbezieht [2]. Besonders bei der Farbnachbildung findet es Einsatz, da der Mensch Farben intuitiv über ihren Farbton und ihre Sättigung angeben kann. Für die Umrechnung vom *RGB*- in das *HSV*-Farbsystem gilt der Zusammenhang

$$V = \max\{R,G,B\}, \quad S = \begin{cases} 0 & \text{für } V = 0 \\ \frac{V - \min\{R,G,B\}}{V} & \text{sonst,} \end{cases} \tag{8.6}$$

$$H = 60 \cdot \begin{cases} \frac{G-B}{V-\min\{R,G,B\}} & \text{für } V = R, S \neq 0 \\ 2 + \frac{B-R}{V-\min\{R,G,B\}} & \text{für } V = G, S \neq 0 \\ 4 + \frac{R-G}{V-\min\{R,G,B\}} & \text{für } V = B, S \neq 0 \\ 0 & \text{sonst.} \end{cases} \tag{8.7}$$

Man erhält so das aus dem *RGB*-Farbsystem transformierte Bild $b_{HSV}[n_1,n_2]$ im *HSV*-Farbsystem, wobei $b_H[n_1,n_2]$, $b_S[n_1,n_2]$ und $b_V[n_1,n_2]$ die einzelnen Komponenten des transformierten Bilds beschreiben. Der *RGB*-Farbwürfel ist in Abbildung 8.2 rechts in das *HSV*-Farbsystem eingezeichnet. Für die Wertebereiche gilt $H \in [0;360°[$ (Farbtonwinkel), $S \in [0,1]$ und $V \in [0,1]$. Die Koordinaten der Farben aus dem *RGB*-Farbwürfel sind ebenfalls in Abbildung 8.2 rechts dargestellt. Sie liegen auf einem Kreis. Die Anwendung der *HSV*-Transformation nach Gleichung 8.7 auf ein natürliches Bild zeigt Abbildung 8.3. Die *V*-Komponente entspricht in etwa der Grauwertdarstellung des Bilds.

Abb. 8.3. Farbbild (links) und Aufteilung in die *H*-, *S*- und *V*-Komponente des *HSV*-Farbsystems.

Um aus den *HSV*- die *RGB*-Farbwerte zu erhalten, wendet man die Umrechnung

$$R = \begin{cases} V & \text{für } H_F \in \{0,5\} \\ h_1 & \text{für } H_F = 1 \\ h_2 & \text{für } H_F \in \{2,3\} \\ h_3 & \text{für } H_F = 4 \end{cases}, G = \begin{cases} V & \text{für } H_F \in \{1,2\} \\ h_1 & \text{für } H_F = 3 \\ h_2 & \text{für } H_F \in \{4,5\} \\ h_3 & \text{für } H_F = 0 \end{cases}, B = \begin{cases} V & \text{für } H_F \in \{3,4\} \\ h_1 & \text{für } H_F = 5 \\ h_2 & \text{für } H_F \in \{0,1\} \\ h_3 & \text{für } H_F = 2 \end{cases} \tag{8.8}$$

an mit $H_F = \lfloor \frac{H}{60} \rfloor$, $h_1 = V \cdot (1 - S \cdot f)$, $h_2 = V \cdot (1 - S)$, $h_3 = V \cdot (1 - [S \cdot (1 - f)])$ und $f = H - H_F$.

Meist sind die einzelnen Farbkanäle *R*, *G* und *B* stark korreliert. Insbesondere ein Histogrammausgleich kann in diesem Farbsystem nicht durchgeführt werden, da es sonst zu Farbverfälschungen kommen kann. Deswegen wird die Normalisierung von Farbbildern meist im *HSV*-Farbsystem entlang der *V*-Achse ausgeführt. Außerdem sind die einzelnen Farbparameter im *YUV*- und *HSV*-Farbsystem für natürliche Bilder weit weniger korreliert [11].

8.1.3 Hautfarben-Segmentierung

Für die Detektion von Gesichtern in einem Bild kann eine Segmentierung nach Hautfarben herangezogen werden [17]. Dazu werden experimentell die Bereiche im jeweiligen Farbsystem ermittelt, die den Hautfarben entsprechen. Experimentell bedeutet, dass eine Vielzahl von Aufnahmen, die Hautfarben enthalten, manuell untersucht und hinsichtlich ihrer Farbsystem-Parameter ausgewertet werden [8, 25]. Es stellt sich heraus, dass die Beleuchtungsstärke keinen Einfluss auf die Wahrnehmung der Hautfarbe hat [19]. Demnach bietet sich eine Beschreibung im YUV- oder HSV-Farbsystem an. Es gibt jedoch auch Hautfarbenmodelle, die auf der Luminanznormierung des RGB-Farbsystems beruhen. Dabei gilt für die luminanznormierten R-, G- und B-Werte (auch Chrominanzwerte genannt)

$$r = \frac{R}{R+G+B}, \quad g = \frac{G}{R+G+B}, \quad b = \frac{B}{R+G+B}. \tag{8.9}$$

Da $r + g + b = 1$ gilt, können alle luminanznormierten Farben in der rg-Ebene dargestellt werden (siehe auch CIE-Diagramm der luminanznormierten Normvalenzen im Kapitel 2. Somit genügen für die Untersuchung auf Hautfarben die r- und g-Komponenten $b_r[n_1, n_2]$ und $b_g[n_1, n_2]$ des luminanznormierten RGB-Bilds $b_{RGB}[n_1, n_2]$.

Der Bereich im HSV-Farbsystem, der die Hautfarben enthält, wurde durch eingehende Analysen zu [10, 19]

$$0 \leq H \leq 36° \tag{8.10}$$
$$0.1 \leq S \leq 0.57 \tag{8.11}$$

ermittelt. Im rg-Chrominanzmodell wird der entsprechende Farbbereich durch zwei Parabelbögen g_1 und g_2 beschrieben. Außerdem wird ein die Grauwerte enthaltender Kreis W_r um den Punkt $r = 0.33, g = 0.33$ ausgespart. Es entsteht die in Abbildung 8.4 dargestellte „Halbmondsichel", deren Parameter

$$g_1 = -0.7279 \cdot r^2 + 0.6066 \cdot r + 0.1766 \tag{8.12}$$
$$g_2 = -1.8423 \cdot r^2 + 1.5294 \cdot r + 0.0422 \tag{8.13}$$
$$W_r^2(r,g) = (r - 0.33)^2 + (g - 0.33)^2 \tag{8.14}$$

lauten [18].

In beiden Fällen kann ein nach Hautfarben segmentiertes Binärbild nach Gleichung 7.62 bestimmt werden. Ein Bild im HSV-Farbsystem $b_{HSV}[n_1, n_2]$ geht nach den Gleichungen 8.10 und 8.11 über den Zusammenhang

$$b_{\text{bin},HSV}[n_1, n_2] = \begin{cases} 1 & \text{für } 0 \leq b_H[n_1, n_2] \leq 36°, \, 0.1 \leq b_S[n_1, n_2] \leq 0.57 \\ 0 & \text{sonst} \end{cases} \tag{8.15}$$

8 Gesichtsdetektion

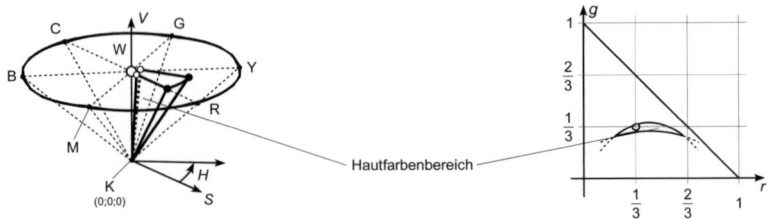

Abb. 8.4. Ort der Hautfarben im *HSV*- (links) *rg*-Chrominanz-Farbsystem (rechts).

in das binarisierte Bild über. Für den Fall der Hautfarbensegmentierung nach den Gleichungen 8.12, 8.13 und 8.14, also bei Untersuchung im *rg*-Farbsystem, gilt für das binarisierte Bild

$$b_{\text{bin},RGB}[n_1,n_2] = \begin{cases} 1 & \text{für } g_1 < b_g[n_1,n_2] < g_2, \, W(b_r[n_1,n_2], b_g[n_1,n_2]) > 0.02 \\ 0 & \text{sonst.} \end{cases}$$

(8.16)

Die binarisierten Bilder $b_{\text{bin},HSV}[n_1,n_2]$ und $b_{\text{bin},RGB}[n_1,n_2]$ sind in Abbildung 8.5 vergleichend gegenübergestellt.

Abb. 8.5. Nach Hautfarben im *HSV*- (Mitte) und *RGB*-Farbsystem (rechts) segmentierte Binärbilder eines natürlichen Bilds (links).

8.2 Blockbasiertes Viola-Jones-Verfahren

Die reine Hautfarbensegmentierung führt, wie in Abbildung 8.5 dargestellt, nicht immer zu Bereichen, die nur ein Gesicht enthalten. So können durch falsche Belichtung oder Reflexionen auch andere Objekte in Hautfarbe erscheinen, bzw. andere Körperteile wie Arme, Schultern und Hände werden durch eine Hautfarbensegmentierung gefunden. Eine weitere Art der Gesichtsdetektion basiert auf einer blockweisen Abtastung des Bilds und berücksichtigt die formbasierten Merkmale von Gesichtern [14]. Für jeden Block der Größe $N_2 \times N_1$ wird entschieden, ob in ihm ein Gesicht liegt oder nicht. Solche Verfahren sind besonders leistungsfähig, wenn sie nur jene Bereiche untersuchen, in denen zuvor Hautfarben festgestellt wurden [23]. Da jedoch die Detektionsblöcke eine feste Größe ($N_2 \times N_1$) besitzen, können sie auch nur Gesichter detektieren, die in etwa dieser Größe entsprechen. Um von dieser Skalierung unabhängig zu werden, wird nicht nur ein Bild betrachtet, sondern eine sog. Bildpyramide [1, 4].

8.2.1 Gaußpyramide

Die Bildpyramide enthält das Bild in der ursprünglichen Auflösung mit N Bildpunkten zusammen mit unterabgetasteten Realisierungen des Bilds [1, 4]. Exemplarisch wird dieses Vorgehen anhand der Gaußpyramide gezeigt. Das Originalbild wird einer Tiefpassfilterung unterzogen, die dafür sorgt, dass für die maximalen Ortsfrequenzen im Bild

$$\frac{\pi}{2 \cdot X_1} \geq \omega_{g,1}, \text{ bzw. } \frac{\pi}{2 \cdot X_2} \geq \omega_{g,2} \tag{8.17}$$

gilt. Dadurch kann das Bild um den Faktor zwei in jede Richtung unterabgetastet werden, ohne dass das Abtasttheorem nach Gleichung 7.14 verletzt wird. Durch die gleichmäßige Unterabtastung um den Faktor zwei in beide Ortsrichtungen erhält man im unterabgetasteten Bild $N_u = 1/4 \cdot N$ Bildpunkte. Wird so immer weiter verfahren, entsteht die in Abbildung 8.6 dargestellte Gaußpyramide. Die Anzahl der Bildpunkte N_{Ges} der Gaußpyramide errechnet sich zu

$$N_{\text{ges}} = \sum_{i=0}^{\infty} N \cdot 4^{-i} \stackrel{\text{geom. Reihe}}{=} 4/3 \cdot N. \tag{8.18}$$

Damit benötigt die Gaußpyramide maximal 4/3-mal soviel Speicherplatz wie das Originalbild. Das blockbasierte Detektionsverfahren wird auf jedes Bild in der Gaußpyramide angewendet, was zu einer hohen Rechenkomplexität führt.

8.2.2 Überblick Viola-Jones-Verfahren

Aufgrund seiner guten Erkennungsleistung durch den Wegfall der Gaußpyramide und des daraus resultierenden geringen Rechenaufwands ist der Ansatz nach Viola-Jones [21, 22] weit verbreitet und wird im Folgenden vorgestellt. Für das Viola-Jones-Verfahren werden einfache, auf Schwellwerten basierende Klassifikatoren verwendet. Sie entscheiden, ausgehend von Merkmalen $f_j(b[n_1,n_2])$, ob ein Bildausschnitt $b[n_1,n_2]$ zur Klasse „Gesicht" gehört oder nicht. Die Merkmale stammen aus einer gradientenbasierten Bildauswertung[1]. Es werden die fünf in Abbildung 8.7 dargestellten Basismerkmale und alle mit ihnen bildbaren Skalierungen und Translationen innerhalb eines Bildausschnitts verwendet. Man spricht auch von 2 D Haar-ähnlichen

---
[1] Mithilfe der Gradientenberechnung werden Intensitätsunterschiede im Bild ausgewertet, siehe auch Abschnitt 7.5.1

210 8 Gesichtsdetektion

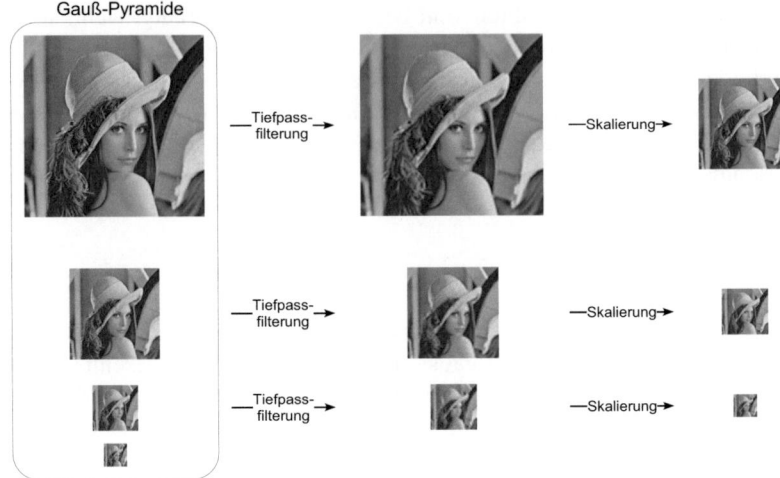

Abb. 8.6. Vierstufige Pyramide (links) eines jeweils tiefpassgefilterten (Mitte) und skalierten (rechts) Bilds.

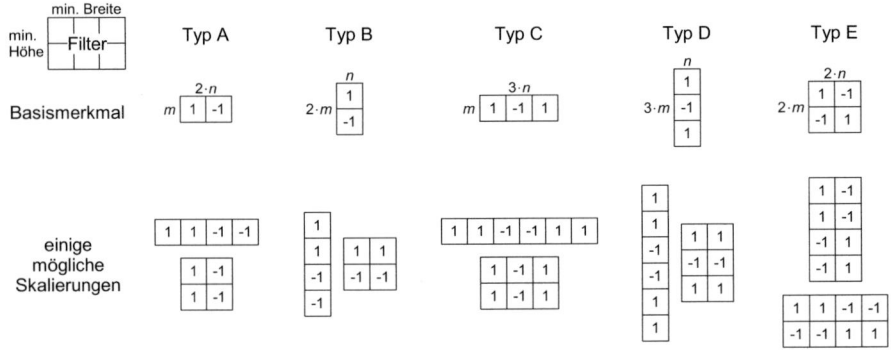

Abb. 8.7. Die fünf Basismerkmale (oben) für das Viola-Jones-Verfahren samt einiger ihrer Skalierungen (unten).

Basis-Wavelets [12]. Repräsentative Merkmale werden während einer Trainingsphase ausgewählt und zu einem Gesamtklassifikator zusammengefasst. Die von der Größe des zu untersuchenden Bildausschnitts abhängige Anzahl von Merkmalen für jedes Basismerkmal ist in Tabelle 8.1 aufgeführt (siehe u. a. [9]).

8.2.3 Merkmalsgewinnung

Die Gewinnung der Merkmale aus einem $N_2 \times N_1$ Bildausschnitt kann man als Faltung des Bildausschnitts mit allen Skalierungen der Operanden aus Abbildung 8.7 auffassen. Das Ergebnis ist eine Matrix, die die gewünschten Merkmale enthält. Dieses

8.2 Blockbasiertes Viola-Jones-Verfahren

Blockgröße ($N \times M$)	Typ A	Typ B	Typ C	Typ D	Typ E	$\sum$
3x3	12	12	6	6	4	40
4x4	40	40	20	20	16	136
10x10	1 375	1 375	825	825	625	5 025
20x20	21 000	21 000	13 230	13 230	10 000	78 460
24x24	43 200	43 200	27 600	27 600	20 736	162 336
30x30	104 625	104 625	67 425	67 425	50 625	394 725

Tabelle 8.1. Anzahl der von den Basismerkmalen vom Typ A – E abgeleiteten Skalierungen in Abhängigkeit der Größe des zu untersuchenden Bildausschnitts.

Vorgehen ist in der Praxis aufgrund des hohen Rechenaufwands nicht einsetzbar. Für die effiziente Berechnung der Merkmale wird von der Grauwertdarstellung $b[n_1,n_2]$ auf das Integralbild $b_{\text{Int}}[n_1,n_2]$ übergegangen [5, 22]. Man erhält für das Integralbild

$$b_{\text{int}}[n_1,n_2] = \sum_{n'_1=1}^{n_1} \sum_{n'_2=1}^{n_2} b[n_1,n_2] \text{ mit } 1 \leq n_1 \leq N_1, 1 \leq n_2 \leq N_2. \quad (8.19)$$

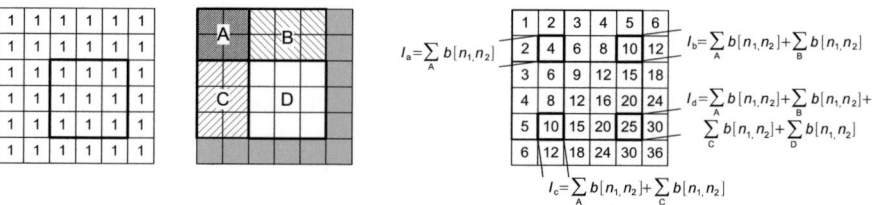

Abb. 8.8. Einfaches Bild (links) und zugehöriges Integralbild (rechts) sowie die benötigten Bereiche (A – D) zur Berechnung der Summe der Grauwerte eines Teilausschnitts des Originalbilds über das Integralbild.

In Abbildung 8.8 (links und rechts) ist dieser Übergang für ein einfaches Bild veranschaulicht. Für eine effektive Merkmalsberechnung wird stets die Summe maximal vier rechteckiger Teilausschnitte des Bilds miteinander verknüpft. Einer dieser Teilausschnitte ist in Abbildung 8.8 Mitte (Bereich D) dargestellt. Dieser wird durch die drei weiteren Bereiche (A, B und C) vom linken bzw. oberen Bildrand getrennt. Im Integralbild bezeichnen die hervorgehobenen Felder jeweils

$$I_a = \sum_A b[n_1,n_2] \quad (8.20)$$

$$I_b = \sum_A b[n_1,n_2] + \sum_B b[n_1,n_2] \quad (8.21)$$

$$I_c = \sum_A b[n_1,n_2] + \sum_C b[n_1,n_2] \quad (8.22)$$

$$I_\text{d} = \sum_A b[n_1,n_2] + \sum_B b[n_1,n_2] + \sum_C b[n_1,n_2] + \sum_D b[n_1,n_2]. \quad (8.23)$$

Um aus den bereits berechneten Werten des Integralbilds die Summe der Grauwerte im Bereich D zu erhalten, kann folgender Zusammenhang direkt herangezogen werden

$$\sum_D b[n_1,n_2] = I_\text{d} + I_\text{a} - (I_\text{b} + I_\text{c}). \quad (8.24)$$

Somit ist die Berechnung der Merkmale sehr effizient möglich und der Berechnungsaufwand unabhängig von der tatsächlichen Merkmalsgröße bzw. des zu untersuchenden Bildausschnitts.

8.2.4 Merkmalsselektion

Die unüberschaubare Anzahl an Merkmalen lässt die Frage offen, welche dieser Merkmale zur Klassifikation eines Gesichts geeignet sind. Deswegen wird eine Merkmalsselektion durchgeführt [22]. Sie erfolgt über schwellwertbasierte, sog. „schwache Klassifikatoren" $h_j(b[n_1,n_2])$. Jeder dieser Klassifikatoren verwendet genau ein Merkmal $f_j(b[n_1,n_2])$ aus dem Bildausschnitt $b[n_1,n_2]$, um seinen Inhalt zu klassifizieren. Für $h_j(b[n_1,n_2])$ gilt

$$h_j(b[n_1,n_2]) = \begin{cases} 1 & \text{für } p_j \cdot f_j(b[n_1,n_2]) < p_j \cdot \Theta_j \\ -1 & \text{sonst} \end{cases} \quad (8.25)$$

mit der Parität p_j und der Entscheiderschwelle Θ_j für jedes Merkmal $f_j(b[n_1,n_2])$. Dabei bedeutet $h_j(b[n_1,n_2]) = 1$, dass der betreffende Bildausschnitt positiv auf ein Gesicht getestet wurde. Für jeden Klassifikator werden die Parität p_j und die Entscheiderschwelle Θ_j einzeln bestimmt. Dazu ist ein Trainingsdatensatz notwendig, der sowohl negative als auch positive Beispiele der Klasse „Gesicht" enthält. Abbildung 8.9 zeigt eine Datenbank mit $N_\text{pos} = 121$ Bildausschnitten, die ein Gesicht enthalten (Positivbeispiele), und $N_\text{neg} = 121$ Bildausschnitte, die kein Gesicht enthalten (Negativbeispiele). Eine einfache, wenn auch nicht optimale Möglichkeit für die Wahl der Schwelle Θ_j lautet

$$\Theta_j = \frac{\underset{1 \leq i \leq N_\text{pos}}{\text{median}}(f_j(b_{\text{pos},i}[n_1,n_2])) + \underset{1 \leq i \leq N_\text{neg}}{\text{median}}(f_j(b_{\text{neg},i}[n_1,n_2]))}{2}. \quad (8.26)$$

Die Parität p_j, die dafür sorgt, dass die Werte der auf Positivbeispielen angewendeten Merkmale bei positivem Test ‚links' von Θ_j liegen, errechnet sich dann zu

$$p_j = \text{sgn}(\theta_j - \underset{1 \leq i \leq N_\text{pos}}{\text{median}}(f_j(b_\text{pos}[n_1,n_2]))). \quad (8.27)$$

Das Ergebnis eines Klassifikators nach Gleichung 8.25 kann nach Abbildung 8.10 in vier Kategorien innerhalb einer Vierfeldertafel eingeteilt werden [15]. Ihre Bedeutungen sind:

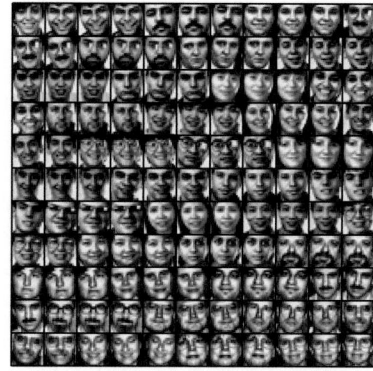
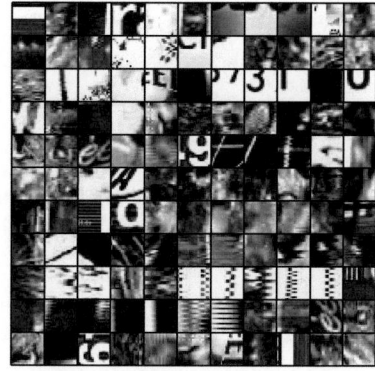

Abb. 8.9. Positivbeispiele (links) und Negativbeispiele (rechts) für die Klasse „Gesicht".

Abb. 8.10. Vierfeldertafel für ein binäres Klassifikationsproblem.

richtig positiv: Ein Bildausschnitt, der ein Gesicht enthält, wird positiv als Gesicht klassifiziert (a_j).

falsch positiv: Obwohl ein Bildausschnitt kein Gesicht enthält, wird er positiv als Gesicht klassifiziert (b_j), auch Fehler erster Art oder „Fehlalarm" genannt.

falsch negativ: Auch als Fehler zweiter Art bezeichnet; obwohl ein Bildausschnitt ein Gesicht enthält, wird er nicht als Gesicht klassifiziert (c_j).

richtig negativ: Ein Bildausschnitt, der kein Gesicht enthält, wird nicht als Gesicht klassifiziert (d_j)

Die explizite Anzahl der aufgetretenen Fälle a_j, b_j, c_j bzw. d_j errechnet sich zu

$$a_j = \sum_{i=1}^{N_{\text{pos}}} \text{sgn}(h_j(b_{\text{pos},i}[n_1,n_2]) + 1) \qquad (8.28)$$

$$b_j = \sum_{i=1}^{N_{\text{neg}}} \text{sgn}(h_j(b_{\text{neg},i}[n_1,n_2]) + 1) \qquad (8.29)$$

$$c_j = -\sum_{i=1}^{N_{\text{pos}}} \text{sgn}(h_j(b_{\text{pos},i}[n_1,n_2]) - 1) \qquad (8.30)$$

$$d_j = -\sum_{i=1}^{N_{\text{neg}}} \text{sgn}(h_j(b_{\text{neg},i}[n_1,n_2]) - 1). \qquad (8.31)$$

Aus a_j, b_j, c_j und d_j lassen sich für jeden Klassifikator die Spezifität $\sigma = \frac{d_j}{b_j+d_j}$ (Wahrscheinlichkeit, dass kein Fehlalarm auftritt) und die Korrektklassifikation $\kappa = \frac{a_j+d_j}{a_j+b_j+c_j+d_j}$ (Wahrscheinlichkeit für eine korrekte Klassifikation des Bildausschnitts) berechnen. Für einen zuverlässigen Gesichtsdetektor müssen sowohl σ als auch κ nahe bei ‚eins' liegen. In Abbildung 8.11 sind die Spezifitäts- und die Korrektklassifikationsraten für *alle* Klassifikatoren, unterschieden nach den fünf Basismerkmalen, als Boxplot[2] dargestellt. Sowohl σ als auch κ liegen im Bereich von

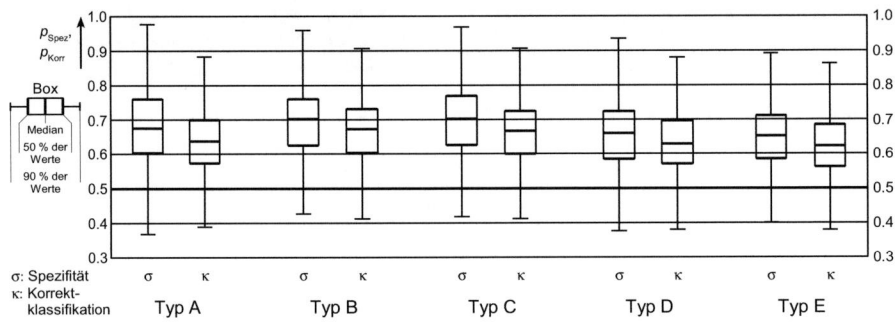

Abb. 8.11. Boxplot über die Korrektklassifikations- und Spezifitätsrate aller aus den fünf Basismerkmalen abgeleiteten Merkmalen.

60 % – 70 %, daher auch der Name „Schwacher Klassifikator". Allerdings existieren auch Klassifikatoren, die wesentlich höhere Raten liefern. Im Folgenden wird gezeigt, wie gezielt diejenigen Klassifikatoren (und damit die korrespondierenden Merkmale) herausgefunden werden können, die zu einer hohen Selektivität und Korrektklassifikation führen.

8.2.5 AdaBoost-Algorithmus

Unter dem Begriff Adaptive Boosting (AdaBoost) versteht man ein Verfahren, das auf iterativem Weg mehrere schwache Klassifikatoren so gewichtet, dass sie in ihrer Kombination eine höhere Klassifikationsrate erzielen [6, 7]. Im Viola-Jones-Ansatz für die Gesichtsdetektion werden mithilfe des AdaBoost-Algorithmus die Klassifikatoren gefunden, deren Merkmale zu einer zuverlässigen Gesichtsdetektion führen. Gleichzeitig erhalten die einzelnen Klassifikatoren (und damit die Merkmale) eine geeignete Gewichtung [22]. Grundlegende Idee des AdaBoost-Algorithmus ist, diejenigen Trainingsbeispiele (sowohl positiv als auch negativ), die richtig klassifiziert werden können, geringer, jene, die falsch klassifiziert werden, stärker zu gewichten.

---

[2] Ein Boxplot gibt Auskunft über die Verteilung einer Zufallsgröße. Innerhalb der äußeren beiden Bereiche (Whiskers) liegen 90 %, innerhalb der Box liegen 50 % und hervorgehoben der Median der Beobachtungen [20].

In jedem Iterationsschritt t wird derjenige Klassifikator ausgewählt, der bei gegebener Gewichtsverteilung $D_t(i)$ der einzelnen Trainingsbeispiele den geringsten Klassifizierungsfehler aufweist. Dazu wird ein Labeling y_i eingeführt, das den Inhalt jedes Bilds $b_i[n_1,n_2]$ bezüglich eines Gesichts beschreibt, also

$$y_i = \begin{cases} 1 & \text{für } b_i[n_1,n_2] \text{ enthält ein Gesicht} \\ -1 & \text{für } b_i[n_1,n_2] \text{ enthält kein Gesicht.} \end{cases} \quad (8.32)$$

In einem *Initialisierungs*schritt werden die Bilder gewichtet (ggf. Positiv- und Negativbeispiele unterschiedlich), und es gilt

$$D_1(i) = \begin{cases} \frac{1}{2 \cdot N_{\text{pos}}} & \text{für } b_i[n_1,n_2] \text{ Positivbeispiel} \\ \frac{1}{2 \cdot N_{\text{neg}}} & \text{für } b_i[n_1,n_2] \text{ Negativbeispiel.} \end{cases} \quad (8.33)$$

Anschließend werden die folgenden Schritte iterativ ($t = 1,\ldots,T$) wiederholt. Zunächst werden, in Abhängigkeit der Gewichte, die einzelnen schwachen Klassifikatoren trainiert, und es wird derjenige Klassifikator h_t gewählt, der den geringsten Erkennungsfehler $\varepsilon_t(j)$ liefert:

$$\varepsilon_t(j) = \sum_{i=1}^{N(=N_{\text{pos}}+N_{\text{neg}})} D_t(i) |\text{sgn}\,[h_j(b_i[n_1,n_2]) - y_i]|, \quad (8.34)$$

$$h_t(b_i[n_1,n_2]) = \{h_j(b_i[n_1,n_2]) \,|\, \underset{j}{\text{argmin}}\, \varepsilon_t(j)\}. \quad (8.35)$$

Die Gewichte $D_{t+1}(i)$ für die nächste Iteration werden angepasst gemäß

$$D_{t+1}(i) = \frac{D_t(i) \mathrm{e}^{-\alpha_t \cdot h_t(b_i[n_1,n_2]) \cdot y_i}}{z_t}, \quad (8.36)$$

wobei $\alpha_t = \frac{1}{2} \ln\left(\frac{1 - \min_j \varepsilon_t(j)}{\min_j \varepsilon_t(j)}\right)$ gilt und z_t so gewählt wird, dass $D_{t+1}(i)$ einer Wahrscheinlichkeitsverteilung entspricht. So werden iterativ weitere Klassifikatoren gefunden. Der resultierende „starke" Klassifikator ergibt sich zu

$$H(b[n_1,n_2]) = \text{sgn}\left(\sum_{t=1}^{T} \alpha_t \cdot h_t(b[n_1,n_2])\right). \quad (8.37)$$

Es sei an dieser Stelle angemerkt, dass bei dem Viola-Jones-Verfahren auf eine Neuanpassung der Entscheiderschwelle Θ_j und der Parität p_j in jedem Iterationsschritt verzichtet wird.

In Abbildung 8.12 ist das Prinzip der Kombination mehrerer schwacher Klassifikatoren dargestellt. Da im Viola-Jones-Verfahren jeder Klassifikator nur ein Merkmal zur Klassifikation verwendet, kann so auf die aussagekräftigsten Merkmale geschlossen werden. In Abbildung 8.13 sind die beiden Merkmale mit den größten Gewichten einem Gesicht überlagert.

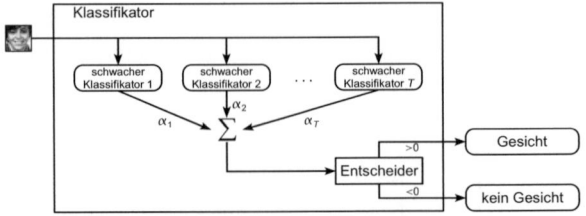

Abb. 8.12. Kombination verschiedener schwacher Klassifikatoren (AdaBoost).

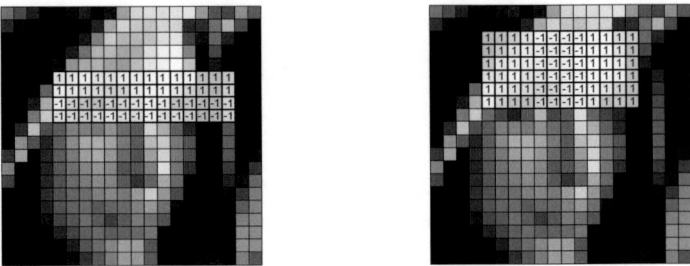

Abb. 8.13. Merkmal mit höchstem (links) und zweithöchstem Gewicht (rechts) nach der Merkmalsselektion.

8.2.6 Detektionsfenster mit variabler Größe

Die mithilfe des AdaBoost-Algorithmus gefundenen Merkmale eignen sich für die Gesichtsdetektion. Dazu wird das $N_2 \times N_1$ große Detektionsfenster über ein Bild beliebiger Größe pixelweise geschoben. Jedes Abtastfenster wird auf die Klasse „Gesicht" oder „kein Gesicht" hin untersucht und entsprechend markiert. Jedoch werden nur Gesichter erkannt, die vollständig im Ausschnitt $N_2 \times N_1$ liegen. Gesichter anderer Auflösung werden aufgrund der speziellen Merkmale nicht erkannt. Eine Lösung stellt das Skalieren dar. Dabei wird das zu untersuchende Bild auf verschiedene Größen skaliert und der Detektionsprozess auf alle verschiedenen Bildgrößen angewendet (siehe Abschnitt 8.2.1 zur Bildpyramide). Da die Merkmalsberechnung nach Gleichung 8.24 unabhängig von ihrer Größe ist, wird beim Viola-Jones-Verfahren nicht das Bild, sondern das Detektionsfenster in x- bzw. y-Richtung um den Faktor s_x bzw. s_y skaliert. Die Größe der zu berechnenden Merkmale ändert sich dabei entsprechend. Für eine korrekte Detektion werden die Gewichte aus Gleichung 8.37 ebenfalls skaliert. Geht man von einer gleichmäßigen Skalierung in x- und y-Richtung aus (d. h. $s_x = s_y = s$), so gilt für die skalierten Gewichte [22]

$$\alpha_t(s) = \frac{\alpha_t}{s_x \cdot s_y} = \frac{\alpha_t}{s^2}. \qquad (8.38)$$

In Abbildung 8.14 links sind die der Klasse „Gesicht" zugeordneten Teile eines natürlichen Bilds für unterschiedliche Skalierungen s dargestellt.

8.2 Blockbasiertes Viola-Jones-Verfahren

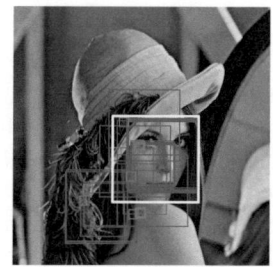 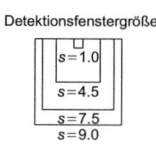 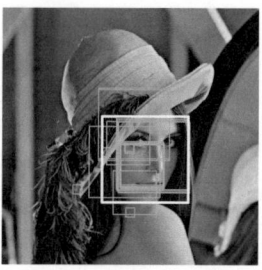

Abb. 8.14. Detektionsergebnis des Viola-Jones-Verfahrens auf ein Testbild mit unterschiedlicher Detektionsfensterskalierung s (links) sowie unter Hinzunahme von hautfarbigen Regionen (rechts).

8.2.7 Kaskadierung mehrerer Klassifikatoren

Mit nur zwei Merkmalen und davon abgeleiteten Klassifikatoren lassen sich hohe Detektionsraten, jedoch auch hohe Fehlalarmraten erreichen. Werden mehr Merkmale für die Detektion herangezogen, wird die Detektionsrate zwar verbessert, jedoch erhöht sich auch der Berechnungsaufwand. Um gleichzeitig eine hohe Detektionsrate bei gleichzeitig möglichst niedriger Fehlalarmrate und geringe Rechendauer zu erreichen, erfolgt die Detektion in einer Kaskade [21]. Diese besteht aus starken Klassifikatoren, welche wiederum aus wenigen schwachen Klassifikatoren bestehen. Die Komplexität der starken Klassifikatoren nimmt dabei mit steigender Kaskadentiefe zu. Sobald ein Abtastblock als „kein Gesicht" klassifiziert wird, wird er verworfen. Erst bei einer Klassifikation als „Gesicht" gelangt er in eine tiefere Schicht, um dort weiter untersucht zu werden.

Geht man davon aus, dass ein Großteil des zu untersuchenden Bilds kein Gesicht enthält und diese Bereiche leicht identifiziert werden können, so wird für weite Teile des Bilds nur die erste oder zweite Schicht der Kaskade erreicht. Erst bei komplizierteren Bildbereichen werden mehr Merkmale zur Klassifikation herangezogen, um so die Fehlalarmrate zu reduzieren. In Abbildung 8.15 ist die Kaskadierung mehrerer verschiedener Merkmale illustriert.

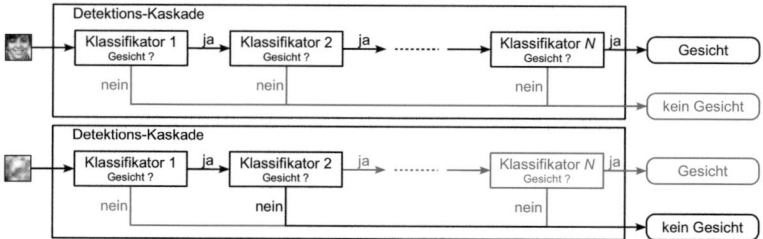

Abb. 8.15. Kaskadierung mehrerer starker Klassifikatoren. Die Komplexität der Klassifikatoren nimmt von links nach rechts zu.

8.2.8 Verbesserung des Viola-Jones-Verfahrens

Aufgrund seiner Beschränkung auf relativ einfache Merkmale kommt es bei dem Viola-Jones-Verfahren durchaus zu Fehlklassifikationen. Selbst bei Verwendung vieler Merkmale in einer Kaskade werden nicht alle Fehalarme unterdrückt bzw. alle Gesichter erkannt. Wendet man das Viola-Jones-Verfahren nur auf jene Bereiche in Bildern an, die zuvor als Hautfarben identifiziert wurden, so können die Detektionsraten verbessert werden. Dies ist in Abbildung 8.14 rechts gezeigt. Des Weiteren können zur Steigerung der Detektionsrate die „schwachen" Klassifikatoren durch leistungsfähigere Klassifikatoren ersetzt werden. Die weite Verbreitung verdankt das Viola-Jones-Verfahren seinem geringen Rechenaufwand bei gleichzeitig akzeptabler Leistungsfähigkeit. Außerdem kann es bei entsprechender Wahl der Trainingsdaten auch für die Detektion anderer Objekte eingesetzt werden.

8.3 Übungen

Aufgabe 8.1: *Farbbasierte Gesichtsdetektion*

In Abbildung 8.16 ist ein Bild, das möglicherweise ein Gesicht enthält, in seine H-, S- und V-Komponente zerlegt dargestellt.

H-Komponente												S-Komponente												V-Komponente											
39	39	40	38	31	24	24	32	38	39	39	39	0.6	0.6	0.6	0.6	0.6	0.5	0.5	0.6	0.6	0.6	0.6	0.6	14	14	13	12	8	3	3	8	12	13	14	14
39	39	37	23	12	9	9	13	24	37	39	39	0.6	0.6	0.6	0.5	0.5	0.5	0.5	0.5	0.5	0.6	0.6	0.6	14	13	11	5	1	0	0	1	5	11	13	14
40	37	20	16	16	9	8	14	17	22	37	40	0.6	0.6	0.5	0.5	0.5	0.5	0.5	0.5	0.5	0.5	0.6	0.6	13	11	3	2	1	0	0	1	2	4	12	13
39	25	13	15	9	8	8	8	13	15	26	39	0.6	0.5	0.5	0.5	0.5	0.5	0.5	0.5	0.5	0.5	0.5	0.6	13	5	1	2	0	0	0	1	2	6	13
33	14	8	9	22	11	9	22	11	8	15	34	0.6	0.5	0.5	0.5	0.5	0.5	0.5	0.5	0.5	0.5	0.5	0.6	9	1	0	0	4	0	0	4	1	0	1	9
25	10	8	13	32	13	12	30	18	8	10	26	0.5	0.5	0.5	0.5	0.5	0.6	0.5	0.5	0.6	0.5	0.5	0.5	4	0	0	1	9	1	1	8	3	0	0	4
22	9	8	11	14	16	17	14	12	8	9	23	0.5	0.5	0.5	0.5	0.5	0.5	0.5	0.5	0.5	0.5	0.5	0.5	3	0	0	0	2	2	2	1	0	0	0	4
25	10	8	17	12	8	11	17	10	10	26		0.5	0.5	0.5	0.5	0.5	0.5	0.5	0.5	0.5	0.5	0.5	0.5	4	0	0	2	1	0	0	0	2	0	0	5
33	14	8	11	29	29	27	18	10	8	15	34	0.6	0.5	0.5	0.5	0.6	0.6	0.6	0.5	0.5	0.5	0.5	0.6	9	1	0	0	7	7	6	3	0	0	1	9
39	25	8	8	27	39	33	11	8	9	26	39	0.6	0.5	0.5	0.5	0.6	0.6	0.6	0.5	0.5	0.5	0.5	0.6	13	6	0	0	7	13	10	0	0	0	6	13
40	37	20	8	12	23	16	8	8	20	37	40	0.6	0.6	0.5	0.5	0.5	0.5	0.5	0.5	0.5	0.5	0.6	0.6	13	12	3	0	1	5	2	0	0	3	12	13

Abb. 8.16. Darstellung eines Bilds, unterteilt in die H- (links), S- (Mitte) und V-Komponenten (rechts). Zur besseren Darstellung wurde $100 \cdot V$ gewählt.

a) Welche der HSV-Komponenten entspricht am ehesten dem Grauwertanteil des Bilds?

b) Führen Sie eine Hautfarbensegmentierung nach Gleichungen 8.10 und 8.11 auf Seite 207 durch, und skizzieren Sie das Ergebnis in Abbildung 8.17.

c) Ausgehend von der Form des segmentierten Bereichs, könnte das Bild tatsächlich ein Gesicht enthalten?

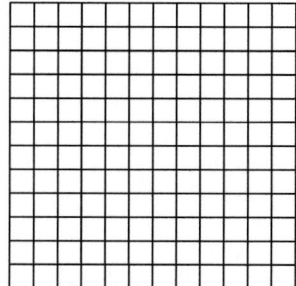

Abb. 8.17. Nach Hautfarben segmentiertes Bild.

Aufgabe 8.2: *Viola-Jones – Merkmale*

In Abbildung 8.18 sind die bereits aus Abschnitt 8.2 bekannten Viola-Jones-Merkmale (Abbildung 8.7 auf Seite 210) dargestellt, wobei $m_s \cdot m \times n_s \cdot n$ allgemein die Dimension eines Merkmals angibt (n_s Mindestgröße, n Skalierung in n- und m_s Mindestgröße, m Skalierung in m-Richtung).

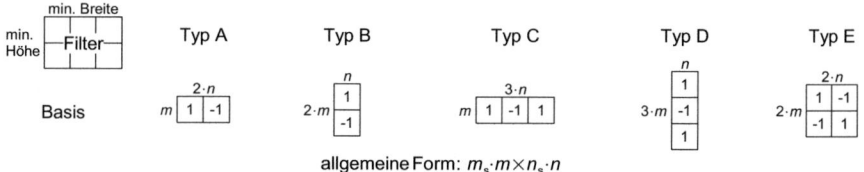

Abb. 8.18. Basismerkmale für die Gesichtsdetektion mit dem Viola-Jones-Verfahren.

a) Welche maximale Skalierung n_{max} und m_{max} in Abhängigkeit der Seitenverhältnisse n_s und m_s kann in einem Bildausschnitt der Größe $M \times N$ für ein Viola-Jones-Basismerkmal erreicht werden?

b) An wie vielen verschiedenen Orten $N_{n,\text{trans}}$ und $N_{m,\text{trans}}$ in n- bzw. m-Richtung lässt sich ein Basismerkmal der Dimension $m_s \cdot m \times n_s \cdot n$ in einem Bildausschnitt der Größe $M \times N$ berechnen?

c) Wie viele Realisierungen N_{ges} eines Basismerkmals der Dimension $m_s \cdot m \times n_s \cdot n$ können demnach in einem Bildausschnitt der Größe $M \times N$ berechnet werden?

Aufgabe 8.3: *Viola-Jones – Integralbild*

In Abbildung 8.19 sind links ein Bild $b[n_1, n_2]$ und in der Mitte ein Basismerkmal dargestellt.

a) Berechnen Sie das Basismerkmal direkt aus dem Bild in Abbildung 8.19 links.

$b[n_1,n_2]$				$b_{\text{int}}[n_1,n_2]$		Basismerkmal				$b_{\text{s}}[n_1,n_2]$		$b_{\text{int}}[n_1,n_2]$
1	2	3	4			1	1	-1	-1			
5	6	7	8			1	1	-1	-1			
9	10	11	12			1	1	-1	-1			

Abb. 8.19. Bild (links) und zugehöriges Integralbild (zweites von links), Viola-Jones-Basismerkmal (Mitte), „Spaltensummenbild" (zweites von rechts) und Integralbild (rechts).

Der Rechenaufwand war Ihnen entschieden zu groß, vor allem da Sie wissen, dass Sie für eine zuverlässige Gesichtsdetektion weitere Merkmale berechnen müssen. Deswegen wollen Sie das Basismerkmal mithilfe des Integralbilds ermitteln.

b) Ermitteln Sie aus dem Bild $b[n_1,n_2]$ das zugehörige Integralbild $b_{\text{int}}[n_1,n_2]$ nach der Formel aus Gleichung 8.19 auf Seite 211.

c) Die Berechnung des Integralbilds auf diesem direkten Weg ist sehr aufwendig. Sie können das Integralbild auch rekursiv berechnen.

c1) Berechnen Sie zunächst die Spaltensumme

$$b_{\text{s}}[n_1,n_2] = \sum_{n_2'=1}^{n_2} b[n_1,n_2']$$

rekursiv, und geben Sie das „Spaltensummenbild" unter Verwendung des Diagramms aus Abbildung 8.19 zweites von rechts an. (Hinweis: Es gilt $b_{\text{s}}[n_1,-1] = 0$.)

c2) Geben Sie eine rekursive Beschreibung des Integralbilds in Abhängigkeit der Spaltensumme $b_{\text{s}}[n_1,n_2]$ an. (Hinweis: Es gilt $b_{\text{int}}[n_1,-1] = 0$.)

c3) Berechnen Sie das Integralbild $b_{\text{int}}[n_1,n_2]$ unter Verwendung des Spaltensummenbilds, und tragen Sie das Ergebnis in das Diagramm aus Abbildung 8.19 rechts ein.

d) Wie berechnet sich das in Abbildung 8.19 Mitte dargestellte Basismerkmal aus dem Integralbild? Welchen Wert erhält man?

8.4 Literaturverzeichnis

[1] ADELSON, E. H. ; BRUT, P. J.: Image Data Compression With The Laplacian Pyramid. In: *Proceedings of the IEEE Conference on Pattern Recognition and Image Processing* (1981), S. 218–223

[2] BENDER, M. ; BRILL, M.: *Computergrafik: Ein anwendungsorientiertes Lehrbuch*. 2. Hanser Fachbuchverlag, 2005

[3] BROWN, P. K. ; WALD, G.: Visual Pigments in Human and Monkey Retina. In: *Nature* (1963), Nr. 200, S. 37–43

[4] BURT, P. J. ; ADELSON, E. H.: The Laplacian Pyramid as a Compact Image Code. In: *IEEE Transactions on Communications* 31 (1983), Nr. 4, S. 532–540

[5] CROW, F. C.: Summed-Area Tables for Texture Mapping. In: *Proceedings of the IEEE International Conference on Computer Graphics and Interactive Techniques* (1984), S. 207–212

[6] FREUND, Y.: Boosting a Weak Learning Algorithm by Majority. In: *Proceedings of the Annual Workshop on Computational Learning Theory* (1990), S. 202–216

[7] FREUND, Y. ; SCHAPIRE, R. E.: A Short Introduction to Boosting. In: *Japonese Society for Artificial Intelligence* 14 (1999), Nr. 5, S. 771–780

[8] JONES, M. J. ; REHG, J. M.: Statistical Color Models with Application to Skin Detection. In: *International Journal of Computer Vision* 46 (2002), Nr. 1, S. 81–96

[9] LIENHART, R. ; KURANOV, A. ; PISAREVSKY, V.: *Empirical Analysis of Detection Cascades of Boosted Classifiers for Rapid Object Detection*. Intel Labs, 2002 (Technischer Bericht)

[10] MARTINKAUPPI, B.: *Face Colour Under Varying Illumination – Analysis and Applications*. University of Oulu, 2002 (Dissertation)

[11] MÜLLER, T. ; KÄSER, H. ; GÜBELI, R. ; KLAUS, R.: *Technische Informatik 1. Grundlagen der Informatik und Assemblerprogrammierung*. 2. vdf Hochschulverlag AG an der ETH Zürich, 2005

[12] PAPAGEORGIOU, C. P. ; OREN, M. ; POGGIO, T.: A General Framework for Object Detection. In: *Proceedings of the IEEE International Conference on Computer Vision* (1998), S. 555–562

[13] RAO, K. R. ; BOJKOVIC, Z. S. ; MILOVANOVIC, D. A.: *Multimedia Communication Systems: Techniques, Standards, and Networks*. Prentice-Hall, 2002

[14] ROWLEY, H. A. ; BALUJA, S. ; KANADE, T.: Rotation Invariant Neural Network-Based Face Detection. In: *Proceedings of the IEEE International Conference on Computer Vision and Pattern Recognition* (1998), S. 38–44

[15] SCHLITTGEN, R.: *Einführung in die Statistik. Analyse und Modellierung von Daten*. 10. Oldenbourg, 2003 (Lehr- und Handbücher der Statistik)

[16] SCHNEIDER, N.: *Kantenhervorhebung und Kantenverfolgung in der industriellen Bildverarbeitung*. Vieweg + Teubner, 1990

[17] SKARBEK, W. ; KOSCHAN, A.: *Colour Image Segmentation – a Survey*. Technische Universität Berlin, 1993 (Technischer Bericht)

[18] SORIANO, M. ; MARTINKAUPPI, B. ; HUOVINEN, S. ; LAAKSONEN, M.: Skin Detection in Video under Changing Illumination Conditions. In: *Proceedings of the International Conference on Pattern Recognition* 1 (2000), S. 839–842

[19] STÖRRING, M. ; ANDERSEN, H. J. ; GRANUM, E.: Skin Colour Detection Under Changing Lighting Conditions. In: *Proceedings of the Symposium on Intelligent Robotics Systems* (1999), S. 187–195

[20] TUKEY, J. W.: *Exploratory Data Analysis.* Addison-Wesley, 1977

[21] VIOLA, P. ; JONES, M. J.: Rapid Object Detection using a Boosted Cascade of Simple Features. In: *Proceedings of the IEEE International Conference on Computer Vision and Pattern Recognition* 1 (2001), S. 511–518

[22] VIOLA, P. ; JONES, M. J.: Robust Real-Time Object Detection. In: *International Journal of Computer Vision* 57 (2002), Nr. 2, S. 137–154

[23] WALLHOFF, F.: *Entwicklung und Evaluierung neuartiger Verfahren zur automatischen Gesichtsdetektion, Identifikation und Emotionserkennung.* Technische Universität München, 2006 (Dissertation)

[24] WITTEN, I. H. ; MOFFAT, A. ; BELL, T. C.: *Managing Gigabytes: Compressing and Indexing Documents and Images.* 2. Morgan Kaufmann, 1999

[25] YANG, M.-H. ; KRIEGMAN, D. J. ; AHUJA, N.: Detecting Faces in Images: A Survey. In: *IEEE Transactions on Pattern Analysis and Machine Intelligence* 24 (2002), Nr. 1, S. 34–58

9
Gesichtsidentifikation

Sind mit den im vorherigen Kapitel vorgestellten Methoden Gesichter in einem Bild detektiert worden, so können die Ausschnitte, die Gesichter enthalten, weiter verarbeitet werden [38]. Eine wichtige Aufgabe in der Mensch-Maschine-Kommunikation (MMK) ist die Gesichtsidentifikation und -verifikation beispielsweise bei der Personalisierung von Benutzerschnittstellen [1].

In Abbildung 9.1 ist das Problem der Identifikation illustriert: Bei der Identifikation wird das Gesicht gefunden, welches dem System dargebotenen, unbekannten Gesicht entspricht [13]. Wird ein einfacher Abstandsklassifikator verwendet, so wird dasjenige Gesicht ausgewählt, das zum dargebotenen Gesicht den geringsten Abstand besitzt [40]. Verschiedene Abstandsmaße wurden bereits in Kapitel 5 vorgestellt. Wird beispielsweise der quadratische Abstandsklassifikator verwendet, um K verschiedene Gesichter (Klassen) $\mathbf{m}_k$ mit $1 \leq k \leq K$ zu unterscheiden, so wird das unbekannte Gesicht $\mathbf{x}$ der Klasse

$$\hat{k} = \operatorname*{argmin}_{1 \leq k \leq K} \left[(\mathbf{x} - \mathbf{m}_k)^\mathrm{T} \cdot \mathbf{I} \cdot (\mathbf{x} - \mathbf{m}_k) \right], \tag{9.1}$$

zugeordnet mit $L = |\mathbf{x}| = |\mathbf{m_k}|$ der Anzahl der verwendeten Merkmale und $\mathbf{I}$ der Einheitsmatrix der Dimension $L \times L$.

Im Gegensatz zur Identifikation stellt sich das Problem der Verifikation wie folgt dar: Es soll überprüft werden, ob das unbekannte Gesicht einem *bestimmten*, dem System vorgegebenen Gesicht entspricht (siehe Abbildung 9.2) [22]. Die Mehrklassenentscheidung der Identifikation aus Gleichung 9.1 vereinfacht sich somit auf eine Schwellwertentscheidung. Für den Schwellwertentscheider $h(\mathbf{x})$, der überprüft, ob das unbekannte Gesicht $\mathbf{x}$ dem vorgegebenen Gesicht $\mathbf{m}$ entspricht, gilt [40]

$$h(\mathbf{x}) = \begin{cases} 1 & \text{für } (\mathbf{x} - \mathbf{m})^\mathrm{T} \cdot \mathbf{I} \cdot (\mathbf{x} - \mathbf{m}) < S \\ 0 & \text{sonst.} \end{cases} \tag{9.2}$$

Dabei wird das Gesicht $\mathbf{x}$ für $h(\mathbf{x}) = 1$ positiv und für $h(\mathbf{x}) = 0$ negativ auf das Gesicht $\mathbf{m}$ getestet. Wie in Abbildung 8.10 auf Seite 213 bereits dargestellt, liefert die Schwell-

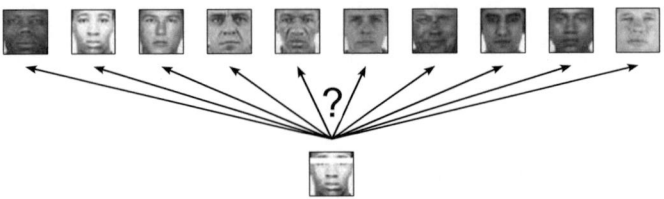

Abb. 9.1. Bei der Identifikation soll das unbekannte Gesicht (unten) einem der im System gespeicherten Gesichter (oben) zugeordnet werden.

wertentscheidung nach Gleichung 9.2 vier Arten von Ergebnissen. Die Schwelle S aus Gleichung 9.2 wird dementsprechend so gewählt, dass entweder die Fehlalarmwahrscheinlichkeit (ein Gesicht wird positiv getestet, obwohl das dargebotene Gesicht nicht dem vorgegebenen Gesicht entspricht) minimal oder die Korrektklassifikation maximal wird. Diese Anpassung ist allerdings anwendungsabhängig.

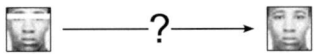

Abb. 9.2. Ob das unbekannte Gesicht (links) dem vorgegebenen Gesicht (rechts) entspricht, wird durch die Verifikation geprüft.

Sowohl bei der Identifikation als auch bei der Verifikation stellt sich die Frage der zu verwendenden Merkmale [11, 26, 41]. Diese beschreiben einerseits relevante Gesichtsparameter, und arbeiten andererseits die Unterschiede zwischen Gesichtern heraus. Drei Ansätze zur Bestimmung relevanter Merkmale von Gesichtern, ohne dabei auf die eher einfach gehaltenen Viola-Jones-Merkmale aus Abbildung 8.7 zurückzugreifen, werden im Folgenden vorgestellt.

9.1 Merkmalsgewinnung durch Eigengesichter

Bisher wurden Bilder entweder als Grauwertfunktion $b[n_1, n_2]$ der beiden Raumrichtungen n_1 und n_2 oder als morphologischer Raum $P(\mathcal{B})$ aufgefasst (siehe Kapitel 7). Eine dritte Vorstellung geht davon aus, dass jedes Bild der Größe $N_2 \times N_1$ einen Punkt in einem $N_1 \cdot N_2$-dimensionalen Raum darstellt [32, 35]. In diesem Raum wird ein Bild als Vektor $\mathbf{a}$ der Dimension $(N_1 \cdot N_2) \times 1$ beschrieben. Ein Ensemble von M Bildern $\mathbf{a}_i$ mit $1 \leq i \leq M$ lässt sich in der Matrix $\mathbf{A} = [a_1, \ldots, a_M]$ zusammenfassen. Geht man davon aus, dass die Bilder $\mathbf{a}_i$ keinen willkürlichen Inhalt besitzen, sondern z. B. Gesichter, weisen die einzelnen Spalten von $\mathbf{A}$ einen Zusammenhang auf. Dieser wird durch die den Einzelbildern gemeinsamen, das Gesicht beschreibenden Merkmale bewirkt. Im Falle eines linearen Zusammenhang spricht man auch von einer Korrelation. Durch Anwendung der Principal Component Analysis (PCA) (auch Hauptachsen-

oder Kahunen-Loève-Transformation [19, 23] genannt, letztere Bezeichnung findet sich insbesondere bei Verwendung mittelwertbefreiter Daten) wird das Ensemble **A** der Bilder dekorreliert [9].

9.1.1 Bestimmung der Eigengesichter

Um das Bildensemble **A** zu dekorrelieren, wird eine PCA angewendet. Dazu wird der Mittelwertvektor

$$\bar{\mathbf{a}} = \frac{1}{M} \sum_{i=1}^{M} \mathbf{a}_i, \tag{9.3}$$

das sog. Mittelwertgesicht gebildet. Für die $M = 100$ Beispielbilder aus Abbildung 9.3 links[1] ergibt sich das in Abbildung 9.3 Mitte dargestellte Mittelwertgesicht.

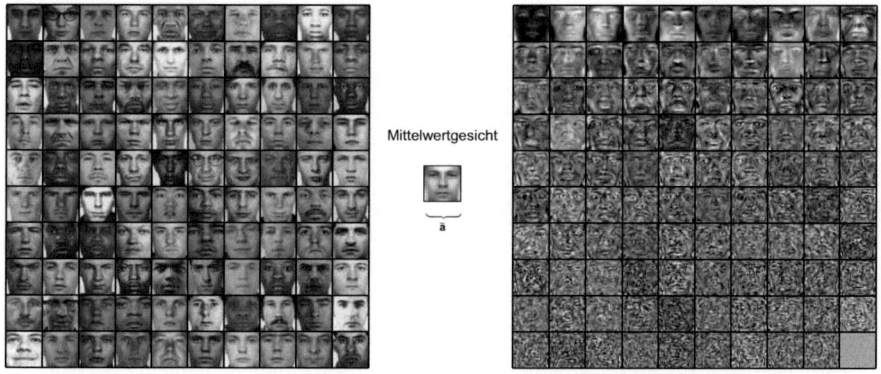

Abb. 9.3. Beispielbilder aus der MUGSHOT-Datenbank [39] (links), Mittelwertgesicht (Mitte) und aus der Datenbank ermittelte Eigengesichter (rechts).

Mithilfe des Mittelwertgesichts $\bar{\mathbf{a}}$ wird das mittelwertbefreite Ensemble

$$\Psi = [(\mathbf{a}_1 - \bar{\mathbf{a}}), \ldots, (\mathbf{a}_M - \bar{\mathbf{a}})] \tag{9.4}$$

gebildet. Die einzelnen Abbildungen innerhalb des Ensembles enthalten die unterschiedlichen Gesichtsausprägungen in der Gesichtsdatenbank, aber auch unterschiedliche Beleuchtungseinflüsse u. Ä. In kompakter Weise können die linearen Unterschiede in der Kovarianzmatrix Φ dargestellt werden. Für sie gilt

$$\Phi = \frac{1}{M} \cdot \sum_{i=1}^{M} \left[(\mathbf{a}_1 - \bar{\mathbf{a}}) \cdot (\mathbf{a}_i - \bar{\mathbf{a}})^{\mathrm{T}} \right] = \frac{1}{M} \cdot \Psi \cdot \Psi^{\mathrm{T}}. \tag{9.5}$$

---

[1] Die gezeigten Frontalansichten sind der MUGSHOT-Datenbank [39] entnommen.

Von dieser Kovarianzmatrix können die Eigenwerte λ_k und Eigenvektoren $\mathbf{u}_k$, $1 \leq k \leq K = N_1 \cdot N_2$ gebildet werden. Die Eigenwerte λ_k sind die K Lösungen der Gleichung

$$\det(\Phi - \lambda \cdot \mathbf{I}) = \begin{vmatrix} \phi_{1,1} - \lambda & \cdots & \phi_{1,K} \\ \vdots & \ddots & \vdots \\ \phi_{K,1} & \cdots & \phi_{K,K} - \lambda \end{vmatrix} = 0 \quad (9.6)$$

mit $\mathbf{I}$ die Einheitsmatrix der Dimension $K \times K$. Sind die Eigenwerte bekannt, so gilt für den k-ten Eigenvektor (zur Lösung des Gleichungssystems biehtet sich z. B. das Jacobi-Verfahren nach [27] an)

$$\Phi \cdot \mathbf{u}_k = \mathbf{u}_k \cdot \lambda_k. \quad (9.7)$$

Dies lässt sich auch über

$$\Phi \cdot \mathbf{U}^\mathrm{T} = \mathbf{U}^\mathrm{T} \cdot \Lambda \quad (9.8)$$

in Matrix-Vektorschreibweise ausdrücken, wobei $\mathbf{U} = [\mathbf{u}_1, \ldots, \mathbf{u}_K]^\mathrm{T}$ die Matrix der Eigenvektoren und

$$\Lambda = \begin{bmatrix} \lambda_1 & & 0 \\ & \ddots & \\ 0 & & \lambda_K \end{bmatrix} \quad (9.9)$$

die Matrix der Eigenwerte beschreibt. Die Eigenvektoren sind orthogonal, d. h.

$$\mathbf{u}_l^\mathrm{T} \cdot \mathbf{u}_k = \Delta_{lk} = \begin{cases} 1 & \text{für } l = k \\ 0 & \text{sonst,} \end{cases} \quad (9.10)$$

also gilt $\mathbf{U}^{-1} = \mathbf{U}^\mathrm{T}$, und Gleichung 9.8 lässt sich umformen zu

$$\mathbf{U} \cdot \Phi \cdot \mathbf{U}^\mathrm{T} = \Lambda. \quad (9.11)$$

Somit können die Eigenvektoren $\mathbf{u}_k$ als orthogonale Hauptachsen eines neuen Koordinatensystems mit Ursprung im Punkt $\bar{\mathbf{a}}$ aufgefasst werden. Illustriert ist dies in Abbildung 9.4.

Die Koordinaten eines Gesichtsvektors $\mathbf{b}$ im neuen Koordinatensystem erhält man über die PCA

$$\mathbf{w} = \mathbf{U} \cdot (\mathbf{b} - \bar{\mathbf{a}}), \quad (9.12)$$

$\mathbf{w}$ beschreibt also das Bild $\mathbf{b}$ im neuen Koordinatensystem. Aufgrund dieser Eigenschaft und der Anwendung auf Gesichter werden Eigenvektoren in diesem Zusammenhang auch Eigengesichter (engl. *Eigenfaces*) genannt [36]. Für die in diesem Abschnitt verwendete Datenbank ergeben sich die in Abbildung 9.3 rechts dargestellten Eigengesichter. In den Eigengesichtsraum transformiert, ist das Ensemble $\mathbf{A}$ mittelwertbefreit und besitzt die Kovarianzmatrix Λ. Da Λ eine Diagonalmatrix ist (siehe Gleichung 9.9), ist das transformierte Bildensemble unkorreliert.

9.1 Merkmalsgewinnung durch Eigengesichter 227

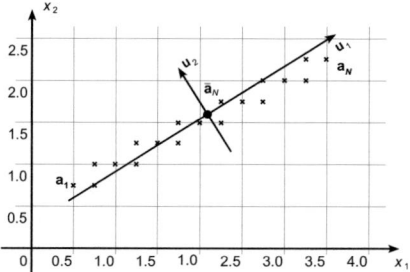

Abb. 9.4. Prinzipbild der PCA: Es wird ein neues Koordinatensystem aufgeführt, dessen Achsen $\mathbf{u}_1$ und $\mathbf{u}_2$ (Eigenvektoren der Kovarianzmatrix der Datenpunkte $\mathbf{a}_i$) entlang der stärksten Änderung der $\mathbf{a}_i$ verlaufen und dessen Ursprung im Mittelwertpunkt $\bar{\mathbf{a}}$ der Datenpunkte liegt.

Mithilfe einer Koordinaten-Rücktransformation kann aus dem Komponenten-Vektor $\mathbf{w}$ das Originalbild $\mathbf{b}$ über

$$\mathbf{b} = \bar{\mathbf{a}} + \mathbf{U}^T \cdot \mathbf{w} = \bar{\mathbf{a}} + \sum_{k=1}^{K} \mathbf{u}_k \cdot w_k \tag{9.13}$$

zurückgewonnen werden. Geht man davon aus, dass die größten Änderungen innerhalb des Bildensembles bereits durch wenige Eigenvektoren beschrieben werden, also die wichtigsten Gesichtsmerkmale in wenigen Eigengesichtern enthalten sind, so kann eine Schätzung $\hat{\mathbf{b}}$ für das Originalbild $\mathbf{b}$ angegeben werden. Unter Verwendung der ersten T zu den größten Eigenwerten gehörenden Eigenvektoren erhält man so

$$\hat{\mathbf{b}} = \bar{\mathbf{a}} + \sum_{i=1}^{T} \mathbf{u}_i \cdot w_i, \tag{9.14}$$

d. h. das Originalgesicht kann durch Linearkombination von T Eigengesichtern, gewichtet mit den Faktoren w_i, rekonstruiert werden. In Abbildung 9.5 sind zwei Gesichter aus der Datenbank als Schätzung durch $T = 6$ Eigengesichter dargestellt. Bereits diese sechs Eigengesichter genügen, um die relevanten Teile der Gesichter zu beschreiben.

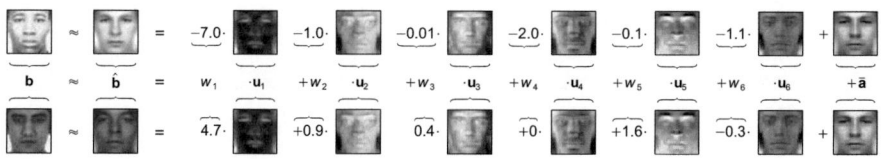

Abb. 9.5. Zerlegung von Gesichtern mithilfe der Eigengesichter. Bereits wenige Eigengesichter reichen aus, um die relevanten Merkmale darzustellen.

Bei Gesichtern, die nicht aus der Datenbank stammen oder stark vom Mittelwertgesicht abweichen, werden mehr Eigengesichter benötigt, um eine gute Nachbildung des

228 9 Gesichtsidentifikation

Gesichts zu erhalten. Dennoch ist es aber möglich, „Lena" als additive Überlagerung von Männergesichtern darzustellen, wie Abbildung 9.6 zeigt.

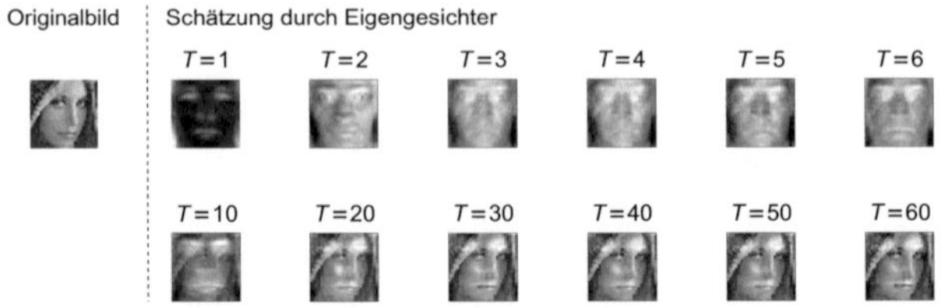

Abb. 9.6. Zerlegung eines stark vom Mittelwertgesicht abweichenden Gesichts mit unterschiedlicher Anzahl T an Eigengesichtern.

Der Vektor $[w_1, \ldots, w_T]^\mathrm{T}$ ist eine effizient komprimierte Version des Originalbilds **b**, und somit können die Faktoren w_i als Merkmale für die Gesichtsklassifikation verwendet werden.

9.1.2 Identifikation mit Eigengesichtern

Wie aus dem vorigen Abschnitt und Abbildung 9.5 hervorgeht, ist bereits eine geringe Anzahl von Eigengesichtern ausreichend, um die relevanten Merkmale aus Gesichtern einer Datenbank darzustellen. Deswegen können ihre über Gleichung 9.12 berechneten Koeffizienten w_i als Merkmale für die Klassifikationsaufgabe aus Gleichung 9.1 herangezogen werden. Dadurch dass sich die wesentlichen Merkmale auch durch eine Skalierung nicht ändern, sofern die Eigengesichter geeignet mitskaliert werden, ist die Identifikation unabhängig von der Skalierung des Eingabebilds. In Abbildung 9.7 sind die Koeffizienten der ersten beiden Eigengesichter für zehn Personen aus der Datenbank gegeneinander aufgetragen. Wie sich zeigt, unterscheiden sich die einzelnen Gesichter bereits in den ersten beiden Koeffizienten deutlich voneinander. Die Werte der ersten beiden Koeffizienten des unbekannten Gesichts sind ebenfalls in Abbildung 9.7 eingetragen. Durch eine einfache Abstandsklassifikation nach Gleichung 9.1 kann das unbekannte Gesicht dem Gesicht aus der Datenbank zugeordnet werden. Eine bessere Trennbarkeit wird durch Hinzunahme weiterer Koeffizienten oder der Verwendung von aufwendigeren Klassifikatoren erreicht [28].

9.2 Merkmalsgewinnung mit Formmodellen

Die Merkmalsgewinnung mithilfe von Eigengesichtern hat den Nachteil, dass die zu untersuchenden Gesichter stets dieselbe Pose aufweisen müssen, d. h. die aufgenommenen Gesichter sollten stets so aufgezeichnet werden wie die Bilder aus dem

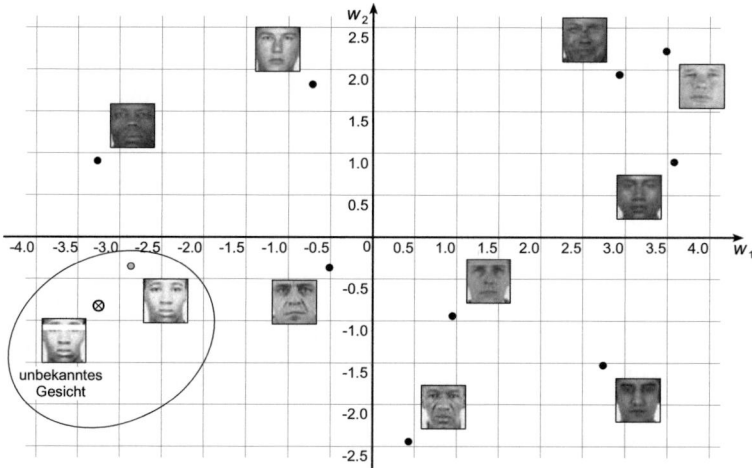

Abb. 9.7. Verteilung der Gewichtungskoeffizienten der ersten beiden Eigengesichter in einem zweidimensionalen Merkmalsraum sowie das zu identifizierende Gesicht.

Trainings-Datensatz. Lediglich eine Skalierung kann durch geeignete Skalierung der Eigengesichter kompensiert werden. Rotations- und Translationsvariationen führen zu unterschiedlichen Parametrisierungen von sonst gleichen Gesichtern. Aus diesem Grund ist man an einer Gesichtsparametrisierung interessiert, die unabhängig von der Rotation, Translation und darüber hinaus auch von der Skalierung ist. Ein Modell, das diese geforderten Invarianzen aufweist, ist das Formmodell. Das Formmodell ist die von den drei affinen Transformationen Skalierung, Rotation und Translation befreite Repräsentation eines Objekts, beispielsweise eines Gesichts [6].

9.2.1 Affine Transformationen

Es gibt eine Reihe von affinen, meist auch linearen (bei fehlender Translation) Transformationen [18, 42]. Für die in diesem Abschnitt zu behandelnden Formmodelle sind die Skalierung, Rotation und Translation von Bedeutung. Die Rotation wurde bereits in Kapitel 6.2.2, zur Normalisierung der Zeilenneigung in Schriftzügen, vorgestellt. Ein Punkt $\mathbf{x} = (x,y)^T$ wird dabei über

$$\mathbf{x}_{\text{rot}} = \begin{bmatrix} \cos\alpha & -\sin\alpha \\ \sin\alpha & \cos\alpha \end{bmatrix} \cdot \mathbf{x} \qquad (9.15)$$

um den Ursprung und den Winkel α in den neuen Punkt x_{rot} gedreht. Den skalierten Punkt $\mathbf{x}_{\text{skal}}$ erhält man durch

$$\mathbf{x}_{\text{skal}} = \begin{bmatrix} s & 0 \\ 0 & s \end{bmatrix} \cdot \mathbf{x} \qquad (9.16)$$

aus dem Punkt $\mathbf{x}$, wobei s einen konstanten Skalierungsfaktor darstellt. Für den $\mathbf{t} = (t_x, t_y)$ gegenüber dem ursprünglichen Punkt $\mathbf{x}$ translatierten Punkt $\mathbf{x}_{\text{Trans}}$ gilt

$$\mathbf{x}_{\text{Trans}} = \mathbf{x} + \mathbf{t}. \tag{9.17}$$

Nach den Regeln der Matrixmultiplikation kann die Skalierung und Rotation zusammengefasst werden [2], man erhält für den skalierten, rotierten Punkt

$$\mathbf{x}_{\text{skal,rot}} = \begin{bmatrix} \cos\alpha & -\sin\alpha \\ \sin\alpha & \cos\alpha \end{bmatrix} \cdot \left(\begin{bmatrix} s & 0 \\ 0 & s \end{bmatrix} \cdot \mathbf{x} \right) = \begin{bmatrix} s \cdot \cos\alpha & -s \cdot \sin\alpha \\ s \cdot \sin\alpha & s \cdot \cos\alpha \end{bmatrix} \cdot \mathbf{x} =$$

$$= \begin{bmatrix} a_x & -a_y \\ a_y & a_x \end{bmatrix} \cdot \mathbf{x} = M(a_x, a_y)[\mathbf{x}].$$

Es bleibt zu beachten, dass die Translation und die Rotation bzw. die Skalierung nicht kommutativ sind [2]. Somit macht es i. d. R. einen Unterschied, ob ein Punkt zunächst translatiert und anschließend rotiert oder zuerst rotiert und erst danach translatiert wird. In Abbildung 9.8 sind die vorangegangenen drei Transformationen für drei Punkte $\mathbf{x}_1$, $\mathbf{x}_2$ und $\mathbf{x}_3$ verdeutlicht.

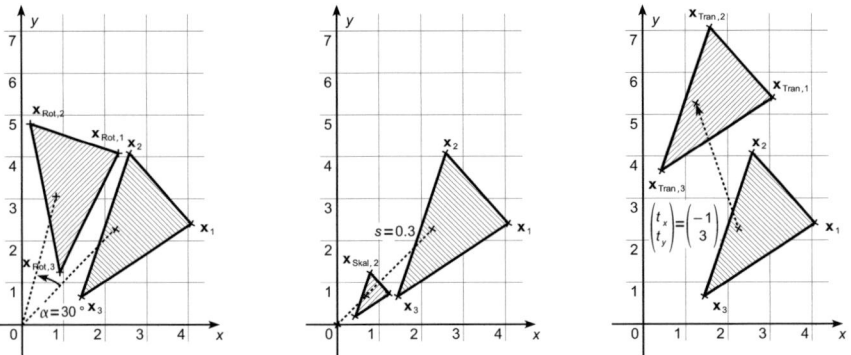

Abb. 9.8. Verdeutlichung der linearen Transformationen Rotation (links), Skalierung (Mitte) und Translation (rechts).

9.2.2 Prokrustes-Analyse

Mithilfe der Prokrustes-Analyse, deren Name aus der griechischen Mythologie stammt, werden die Vielecke

$$\mathbf{P} = [\mathbf{p}_1, \ldots, \mathbf{p_N}] = \left[\begin{pmatrix} p_{x,1} \\ p_{y,1} \end{pmatrix}, \ldots, \begin{pmatrix} p_{x,N} \\ p_{y,N} \end{pmatrix} \right] \text{ und} \tag{9.18}$$

$$\mathbf{Q} = [\mathbf{q}_1, \ldots, \mathbf{q_N}] = \left[\begin{pmatrix} q_{x,1} \\ q_{y,1} \end{pmatrix}, \ldots, \begin{pmatrix} q_{x,N} \\ q_{y,N} \end{pmatrix} \right] \tag{9.19}$$

mit je N Einzelpunkten so aneinander angeglichen, dass sie in Bezug auf Skalierung, Rotation und Translation möglichst gut zur Deckung kommen [12, 16][2]. Dazu werden die Transformationsparameter a_x, a_y (bzw. s und α aus Gleichung 9.18) $\mathbf{t} = (t_x, t_y)^T$ so angepasst, dass der mittlere quadratische Fehler

$$E = \sum_{j=1}^{N} c_i |\mathbf{p}_i - M(a_x, a_y)[\mathbf{q}_i] - \mathbf{t}|^2 \quad (9.20)$$

minimal wird. Die Parameter c_i dienen der Gewichtung bestimmter Punkte der Vielecke. Man erhält durch partielles Ableiten und „zu-Null-Setzen" des quadratischen Fehlers aus Gleichung 9.20 als implizite[3] Bestimmungsgleichung für die gesuchten Parameter

$$\begin{bmatrix} Z & 0 & X_q & Y_q \\ 0 & Z & -Y_q & X_q \\ X_q & -Y_q & N & 0 \\ Y_q & X_q & 0 & N \end{bmatrix} \cdot \begin{pmatrix} a_x \\ a_y \\ t_x \\ t_y \end{pmatrix} = \begin{pmatrix} C_1 \\ C_2 \\ X_p \\ Y_p \end{pmatrix}, \text{ mit}$$

$$X_p = \sum_{i=1}^{N} c_i \cdot p_{x,i}, Y_p = \sum_{i=1}^{N} c_i \cdot p_{y,i}, X_q = \sum_{i=1}^{N} c_i \cdot q_{x,i}, Y_q = \sum_{i=1}^{N} c_i \cdot q_{y,i}, \quad (9.22)$$

$$C_1 = \sum_{i=1}^{N} c_i \cdot (p_{x,i} \cdot q_{x,i} + p_{y,i} \cdot q_{y,i}), Z = \sum_{i=1}^{N} c_i \cdot (q_{x,i}^2 + q_{y,i}^2)$$

$$C_2 = \sum_{i=1}^{N} c_i \cdot (p_{y,i} \cdot q_{x,i} - p_{x,i} \cdot q_{y,i}), C = \sum_{i=1}^{N} c_i.$$

Mithilfe der aus Gleichung 9.22 gewonnen Parameter a_x, a_y, t_x und t_y kann das Vieleck $\mathbf{Q}$ bestmöglich auf das Vieleck $\mathbf{P}$ abgebildet werden. Für das neu entstandene Vieleck $\mathbf{Q}^{(1)}$ gilt

$$\mathbf{Q}^{(1)} = [((M(a_x, a_y)[\mathbf{q_1}] + \mathbf{t}), \dots, (M(a_x, a_y)[\mathbf{q_N}] + \mathbf{t})] = \text{proc}(\mathbf{P}, \mathbf{Q}). \quad (9.23)$$

In Abbildung 9.9 links sind zwei Fünfecke $\mathbf{P}$ und $\mathbf{Q}$ abgebildet. Mithilfe der Prokrustes-Analyse nach Gleichung 9.23 gelingt es, die beiden Fünfecke möglichst gut aufeinander abzubilden, wie in Abbildung 9.9 rechts gezeigt. Die erforderliche Skalierung, Rotation und Translation ist ebenfalls verdeutlicht.

---

[2] In [12, 16] wird die Prokrustes-Analyse zur Annäherung einer Matrix $\mathbf{A}$ durch das Produkt zweier Matrizen $\mathbf{U} \cdot \mathbf{B}$ verwendet, wobei sowohl $\mathbf{A}$ als auch $\mathbf{B}$ vorgegeben sind.

[3] Für den interessierten Leser: Die explizite Form lautet

$$a_x = -\frac{X_p \cdot X_q + Y_p \cdot Y_q - N \cdot C_1}{N \cdot Z - X_q^2 - Y_q^2}, \quad a_y = \frac{X_p \cdot Y_q - X_q \cdot Y_p + C \cdot C_2}{N \cdot Z - X_q^2 - Y_q^2},$$

$$t_x = \frac{X_p \cdot Z - C_1 \cdot X_q + C_2 \cdot Y_q}{N \cdot Z - X_q^2 - Y_q^2}, \quad t_y = \frac{Y_p \cdot Z - C_1 \cdot Y_q - C_2 \cdot X_q}{N \cdot Z - X_q^2 - Y_q^2}. \quad (9.21)$$

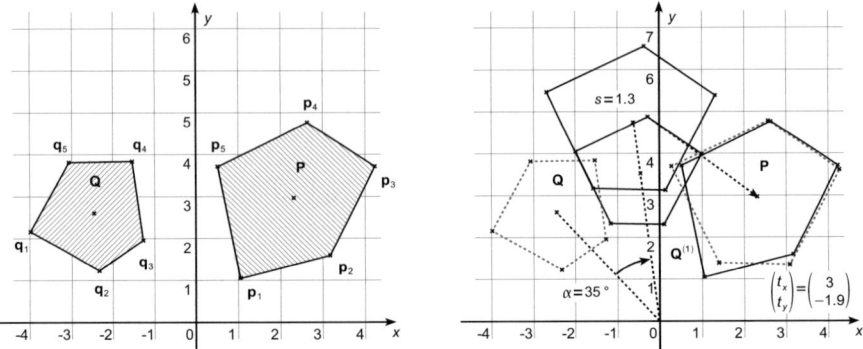

Abb. 9.9. Zur Verdeutlichung der Prokrustes-Analyse: zwei unterschiedliche Fünfecke (links) und wie sie durch Rotation, Skalierung und Translation möglichst deckungsgleich aufeinander abgebildet werden (rechts).

9.2.3 Objektabhängige Formen

Zur Ermittlung einer geeigneten, das Objekt beschreibenden Form werden Beispieldaten aus einem Trainings-Datensatz benötigt [6, 7]. Da im Rahmen dieses Kapitels Gesichter erkannt werden, handelt es sich bei dem Trainingsmaterial um Gesichter. Für jedes Trainingsbild werden diejenigen Bereiche mit Markerpunkten (engl. *landmarks*), gekennzeichnet[4], die das darin enthaltene Objekt am besten beschreiben. Eine mögliche Verteilung von $N = 69$ Markerpunkten[5] auf einem Gesicht, links dargestellt, zeigt Abbildung 9.10 Mitte[6]. Auf der rechten Seite von Abbildung 9.10 ist die reine Form ohne Gesicht zu sehen. Die Markerpunkte können aus Gründen der besseren Darstellung zu Vielecken zusammengefasst werden. So wird das Gesicht in charakteristische Bereiche unterteilt. Tabelle 9.1 gibt einen Überblick über die Bereiche im Gesicht und welche Markerpunkte diese beschreiben.

Durch die Annotation der Trainingsbilder per Hand kann sichergestellt werden, dass die korrespondierenden Bereiche (z. B. die Augen) in jedem Bild gleichermaßen erfasst werden, unabhängig von deren Größe und Lage. In Abbildung 9.11 links sind $M = 48$ Gesichter und ihre Markerpunktannotation (rechts) dargestellt. Dabei wurde bewusst eine Reihe von unterschiedlichen Ausdrücken in den Gesichtern (offener Mund, geschlossene Augen etc.) gewählt.

---

[4] Die Kennzeichnung der Bilder mit den Markerpunkten wird auch mit „Annotation" bezeichnet.

[5] Die Wahl des Orts und der Anzahl der Markerpunkte ist anwendungsabhängig. Für dieses Buch wurden die $N = 69$ Markerpunkte als Kompromiss zwischen Anschaulichkeit und Leistungsfähigkeit der entstehenden Modelle gewählt.

[6] Die dargestellten Gesichter sind der AR-Datenbank [24] entnommen.

9.2 Merkmalsgewinnung mit Formmodellen 233

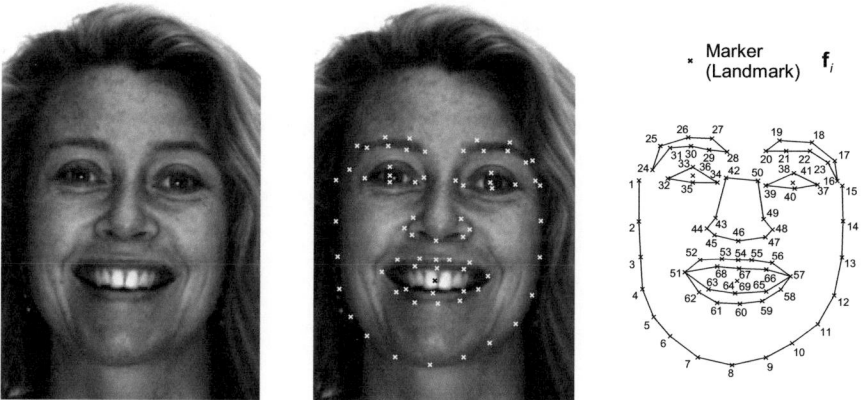

Abb. 9.10. Gesicht (aus AR-Datenbank [24], links), Markerpunkte auf einem Gesicht (Mitte) und die dadurch beschriebene Form (rechts).

Gesichtsteil	Merkerpunkt	Gesichtsteil	Markerpunkt
Gesichtsumriss	1–15	rechte Augenbraue	16–23
linke Augenbraue	24–31	linkes Auge	32–35
rechtes Auge	37–40	Augenmittelpunkte	36, 41
Nase	42–50	Oberlippe	51–57, 66–68
Unterlippe	51, 57–65	Mundmittelpunkt	69

Tabelle 9.1. Gesichtsteile und die sie beschreibenden Markerpunkte.

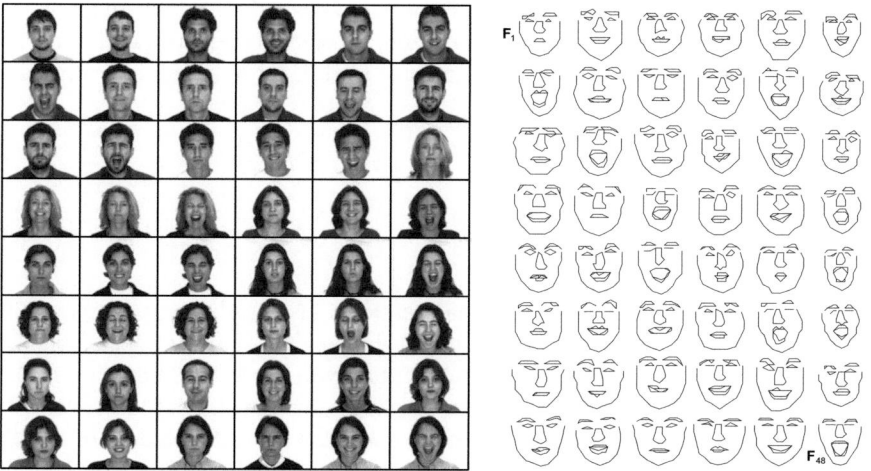

Abb. 9.11. Datenbank mit $M = 48$ Gesichtern aus der AR-Datenbank [24] (links) und zugehörigen, handannotierten Formen (rechts).

9.2.4 Point-Distribution-Model

Die durch Markerpunkte beschriebenen Formen $\mathbf{F}_i = [\mathbf{f}_1,\ldots,\mathbf{f}_N]$, $i = 1,\ldots,M$ unterscheiden sich sowohl durch ihre Größe, Drehung und Lage (auch Poseparameter genannt) als auch in ihrer Ausprägung (z. B. Gesichtsausdruck), beschrieben durch die sog. Formparameter. Ein Formmodell ermittelt, unabhängig von den Poseparametern, die Formparameter des Gesichts.

Mittelwertform

Zunächst werden die in dem Trainings-Datensatz enthaltenen Formen (Gesichtsumrisse) so angepasst, dass sie untereinander unabhängig von den Poseparametern werden. Anschließend wird aus ihnen die sog. Mittelwertform gebildet. Die Unabhängigkeit von den Poseparametern wird durch eine Prokrustes-Analyse nach Gleichung 9.23 erreicht, die die Formen $\mathbf{F}_i$, $i = 2,\ldots,M$ jeweils an die Form $\mathbf{F}_1$ anpasst. Man erhält so die untereinander von Skalierung, Rotation und Translation unabhängigen Formen $\mathbf{F}_i^{(1)}$ mit $\mathbf{F}_1^{(1)} = \mathbf{F}_1$ und $\mathbf{F}_i^{(1)} = \text{proc}(\mathbf{F}_1, \mathbf{F}_i)$, $i = 2,\ldots,M$. Die erste Schätzung der Mittelwertform $\bar{\mathbf{F}}_1$ ergibt sich dann zu

$$\bar{\mathbf{F}}_1 = \frac{1}{M} \cdot \sum_{i=1}^{M} \mathbf{F}_i^{(1)}. \tag{9.24}$$

Anschließend wird die Mittelwertform normalisiert. Dabei wird ihr Schwerpunkt in den Ursprung verschoben, und beispielsweise werden die Augenmittelpunkte so normiert, dass sie einen festen Abstand besitzen, auf einer horizontalen Linie zu liegen kommen und ihre y-Koordinaten größer ‚null' sind. Über K Iterationen werden so nach

$$\mathbf{F}_i^{(k)} = \text{proc}\left(\bar{\mathbf{F}}_{k-1}, \mathbf{F}_i^{(k-1)}\right) \qquad 1 \leq i \leq M, 2 \leq k \leq K \tag{9.25}$$

$$\bar{\mathbf{F}}_k = \frac{1}{M} \cdot \sum_{i=1}^{M} \mathbf{F}_i^{(k)} \qquad 2 \leq k \leq K \tag{9.26}$$

die Poseparameter aus den Formen so lange entfernt, bis ein Abbruchkriterium erfüllt ist. Die entstehende Mittelwertform $\bar{\mathbf{F}}$ zeigt Abbildung 9.12 auf der linken Seite. Die einzelnen Formen weichen jedoch mitunter stark von der Mittelwertform ab. Dies ist in Abbildung 9.12 rechts als Streuung der Markerpunkte um die Mittelwertform dargestellt. Diese Streuung hängt nicht mehr von den Poseparametern ab, sondern ist auf die Variabilität des Objekts „Gesicht" zurückzuführen. Diese Variabilität kann durch das Formmodell mithilfe der aus dem Abschnitt 9.1 bekannten PCA, angewendet auf die normalisierten Formen $\mathbf{F}_i^{(K)}$, mit wenigen Parametern beschrieben werden.

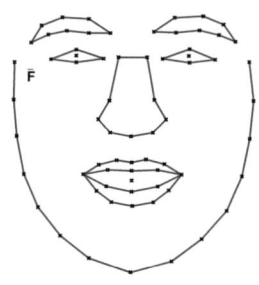 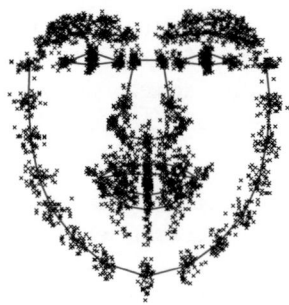

Abb. 9.12. Mittelwertform (links) und Streuung der Markerpunkte aus dem Trainings-Datensatz um die Mittelwertform (rechts).

Darstellung der Objektvariationen

Analog zu Abschnitt 9.1 wird eine bisher aus Einzelpunkten bestehende Form $\mathbf{F}_i$ als Punkt in einem $2 \cdot N$-dimensionalen Bildraum und damit als Vektor betrachtet. Um eine formale Konsistenz zu Abschnitt 9.1 zu gewährleisten, beschreibt $\mathbf{s}_i \equiv \mathbf{F}_i$ eine Form $\mathbf{F}_i$ als Vektor, insbesondere gilt $\bar{\mathbf{s}} \equiv \bar{\mathbf{F}}$. Zum Finden der Hauptachsen, die den Formraum aufspannen, wird analog zu Gleichung 9.4 ein mittelwertbefreites Ensemble $\Psi_s = [(\mathbf{s}_1 - \bar{\mathbf{s}}), \ldots, (\mathbf{s}_M - \bar{\mathbf{s}})]$ an Formen gebildet. Die ersten M Hauptachsen $\mathbf{u}_{s,1}, \ldots, \mathbf{u}_{s,M}$, zusammengefasst in der Matrix $\mathbf{U}_s$ des Formraums, entsprechen den zu den ersten M größten Eigenwerten $\lambda_{s,1}, \ldots, \lambda_{s,M}$ gehörenden Eigenvektoren der Kovarianzmatrix $\Phi_s = \frac{1}{M} \cdot \Psi_s \cdot \Psi_s^T$. Somit kann eine beliebige Form $\mathbf{s}$ aus dem Bildraum mithilfe der Parameter

$$\mathbf{w}_s = \mathbf{U}_s \cdot (\mathbf{s} - \bar{\mathbf{s}}) \tag{9.27}$$

im Formraum beschrieben werden. Wie auch im vorangegangenen Abschnitt wird davon ausgegangen, dass die wesentlichen Änderungen einer Gesichtsform durch einige wenige, zu den größten Eigenwerten der Kovarianzmatrix Φ_s gehörenden Eigenvektoren beschrieben werden. Für die mit T Eigenvektoren rekonstruierte Schätzung der Gesichtsform $\hat{\mathbf{s}}$ gilt dann, analog zu Gleichung 9.14

$$\hat{\mathbf{s}} = \bar{\mathbf{s}} + \sum_{i=1}^{T} \mathbf{u}_{s,i} \cdot \mathbf{w}_{s,i} = \bar{\mathbf{s}} + \hat{\mathbf{U}}_s^T \cdot \hat{\mathbf{w}}_s \tag{9.28}$$

mit $\hat{\mathbf{U}}_s^T = [\mathbf{u}_{s,1}, \ldots, \mathbf{u}_{s,T}]$ und $\hat{\mathbf{w}}_s = (w_{s,1}, \ldots, w_{s,T})^T$. Durch (beliebige) Variation der Gewichte $\hat{\mathbf{w}}_s$ können neue Formen innerhalb des Formraums generiert werden. So ergibt sich das Formmodell

$$\mathbf{m}_s(\hat{\mathbf{w}}_s) = \bar{\mathbf{s}} + \hat{\mathbf{U}}_s^T \cdot \hat{\mathbf{w}}_s. \tag{9.29}$$

Da die einzelnen Eigenvektoren $\mathbf{u}_{s,i}$ in Richtung der größten jeweiligen Änderung im Trainings-Datensatz zeigen, erhält man durch eine Variation der Gewichtsfaktoren $\hat{\mathbf{w}}_s$

Formen, die dem ursprünglichen Objekt ähnlich sind, bzw. wird die für das Objekt typische Änderung hervorgerufen. Diese Aussage ist allerdings nur innerhalb gewisser Grenzen erfüllbar, so zeigt sich, dass die einzelnen Gewichte nur aus dem Intervall $-3\sqrt{\lambda_{s,i}} \leq w_{s,i} \leq 3\sqrt{\lambda_{s,i}}$ gewählt werden dürfen [7].

Das durch die PCA erhaltene Formmodell bzw. Point Distribution Modell (PDM) wird in einem Koordinatensystem beschrieben, in dessen Ursprung die Mittelwertform liegt und entlang dessen Achsen bestimmte Formparameter, die vom verwendeten Trainingssatz abhängen, variiert werden [7]. Exemplarisch ist in Abbildung 9.13 die gleichzeitige Variation der Koeffizienten der ersten beiden Hauptachsen gezeigt. Wie zu sehen ist, führt eine Variation in positive $\mathbf{u}_{s,1}$-Richtung zu einem Öffnen des Munds bei gleichzeitigem Schließen der Augen sowie leichtem Verschmälern und Verlängern der Gesichtsform. In negative $\mathbf{u}_{s,1}$-Richtung dagegen wirkt die Gesichtsform breiter, flacher, der Mund ist geschlossen, und die Augen sind weit geöffnet. Eine Variation der Form in positive $\mathbf{u}_{s,2}$ Richtung lässt den Mund schließen und den Kopf leicht nach oben neigen. Wird die Form jedoch in negative $\mathbf{u}_{s,2}$ Richtung variiert, erhält man eine Gesichtsform, die leicht nach unten geneigt ist, mit schmalem, geöffneten Mund und leicht geschlossenen Augen. Es bleibt zu beachten, dass nur jene Variationen der Gesichtsform modelliert werden können, die im Trainings-Datensatz vorhanden sind.

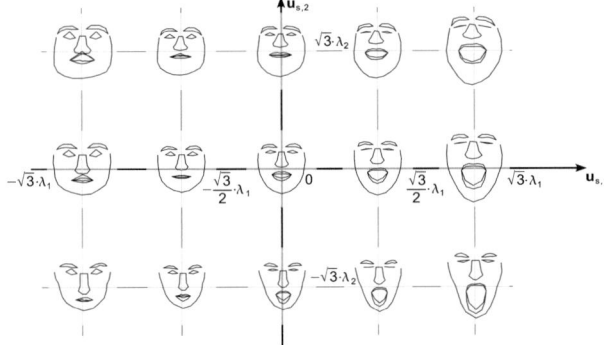

Abb. 9.13. Formen, die durch Variation der Gewichte der ersten beiden Eigenvektoren entstehen.

9.2.5 Anwendung des PDM auf Bilder

Im vorangegangen Abschnitt wurde erläutert, wie aus einer Reihe von Trainingsbildern und einer PCA ein Formmodell (oder PDM) generiert werden kann. Da die PDM die charakteristischen Merkmale eines Objekts so beschreiben, wie sie in den Beispielen aus dem Trainings-Datensatz vorhanden sind, können sie zur Merkmalsgewinnung eingesetzt werden, wenn sie in der Lage sind, sich einem unbekannten Gesicht anzupassen. Dazu wird eine Initialschätzung für das Gesicht erstellt und in darauf folgenden Schritten so angepasst, dass die neue Schätzform sowohl das im Bild enthaltene Gesicht besser beschreibt als auch die aus den Beispielen des Trainings-Datensatzes gelernten, objektspezifischen Formeigenschaften möglichst gut eingehalten werden. Aufgrund ihrer Fähigkeit, sich einerseits durch geeignete Vorschriften an ein unbekanntes, in einem Bild vorhandenem Objekt anzunähern, andererseits aber die prinzipielle, aus dem Trainings-Datensatz gelernte Form der Objektklasse beizubehalten, werden PDM auch Active Shape Modell (ASM) genannt [6][7]

Initialschätzung

Zunächst wird mit einem im Kapitel 8 vorgestellten Verfahren die ungefähre Lage des Gesichts in einem unbekannten Bild ermittelt. An diese Stelle wird die Mittelwertform translatiert, sodass ihr Schwerpunkt in der Mitte des detektierten Gesichts zu liegen kommt. Dies ist in Abbildung 9.14 links dargestellt. Sie zeigt ein unbekanntes Gesicht, an dessen Mittelpunkt die Mittelwertform gelegt wird. Die so translatierte Mittelwertform beschreibt die erste Approximation des Gesichts, d. h. $\mathbf{x}^{(0)} = \bar{\mathbf{s}} + \mathbf{t}$.

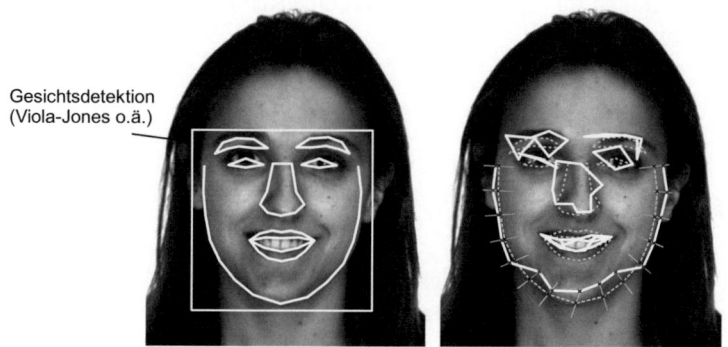

Abb. 9.14. Auf einem unbekannten Gesicht platzierte Initialschätzung der Gesichtsform (links) und erster Anpassungsschritt (rechts).

Verschiebungsvorschrift der Markerpunkte

Im nächsten Schritt werden die Markerpunkte geeignet verschoben. Für diese Optimierung gibt es eine Reihe von Herangehensweisen. Eine aufgrund ihrer einfachen Realisierung weit verbreitete Methode ist die Suche des neuen Markerpunkts entlang

---

[7] ASM weisen Ähnlichkeiten zu den hier nicht behandelten „Aktiven Konturen" (engl. *snakes*) [20] auf. Wegen Ihrer Fähigkeit, sich auch auf unbekannte Bildinhalte anzupassen, werden ASM auch als „smart snakes" bezeichnet [6].

seiner durch ihn verlaufenden Normalen auf die Form [3, 6]. In Abbildung 9.14 rechts sind die Normalenvektoren, die die Form senkrecht schneiden (der Übersichtlichkeit halber nur für den äußeren Gesichtsumriss) durch die Markerpunkte eingezeichnet. Die Markerpunkte werden so verschoben, dass sie auf einer Kante im Normalenprofil zu liegen kommen [8]. Die Normale durch den Markerpunkt $\mathbf{x}_i$, der Intensitätsverlauf des Normalenprofils, dessen erste Ableitung und die daraus ermittelte Verschiebung $\Delta \mathbf{x}_i$ sind in Abbildung 9.15 exemplarisch dargestellt.

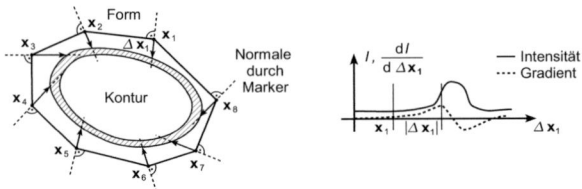

Abb. 9.15. Normale der Form durch die Markerpunkte (links) und Illustration der neuen Markerposition im Normalenprofil

Auf diese Weise erhält man für jeden Markerpunkt eine Richtungsänderung $\Delta \mathbf{x}_i$ und damit eine neue Form

$$\mathbf{y} = \mathbf{x}^{(0)} + \Delta \mathbf{x}, \qquad (9.30)$$

die ebenfalls in Abbildung 9.14 rechts eingetragen ist.

Wahrung der Formeigenschaften

Die neue Form $\mathbf{y}$ kann mit der ursprünglichen Form $\mathbf{x}^{(0)}$ über die in Abschnitt 9.2.1 erläuterten affinen Transformationen zusammenhängen, die mithilfe der Prokrustes-Analyse nach Gleichung 9.23 kompensiert werden. Dadurch erhält man die von der Skalierung, Rotation und Translation befreite Form

$$\mathbf{z} = \text{proc}(\mathbf{y}, \mathbf{x}^{(0)}). \qquad (9.31)$$

Sie ist in Abbildung 9.16 links dargestellt. Die Form $\mathbf{z}$ hängt mit $\mathbf{y}$ über

$$\mathbf{y} = \mathbf{z} + \Delta \mathbf{z} \qquad (9.32)$$

zusammen.

Wie in Abbildung 9.14 rechts dargestellt, ähnelt die aufgrund der Verschiebung der Markerpunkte gefundene Form nicht unbedingt einem Gesicht. Von der Form $\mathbf{z}$ aus betrachtet, kann also die Verschiebung um $\Delta \mathbf{z}$ zu einer Form führen, die nicht mehr die aus dem Training gewonnen Objekteigenschaften besitzt. Aus diesem Grund wird

---
[8] Dies stellt eine Vereinfachung des Verfahrens aus z. B. [7] dar.

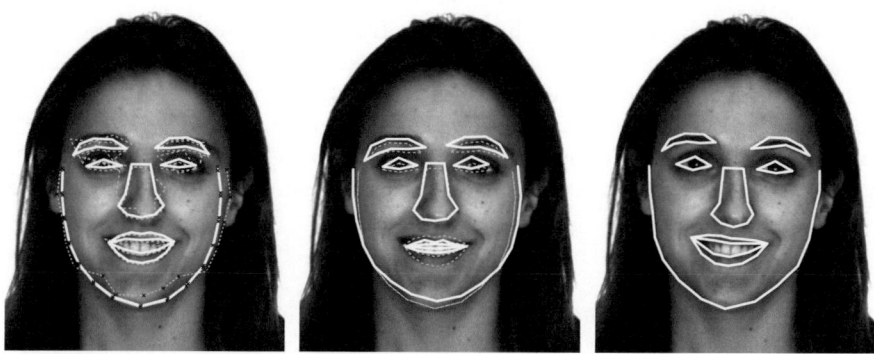

Abb. 9.16. Zweiter (links) und dritter (Mitte) Anpassungsschritt zum Annähern der initial geschätzten an die tatsächliche Gesichtsform sowie iterativ angepasste Gesichtsform (rechts)

die Verschiebung $\Delta \mathbf{z}$ im Formraum [7] ausgedrückt und so angepasst, dass sie zu einem gültigen Gesicht, bezogen auf den Trainings-Datensatz, führt. Betrachtet man Gleichung 9.28, so gilt

$$\hat{\mathbf{y}} = \bar{\mathbf{s}} + \hat{\mathbf{U}}_s^T \cdot \hat{\mathbf{w}}_{s,y} \text{ und } \hat{\mathbf{z}} = \bar{\mathbf{s}} + \hat{\mathbf{U}}_s^T \cdot \hat{\mathbf{w}}_{s,z}. \quad (9.33)$$

Daraus lässt sich als Schätzung für die benötigte Verschiebung

$$\Delta \hat{\mathbf{z}} = \hat{\mathbf{y}} - \hat{\mathbf{z}} = \bar{\mathbf{s}} + \hat{\mathbf{U}}_s^T \cdot \hat{\mathbf{w}}_{s,y} - (\bar{\mathbf{s}} + \hat{\mathbf{U}}_s^T \cdot \hat{\mathbf{w}}_{s,z}) = \hat{\mathbf{U}}_s^T \cdot \underbrace{(\hat{\mathbf{w}}_{s,y} - \hat{\mathbf{w}}_{s,x})}_{\Delta \hat{\mathbf{w}}_{s,z}} \quad (9.34)$$

angeben ($\Delta \hat{\mathbf{w}}_{s_z}$ beschreibt die angepasste Verschiebung der Markerpunkte der Form $\mathbf{z}$ im Formraum). Im Bildraum führt diese Verschiebung zu der neuen Schätzform $\mathbf{x}^{(1)}$, und man erhält

$$\mathbf{x}^{(1)} = \mathbf{z} + \hat{\mathbf{U}}_s^T \cdot \Delta \hat{\mathbf{w}}_{s,z}. \quad (9.35)$$

Iterative Annäherung

Die neu erhaltene Form $\mathbf{x}^{(1)}$ für ein Gesicht ist in Abbildung 9.16 in der Mitte dargestellt. Wird das oben beschriebene Vorgehen iterativ wiederholt, so erhält man bei geeigneter Wahl der Initialschätzung eine dem zu untersuchenden Gesicht entsprechende Form, wie sie Abbildung 9.16 rechts zeigt.

9.2.6 Gesichtsidentifikation mit ASM

Hat sich eine Form vollständig an ein Gesicht angepasst, so unterscheidet sie sich von der Mittelwertform in ihren Poseparametern ($a_x^{(i)}$, $a_y^{(i)}$ und $\mathbf{t}^{(i)}$) und den Formparametern ($\Delta \hat{\mathbf{w}}_s y^{(i)}$). Dabei wurden die einzelnen Parameter im iterativen Annäherungsprozess ermittelt. Während die Poseparameter für eine Gesichtsidentifikation ungeeignet

240   9 Gesichtsidentifikation

sind, da sie nur eine Rotation, Skalierung und Translation in der Ebene beschreiben, liefern die Formparameter relevante Gesichtsmerkmale. So kann mit ihnen, ähnlich wie bei den Eigengesichtern, ein Merkmalsraum aufgespannt werden und innerhalb diesem z. B. mit einem Abstandsklassifikator klassifiziert werden. Zusätzlich können aber auch weitere, aus den Formparametern abgeleitete Merkmale wie etwa der Abstand der Augenmittelpunkte zur Verbesserung der Identifikationsleistung beitragen.

9.2.7 Weitere Einsatzgebiete der ASM

Aufgrund ihrer objektspezifischen Eigenschaften eignen sich ASM nicht nur zur Gesichtsidentifikation. So finden sie auch in der Medizin, etwa bei der Auswertung von Röntgenbildern Verwendung [7].

ASM, die Formen mit geringer Komplexität beschreiben, können auch für die Gesichts- bzw. Kopfdetektion eingesetzt werden [29]. Man verwendet dann beispielsweise die Form des Kopf- und Schulterumrisses einer Person, wie sie die Annotation in Abbildung 9.17 oben zeigt. Durch die Drehung der Person um die eigene Achse erhält man mögliche verschiedene Repräsentationen der Form. Daraus ergeben sich die in 9.17 unten dargestellten Variationen in Richtung des zum größten Eigenwert gehörenden Eigenvektors. Zur Detektion des durch das Formmodell beschriebenen

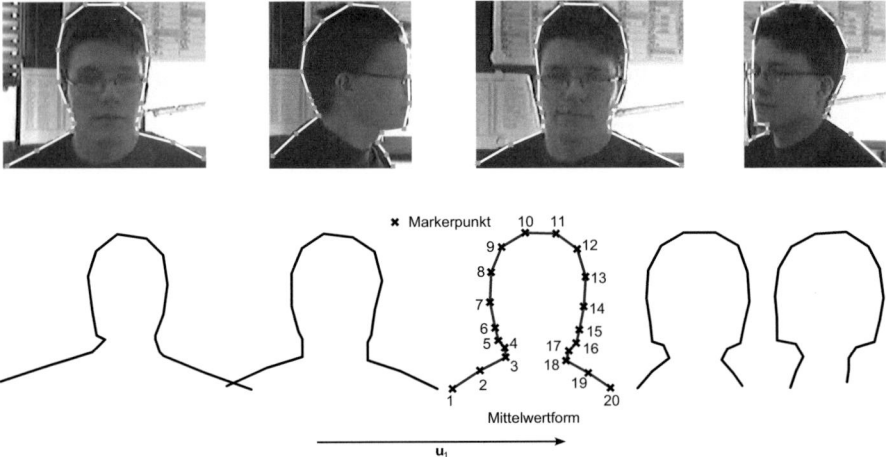

Abb. 9.17. Annotation von Formen zur Personendetektion (links) und zugehörige Mittelwertform (rechts).

Umrisses wird die Mittelwertform an verschiedene Orte geschoben und getestet, ob die Form dort konvergiert, die gesuchte Form also gefunden werden kann. Der Test auf Konvergenz kann beispielsweise über die Größe der gefundenen Formparameter erfolgen. Aufgrund der geringen Komplexität der Form kann in kurzer Rechenzeit die Form-Hypothese an verschiedenen Stellen getestet werden.

Durch geeignete Wahl des Trainings-Datensatzes kann auch die Blickrichtung einer Person mithilfe von ASM ermittelt werden. Dazu fügt man dem Trainings-Datensatz Profilaufnahmen, Frontalaufnahmen sowie Bilder von Gesichtern mit einem Blickwinkel zwischen 0° und 90° hinzu. Durch geeignetes Training erhält man ASM, die die Kopfdrehung in wenigen Komponenten beschreibt [34]. So kann aufgrund der Lage der Form des unbekannten Gesichts im Formraum auf dessen Blickrichtung geschlossen werden.

Darüber hinaus werden ASM auch für die Mimikerkennung eingesetzt [44]. Diese Themen sind allerdings Gegenstand der aktuellen Forschung.

9.3 Merkmalsgewinnung mit „Appearance"-Modellen

Während Eigengesichter lediglich die Grauwertverteilung der Gesichter berücksichtigen, beschreiben Formmodelle nur die Gesichtsform, unabhängig von den einbeschriebenen Bildpunkten. Allerdings liefern die Bildpunkte wichtige Merkmale, beispielsweise die Hautfarbe für die Identifikationsaufgabe [33]. In der Literatur hat sich für alle Objektmodelle, die die Grauwertinformation modellieren, der Begriff Appearance-Modell (AM) durchgesetzt[9]. Bereits die im Abschnitt 9.1 vorgestellten Eigengesichter sind dieser Klasse von Modellen zuzuordnen. Jedoch berücksichtigten sie *nur* die Textur.

In diesem Abschnitt werden die Active Appearance-Modelle (AAM) [4, 5, 21] vorgestellt und erläutert. Sie beschreiben sowohl die Form (siehe Formmodelle) als auch die der Form hinterlegte Grauwertinformation (vgl. Eigengesichter) eines Objekts. AAM können demnach als eine Kombination von Formmodellen und Eigengesichtern verstanden werden [5]. Wie im Abschnitt 9.2 bei den Formmodellen erläutert, wird die einem Objekt zu eigene Form durch Markerpunkte beschrieben. Betrachtet man nur die der Form einbeschriebenen Bildpunkte, so erhält man die sog. Textur **T** des Objekts. Aus den verschiedenen, im Trainings-Datensatz vorkommenden Texturen T_i wird anschließend eine Mittelwerttextur gebildet und mithilfe der PCA ein Texturmodell generiert, das die wichtigsten Texturveränderungen beschreiben kann. Um einzelne Texturteile eindeutig bestimmten Formbereichen zuzuordnen, wird aus der Form ein Gitternetz, bestehend aus Dreiecken erzeugt. Dies erfolgt über die Triangulation der Markerpunkte.

---

[9] Zu der Gruppe der AM zählen z. B. die „Active Blobs" [31], die „Morphable Models" [37] und die „Direct Appearance Models" [17], die hier nicht näher betrachtet werden.

9.3.1 Triangulation

Der Begriff „Triangulation" hat in der Mathematik und Physik eine Reihe von Bedeutungen. Im Zusammenhang mit AAM gebraucht, bezeichnet die Triangulation die Zerlegung einer Punktmenge $\mathbf{P} = [\mathbf{p}_1, \ldots \mathbf{p}_N]$ bestehend aus N Punkten p_i, $1 \leq i \leq N$ in ein Dreiecksnetz $\mathbf{D} = [\mathbf{d}_1, \ldots, \mathbf{d}_K]$, das aus K Dreiecken $\mathbf{d}_i$, $1 \leq i \leq K$ besteht. Die Eckpunkte der Dreiecke stammen aus der Punktmenge $\mathbf{P}$. Somit kann jedes Dreieck $\mathbf{d}_i = (j,k,l)^\mathrm{T}$, $j \neq k \neq l$, kompakt durch drei Punkte $\mathbf{p}_j$, $\mathbf{p}_k$ und $\mathbf{p}_l$ aus $\mathbf{P}$ beschrieben werden. Die Wahl der Dreiecke ist nicht beliebig. Die folgenden zwei Bedingungen werden an die Flächen D_i der Dreiecke $\mathbf{d}_i$ gestellt

$$(1) \quad D_i \cap D_j = \emptyset \; \forall i, j \, i \neq j \quad \text{und} \quad (2) \quad \bigcup_{i=1}^{K} D_i = P. \tag{9.36}$$

Nach der ersten Bedingung wird gefordert, dass die Dreiecke untereinander paarweise disjunkt sind. Außerdem soll die Fläche der einzelnen Dreiecke zusammengenommen der Fläche P der Einhüllenden der Punktmenge $\mathbf{P}$ entsprechen, was in der zweiten Bedingung festgelegt ist.

Unter Beachtung der obigen beiden Forderungen existiert eine Vielzahl von möglichen Dreiecksnetzen zur Unterteilung einer Punktmenge. Ist ein Dreiecksnetz $\mathbf{D}$ einer Punktmenge $\mathbf{P}$ gefunden, wird jedem Dreieck das ihm hinterlegte, vom Objekt stammende Texturstück $\mathbf{t}_i$ zugeordnet. Die Textur $\mathbf{T}$ besteht somit aus K Texturstücken $\mathbf{t}_i$, $1 \leq i \leq K$. Es gilt für die Textur $\mathbf{T} = [\mathbf{t}_1, \ldots, \mathbf{t}_K]$. In Abbildung 9.18 links sind eine Punktmenge $\mathbf{P} = [\mathbf{p}_1, \ldots, \mathbf{p}_5]$, bestehend aus $N = 5$ Punkten, und ein mögliches Dreiecksnetz eingetragen.

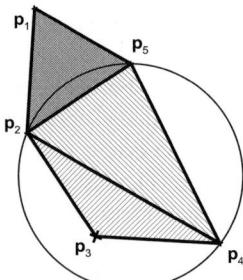 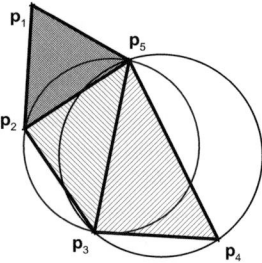

Abb. 9.18. Dreiecksnetz einer Punktmenge $\mathbf{P}$, das das Delaunay-Kriterium verletzt (links) und einhält (rechts).

Für AAM ist man an einer Triangulation interessiert, die zu Dreiecken führt, die keine allzu spitzen Winkel enthalten. Demnach soll ein Dreiecksnetz gefunden werden, in dem der kleinste Innenwinkel aller Dreiecke möglichst groß ist [5]. Diese Forderung wird bei Dreiecksnetzen erfüllt, die das Delaunay-Kriterium einhalten [8].

9.3 Merkmalsgewinnung mit „Appearance"-Modellen

Das Delaunay-Kriterium besagt, dass innerhalb des Umkreises eines Dreiecks keine weiteren Punkte der Punktmenge **P** liegen. Anhand der Umkreise des Dreiecksnetzes aus Abbildung 9.18 links ist zu sehen, dass bei dieser Triangulation das Delaunay-Kriterium nicht erfüllt ist. Die Dreiecke eines Dreiecksnetzes, das das Delaunay-Kriterium erfüllt, zeigt Abbildung 9.18 rechts.

Eine einfache, wenn auch rechenzeitintensive Methode zum Finden einer Delaunay-Triangulation ($\mathbf{D}_{Delau}$) einer Punktmenge **P** stellt die im Abschnitt 4.1.1 vorgestellten Breitensuche dar. Ausgehend von zwei Punkten $\mathbf{p}_{min,1}$ und $\mathbf{p}_{min,2}$ mit minimalem Abstand wird mit jedem verbleibenden Punkt $\mathbf{p}_i$, $\mathbf{p}_i \neq \mathbf{p}_{min,1} \neq \mathbf{p}_{min,2}$ der Punktmenge ein Dreieck gebildet und geprüft, ob das Delaunay-Kriterium für die restlichen Punkte erfüllt ist, siehe Abbildung 9.19 links. Sobald ein solcher Punkt $\mathbf{p}_x$ gefunden ist, wird für die beiden neuen Seiten ($[\mathbf{p}_{min,1}; \mathbf{p}_x]$ und $[\mathbf{p}_{min,2}; \mathbf{p}_x]$) ein jeweils passender Punkt gesucht, wie in Abbildung 9.19 zweites Teilbild von oben links bzw. unten dargestellt ist. Entsteht mit einem gefunden Punkt ein bereits vorhandenes Dreieck, wird er verworfen. Mit auf diese Weise neu entstehenden Seiten wird entsprechend verfahren, bis die gesamte Punktmenge trianguliert ist.

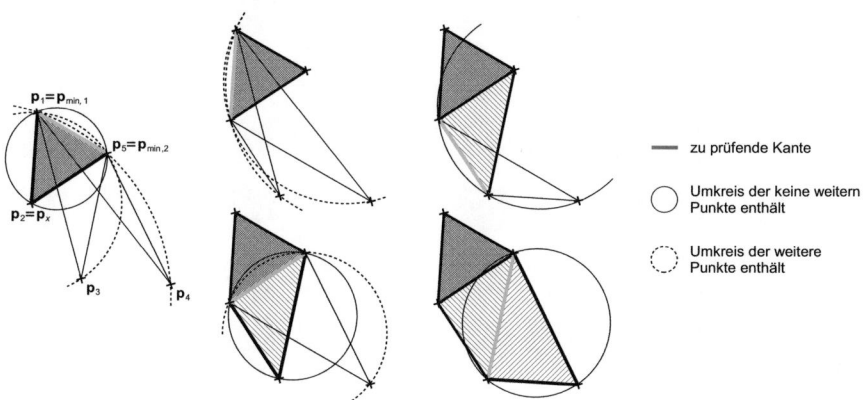

Abb. 9.19. Verdeutlichung der Triangulation (von links nach rechts) durch gezielte Hinzunahme von Punkten.

Im Fall der AAM wird die Triangulation nur einmal durchgeführt, und zwar für die Mittelwertform. Dies rechtfertigt den unter Umständen sehr zeitaufwendigen Algorithmus. Wendet man die Triangulation auf die in Abschnitt 9.2 aus den Beispielen im Trainings-Datensatz gewonnene Mittelwertform an, erhält man das in Abbildung 9.20 dargestellte Dreiecksnetz. Es entstehen $K = 116$ Dreiecke, deren Zuordnung zu Punktnummern in der Liste **D** hinterlegt wird.

Die aus der Mittelwertform ermittelte Markerpunkte-Dreieck-Zuordnung kann auch auf die Markerpunkte der Gesichter aus dem Trainings-Datensatz angewendet werden. Die sich so ergebenden Texturen $\mathbf{T}_i$ der Gesichter aus Abbildung 9.11 links sind in Abbildung 9.21 links dargestellt.

244   9 Gesichtsidentifikation

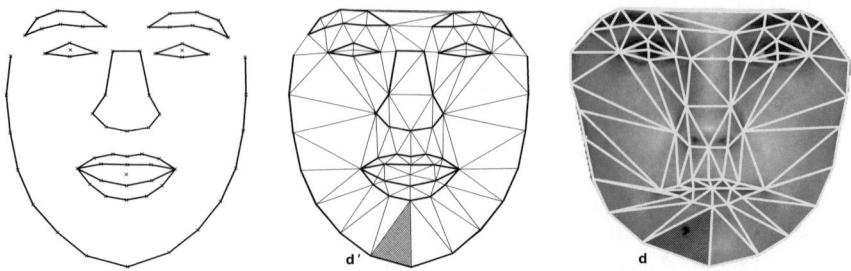

Abb. 9.20. Mittelwertform mit Markerpunkten (links), zugehöriges, durch Triangulation entstandenes Dreiecksnetz (Mitte) und einer Textur überlagertes Dreiecksnetz (rechts). Zwei korrespondierende, aber nicht ähnliche Dreiecke der beiden Dreiecksnetze sind hervorgehoben.

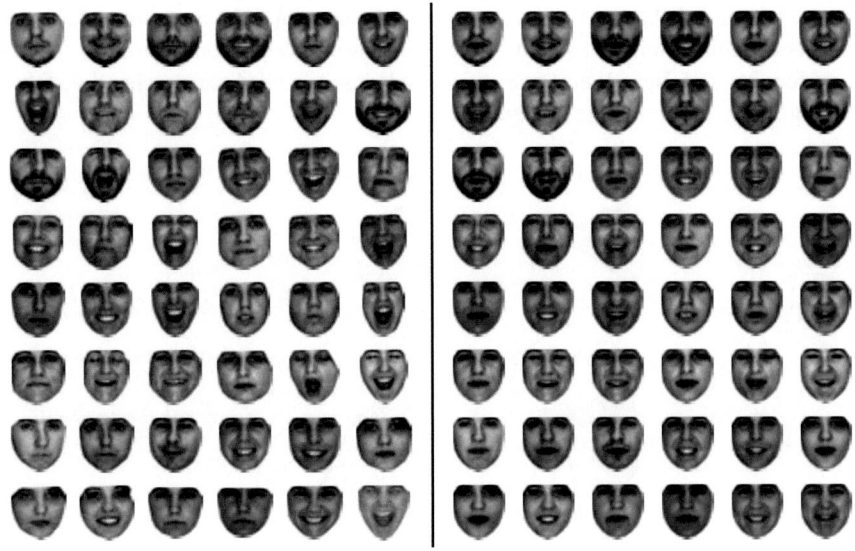

Abb. 9.21. Texturen der Gesichter aus dem Trainings-Datensatz (links) und auf die Mittelwertform gewarpte Gesichter (rechts).

In Abbildung 9.20 rechts ist die Textur eines Gesichts mit überlagertem Dreiecksnetz gezeigt. Zusätzlich sind zwei korrespondierende Dreiecke $\mathbf{d'}$ und $\mathbf{d}$, also zwei Dreiecke, die durch dieselben Markerpunkte definiert werden, des Dreiecksnetzes der Mittelwertform und der Textur des Gesichts hervorgehoben. Deutlich zu sehen ist, dass sie nicht ähnlich[10] sind. Demnach haben die zugehörigen Texturen $\mathbf{t}$ und $\mathbf{t'}$ unterschiedliche Flächen und Begrenzungen. Aus diesen unterschiedlichen Formen der Texturstücke kann keine Mittelwerttextur generiert werden. Zur Bildung der Mittel-

---

[10] Zwei Dreiecke sind zueinander *ähnlich*, wenn sie durch Rotation und Skalierung aufeinander abgebildet werden können [30].

werttextur werden die Texturen aus dem Trainings-Datensatz auf die Mittelwertform abgebildet. Dies geschieht durch das sog. „Warping".

9.3.2 Warping

Mithilfe des Warpings wird die Textur **T** eines mit Markerpunkten annotierten Objekts so verformt, dass sie eine bestimmte andere Form **F**′ erhält [43]. Dafür werden die einzelnen Texturstücke $\mathbf{t}_i$, die durch die Dreiecke $\mathbf{d}_i$ begrenzt werden, auf die korrespondierenden Dreiecke $\mathbf{d}'_i$ der neuen Form abgebildet. Die gewünschte „verformte" Zieltextur erhält man durch Abbildung der Texturstücke $\mathbf{t}_i$ der ursprünglichen Dreiecke auf dieselben *relativen* Koordinaten in den Zieldreiecken. Dieser Vorgang wird auch „Textur-Mapping" genannt [10]. Man erhält die Texturstücke $\mathbf{t}'_i$.

Texture-Mapping

Die *absolute* Position $\mathbf{x}' = (x'_1, x'_2)^T$ eines Bildpunkts, der innerhalb des durch die Triangulation entstandenen *Ziel*dreiecks $\mathbf{d}' = (a', b', c')^T$ (definiert durch die Punkte $\mathbf{p}'_a$, $\mathbf{p}'_b$ und $\mathbf{p}'_c$) liegt, kann durch zwei Parameter $(\alpha, \beta)^T$ beschrieben werden, wie in Abbildung 9.22 oben rechts verdeutlicht ist. Es gilt

$$\mathbf{x}' = [\mathbf{p}_{b'} - \mathbf{p}_{a'}, \mathbf{p}_{c'} - \mathbf{p}_{a'}] \cdot \begin{pmatrix} \alpha \\ \beta \end{pmatrix} + \mathbf{p}_{a'} \qquad (9.37)$$

mit $\alpha \geq 0$, $\beta \geq 0$ und $\alpha + \beta \leq 1$. Somit beschreiben α und β zwei *relative* Koordinaten in einem durch zwei Schenkel des Dreiecks aufgespannten Koordinatensystem. Im ursprünglichen Dreieck $\mathbf{d} = (a, b, c)^T$ (definiert durch die Punkte $\mathbf{p}_a$, $\mathbf{p}_b$ und $\mathbf{p}_c$) besitzt der Bildpunkt dieselben relativen Koordinaten $(\alpha, \beta)^T$ und die absolute Position $\mathbf{x} = (x_1, x_2)^T$ mit

$$\mathbf{x} = [\mathbf{p}_b - \mathbf{p}_a, \mathbf{p}_c - \mathbf{p}_a] \cdot \begin{pmatrix} \alpha \\ \beta \end{pmatrix} + \mathbf{p}_a, \qquad (9.38)$$

zu sehen in Abbildung 9.22 oben links.

Die Koordinaten $(\alpha, \beta)^T$ lassen sich durch Umformung von Gleichung 9.37 ermitteln:

$$\begin{pmatrix} \alpha \\ \beta \end{pmatrix} = [\mathbf{p}_{b'} - \mathbf{p}_{a'}, \mathbf{p}_{c'} - \mathbf{p}_{a'}]^{-1} \cdot (\mathbf{x}' - \mathbf{p}_{a'}), \qquad (9.39)$$

und somit ergibt sich für die absolute Position des Bildpunkts im ursprünglichen Dreieck (unter Berücksichtigung von Gleichung 9.38)

$$\mathbf{x} = [\mathbf{p}_b - \mathbf{p}_a, \mathbf{p}_c - \mathbf{p}_a] \cdot \left([\mathbf{p}_{b'} - \mathbf{p}_{a'}, \mathbf{p}_{c'} - \mathbf{p}_{a'}]^{-1} \cdot (\mathbf{x}' - \mathbf{p}_{a'})\right) + \mathbf{p}_a. \qquad (9.40)$$

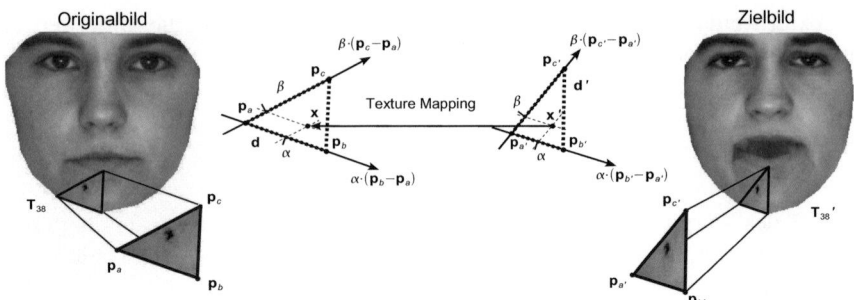

Abb. 9.22. Durch Koordinatentransformation erhält man den zu einer Position $\mathbf{x}'$ im neuen Bild korrespondierenden Ort $\mathbf{x}$ im Originalbild (von rechts nach oben links). Man erhält von der Originaltextur (links) ausgehend die auf die Mittelwertform normierte Textur (rechts).

Bilineare Interpolation

Die Original- und Zieltextur sind orts- und wertdiskrete Sequenzen, deren Bildpunkte nur ganzzahlige Koordinaten aufweisen. Während für die Zieltextur die Bildpunktkoordinaten ganzzahlig gewählt werden können, d. h. $(x_1', x_2')^\mathrm{T} = (n_1', n_2')^\mathrm{T}$, $n_1', n_2' \in \mathbb{N}_0^+$, erhält man durch Anwendung von Gleichung 9.40 in den meisten Fällen gebrochen rationale Koordinaten im Originalbild. Der Grauwert $g'[n_1', n_2']$ der Zieltextur wird in diesem Fall durch bilineare Interpolation [14] der vier Nachbarn mit ganzzahligen Koordinaten im Originalbild gefunden. Das Prinzip der bilinearen Interpolation ist in Abbildung 9.23 gezeigt.

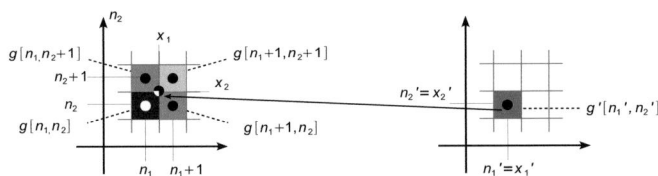

Abb. 9.23. Prinzip der bilinearen Interpolation zur Ermittlung eines Grauwerts (rechts) aus vier Grauwerten (links).

Zur bilinearen Interpolation wählt man $n_1 = \lfloor x_1 \rfloor$ und $n_2 = \lfloor x_2 \rfloor$ sowie $\xi_1 = x_1 - n_1$ und $\xi_2 = x_2 - n_2$. Für den bilinear-interpolierten Grauwert im Zielbild $g'[n_1', n_2']$ gilt dann

$$g'[n_1', n_2'] = \xi_1 \cdot (\xi_2 \cdot g[n_1+1, n_2+1] + (1-\xi_2) \cdot g[n_1+1, n_2]) + \\ + (1-\xi_1) \cdot (\xi_2 \cdot (g[n_1, n_2+1]) + (1-\xi_2) \cdot g[n_1, n_2]). \qquad (9.41)$$

Durch Anwendung der Gleichungen 9.40 und 9.41 auf alle Bildpunkte des Zieltexturstücks $\mathbf{t}_i'$ wird das vom Dreieck $\mathbf{d}_i$ begrenzte Texturstück $\mathbf{t}_i$ auf die Zieltextur abgebildet. Um das gesamte Bild zu verformen, wird das Texturmapping für alle Dreiecke und Texturstücke der Originaltextur **T** des Dreiecksnetz **D** durchgeführt. Auf diese Weise erhält man die verformte Textur

$$\mathbf{T}' = \text{warp}(\mathbf{T}, \mathbf{F}'). \tag{9.42}$$

In Abbildung 9.22 ist links eine Originaltextur $\mathbf{T}_{38}$ aus dem Trainingsmaterial dargestellt. Dieselbe Abbildung rechts zeigt die auf die Mittelwertform $\bar{\mathbf{F}}$ aus Gleichung 9.26 verformte Textur $\mathbf{T}'_{38} = \text{warp}(\mathbf{T}'_{38}, \bar{\mathbf{F}})$.

9.3.3 Mittelwerttextur

Zur Bildung der Mittelwerttextur werden sämtliche Texturen aus dem Trainings-Datensatz auf die Mittelwertform gewarpt [4, 5]. Die auf diese Weise entstehenden Texturen $\mathbf{T}'_i = \text{warp}(\mathbf{T}_i, \bar{\mathbf{F}})$ zeigt Abbildung 9.21 rechts. Die dargestellten Texturen werden auch formnormierte Texturen genannt. Anschließend erfolgt eine Grauwertnormierung der formnormierten Texturen, wobei die grauwert- und formnormierten Texturen $\mathbf{T}'_{j,n}$ entstehen. Diese Normierung erfolgt z. B. über den in Abschnitt 7.4.4 vorgestellten Histogrammausgleich und dient der Kompensation von störenden, nicht vom Objekt abhängigen Einflüssen wie unterschiedliche Beleuchtung u. Ä. Die Mittelwerttextur $\bar{\mathbf{T}}$ wird schließlich über Mittelwertbildung über alle grauwert- und formnormierten Texturen erhalten. Es gilt

$$\bar{\mathbf{T}} = \frac{1}{M} \sum_{j=1}^{M} \mathbf{T}'_{j,\text{n}}. \tag{9.43}$$

Die Mittelwertform zusammen mit der Mittelwerttextur zeigt Abbildung 9.24 links bzw. Mitte. Der Zusammenhang zwischen Mittelwertform und Mittelwerttextur ist rechts verdeutlicht: Die charakteristischen Merkmale wie Augen, Mund, Nase etc. kommen bei der Mittelwertform und Mittelwerttextur exakt zur Deckung.

Abb. 9.24. Mittelwertform (links), aus den gewarpten Texturen gebildete Mittelwerttextur (Mitte) und Überlagerung der Mittelwertform und -textur (rechts).

9.3.4 Texturmodell

Die Generierung des Texturmodells erfolgt ebenso wie in den vergangenen Abschnitten über die PCA [3]. Dazu stellt man sich die auf die Mittelwertform gewarpten und grauwertnormalisierten Texturen $\mathbf{T}_{i,n}$, ähnlich wie bei den Eigengesichtern geschehen, als Spaltenvektor vor. Dabei entspricht der Spaltenvektor $\mathbf{g}_i$ der Textur $\mathbf{T}_{i,n}$, d. h. $\mathbf{g}_i \equiv \mathbf{T}_{i,n}$. Außerdem gilt $\bar{\mathbf{g}} \equiv \bar{\mathbf{T}}$. Wieder wird zum Finden der Hauptachsen, die den Texturraum aufspannen, und analog zu Gleichung 9.4 ein mittelwertbefreites Ensemble $\Psi_g = [(\mathbf{g}_1 - \bar{\mathbf{g}}), \ldots (\mathbf{g}_M - \bar{\mathbf{g}})]$ gebildet. Die M Hauptachsen des Texturraums werden in der Matrix $\mathbf{U}_g{}^T = [\mathbf{u}_{g,1}, \ldots, \mathbf{u}_{g,M}]$ zusammengefasst und entsprechen den zu den ersten M Eigenwerten $\lambda_{g,1}, \ldots, \lambda_{g,M}$ gehörenden Eigenvektoren der Kovarianzmatrix $\Phi_g = \frac{1}{M} \cdot \Psi_g \cdot \Psi_g{}^T$. Für eine beliebige Textur $\mathbf{g}$ im Bildraum können mit $\mathbf{U}_g$ somit die Parameter

$$\mathbf{w}_g = \mathbf{U}_g \cdot (\mathbf{g} - \bar{\mathbf{g}}) \tag{9.44}$$

zur Beschreibung der Textur im Texturraum berechnet werden. Dabei werden wie in den vorangegangenen Abschnitten die wesentlichen Texturmerkmale durch wenige, zu den größten T Eigenwerten der Kovarianzmatrix Φ_g gehörenden Eigenvektoren beschrieben. Für die rekonstruierte Schätzung der Textur $\hat{\mathbf{g}}$ ergibt sich analog zu Gleichung 9.28

$$\hat{\mathbf{g}} = \bar{\mathbf{g}} + \sum_{i=1}^{T} \mathbf{u}_{g,i} \cdot \mathbf{w}_g = \bar{\mathbf{g}} + \hat{\mathbf{U}}_g^T \cdot \hat{\mathbf{w}}_g \tag{9.45}$$

mit $\hat{\mathbf{U}}_g^T = [\mathbf{u}_{g,1}, \ldots, \mathbf{u}_{g,T}]$ und $\hat{\mathbf{w}}_g = (w_{g,1}, \ldots, w_{g,T})^T$. Wie das Formmodell aus Gleichung 9.29 lässt sich durch Variation der Parameter $\hat{\mathbf{w}}_g$ ein Texturmodell

$$\mathbf{m}(\hat{\mathbf{w}}_g)_g = \bar{\mathbf{g}} + \hat{\mathbf{U}}_g^T \cdot \hat{\mathbf{w}}_g \tag{9.46}$$

erstellen. Die Texturparameter $w_{g,i}$ werden aus dem Bereich $-3\sqrt{\lambda_{g,i}} \leq w_{g,i} \leq 3\sqrt{\lambda_{g,i}}$ gewählt [3, 5]. In Abbildung 9.25 sind die Variationen des Texturmodells bei Veränderung der zu den ersten beiden Hauptachsen gehörenden Parameter dargestellt. Wie Abbildung 9.25 zeigt, lässt sich für die Gesichter aus dem Trainings-Datensatz aus Abbildung 9.21 mit dem zum größten Eigenwert gehörenden Parameter die Gesichtsbehaarung wie Bart und Augenbrauen beschreiben. Der zweite Parameter ändert die Augen- sowie die Mundtextur.

9.3.5 Kombination von Form- und Texturmodell

Wie eingangs erwähnt, modellieren AAM nicht nur die Textur eines Objekts, sondern auch seine Form. Somit werden in AAM das Formmodell aus Gleichung 9.29 und das Texturmodell aus Gleichung 9.46 vereint. Es gibt zwei unterschiedliche Ansätze, um aus Form- und Texturmodellen AAM zu bilden [25]. Diese beiden Varianten werden im Folgenden vorgestellt.

9.3 Merkmalsgewinnung mit „Appearance"-Modellen

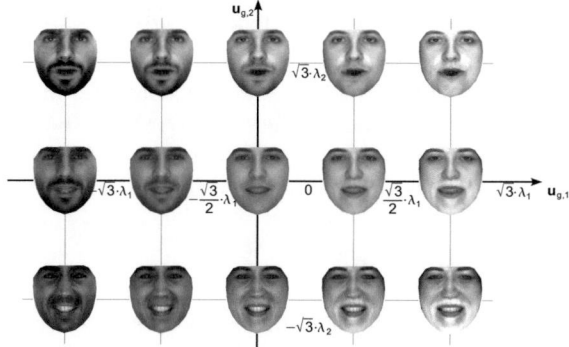

Abb. 9.25. Texturen, die durch Variation der Parameter der ersten beiden Hauptachsen des Texturmodells im Texturraum entstehen.

Unabhängige Form- und Texturmodellierung (independent AAM)

Bei dem independet Active Appearance-Modell (iAAM) werden die Form und die Textur unabhängig voneinander modelliert. Die Form $\mathbf{s}_i$ von iAAM wird durch die Formparameter $\mathbf{w}_s$ des Formmodells aus Gleichung 9.29 beschrieben. Anschließend wird mit den Texturparametern $\mathbf{w}_g$ aus dem Texturmodell nach Gleichung 9.46 eine Textur $\mathbf{g}$ erstellt und auf die Form $\mathbf{s}_i$ gewarpt, d. h. $\mathbf{g}_i = \text{warp}(\mathbf{g}, \mathbf{s}_i)$ [25]. Somit erhält man für iAAM $\mathbf{a}_i$ die Bestimmungsgleichung

$$\text{iAAM}: \qquad \mathbf{a}_i = \Big[\underbrace{\mathbf{\bar{s}} + \mathbf{U}_s \cdot \mathbf{w}_s}_{\text{Form}}, \underbrace{\mathbf{\bar{g}} + \mathbf{U}_g \cdot \mathbf{w}_g}_{\text{Textur}}\Big]. \tag{9.47}$$

In Abbildung 9.26 sind zwei Form- und Texturparametrisierungen sowie die entstehende, kombinierte Textur dargestellt.

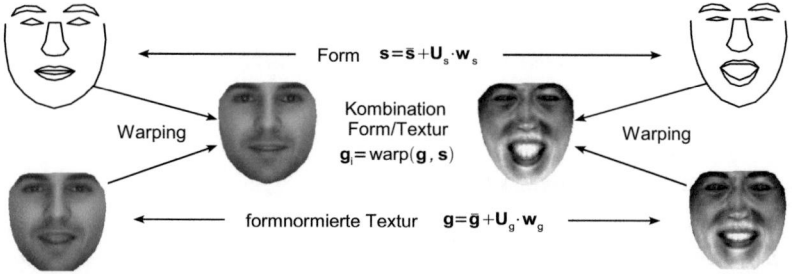

Abb. 9.26. Zwei Formen (links und oben rechts) und zwei davon unabhängig generierte Texturen (links und unten rechts) sowie die daraus kombinierten Texturen (Mitte) der iAAM.

Gemeinsame Form- und Texturmodellierung (combined AAM)

Während iAAM die Form und die Textur getrennt voneinander modellieren, werden bei dem combined Active Appearance-Modell (cAAM) die Form und die Textur durch einen gemeinsamen Gewichtsvektor $\hat{\mathbf{w}}_c$ beschrieben [5]. Dazu fasst man die Parameter für die Form ($\mathbf{w}_s$) und die Textur ($\mathbf{w}_g$) der iAAM zu einem gemeinsamen Vektor

$$\mathbf{b} = \begin{pmatrix} \mathbf{N} \cdot \mathbf{w}_s \\ \mathbf{w}_g \end{pmatrix} \tag{9.48}$$

zusammen. Die Matrix $\mathbf{N}$ beschreibt dabei eine Gewichtung der Formparameter, damit diese in einem ähnlichen Wertebereich wie die Texturparameter liegen. Im einfachsten Fall ist $\mathbf{N}$ eine Diagonalmatrix mit den Diagonaleinträgen

$$n_{ii} = \left(\sum_{i=1}^{M} \lambda_{g,i} \right) \cdot \left(\sum_{i=1}^{M} \lambda_{s,i} \right)^{-1}. \tag{9.49}$$

Der Vektor $\mathbf{b}$ kann durch eine weitere PCA zerlegt werden in

$$\mathbf{b} = \mathbf{U}_c \cdot \mathbf{w}_c, \tag{9.50}$$

wobei $\mathbf{U}_c$ die Matrix der Eigenvektoren der Kovarianzmatrix der Vektoren $\mathbf{b}_i$, $1 \leq i \leq M$ aus den Gesichtern des Trainings-Datensatzes und $\mathbf{w}_c$ den Vektor der Appearance-Parameter darstellen[11]. Damit können die Form und die Textur der cAAM durch gemeinsame Appearance-Parameter $\mathbf{w}_c$ beschrieben werden, und man erhält

$$\text{cAAM}: \quad \mathbf{a}_c = [\underbrace{\bar{\mathbf{s}} + \mathbf{U}_{c,s}^T \cdot \mathbf{N} \cdot \mathbf{U}_{c,s} \cdot \mathbf{w}_c}_{\text{Form}}, \underbrace{\bar{\mathbf{g}} + \mathbf{U}_{c,g}^T \cdot \mathbf{U}_{c,g} \cdot \mathbf{w}_c}_{\text{Textur}}] \tag{9.51}$$

mit $\mathbf{U}_c = [\mathbf{U}_{c,s}, \mathbf{U}_{c,g}]^T$. Durch Variation der Appearance-Parameter $\mathbf{w}_c$ können so die Form und die Textur des AM verändert werden. Mithilfe der beiden Matrizen $\mathbf{U}_{c,s}$ und $\mathbf{U}_{c,g}$ werden, ähnlich wie bei den iAAM, eine Form und eine formnormierte Textur erstellt und anschließend durch das Warping kombiniert. In Abbildung 9.27 ist das Ergebnis der Variation der Gewichte $\mathbf{w}_c$ in Richtung der zu den beiden größten Eigenwerten gehörenden Eigenvektoren gezeigt.

9.3.6 Anpassung der Appearance-Parameter

Die aus einem Trainings-Datensatz gewonnenen AAM (unabhängig davon, ob es sich um iAAM oder cAAM handelt) können zur Synthetisierung und damit parametrischen Beschreibung von unbekannten Gesichtern verwendet werden [4, 5]. Die ermittelten Parameter stellen dann die Merkmale des Gesichts dar, mit denen die

---

[11] Auf ein explizites Herleiten der Matrix $\mathbf{U}_c$ wird an dieser Stelle verzichtet.

9.3 Merkmalsgewinnung mit „Appearance"-Modellen

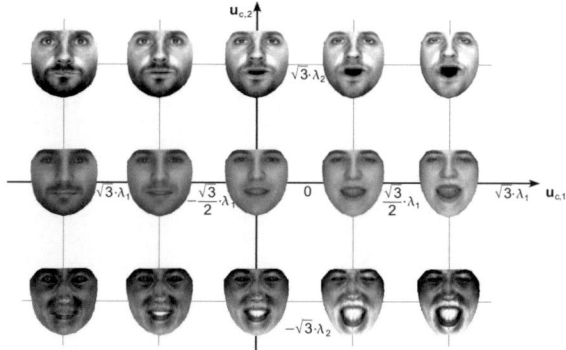

Abb. 9.27. Entstehende Texturen durch Variieren zweier Gewichte $\mathbf{w}_c$ der iAAM.

Identifikations- und Verifikationsaufgaben gelöst werden können. Zum Parametrisieren eines Gesichts kann zunächst die Form der iAAM nach den im Abschnitt 9.2.5 bei den ASM vorgestellten Verfahren angepasst und anschließend die einbeschriebene Textur auf die Mittelwertform gewarpt und nach Gleichung 9.45 synthetisiert werden. Es zeigt sich jedoch, dass durch gleichzeitige Variation der Form- und Texturparameter eine bessere Anpassung der AAM an das unbekannte Objekt erreicht werden kann [25]. Deswegen wird im Folgenden eine Möglichkeit zur gleichzeitigen Form- und Texturparameterbestimmung anhand der cAAM gezeigt.

Initialschätzung

Ähnlich wie bei den ASM wird zunächst die ungefähre Lage des Gesichts in einem unbekannten Bild ermittelt, und an diese Stelle werden die Mittelwertform und -textur gelegt, es gilt demnach $\mathbf{w}_c = \mathbf{0}$. Die Poseparameter, die die Lage der AAM im Bild beschreiben, werden mit den aus dem Abschnitt 9.2.1 bekannten Transformationsparametern $\mathbf{t} = (a_x, a_y, t_x, t_y)$ beschrieben. Man erhält so den Parametervektor $\mathbf{p}$, der sich aus den Appearance- und den Poseparametern zu $\mathbf{p} = (\mathbf{w}_c^T, \mathbf{t}^T)^T$ zusammensetzt. Die sich ergebende Initialschätzung $\mathbf{a}^{(0)}(\mathbf{p}^{(0)})$ ist, dem unbekannten Gesicht überlagert, in Abbildung 9.28 dargestellt.

Anpassung der Gewichte

Zur iterativen Anpassung der Gewichte $\mathbf{p}$ wird die der geschätzten Form der AAM hinterlegte Textur aus dem unbekannten Bild auf die Mittelwert-Form gewarpt und die entstehende Textur, das „Originalbild" mit $\mathbf{g}_o(\mathbf{p})$ bezeichnet. Das Originalbild zeigt Abbildung 9.28 oben Mitte. Die aktuelle Texturschätzung der AAM wird ebenfalls auf die Mittelwert-Form gewarpt. So entsteht die Textur $\mathbf{g}_s(\mathbf{p})$ und ist in Abbildung 9.28 unten Mitte dargestellt. Aus der Originaltextur $\mathbf{g}_o(\mathbf{p})$ und der geschätzten Textur $\mathbf{g}_s(\mathbf{p})$ kann ein Residuum

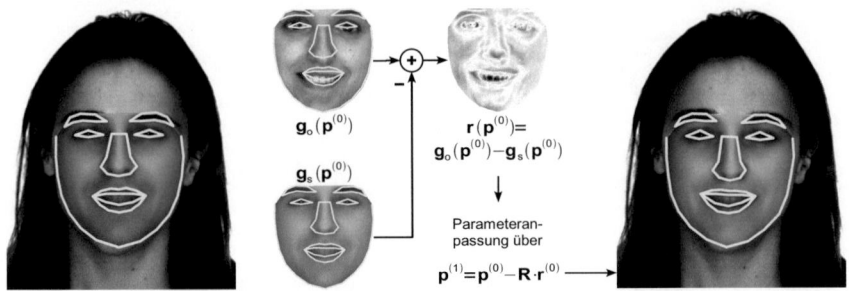

Abb. 9.28. Gesichtsschätzung (links, dem unbekannten Gesicht überlagert), Differenzbild aus formnormiertem Original- und geschätztem Gesicht (Mitte) sowie verbesserte Anpassung nach Parameteranpassung.

$$\mathbf{r}(\mathbf{p}) = \mathbf{g}_o(\mathbf{p}) - \mathbf{g}_s(\mathbf{p}) \tag{9.52}$$

durch Differenzbildung ermittelt werden. Das Residuum $\mathbf{r}(\mathbf{p})$, auch Differenzbild genannt, hängt von der aktuellen Parameterschätzung $\mathbf{p}$ ab und ist in Abbildung 9.28 Mitte gezeigt. Ziel der Gewichtsanpassung ist, eine neue Parameterschätzung

$$\mathbf{p}^{(k)} = \mathbf{p}^{(k-1)} + \Delta \mathbf{p} \tag{9.53}$$

so zu finden, dass

$$\mathbf{r}(\mathbf{p} + \Delta \mathbf{p}) = 0 \tag{9.54}$$

gilt, das synthetisierte Bild also dem Originalbild entspricht. Zum Finden der Parameteränderung $\Delta \mathbf{p}$ wird die Taylor-Entwicklung erster Ordnung von Gleichung 9.54 gebildet und diese „zu null" gesetzt. Man erhält

$$\mathbf{r}(\mathbf{p} + \Delta \mathbf{p}) \doteq \mathbf{r}(\mathbf{p}) + \frac{\partial \mathbf{r}}{\partial \mathbf{p}} \Delta \mathbf{p} \stackrel{!}{=} 0. \tag{9.55}$$

Durch Umstellung und Umformung von Gleichung 9.55 erhält man

$$\Delta \mathbf{p} = -\mathbf{R} \cdot \mathbf{r}(\mathbf{p}), \text{ mit } R = \left[\left(\frac{\partial \mathbf{r}(\mathbf{p})}{\partial \mathbf{p}} \right)^{\mathrm{T}} \cdot \frac{\partial \mathbf{r}(\mathbf{p})}{\partial \mathbf{p}} \right]^{-1} \cdot \frac{\partial \mathbf{r}(\mathbf{p})}{\partial \mathbf{p}} \tag{9.56}$$

Die Matrix $\mathbf{R}$ ist die Pseudoinverse der Matrix $\frac{\partial \mathbf{r}(\mathbf{p})}{\partial \mathbf{p}}$ und wird im Zusammenhang mit dem hier beschriebenen Optimierungsverfahren die Prädiktormatrix genannt.

Der neue Parametervektor $(\mathbf{p} - \mathbf{R} \cdot \mathbf{r}(\mathbf{p}))$ wird aufgrund der linearen Näherung durch die Taylor-Entwicklung aus Gleichung 9.55 nicht zu einem völligen Verschwinden des Residuums $\mathbf{r}$ führen. Aus diesem Grund wird das oben erläuterte Verfahren iterativ angewendet. Dabei wäre es nötig, in jedem Schritt die Prädiktormatrix $\mathbf{R}$ neu zu berechnen. Durch die Betrachtung der AAM im form- und grauwertnormalisierten Raum wird die Prädiktormatrix jedoch als *konstant* angenommen und *einmal*

9.3 Merkmalsgewinnung mit „Appearance"-Modellen

während des Trainings der AAM aus den Gesichtern des Trainings-Datensatzes geschätzt[12] [4, 5]. Allerdings setzt dieses Vorgehen eine möglichst genaue Initialschätzung voraus. Die Verbesserung der Objektschätzung nach dem ersten Iterationsschritt zeigt Abbildung 9.28 rechts. Ausgehend von der Initialschätzung $\mathbf{p}^{(0)}$ werden über

$$\mathbf{p}^{(k)} = \mathbf{p}^{(k-1)} - \mathbf{R} \cdot \left(\mathbf{g}_o(\mathbf{p}^{(k-1)}) - \mathbf{g}_s(\mathbf{p}^{(k-1)}) \right), 1 \leq k \leq K \qquad (9.57)$$

iterativ neue Parametervektoren bestimmt, bis nach K Iterationen die Abweichung zwischen dem Originalbild und dem aus dem Parametervektor gebildeten, synthetisierten Bild nicht mehr weiter verringert werden kann. In Abbildung 9.29 links ist dem unbekannten Gesicht eine Schätzung überlagert, die zu einem minimalen Residuum führt. Demnach wird die Iteration abgebrochen, und man erhält das in Abbildung 9.29 rechts gezeigte, angepasste AAM.

Mit dem so erhaltenen Parametervektor p können die charakteristischen Merkmale eines unbekannten Gesichts kompakt beschrieben werden und dienen somit als Merkmalsvektor für die Identifikationsaufgabe.

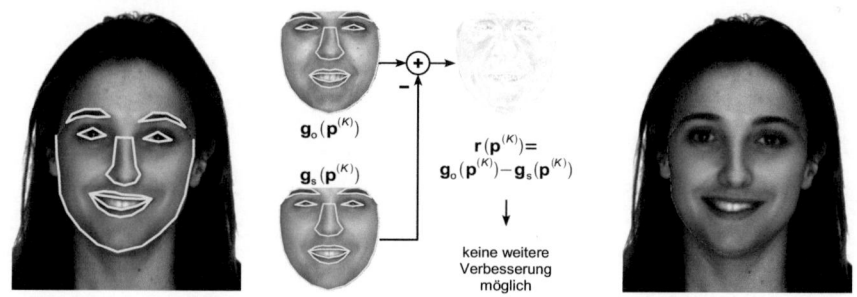

Abb. 9.29. Dem unbekannten Gesicht überlagerte Schätzung (links), die nicht weiter verbessert werden kann, führt zu angepasstem AAM (rechts).

9.3.7 Weitere Einsatzgebiete von AAM

AAM werden u. a. in der Medizin eingesetzt. Beispielsweise wird die vollständige Bewegung eines Herzschlags in [15] über die Zeit mithilfe eines zweidimensionalen AAM modelliert, wobei die Zeit als zusätzliche Dimension berücksichtigt wird.

In Abbildung 9.30 links ist ein ehemaliger „Protagonist" des Lehrstuhls für MMK der Technischen Universität München dargestellt. Mithilfe der AAM kann seine

---

[12] Dazu wird jeder Parameter ∂p_i für verschiedene Trainingsbeispiele vom bekannten Optimum um einen bestimmten Wert variiert, daraus die Prädiktormatrix z. B. über multivariate, lineare Regression errechnet und über alle Trainingsbeispiele gemittelt. Somit entfällt die aufwendige Neuberechnung der Prädiktormatrix in jedem Iterationsschritt.

Textur auf ein anderes Gesicht mit einem anderen Ausdruck übertragen werden, siehe Abbildung 9.30 Mitte. Außerdem ist es möglich, die Mimik des Protagonisten durch gezielte Variation der Formparameter zu verändern, wie Abbildung 9.30 rechts zeigt.

 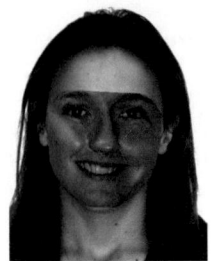 

Abb. 9.30. Originalbild (links), synthetische Gesichtstextur auf fremdem Kopf (Mitte) und mithilfe von AAM veränderter Gesichtsausdruck eines „MMK-Protagonisten".

9.4 Übungen

Aufgabe 9.1: *Hauptachsentransformation*

Gegeben sind die $M = 5$ Datenpunkte

$$a_1 = \begin{pmatrix} 1 \\ 0.5 \end{pmatrix}, a_2 = \begin{pmatrix} 3 \\ 0.5 \end{pmatrix}, a_3 = \begin{pmatrix} 4 \\ 1.5 \end{pmatrix}, a_4 = \begin{pmatrix} 5 \\ 2.5 \end{pmatrix}, a_5 = \begin{pmatrix} 7 \\ 2.5 \end{pmatrix}$$

Im Folgenden wird die Principal Component Analysis (PCA) auf die Datenpunkte $a_1, \ldots, a_5$ angewendet.

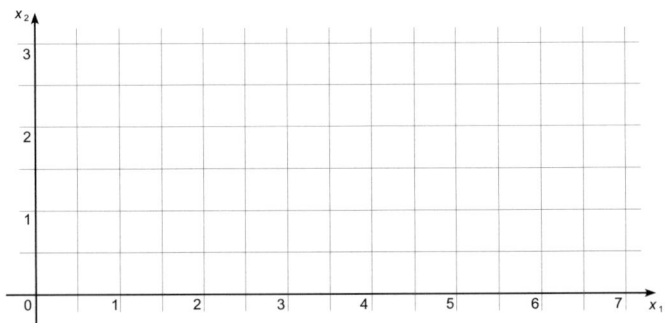

Abb. 9.31. Koordinatensystem zum Lösen der Aufgabe 9.1.

a) Tragen Sie die fünf Datenpunkte in das Diagramm in Abbildung 9.31 ein.

b) Berechnen Sie den Mittelwert $\bar{\mathbf{a}} = \sum_{i=1}^{M} \mathbf{a}_i$, und skizzieren Sie ihn in Abbildung 9.31.

c) Bilden Sie das mittelwertbefreite Ensemble $\Psi = [(\mathbf{a}_1 - \bar{\mathbf{a}}), \ldots, (\mathbf{a}_M - \bar{\mathbf{a}})]$.

d) Ermitteln Sie die Kovarianzmatrix Φ. Verwenden Sie dazu entweder die Methode aus Gleichung 5.5 auf Seite 125 oder aus Gleichung 9.5 auf Seite 225.

e) Bestimmen Sie die beiden Eigenwerte λ_1 und λ_2 der Kovarianzmatrix Φ mit $|\lambda_1| > |\lambda_2|$.

f) Berechnen Sie die beiden zu den Eigenwerten gehörenden Eigenvektoren $\mathbf{u}_1$ und $\mathbf{u}_2$, und zeichnen Sie das Koordinatensystem, das durch die beiden Eigenvektoren aufgespannt wird, in Abbildung 9.31 ein. (Hinweis: Beachten Sie, dass $|\mathbf{u}_i| = 1$ gilt.)

g) Zeigen Sie, dass die Achsen des neuen Koordinatensystems orthogonal zueinander sind.

Aufgabe 9.2: *Hauptachsentransformation – Reduzierung des Rechenaufwands*

Werden für die Merkmalsextraktion z. B. Eigengesichter oder Active Appearance-Modelle (AAM) verwendet, benötigt man Bilder mit hohen Auflösungen. Gehen Sie für diese Aufgabe davon aus, dass das Trainings-Set $M = 15$ Bilder umfasst und die verwendeten, quadratischen Trainingsbilder eine Größe von $N_2 = 100 \times N_1 = 100$ besitzen.

a) Welche Größe besitzen das mittelwertbefreite Ensemble Ψ und die resultierende Kovarianzmatrix Φ?

b) Stellen Sie die Bestimmungsgleichung für die Eigenvektoren $\mathbf{u}_i$ und die zugehörigen Eigenwerte λ_i der Matrix Φ auf.

c) Wie viele Eigengesichter lassen sich daraus ermitteln, wie viele davon sind sinnvoll?

Der Rechenaufwand zur Ermittlung der Eigengesichter ist von der Größe und nicht von der Anzahl der Trainingsbilder abhängig. Im Folgenden wird der Berechnungsaufwand reduziert.

d) Wie errechnet sich die Kovarianzmatrix Φ?

e) Welche Dimension besitzt die Matrix $\Omega = \frac{1}{M} \cdot \Psi^T \cdot \Psi$?

f) Stellen Sie die Bestimmungsgleichung der Eigenvektoren $\mathbf{e}_i$ der zugehörigem Eigenwerte γ_i der Matrix Ω auf.

g) Zeigen Sie, dass der Zusammenhang

$$\Phi \cdot \tilde{\mathbf{u}}_i = \gamma_i \cdot \tilde{\mathbf{u}}_i \qquad (9.58)$$

mit $c \cdot \tilde{\mathbf{u}}_i = \mathbf{u}_i$ gilt.

h) Wie erhalten Sie also aus den Eigenvektoren $\mathbf{e}_i$ der Matrix Ω die Eigenvektoren $\mathbf{u}_i$ der Matrix Φ? (Hinweise: Nehmen Sie an, dass $\gamma_i = \lambda_i$ und $|\tilde{\mathbf{u}}_i| = \sqrt{\gamma_i \cdot M}$ gilt.)

Aufgabe 9.3: *Prokrustes-Analyse*

Gegeben sind die drei Punkte $\mathbf{p}_1 = (-2, -2)^T$, $\mathbf{p}_2 = (-2; -4)^T$ und $\mathbf{p}_3 = (-4; -2)^T$ des Dreiecks $\mathbf{P} = [\mathbf{p}_1, \mathbf{p}_2, \mathbf{p}_3]$.

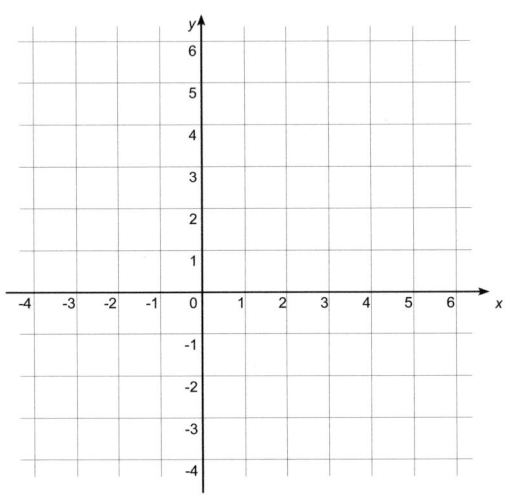

Abb. 9.32. Koordinatensystem zum Lösen der Aufgabe 9.3.

a) Tragen Sie die Punkte $\mathbf{p}_1, \mathbf{p}_2$ und $\mathbf{p}_3$ des Dreiecks $\mathbf{P}$ in Abbildung 9.32 ein.

b) Rotieren Sie das Dreieck $\mathbf{P}$ um den Winkel $\alpha = 180°$, und skalieren Sie es um den Faktor $s = 1.5$. Erstellen Sie dazu eine Matrix $\mathbf{A} = \begin{bmatrix} a_x & -a_y \\ a_y & a_x \end{bmatrix}$ mit $a_x = s \cdot \cos(\alpha)$ und $a_y = s \cdot \sin(\alpha)$, mit der Sie die einzelnen Punkte des Dreiecks multiplizieren. Skizzieren Sie das entstehende Dreieck $\mathbf{Q}'$ im Diagramm aus Abbildung 9.32.

c) Translatieren Sie das Dreieck um den Translationsvektor $\mathbf{t} = (-1, -2)^T$, und skizzieren Sie das entstehende Dreieck $\mathbf{Q}$ im Diagramm aus Abbildung 9.32.

Im Folgenden wollen Sie mithilfe der Prokrustes-Analyse auf die Parameter a_x, a_y, t_x und t_y schließen, die das Dreieck $\mathbf{Q}$ durch Rotation, Skalierung und Translation möglichst gut auf das Dreieck $\mathbf{P}$ abbilden. Dazu versuchen Sie, den mittleren quadratischen Fehler aus Gleichung 9.20 auf Seite 231

$$E = \sum_{i=1}^{N} E_i = \sum_{i=1}^{N} \left| \begin{pmatrix} p_{x,i} \\ p_{y,i} \end{pmatrix} - \left(\underbrace{\begin{bmatrix} a_x & -a_y \\ a_y & a_x \end{bmatrix}}_{\mathbf{A}} \cdot \begin{pmatrix} q_{x,i} \\ q_{y,i} \end{pmatrix} + \begin{pmatrix} t_x \\ t_y \end{pmatrix} \right) \right|^2 \quad (9.59)$$

im Hinblick auf die Pose-Parameter a_x, a_y, t_x und t_y zu minimieren.

d) Welchen skalaren Wert erhält man für den quadratischen Fehler E_i des Punkts $\mathbf{p}_i$ in Abhängigkeit der Pose-Parameter?

e) Welche Bedingung muss erfüllt sein, damit E minimal wird? Drücken Sie diese Bedingung auch durch den quadratischen Fehler E_i eines Punkts $\mathbf{p}_i$ aus.

f) Geben Sie die Bedingung aus obiger Teilaufgabe für die einzelnen Komponenten a_x, a_y, t_x und t_y als Gleichungssystem zunächst für den quadratischen Fehler E_i an.

g) Stellen Sie ein Gleichungssystem auf, mit dessen Hilfe Sie die Parameter a_x, a_y, t_x und t_y zum Minimieren des gesamten quadratischen Fehlers E erhalten.

h) Ermitteln Sie die Parameter a_x, a_y, t_x und t_y für die Werte aus dieser Aufgabe.

i) Welcher Wert ergibt sich für den Winkel α_{korr}, die Skalierung s_{korr} und die Translation $\mathbf{t}_{\text{korr}}$, um das Polygon $\mathbf{Q}$ möglichst gut mit dem Polygon $\mathbf{P}$ zur Deckung zu bringen?

j) Rotieren Sie das Polygon $\mathbf{Q}$ zunächst um den Winkel α_{korr} um den Ursprung, skalieren Sie es um den Faktor s_{korr}, und translatieren Sie es anschließend um den Translationsvektor $\mathbf{t}_{\text{korr}}$. Was stellen Sie fest?

k) Wie ist es möglich, dass das Polygon $\mathbf{Q}$ vollständig mit dem Polygon $\mathbf{P}$ zur Deckung kommt, obwohl $|\mathbf{t}_{\text{korr}}| \neq |\mathbf{t}|$ gilt? Welche Regel sehen Sie hierin bestätigt?

Aufgabe 9.4: *Triangulation*

Zur Erfüllung des Delaunay-Kriteriums wird für jedes Dreieck $\mathbf{d} = (i, j, k)^{\text{T}}$, bestehend aus den Punkten $\mathbf{a} = \mathbf{p}_i$, $\mathbf{b} = \mathbf{p}_j$ und $\mathbf{c} = \mathbf{p}_k$ geprüft, ob sich innerhalb seines Umkreises k: : $\{\mathbf{m}, r\}$ (Mittelpunkt $\mathbf{m}$, Radius r) ein weiterer Punkt $\mathbf{p}_x$ befindet.

a) Wie lässt sich der Umkreismittelpunkt $\mathbf{m}$ eines Dreiecks in Abhängigkeit seiner drei Eckpunkte $\mathbf{a} = \mathbf{p}_i$, $\mathbf{b} = \mathbf{p}_j$ und $\mathbf{c} = \mathbf{p}_k$ berechnen?

b) Welchen Wert erhält man für den Radius r des Umkreises?

9.5 Literaturverzeichnis

[1] BARTLETT, M. S. ; LITTLEWORT, G. ; FASEL, I. ; MOVELLAN, J.R.: Real Time Face Detection and Facial Expression Recognition: Development and Applications to Human Computer Interaction. In: *Proceedings of the IEEE International Conference on Computer Vision and Pattern Recognition* 5 (2003), S. 53–58

[2] BEUTELSPACHER, A.: *Lineare Algebra. Eine Einführung in die Wissenschaft der Vektoren, Abbildungen und Matrizen.* 6. Vieweg, 2003

[3] COOTES, T. ; TAYLOR, C.: *Statistical Models of Appearance for Computer Vision.* University of Manchester, 2004 (Technischer Bericht)

[4] COOTES, T. F. ; EDWARDS, G. J. ; TAYLOR, C. J.: Active Appearance Models. In: *Proceedings of the European Conference on Computer Vision* 2 (1998), S. 484–498

[5] COOTES, T. F. ; EDWARS, G. J. ; TAYLOR, C. J.: Active Appearance Models. In: *IEEE Transactions on Pattern Analysis and Machine Intelligence* 23 (2001), Nr. 6, S. 681–685

[6] COOTES, T. F. ; TAYLOR, C. J.: Active Shape Models – 'Smart Snakes'. In: *Proceedings of the British Machine Vision Conference* (1992), S. 266–275

[7] COOTES, T. F. ; TAYLOR, C. J. ; COOPER, D. H. ; GRAHAM, J.: Active Shape Models – their Training and Application. In: *Computer Vision and Image Understanding* 61 (1995), Nr. 1, S. 38–59

[8] DELAUNAY, B. N.: Sur la sphère vide. In: *Bulletin of Academy of Sciences of the USSR* (1934), Nr. 7, S. 793–800

[9] DEVIJVER, P. A. ; KITTLER, J.: *Pattern Recognition. A Statistical Approach.* Prentice-Hall, 1982

[10] FOLEY, J. D. ; DAM, A. van: *Fundamentals of Interactive Computer Graphics.* Addison-Wesley, 1982 (Systems Programming Series)

[11] GOLOMB, B. A. ; LAWRENCE, D. T. ; SEJNOWSKI, T. J.: Sexnet: A Neural Network Identifies Sex from Human Faces. In: LIPPMANN, R. P. (Hrsg.) ; MOODY, J. E. (Hrsg.) ; TOURETZKY, D. S. (Hrsg.): *Advances in Neural Information Processing Systems* Bd. 3. Morgan Kaufmann, 1990, S. 572–577

[12] GOLUB, G. H. ; LOAN, C. F. van: *Matrix Computations.* 3. The Johns Hopkins University Press, 1996

[13] GONG, S. ; MCKENNA, S. J. ; PSARROU, A.: *Dynamic Vision: From Images to Face Recognition.* Imperial College Press, 2000

[14] GONZÁLEZ, R. C. ; WOODS, R. E.: *Digital Image Processing.* 3. Pearson Prentice-Hall, 2008

[15] HAMARNEH, G. ; GUSTAVSSON, T.: Deformable Spatio-Temporal Shape Models: Extending Active Shape Models to 2D+Time. In: *Image and Vision Computing* 22 (2004), Nr. 6, S. 461–470

[16] HORN, R. A. ; JOHNSON, C. R.: *Matrix Analysis.* Cambridge University Press, 1990

[17] HOU, X. ; LI, S. ; ZHANG, H. ; CHENG, Q.: Direct Appearance Models. In: *Proceedings of the IEEE International Conference on Computer Vision and Pattern Recognition* 1 (2001), S. 828–833

[18] JAIN, A. K.: *Fundamentals of Digital Image Processing.* 2. Prentice-Hall, 1998 (Information and System Sciences)

[19] KARHUNEN, K.: Über Lineare Methoden in der Wahrscheinlichkeitsrechnung. In: *Annales Academiæ Scientiarum Fennicæ* A (1947), Nr. 37, S. 1 – 79

[20] KASS, M. ; WITKIN, A. ; TERZOPOULOS, D.: Snakes: Active Contour Models. In: *International Journal of Computer Vision* 1 (1987), Nr. 4, S. 321 – 331

[21] LANITIS, A. ; TAYLOR, C. J. ; COOTES, T. F.: Automatic Interpretation and Coding of Face Images using Flexible Models. In: *IEEE Transactions on Pattern Analysis and Machine Intelligence* 19 (1997), Nr. 7

[22] LI, S. Z. (Hrsg.) ; JAIN, A. K. (Hrsg.): *Handbook of Face Recognition*. Springer, 2005

[23] LOÈVE, M.: *Graduate Texts in Mathematics*. Bd. 2: *Probability Theory*. 4. Springer, 1978

[24] MARTINEZ, A. M. ; BENAVENTE, R.: *The AR Face Database*. Computer Vision Centre, 1998 (Technischer Bericht 24)

[25] MATTHEWS, I. ; BAKER, Simon: Active Appearance Models Revisited. In: *International Journal on Computer Vision* 60 (2004), Nr. 2, S. 135 – 164

[26] OJA, E.: A Simplified Neuron Model as a Principal Component Analyzer. In: *Journal Mathematical Biology* 15 (1982), Nr. 3, S. 267 – 273

[27] PRESS, W. H. ; FLANNERY, B. P. ; TEUKOLSKY, S. A. ; VETTERLING, W. T.: *Numerical Recipes in C: The Art of Scientific Computing*. 2. Cambridge University Press, 1992

[28] SANTINI, S. ; JAIN, R.: Similarity Measures. In: *IEEE Transactions on Pattern Analysis and Machine Intelligence* 21 (1999), Nr. 9, S. 871 – 883

[29] SCHREIBER, S. ; STÖRMER, A. ; RIGOLL, G.: A Hierarchical ASM/AAM Approach in a Stochastic Framework for Fully Automatic Tracking and Recognition. In: *Proceedings of the IEEE International Conference on Image Processing* (2006), S. 1773 – 1776

[30] SCHUPP, H.: *Elementargeometrie*. UTB für Wissenschaft, 1989

[31] SCLAROFF, S. ; ISIDORO, J.: Active Blobs. In: *Proceedings of the IEEE International Conference on Computer Vision* (1998), S. 1146 – 1153

[32] SIROVICH, L. ; KIRBY, M.: Low-Dimensional Procedure for the Characterization of Human Faces. In: *Journal of the Optical Society of America* 4 (1987), Nr. 3, S. 519 – 524

[33] SKARBEK, W. ; KOSCHAN, A.: *Colour Image Segmentation – a Survey*. Technische Universität Berlin, 1993 (Technischer Bericht)

[34] STÖRMER, A.: *Untersuchung der Möglichkeiten zur Beschreibung von Gesichtern mit einer minimalen Anzahl von Appearance-Parametern*. Technische Universität Ilmenau, 2004 (Diplomarbeit)

[35] TURK, M. ; PENTLAND, A.: Eigenfaces for Recognition. In: *Journal of Cognitive Neuroscience* 3 (1991), Nr. 1, S. 71–86

[36] TURK, M. ; PENTLAND, A.: Face Recognition using Eigenfaces. In: *Proceedings of the International Conference on Computer Vision and Pattern Recognition* (1991), S. 586–591

[37] VETTER, T. ; POGGIO, T.: Linear Object Classes and Image Synthesis from a Single Example Image. In: *IEEE Transactions on Pattern Analysis and Machine Intelligence* 19 (1997), Nr. 7, S. 733–742

[38] WALLHOFF, F. ; RIGOLL, G.: Synthesis and Recognition of Face Profiles. In: *Proceedings of the Fall Workshop on Vision, Modelling, and Visualization* (2003), S. 545–552

[39] WATSON, C. I.: Mugshot Identification Data - Fronts and Profiles. In: *Reference Data of NIST Special Database 18* (1994)

[40] WECHLSER, H.: *Reliable Face Recognition Methods: System Design, Implementation and Evaluation.* Springer, 2006

[41] WEYRAUCH, B. ; HEISELE, B. ; HUANG, J. ; BLANZ, V.: Component-Based Face Recognition with 3D Morphable Models. In: *Proceedings of the IEEE International Conference on Computer Vision and Pattern Recognition* (2004), S. 85

[42] WILLE, D.: *Repetitorium der Linearen Algebra Teil 1.* 4. Springer, 2003

[43] WOLBERG, G.: *Digital Image Warping.* IEEE Computer Society Press, 1990

[44] ZHOU, X. ; HUANG, X. ; WANG, Y.: Real-Time Facial Expression Recognition in the Interactive Game Based on Embedded Hidden Markov Model. In: *Proceedings of the IEEE International Conference on Computer Graphics, Imaging and Visualization* (2004), S. 144–148

10
Objektverfolgung

Bei den bisherigen Betrachtungen handelte es sich bei den zu untersuchenden visuellen Daten um *statische* orts- und wertdiskrete Bilder $b[n_1, n_2]$. Dabei bedeutet statisch, dass sich die Bilddaten über die Zeit nicht verändern. Auf diesen statischen Bildern können mit den in den vorangegangenen Kapiteln vorgestellten Methoden Objekte – im Kontext der Mensch-Maschine-Kommunikation (MMK) meist Gesichter – sowohl detektiert als auch erkannt werden.

10.1 Dynamische Bildsequenz

In der Praxis liegen neben den statischen Bildern auch dynamische Bildsequenzen vor. Eine dynamische Bildsequenz $B[n_1, n_2]$ der Länge T entsteht durch zeitliche Aneinanderreihung von T einzelnen Bildern $b_t[n_1, n_2]$, $1 \leq t \leq T$. Es gilt somit im Rahmen dieses Buchs und darüber hinaus

$$B[n_1, n_2] \equiv B = (b_1[n_1, n_2], \ldots, b_T[n_1, n_2]). \tag{10.1}$$

Die Beschreibung einer Bildsequenz nach Gleichung 10.1 geht dabei von einer Zeitdiskretisierung aus; man erhält somit eine zeitdiskrete dynamische Bildsequenz. Im Allgemeinen kann es sich bei den Einzelbildern $b_t[n_1, n_2]$ sowohl um Graustufen- als auch um Farbbilder in jeder beliebigen Farbraumdarstellung handeln. Bei den in diesem Kapitel behandelten Verfahren wird stets von einer Graustufendarstellung der Bildinformation ausgegangen. Jedoch können die Verfahren analog auf jeden einzelnen Farbkanal angewendet werden. Im Folgenden wird daher auf eine explizite Unterscheidung verzichtet. Abbildung 10.1 zeigt die Entstehung einer Bildsequenz[1] als zeitliche Folge von Einzelbildern.

---

[1] Gerade in gedruckter Form ist die Darstellung dynamischer Bildsequenzen nur schwer möglich. Im Rahmen dieses Buchs werden Bildsequenzen in Abbildungen durch Einzelbilder der Sequenz in einem Filmrahmen (▯) angezeigt.

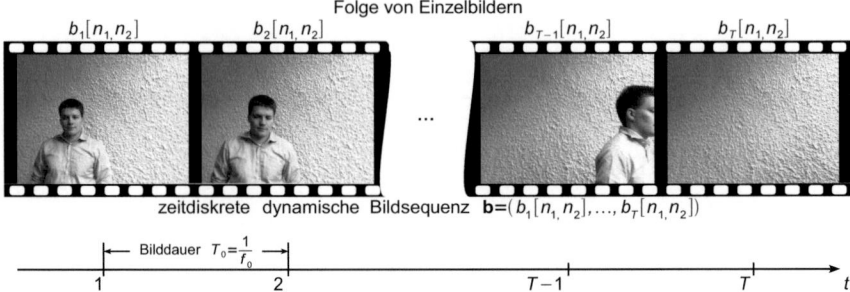

Abb. 10.1. Entstehung einer zeitdiskreten dynamischen Bildsequenz aus zeitlicher Aneinanderreihung von Einzelbildern.

Der zeitliche Abstand T_0 zweier Einzelbilder (engl. *frame*) ist üblicherweise konstant. Sein Kehrwert wird als Bildwiederholfrequenz $f_0 = \frac{1}{T_0}$ (engl. *frame rate*) bezeichnet und besitzt die Einheit „Bilder pro Sekunde" oder schlicht Hz (Hertz). In Tabelle 10.1 sind einige Anwendungen bzw. technische Geräte und ihre Bildwiederholungsraten gegenübergestellt.

Anwendung/Gerät	Bildwiederholfrequenz f_0
für den Menschen ruckelfreie Sequenz	ca. 20–25 Hz
für den Menschen flimmerfreie Sequenz	ca. 50 Hz
Kinofilm	24 Hz
PAL-Fernsehnorm	25 Hz (50 Hz interlaced)
NTSC-Fernsehnorm	ca. 30 Hz (59.94 Hz interlaced)
handelsübliche Web-Cam	bis 30 Hz
Überwachungskamera	1-5 Hz
Hochgeschwindigkeitskamera	bis zu 10^6 Hz

Tabelle 10.1. Anwendungen bzw. technische Geräte und ihre zugehörigen Bildwiederholungsraten.

Halb- und Vollbilder

In Tabelle 10.1 sind bei den Phase Alternating Line (PAL)- [1, 8] und National Television System Committee (NTSC)-Fernsehnormen [9] zwei unterschiedliche Bildwiederholfrequenzen eingetragen. Bei dem ersten Wert handelt es sich um die tatsächliche Bildwiederholfrequenz der zugehörigen Bildsequenz nach Gleichung 10.1. Der zweite Wert beschreibt die *Bildwiederholungsraten*. Die Bildwiederholfrequenz und die Bildwiederholungsrate unterscheiden sich bei diesen beiden Verfahren, da sie mit sog. Halbbildern arbeiten (angedeutet durch den Zusatz *interlaced*). Dieses Zeilensprungverfahren wurde 1930 eingeführt [16]. Bereits im Abschnitt 2.2.8 wurde erläutert, dass dabei ein Vollbild durch Aufspalten in zwei Bilder „verdoppelt" wird. Wie Abbildung 10.2 zeigt, enthält das erste Halbbild nur die geraden Zeilen des ursprünglichen Bilds, während das zweite Halbbild aus den ungeraden Zeilen des Vollbilds besteht. Werden die beiden Halbbilder sequenziell angezeigt, so verdoppelt

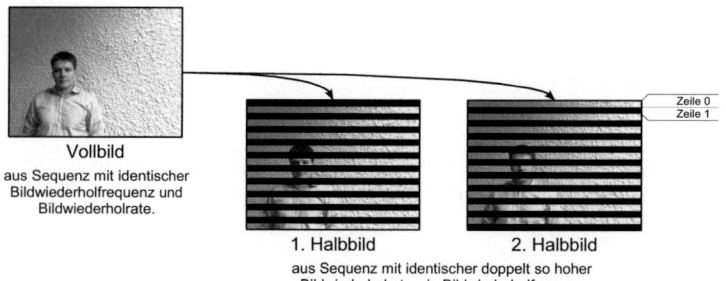

Abb. 10.2. Verdoppelung der Bildwiederholungsrate bei gleichbleibender Bildwiederholfrequenz durch Aufspalten eines Vollbilds in zwei Halbbilder.

sich die Bildwiederholungsrate, während die Bildwiederholfrequenz gleich bleibt. Da für die menschliche Wahrnehmung die Bildwiederholungsrate für den Bewegungseindruck ausschlaggebend ist, wird durch das Halbbildverfahren eine für den Menschen bessere Darstellung bei geringerer Bildwiederholfrequenz erreicht. Im Rahmen des Buchs wird davon ausgegangen, dass die Bildsequenzen als Vollbilder vorliegen (auch als *progressive* Bildsequenz bezeichnet [7]).

10.2 Realisierung der Objektverfolgung

Für die MMK ist man an einer Objektverfolgung (engl. *object tracking*) innerhalb von Bildsequenzen interessiert, um beispielsweise die Bewegung eines Benutzers in einem Raum zu verfolgen. Dabei wird, ausgehend von einer Initialschätzung $\mathbf{x}_0$ in einem Startbild, das Objekt[2] $\mathbf{x}_t$ in jedem Einzelbild b_t der Sequenz B gefunden. In Abbildung 10.3 ist ein einfaches Objektverfolgungsszenario gezeigt: Eine Person geht von links nach rechts durch das Bild. Die Aufgabe der Objektverfolgung besteht darin, diese Bewegung zu verfolgen.

Ein trivialer Ansatz, diese Aufgabe zu bewältigen, ist, jedes Einzelbild b_t nach dem Objekt zu durchsuchen [14]. Allerdings wird bei dieser vollständigen Suche in jedem Einzelbild b_t eines der Verfahren aus Kapitel 8 oder Kapitel 9 angewendet, was selbst

---

[2] Der Vektor $\mathbf{x}_t$ gibt den Ort an, an dem sich das Objekt befindet. Je nach Einsatzgebiet enthält der Vektor $\mathbf{x}_t$ auch die aktuelle Information über die Form oder die Textur des Objekts, somit beschreibt $\mathbf{x}_t$ den *Zustand* des Objekts. Je nach Verwendung wird $\mathbf{x}_t$ manchmal mit dem Objekt selbst gleichgesetzt [14].

Abb. 10.3. Einfaches Beispiel einer Objektverfolgungsaufgabe.

mit modernen Rechnern kaum zu bewältigen ist, da Bildwiederholfrequenzen von bis zu $f_0 = 50\,\text{Hz}$ auftreten. Bei der Objektverfolgung wird in jedem Einzelbild dasselbe Objekt gefunden. Bei der vollständigen Suche in jedem Einzelbild können durch Beleuchtungsänderungen oder andere Einflüsse Objekte des Hintergrunds mit dem eigentlich zu verfolgenden Objekt verwechselt werden, wie Abbildung 10.4 zeigt. Somit ist für eine in vernünftiger Rechenzeit und insbesondere robust durchführbare

Abb. 10.4. Objektverfolgungsfehler bei vollständiger Objektsuche in jedem Einzelbild.

Objektverfolgung die vollständige Suche nur als Initialschätzung geeignet [14].

10.2.1 Objektverfolgung mithilfe von Differenzbildern

Eine Möglichkeit zur Reduzierung der benötigten Rechenleistung ist, den Suchraum auf die Bereiche einzuschränken, die sich innerhalb der Bildsequenz bzw. zwischen zwei Einzelbildern ändern. Ein einfaches und zudem weit verbreitetes Verfahren ist die Differenzbildanalyse [2]. Das Differenzbild Δb_t ist die Differenz aus dem aktuellen Bild b_t und einem Referenzbild b_r. Nach einer Binarisierung der Werte (über eine Schwellwertentscheidung mit Schwelle s) gilt

$$\Delta b_t[n_1, n_2] = \begin{cases} 1 & \text{für } |b_t[n_1,n_2] - b_\text{r}[n_1,n_2]| > s \\ 0 & \text{sonst.} \end{cases} \quad (10.2)$$

In der Sequenz $\Delta B = (\Delta b_1, \ldots \Delta b_T)$ wird sich eine Bewegung in der Bildsequenz stets bemerkbar machen. Allerdings ist diese Aussage nicht umkehrbar: Bereits kleine

Schwankungen der Beleuchtungssituation zeigen sich auch im Differenzbild. Bei dem zur Erzeugung des Differenzbilds verwendeten Referenzbild b_r kann entweder ein Abbild b_g des Hintergrundes [2], wie in Abbildung 10.5 oben dargestellt ist (geeignet bei statischem Hintergrund und ruhender Kamera), oder das vorherige Einzelbild $b_{t-1}[n_1,n_2]$ [10, 17], wie Abbildung 10.5 unten zeigt, herangezogen werden. Bei Verwendung von $b_\mathrm{r} = b_{t-1}$ wird z. B. $b_0[n_1,n_2] = \mathbf{0}$ gesetzt. Damit kann auch für das erste Einzelbild $b_1[n_1,n_2]$ ein Differenzbild berechnet werden.

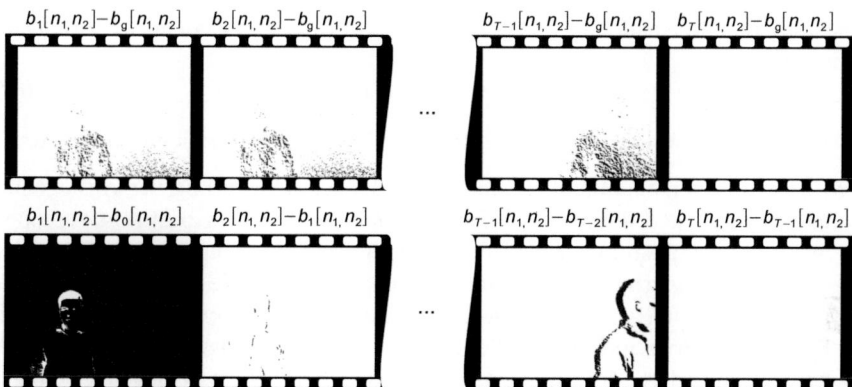

Abb. 10.5. Differenzbildsequenz bei Verwendung des Hintergrundbilds (oben) und des jeweils vorausgegangenen Einzelbilds b_{t-1} (unten) als Referenzbild b_g nach Anwendung der Erosion.

Die einfache Objektverfolgungsaufgabe nach Abbildung 10.3 wäre dann durch eine systematische Objektsuche in den im Differenzbild schwarz markierten Bereichen in deutlich reduzierter Rechenzeit möglich. Allerdings ist diese Art der Objektverfolgung anfällig gegen Störungen und Fehlverfolgungen, die durch dem eigentlichen Objekt ähnlichen Strukturen im Hintergrund hervorgerufen werden, und kann deswegen nicht bei zeitlich veränderlichem Hintergrund eingesetzt werden.

10.2.2 Stochastische Objektverfolgung

Mit verschiedenen Methoden wird dazu beigetragen, das Problem der Fehlverfolgung bei ähnlichen Strukturen im Vorder- oder Hintergrund zu lösen. In den vergangenen Jahren hat sich eine robuste und je nach Realisierung rechenzeiteffiziente Form der Objektverfolgung, die sog. stochastische Objektverfolgung etabliert [4, 5, 12]. Das Grundprinzip dieser Art der Objektverfolgung wird im Folgenden gezeigt.

Stochastische Beschreibung

Der erste Schritt bei der stochastischen Objektverfolgung ist die Beschreibung bzw. Parametrisierung des zu verfolgenden Objekts durch einen Zustandsvektor $\mathbf{x}_t$, den man auch „Partikel" nennt [12]. Dieser kann verschiedene Parameter enthalten, die den aktuellen Zustand des Objekts zum Zeitpunkt t charakterisieren, z. B. die Höhe und Breite eines „umschreibenden Rechtecks" zur Positionsanzeige des Objekts oder die Objektgeschwindigkeit.

Beschreibt man in Anlehnung an Gleichung 10.1 die bis zum Zeitpunkt t vorliegende Bildsequenz mit

$$B_t = (b_1, \ldots, b_t), \qquad (10.3)$$

so sind folgende zwei bedingte Wahrscheinlichkeiten von besonderem Interesse:

$p(\mathbf{x}_t|B_t)$ Die Wahrscheinlichkeit eines Partikels bei Auswertung der vorliegenden Bildfolge B_t und damit die Wahrscheinlichkeit, die man bestimmen möchte, um die Objektposition später durch Bildung des Erwartungswerts auf Basis der o. g. Verteilung ermitteln zu können. Dahinter steckt die Idee, das Bild mit einer größeren Anzahl von Partikeln „abzutasten" (engl. *sample*) und dann durch Bildung des Erwartungswerts aller Samples einen Zustandsvektor $\bar{\mathbf{x}}_t$ zu ermitteln, der (neben anderen Informationen) die wahrscheinlichste Position des Objekts zum Zeitpunkt t enthält.

$p(b_t|\mathbf{x}_t)$ Eine bedingte Wahrscheinlichkeit, die ausdrückt, dass die durch das Partikel $\mathbf{x}_t$ repräsentierte Bildinformation (typischerweise ein Ausschnitt im aktuellen Bild b_t) zum Zeitpunkt t das gesuchte Objekt enthält.

Die Berechnung der Partikelwahrscheinlichkeit $p(\mathbf{x}_t|B_t)$ ist deutlich schwieriger als die Berechnung der bedingten Wahrscheinlichkeit $p(b_t|\mathbf{x}_t)$.

Wie bereits im vorangegangenen Abschnitt beschrieben, ist einer der wesentlichen Grundgedanken der stochastischen Objektverfolgung, die Information über die bereits ermittelte Position des Objekts bis zur Bildfolge B_{t-1} zur optimalen Positionsbestimmung für die Sequenz B_t auszunutzen. Diese Idee lässt sich bei der stochastischen Objektverfolgung auch effizient mathematisch ausdrücken, wenn man den Satz von Bayes auf folgende Verbundwahrscheinlichkeit anwendet:

$$p(b_t, \mathbf{x}_t|B_{t-1}) = p(b_t|\mathbf{x}_t, B_{t-1}) \cdot p(\mathbf{x}_t|B_{t-1}) \text{ und} \qquad (10.4)$$

$$p(b_t, \mathbf{x}_t|B_{t-1}) = p(\mathbf{x}_t|B_t) \cdot p(b_t|B_{t-1}) \text{ mit} \qquad (10.5)$$

$$B_t = (B_{t-1}, b_t) \qquad (10.6)$$

und Gleichungen 10.4 und 10.5 anschließend zusammenfasst zu

$$p(\mathbf{x}_t|B_t) = \frac{1}{\underbrace{p(b_t|B_{t-1})}_{k_t}} \cdot p(b_t|\mathbf{x}_t, B_{t-1}) \cdot p(\mathbf{x}_t|B_{t-1}). \qquad (10.7)$$

10.2 Realisierung der Objektverfolgung   267

Da der erste Faktor auf der rechten Seite von Gleichung 10.7 unabhängig vom Partikel $\mathbf{x}_t$ ist, wird er im Folgenden durch den zeitabhängigen Faktor k_t abgekürzt. Mit Gleichung 10.6 gilt

$$p(B_t|\mathbf{x}_t) = p(b_t, B_{t-1}|\mathbf{x}_t) = p(b_t|\mathbf{x}_t, B_{t-1}) \cdot p(B_{t-1}|\mathbf{x}_t)$$
$$\Rightarrow p(b_t|\mathbf{x}_t, B_{t-1}) = \frac{p(B_t|\mathbf{x}_t)}{p(B_{t-1}|\mathbf{x}_t)}. \tag{10.8}$$

Setzt man voraus, dass die Einzelbilder der Bildsequenz statistisch unabhängig sind, d. h. $P(B_t) = p(b_1) \cdot \ldots \cdot p(b_t) = \prod_{\tau=1}^{t} p(b_\tau)$, lässt sich für Gleichung 10.8

$$p(b_t|\mathbf{x}_t, B_{t-1}) = \frac{p(b_t|\mathbf{x}_t) \cdot \prod_{\tau=1}^{t-1} p(b_\tau|\mathbf{x}_t)}{\prod_{\tau=1}^{t-1} p(b_\tau|\mathbf{x}_t)} = p(b_t|\mathbf{x}_t) \tag{10.9}$$

schreiben. Mit Gleichung 10.9 vereinfacht sich Gleichung 10.7 zu

$$p(\mathbf{x}_t|B_t) = k_t \cdot p(b_t|\mathbf{x}_t) \cdot p(\mathbf{x}_t|B_{t-1}). \tag{10.10}$$

Durch Marginalisieren lässt sich $p(\mathbf{x}_t|B_{t-1})$ als

$$p(\mathbf{x}_t|B_{t-1}) = \int_{-\infty}^{\infty} p(\mathbf{x}_t, \mathbf{x}_{t-1}|B_{t-1}) \mathrm{d}\mathbf{x}_{t-1} \tag{10.11}$$

darstellen. Man erhält so unter Verwendung von Gleichung 10.11 eine noch detailliertere mathematische Formulierung des Objektverfolgungsprozesses durch Umformung von Gleichung 10.10 zu

$$\begin{aligned} p(\mathbf{x}_t|B_t) &= k_t \cdot p(b_t|\mathbf{x}_t) \cdot p(\mathbf{x}_t|B_{t-1}) = \\ &\stackrel{(\text{Gl. 10.11})}{=} k_t \cdot p(b_t|\mathbf{x}_t) \cdot \int_{-\infty}^{\infty} p(\mathbf{x}_t, \mathbf{x}_{t-1}|B_{t-1}) \mathrm{d}\mathbf{x}_{t-1} = \\ &= k_t \cdot p(b_t|\mathbf{x}_t) \cdot \int_{-\infty}^{\infty} p(\mathbf{x}_t|\mathbf{x}_{t-1}) \cdot p(\mathbf{x}_{t-1}|B_{t-1}) \mathrm{d}\mathbf{x}_{t-1}. \end{aligned} \tag{10.12}$$

Gleichung 10.12 beschreibt den Grundgedanken der stochastischen Objektverfolgung in Bildsequenzen: Die aktuelle Partikelwahrscheinlichkeit $p(\mathbf{x}_t|B_t)$ bei Vorliegen der kompletten Bildfolge B_t bis zum Zeitpunkt t kann durch die vorhergehende Partikelwahrscheinlichkeit $p(\mathbf{x}_{t-1}|B_{t-1})$ und die Auswertung der durch das Partikel beschriebenen Information des aktuellen Bilds b_t über die „Messgröße" $p(b_t|\mathbf{x}_t)$ direkt bestimmt werden.

Wie in Gleichung 10.12 zu erkennen, erfolgt diese sog. „Wahrscheinlichkeitspropagierung" vom Zeitpunkt $t-1$ zum nächsten Zeitpunkt t unter zusätzlicher Berücksichtigung der bedingten Wahrscheinlichkeit

$$p(\mathbf{x}_t|\mathbf{x}_{t-1}). \tag{10.13}$$

Diese Größe kann auch als „Bewegungsmodell" eines Partikels interpretiert werden [4, 5], welches ebenfalls ein fundamentales Element der meisten gängigen stochastischen Objektverfolgungsalgorithmen darstellt. Kann man die Wahrscheinlichkeit des Partikels $\mathbf{x}_t$ unter Kenntnis des Partikels $\mathbf{x}_{t-1}$ bestimmen und enthält dieses Partikel die Positionsdaten von $\mathbf{x}_t$, so stellt die Wahrscheinlichkeit $p(\mathbf{x}_t|\mathbf{x}_{t-1})$ ein stochastisches Modell für die Partikelbewegung dar. Die Einbeziehung der Bewegungsinformation eines Objekts kann sehr hilfreich für die Objektverfolgung sein, da man die zukünftige Objektposition damit teilweise vorhersagen kann.

Ein gängiges, einfaches Bewegungsmodell im Zustandsraum lautet

$$\mathbf{x}_t = \mathbf{A} \cdot \mathbf{x}_{t-1} + \mathbf{v}_t, \tag{10.14}$$

wobei $\mathbf{A}$ eine das Bewegungsmodell beschreibende Matrix (z. B. für eine beschleunigte oder unbeschleunigte Translation) und $\mathbf{v}_t$ eine stochastische Größe sind. Ist

$$\mathbf{v}_t = \mathbf{x}_t - \mathbf{A} \cdot \mathbf{x}_{t-1} \tag{10.15}$$

beispielsweise normalverteilt, so gilt für das wahrscheinlichkeitsorientierte Bewegungsmodell [4, 5]

$$p(\mathbf{x}_t|\mathbf{x}_{t-1}) \propto e^{-\frac{1}{2\sigma^2}(\mathbf{x}_t - \mathbf{A} \cdot \mathbf{x}_{t-1})^\mathrm{T} \cdot (\mathbf{x}_t - \mathbf{A} \cdot \mathbf{x}_{t-1})}. \tag{10.16}$$

Das Bewegungsmodell nach Gleichung 10.16 beschreibt damit eine systematische Veränderung des Objekts (Drift) und eine stochastische Veränderung (Diffusion).

Random-Sampling

Die Wahrscheinlichkeitsdichtefunktion (WDF) $p(\mathbf{x}_t|B_t)$ ist eine kontinuierliche Größe, deren genauer Verlauf generell unbekannt ist. Deshalb verwendet man die Methode des sog. „Random-Sampling" (auch mit „Monte-Carlo-Simulation" bezeichnet [11, 13]). Man schätzt dabei die unbekannte, kontinuierliche Verteilungsfunktion durch eine diskrete Verteilungsfunktion mit N entsprechenden diskreten Stützstellen an den Positionen $\mathbf{x}_{i,t}, i = 1, \ldots, N$. Möchte man z. B. Erwartungswerte bilden, kann man dies anstatt über Integration der kontinuierlichen Verteilung dann auch durch Summierung über die N Stützstellen realisieren.

Da über den Satz von Bayes für zwei Größen x und b

$$p(x|b) \propto p(b|x) \cdot p(x) \tag{10.17}$$

gilt, kann man die WDF $p(x|b)$ über „Messwerte" $p(b|x)$ annähern und diese Werte durch Normierung zu Wahrscheinlichkeiten umformen, welche dann der linken Seite von Gleichung 10.17 entsprechen.

Da als Messwerte bei der Objektverfolgung die Werte $p(b_t|\mathbf{x}_{i,t})$, die Beobachtungswahrscheinlichkeit für die N Partikel $\mathbf{x}_{i,t}$, $i = 1, \ldots N$ zur Verfügung stehen, wendet man hier folgende Strategie an: Man bestimmt aus den ausgewählten Partikeln im Bild jeweils die Wahrscheinlichkeit $p(b_t|\mathbf{x}_{i,t})$ und bildet daraus durch Normierung die Gewichtungen

$$\pi_{i,t} = \frac{p(b_t|\mathbf{x}_{i,t})}{\sum_{i=1}^{N} p(b_t|\mathbf{x}_{i,t})}, \qquad (10.18)$$

welche sich zur Gesamtwahrscheinlichkeit ‚eins' summieren und als Schätzung der WDF $p(\mathbf{x}_t|B_t)$ (der sog. a-posteriori-Wahrscheinlichkeitsverteilung) an den konkreten Stellen $\mathbf{x}_{i,t}$, $i = 1, \ldots, N$ dienen. Dies verdeutlicht Abbildung 10.6.

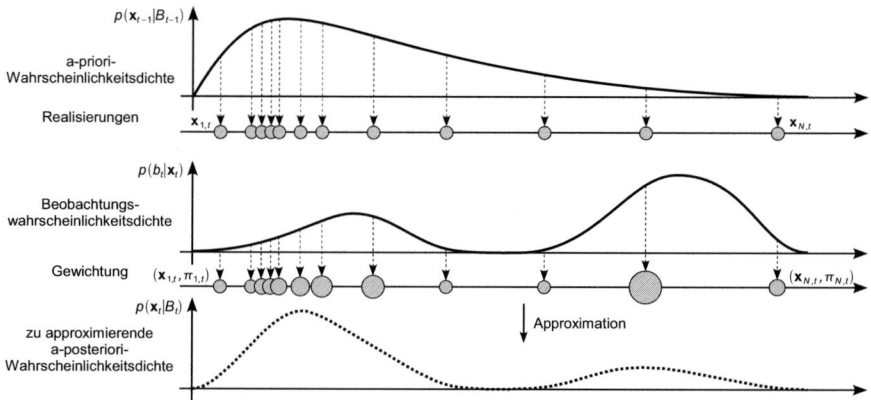

Abb. 10.6. Random-Sampling zur Abschätzung der a-posteriori-Wahrscheinlichkeit $p(\mathbf{x}_t|B_t)$.

Der Erwartungswert aller Partikel berechnet sich dann zu

$$\bar{\mathbf{x}}_t = \mathcal{E}\{\mathbf{x}_{i,t}\} = \sum_{i=1}^{N} \mathbf{x}_{i,t} \cdot \pi_{i,t} \qquad (10.19)$$

und enthält u. a. die gesuchte Information über die Koordinaten des zu verfolgenden Objekts oder beispielsweise dessen Geschwindigkeit zum Zeitpunkt t.

Berechnung der Beobachtungswahrscheinlichkeit

Bis jetzt wurde stets angenommen, dass diese Wahrscheinlichkeit $p(b_t|\mathbf{x}_t)$ „einfach" zu berechnen ist. Es wurde ebenfalls bereits erwähnt, dass es sich hierbei um die Wahrscheinlichkeit handelt, dass ein ausgewähltes Partikel, welches einen Teil des Bilds charakterisiert, das zu verfolgende Objekt enthält. Eine mögliche Vorgehensweise (beispielsweise bei einer Gesichtsverfolgung) ist also, den aus vorhergehenden

Kapiteln bereits bekannten Gesichtsdetektor auf den vom Partikel beschriebenen Bildausschnitt anzuwenden und das daraus resultierende Ergebnis als Wahrscheinlichkeit zu interpretieren.

Bleibt man bei dem Beispiel der Gesichtsverfolgung, so ist auch ein Active Shape Modell (ASM) geeignet für die Aufgabe der Wahrscheinlichkeitsberechnung, weil diese die Kontur eines Kopfes modellieren können, welche sich bei verschiedenen Texturen oder Betrachtungswinkeln wenig verändert. In diesem Fall wird der Parametervektor $\mathbf{x}$ der ASM, der die Position im Bild enthält, als Partikel verwendet (siehe Abschnitt 10.2.4).

10.2.3 Condensation-Algorithmus

Mit den Überlegungen aus dem obigen Abschnitt lässt sich der Conditional Density Propagation (Condensation)-Algorithmus [4, 5] zur Objektverfolgung zusammenfassend formulieren und anhand der Abbildungen 10.7 und 10.8 illustrieren. Der Algorithmus basiert auf der Propagierung der bedingten WDF $p(\mathbf{x}_t|B_t)$, iterativ aus der zeitlich zurückliegenden Wahrscheinlichkeit $p(\mathbf{x}_{t-1}|B_{t-1})$ nach Gleichung 10.12.

Betrachtet man den Condensation-Algorithmus zum Zeitpunkt $t-1$, so wird die a-posteriori-Dichte $p(\mathbf{x}_{t-1}|B_{t-1})$, wie in Gleichung 10.18 dargestellt, durch das Set der N Gewichtungen $\pi_{i,t-1}, i = 1, \ldots, N$ angenähert. Diese kann man (hier wieder angenommen für das Beispiel der Gesichtsverfolgung) für ein im ersten Bild präsentiertes Gesicht durch zufällige Erzeugung von N Partikeln $\mathbf{x}_{i,1}$ und den Wahrscheinlichkeiten $p(b_1|\mathbf{x}_{i,1})$ ermitteln, welche beispielsweise mithilfe von ASM oder einer modifizierten Version des Viola-Jones-Algorithmus berechnet werden können. Dieser Schritt ist in der ersten Zeile von Abbildung 10.7 illustriert, in der die Partikel $\mathbf{x}_{i,t-1}$ zum Zeitpunkt $t-1$ mit den schraffierten Kreisen dargestellt werden, wobei deren Größe den Gewichten $\pi_{i,t-1}$ entspricht. Ebenso ist dies im ersten Schritt von Abbildung 10.8

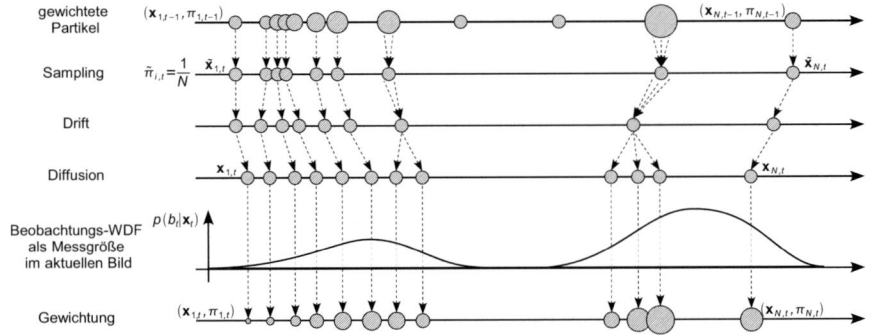

Abb. 10.7. Prinzipieller Ablauf des Condensation-Algorithmus (von oben nach unten) nach [4].

dargestellt, in dem die jeweilige Linienstärke des objektbeschreibenden Rechtecks (also des Partikels) zu dem entsprechenden Gewicht $\pi_{i,t-1}$ proportional ist.

Im folgenden Zeitschritt t werden aus den Partikeln $\mathbf{x}_{i,t-1}$ durch stochastische Auswahl N veränderte Partikel $\tilde{\mathbf{x}}_{i,t}$ erzeugt, was dem Prinzip des „Random-Sampling" entspricht. Partikel mit größeren Gewichten $\pi_{i,t-1}$ erzeugen dabei mit höherer Wahrscheinlichkeit entsprechende „Nachkommen". Dies ist in der zweiten Zeile von Abbildung 10.7 gezeigt, wobei den neuen Partikeln zunächst die gleichen Gewichte $\tilde{\pi}_{i,t} = \frac{1}{N}$ zugeteilt werden, was ebenfalls in Schritt zwei von Abbildung 10.8 dargestellt ist.

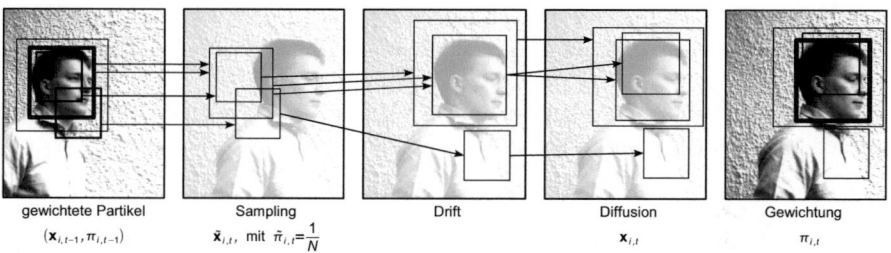

Abb. 10.8. Ablauf des Condensation-Algorithmus (von links nach rechts) am Beispiel der Gesichtsverfolgung.

Anschließend wird auf die erneuerten Partikel nach Gleichung 10.12 das Bewegungsmodell angewendet, zunächst durch Anwendung des deterministischen Bewegungsmodells, was zu Veränderungen der Position der Partikel führt. Dieser, auch „Drift" genannte Vorgang ist in Abbildung 10.7 in Zeile drei bzw. in Abbildung 10.8 in Schritt drei verdeutlicht. Partikel $\tilde{\mathbf{x}}_{i,t}$, die von demselben Partikel $\mathbf{x}_{i,t-1}$ abstammen, erfahren dabei dieselbe Drift.

Zusätzlich erfolgt eine als „Diffusion" bezeichnete stochastische Veränderung der Partikel, um diese stärker zu streuen und von ihren Vorgängern zu trennen. Die resultierende neue Verteilung der Partikel ist in Abbildung 10.7 in der vierten Zeile und in Abbildung 10.8 in Schritt vier dargestellt.

Im Zeitschritt von $t-1$ nach t hat sich durch Variation des Bildinhalts im aktuellen Bild b_t die Wahrscheinlichkeitsverteilung $p(\mathbf{x}_t|B_t)$ verändert und wird mit den erneuerten Partikeln angenähert. Dazu wurden durch neue „Messungen" bzw. Evaluierungen der durch die Partikel beschriebenen Teile des Bilds b_t die „Messgrößen" $p(b_t|\mathbf{x}_{i,t})$ und nach Gleichung 10.18 die Gewichtungen $\pi_{i,t}$ ermittelt, was in der fünften Zeile von Abbildung 10.7 verdeutlicht ist.

Die letzte Zeile von Abbildung 10.7 bzw. der letzte Schritt von Bild 10.8 zeigt, wie mit diesen Gewichtungen die WDF $p(\mathbf{x}_t|B_t)$ geschätzt wird (siehe Abbildung 10.6). Anschließend wird der Erwartungswert aller Partikel nach Gleichung 10.19 mithilfe der Gewichtungen $\pi_{i,t}$ gebildet, der die Position des Objekts zum Zeitpunkt t liefert [3,

6]. Dieser Erwartungswert ist in Abbildung 10.8 durch das stark umrandete Rechteck gekennzeichnet.

Die nächste Iteration des Condensation-Algorithmus startet dann zum Zeitpunkt $t+1$ in Abbildung 10.7 oben bzw. in Abbildung 10.8 links mit den zuvor bestimmten Partikeln $\mathbf{x}_{i,t}$ und deren Gewichtungen $\pi_{i,t}$.

10.2.4 Condensation-Algorithmus mit Verwendung von ASM

Wie in Abschnitt 9.2 ab Seite 228 erläutert, können die Form und Lage eines Objekts mithilfe von ASM ermittelt und beschrieben werden. Man erhält so, zusammengefasst im Vektor $\mathbf{x}$, die Form- und Lageeigenschaften des Objekts. Die einfache Form aus Abbildung 9.17 auf Seite 240 beschreibt beispielsweise die Lage und Form eines Kopfes samt Schultern. Wie in Abschnitt 9.2.7, Seite 240 erklärt, eignet sich diese Art der ASM zur Detektion von Köpfen in Bildern.

Abb. 10.9. ASM in Kombination mit dem Condensation-Algorithmus.

Durch geeignete Kombination der ASM mit dem oben erläuterten Condensation-Algorithmus kann auch eine Objektverfolgung mithilfe von ASM erreicht werden [15]. Die N Partikel $\mathbf{x}_i$, $i = 1, \ldots, N$ aus Gleichung 10.18 stellen zu jedem Zeitpunkt jeweils eines von N ASM dar. Die Parameter eines Bewegungsmodells nach Gleichung 10.16 lassen sich beispielsweise aus einer annotierten Trainingsbildsequenz, etwa eine sich im Raum bewegende Person, ermitteln. Zur „Messung" der Beobachtungswahrscheinlichkeit $p(b_t|\mathbf{x}_{i,t})$ jedes einzelnen Partikels $\mathbf{x}_{i,t}$ kann das Konvergenzverhalten der iterativen Anpassung der ASM nach den Gleichungen 9.31 bis 9.35 herangezogen werden. Dazu werden die ASM $\mathbf{x}_{i,t}$ auf den aktuellen Bildausschnitt b_t angepasst. Die Anzahl der Iterationen, die bis zur vollständigen Anpassung benötigt werden, stellt ein Maß für die Qualität der Schätzung dar: Werden wenige Iterationen zur Konvergenz benötigt, so beschreibt das Partikel $\mathbf{x}_{i,t}$ mit hoher Wahrscheinlichkeit einen Kopf im

Bild. Bei einer hohen Anzahl von benötigten Iterationen ist dem Partikel $x_{i,t}$ mit geringer Wahrscheinlichkeit eine Kopf-Schulter-Kontur hinterlegt. In Abbildung 10.9 oben ist die Personenverfolgung mit nur einer Person dargestellt. Auch bei mehreren Personen ist eine korrekte Objektverfolgung mithilfe des Condensation-Algorithmus möglich, wie Abbildung 10.9 unten zeigt.

10.3 Übungen

Aufgabe 10.1: *Tracking mit vollständiger Suche*

a) Nennen Sie ein Anwendungsgebiet für die automatische Objektverfolgung.

b) Beschreiben Sie das Funktionsprinzip der Objektverfolgung mithilfe der „Vollständigen Suche". Nennen Sie einen Vor- und einen Nachteil dieses Tracking-Algorithmus.

Gegeben ist die Bildsequenz $B[n_1,n_2] = (b_0[n_1,n_2],\ldots,b_3[n_1,n_2])$, dargestellt in Abbildung 10.10 links. In jedem Einzelbild befindet sich das gesuchte Objekt aus Abbildung 10.10 unten Mitte: Es lässt sich mit einer 2×2-Matrix beschreiben, die nur die Einträge ‚eins' enthält. Um das Objekt zu finden, ist der Einsatz des „Objektdetektors" $g[n_1,n_2]$ nötig. Er ist in Abbildung 10.10 oben Mitte gezeigt.

c) Wie lautet die geläufige Bezeichnung für den Objektdetektor $g[n_1,n_2]$ aus Abbildung 10.10 oben Mitte? Wozu wird er für gewöhnlich verwendet?

d) Beaufschlagen Sie jedes Einzelbild $b_t[n_1,n_2]$, $0 \leq t \leq 3$ der Bildsequenz $B[n_1,n_2]$ mit dem Filter $g[n_1,n_2]$, d.h. bilden Sie $\hat{b}_t[n_1,n_2] = b_t[n_1,n_2] * g[n_1,n_2]$ und tragen Sie das Ergebnis in Abbildung 10.10 rechts ein. (Hinweis: Sämtliche außerhalb des Bilds liegenden Pixel besitzen den Grauwert ‚null'.)

e) Heben Sie das gesuchte Objekt in den Einzelbildern $\hat{b}_t[n_1,n_2]$, $0 \leq t \leq 3$ hervor und interpretieren Sie das Ergebnis. (Hinweis: Eine Möglichkeit, das Objekt hervorzuheben, besteht darin, ein Strukturelement $m[n_1,n_2] = \mathbf{1} \in \mathbb{R}^{2 \times 2}$ zu definieren und anschließend die Bilder $\hat{b}_t[n_1,n_2]$ zu erodieren, d.h. $\hat{b}_t[n_1,n_2] \ominus m[n_1,n_2]$ zu bilden.)

f) Schätzen Sie den Berechnungsaufwand (M_v die Anzahl der Multiplikationen und A_v die Anzahl der Additionen) für diesen Tracking-Algorithmus ab.

Aufgabe 10.2: *Tracking mit Condensation-Algorithmus*

Der Berechnungsaufwand der Objektverfolgung mithilfe der vollständigen Suche aus Aufgabe 10.1 erscheint Ihnen aufgrund der Anzahl der durchzuführenden Faltungen zu hoch. Deswegen wird im Folgenden der Conditional Density Propagation (Condensation)-Algorithmus verwendet, um die Anzahl der benötigten Faltungsoperationen zu reduzieren.

274 10 Objektverfolgung

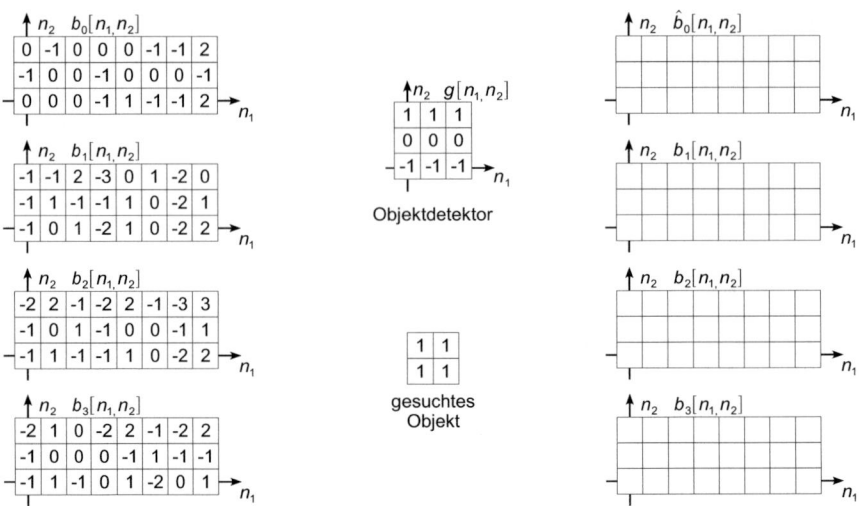

Abb. 10.10. Einzelbilder (links), Objektdetektor (dargestellt als Faltungsmaske, oben Mitte), gesuchtes Objekt (unten Mitte) und Einzelbilder nach Objektdetektion (rechts).

In Abbildung 10.11 ist dazu die Verwendung eines Partikels $\mathbf{x}_t$ für diese Aufgabe erläutert: Das Partikel $\mathbf{x}_t$, es umfasst den Bildausschnitt $p[n_1, n_2]$ (siehe Abbildung 10.11 links), wird an eine beliebige Stelle in dem betreffenden Bild $b_x[n_1, n_2]$ (siehe Abbildung 10.11, zweites von links) gesetzt. Dieser Bildausschnitt wird anschließend mit dem Objektdetektor $g[n_1, n_2]$ beaufschlagt (siehe Abbildung 10.11 rechts).

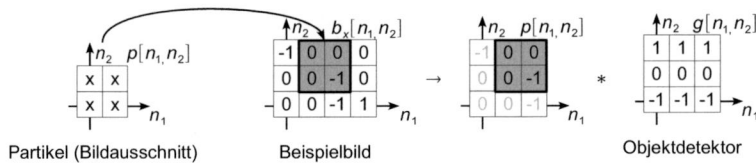

Abb. 10.11. Bildausschnitt $p[n_1, n_2]$ eines Partikels $\mathbf{x}_t$ (links) sowie Anwendung des Partikels auf ein Bild (zweites von links): Nur im Bereich des Partikels (zweites von rechts) wird der Objektdetektor (Faltungskern, rechts) angewendet.

a) Erläutern Sie die einzelnen Schritte des Condensation-Algorithmus.

Im Folgenden wird ein einfaches, deterministisches Bewegungsmodell angenommen: Jedes Partikel $\mathbf{x}_t$ wird in jedem Zeitschritt um ein Pixel nach „rechts" verschoben, d. h.

$$\mathbf{z}_t = \mathbf{z}_{t-1} + (1,0)^\mathrm{T}, \tag{10.20}$$

wobei hier $\mathbf{z}_t$ die Position des Partikels $\mathbf{x}_t$ beschreibt.

Die Verschiebung der Pixel wird im Rahmen der Aufgabe unter Verwendung der Tabelle 10.2 gewählt. Die Tabelle 10.2 enthält $D = 9$ verschiedene Verschiebungsregeln ($\Delta \mathbf{z}_d$). Bei jedem Iterationsschritt wird die erste Verschiebungsvorschrift auf das erste Partikel ($\mathbf{x}_{1,t}$) angewendet, d. h. $\mathbf{z}_{1,t} + \Delta \mathbf{z}_1$. Anschließend wird die nächste Verschiebungsvorschrift auf das zweite Partikel ($\mathbf{x}_{2,t}$) angewendet, jedoch nur, wenn nach der Verschiebung das Partikel vollständig im Bild zu liegen kommt. Andernfalls wird die nächste mögliche Verschiebungsvorschrift verwendet. So wird weiter verfahren, bis alle Partikel verschoben sind. Rücksprünge innerhalb der Tabelle sind nicht möglich.

Regel d	1	2	3	4	5	6	7	8	9
$\Delta \mathbf{z}_d$	$\begin{pmatrix} 0 \\ 0 \end{pmatrix}$	$\begin{pmatrix} 0 \\ 1 \end{pmatrix}$	$\begin{pmatrix} 1 \\ 1 \end{pmatrix}$	$\begin{pmatrix} 1 \\ 0 \end{pmatrix}$	$\begin{pmatrix} 1 \\ -1 \end{pmatrix}$	$\begin{pmatrix} 0 \\ -1 \end{pmatrix}$	$\begin{pmatrix} -1 \\ -1 \end{pmatrix}$	$\begin{pmatrix} -1 \\ 0 \end{pmatrix}$	$\begin{pmatrix} -1 \\ 1 \end{pmatrix}$

Tabelle 10.2. Übersicht über die $D = 9$ Verschiebungsregeln $\mathbf{z}_d$ für die „zufällige" Verschiebung eines Partikels $\mathbf{x}_t$ (Diffusion).

Der für die Gewichtung der einzelnen Partikel $\mathbf{x}_{i,t}$ benötigte Wert der Wahrscheinlichkeitsdichtefunktion (WDF) $p(b_t|\mathbf{x}_{i,t})$ (siehe Gleichung 10.18 auf Seite 269) wird über die Pixelsumme innerhalb des durch $p_i[n_1, n_2]$ gewählten Bildausschnitts bestimmt, d. h. $p(b_t|\mathbf{x}_{i,t}) \equiv \sum_{n_1} \sum_{n_2} p_i[n_1, n_2]$. Es werden nur jene Partikel weiter verfolgt, für die $\pi_{i,t} > 0$ gilt. Partikel, deren Gewicht $\pi_{i,t} = 0$ beträgt, werden im nächsten Iterationsschritt von dem Partikel mit größtem Gewicht $\underset{1 \leq i \leq N}{\arg\max} \, \pi_{i,t}$ abgeleitet.

b) Zur Initialisierung wird das gesamte Bild $b_0[n_1, n_2]$ nach dem Objekt mithilfe der vollständigen Suche durchsucht. Führen Sie die Initialisierung durch (siehe Abbildung 10.12 oben), und tragen Sie die Gewichte $\pi_{i,0}$ in Tabelle 10.3 ein. (Hinweise: Sie können das Ergebnis aus Aufgabe 10.1 verwenden. Sämtliche außerhalb des Bilds liegenden Pixel besitzen den Grauwert ‚null'.)

c) Wenden Sie den Condensation-Algorithmus auf die Bildsequenz $B[n_1, n_2]$ aus Abbildung 10.10 bzw. Abbildung 10.12 an, indem Sie das Bewegungsmodell nach Gleichung 10.20 („Drift") und die Verschiebung gemäß Tabelle 10.2 („Diffusion") verwenden. Machen Sie Ihr Vorgehen in Abbildung 10.12 für jeden Interationsschritt i (entsprechend dem Bild $b_t[n_1, n_2]$, $1 \leq t \leq 3$) deutlich, und geben Sie die Partikel in Abbildung 10.12 rechts an. Verwenden Sie $N = 4$ Partikel, die an dem in der vorherigen Aufgabe gefundenen Ort initialisiert werden. Tragen Sie die Gewichte $\pi_{i,t}$ für jedes Partikel $\mathbf{x}_{i,t}$ und jede Iteration t in Tabelle 10.3 ein. (Hinweis: Sämtliche außerhalb des Bilds liegenden Pixel besitzen den Grauwert ‚null'.)

d) Heben Sie das gesuchte Objekt in Abbildung 10.12 links hervor, und vergleichen Sie das Ergebnis mit dem Ergebnis aus Aufgabe 10.1.

e) Schätzen Sie den Berechnungsaufwand (M_c die Anzahl der Multiplikationen und A_c die Anzahl der Additionen) für die Objektverfolgung mithilfe des Condensation-

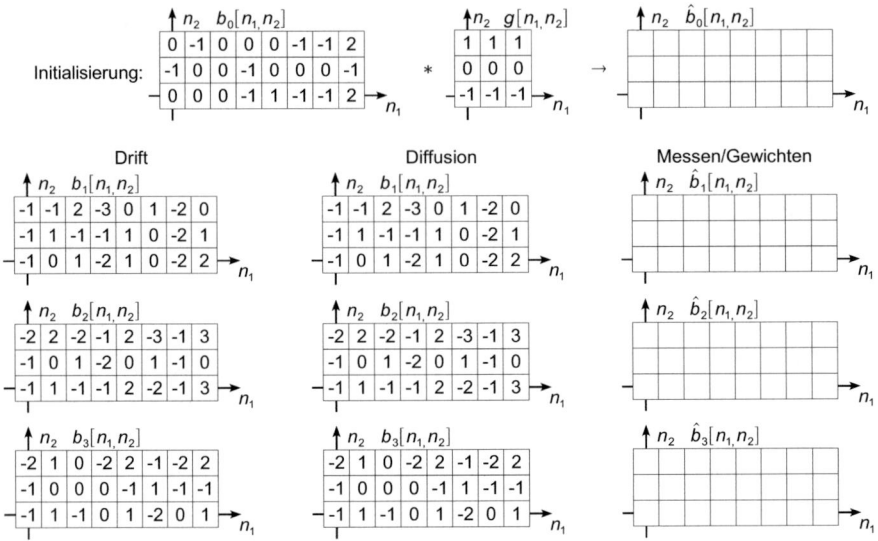

Abb. 10.12. Bestimmung der Initialisierung (oben) sowie Durchführung der Drift (links), Diffusion (Mitte) und Auswertung des jeweiligen Partikels (rechts), um den Condensation-Algorithmus auf die Bildsequenz und das Objekt aus Abbildung 10.10 anzuwenden.

Partikel	$\mathbf{x}_{1,t}$	$\mathbf{x}_{2,t}$	$\mathbf{x}_{3,t}$	$\mathbf{x}_{4,t}$
$t = 0$:	$\pi_{1,0} =$	$\pi_{2,0} =$	$\pi_{3,0} =$	$\pi_{4,0} =$
$t = 1$:	$\pi_{1,1} =$	$\pi_{2,1} =$	$\pi_{3,1} =$	$\pi_{4,1} =$
$t = 2$:	$\pi_{1,2} =$	$\pi_{2,2} =$	$\pi_{3,2} =$	$\pi_{4,2} =$
$t = 3$:	$\pi_{1,3} =$	$\pi_{2,3} =$	$\pi_{3,3} =$	$\pi_{4,3} =$

Tabelle 10.3. Gewichte $\pi_{i,t}$ der Partikel $\mathbf{x}_{i,t}$, $1 \leq i \leq 4$ für die Initialisierung ($t = 0$) und die Iterationsschritte ($t = 1, 2, 3$).

Algorithmus ab, und vergleichen Sie das Ergebnis mit dem Ergebnis aus Aufgabe 10.1. (Hinweis: Nehmen Sie an, dass Sie für jedes Pixel jedes Partikels bei der Diffusion und der Drift je eine Addition benötigen.)

10.4 Literaturverzeichnis

[1] BRUCH, W.: *Das PAL-Farbfernsehen – Prinzipielle Grundlagen der Modulation und Demodulation*. Bd. 17. Nachrichtentechnische Zeitschrift, 1965

[2] CUCCHIARA, R. ; GRANA, C. ; PICCARDI, M. ; PRATI, A.: Detecting Moving Objects, Ghosts, and Shadows in Video Streams. In: *IEEE Transactions on Pattern Analysis and Machine Intelligence* 25 (2003), Nr. 10, S. 1337–1342

[3] GATICA-PEREZ, D. ; ODOBEZ, J.-M. ; BA, S. ; SMITH, K. ; LATHOUD, G.: Tracking People in Meetings with Particles. In: *Proceedings of the International Workshop on Image Analysis for Multimedia Interactive Services* (2005), S. invited paper

[4] ISARD, M. ; BLAKE, A.: CONDENSATION – Conditional Density Propagation for Visual Tracking. In: *International Journal of Computer Vision* 29 (1998), Nr. 1, S. 5–28

[5] ISARD, M. ; BLAKE, A.: ICONDENSATION: Unifying Low-Level and High-Level Tracking in a Stochastic Framework. In: *Proceedings of the European Conference on Computer Vision* 1 (1998), S. 893–908

[6] ISARD, M. ; MACCORMICK, J.: BraMBLe: A Bayesian Multiple-Blob Tracker. In: *Proceedings of the IEEE International Conference on Computer Vision* 2 (2001), S. 34–41

[7] ISO 74:1976: *Cinematography – Image Area Produced by Camera Aperture on 35 mm Motion-Picture Film – Position and Dimensions*. International Organization for Standardization, 2002

[8] ITU-R BT.470-6: *Conventional Television Systems*. International Telecommunications Union, 1998

[9] ITU-R BT.470-7: *Conventional Television Systems*. International Telecommunications Union, 1998

[10] KOLLER, D. ; WEBER, J. ; HUANG, T. ; MALIK, J. ; OGASAWARA, G. ; RAO, B. ; RUSSELL, S.: Towards Robust Automatic Traffic Scene Analysis in Real-Time. In: *Proceedings of the IEEE Conference on Decision and Control* 4 (1994), S. 3776–3781

[11] METROPOLIS, N. ; ULAM, S.: The Monte Carlo Method. In: *Journal of the American Statistical Association* 44 (1949), Nr. 247, S. 335–341

[12] RISTIC, B. ; ARULAMPALAM, S. ; GORDON, N.: *Beyond the Kalman Filter: Particle Filters for Tracking Applications*. Artech House Inc., 2004

[13] RUBINSTEIN, R. Y. ; KROESE, D. P.: *Simulation and the Monte Carlo Method*. 2. John Wiley & Sons, 2008

[14] SCHREIBER, S.: *Personenverfolgung und Gestenerkennung in Videodaten*. Technische Universität München, 2009 (Dissertation)

[15] SCHREIBER, S. ; STÖRMER, A. ; RIGOLL, G.: A Hierarchical ASM/AAM Approach in a Stochastic Framework for Fully Automatic Tracking and Recognition. In: *Proceedings of the IEEE International Conference on Image Processing* (2006), S. 1773–1776

[16] SCHRÖTER, F.: *Verfahren zur Abtastung von Fernsehbildern*. DRP-Patent Nr. 574 085, 1930

[17] WREN, C. R. ; AZARBAYEJANI, A. ; DARRELL, T. ; PENTLAND, A.: Pfinder: Real-Time Tracking of the Human Body. In: *IEEE Transactions on Pattern Analysis and Machine Intelligence* 19 (1997), Nr. 7, S. 780–785

11
Musterlösungen zu den Übungen

11.1 Lösung zu Abschnitt 2.4

Aufgabe 2.1: *Tastatur*

a) Abbildung 11.1 zeigt das Prinzipbild einer Row-Scanning-Einheit. Die Anzahl der parallelen Ausgänge N_{Ausgang} der Row-Scanning-Einheit entspricht der Anzahl der parallelen Eingänge $N_{\text{Controller}}$ des Tastaturcontrollers. Im Fall, dass kein Row-Scanning verwendet wird, also jede Taste direkt mit dem Controller verbunden ist, gilt $N_{\text{Ausgang}} = N_{\text{Controller}} = 102$.

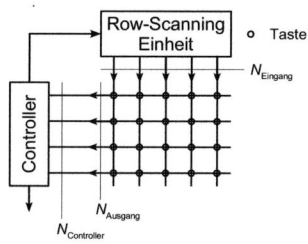

Abb. 11.1. Tastaturcontroller und Row-Scanning-Einheit.

b) Die Begriffe *typematic delay* Δt und *typematic rate* r werden in verschiedenen Anwendungsfeldern unterschiedlich verwendet. Im Rahmen dieses Buchs lassen sich die beiden Begriffe wie folgt einteilen:

typematic delay bezeichnet die Zeit, die zwischen dem Drücken einer Taste und dem Ausgeben der Taste vom Controller verstreicht. Typischerweise liegt sie in der Größenordnung $\Delta t = 10\,\text{ms}, \ldots, 1\,\text{s}$.

typematic rate ist die maximale Anzahl der Anschläge je Sekunde, die verarbeitet werden kann. Ihre Größenordnung liegt bei ca. $r = 1\,\text{Hz}, \ldots, 30\,\text{Hz}$.

Die verwendeten Zahlenbereiche gelten für die unterschiedlichsten Einsatzgebiete, also von den einfachen Türschloss-Ziffernblöcken bis hin zu Computertastaturen.

c) Beim Row-Scanning werden nicht alle Tasten einzeln mit dem Controller verbunden, sondern zu Zeilen bestimmter Länge (Zeilenlänge entspricht der Anzahl von in ihr enthaltenen Tasten) zusammengefasst. Die einzelnen Tasten einer solchen Abtastzeile werden seriell abgefragt (siehe Abbildung 2.3 auf Seite 11). Die Information, welche Taste gedrückt ist, gelangt so parallel für jede Zeile zum Controller. Dadurch erhöht sich die Anzahl der Ausgänge bei gleichzeitiger Reduktion der Anzahl der Eingänge. Das Row-Scanning bewirkt jedoch, dass sich der typematic delay vergrößert, da die Tasten einer Zeile seriell abgefragt werden. Dies führt, soll ein Mindestwert für den typematic delay nicht unterschritten werden, zu einer Verringerung der maximalen typematic rate.

d) Es wird angenommen, dass eine typematic rate von $r = 10\,\text{Hz}$ benötigt wird. Gleichzeitig darf aus realisierungstechnischen Gründen ein typematic delay von $\Delta t = 10\,\text{ms}$ nicht unterschritten werden.

Der maximale typematic delay Δt_{max} errechnet sich bei gegebener Rate r zu

$$\Delta t_{\text{max}} = \frac{1}{r \cdot N_{\text{Eingang}}}.$$

Für eine 102-Tasten-Tastatur lassen sich folgende Matrix-Anordnungen finden, wobei die Anzahl der Ausgänge mit N_{Ausgang} und die Anzahl der Eingänge des Controllers mit N_{Eingang} bezeichnet werden:

$N_{\text{Ausgang}} \times N_{\text{Eingang}}$	Δt_{max}	$N_{\text{Ausgang}} + N_{\text{Eingang}}$
102×1	100 ms	103
51×2	50.0 ms	53
34×3	33.3 ms	37
17×6	**16.7 ms**	23
6×17	5.88 ms	23
3×34	2.94 ms	37
2×51	1.96 ms	53
1×102	980 μs	103

Die daraus resultierenden Werte des maximalen typematic delays für die zulässigen Anordnungen der 102-Tasten-Tastatur sind ebenfalls in obige Tabelle eingetragen. Um ein $\Delta t \geq 10\,\text{ms}$ zu erreichen, werden demnach mindestens $N_{\text{Eingang}} = 17$ parallele Eingänge benötigt ($\Delta t_{17,\text{max}} = 16.7\,\text{ms}$). Reduziert man die Anzahl der Eingänge weiter, z. B. $N_{\text{Eingang}} = 6$, so erhält man $\Delta t_{6,\text{max}} = 5.88\,\text{ms}$, um eine typematic rate von $r = 10\,\text{Hz}$ einhalten zu können.

e) Die Anzahl der parallelen Eingänge kann reduziert werden, indem entweder eine geringere typematic rate r zugelassen wird oder ein geringerer typmematic delay Δt.

f) Beides stößt in der Praxis auf Grenzen: Wird die typematic rate zu gering angesetzt, sinkt der Komfort für den Benutzer. Der typematic delay wird in der Praxis zur Kompensation des Tastatur-Prelleffekts ausgenutzt. Bei zu geringem typematic delay kann dieser Prelleffekt nicht ausreichend kompensiert werden, und es kann zu Mehrfachauslösen einer Taste bei nur einer Betätigung kommen. Es sei zur Verdeutlichung des Tastatur-Prelleffekts auf Abbildung 2.4 auf Seite 13 verwiesen.

Aufgabe 2.2: *Maus*

a) Bei der opto-mechanischen Maus wird die Relativbewegung zur Unterlage über zwei orthogonal zueinander angebrachte Lochscheiben, die durch je zwei Lichtschranken durchleuchtet werden, bestimmt. Die Lochscheiben werden durch eine Kontaktkugel, die sowohl die Achsen der Lochscheiben als auch die Tischoberfläche berührt, bewegt. Durch die zwei Lichtschranken kann sowohl die zurückgelegte Strecke auf der Oberfläche als auch die Richtung der Bewegung ermittelt werden.

Die Relativbewegung der optischen Maus erhält man durch Berechnung des optischen Flusses zwischen zwei aufeinanderfolgenden Frames einer an der Unterseite der Maus angebrachten und die Oberfläche aufzeichnenden Kamera.

b) Betrachtet wird im Folgenden nur eine z. B. die horizontale Bewegungsmessung Die Kontaktkugel überträgt die Bewegung der Maus über die Oberfläche auf die Lochscheiben. Dabei legt die Maus für eine Umdrehung der Kontaktkugel die Strecke u_1 zurück, was dem Umfang der Kontaktkugel entspricht. Für u_1 gilt

$$u_1 = d_1 \cdot \pi. \tag{11.1}$$

Für die Drehung der Lochscheibe ist der Umfang u_3 der Lochscheibenachse interessant, es gilt

$$u_3 = d_3 \cdot \pi. \tag{11.2}$$

Bei einer vollen Umdrehung der Kontaktkugel (dabei wird die Strecke u_1 zurückgelegt) dreht sich die Lochscheibe demnach (siehe Gleichungen 11.1 und 11.2)

$$N_1 = \frac{u_1}{u_3} = \frac{d_1 \cdot \pi}{d_3 \cdot \pi} = \frac{d_1}{d_3} \tag{11.3}$$

Mal. Die Anzahl der Löcher, die pro Umdrehung der Lochscheibe die Lichtschranken passieren, beträgt

$$N_L = D \cdot d_2 \cdot \pi. \tag{11.4}$$

Somit wird jede Lichtschranke pro Umdrehung der Kontaktkugel unter Verwendung der Gleichungen 11.3 und 11.4

$$N = N_L \cdot N_1 = D \cdot d_2 \cdot \pi \cdot \frac{d_1}{d_3} \tag{11.5}$$

Mal ausgelöst.

Bei einer einfachen Auswertung (Impulszählung am Ausgang einer Lichtschranke) entspricht N aus Gleichung 11.5 der Anzahl der Löcher, die pro Umdrehung der Kontaktkugel detektiert werden können. Die Anzahl der detektierten Löcher entspricht den Pixeln, um die der Mauszeiger bewegt wird. So erhält man die Ortsauflösung r_o bei Normierung von N auf u_1 aus Gleichung 11.1 und der Länge 1 inch zu

$$r_o = \frac{N}{u_1} = D \cdot d_2 \cdot \pi \cdot \frac{d_1}{d_3} \cdot \frac{1}{d_1 \cdot \pi} = D \cdot \frac{d_2}{d_3}. \tag{11.6}$$

Die Ortsauflösung der opto-mechanischen Maus ist somit unabhängig vom Durchmesser der Rollkugel. Dies liegt daran, dass die Anzahl der Löcher, die pro Umdrehung der Rollkugel registriert werden, linear proportional zu der dabei zurückgelegten Strecke auf der Oberfläche ist. Durch Einsetzen der Größenangaben aus Abbildung 2.20 in Gleichung 11.6 erhält man für die Ortsauflösung der opto-mechanischen Maus

$$r_o = 1\,300\,\frac{1}{m} \cdot \frac{1.56 \cdot 10^{-2}\,m}{5.15 \cdot 10^{-3} \cdot m} \cdot 2.54 \cdot 10^{-2}\,\frac{\text{pixel} \cdot m}{\text{inch}} = 100\,\text{dpi}.$$

c) Die Ortsauflösung r_o der opto-mechanischen Maus kann durch folgende Maßnahmen erhöht werden:

Maßnahme	Nachteil
Verringerung des Achsdurchmessers der Lochscheiben	mechanische Stabilität beeinträchtigt
Erhöhung der Lochanzahl auf der Lochscheibe	Beugungseffekte an der Lichtschranke
Doppelauswertung des Lichtschrankensignals (sowohl steigende als auch fallende Flanke einer Lichtschranke werden berücksichtigt)	leicht erhöhter Realisierungsaufwand
Quadraturauswertung des Lichtschrankensignals (sowohl steigende als auch fallende Flanke beider Lichtschranken werden berücksichtigt)	stark erhöhter Realisierungsaufwand

Die Quadraturauswertung führt zu einer Vervierfachung der örtlichen Auflösung, weswegen sie in gängigen Modellen Einsatz findet.

d) Für diese Aufgabe wird ein CCD-Sensor mit einer Auflösung von $r \equiv r_h \times r_v = 16 \times 16$ Pixel verwendet, der eine Bildwiederholungsrate von $R = 1\,500\,\text{Hz}$ besitzt. Die Größe a bezieht sich auf die Kantenlänge des Quadrats der Oberfläche, das auf den CCD abgebildet wird. Da der CCD-Sensor quadratisch ist, kann davon ausgegangen werden, dass die horizontale und vertikale Ortsauflösung identisch sind. Deswegen wird im Folgenden nur die horizontale Auflösung ermittelt. Zu deren Bestimmung

11.1 Lösung zu Abschnitt 2.4   283

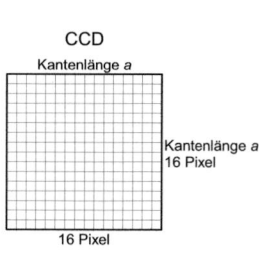
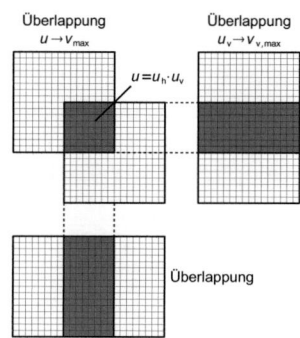

Abb. 11.2. Verdeutlichung der Ortsauflösung (links) und der maximalen Bewegungsgeschwindigkeit (rechts) einer optischen Maus.

betrachte man Abbildung 11.2 links. Sie zeigt den CCD-Sensor mit der Kantenlänge a und jeweils 16 Pixel in horizontaler sowie vertikaler Richtung. Die örtliche Auflösung beträgt unabhängig von der Überlappung u aufeinanderfolgender Frames stets

$$r_o = \frac{r_h}{a}. \tag{11.7}$$

Die Ortsauflösung ist damit proportional zur CCD-Auflösung und reziprok zur Kantenlänge des aufgenommenen Bildausschnitts. Für die Zahlenwerte aus dieser Aufgabe ergibt sich dann mit Gleichung 11.7

$$r_o = 2.54 \cdot 10^{-2} \frac{m}{inch} \cdot \frac{16}{2.00 \cdot 10^{-4}} \frac{pixel}{m} = 2\,032\,dpi. \tag{11.8}$$

Für die Bestimmung der maximalen Bewegungsgeschwindigkeit v_{max} ist die minimale Überlappung u entscheidend. Diese muss im Fall maximaler horizontaler ($v_{h,max}$) und vertikaler ($v_{v,max}$) Geschwindigkeit erfüllt sein (siehe Abbildung 11.2 rechts). Die maximale Geschwindigkeit errechnet sich dann zu

$$v_{max} = \sqrt{v_{h,max}^2 + v_{v,max}^2}. \tag{11.9}$$

Da aufgrund des quadratischen Fotosensors die maximale horizontale und vertikale Geschwindigkeit identisch sind, wird nur die maximale horizontale Geschwindigkeit $v_{h,max}$ berechnet. Dazu betrachte man Abbildung 11.2 rechts. Damit die Überlappung $u = 0.25$ auch bei maximaler Geschwindigkeit erhalten bleibt, benötigt man in horizontaler Richtung eine Überlappung von $u_h = \sqrt{u}$. Also ergibt sich für die maximale horizontale Geschwindigkeit $v_{h,max}$

$$v_{h,max} = (1 - u_h) \cdot a \cdot R = (1 - \sqrt{u}) \cdot a \cdot R \tag{11.10}$$

Da, wie oben erläutert, $v_{h,max} = v_{v,max}$ gilt, erhält man nach Gleichung 11.9 für die maximale auflösbare Geschwindigkeit v_{max}

$$v_{\max} = \sqrt{2 \cdot [(1 - \sqrt{u}) \cdot a \cdot R]^2} = \sqrt{2 \cdot (1 - \sqrt{u})^2 \cdot a \cdot R}. \tag{11.11}$$

Wie aus Gleichung 11.11 ersichtlich ist, hängt die maximale Geschwindigkeit nur von der Bildwiederholungsrate R und der Kantenlänge a des aufgezeichneten Oberflächenausschnitts ab. Setzt man die Werte für diese Aufgabe in Gleichung 11.11 ein, so errechnet sich die maximale Geschwindigkeit $v_{\max}$ zu

$$v_{\max} = \sqrt{2 \cdot \underbrace{(1 - \sqrt{0.25})^2}_{=0.25} \cdot 2.0 \cdot 10^{-4}\,\text{m} \cdot 1500\,1/\text{s}} = 2.12 \cdot 10^{-1}\,\text{m/s}.$$

Da die maximale Ortsauflösung reziprok zur Kantenlänge des aufgenommenen Oberflächenausschnitts ist, die maximale Geschwindigkeit jedoch mit steigender Bildausschnittsgröße zunimmt, wird in der Praxis ein vernünftiger Kompromiss zwischen diesen beiden wichtigen Größen gewählt.

Aufgabe 2.3: *Resistiver Touchscreen*

a) Der resistive Touchscreen besteht aus zwei durchsichtigen, leitend beschichteten Platten (S_x und S_y), die durch Isolatorpunkte getrennt sind (siehe auch Abbildung 2.9 auf Seite 20). Wird ein äußerer Druck auf die obere Schicht (in Abbildung 2.9 die Platte S_x) ausgeübt, so werden die beiden Platten zwischen zwei Isolatorpunkten leitend verbunden. Durch den spezifischen Widerstand jeder Platte kann man sich die Strecken bis zum Berührpunkt in die Widerstände $R_{x_1}, R_{x_2}, R_{y_1}$ und R_{y_2} aufgeteilt vorstellen. Die einzelnen Teilstrecken x_1, x_2, y_1 und y_2 lassen sich aus dem Verhältnis der Widerstände bestimmen. Für die Bestimmung der x-Position wird dazu an der linken und rechten Kante der Platte S_x jeweils eine *unterschiedliche* Spannung U_{x_1} und U_{x_2} angelegt. Auf die Widerstände R_{x_1} und R_{x_2} kann durch die an der oberen bzw. unteren Kante der Platte S_x hochohmig gemessenen Spannungen $U_{y_1|x}$ und $U_{y_2|x}$ geschlossen werden. Durch die hochohmige Messung wird sichergestellt, dass an den Widerständen R_{y_1} und R_{y_2} keine Spannung abfällt (siehe dazu auch Abbildung 11.3 rechts). Analog dazu werden für die Messung der y-Position zwei Spannungen U_{y_1} und U_{y_2} an die Platte S_y angelegt und die resultierenden Spannungen $U_{x_1|y}$ und $U_{x_2|y}$ an der Platte S_y gemessen.

b) Die örtliche Auflösung des resistiven Touchscreens ist durch die Abstände der Isolatorpunkte bestimmt.

c) Aus Abbildung 2.9 auf Seite 20 ist zu entnehmen, dass $x = x_1 + x_2$ und $y = y_1 + y_2$ gilt. Es werde ferner Folgendes angenommen:

- Der Widerstand und der Abstand des Berührpunkts von der jeweiligen Kante besitzen einen linearen Zusammenhang, d. h.

$$\begin{array}{lll} R_{x_1} \propto x_1 & & R_{x_2} \propto x_2 \\ R_{y_1} \propto y_1 & \text{und} & R_{y_2} \propto y_2. \end{array}$$

- Für jeden Widerstand in der jeweiligen Schicht gilt der gleiche lineare Zusammenhang in x- bzw. y-Richtung:

$$R_{x_1} = c_x \cdot x_1 \qquad\qquad R_{x_2} = c_x \cdot x_2$$
$$R_{y_1} = c_y \cdot y_1 \quad \text{und} \quad R_{y_2} = c_y \cdot y_2.$$

Daraus ergeben sich:

$$c_x = \frac{R_{x_1}}{x_1} = \frac{R_{x_2}}{x_2} \quad \text{und} \tag{11.12}$$

$$c_y = \frac{R_{y_1}}{y_1} = \frac{R_{y_2}}{y_2}. \tag{11.13}$$

Ferner kann man sich die in Serie geschalteten Widerstände R_{x_1} und R_{x_2} bzw. R_{y_1} und R_{y_2} als einen Gesamtwiderstand vorstellen, also

$$R_x = R_{x_1} + R_{x_2} = c_x \cdot x_1 + c_x \cdot x_2 = c_x \cdot \underbrace{(x_1 + x_2)}_{x} \quad \text{und} \tag{11.14}$$

$$R_y = R_{y_1} + R_{y_2} = c_y \cdot y_1 + c_y \cdot y_2 = c_y \cdot \underbrace{(y_1 + y_2)}_{y}. \tag{11.15}$$

Mit den Gleichungen 11.14 und 11.15 lassen sich die Gleichungen 11.12 und 11.13 erweitern zu

$$c_x = \frac{R_{x_1}}{x_1} = \frac{R_{x_2}}{x_2} = \frac{R_{x_1} + R_{x_2}}{x} \quad \text{und} \tag{11.16}$$

$$c_y = \frac{R_{y_1}}{y_1} = \frac{R_{y_2}}{y_2} = \frac{R_{y_1} + R_{y_2}}{y}. \tag{11.17}$$

Schließlich lassen sich durch geeignete Umformung der Gleichungen 11.16 und 11.17 die Bestimmungsgleichungen für x_1, x_2, y_1 und y_2 aufstellen:

$$x_1 = \frac{R_{x_1}}{R_{x_1} + R_{x_2}} \cdot x, \qquad\qquad x_2 = \frac{R_{x_2}}{R_{x_1} + R_{x_2}} \cdot x, \tag{11.18}$$

$$y_1 = \frac{R_{y_1}}{R_{y_1} + R_{y_2}} \cdot y \quad \text{und} \quad y_2 = \frac{R_{y_2}}{R_{y_1} + R_{y_2}} \cdot y. \tag{11.19}$$

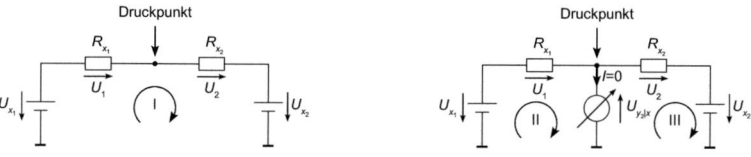

Abb. 11.3. Ersatzschaltbilder zur Bestimmung der x-Position beim resistiven Touchscreen.

d) Es wird nur die Bestimmung der Verhältnisse $\frac{R_{x_1}}{R_{x_1}+R_{x_2}}$ und $\frac{R_{x_2}}{R_{x_1}+R_{x_2}}$ betrachtet, für $\frac{R_{y_1}}{R_{y_1}+R_{y_2}}$ und $\frac{R_{y_2}}{R_{y_1}+R_{y_2}}$ gelten entsprechende Überlegungen.

Zunächst Bestimmung der Maschengleichung (I aus Abbildung 11.3) links ohne Messung der Spannung. Man erhält

$$-U_{x_1} + U_1 + U_2 + U_{x_2} = 0, \tag{11.20}$$

wobei U_1 die abfallende Spannung am Widerstand R_{x_1} und U_2 am Widerstand R_{x_2} bezeichnen. Durch Umformung erhält man für die Gleichung 11.20

$$\underbrace{U_{x_1} - U_{x_2}}_{U_0} = U_1 + U_2.$$

Dies entspricht einem Spannungsteiler, für den

$$U_1 = \frac{R_{x_1}}{R_{x_1} + R_{x_2}} \cdot U_0 = \frac{R_{x_1}}{R_{x_1} + R_{x_2}} \cdot (U_{x_1} - U_{x_2}) \text{ und} \tag{11.21}$$

$$U_2 = \frac{R_{x_2}}{R_{x_1} + R_{x_2}} \cdot U_0 = \frac{R_{x_2}}{R_{x_1} + R_{x_2}} \cdot (U_{x_1} - U_{x_2}) \tag{11.22}$$

gilt. Gegen Masse können die abfallenden Spannungen $U_{y_1|x}$ und $U_{y_2|x}$ an der Platte S_y gemessen werden. Dies geschieht idealerweise hochohmig, damit an den Widerständen R_{y_1} und R_{y_2} keine Spannung abfällt (somit ist der die untere Schicht durchlaufende Strom $I = 0$). Ferner gilt $U_{y_1|x} = U_{y_2|x}$, weswegen im Folgenden nur noch $U_{y_2|x}$ betrachtet wird. Mit $U_{y_2|x}$ lassen sich die folgende Maschengleichungen (II und III aus Abbildung 11.3) rechts aufstellen:

$$-U_{x_1} + U_1 - U_{y_2|x} = 0 \text{ und} \tag{11.23}$$

$$U_{y_2|x} + U_2 + U_{x_2} = 0. \tag{11.24}$$

Durch Einsetzen der Gleichungen 11.21 und 11.22 in Gleichung 11.23 bzw. 11.24 erhält man

$$-U_{x_1} + \frac{R_{x_1}}{R_{x_1} + R_{x_2}} \cdot (U_{x_1} - U_{x_2}) - U_{y_2|x} = 0 \text{ und} \tag{11.25}$$

$$U_{y_2|x} + \frac{R_{x_2}}{R_{x_1} + R_{x_2}} \cdot (U_{x_1} - U_{x_2}) + U_{x_2} = 0 \tag{11.26}$$

und damit

$$\frac{R_{x_1}}{R_{x_1} + R_{x_2}} = \frac{U_{x_1} + U_{y_2|x}}{U_{x_1} - U_{x_2}} \text{ und} \tag{11.27}$$

$$\frac{R_{x_2}}{R_{x_1} + R_{x_2}} = \frac{U_{x_2} + U_{y_2|x}}{U_{x_2} - U_{x_1}}. \tag{11.28}$$

Analog dazu errechnen sich die beiden Verhältnisse $\frac{R_{y_1}}{R_{y_1}+R_{y_2}}$ und $\frac{R_{y_2}}{R_{y_1}+R_{y_2}}$ zu

$$\frac{R_{y_1}}{R_{y_1}+R_{y_2}} = \frac{U_{y_1}+U_{x_2|y}}{U_{y_1}-U_{y_2}} \text{ und} \tag{11.29}$$

$$\frac{R_{y_2}}{R_{y_1}+R_{y_2}} = \frac{U_{y_2}+U_{x_2|y}}{U_{y_2}-U_{y_1}}. \tag{11.30}$$

e) Setzt man die Gleichungen 11.27 bis 11.30 geeignet in die Gleichungen 11.17 bzw. 11.18 ein, erhält man

$$x_1 = \frac{U_{x_1}+U_{y_2|x}}{U_{x_1}-U_{x_2}} \cdot x, \qquad x_2 = \frac{U_{x_2}+U_{y_2|x}}{U_{x_2}-U_{x_1}} \cdot x \text{ bzw.} \tag{11.31}$$

$$y_1 = \frac{U_{y_1}+U_{x_2|y}}{U_{y_1}-U_{y_2}} \cdot y, \qquad y_2 = \frac{U_{y_2}+U_{x_2|y}}{U_{y_2}-U_{y_1}} \cdot y. \tag{11.32}$$

f) Mit Messungen gehen grundsätzlich Messfehler einher. Durch Messung jeweils beider Streckenabschnitte x_1 und x_2 bzw. y_1 und y_2 sowie anschließender Mittelung können diese Fehler i. d. R. kompensiert werden.

g) Unter Verwendung der Gleichungen 11.31 bzw. 11.32 erhält man:

$$x_1 = \frac{10\,\text{V}-6\,\text{V}}{10\,\text{V}-5\,\text{V}} \cdot 32\,\text{cm} = 25.6\,\text{cm}, \qquad x_2 = \frac{5\,\text{V}-6\,\text{V}}{5\,\text{V}-10\,\text{V}} \cdot 32 = 6.4\,\text{cm bzw.}$$

$$y_1 = \frac{10\,\text{V}-8\,\text{V}}{10\,\text{V}-5\,\text{V}} \cdot 24\,\text{cm} = 9.6\,\text{cm}, \qquad y_2 = \frac{5\,\text{V}-8\,\text{V}}{5\,\text{V}-10\,\text{V}} \cdot 24\,\text{cm} = 14.4\,\text{cm}.$$

h) Wird die Genauigkeit der Bestimmung des Widerstandsverhältnisses erhöht, so erhöht sich die Genauigkeit der gesamten Anordnung. Eine Möglichkeit, das Widerstandsverhältnis unter realen Bedingungen genauer zu messen, ist, die Spannungsdifferenz zwischen U_{x_1} und U_{x_2} bzw. U_{y_1} und U_{y_2} zu erhöhen.

11.2 Lösung zu Abschnitt 3.4

Aufgabe 3.1: *Auflösungsvermögen des menschlichen Auges*

a) Das Licht fällt durch die Hornhaut und die Pupille in das Auge. Es wird mithilfe der Linse geeignet fokussiert und erreicht so gebündelt die Retina. Dort befinden sich lichtempfindliche Zellen (Zapfen und Stäbchen), die das Licht in elektrische Impulse wandeln. Diese verlassen das Auge durch den Sehnerv. An dessen Stelle befinden sich auf der Retina keinerlei Rezeptoren (blinder Fleck). Die Brechungseigenschaft der Linse wird durch den Ziliarmuskel stets so eingestellt, dass Objekte in unterschiedlicher Entfernung zum Auge stets scharf auf der Retina abgebildet

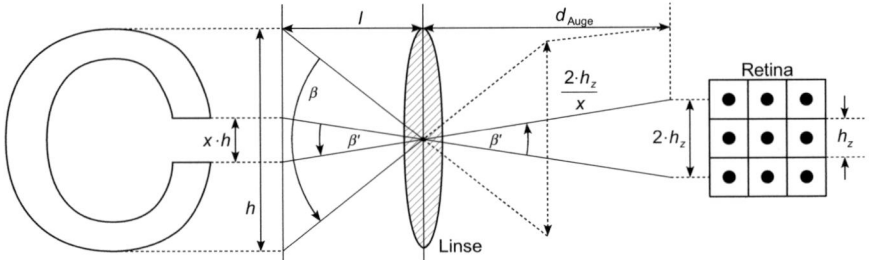

Abb. 11.4. Projektion des Spalts des Buchstabens „c" auf die Retina.

werden. Die Iris kann durch Verengung oder Erweiterung der Pupille die Menge des ins Auge gelangenden Lichts beeinflussen (großer Helligkeits-Dynamikbereich). Um Verletzungen des Auges vorzubeugen, wird es von der sog. Lederhaut geschützt.

b) Aus Abbildung 3.2 rechts auf Seite 44 kann die maximale Dichte der Zapfen zu $D_{max} = 1.4 \cdot 10^{11}$ 1/m² ermittelt werden. Geht man, wie in Abbildung 11.4 rechts angedeutet, davon aus, dass die Zapfen quadratisch und lückenlos angeordnet sind, ergibt sich für die „Kantenlänge" h_z eines Zapfens

$$h_z = \sqrt{\frac{1}{D_{max}}} = \sqrt{\frac{1}{1.4 \cdot 10^{11} \, 1/m^2}} = 2.67 \cdot 10^{-6} \, m. \quad (11.33)$$

c) In Abbildung 3.21 ist die Projektion des Buchstabens „c" auf die Retina skizziert. Es handelt sich um eine nicht-maßstabsgetreue Darstellung. Die Forderung, dass für die korrekte Unterscheidung zwischen einem „o" und einem „c" mindestens ein Zapfen unerregt bleiben muss, führt dazu, dass für die Größe des Abbilds des Spaltabstands auf der Retina $2 \cdot h$ gelten muss. Dadurch und durch die Geometrie des Auges ist der Winkel β', unter dem dieser Spalt erscheint, festgelegt durch

$$\tan\left(\frac{\beta'}{2}\right) = \frac{h_z}{d_{Auge}}. \quad (11.34)$$

Es gilt für β' aber auch

$$\tan\left(\frac{\beta'}{2}\right) = \frac{x \cdot h}{2 \cdot l} \Rightarrow 2 \cdot l = \frac{x \cdot h}{\tan\left(\frac{\beta'}{2}\right)}. \quad (11.35)$$

Für den gesuchten Winkel β lässt sich

$$\tan\left(\frac{\beta}{2}\right) = \tan\left(\frac{\beta'}{2}\right) \cdot \frac{1}{x} = 2 \cdot \tan^{-1}\left[\tan\left(\frac{\beta'}{2}\right) \cdot \frac{1}{x}\right] \quad (11.36)$$

als bestimmende Gleichung aufstellen. Setzt man die Gleichung 11.34 in Gleichung 11.36 ein, erhält man

$$\beta = 2 \cdot \tan^{-1}\left(\frac{h_z}{x \cdot d_{\text{Auge}}}\right). \tag{11.37}$$

Mit Gleichung 11.33 und den Zahlenwerten aus dieser Aufgabe ergibt sich schließlich

$$\beta_{\min} = 2 \cdot \tan^{-1}\left(\frac{1}{1/5 \cdot 1.67 \cdot 10^{-2}\,\text{m} \cdot \sqrt{1.4 \cdot 10^{11}\,1/\text{m}^2}}\right) =$$
$$= 1.6 \cdot 10^{-3}\,\text{rad} = 5'30.1''. \tag{11.38}$$

d) Aus Gleichung 11.36 folgt

$$\tan\left(\frac{\beta}{2}\right) = \frac{h}{2 \cdot l} \Rightarrow h = 2 \cdot l \cdot \tan\left(\frac{\beta}{2}\right). \tag{11.39}$$

Setzt man den Wert für $\beta_{\min}$ aus Gleichung 11.39 sowie die zwei Längen $l_1 = 0.5\,\text{m}$ und $l_2 = 100\,\text{m}$ in Gleichung 11.38 ein, erhält man für die beiden Höhen h_1 bzw. h_2

$$h_1 = 2 \cdot 0.5\,\text{m} \cdot \tan\left(\frac{1.6 \cdot 10^{-3}\,\text{rad}}{2}\right) = 8.0 \cdot 10^{-4}\,\text{m} = 0.8\,\text{mm und}$$
$$h_2 = 2 \cdot 100\,\text{m} \cdot \tan\left(\frac{1.6 \cdot 10^{-3}\,\text{rad}}{2}\right) = 1.6 \cdot 10^{-1}\,\text{m} = 16\,\text{cm}.$$

Alternativ kann die Lösung auch über den Strahlensatz ermittelt werden. Dazu betrachte man ebenfalls Abbildung 11.4. Die Gesamthöhe der Projektion des Buchstabens auf der Retina h_{Retina} errechnet sich zu

$$h_{\text{Retina}} = \frac{2 \cdot h_z}{x}, \tag{11.40}$$

und unter Verwendung des Strahlensatzes ergibt sich

$$\frac{h_{\text{Retina}}}{d_{\text{Auge}}} = \frac{h}{l}. \tag{11.41}$$

Durch Umformung der Gleichung 11.41 erhält man für die Länge l

$$h = l \cdot \frac{h_{\text{Retina}}}{d_{\text{Auge}}} \stackrel{(\text{Gl. }11.40)}{=} l \cdot \frac{2 \cdot h_z}{x \cdot d_{\text{Auge}}}. \tag{11.42}$$

Für die Zahlenwerte aus dieser Aufgabe erhält man für Gleichung 11.42

$$h_1 = 0.5\,\text{m} \cdot \frac{2 \cdot 2.67 \cdot 10^{-6}\,\text{m}}{1/5 \cdot 1.67 \cdot 10^{-2}\,\text{m}} = 0.5\,\text{mm und}$$
$$h_2 = 100\,\text{m} \cdot \frac{2 \cdot 2.67 \cdot 10^{-6}\,\text{m}}{1/5 \cdot 1.67 \cdot 10^{-2}\,\text{m}} = 16\,\text{cm},$$

also dieselben Werte wie mit Gleichung 11.39.

e) Betrachtet man wieder die Abbildung 3.2 rechts auf Seite 44, so kann die minimale Zapfendichte zu $D_{\min} = 5.0 \cdot 10^9\ 1/\text{m}^2$ bestimmt werden. Mithilfe des „Dreisatzes" erhält man für β'

$$\tilde{\beta} = \beta \sqrt{\frac{D_{\max}}{D_{\min}}}. \tag{11.43}$$

Es ergibt sich somit unter Berücksichtigung der minimalen Zapfendichte $D_{\min}$ $\beta_{\min} = 1.6 \cdot 10^{-3}$ rad und Gleichung 11.43

$$\tilde{\beta} = 1.6 \cdot 10^{-3} \sqrt{\frac{1.4 \cdot 10^{11}\ 1/\text{m}^2}{5.0 \cdot 10^9\ 1/\text{m}^2}} = 8.5 \cdot 10^{-3}\,\text{rad} = 29'6''.$$

Aufgabe 3.2: *Sehen, Farbsehen und CIE-Normfarbtafel*

a) Es gibt zwei grundlegend verschiedene Arten von Rezeptoren im Auge, die Zapfen und Stäbchen. Das Farbsehen wird durch die Zapfen ermöglicht, das Schwarz-Weiß-Sehen durch die Stäbchen.

b) Es wurde versucht, durch additive Mischung dreier Elementarstrahler (R_{CIE}, G_{CIE} und B_{CIE}) alle spektralen Farben F_x nachzubilden. Dies ist jedoch nicht möglich. Um dennoch eine Aussage über die enthaltenen Farbteile machen zu können, bediente man sich eines Tricks, nämlich der „uneigentlichen Farbmischung". Bei der uneigentlichen Farbmischung wird nicht versucht, einen gegebenen Farbeindruck F_x mithilfe der Farbanteile P_1, P_2 und P_3 dreier Primärstrahler P_1, P_2, P_3 nachzubilden (also $F_x = P_1 + P_2 + P_3$). Man überlagert stattdessen F_x mit einem Primärstrahler ($F_x + P_1$) und bildet den daraus resultierenden Farbeindruck mit den beiden anderen Primärstrahlern nach (demnach $F_x + P_1 = P_2 + P_3 \Rightarrow F_x = -P_1 + P_2 + P_3$). Somit ergeben sich mitunter negative Farbanteile eines Primärstrahlers, was in der Natur nicht möglich ist. Mithilfe der Gleichung 11.44 (oder im Skript Gleichung 3.3 auf Seite 54) werden die Farben so transformiert, dass keine negativen Anteile mehr auftreten. Die so entstehenden Primärstrahler X, Y und Z sind nicht realisierbar und werden deswegen *virtuelle Normvalenzen* genannt.

c) Die Transformationsgleichung lautet (siehe Gleichung 3.3 auf Seite 54):

$$\begin{pmatrix} X \\ Y \\ Z \end{pmatrix} = \underbrace{\begin{pmatrix} 4.90 \cdot 10^{-1} & 3.10 \cdot 10^{-1} & 2.00 \cdot 10^{-1} \\ 1.77 \cdot 10^{-1} & 8.13 \cdot 10^{-1} & 1.00 \cdot 10^{-2} \\ 0 & 1.00 \cdot 10^{-2} & 9.90 \cdot 10^{-1} \end{pmatrix}}_{T} \cdot \begin{pmatrix} R_{\text{CIE}} \\ G_{\text{CIE}} \\ B_{\text{CIE}} \end{pmatrix}. \tag{11.44}$$

Setzt man die Definitionen der drei CIE-Farben R_{CIE}, G_{CIE} und B_{CIE} in Gleichung 11.44 ein, so erhält man

$$R_{\text{CIE}}: \begin{pmatrix} R_{\text{CIE}} \\ G_{\text{CIE}} \\ B_{\text{CIE}} \end{pmatrix} = \begin{pmatrix} 1 \\ 0 \\ 0 \end{pmatrix}, G_{\text{CIE}}: \begin{pmatrix} 0 \\ 1 \\ 0 \end{pmatrix} \text{ und } B_{\text{CIE}}: \begin{pmatrix} 0 \\ 0 \\ 1 \end{pmatrix}$$

$$\Rightarrow R_{\text{CIE}}: \begin{pmatrix} X \\ Y \\ Z \end{pmatrix} = \mathbf{T} \cdot \begin{pmatrix} 1 \\ 0 \\ 0 \end{pmatrix} = \begin{pmatrix} 4.90 \cdot 10^{-1} \\ 1.77 \cdot 10^{-1} \\ 0 \end{pmatrix} \quad (11.45)$$

$$G_{\text{CIE}}: \begin{pmatrix} X \\ Y \\ Z \end{pmatrix} = \mathbf{T} \cdot \begin{pmatrix} 0 \\ 1 \\ 0 \end{pmatrix} = \begin{pmatrix} 3.10 \cdot 10^{-1} \\ 8.13 \cdot 10^{-1} \\ 1.00 \cdot 10^{-2} \end{pmatrix} \quad (11.46)$$

$$B_{\text{CIE}}: \begin{pmatrix} X \\ Y \\ Z \end{pmatrix} = \mathbf{T} \cdot \begin{pmatrix} 0 \\ 0 \\ 1 \end{pmatrix} = \begin{pmatrix} 2.00 \cdot 10^{-1} \\ 1.00 \cdot 10^{-2} \\ 9.90 \cdot 10^{-1} \end{pmatrix}. \quad (11.47)$$

Aus dem Skript (siehe Gleichungen 3.4 auf Seite 54) ist bekannt, dass für x und y, den luminanznormierten Normvalenzen gilt:

$$x = \frac{X}{X+Y+Z} \text{ und } y = \frac{Y}{X+Y+Z}. \quad (11.48)$$

Somit erhält man durch Einsetzen der Gleichung 11.45, 11.46 und 11.47 in die Formeln aus Gleichung 11.48:

$$R_{\text{CIE}}: \begin{array}{l} x_{R,\text{CIE}} = \frac{4.90 \cdot 10^{-1}}{4.90 \cdot 10^{-1} + 1.77 \cdot 10^{-1} + 0} = 7.35 \cdot 10^{-1} \\ y_{R,\text{CIE}} = \frac{1.77 \cdot 10^{-1}}{4.90 \cdot 10^{-1} + 1.77 \cdot 10^{-1} + 0} = 2.65 \cdot 10^{-1} \end{array} \quad (11.49)$$

$$G_{\text{CIE}}: \begin{array}{l} x_{G,\text{CIE}} = \frac{3.10 \cdot 10^{-1}}{3.10 \cdot 10^{-1} + 8.13 \cdot 10^{-1} + 1.00 \cdot 10^{-2}} = 2.74 \cdot 10^{-1} \\ y_{G,\text{CIE}} = \frac{8.13 \cdot 10^{-1}}{3.10 \cdot 10^{-1} + 8.13 \cdot 10^{-1} + 1.00 \cdot 10^{-2}} = 7.18 \cdot 10^{-1} \end{array} \quad (11.50)$$

$$B_{\text{CIE}}: \begin{array}{l} x_{B,\text{CIE}} = \frac{2.00 \cdot 10^{-1}}{2.00 \cdot 10^{-1} + 1.00 \cdot 10^{-2} + 9.90 \cdot 10^{-1}} = 1.67 \cdot 10^{-1} \\ y_{B,\text{CIE}} = \frac{1.00 \cdot 10^{-2}}{2.00 \cdot 10^{-1} + 1.00 \cdot 10^{-2} + 9.90 \cdot 10^{-1}} = 8.33 \cdot 10^{-3} \end{array}. \quad (11.51)$$

d) Beim Thin-Film-Transistor (TFT)-Display werden die Farben *additiv* gemischt, d. h. der gewünschte Farbeindruck entsteht durch Überlagerung (dreier) Primärfarben mit unterschiedlicher Intensität. Der resultierende Farbeindruck errechnet sich zu

$$F_{\text{add}} = (R, G, B)^{\text{T}}.$$

Beim Offsetdruck entsteht der Farbeindruck, indem aus weißem Licht bestimmte Farbanteile absorbiert werden (die reflektierten Farben mischen sich dann additiv). Deswegen heißt dieses Mischverfahren *subtraktiv*. Man erhält den zugehörigen Farbeindruck

$$F_{\text{sub}} = (C, Y, M)^{\text{T}} = 1 - (R, G, B)^{\text{T}}.$$

e) Mithilfe der Transformationsgleichung 11.44 erhält man

$$R_{\text{TFT}}: \begin{pmatrix} X \\ Y \\ Z \end{pmatrix} = \mathbf{T} \cdot \begin{pmatrix} 1.00 \\ 1.48 \cdot 10^{-1} \\ 2.11 \cdot 10^{-2} \end{pmatrix} = \begin{pmatrix} 5.40 \cdot 10^{-1} \\ 2.98 \cdot 10^{-1} \\ 2.24 \cdot 10^{-2} \end{pmatrix} \quad (11.52)$$

292 11 Musterlösungen zu den Übungen

$$G_{TFT}: \begin{pmatrix} X \\ Y \\ Z \end{pmatrix} = \mathbf{T} \cdot \begin{pmatrix} 5.53 \cdot 10^{-2} \\ 1.00 \\ 1.94 \cdot 10^{-1} \end{pmatrix} = \begin{pmatrix} 3.76 \cdot 10^{-1} \\ 8.25 \cdot 10^{-1} \\ 2.02 \cdot 10^{-1} \end{pmatrix} \quad (11.53)$$

$$B_{TFT}: \begin{pmatrix} X \\ Y \\ Z \end{pmatrix} = \mathbf{T} \cdot \begin{pmatrix} -9.35 \cdot 10^{-2} \\ 1.17 \cdot 10^{-1} \\ 1.00 \end{pmatrix} = \begin{pmatrix} 1.91 \cdot 10^{-1} \\ 8.90 \cdot 10^{-2} \\ 9.91 \cdot 10^{-1} \end{pmatrix}. \quad (11.54)$$

Durch Einsetzen der Gleichungen 11.52, 11.53 und 11.54 in die Formeln aus Gleichung 11.48 folgt für die jeweiligen x- und y-Koordinaten

$$R_{TFT}: \begin{aligned} x_{R,TFT} &= \frac{5.40 \cdot 10^{-1}}{5.40 \cdot 10^{-1} + 2.98 \cdot 10^{-1} + 2.24 \cdot 10^{-2}} = 6.28 \cdot 10^{-1} \\ y_{R,TFT} &= \frac{2.98 \cdot 10^{-1}}{5.40 \cdot 10^{-1} + 2.98 \cdot 10^{-1} + 2.24 \cdot 10^{-2}} = 3.46 \cdot 10^{-1} \end{aligned} \quad (11.55)$$

$$G_{TFT}: \begin{aligned} x_{G,TFT} &= \frac{3.76 \cdot 10^{-1}}{3.76 \cdot 10^{-1} + 8.25 \cdot 10^{-1} + 2.02 \cdot 10^{-1}} = 2.68 \cdot 10^{-1} \\ y_{G,TFT} &= \frac{8.25 \cdot 10^{-1}}{3.76 \cdot 10^{-1} + 8.25 \cdot 10^{-1} + 2.02 \cdot 10^{-1}} = 5.88 \cdot 10^{-1} \end{aligned} \quad (11.56)$$

$$B_{TFT}: \begin{aligned} x_{B,TFT} &= \frac{1.91 \cdot 10^{-1}}{1.91 \cdot 10^{-1} + 8.90 \cdot 10^{-2} + 9.91 \cdot 10^{-1}} = 1.50 \cdot 10^{-1} \\ y_{B,TFT} &= \frac{8.90 \cdot 10^{-2}}{1.91 \cdot 10^{-1} + 8.90 \cdot 10^{-2} + 9.91 \cdot 10^{-1}} = 7.00 \cdot 10^{-2}. \end{aligned} \quad (11.57)$$

f) Wieder wird die Transformationsgleichung 11.44 verwendet, um

$$S_1: \begin{pmatrix} X \\ Y \\ Z \end{pmatrix} = \mathbf{T} \cdot \begin{pmatrix} 4.77 \cdot 10^{-2} \\ 1.89 \cdot 10^{-1} \\ 1.00 \end{pmatrix} = \begin{pmatrix} 2.82 \cdot 10^{-1} \\ 1.72 \cdot 10^{-1} \\ 9.92 \cdot 10^{-1} \end{pmatrix} \quad (11.58)$$

$$S_2: \begin{pmatrix} X \\ Y \\ Z \end{pmatrix} = \mathbf{T} \cdot \begin{pmatrix} 1.00 \\ 1.14 \cdot 10^{-1} \\ 2.79 \cdot 10^{-2} \end{pmatrix} = \begin{pmatrix} 5.81 \cdot 10^{-1} \\ 2.72 \cdot 10^{-1} \\ 2.77 \cdot 10^{-1} \end{pmatrix} \quad (11.59)$$

$$S_3: \begin{pmatrix} X \\ Y \\ Z \end{pmatrix} = \mathbf{T} \cdot \begin{pmatrix} 1.00 \\ 1.05 \cdot 10^{-1} \\ 1.19 \cdot 10^{-2} \end{pmatrix} = \begin{pmatrix} 5.25 \cdot 10^{-1} \\ 2.62 \cdot 10^{-1} \\ 1.28 \cdot 10^{-2} \end{pmatrix} \quad (11.60)$$

$$S_4: \begin{pmatrix} X \\ Y \\ Z \end{pmatrix} = \mathbf{T} \cdot \begin{pmatrix} 1.00 \\ 7.71 \cdot 10^{-1} \\ 4.87 \cdot 10^{-2} \end{pmatrix} = \begin{pmatrix} 7.39 \cdot 10^{-1} \\ 8.04 \cdot 10^{-1} \\ 5.60 \cdot 10^{-2} \end{pmatrix} \quad (11.61)$$

$$S_5: \begin{pmatrix} X \\ Y \\ Z \end{pmatrix} = \mathbf{T} \cdot \begin{pmatrix} -7.73 \cdot 10^{-2} \\ 1.00 \\ 2.19 \cdot 10^{-1} \end{pmatrix} = \begin{pmatrix} 3.16 \cdot 10^{-1} \\ 8.02 \cdot 10^{-1} \\ 2.27 \cdot 10^{-1} \end{pmatrix} \quad (11.62)$$

$$S_6: \begin{pmatrix} X \\ Y \\ Z \end{pmatrix} = \mathbf{T} \cdot \begin{pmatrix} -2.24 \cdot 10^{-1} \\ 5.27 \cdot 10^{-1} \\ 1.00 \end{pmatrix} = \begin{pmatrix} 2.54 \cdot 10^{-1} \\ 3.99 \cdot 10^{-1} \\ 9.91 \cdot 10^{-1} \end{pmatrix} \quad (11.63)$$

zu erhalten. Werden die Gleichungen 11.58, 11.59, 11.60, 11.61, 11.62 und 11.63 in die Formeln aus Gleichung 11.48 eingesetzt, so ergibt sich für die jeweiligen x- und y-Koordinaten

$$S_1: \begin{aligned} x_{S_1} &= \frac{2.82 \cdot 10^{-1}}{2.82 \cdot 10^{-1} + 1.72 \cdot 10^{-1} + 9.92 \cdot 10^{-1}} = 1.95 \cdot 10^{-1} \\ y_{S_1} &= \frac{1.72 \cdot 10^{-1}}{2.82 \cdot 10^{-1} + 1.72 \cdot 10^{-1} + 9.92 \cdot 10^{-1}} = 1.19 \cdot 10^{-1} \end{aligned} \quad (11.64)$$

$$S_2: \begin{aligned} x_{S_2} &= \frac{5.81 \cdot 10^{-1}}{5.81 \cdot 10^{-1} + 2.72 \cdot 10^{-1} + 2.77 \cdot 10^{-1}} = 5.14 \cdot 10^{-1} \\ y_{S_2} &= \frac{2.72 \cdot 10^{-1}}{5.81 \cdot 10^{-1} + 2.72 \cdot 10^{-1} + 2.77 \cdot 10^{-1}} = 2.41 \cdot 10^{-1} \end{aligned} \quad (11.65)$$

$$S_3: \begin{aligned} x_{S_3} &= \frac{5.25 \cdot 10^{-1}}{5.25 \cdot 10^{-1} + 2.62 \cdot 10^{-1} + 1.28 \cdot 10^{-2}} = 6.56 \cdot 10^{-1} \\ y_{S_3} &= \frac{2.62 \cdot 10^{-1}}{5.25 \cdot 10^{-1} + 2.62 \cdot 10^{-1} + 1.28 \cdot 10^{-2}} = 3.28 \cdot 10^{-1} \end{aligned} \quad (11.66)$$

$$S_4: \begin{aligned} x_{S_4} &= \frac{7.39 \cdot 10^{-1}}{7.39 \cdot 10^{-1} + 8.04 \cdot 10^{-1} + 5.60 \cdot 10^{-2}} = 4.62 \cdot 10^{-1} \\ y_{S_4} &= \frac{8.04 \cdot 10^{-1}}{7.39 \cdot 10^{-1} + 8.04 \cdot 10^{-1} + 5.60 \cdot 10^{-2}} = 5.03 \cdot 10^{-1} \end{aligned} \quad (11.67)$$

$$S_5: \begin{aligned} x_{S_5} &= \frac{3.16 \cdot 10^{-1}}{3.16 \cdot 10^{-1} + 8.02 \cdot 10^{-1} + 2.27 \cdot 10^{-1}} = 2.35 \cdot 10^{-1} \\ y_{S_5} &= \frac{8.02 \cdot 10^{-1}}{3.16 \cdot 10^{-1} + 8.02 \cdot 10^{-1} + 2.27 \cdot 10^{-1}} = 5.96 \cdot 10^{-1} \end{aligned} \quad (11.68)$$

$$S_6: \begin{aligned} x_{S_6} &= \frac{2.54 \cdot 10^{-1}}{2.54 \cdot 10^{-1} + 3.99 \cdot 10^{-1} + 9.91 \cdot 10^{-1}} = 1.54 \cdot 10^{-1} \\ y_{S_6} &= \frac{3.99 \cdot 10^{-1}}{2.54 \cdot 10^{-1} + 3.99 \cdot 10^{-1} + 9.91 \cdot 10^{-1}} = 2.42 \cdot 10^{-1}. \end{aligned} \quad (11.69)$$

g) Man erhält schließlich

- für die CIE-Farben (Gleichungen 11.49, 11.50 und 11.51)

$$R_{\text{CIE}}: \begin{pmatrix} 7.35 \cdot 10^{-1} \\ 2.65 \cdot 10^{-1} \end{pmatrix}, G_{\text{CIE}}: \begin{pmatrix} 2.74 \cdot 10^{-1} \\ 7.18 \cdot 10^{-1} \end{pmatrix}, B_{\text{CIE}}: \begin{pmatrix} 1.67 \cdot 10^{-1} \\ 8.33 \cdot 10^{-3} \end{pmatrix};$$

- für die TFT-Farben (Gleichungen 11.55, 11.56 und 11.57)

$$R_{\text{TFT}}: \begin{pmatrix} 6.28 \cdot 10^{-1} \\ 3.46 \cdot 10^{-1} \end{pmatrix}, G_{\text{TFT}}: \begin{pmatrix} 2.68 \cdot 10^{-1} \\ 5.88 \cdot 10^{-1} \end{pmatrix}, B_{\text{TFT}}: \begin{pmatrix} 1.50 \cdot 10^{-1} \\ 7.00 \cdot 10^{-2} \end{pmatrix}$$

- und für die Farben S_1–S_6 eines *CMYK*-Farbraumdruckers (Gleichungen 11.64, 11.65, 11.66, 11.67, 11.68 und 11.69)

$$S_1: \begin{pmatrix} 1.95 \cdot 10^{-1} \\ 1.19 \cdot 10^{-1} \end{pmatrix}, \quad S_2: \begin{pmatrix} 5.14 \cdot 10^{-1} \\ 2.41 \cdot 10^{-1} \end{pmatrix}, \quad S_3: \begin{pmatrix} 6.56 \cdot 10^{-1} \\ 3.28 \cdot 10^{-1} \end{pmatrix},$$

$$S_4: \begin{pmatrix} 4.62 \cdot 10^{-1} \\ 5.03 \cdot 10^{-1} \end{pmatrix}, \quad S_5: \begin{pmatrix} 2.35 \cdot 10^{-1} \\ 5.96 \cdot 10^{-1} \end{pmatrix}, \quad S_6: \begin{pmatrix} 1.54 \cdot 10^{-1} \\ 2.42 \cdot 10^{-1} \end{pmatrix}.$$

Aufgabe 3.3: *Farbdarstellung*

a) Ein Einheitsvektor im *ABC*-Farbsystem wird durch die Koordinatentransformation nach Gleichung 11.70 in eine Farbe im *XYZ*-Farbsystem transformiert. Man erhält die Transformationsmatrix durch Zusammenfassen dreier Primärfarben in einer Matrix:

$$\begin{pmatrix} X \\ Y \\ Z \end{pmatrix} = \begin{pmatrix} \underbrace{0.84}_{A} & \underbrace{0.1}_{B} & \underbrace{0.2}_{C} \\ 0.36 & 0.54 & 0.1 \\ 0 & 0.36 & 0.7 \end{pmatrix} \cdot \begin{pmatrix} A \\ B \\ C \end{pmatrix}. \tag{11.70}$$

b) Kann eine Farbe des *ABC*-Farbsystems im *XYZ*-Farbsystem dargestellt werden, so erfolgt der Übergang zu den luminanznormierten Normvalenzen durch die Gleichung

$$x = \frac{X}{X+Y+Z}, y = \frac{Y}{X+Y+Z} \text{ und } z = \frac{Z}{X+Y+Z}. \tag{11.71}$$

Summiert man x, y und z aus Gleichung 11.71, so kann geschrieben werden

$$x+y+z = \frac{X}{X+Y+Z} + \frac{Y}{X+Y+Z} + \frac{Z}{X+Y+Z} = \frac{X+Y+Z}{X+Y+Z} = 1$$

und damit

$$x+y+z = 1 \Rightarrow z = 1-(x+y) \Rightarrow x = 1-(y+z) \Rightarrow y = 1-(x+z). \tag{11.72}$$

Nach Gleichung 11.72 kann also eine Komponente des luminanznormierten Farbvektors $(x,y,z)^\mathrm{T}$ durch jeweils zwei weitere ausgedrückt werden. Es genügt damit die Betrachtung des Vektors $(x,y)^\mathrm{T}$. Man erhält somit

$$\text{a: } \mathbf{a} = \begin{pmatrix} x_\mathrm{a} \\ y_\mathrm{a} \end{pmatrix} = \begin{pmatrix} \frac{0.84}{0.84+0.36+0} \\ \frac{0.36}{0.84+0.36+0} \end{pmatrix} = \begin{pmatrix} 0.7 \\ 0.3 \end{pmatrix}, \tag{11.73}$$

$$\text{b: } \mathbf{b} = \begin{pmatrix} x_\mathrm{b} \\ y_\mathrm{b} \end{pmatrix} = \begin{pmatrix} \frac{0.1}{0.1+0.54+0.26} \\ \frac{0.54}{0.1+0.54+0.26} \end{pmatrix} = \begin{pmatrix} 0.11 \\ 0.6 \end{pmatrix}, \tag{11.74}$$

$$\text{c: } \mathbf{c} = \begin{pmatrix} x_\mathrm{c} \\ y_\mathrm{c} \end{pmatrix} = \begin{pmatrix} \frac{0.1}{0.1+0.1+0.7} \\ \frac{0.1}{0.2+0.1+0.7} \end{pmatrix} = \begin{pmatrix} 0.1 \\ 0.1 \end{pmatrix}, \tag{11.75}$$

c) Der Weißpunkt w_CIE liegt definitionsgemäß an der Stelle, für die $x = y = z$ gilt. Somit gilt für den Weißpunkt w_CIE

$$x = y = z = 1/3 \Rightarrow w_\mathrm{CIE} = (1/3, 1/3)^\mathrm{T} \tag{11.76}$$

und ist in Abbildung 11.5 eingetragen.

d) Laut Hinweis soll zunächst eine Bestimmungsgleichung für die Mischfarbe $\mathbf{f}$ erstellt werden. Dazu ist weiterhin angegeben, dass

$$\mathbf{F} = A \cdot \begin{pmatrix} X_\mathrm{A} \\ Y_\mathrm{A} \\ Z_\mathrm{A} \end{pmatrix} + B \cdot \begin{pmatrix} X_\mathrm{B} \\ Y_\mathrm{B} \\ Z_\mathrm{B} \end{pmatrix} + C \cdot \begin{pmatrix} X_\mathrm{C} \\ Y_\mathrm{C} \\ Z_\mathrm{C} \end{pmatrix} \tag{11.77}$$

gilt. Für spätere Vereinfachungen ist ebenfalls in der Angabe angegeben:

$$l_\mathrm{A} = A \cdot X_\mathrm{A} + A \cdot Y_\mathrm{A} + A \cdot Z_\mathrm{A} = A \cdot (X_\mathrm{A} + Y_\mathrm{A} + Z_\mathrm{A}) \tag{11.78}$$

11.2 Lösung zu Abschnitt 3.4

$$l_B = B \cdot X_B + B \cdot Y_B + B \cdot Z_B = B \cdot (X_B + Y_B + Z_B) \qquad (11.79)$$

$$l_C = C \cdot X_C + C \cdot Y_C + C \cdot Z_C = C \cdot (X_C + Y_C + Z_C). \qquad (11.80)$$

Aus Gleichung 11.77 erhält man, wenn zu luminanznormierten Koordinaten übergegangen wird:

$$x_f = \frac{A \cdot X_A + B \cdot X_B + C \cdot X_C}{\underbrace{A \cdot (X_A + Y_A + Z_A)}_{\stackrel{(Gl.\ 11.78)}{=} l_A} + \underbrace{B \cdot (X_B + Y_B + Z_B)}_{\stackrel{(Gl.\ 11.79)}{=} l_B} + \underbrace{C \cdot (X_C + Y_C + Z_C)}_{\stackrel{(Gl.\ 11.80)}{=} l_C}}. \qquad (11.81)$$

Die Gleichungen 11.78, 11.79 und 11.80 können umgeformt werden:

$$A = \frac{l_A}{X_A + Y_A + Z_A},\ B = \frac{l_B}{X_B + Y_B + Z_B}\ \text{und}\ C = \frac{l_C}{X_C + Y_C + Z_C}. \qquad (11.82)$$

Somit errechnet sich x_f aus Gleichung 11.81 zu

$$x_f = \frac{l_A \cdot \overbrace{\frac{X_A}{X_A + Y_A + Z_A}}^{\stackrel{(Gl.\ 11.73)}{=} x_a} + l_B \cdot \overbrace{\frac{X_B}{X_B + Y_B + Z_B}}^{\stackrel{(Gl.\ 11.74)}{=} x_b} + l_C \cdot \overbrace{\frac{X_C}{X_C + Y_C + Z_C}}^{\stackrel{(Gl.\ 11.75)}{=} x_c}}{l_A + l_B + l_C} =$$

$$= \frac{1}{l_A + l_B + l_C} \cdot (l_A \cdot x_a + l_B \cdot x_b + l_C \cdot x_c). \qquad (11.83)$$

Durch ähnliche Umformungen erhält man für y_f

$$y_f = \frac{1}{l_A + l_B + l_C} \cdot (l_A \cdot y_a + l_B \cdot y_b + l_C \cdot y_c). \qquad (11.84)$$

Mit den Gleichungen 11.83 und 11.84 gilt für die Koordinaten der Mischfarbe **f** im CIE-Diagramm demnach

$$\mathbf{f} = \underbrace{\frac{1}{l_A + l_B + l_C}}_{\text{Luminanznormierung}} \cdot \left[l_A \cdot \begin{pmatrix} x_a \\ y_a \end{pmatrix} + l_B \cdot \begin{pmatrix} x_b \\ y_b \end{pmatrix} + l_C \cdot \begin{pmatrix} x_c \\ y_c \end{pmatrix} \right]. \qquad (11.85)$$

Der Weißpunkt (Unbuntpunkt) w_{ABC}, der durch gleich intensive Mischung der drei Farben A, B und C entsteht, liegt im Schwerpunkt des Farbdreiecks abc in Abbildung 11.5, der Weißpunkt liegt also auf dem Schnittpunkt der Seitenhalbierenden des Farbdreiecks. Somit gilt für den Weißpunkt w_{ABC} mit Gleichung 11.85 und $l_A = l_B = l_C = k$

$$w_{ABC} = \frac{1}{3 \cdot k} \cdot \left[k \cdot \begin{pmatrix} x_a \\ y_a \end{pmatrix} + k \cdot \begin{pmatrix} x_b \\ y_b \end{pmatrix} + k \cdot \begin{pmatrix} x_c \\ y_c \end{pmatrix} \right] =$$

$$= 1/3 \cdot \left[\begin{pmatrix} x_a \\ y_a \end{pmatrix} + \begin{pmatrix} x_b \\ y_b \end{pmatrix} + \begin{pmatrix} x_c \\ y_c \end{pmatrix} \right]. \qquad (11.86)$$

Mit den Zahlenwerten aus den Gleichungen 11.73, 11.74 und 11.75 erhält man so mit Gleichung 11.86 für den Weißpunkt

$$w_{ABC} = 1/3 \cdot \left[\begin{pmatrix} 0.7 \\ 0.3 \end{pmatrix} + \begin{pmatrix} 0.11 \\ 0.6 \end{pmatrix} + \begin{pmatrix} 0.2 \\ 0.1 \end{pmatrix} \right] = 1/3 \cdot \begin{pmatrix} 1.01 \\ 1 \end{pmatrix} \approx \begin{pmatrix} 0.34 \\ 0.33 \end{pmatrix}, \quad (11.87)$$

der an dieser Stelle in Abbildung 11.5 eingetragen ist.

Für $l_A = l_B = l_C = k$ ist Gleichung 11.86 nicht definiert, demnach lässt sich die Farbe nicht in luminanznormierten Koordinaten darstellen. Jede Graustufe, die durch gleich intensive Mischung entsteht, wird in der luminanznormierten Farbtafel auf ein und denselben Punkt (in diesem Fall w_{ABC}) abgebildet.

e) Für den Fall eines konstanten Farbanteils des Strahlers „A" wird durch Gleichung 11.85 eine Gerade beschrieben, die parallel zur Strecke [bc] im Farbdreieck (siehe Abbildung 11.5) ist.

f) Es lässt sich innerhalb des Farbdreiecks ein spezielles Koordinatensystem definieren, wobei jeder Punkt innerhalb des Dreiecks durch Angabe von zwei der drei Koordinaten α, β und γ festgelegt ist. Es gilt demnach

$$0 \leq \alpha, \beta, \gamma \leq 1 \quad (11.88)$$
$$\alpha + \beta + \gamma = 1. \quad (11.89)$$

Für die Farbe $\mathbf{f} = (x, y)^T$ gilt dann

$$\mathbf{f} = \alpha \cdot \mathbf{a} + \beta \cdot \mathbf{b} + \gamma \cdot \mathbf{c}$$
$$\begin{pmatrix} x \\ y \end{pmatrix} = \alpha \cdot \begin{pmatrix} x_a \\ y_a \end{pmatrix} + \beta \cdot \begin{pmatrix} x_b \\ y_b \end{pmatrix} + \gamma \cdot \begin{pmatrix} x_c \\ y_c \end{pmatrix} \quad (11.90)$$
$$\stackrel{\text{(Gl. 11.89)}}{=} \alpha \cdot \begin{pmatrix} x_a - x_c \\ y_a - y_c \end{pmatrix} + \beta \cdot \begin{pmatrix} x_b - x_c \\ y_b - y_c \end{pmatrix} + \begin{pmatrix} x_c \\ y_c \end{pmatrix}. \quad (11.91)$$

Durch geeignete Umformung der Gleichung 11.91 erhält man somit

$$\alpha = \frac{x \cdot (y_c - y_b) + y \cdot (x_b - x_c) + x_c \cdot y_b - x_b \cdot y_c}{y_a \cdot (x_b - x_c) + y_b \cdot (x_c - x_a) + y_c \cdot (x_a - x_b)} \quad (11.92)$$

$$\beta = \frac{x \cdot (y_a - y_c) + y \cdot (x_c - x_a) + x_a \cdot y_c - x_c \cdot y_a}{y_a \cdot (x_b - x_c) + y_b \cdot (x_c - x_a) + y_c \cdot (x_a - x_b)}. \quad (11.93)$$

Setzt man die Zahlenwerte aus der Angabe in die Gleichungen 11.92 und 11.93 ein, erhält man

$$\alpha = \frac{0.2 \cdot (0.1 - 0.6) + 0.31 \cdot (0.11 - 0.2) + 0.2 \cdot 0.6 - 0.11 \cdot 0.1}{0.3 \cdot (0.11 - 0.2) + 0.6 \cdot (0.2 - 0.7) + 0.1 \cdot (0.7 - 0.11)} = 0.07$$

$$\beta = \frac{0.2 \cdot (0.3 - 0.1) + 0.31 \cdot (0.2 - 0.7) + 0.7 \cdot 0.1 - 0.2 \cdot 0.3}{0.3 \cdot (0.11 - 0.2) + 0.6 \cdot (0.2 - 0.7) + 0.1 \cdot (0.7 - 0.11)} = 0.39.$$

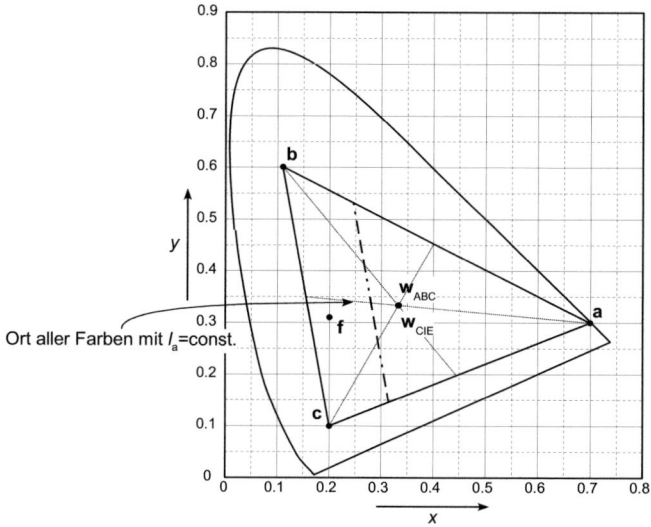

Abb. 11.5. Die Ergebnisse dieser Aufgabe in ein einem CIE-Diagramm zusammengefasst.

Aufgabe 3.4: *Sehen und Hören*

Im Folgenden werden die Aufgaben jeweils in „Gegenüberstellung" gelöst, d. h. in der linken Spalte steht jeweils die Lösung das Sehen, in der rechten Spalte das Hören betreffend.

a) Wellennatur und Ausbreitungsrichtung

Sehen	**Hören**
elektromagnetische Wellen	Druckwellen
Licht ist eine elektromagnetische Transversalwelle, d. h. die Schwingungsebene steht senkrecht auf der Ausbreitungsrichtung.	Schallwellen sind Longitudinalwellen, bei denen die Teilchenschwingung parallel zur Ausbreitungsrichtung ist.

Siehe dazu auch Abbildung 3.10 auf Seite 56.

b) Frequenzbereich

Der Bereich des sichtbaren Lichts ist $f_{\text{Licht}} = 4 \cdot 10^{14}\,\text{Hz} \ldots 7{,}5 \cdot 10^{14}\,\text{Hz}$. Dies entspricht in etwa einer Oktave. Der Bereich des sichtbaren Lichts wird oftmals als Wellenlänge λ_{Licht} angegeben.	Der Bereich des hörbaren Schalls ist $f_{\text{Schall}} = 16\,\text{Hz} \ldots 2{,}0 \cdot 10^4\,\text{Hz}$ – ein Umfang von ca. 10 Oktaven.

Fortsetzung nächste Seite

Der Zusammenhang zwischen der Wellenlänge λ_{Licht} und der Frequenz f_{Licht} ist $\lambda_{\text{Licht}} = \frac{c}{f_{\text{Licht}}}$, wobei c die Lichtgeschwindigkeit im ausbreitenden Medium bezeichnet. Für Vakuum gilt $c = 2.99792458 \cdot 10^8$ m/s.

c) Optische bzw. akustische Informationsverarbeitung

d) Licht- und Schallverarbeitung

Das durch die Pupille einfallende Bild wird von der Linse auf die Retina abgebildet. Die auf der Außenseite der Retina befindlichen Zapfen (Tagsehen) und Stäbchen (Nachtsehen) wandeln das Licht in neuronale Signale um.

Durch den Gehörgang des Außenohrs gelangt der Schall auf das Trommelfell. Die drei Gehörknöchelchen Hammer, Amboss und Steigbügel übertragen die vom Trommelfell aufgenommenen Schwingungen zum ovalen Fenster, dem Eingang des flüssigkeitsgefüllten, schneckenförmigen Innenohrs. Haarzellen an bestimmten Orten auf der Basilarmembran im Inneren der Schnecke werden von bestimmten Frequenzen angeregt (Frequenz-Orts-Transformation) und geben neuronale Signale ab.

e) Empfindungsgrößen ziehen die sensorischen Eigenschaften des Menschen mit in die Bewertung ein. Zur Ermittlung der Empfindungsfunktion (d. h. Abhängigkeit der Empfindungsgröße von der physikalischen Größe) werden Versuchsreihen durchgeführt, in denen Versuchspersonen ihre Empfindungen quantitativ ausdrücken. Mittelung über viele Versuche und Versuchspersonen ergibt die Empfindungsfunktion. Empfindungsgrößen sind z. B.

- Lichtstärke in [cd]
  1 cd ist die Lichtstärke eines monochromatischen Strahlers mit $f = 5.4 \cdot 10^{14}$ Hz ($\lambda = 555$ nm) der Strahlungsstärke $\frac{1}{683} \frac{\text{W}}{\text{sr}}$

- Lautheit in [sone]
  1 sone ist die Lautheit eines 1 kHz-Sinustons mit 40 dB
- Verhältnistonhöhe [mel]
  125 mel ist die Verhältnistonhöhe eines 125 Hz-Sinustons

f) Gegenüberstellung von Frequenz und Empfindung

Die psychooptische Empfindung der Frequenz einer Lichtwelle ist die Farbe des Lichts, d. h.

Frequenz ↔ Farbe

Die psychoakustische Empfindung der Frequenz einer Schallwelle ist die Tonhöhe des Schalls, d. h.

Frequenz ↔ Tonhöhe

g) Gegenüberstellung von Amplitude und Empfindung

Die psychooptische Empfindung der Amplitude einer Lichtwelle ist die Helligkeit des Lichts, d. h.

Amplitude ↔ Helligkeit

Die psychoakustische Empfindung der Amplitude der Schallwelle ist die Lautheit des Schalls, d. h.

Amplitude ↔ Lautheit

h) Größenordnung der Rezeptoren und Anzahl der Nervenfasern

Auf der Retina befinden sich ca. $1 \ldots 2 \cdot 10^8$ Rezeptoren (sowohl Zapfen als auch Stäbchen), deren aufgenommene Information über ca. 10^6 Nervenfasern

Auf der Basilarmembran befinden sich ca. 25 000 ... 30 000 Rezeptoren (innere und äußere Haarzellen), deren aufgenommene Information von ca. 30 000 Nervenfasern

zum Gehirn geleitet wird.

11.3 Lösung zu Abschnitt 4.7

Aufgabe 4.1: *Suchverfahren*

a) Der Suchbaum ist in Abbildung 11.6 auf Seite 305 dargestellt. Es gibt 20 Wege von „München" nach „Tübingen". Es können in diesem Fall keine Schleifen entstehen, da die Kanten gerichtet sind.

b) Durch Berechnung aller Pfadlängen und Reisedauren im Suchbaum (sehr aufwendig) wird die kürzeste Strecke {MUC, AUG, ULM, BLB, REU, TÜB} mit einer

Gesamtlänge von $l_{min} = 240\,\text{km}$ gefunden. Die Reisedauer beträgt $t_{l_{min}} = 240$ Minuten. Die schnellste Strecke {MUC, AUG, ULM, MER, MET, TÜB}, die zu einer Reisedauer von $t_{min} = 220$ Minuten führt, hat eine Länge von $l_{t_{min}} = 250\,\text{km}$. Sowohl die kürzeste als auch die schnellste Strecke ist in Abbildung 11.7 auf Seite 306 hervorgehoben.

Die erste Strecke führt über Land- und Bundesstraßen, folgt also in etwa der Luftlinie zwischen München und Tübingen. Jedoch kann die Strecke nur langsam befahren werden. So ergibt sich eine längere Fahrzeit. Die schnellste Verbindung folgt nicht der Luftlinie zwischen den beiden Städten, sondern der Autobahn. Es wird ein Umweg in Kauf genommen, der aber aufgrund der höheren Fahrgeschwindigkeit in kürzerer Zeit zurückgelegt wird.

c) Die von der Breitensuche gefundene Route {MUC, FFB, BLB, STU, TÜB} hat eine Länge von $l_{\text{breit}} = 305\,\text{km}$, bei einer Fahrzeit von $t_{\text{breit}} = 260$ Minuten. Die Reihenfolge der 14 durchsuchten Knoten ist in Abbildung 11.7 auf Seite 306 rechts an die Knoten geschrieben.

d) Bei Anwendung der Tiefensuche wird die Route {MUC, FFB, BLB, STU, REU, TÜB} mit einer Gesamtlänge von $l_{\text{tief}} = 310\,\text{km}$ und einer Reisedauer von $t_{\text{tief}} = 280$ Minuten gefunden. Die sechs zur Suche besuchten Knoten sind in Abbildung 11.7 auf Seite 306 links an die Knoten geschrieben.

e) Vom Knoten MUC aus können zwei Knoten besucht werden, nämlich FFB und AUG. Schätzt man die Gesamtkosten $f(n)$ zum Erreichen des Zielknotens TÜB über den Knoten FFB, bzw. AUG nach Gleichung 4.33, so erhält man:

$$f(\text{FFB}) = \underbrace{30\,\text{km}}_{g(\text{FFB})} + \underbrace{160\,\text{km}}_{h(\text{FFB})} = 190\,\text{km}, \tag{11.94}$$

$$f(\text{AUG}) = \underbrace{70\,\text{km}}_{g(\text{AUG})} + \underbrace{135\,\text{km}}_{h(\text{AUG})} = 205\,\text{km}. \tag{11.95}$$

Aus den Gleichungen 11.94 und 11.95 erhält man

$$f(\text{AUG}) > f(\text{FFB}),$$

weswegen im Folgenden nur noch die Pfade weiter verfolgt werden, die über den Knoten FFB führen. Bereits hier wird die Unzulänglichkeit dieser Suche deutlich. Es ist bekannt, dass der kürzeste Pfad über den Knoten AUG führt.

Vom Knoten FFB aus gibt es wieder zwei Möglichkeiten, die Reise fortzusetzen, und zwar über BLB oder AUG. Die Schätzung der Kosten führt zu

$$f(\text{BLB}_{\text{FFB}}) = 175\,\text{km} + 55\,\text{km} = 230\,\text{km}, \tag{11.96}$$

$$f(\text{AUG}_{\text{FFB}}) = 85\,\text{km} + 135\,\text{km} = 220\,\text{km} \tag{11.97}$$

und so zu

$$f(\text{BLB}_{\text{FFB}}) > f(\text{AUG}_{\text{FFB}}),$$

womit die Entscheidung auf den Knoten AUG fällt, allerdings über die Strecke {MUC, FFB}. Im weiteren Verlauf wird also nur die Strecke {MUC, FFB, AUG} weiter verfolgt, die unmittelbar zum Knoten ULM führt (mit den Kosten $f(\text{ULM}_{\text{AUG, FFB}}) = 165\,\text{km} + 70\,\text{km}$). Vom Knoten ULM aus gibt es als mögliche Knotennachfolger BLB, STU und MER mit den jeweiligen geschätzten Kosten von

$$f(\text{BLB}_{\text{ULM, AUG, FFB}}) = 185\,\text{km} + 55\,\text{km} = 230\,\text{km},$$
$$f(\text{STU}_{\text{ULM, AUG, FFB}}) = 255\,\text{km} + 30\,\text{km} = 285\,\text{km},$$
$$f(\text{MER}_{\text{ULM, AUG, FFB}}) = 195\,\text{km} + 50\,\text{km} = 245\,\text{km}.$$

Da $f(\text{STU}_{\text{ULM, AUG, FFB}}) > f(\text{MER}_{\text{ULM, AUG, FFB}}) > f(\text{BLB}_{\text{ULM, AUG, FFB}})$ gilt, wird die Strecke {MUC, FFB, AUG, ULM, BLB} als vermeintlich kürzeste Strecke weiter verfolgt. Für die Schätzung der Kosten der beiden nächsten Knoten auf dieser Strecke, STU und REU erhält man

$$f(\text{STU}_{\text{BLB, ULM, AUG, FFB}}) = 265\,\text{km} + 30\,\text{km} = 295\,\text{km},$$
$$f(\text{REU}_{\text{BLB, ULM, AUG, FFB}}) = 240\,\text{km} + 10\,\text{km} = 250\,\text{km},$$

womit die Entscheidung zur Weiterfahrt auf Knoten REU fällt. Vom Knoten REU aus kann TÜB direkt erreicht werden. Man erhält für die Gesamtkosten (Strecke in km), um von München nach Tübingen über die Strecke {MUC, FFB, AUG, ULM, BLB, REU} zu gelangen, demnach:

$$f(\text{STU}_{\text{REU, BLB, ULM, AUG, FFB}}) = 255\,\text{km} + 0 = 255\,\text{km}.$$

Die Fahrzeit für diese Strecke kann aus dem Suchbaum in Abbildung 11.6 auf Seite 305 abgelesen werden und ergibt sich zu $t_{\text{heur}} = 235$ Minuten. Man findet also mit dieser heuristischen Suche weder die kürzeste noch schnellste Strecke von München nach Tübingen. Der Suchbaum, der sich über die „heuristische Tiefensuche" ergibt, ist in Abbildung 11.8 auf Seite 307 dargestellt.

f) Der Suchalgorithmus wird allgemein A-Algorithmus genannt.

g) Sowohl der A- als auch der A^*-Algorithmus verwenden eine heuristische Funktion $h(n)$, um die Gesamtkosten, vom Startknoten aus den Zielknoten über Knoten n zu erreichen, zu berechnen. Jedoch ist beim A^*-Algorithmus sichergestellt, dass die *tatsächlichen* Kosten von der Heuristik immer *unterschätzt* werden. Da die Luftlinie immer die kürzeste Verbindung zwischen zwei Punkten ist, werden die tatsächlichen Kosten (die Verbindung der zwei Punkte über Straßen) immer unterschätzt. Es wird demnach der A^*-Algorithmus angewendet. Dazu wird, begleitend zu der Suche, eine Liste L erstellt. Sie enthält die einzelnen Knoten des Baums zusammen mit ihren geschätzten Gesamtkosten zum Erreichen des Zielknotens, sortiert nach den Kosten. Im Laufe der Suche wird das „günstigste" Element der Liste durch seine Nachfolger im Baum und deren neu geschätzte Kosten ersetzt und die Liste neu sortiert. Erreicht man denselben Knoten auf unterschiedlichen Wegen, so wird in der Liste nur der mit den geringsten Gesamtkosten weiter verfolgt.

Im ersten Schritt enthält die Liste nur den Knoten MUC mit den Gesamtkosten

$$f(\text{MUC}) = 0\,\text{km} + 190\,\text{km} = 190\,\text{km},$$

d. h. $L_1 = [\text{MUC}: 190\,\text{km}]$. Dieser ist der günstigste und gleichzeitig einzige Knoten in der Liste und wird durch seine beiden Nachfolger ersetzt. Diese sind die Knoten FFB und AUG. Deren Gesamtkosten $f(\text{FFB})$ und $f(\text{AUG})$ wurden bereits in den Gleichungen 11.94 und 11.95 berechnet. So erweitert sich die sortierte Liste zu

$$L_2 = \begin{bmatrix} \text{FFB (MUC): } 190\,\text{km} \\ \text{AUG (MUC): } 205\,\text{km} \end{bmatrix}.$$

Demnach wird als nächster der aussichtsreichste Knoten FFB (erreicht über MUC) weiter verfolgt. Man erreicht von FFB aus die Knoten BLB und AUG. Auch deren Kosten wurden bereits berechnet (in den Gleichungen 11.96 und 11.97). Man erhält so eine neue Liste L_3 zu

$$L_3 = \begin{bmatrix} \text{AUG (MUC): } 205\,\text{km} \\ \sout{\text{AUG (FFB, MUC): } 220\,\text{km}} \\ \text{BLB (FFB, MUC): } 230\,\text{km} \end{bmatrix}.$$

Die zweite Zeile kann entfernt werden, da der Zielknoten über Augsburg über die Route {MUC, AUG} günstiger zu erreichen ist als über {MUC, FFB, AUG}. Dies ist auch im modifizierten Suchbaum in Abbildung 11.9 auf Seite 308 verdeutlicht.

Im nächsten Schritt wird der Pfad {MUC, AUG} weiter betrachtet. AUG kann nur durch ULM ersetzt werden, da dieser Knoten der einzige Nachfolger ist. Man erhält

$$f(\text{ULM}_{\text{AUG}}) = 150\,\text{km} + 70\,\text{km} = 220\,\text{km}.$$

Die Liste L_4 wird um den Eintrag ULM erweitert:

$$L_4 = \begin{bmatrix} \text{ULM (AUG, MUC): } 220\,\text{km} \\ \text{BLB (FFB, MUC): } 230\,\text{km} \end{bmatrix}.$$

Der Pfad mit den geringsten Gesamtkosten wird weiter verfolgt. Man erreicht so die drei Knoten BLB, STU und MER mit den Gesamtkosten

$$f(\text{BLB}_{\text{AUG, ULM}}) = 170\,\text{km} + 55\,\text{km} = 225\,\text{km},$$
$$f(\text{STU}_{\text{AUG, ULM}}) = 240\,\text{km} + 30\,\text{km} = 270\,\text{km},$$
$$f(\text{MER}_{\text{AUG, ULM}}) = 180\,\text{km} + 50\,\text{km} = 230\,\text{km}.$$

Als neue Liste erhält man durch Einsortieren der neuen Gesamtkosten

$$L_5 = \begin{bmatrix} \text{BLB (ULM, AUG, MUC): } 225\,\text{km} \\ \sout{\text{BLB (FFB, MUC): } 230\,\text{km}} \\ \text{MER (ULM, AUG, MUC): } 230\,\text{km} \\ \text{STU (ULM, AUG, MUC): } 270\,\text{km} \end{bmatrix}.$$

Bereits an dieser Stelle können alle Routen über FFB ausgeschlossen werden, da auch Tübingen über BLB günstiger über {MUC, AUG, ULM} erreicht werden kann. Von BLB aus können zwei weitere Knoten erschlossen werden, STU und REU. Die Gesamtkosten für diese Knoten errechnen sich zu

$$f(\text{STU}_{\text{AUG, ULM, BLB}}) = 250\,\text{km} + 30\,\text{km} = 280\,\text{km},$$
$$f(\text{REU}_{\text{AUG, ULM, BLB}}) = 225\,\text{km} + 10\,\text{km} = 235\,\text{km},$$

und für die Liste gilt dann

$$L_6 = \begin{bmatrix} \text{MER (ULM, AUG, MUC): 230\,km} \\ \text{REU (BLB, ULM, AUG, MUC): 235\,km} \\ \text{STU (ULM, AUG, MUC): 270\,km} \\ \text{STU (BLB, ULM, AUG, MUC): 280\,km} \end{bmatrix}.$$

Der Liste nach erscheint der Pfad {MUC, AUG, ULM, MER} als günstigster und wird weiter verfolgt. Der einzige Nachfolger von MER ist MET, dessen Gesamtkosten sich auf

$$f(\text{MET}_{\text{AUG, ULM, MER}}) = 225\,\text{km} + 20\,\text{km} = 245\,\text{km}$$

belaufen, was zur Liste

$$L_6 = \begin{bmatrix} \text{REU (BLB, ULM, AUG, MUC): 235\,km} \\ \text{MET (MER, ULM, AUG, MUC): 245\,km} \\ \text{STU (ULM, AUG, MUC): 270\,km} \end{bmatrix}$$

führt. Somit steht der Pfad {MUC, AUG, ULM, BLB, REU} als aussichtsreichster am Anfang der Liste. Der Nachfolgeknoten von REU ist TÜB mit den Gesamtkosten

$$f(\text{TÜB}_{\text{AUG, ULM, BLB, REU}}) = 240\,\text{km} + 0\,\text{km} = 240\,\text{km}.$$

Die neu sortierte Liste enthält den Zielknoten TÜB an oberster Stelle:

$$L_7 = \begin{bmatrix} \text{TÜB (REU, BLB, ULM, AUG, MUC): 240\,km} \\ \text{MET (MER, ULM, AUG, MUC): 245\,km} \\ \text{STU (ULM, AUG, MUC): 270\,km} \end{bmatrix}.$$

Der tatsächlich kürzeste Pfad von MUC nach TÜB führt also über die Strecke {MUC, AUG, ULM, BLB, REU, TÜB}. Alle anderen in der Liste enthaltenen Pfade weisen höhere, *unterschätzte* Kosten auf.

Der gesamte Suchbaum mit den „Beschneidungen" durch den A*-Suchalgorithmus ist in Abbildung 11.9 auf Seite 308 gezeigt. Mithilfe des A*-Algorithmus wird somit der kürzeste Weg (in nur sieben „Zügen") gefunden.

Zum Finden der schnellsten Strecke wird die Metrik dahingehend verändert, dass anstelle der Strecke zwischen den Städten und der Luftlinienentfernung x_L zum Zielknoten die Fahrzeit sowie die Zeit zum Zurücklegen der Luftlinienentfernung ($t_L = \frac{x_L}{v}$) ersetzt wird.

h) Es ergibt sich der in Abbildung 11.10 auf Seite 309 dargestellte Suchbaum mit den zugehörigen Gesamtkosten.

i) Der sich ergebende Suchbaum ist in Abbildung 11.11 auf Seite 310 dargestellt. Die sortierte Liste entwickelt sich wie folgt (die Gesamtkosten sind dem Suchbaum zu entnehmen):

$$L_1 = \left[\text{MUC} : 57\,\text{min} \right]$$

$$L_2 = \begin{bmatrix} \text{FFB (MUC): } 83\,\text{min} \\ \text{AUG (MUC): } 105.5\,\text{min} \end{bmatrix}$$

$$L_3 = \begin{bmatrix} \text{AUG (MUC): } 105.5\,\text{min} \\ \text{\sout{AUG (FFB, MUC): 120.5 min}} \\ \text{BLB (FFB, MUC): } 161.5\,\text{min} \end{bmatrix}$$

$$L_4 = \begin{bmatrix} \text{ULM (AUG, MUC): } 151\,\text{min} \\ \text{BLB (FFB, MUC): } 161.5\,\text{min} \end{bmatrix}$$

$$L_5 = \begin{bmatrix} \text{BLB (FFB, MUC): } 161.5\,\text{min} \\ \text{MER (ULM, AUG, MUC): } 170\,\text{min} \\ \text{\sout{BLB (ULM, AUG, MUC): 176.5 min}} \\ \text{STU (ULM, AUG, MUC): } 209\,\text{min} \end{bmatrix}$$

$$L_6 = \begin{bmatrix} \text{MER (ULM, AUG, MUC): } 170\,\text{min} \\ \text{REU (BLB, FFB, MUC): } 208\,\text{min} \\ \text{STU (ULM, AUG, MUC): } 209\,\text{min} \\ \text{\sout{STU (BLB, FFB, MUC): 219 min}} \end{bmatrix}$$

$$L_7 = \begin{bmatrix} \text{MET (MER, ULM, AUG, MUC): } 206\,\text{min} \\ \text{REU (BLB, FFB, MUC): } 208\,\text{min} \\ \text{STU (ULM, AUG, MUC): } 209\,\text{min} \end{bmatrix}$$

$$L_8 = \begin{bmatrix} \text{REU (BLB, FFB, MUC): } 208\,\text{min} \\ \text{STU (ULM, AUG, MUC): } 209\,\text{min} \\ \text{TÜB (MET, MER, ULM, AUG, MUC): } 220\,\text{min} \end{bmatrix}$$

$$L_9 = \begin{bmatrix} \text{STU (ULM, AUG, MUC): } 209\,\text{min} \\ \text{TÜB (MET, MER, ULM, AUG, MUC): } 220\,\text{min} \\ \text{\sout{TÜB (REU, BLB, FFB, MUC): 225 min}} \end{bmatrix}$$

$$L_{10} = \begin{bmatrix} \text{TÜB (MET, MER, ULM, AUG, MUC): } 220\,\text{min} \\ \text{\sout{TÜB (STU, ULM, AUG, MUC): 250 min}} \\ \text{\sout{MET (STU, ULM, AUG, MUC): 251 min}} \\ \text{\sout{REU (STU, ULM, AUG, MUC): 253 min}} \end{bmatrix}.$$

Die verbleibenden Pfade werden so lange weiter durchsucht, bis der Zielknoten „TÜB" an oberster Stelle in der Liste steht.

11.3 Lösung zu Abschnitt 4.7   305

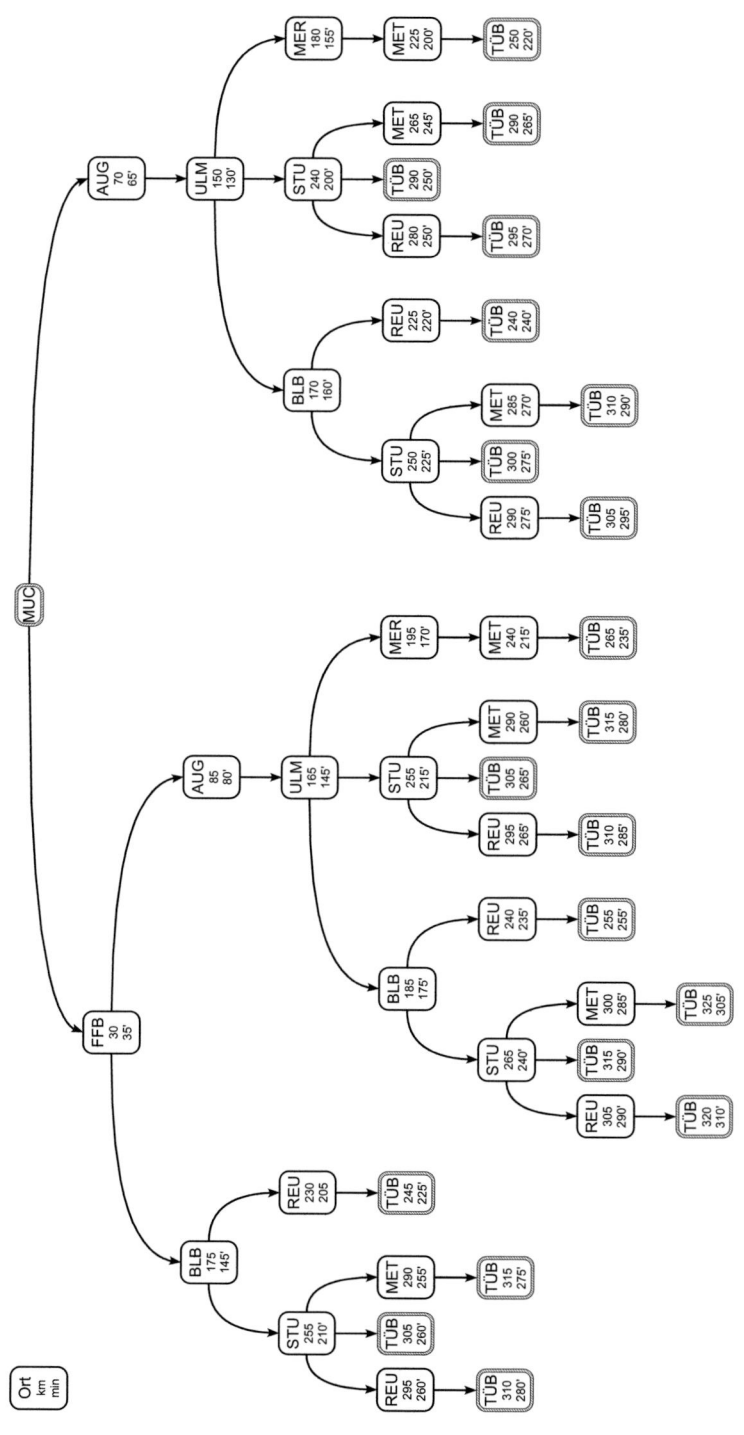

Abb. 11.6. Abbildung des vollständigen Suchbaums aus Aufgabe 4.1.

306　11 Musterlösungen zu den Übungen

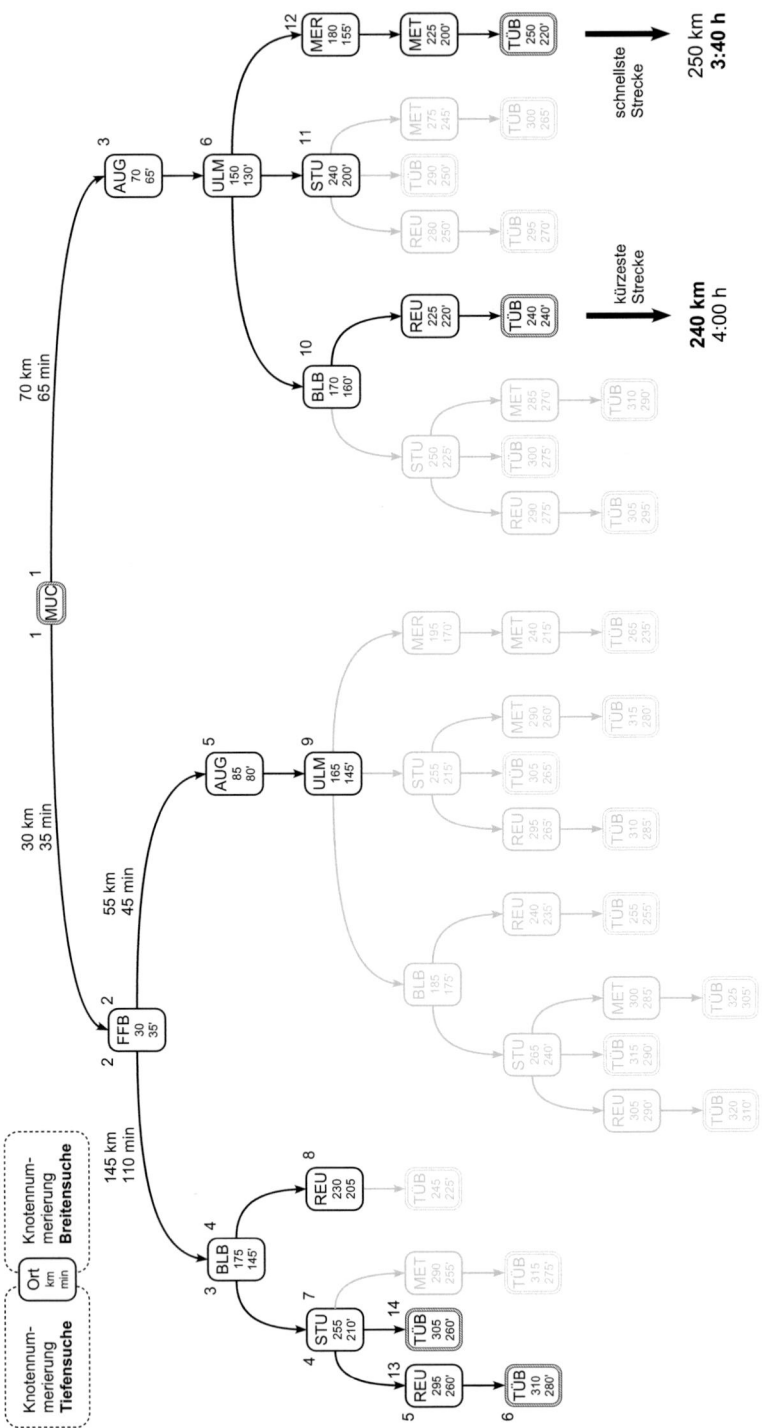

Abb. 11.7. Vollständiger Suchbaum, mit kürzester Strecke, schnellste Strecke und das Ergebnis der Breiten- und Tiefensuche.

11.3 Lösung zu Abschnitt 4.7 307

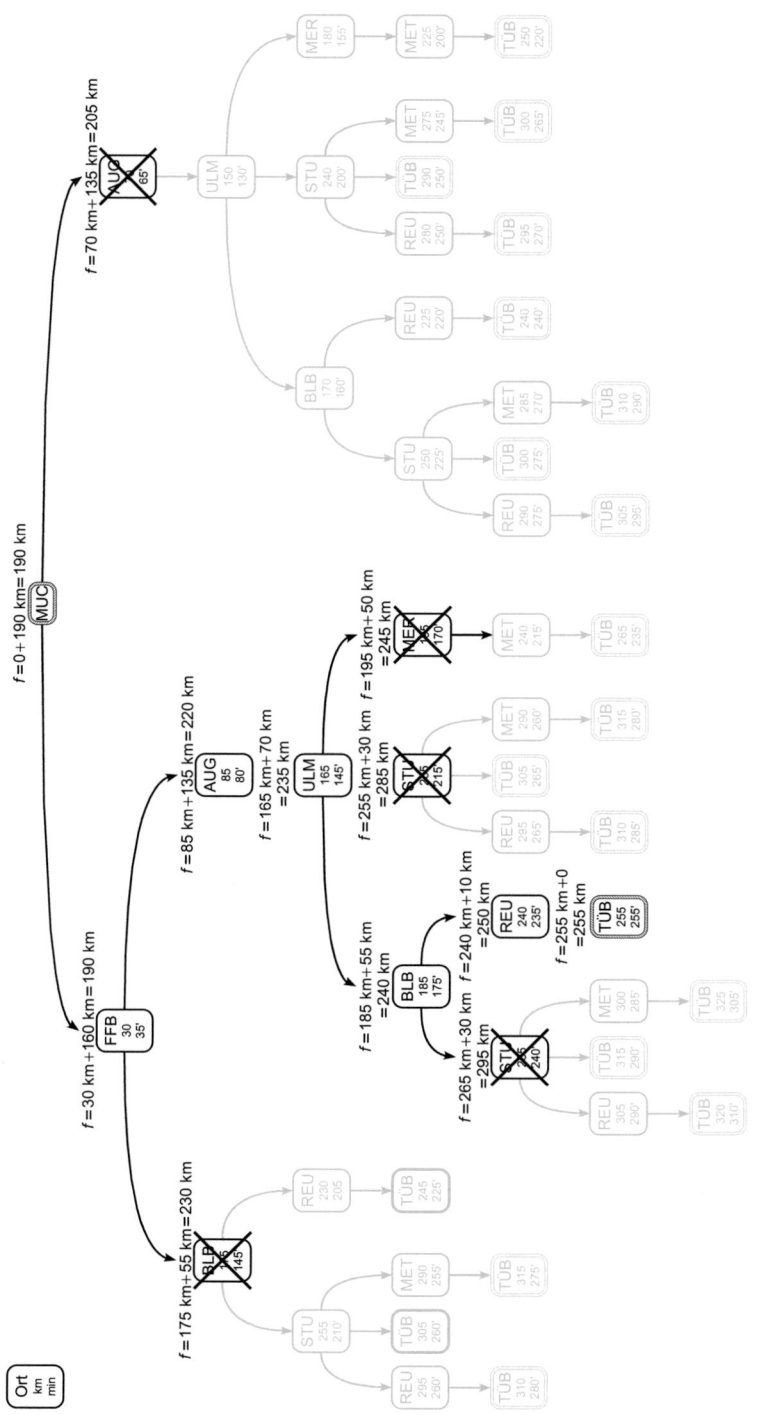

Abb. 11.8. Suchbaum für die „heuristische Tiefensuche".

308 11 Musterlösungen zu den Übungen

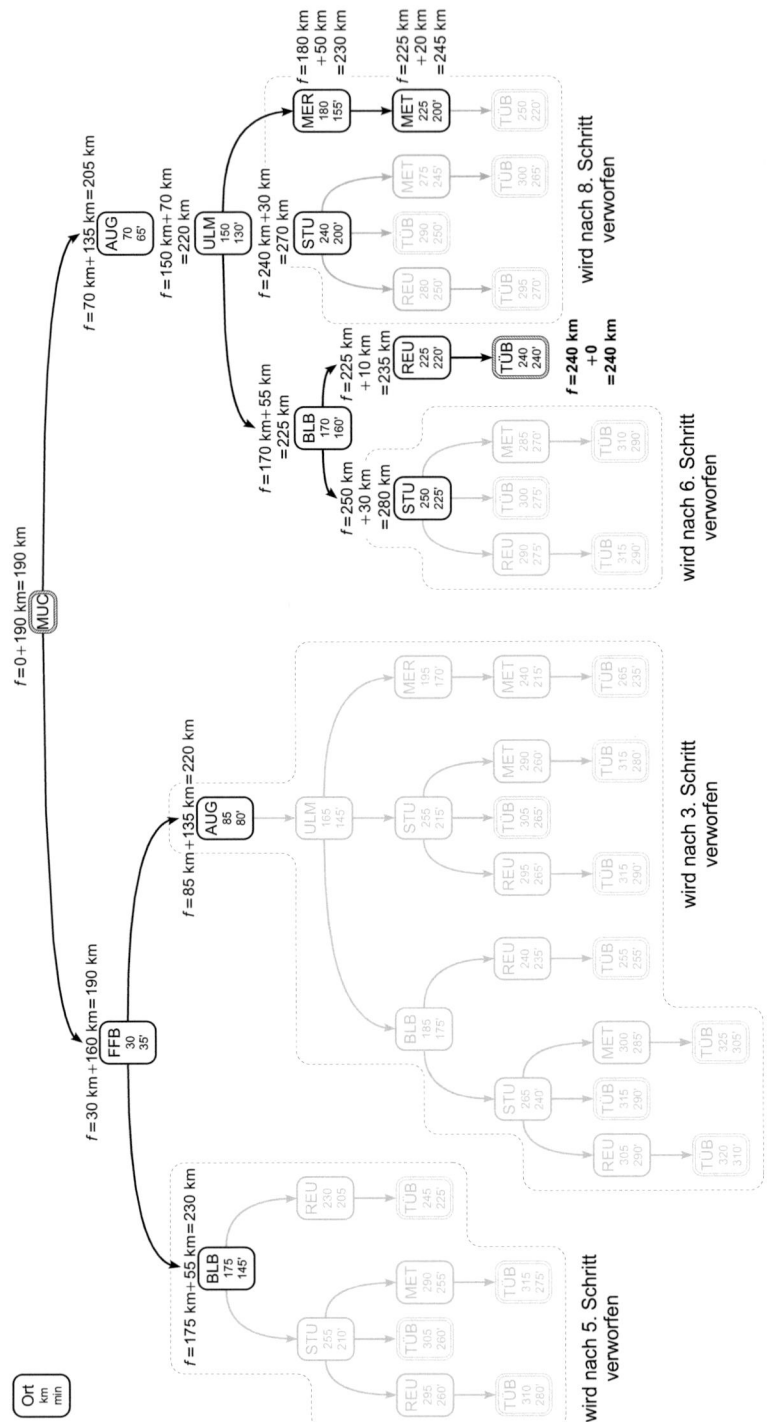

Abb. 11.9. Suchbaum für die A*-Suche.

11.3 Lösung zu Abschnitt 4.7   309

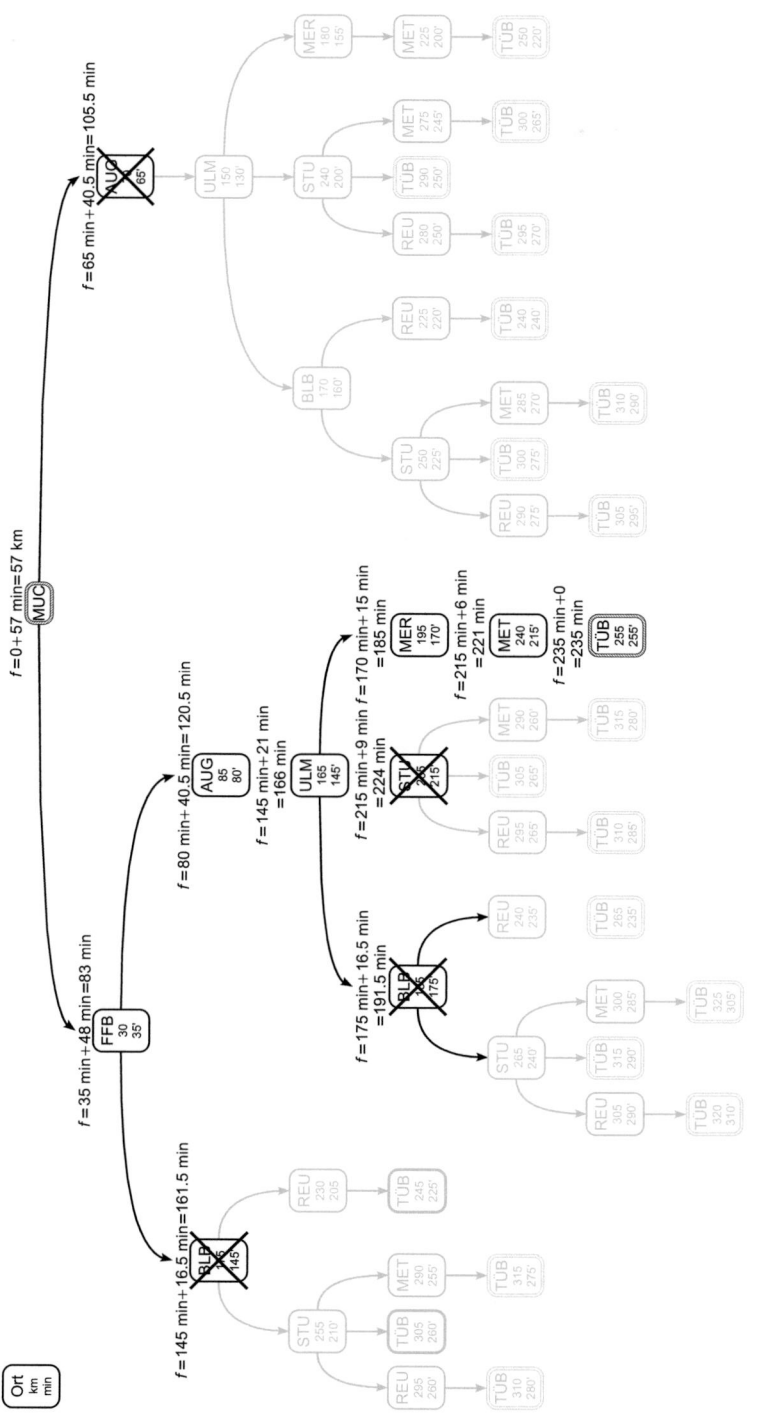

Abb. 11.10. Suchbaum für die „heuristische Tiefensuche" auf der Suche nach dem schnellsten Weg.

310 11 Musterlösungen zu den Übungen

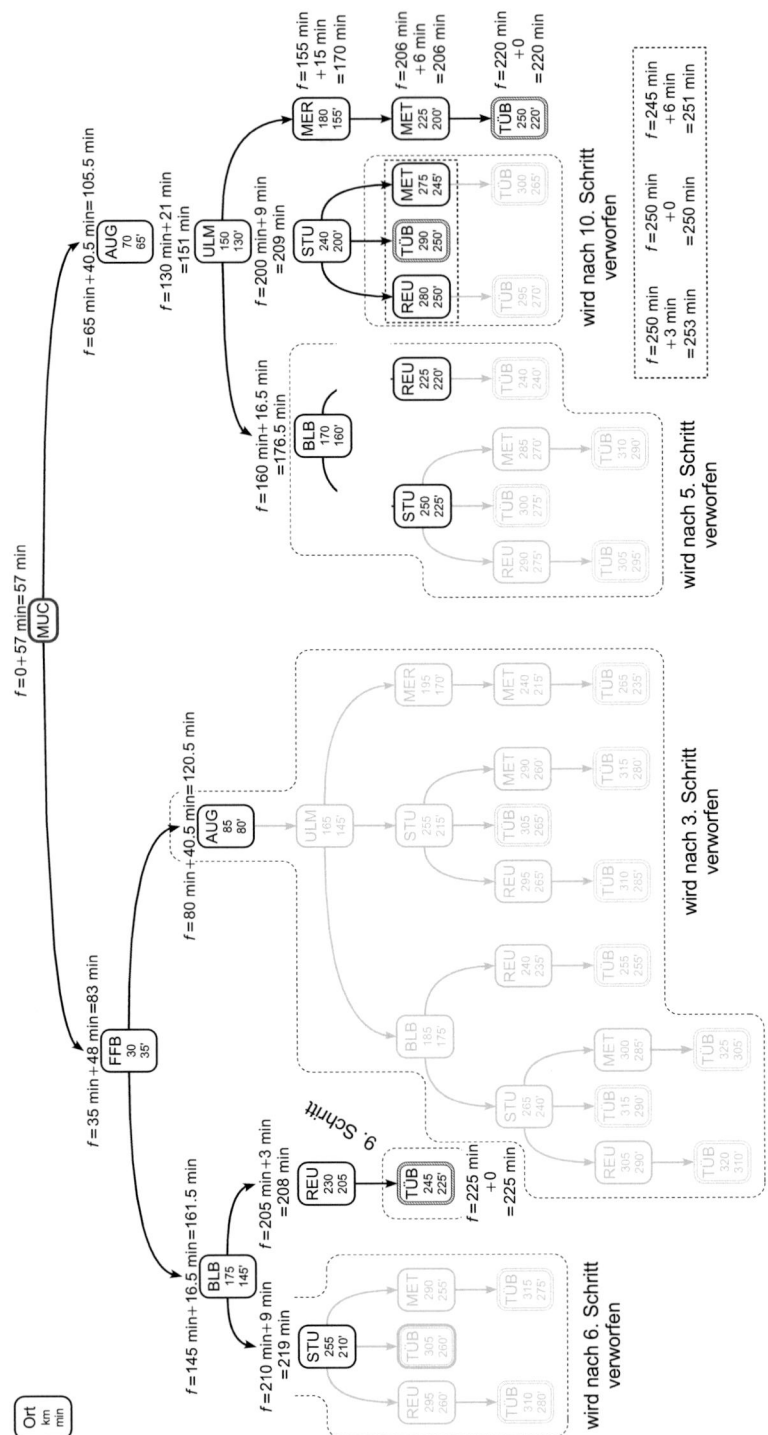

Abb. 11.11. Suchbaum für die A*-Suche nach dem schnellsten Weg.

Aufgabe 4.2: *Prädikatenlogik und logisches Schließen*

a) Zur Darstellung dieses Satzes in Prädikatenlogik werden noch die folgenden zwei zweistelligen Prädikate benötigt:

Vater(x,v): v ist der Vater von x.

Mutter(x,m): m ist die Mutter von x.

Man erhält so

$$(\forall x)\{\text{Vorfahr}(\text{Joachim},x) \Rightarrow \text{Vater}(\text{Joachim},x) + \text{Mutter}(\text{Joachim},x) +$$
$$(\exists y)\{\text{Vorfahr}(y,x) \cdot [\text{Vater}(\text{Joachim},y) + \text{Mutter}(\text{Joachim},y)]\}\}.$$

b) Umformung der Aussagen in die Prädikatenlogik

b1) Unter Verwendung der ein- und zweistelligen Prädikate

Computer(x): x ist ein Computer

Mensch(x): x ist ein Mensch

Aufgabe(y): y ist eine Aufgabe

lösen(x,y): x kann y lösen

intelligent(x): x ist intelligent

erhält man

$$(\forall x)\{\text{Computer}(x) \cdot (\exists y)\{\text{Aufgabe}(y) \cdot \text{lösen}(x,y) \cdot$$
$$(\forall z)\{\text{Mensch}(z) \cdot \text{lösen}(z,y) \Rightarrow \text{intelligent}(z)\}\} \Rightarrow \text{intelligent}(x)\}.$$

b2) Interpretation des Satzes: „Eine Formel, die ein „$\Rightarrow$" enthält, kann in eine äquivalente Formel umgeformt werden, die ein „+" enthält (und umgekehrt)", wobei der letzte Teil in Klammern gesetzt ist, da Interpretationssache. Ferner definiere man sich das zweistellige Prädikat

Formel(x,z): Die Formel x enthält das Zeichen z.

Anschließend erhält man den natürlichsprachlichen Satz als Prädikatenkalkül zu

$$(\forall x)\{[\text{Formel}(x,\text{\textquotedblleft}\Rightarrow\text{\textquotedblleft}) \Rightarrow (\exists y)\{\text{Formel}(y,\text{\textquotedblleft}+\text{\textquotedblleft}) \cdot (x \Leftrightarrow y)\}](+$$
$$[\text{Formel}(x,\text{\textquotedblleft}+\text{\textquotedblleft}) \Rightarrow (\exists y)\{\text{Formel}(y,\text{\textquotedblleft}\Rightarrow\text{\textquotedblleft}) \cdot (x \Leftrightarrow y)\}]\}).$$

b3) Wieder definiert man sich einige ein- und zweistellige Prädikate:

Programm(x): x ist ein Programm

Tatsache(y): y ist eine Tatsache

beschreiben(x,y): dem x kann y beschrieben werden

lernen(x,y): x kann das y gelehrt werden

und man erhält

$(\forall x)\{\text{Programm}(x) \cdot \{(\exists y)\{\text{Tatsache}(y) \cdot \neg\text{beschreiben}(x,y)\}\} \Rightarrow \neg\text{lernen}(x,y)\}.$

c) Verwendet man die Konjunktive Normalform (KNF), sind die einzelnen Aussagen einer Formel über Konjunktionen verknüpft. Demnach besteht eine Formel in KNF nur aus Konjunktionen von Disjunktionen. Formeln, in denen

- mehr als nur die drei boolschen Operatoren („+", „·" und „¬") enthalten sind,
- andere Terme als atomare Aussagen negiert (z. B. ¬(A+B)) werden,
- sowohl Disjunktionen als auch Konjunktionen verwendet werden (z. B (A · ¬B + C) · ¬A + ¬B + ¬C + A · B + C),
- Formeln mit Klammern tiefer als die erste Ebene verschachtelt sind, z. B. A · ¬B + (C · B) · ¬A + ¬B + ¬C

sind *nicht* in KNF. Um eine beliebige Formel in die KNF umzuformen, sind im Wesentlichen die folgenden Schritte nötig:

- eliminieren aller Äquivalenzen und Implikationen
- negierte geklammerte Ausdrücke mithilfe der de morganschen Regeln auflösen
- Distributivgesetze so lange anwenden, bis auf oberster Ebene nur noch Konjunktionen und darunter Disjunktionen vorhanden sind (A + (B · C) ≡ (A + B) · (A + C) und A · (B + C) = (A · B) + (A · C)).

Damit können die folgenden Aufgaben gelöst werden.

c1)

$\rightarrow \quad (\forall x)\{P(x) \Rightarrow P(x)\}$
$\rightarrow \quad (\forall x)\{\neg P(x) + P(x)\}$
$\rightarrow \quad (\forall x)\{1\}$
$\rightarrow \quad 1$

c2)

$\rightarrow \quad \neg[(\forall x)\{P(x)\}] \Rightarrow (\exists x)\{\neg P(x)\}$
$\rightarrow \quad (\forall x)\{P(x)\} + (\exists x)\{\neg P(x)\}$
$\rightarrow \quad (\forall x)\{P(x)\} + (\exists y)\{\neg P(y)\}$
$\rightarrow \quad (\forall x)\{P(x)\} + \neg P(y)$
$\rightarrow \quad P(x) + \neg P(y)$
$\rightarrow \quad \neg(\neg P(x) \cdot P(y))$

11.3 Lösung zu Abschnitt 4.7   313

d) Ist ein Ausdruck W eine Tautologie, so ist er für jede beliebige Belegung „wahr". Daraus folgt, dass ¬W für jede Belegung „falsch", also unerfüllbar ist. Demnach muss gezeigt werden, dass ¬W zur leeren Klausel führt.

d1) Umformung von $(P \Rightarrow Q) \Rightarrow [(R+P) \Rightarrow (R+Q)]$:

$$\rightarrow \quad P \Rightarrow Q \Rightarrow [(R+P) \Rightarrow (R+Q)] \qquad |_{A \Rightarrow B \equiv \neg A + B}$$
$$\rightarrow \quad \neg(\neg P + Q) + [\neg(R+P) + (R+Q)] \qquad |_{\neg(A+B) \equiv \neg A \cdot \neg B}$$
$$\rightarrow \quad P \cdot \neg Q + \neg R \cdot \neg P + R + Q \equiv W.$$

Bildung von ¬W

$$\neg W \equiv \underbrace{(\neg P + Q)}_{(11.99)} \cdot \underbrace{(R+P)}_{(11.100)} \cdot \underbrace{\neg R}_{(11.101)} \cdot \underbrace{\neg Q}_{(11.102)}$$

führt zu den in Klammern unter dem jeweiligen Ausdruck angegebenen Klauseln. Weiter erhält man mithilfe der Resolution

$$(11.99 \setminus \{Q\}) + (11.102 \setminus \{\neg Q\}) \qquad \neg P \qquad (11.103)$$
$$(11.100 \setminus \{R\}) + (11.101 \setminus \{\neg R\}) \qquad P \qquad (11.104)$$
$$(11.103 \setminus \{\neg P\}) + (11.104 \setminus \{P\}) \qquad \text{NIL}.$$

Somit ist die Tautologie gezeigt. Alternativ kann die Lösung auch über

$$(11.99) \cdot (11.102) \qquad \rightarrow (\neg P + Q) \cdot \neg Q \equiv \neg P \cdot \neg Q + \underbrace{Q \cdot \neg Q}_{\{\}, \text{NIL}} \qquad (11.105)$$

$$(11.100) \cdot (11.101) \qquad \rightarrow (R+P) \cdot \neg R \equiv \underbrace{\neg R \cdot \neg R}_{\{\}, \text{NIL}} + P \cdot \neg R \qquad (11.106)$$

$$(11.105) \cdot (11.106) \qquad \rightarrow \neg P \cdot \neg Q \cdot P \cdot \neg R \equiv \underbrace{\neg P \cdot P}_{\{\}, \text{NIL}} \cdot \neg Q \cdot \neg R \rightarrow \text{NIL}$$

gefunden werden. Allerdings ist dies keine Resolution.

d2) Umformung von $[(P \Rightarrow Q) \Rightarrow P] \Rightarrow P$:

$$\rightarrow \quad [(P \Rightarrow Q) \Rightarrow P] \Rightarrow P$$
$$\rightarrow \quad \neg[\neg(\neg P + Q) + P] + P$$
$$\rightarrow \quad \neg[P \cdot \neg Q + P] + P \equiv W.$$

Bildung von ¬W führt wiederum zu

$$\neg W \equiv (P \cdot \neg Q + P) \cdot \neg P \qquad |_{A+(B \cdot C) \equiv (A+B) \cdot (A+C)}$$
$$\rightarrow \quad (\underbrace{P+P}_{=P \, (11.108)}) \cdot \underbrace{(P+\neg Q)}_{(11.109)} \cdot \underbrace{\neg P}_{(11.110)}$$

314   11 Musterlösungen zu den Übungen

mit den unter den Ausdrücken angegebenen Klauseln. Mit ihnen kann über

$$(11.108 \setminus \{P\}) + (11.110 \setminus \{\neg P\}) \quad \text{NIL}$$

die Unerfüllbarkeit der Negation und damit die Tautologie gezeigt werden.

d3) Umformung von $(P \Rightarrow Q) \Rightarrow (\neg Q \Rightarrow \neg P)$:

$$\rightarrow \quad (P \Rightarrow Q) \Rightarrow (\neg Q \Rightarrow \neg P)$$
$$\rightarrow \quad \neg(\neg P + Q) + Q + \neg P = W.$$

Auch hier kann die Tautologie über die Negation von W gezeigt werden:

$$\neg W \equiv \underbrace{(\neg P + Q)}_{(11.112)} \cdot \underbrace{\neg Q}_{(11.113)} \cdot \underbrace{P}_{(11.114)}, \tag{11.115}$$

woraus

$$\begin{array}{ll} (11.112 \setminus \{Q\}) + (11.113 \setminus \{\neg Q\}) & \neg P \\ (11.114 \setminus \{P\}) + (11.116 \setminus \{\neg P\}) & \text{NIL} \end{array} \tag{11.116}$$

folgt.

e) Allgemein soll gezeigt werden, dass eine Formel W gilt. Ist W „wahr", so existiert eine Belegung, die A gültig („wahr") macht. Dann muss für diese Belegung ¬W „falsch" sein, somit ist das Set $\{W, \neg W\}$ unerfüllbar. Die Gültigkeit einer Formel kann über Herleitung der leeren Klausel aus W und ¬W gezeigt werden. Für das konkrete Beispiel

$$(\exists x)\{[P(x) \Rightarrow P(A)] \cdot [P(x) \Rightarrow P(B)]\}$$

wird diese Formel zunächst geeignet umgeformt:

$$\rightarrow (\exists x)\{[P(x) \Rightarrow P(A)] \cdot [P(x) \Rightarrow P(B)]\}$$
$$\rightarrow (\exists x)\{[\neg P(x) + P(A)] \cdot [\neg P(x) + P(B)]\}$$
$$\stackrel{x=C}{\rightarrow} \underbrace{[\neg P(C) + P(A)]}_{(11.118)} \cdot \underbrace{[\neg P(C) + P(B)]}_{(11.119)} \equiv W.$$

Für ¬W gilt

$$\neg W \equiv \neg[\neg P(C) + P(A)] + \neg[\neg P(C) + P(B)]$$
$$\rightarrow \underbrace{[P(C) \cdot \neg P(A)]}_{A} + \underbrace{[P(C)}_{B} \cdot \underbrace{(\neg P(B))]}_{C} \quad |_{A+(B \cdot C)=(A+B) \cdot (A+C)}$$
$$\rightarrow [P(C) \cdot \neg P(A) + P(C)] \cdot [P(C) \cdot \neg P(A) + \neg P(B)]$$
$$\rightarrow \underbrace{[P(C) + P(C)]}_{P(C) \; (11.121)} \cdot \underbrace{[P(C) + \neg P(A)]}_{(11.122)} \cdot$$

$$\underbrace{[\neg P(B) + P(C)]}_{(11.123)} \cdot \underbrace{[\neg P(B) + \neg P(A)]}_{(11.124)}.$$

Aus den Klauseln 11.118, 11.119, 11.121, 11.122, 11.123 und 11.124 erhält man schließlich

$(11.118 \setminus \{\neg P(C)\}) + (11.121 \setminus \{P(C)\})$	$P(A)$	(11.125)
$(11.119 \setminus \{\neg P(C)\}) + (11.121 \setminus \{P(C)\})$	$P(B)$	(11.126)
$(11.124 \setminus \{\neg P(A)\}) + (11.125 \setminus \{P(A)\})$	$\neg P(B)$	(11.127)
$(11.126 \setminus \{P(B)\}) + (11.127 \setminus \{\neg P(B)\})$	NIL,	

womit die Formel bewiesen ist.

f) Obwohl es anschaulich klar ist, dass es Alpenvereinsmitglieder geben muss, die zwar Bergsteiger, aber keine Skifahrer sind, kann diese Aussage zunächst verallgemeinert und anschließend bewiesen werden. Dazu werden die folgenden ein- und zweistelligen Prädikate benötigt:

Mitglied(x): x ist Mitglied im Alpenverein

Bergsteiger(x): x ist ein Bergsteiger

Skifahrer(x): x ist ein Skifahrer

mögen(x,y): y wird von x gemocht

Des Weiteren gelten folgende Abkürzungen: M $\equiv$ Max, F $\equiv$ Flo, K $\equiv$ Karl, S $\equiv$ Schnee und R $\equiv$ Regen.

g) In Prädikatenlogik ausgedrückt, lautet dann die Frage:

$$T = \text{Mitglied}(x) \cdot \text{Bergsteiger}(x) \cdot \neg \text{Skifahrer}(x). \tag{11.128}$$

h) Aus dem Text werden folgende Fakten (bewiesene Theoreme) entnommen und mithilfe der obigen Prädikate und Abkürzungen wie folgt dargestellt:

$$\text{Mitglied}(M) \tag{11.129}$$
$$\text{Mitglied}(F) \tag{11.130}$$
$$\text{Mitglied}(K) \tag{11.131}$$
$$(\forall x)\{\text{Mitglied}(x) \cdot \neg \text{Skifahrer}(x) \Rightarrow \text{Bergsteiger}(x)\}$$
$$\rightarrow \neg[\text{Mitglied}(x) \cdot \neg \text{Skifahrer}(x)] + \text{Bergsteiger}(x)$$
$$\rightarrow \neg \text{Mitglied}(x) + \text{Skifahrer}(x) + \text{Bergsteiger}(x) \tag{11.132}$$
$$(\forall x)\{\text{Bergsteiger}(x)\} \Rightarrow \neg \text{mögen}(x, R)$$
$$\rightarrow \neg \text{Bergsteiger}(x) + \neg \text{mögen}(x, R) \tag{11.133}$$
$$(\forall x)\{\neg \text{mögen}(x, S)\} \Rightarrow \neg \text{Skifahrer}(x)$$
$$\rightarrow \text{mögen}(x, S) + \neg \text{Skifahrer}(x) \tag{11.134}$$

$$\text{mögen}(M, R) \tag{11.135}$$
$$\text{mögen}(M, S) \tag{11.136}$$
$$(\forall y)\{\text{mögen}(M, y)\} \Rightarrow \neg\text{mögen}(F, y)$$
$$\rightarrow \neg\text{mögen}(M, y) + \neg\text{mögen}(F, y). \tag{11.137}$$

i) Die Negation von T aus Gleichung 11.128 führt zu

$$\neg T = \neg \text{Mitglied}(x) + \neg \text{Bergsteiger}(x) + \text{Skifahrer}(x). \tag{11.138}$$

Die Unerfüllbarkeit dieser Klausel soll im Folgenden gezeigt werden. Aus den Klauseln in den Gleichungen 11.129 bis 11.137 folgt

$$(11.136 \setminus \{\text{mögen}(M, S)\}) + (11.137 \setminus \{\neg\text{mögen}(M, y)|_{y=S}\})$$
$$\neg\text{mögen}(F, S) \tag{11.139}$$
$$(11.134|_{x=F} \setminus \{\text{mögen}(F, S)\}) + (11.139 \setminus \{\neg\text{mögen}(F, S)\})$$
$$\neg\text{Skifahrer}(F) \tag{11.140}$$
$$(11.130 \setminus \{\text{Mitglied}(F)\}) + (11.132|_{x=F} \setminus \{\neg\text{Mitglied}(F)\})$$
$$\text{Skifahrer}(F) + \text{Bergsteiger}(F) \tag{11.141}$$
$$(11.141 \setminus \{\text{Skifahrer}(F)\}) + (11.140 \setminus \{\neg\text{Skifahrer}(F)\})$$
$$\text{Bergsteiger}(F). \tag{11.142}$$

Anschließend bildet man

$$(11.130 \setminus \{\text{Mitglied}(F)\}) + (11.138 \setminus \{\neg\text{Mitglied}(F)\})$$
$$\neg\text{Bergsteiger}(F) + \text{Skifahrer}(F) \tag{11.143}$$
$$(11.140 \setminus \{\neg\text{Skifahrer}(F)\}) + (11.143 \setminus \{\text{Skifahrer}(F)\})$$
$$\neg\text{Bergsteiger}(F) \tag{11.144}$$
$$(11.142 \setminus \{\text{Bergsteiger}(F)\}) + (11.144 \setminus \{\neg\text{Bergsteiger}(F)\}) \tag{11.145}$$
$$\text{NIL} \tag{11.146}$$

und zeigt so die leere Klausel. Die Antwort lautet: „Ja, es gibt Mitglieder im Alpenverein, die nicht Ski fahren, aber dafür bergsteigen (nämlich der Flo)."

Aufgabe 4.3: *Wissensdarstellung*

a) Die Lösung kann durch Rückwärtsverkettung gefunden werden, indem zunächst willkürlich angenommen wird, dass Flo das Kalkül erfüllt. Die einzelnen Schritte sind in Abbildung 11.12 eingetragen. Wie zu sehen ist, erfüllt die Annahme „Flo" alle Knoten und ist daher eine richtige Lösung. Die Frage kann also mit „Flo" beantwortet werden.

b) Die Darstellung der Satzaussagen in semantische Netze kann aufgrund der Unschärfe und Mehrdeutigkeiten der (gesprochenen) Sprache je nach Interpretation zu

11.3 Lösung zu Abschnitt 4.7   317

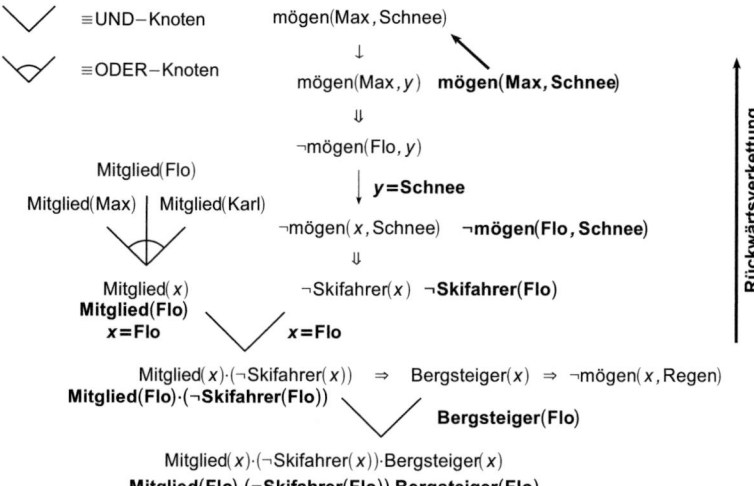

Abb. 11.12. Regelwerk für die Frage „Gibt es Alpenvereinsmitglieder, die keine Skifahrer, aber Bergsteiger sind?" mit der Annahme „Flo" und die erfolgreiche Erfüllung aller Knoten mit dieser Annahme.

unterschiedlichen Netzen führen. Die Aussage der semantischen Netze hingegen ist stets eindeutig.

b1) In Abbildung 11.13 ist das semantische Netz des Satzes „Alle violetten Pilze sind giftig" dargestellt. Zur Darstellung dieses Satzes werden zusammenhängende

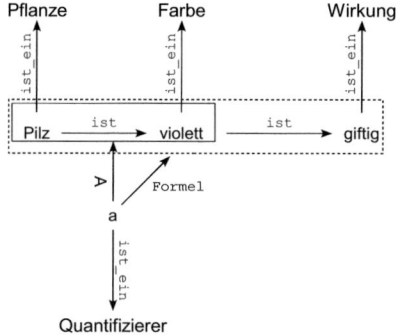

Abb. 11.13. Semantisches Netz des Satzes „Alle violetten Pilze sind giftig".

Einheiten gruppiert sowie der Quantifizierer „∀" verwendet.

b2) Unter Verwendung des aus der vorherigen Aufgabe bekannten „∀"-Quantifizierers ist das sich ergebende semantische Netz des Satzes „Ein gelbes Auto hält wie alle Autos nur vor einer roten Ampel" in Abbildung 11.14 gezeigt.

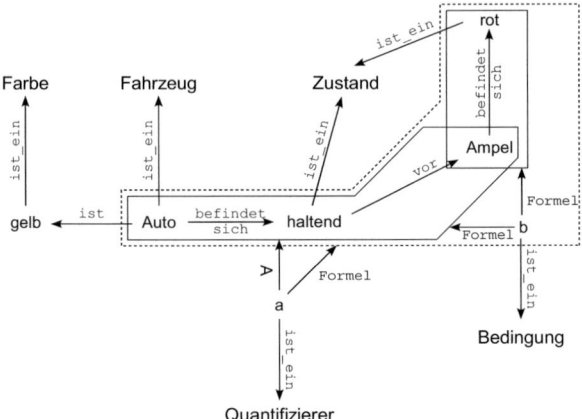

Abb. 11.14. Semantisches Netz des Satzes „Ein gelbes Auto hält wie alle Autos nur vor einer roten Ampel".

Aufgabe 4.4: *Grammatik*

a) Bei Grammatiken ist stets zu beachten: Ein und dieselbe Grammatik kann einen bestimmten String auf mehrere Weisen parsen (ableiten). Dies wird als Ambiguität (Uneindeutigkeit) bezeichnet. Außerdem kann ein und derselbe String von verschiedenen Grammatiken gebildet werden.

a1) Palindrom-Strings müssen immer symmetrisch aufgebaut sein. Daraus ergeben sich die Produktionsregeln

$$S \longrightarrow aSa \mid bSb \mid a* \mid b*,$$

wobei der Stern (∗) angibt, dass beliebig viele der vorangestellten Zeichen produziert werden können. Mit dieser Grammatik ergibt sich beispielsweise

$$S \to aSa \to abSba \to abbSbba \to abbaabba.$$

a2) Die Produktionsregeln werden so aufgebaut, dass sie rekursiv sind und stets Substrings erzeugen, deren Anzahl an Elementen „a" doppelt so groß ist wie an Elementen „b".

Zunächst erfolgt die Betrachtung einer rekursiven Erzeugung, wenn der Ursprung S rechts oder links liegt. Zuerst werden alle Kombinationen aus „S" und den Elementarereignissen „a" und „b" gebildet. Anschließend wählt man die Substitutionen „A", „B", „C" und „D".

$$\begin{aligned} S &\longrightarrow SA \mid AS \\ A &\longrightarrow Bb \mid Ca \mid Da \\ B &\longrightarrow aa \end{aligned} \qquad (11.147)$$

11.3 Lösung zu Abschnitt 4.7   319

$$C \longrightarrow a\,b$$
$$D \longrightarrow b\,a$$

Dann werden jene Produktionen betrachtet, bei denen der Ursprung in der Mitte liegt,

$$S \longrightarrow a\,S\,C \mid C\,S\,a \mid a\,S\,D \mid D\,S\,a \mid b\,S\,B \mid B\,S\,b \tag{11.148}$$

und zum Abschluss die Produktionen mit minimaler Länge

$$S \longrightarrow A. \tag{11.149}$$

Mit den Gleichungen 11.147, 11.148 und 11.149 ergibt sich somit

$$S \longrightarrow A \mid SA \mid AS \mid a\,S\,C \mid C\,S\,a \mid a\,S\,D \mid D\,S\,a \mid b\,S\,B \mid B\,S\,b.$$

b) Für die Lösung grammatikbezogener Aufgaben ist es sinnvoll, die einzelnen Produktionsabschnitte der Grammatik eindeutig zu kennzeichnen, z. B. zu nummerieren, wie es für diese Aufgabe bereits in der Angabe geschehen ist.

b1) In Abbildung 11.15 ist ein möglicher Suchbaum dargestellt. Er ist durch Linksentwicklung oder Linksparsing entstanden. Es wird mit dem Startsymbol S begonnen. Dieses kann auf zwei Arten ersetzt werden, „a B" oder „b A". Für den vorliegenden String ist eine Ersetzung mit „b A" jedoch nicht sinnvoll, da der gesuchte String mit einem „a" beginnt. Infolgedessen ist die einzig sinnvolle Ersetzung „a B", also $S \xrightarrow{(1)} aB$. Daraufhin wird die am weitesten links stehende Variable, in diesem Fall „B" ersetzt. Von den drei möglichen Ersetzungen ist für den gesuchten String nur „a B B" sinnvoll, also $B \xrightarrow{(8)} aaBB$. Für die nächste Ersetzung der linken Variable „B" kommt nur die Möglichkeit „a B B" infrage, und so ergibt sich $B \xrightarrow{(8)} aaaBBB$. Von diesem String aus können verschiedene Ersetzungen vorgenommen werden, um den gesuchten String zu erreichen. Dies ist im Suchbaum in Abbildung 11.15 dargestellt. An den Ästen des Baums stehen die jeweiligen Ersetzungen mit Nummern.

b2) Es ergeben sich die drei Parse-Trees aus Abbildung 11.16.

b3) Da es für den gesuchten String mehr als einen Parse-Tree gibt, ist die Grammatik ambig (uneindeutig).

b4) Grammatiken, die in Chomsky-Normalform (CNF) dargestellt werden, enthalten nur Produktionsregeln, bei denen auf der rechten Seite entweder nur zwei Variable stehen oder sich nur ein terminaler Ausdruck befindet. Nimmt man sich die in der Angabe gegebene Nummerierung der Ausdrücke zu Hilfe, erhält man für die einzelnen Ausdrücke

(1) $S \longrightarrow C\,B$
     $C \longrightarrow a$
(2) $S \longrightarrow D\,A$

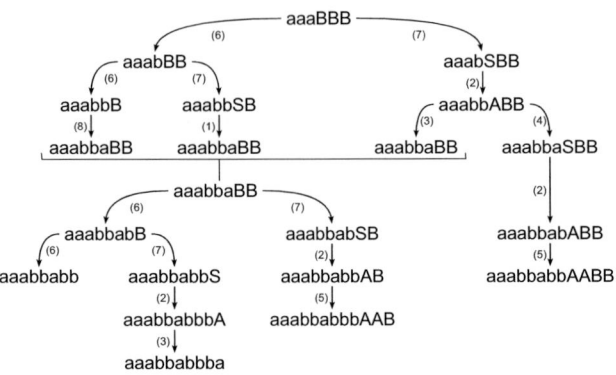

Abb. 11.15. Suchbaum für das Parsen eines Strings mit Bezeichnung der Ersetzungen.

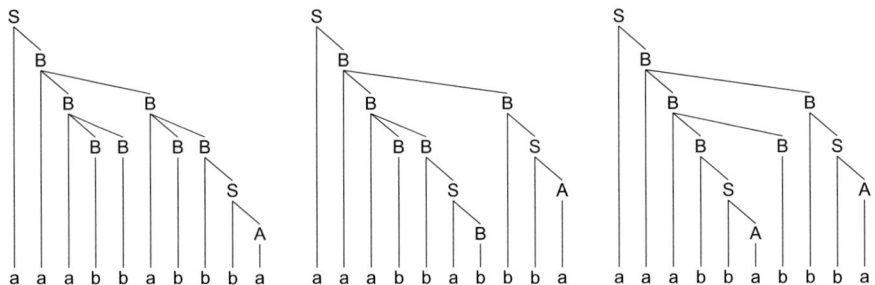

Abb. 11.16. Parse-Trees, abgeleitet vom Suchbaum aus Abbildung 11.15.

$$D \longrightarrow b$$
(3) $\quad A \longrightarrow a$
(4) $\quad A \longrightarrow C\,S$
(5) $\quad A \longrightarrow D\,A\,A \longrightarrow D\,E$
$$E \longrightarrow A\,A$$
(6) $\quad B \longrightarrow b$
(7) $\quad B \longrightarrow D\,S$
(8) $\quad B \longrightarrow C\,B\,B \longrightarrow C\,F$
$$F \longrightarrow B\,B.$$

Es ergibt sich somit für die CNF

$$S \longrightarrow C\,B \mid D\,A, \quad A \longrightarrow a \mid C\,S \mid D\,E, \quad B \longrightarrow b \mid D\,S \mid C\,F,$$
$$C \longrightarrow a, \quad D \longrightarrow b, \quad E \longrightarrow A\,A, \quad E \longrightarrow B\,B.$$

c) Wie in der vorangegangenen Aufgabe gesehen, ist in der Regel eine Grammatik nicht eindeutig – sie ist ambig. Dies äußert sich darin, dass zu einem String S mehrere

Parse-Trees gefunden werden. Beim Parsen der natürlichen Sprache kann dies zu unterschiedlichen semantischen Bedeutungen führen.

c1) Für den Satz ergeben sich zwei Parse-Trees, die in Abbildung 11.17 dargestellt sind. Der linke Parse-Tree ist der semantisch sinnvolle. Er beschreibt, dass ein Junge einen Vogel, der offenbar in einiger Entfernung fliegt, mit einem Fernrohr beobachtet (ein Naturfreund also). Eine Zerlegung wie im rechten Parse-Tree in Abbildung 11.17 würde hingegen bedeuten, dass ein Junge einen Vogel, der ein Fernrohr bei sich trägt, sieht. Dies ist aber nicht möglich und damit semantisch nicht sinnvoll (es sei denn, bei dem Vogel würde es sich um eine Kuriosität handeln).

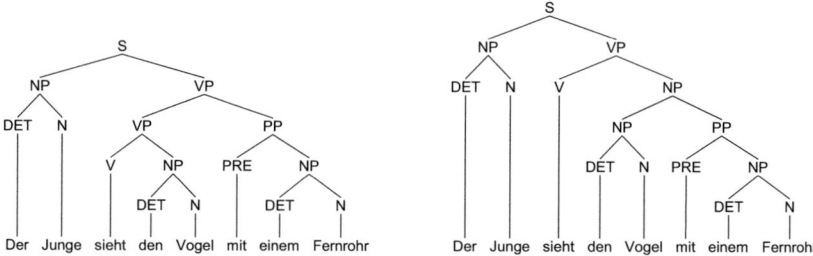

Abb. 11.17. Syntaktische Zerlegung des Satzes „Der Junge sieht den Vogel mit einem Fernrohr."

c2) Auch dieser Satz kann in zwei Parse-Trees zerlegt werden. Diese sind in Abbildung 11.18 dargestellt. Für diesen Satz liefern beide Zerlegungen eine sinnvolle Semantik. Im linken Parse-Tree aus Abbildung 11.18 wird dem Junggesellen dazu gratuliert, dass er noch keine Frau hat. Es ist also ein beneidenswerter Zustand, Junggeselle zu sein. Die zweite Zerlegung stellt eine Interpretation dar, dass dem Junggesellen eine Frau zum Erreichen des Glücks fehlt, im Gegensatz zum verheirateten Mann, dessen Glück vollständig ist, da er eine Frau hat.

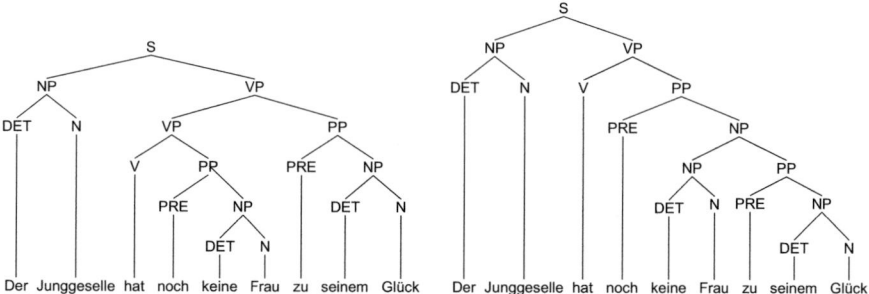

Abb. 11.18. Zerlegung des Satzes „Der Junggeselle hat noch keine Frau zu seinem Glück."

11.4 Lösung zu Abschnitt 5.5

Aufgabe 5.1: *Abstandsklassifizierung*

a) Die Repräsentanten der Klasse 1 (symbolisiert durch □) und der Klasse 2 (symbolisiert durch ○) sind zusammen mit weiteren Ergebnissen dieser Aufgabe in den Abbildungen 11.19 und 11.20 eingetragen.

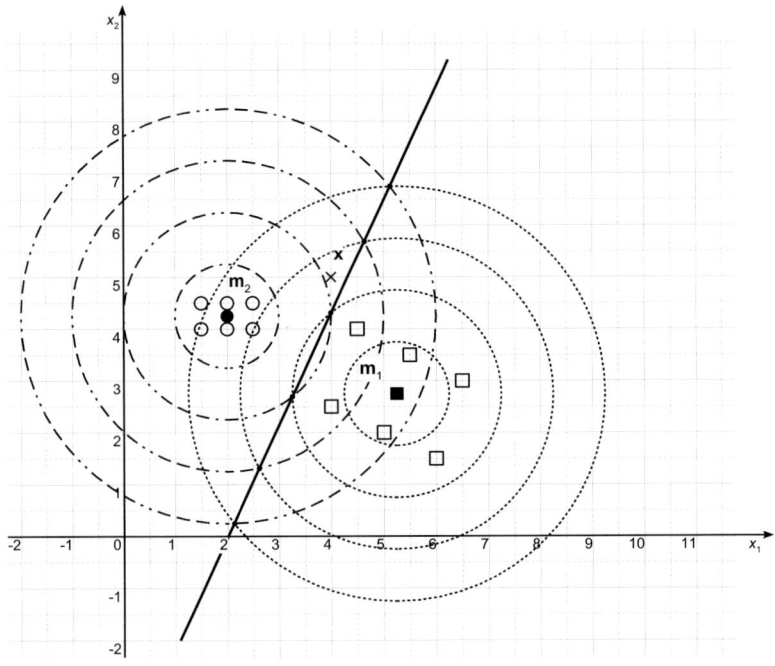

Abb. 11.19. Klassengrenze und deren Konstruktion für den quadratischen Abstand.

b) Für die Mittelwertsberechnung wird die in Gleichung 5.2 auf Seite 125 vorgestellte Formel verwendet. Es ergibt sich

$$m_1 = 1/6 \cdot \left[\begin{pmatrix} 6.00 \\ 1.50 \end{pmatrix} + \begin{pmatrix} 6.50 \\ 3.00 \end{pmatrix} + \begin{pmatrix} 5.00 \\ 2.00 \end{pmatrix} + \right.$$

$$\left. + \begin{pmatrix} 5.50 \\ 3.50 \end{pmatrix} + \begin{pmatrix} 4.00 \\ 2.50 \end{pmatrix} + \begin{pmatrix} 4.50 \\ 4.00 \end{pmatrix} \right] = \begin{pmatrix} 5.25 \\ 2.75 \end{pmatrix} \text{ und}$$

$$m_2 = 1/6 \cdot \left[\begin{pmatrix} 2.50 \\ 4.00 \end{pmatrix} + \begin{pmatrix} 2.00 \\ 4.00 \end{pmatrix} + \begin{pmatrix} 1.50 \\ 4.00 \end{pmatrix} + \right.$$

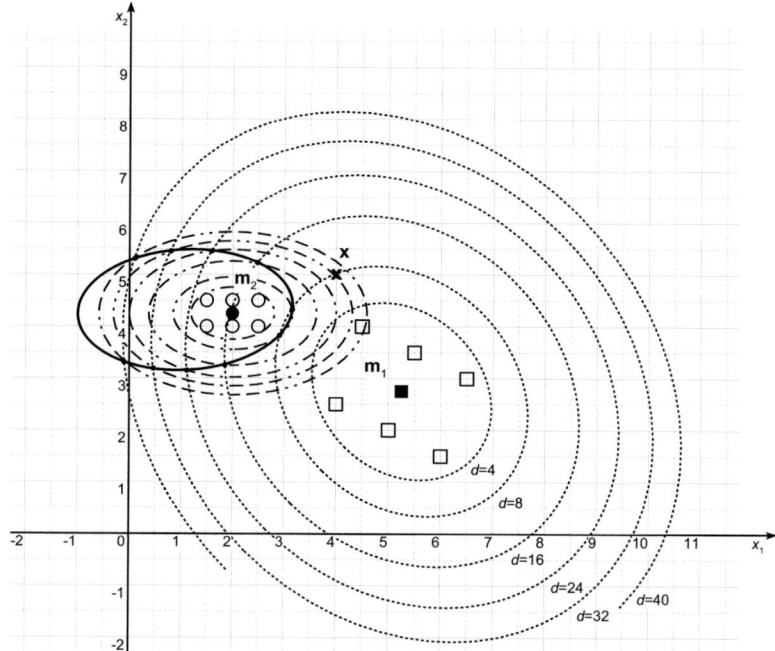

Abb. 11.20. Klassengrenze und deren Konstruktion für den Mahalanobis-Abstand.

$$+ \begin{pmatrix} 2.50 \\ 4.50 \end{pmatrix} + \begin{pmatrix} 2.00 \\ 4.50 \end{pmatrix} + \begin{pmatrix} 1.50 \\ 4.50 \end{pmatrix} \Bigg] = \begin{pmatrix} 2.00 \\ 4.25 \end{pmatrix}.$$

Die Mittelwerte sind in die Abbildungen 11.19 und 11.20 (jeweils als $\mathbf{m}_1$ und $\mathbf{m}_2$) eingezeichnet.

c) Die Klassenzugehörigkeit des unbekannten Musters $\mathbf{x}$ wird mithilfe der Abstände zu den einzelnen Klassen bestimmt.

c1) Der quadratische Abstand $d_{\text{qu},k}(\mathbf{x}, \mathbf{m}_k)$ zur Klasse k errechnet sich zu:

$$d_{\text{Qu},1} = \begin{pmatrix} 4.00 - 5.25 \\ 5.00 - 2.75 \end{pmatrix}^T \cdot \begin{bmatrix} 1 & 0 \\ 0 & 1 \end{bmatrix} \cdot \begin{pmatrix} 4.00 - 5.25 \\ 5.00 - 2.75 \end{pmatrix}$$

$$= \begin{pmatrix} -1.25 \\ 2.25 \end{pmatrix}^T \cdot \begin{pmatrix} -1.25 \\ 2.25 \end{pmatrix} = 6.63$$

$$d_{\text{Qu},2} = \begin{pmatrix} 4.00 - 2.00 \\ 5.00 - 4.25 \end{pmatrix}^T \cdot \begin{bmatrix} 1 & 0 \\ 0 & 1 \end{bmatrix} \cdot \begin{pmatrix} 4.00 - 2.00 \\ 5.00 - 4.25 \end{pmatrix}$$

$$= \begin{pmatrix} 2.00 \\ 0.75 \end{pmatrix}^T \cdot \begin{pmatrix} 2.00 \\ 0.75 \end{pmatrix} = 4.56.$$

Da $d_{\text{Qu},1} > d_{\text{Qu},2}$ gilt, wird $\mathbf{x}$ der Klasse 2 zugeordnet.

c2) Zur Berechnung des Mahalanobis-Abstands $d_{\text{Ma},k}(\mathbf{x},\mathbf{m}_k)$ wird die Kovarianzmatrix $\mathbf{W}_{\text{K},k}$ bestimmt und diese anschließend invertiert ($\mathbf{W}_{\text{K},k}^{-1}$). Zur Erinnerung: Gerade für die Invertierung von 2×2-Matrizen bietet sich folgende Formel an:

$$\mathbf{A}^{-1} = \frac{\text{adj}(\mathbf{A})}{|\mathbf{A}|}, \text{ adj}(\mathbf{A}): \text{Adjunkte, } |\mathbf{A}|: \text{Determinante von } \mathbf{A}. \tag{11.150}$$

Nach Gleichung 11.150 erhält man für die Inverse einer 2×2-Matrix $\mathbf{A} = \begin{bmatrix} a & b \\ c & d \end{bmatrix}$

$$\mathbf{A}^{-1} = \frac{1}{a \cdot d - b \cdot c} \cdot \begin{bmatrix} d & -b \\ -c & a \end{bmatrix}. \tag{11.151}$$

$$\mathbf{W}_{\text{K},1} = 1/6 \cdot \left(\begin{bmatrix} 36.00 & 9.00 \\ 9.00 & 2.25 \end{bmatrix} + \begin{bmatrix} 42.25 & 19.50 \\ 19.50 & 9.00 \end{bmatrix} \right.$$

$$+ \begin{bmatrix} 25.00 & 10.00 \\ 10.00 & 4.00 \end{bmatrix} + \begin{bmatrix} 30.25 & 19.25 \\ 19.25 & 12.25 \end{bmatrix}$$

$$\left. + \begin{bmatrix} 16.00 & 10.00 \\ 10.00 & 6.25 \end{bmatrix} + \begin{bmatrix} 20.25 & 18.00 \\ 18.00 & 16.00 \end{bmatrix} \right) - \begin{bmatrix} 27.56 & 14.44 \\ 14.44 & 7.56 \end{bmatrix}$$

$$= \begin{bmatrix} 28.29 & 14.29 \\ 14.29 & 8.29 \end{bmatrix} - \begin{bmatrix} 27.56 & 14.44 \\ 14.44 & 7.56 \end{bmatrix} = \begin{bmatrix} 0.73 & -0.15 \\ -0.15 & 0.73 \end{bmatrix}$$

$$\Rightarrow \mathbf{W}_{\text{K},1}^{-1} \stackrel{\text{Gl. 11.151}}{=} \frac{1}{0.73 \cdot 0.73 - (-0.15) \cdot -0.15} \cdot \begin{bmatrix} 0.73 & 0.15 \\ 0.15 & 0.73 \end{bmatrix} = \begin{bmatrix} 1.43 & 0.29 \\ 0.29 & 1.43 \end{bmatrix}$$

$$\Rightarrow d_{\text{Ma},1} = \begin{pmatrix} 4.00 - 5.25 \\ 5.00 - 2.75 \end{pmatrix}^{\text{T}} \cdot \underbrace{\begin{bmatrix} 1.43 & 0.29 \\ 0.29 & 1.43 \end{bmatrix}}_{\mathbf{W}_{\text{K},1}^{-1}} \cdot \begin{pmatrix} 4.00 - 5.25 \\ 5.00 - 2.75 \end{pmatrix}$$

$$= \begin{pmatrix} -1.14 \\ 2.86 \end{pmatrix}^{\text{T}} \cdot \begin{pmatrix} -1.25 \\ 2.25 \end{pmatrix} = 7.86,$$

$$\mathbf{W}_{\text{K},2} = 1/6 \cdot \left(\begin{bmatrix} 6.25 & 10.00 \\ 10.00 & 16.00 \end{bmatrix} + \begin{bmatrix} 4.00 & 8.00 \\ 8.00 & 16.00 \end{bmatrix} \right.$$

$$+ \begin{bmatrix} 2.25 & 6.00 \\ 6.00 & 16.00 \end{bmatrix} + \begin{bmatrix} 6.25 & 11.25 \\ 11.25 & 20.25 \end{bmatrix}$$

$$\left. + \begin{bmatrix} 4.00 & 9.00 \\ 9.00 & 20.25 \end{bmatrix} + \begin{bmatrix} 2.25 & 6.75 \\ 6.75 & 20.25 \end{bmatrix} \right) - \begin{bmatrix} 4.00 & 8.50 \\ 8.50 & 18.06 \end{bmatrix}$$

$$= \begin{bmatrix} 4.17 & 8.50 \\ 8.50 & 18.13 \end{bmatrix} - \begin{bmatrix} 4.00 & 8.50 \\ 8.50 & 18.06 \end{bmatrix} = \begin{bmatrix} 0.17 & 0.00 \\ 0.00 & 0.06 \end{bmatrix}$$

$$\Rightarrow \mathbf{W}_{\text{K},2}^{-1} \stackrel{\text{Gl. 11.151}}{=} \frac{1}{0.17 \cdot 0.06} \cdot \begin{bmatrix} 0.06 & 0.00 \\ 0.00 & 0.17 \end{bmatrix} = \begin{bmatrix} 6.00 & 0.00 \\ 0.00 & 16.00 \end{bmatrix}$$

$$\Rightarrow d_{\text{Ma},2} = \begin{pmatrix} 4.00 - 2.00 \\ 5.00 - 4.25 \end{pmatrix}^T \cdot \underbrace{\begin{bmatrix} 6.00 & 0.00 \\ 0.00 & 16.00 \end{bmatrix}}_{\mathbf{W}_{\text{K},2}^{-1}} \cdot \begin{pmatrix} 4.00 - 2.00 \\ 5.00 - 4.25 \end{pmatrix}$$

$$= \begin{pmatrix} 12.00 \\ 12.00 \end{pmatrix}^T \cdot \begin{pmatrix} 2.00 \\ 0.75 \end{pmatrix} = 33.00.$$

In diesem Fall ist $d_{\text{Ma},1} < d_{\text{Ma},2}$, weswegen **x** der Klasse 1 zugeordnet wird, was auch der subjektiven Empfindung entspricht.

d) Wie in der Angabe erwähnt, findet man die Trennfunktion zwischen zwei Klassen i und j durch Gleichsetzen ihrer Abstände

$$d_i(\mathbf{x}, \mathbf{m}_i) \stackrel{!}{=} d_j(\mathbf{x}, \mathbf{m}_j) \Rightarrow d_i(\mathbf{x}) - d_j(\mathbf{x}) = 0. \quad (11.152)$$

d1) Für den quadratischen Abstand gilt bei Verwendung von Gleichung 11.152 für die Trennfunktion

$$T_{\text{Qu}}: \begin{pmatrix} x_1 - 5.25 \\ x_2 - 2.75 \end{pmatrix}^T \cdot \begin{pmatrix} x_1 - 5.25 \\ x_2 - 2.75 \end{pmatrix} -$$

$$+ \begin{pmatrix} x_1 - 2.00 \\ x_2 - 4.25 \end{pmatrix}^T \cdot \begin{pmatrix} x_1 - 2.00 \\ x_2 - 4.25 \end{pmatrix} = 0$$

$$T_{\text{Qu}}: (x_1 - 5.25)^2 + \underbrace{(x_2 - 2.75)^2}_{y=x_2-11/4} - \left[\underbrace{(x_1 - 2)^2}_{x=x_1-2} + (x_2 - 4.25)^2 \right] = 0. \quad (11.153)$$

Mit den beiden Koordinatentransformationen $x = x_1 - 2$ und $y = x_2 - 2.75$ erhält man für Gleichung 11.153

$$(x - 13/4)^2 + y^2 - \left[x^2 + (y - 3/2)^2 \right] = 0$$

$$\Rightarrow 3y - 13/2 x + 133/16 = 0$$

$$\Rightarrow 3x_2 - 13/2 x_1 + 209/48 = 0$$

$$\Rightarrow x_2 = 13/6 x_1 - 209/48$$

als explizite Trennfunktion. Sie ist in Abbildung 11.19 eingetragen.

d2) Setzt man in Gleichung 11.152 die Mahalanobis-Abstände ein, erhält man für die implizit definierte Trennfunktion

$$T_{\text{Ma}}: 1.43 \cdot (x_1 - 5.25)^2 + 0.29 \cdot (x_2 - 2.75) \cdot (x_1 - 5.25) +$$
$$+ 0.29 \cdot (x_1 - 5.25) \cdot (x_2 - 2.75) + 1.43 \cdot (x_2 - 2.75)^2 +$$
$$- \left[6 \cdot (x_1 - 2)^2 + 16 \cdot (x_2 - 4.25)^2 \right] = 0.$$

Die Trennfunktionen unter Verwendung der beiden Abstände sind in die Abbildung 11.19 (quadratischer Abstand) bzw. Abbildung 11.20 (Mahalanobis-Abstand) eingetragen.

e) Die Kurven konstanten quadratischen Abstands sind Kreise, deren Radius dem Abstand entspricht. Kurven konstanten Mahalanobis-Abstands haben im Allgemeinen elliptische Form. Sie entsprechen mit der Kovarianzmatrix der Klasse gewichteten Kreisen.

f) Die Kurven konstanten quadratischen und Mahalanobis-Abstands sind in Abbildung 11.19 bzw. Abbildung 11.20 eingetragen.

g) Die jeweilige Trennkurve erhält man durch Verbinden der Schnittpunkte *konstanten* Abstands. Diese ist in die Abbildungen 11.19 und 11.20 eingetragen.

Aufgabe 5.2: *Hidden-Markov-Modelle – Erkennung*

a) Die Hidden-Markov-Modelle (HMM) besitzen **A**-Matrizen, welche eine obere Dreiecksform aufweisen. Deswegen handelt es sich um die sog. Links-Rechts-Modelle.

b) Die aus der jeweiligen **A**-Matrix abgeleitete Struktur findet sich in Abbildung 11.21. Die möglichen Übergänge vom Zustand q_t zum Zustand q_{t+1} ergeben sich ebenfalls aus der **A**-Matrix, da Beobachtungen noch nicht berücksichtigt werden. Auch die möglichen Übergänge finden sich in Abbildung 11.21.

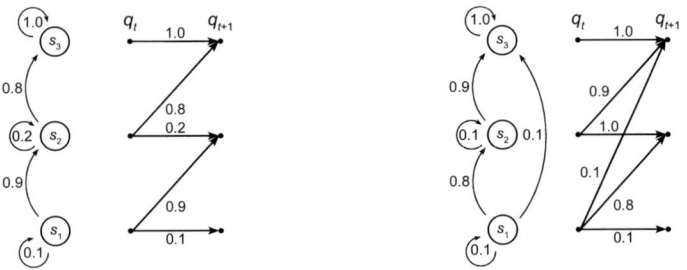

Abb. 11.21. Zustandsübergangsdiagramm und zwischen zwei Zeitpunkten erreichbare Zustände für HMM_1 (links) und HMM_2 (rechts).

c) Der Trellis besteht aus der zeitlichen Kaskadierung der möglichen Zustandsübergänge ($q_t \rightarrow q_{t+1}$) aus Abbildung 11.21, allerdings unter Berücksichtigung der Beobachtung und, wie in der Angabe gefordert, $q_T = 3$, d.h. die letzte Teilbeobachtung o_4 der Beobachtung $\mathbf{o}_1$ wird im Zustand s_3 gemacht. Der zugehörige Trellis ist für HMM_1 in Abbildung 11.22 oben und für HMM_2 in Abbildung 11.22 unten dargestellt.

d) Im Folgenden werden die beiden Produktionswahrscheinlichkeiten $p_1(\mathbf{o}_1|\lambda_1)$ und $p_2(\mathbf{o}_1|\lambda_2)$ auf zwei Arten berechnet:

d1) Berechnung aller Pfadwahrscheinlichkeiten und anschließende Summierung (Gleichung 5.17 auf Seite 131). Für $p_1(\mathbf{o}_1|\lambda_1)$ ergibt sich so:

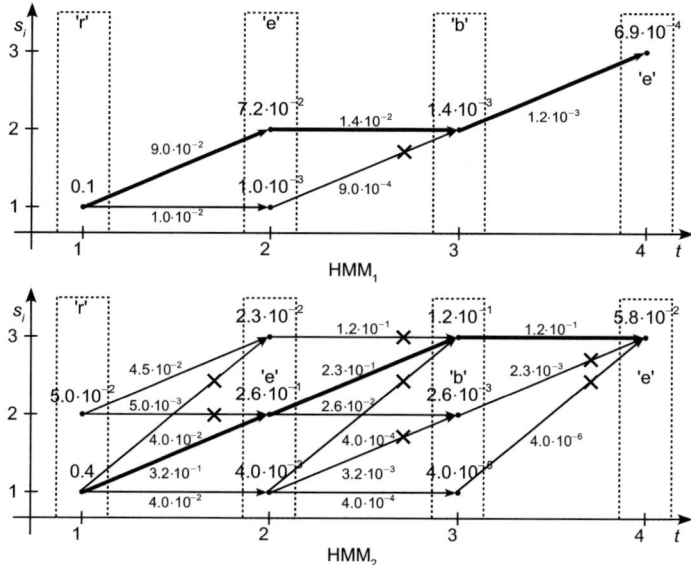

Abb. 11.22. Trellisdiagramm des HMM_1 (oben) und HMM_2 (unten) für die Beobachtung $\mathbf{o}_1$.

$$p_1(\mathbf{o}_1, \mathbf{q}_1 | \lambda_1) = \underbrace{1 \cdot 0.1 \cdot 0.1 \cdot 0.1 \cdot 0.9 \cdot 0.1 \cdot 0.8 \cdot 0.6}_{\mathbf{q}_1 = (s_1, s_1, s_2, s_3)} = 4.32 \cdot 10^{-5}$$

$$p_1(\mathbf{o}_1, \mathbf{q}_2 | \lambda_1) = \underbrace{1 \cdot 0.1 \cdot 0.9 \cdot 0.8 \cdot 0.2 \cdot 0.1 \cdot 0.8 \cdot 0.6}_{\mathbf{q}_2 = (s_1, s_2, s_2, s_3)} = 6.91 \cdot 10^{-4}$$

$$\Rightarrow p_1(\mathbf{o}_1 | \lambda_1) = \sum_{i=1}^{2} p_1(\mathbf{o}_1, \mathbf{q}_i | \lambda_1) = 7.34 \cdot 10^{-4},$$

und für $p_2(\mathbf{o}_1 | \lambda_2)$ erhält man:

$$p_2(\mathbf{o}_1, \mathbf{q}_1 | \lambda_2) = \underbrace{0.5 \cdot 0.8 \cdot 0.1 \cdot 0.1 \cdot 0.1 \cdot 0.1 \cdot 0.1 \cdot 0.5}_{\mathbf{q}_1 = (s_1, s_1, s_1, s_3)} = 2 \cdot 10^{-6}$$

$$p_2(\mathbf{o}_1, \mathbf{q}_2 | \lambda_2) = \underbrace{0.5 \cdot 0.8 \cdot 0.1 \cdot 0.1 \cdot 0.8 \cdot 0.1 \cdot 0.9 \cdot 0.5}_{\mathbf{q}_2 = (s_1, s_1, s_2, s_3)} = 1.44 \cdot 10^{-4}$$

$$p_2(\mathbf{o}_1, \mathbf{q}_3 | \lambda_2) = \underbrace{0.5 \cdot 0.8 \cdot 0.8 \cdot 0.8 \cdot 0.1 \cdot 0.1 \cdot 0.9 \cdot 0.5}_{\mathbf{q}_3 = (s_1, s_2, s_2, s_3)} = 1.15 \cdot 10^{-3}$$

$$p_2(\mathbf{o}_1, \mathbf{q}_4 | \lambda_2) = \underbrace{0.5 \cdot 0.1 \cdot 0.1 \cdot 0.8 \cdot 0.1 \cdot 0.1 \cdot 0.9 \cdot 0.5}_{\mathbf{q}_4 = (s_2, s_2, s_2, s_3)} = 1.8 \cdot 10^{-5}$$

$$p_2(\mathbf{o}_1, \mathbf{q}_5 | \lambda_2) = \underbrace{0.5 \cdot 0.8 \cdot 0.1 \cdot 0.1 \cdot 0.1 \cdot 0.5 \cdot 1 \cdot 0.5}_{\mathbf{q}_5 = (s_1, s_1, s_3, s_3)} = 1 \cdot 10^{-4}$$

$$p_2(\mathbf{o}_1, \mathbf{q}_6 | \lambda_2) = \underbrace{0.5 \cdot 0.8 \cdot 0.8 \cdot 0.8 \cdot 0.9 \cdot 0.5 \cdot 1 \cdot 0.5}_{\mathbf{q}_6 = (s_1, s_2, s_3, s_3)} = 5.76 \cdot 10^{-2}$$

$$p_2(\mathbf{o}_1, \mathbf{q}_7 | \lambda_2) = \underbrace{0.5 \cdot 0.1 \cdot 0.1 \cdot 0.8 \cdot 0.9 \cdot 0.5 \cdot 1 \cdot 0.5}_{\mathbf{q}_7 = (s_2, s_2, s_3, s_3)} = 9 \cdot 10^{-4}$$

$$p_2(\mathbf{o}_1, \mathbf{q}_8 | \lambda_2) = \underbrace{0.5 \cdot 0.8 \cdot 0.1 \cdot 0.5 \cdot 1 \cdot 0.5 \cdot 1 \cdot 0.5}_{\mathbf{q}_8 = (s_1, s_3, s_3, s_3)} = 5 \cdot 10^{-3}$$

$$p_2(\mathbf{o}_1, \mathbf{q}_9 | \lambda_2) = \underbrace{0.5 \cdot 0.1 \cdot 0.9 \cdot 0.5 \cdot 1 \cdot 0.5 \cdot 1 \cdot 0.5}_{\mathbf{q}_9 = (s_2, s_3, s_3, s_3)} = 5.63 \cdot 10^{-3}$$

$$\Rightarrow p_2(\mathbf{o}_1 | \lambda_2) = \sum_{i=1}^{9} p_2(\mathbf{o}_1, \mathbf{q}_i | \lambda_2) = 7.05 \cdot 10^{-2}.$$

d2) Berechnung der beiden Produktionswahrscheinlichkeiten mithilfe des in Abschnitt 5.3.3 vorgestellten Vorwärtsalgorithmus. Grundlage hierfür ist die rekursive Berechnung der Wahrscheinlichkeit $\alpha_t(i) = p(o_1 \ldots o_t, q_t = s_i | \lambda)$. Für $p_1(\mathbf{o}_1 | \lambda_1)$ erhält man so

$$\alpha_1(1) = 1 \cdot 0.1 = 0.1$$
$$\alpha_2(1) = \alpha_1(1) \cdot 0.1 \cdot 0.1 = 1 \cdot 10^{-3}$$
$$\alpha_2(2) = \alpha_1(1) \cdot 0.9 \cdot 0.8 = 7.2 \cdot 10^{-2}$$
$$\alpha_3(1) = \alpha_2(1) \cdot 0.1 \cdot 0.8 = 8 \cdot 10^{-5}$$
$$\alpha_3(2) = [\alpha_2(1) \cdot 0.9 + \alpha_2(2) \cdot 0.2] \cdot 0.1 = 1.53 \cdot 10^{-3}$$
$$\alpha_4(3) = \alpha_3(2) \cdot 0.8 \cdot 0.6 = 7.34 \cdot 10^{-4}$$
$$\Rightarrow p_1(\mathbf{o}_1 | \lambda_1) = \alpha_4(3) = 7.34 \cdot 10^{-4},$$

und für $p_2(\mathbf{o}_1 | \lambda_2)$ ergibt sich

$$\alpha_1(1) = 0.5 \cdot 0.8 = 0.4$$
$$\alpha_1(2) = 0.5 \cdot 0.1 = 5 \cdot 10^{-2}$$
$$\alpha_2(1) = \alpha_1(1) \cdot 0.1 \cdot 0.1 = 4 \cdot 10^{-3}$$
$$\alpha_2(2) = [\alpha_1(1) \cdot 0.8 + \alpha_1(2) \cdot 0.1] \cdot 0.8 = 2.6 \cdot 10^{-1}$$
$$\alpha_2(3) = [\alpha_1(1) \cdot 0.1 + \alpha_1(2) \cdot 0.9] \cdot 0.5 = 4.25 \cdot 10^{-2}$$
$$\alpha_3(1) = \alpha_2(1) \cdot 0.1 \cdot 0.1 = 4 \cdot 10^{-5}$$
$$\alpha_3(2) = [\alpha_2(1) \cdot 0.8 + \alpha_2(2) \cdot 0.1] \cdot 0.1 = 2.92 \cdot 10^{-3}$$
$$\alpha_3(3) = [\alpha_2(1) \cdot 0.1 + \alpha_2(2) \cdot 0.9 + \alpha_2(3)] \cdot 0.5 = 1.38 \cdot 10^{-1}$$
$$\alpha_4(3) = [\alpha_3(1) \cdot 0.1 + \alpha_3(2) \cdot 0.9 + \alpha_3(3)] \cdot 0.5 = 7.05 \cdot 10^{-2}$$
$$\Rightarrow p_2(\mathbf{o}_1 | \lambda_2) = \alpha_4(3) = 7.05 \cdot 10^{-2}.$$

d3) Insbesondere aus der Berechnung von $p_2(\mathbf{o}_1 | \lambda_2)$ wird deutlich, dass der Vorwärtsalgorithmus mit wesentlich weniger Rechenoperationen auskommt. Deswegen ist der Vorwärtsalgorithmus der Berechnung *aller* Pfade vorzuziehen. Wie durch die Rechnung gezeigt wurde, stimmen die erhaltenen Ergebnisse überein. Die Beobachtung wird HMM▼ (Klasse 2) zugeordnet, da $p_2 > p_1$ gilt.

e) Die Ermittlung des wahrscheinlichsten Pfads mithilfe des Viterbi-Algorithmus erfolgt, wie in Abbildung 11.22 dargestellt. Für jeden Zustand $q_t = s_j$ wird ein Knotengewicht über $\delta_t(j) = \max_{1 \leq i \leq N}[\delta_{t-1}(i) \cdot a_{ij}] \cdot b_j(o_t)$ errechnet. Für die Maximumbildung werden alle Pfadgewichte $\delta_{t-1}(i) \cdot a_{ij}$, die zum Zustand $q_t = s_j$ führen, verglichen (engl. *compare*) und anschließend der wahrscheinlichste ausgewählt (engl. *select*). Diese Auswahl ist in Abbildung 11.22 durch ein Wegstreichen der übrigen Pfade symbolisiert. So wird für jeden Knoten weiter verfahren, bis der Zielknoten (hier gilt $q_T = s_3$) erreicht ist. Anschließend wird der wahrscheinlichste Pfad durch Rückverfolgung vom Zielknoten aus ermittelt, indem in jedem Verzweigungspunkt immer nur der Pfad weiter verfolgt wird, der vorher *nicht* weggestrichen wurde.

f) Die Lösung erfolgt, wie in der Angabe gefordert, mithilfe des Vorwärtsalgorithmus. Man erhält für $p_1(\mathbf{o}_2|\lambda_1)$

$$\alpha_1(1) = 1 \cdot 0.8 = 0.8$$
$$\alpha_2(1) = \alpha_1(1) \cdot 0.1 \cdot 0.1 = 8 \cdot 10^{-3}$$
$$\alpha_2(2) = \alpha_1(1) \cdot 0.9 \cdot 0.8 = 5.76 \cdot 10^{-1}$$
$$\alpha_3(1) = \alpha_2(1) \cdot 0.1 \cdot 0.1 = 8 \cdot 10^{-5}$$
$$\alpha_3(2) = [\alpha_2(1) \cdot 0.9 + \alpha_2(2) \cdot 0.2] \cdot 0.8 = 9.79 \cdot 10^{-2}$$
$$\alpha_3(3) = \alpha_2(2) \cdot 0.8 \cdot 0.6 = 2.76 \cdot 10^{-1}$$
$$\alpha_4(1) = \alpha_3(1) \cdot 0.1 \cdot 0.1 = 8 \cdot 10^{-7}$$
$$\alpha_4(2) = [\alpha_3(1) \cdot 0.9 + \alpha_3(2) \cdot 0.2] \cdot 0.1 = 1.97 \cdot 10^{-3}$$
$$\alpha_4(3) = [\alpha_3(2) \cdot 0.8 + \alpha_3(3)] \cdot 0.4 = 1.42 \cdot 10^{-1}$$
$$\alpha_5(3) = [\alpha_4(2) \cdot 0.8 + \alpha_4(3)] \cdot 0.6 = 8.61 \cdot 10^{-2}$$
$$\Rightarrow p_1(\mathbf{o}_2|\lambda_1) = \alpha_5(3) = 8.61 \cdot 10^{-2}$$

und für $p_2(\mathbf{o}_2|\lambda_2)$

$$\alpha_1(1) = 0.5 \cdot 0.1 = 5 \cdot 10^{-2}$$
$$\alpha_1(2) = 0.5 \cdot 0.1 = 5 \cdot 10^{-2}$$
$$\alpha_2(1) = \alpha_1(1) \cdot 0.1 \cdot 0.1 = 5 \cdot 10^{-4}$$
$$\alpha_2(2) = [\alpha_1(1) \cdot 0.8 + \alpha_1(2) \cdot 0.1] \cdot 0.8 = 3.6 \cdot 10^{-2}$$
$$\alpha_2(3) = [\alpha_1(1) \cdot 0.1 + \alpha_1(2) \cdot 0.9] \cdot 0.5 = 2.5 \cdot 10^{-2}$$
$$\alpha_3(1) = \alpha_2(1) \cdot 0.1 \cdot 0.1 = 5 \cdot 10^{-6}$$
$$\alpha_3(2) = [\alpha_2(1) \cdot 0.8 + \alpha_2(2) \cdot 0.1] \cdot 0.8 = 3.2 \cdot 10^{-3}$$
$$\alpha_3(3) = [\alpha_2(1) \cdot 0.1 + \alpha_2(2) \cdot 0.9 + \alpha_2(3)] \cdot 0.5 = 2.87 \cdot 10^{-2}$$

$$\alpha_4(1) = \alpha_3(1) \cdot 0.1 \cdot 0.8 = 4 \cdot 10^{-7}$$
$$\alpha_4(2) = [\alpha_3(1) \cdot 0.8 + \alpha_3(2) \cdot 0.1] \cdot 0.1 = 3.24 \cdot 10^{-5}$$
$$\alpha_5(3) = [\alpha_4(1) \cdot 0.1 + \alpha_4(2) \cdot 0.9] \cdot 0.5 = 1.46 \cdot 10^{-5}$$
$$\Rightarrow p_2(\mathbf{o}_2|\lambda_2) = \alpha_5(3) = 1.46 \cdot 10^{-5}.$$

Der wahrscheinlichste Pfad (und dessen Findung mithilfe des Viterbi-Algorithmus) ist in Abbildung 11.23 dargestellt. Aufgrund der Tatsache, dass $p_1 > p_2$ gilt, wird die Beobachtung $\mathbf{o}_2$ dem HMM_1 (Klasse 1) zugeordnet.

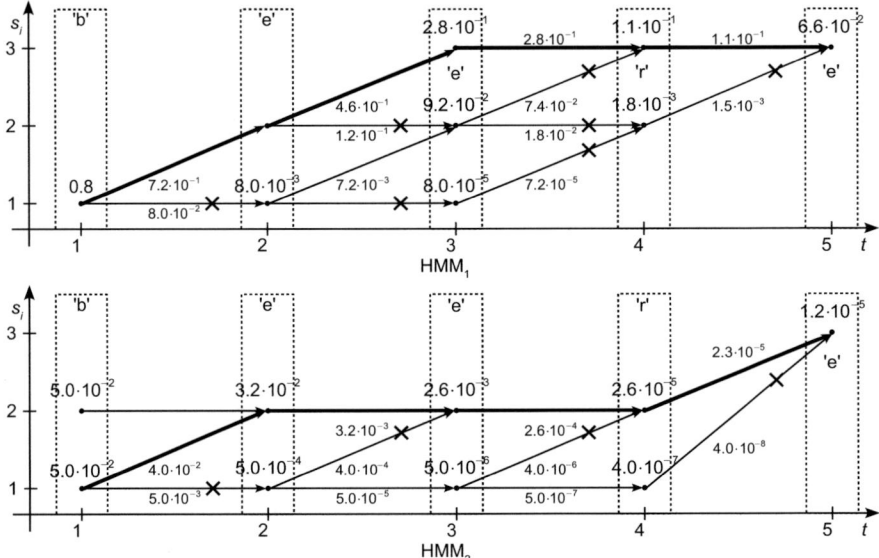

Abb. 11.23. Trellisdiagramm des HMM_1 (oben) und HMM_2 (unten) für die Beobachtung $\mathbf{o}_2$.

g) Durch Anwendung des Vorwärtsalgorithmus ergibt sich für $p_1(\mathbf{o}_3|\lambda_1)$

$$\alpha_1(1) = 1 \cdot 0.1 = 0.1$$
$$\alpha_2(1) = \alpha_1(1) \cdot 0.1 \cdot 0.1 = 1 \cdot 10^{-3}$$
$$\alpha_2(2) = \alpha_1(1) \cdot 0.9 \cdot 0.8 = 7.2 \cdot 10^{-2}$$
$$\alpha_3(1) = \alpha_2(1) \cdot 0.1 \cdot 0.1 = 1 \cdot 10^{-5}$$
$$\alpha_3(2) = [\alpha_2(1) \cdot 0.9 + \alpha_2(2) \cdot 0.2] \cdot 0.8 = 1.22 \cdot 10^{-2}$$
$$\alpha_3(3) = \alpha_2(2) \cdot 0.8 \cdot 0.6 = 3.46 \cdot 10^{-2}$$
$$\alpha_4(1) = \alpha_3(1) \cdot 0.1 \cdot 0.8 = 8 \cdot 10^{-7}$$
$$\alpha_4(2) = [\alpha_3(1) \cdot 0.9 + \alpha_3(2) \cdot 0.2] \cdot 0.1 = 2.46 \cdot 10^{-4}$$

$$\alpha_5(3) = \alpha_4(2) \cdot 0.8 \cdot 0.6 = 1.18 \cdot 10^{-4}$$
$$\Rightarrow p_1(\mathbf{o}_3|\lambda_1) = \alpha_5(3) = 1.18 \cdot 10^{-4}$$

und $p_2(\mathbf{o}_3|\lambda_2)$ zu

$$\alpha_1(1) = 0.5 \cdot 0.8 = 0.4$$
$$\alpha_1(2) = 0.5 \cdot 0.1 = 5 \cdot 10^{-2}$$
$$\alpha_2(1) = \alpha_1(1) \cdot 0.1 \cdot 0.1 = 4 \cdot 10^{-3}$$
$$\alpha_2(2) = [\alpha_1(1) \cdot 0.8 + \alpha_1(2) \cdot 0.1] \cdot 0.8 = 2.6 \cdot 10^{-1}$$
$$\alpha_2(3) = [\alpha_1(1) \cdot 0.1 + \alpha_1(2) \cdot 0.9] \cdot 0.5 = 4.25 \cdot 10^{-2}$$
$$\alpha_3(1) = \alpha_2(1) \cdot 0.1 \cdot 0.1 = 4 \cdot 10^{-5}$$
$$\alpha_3(2) = [\alpha_2(1) \cdot 0.8 + \alpha_2(2) \cdot 0.1] \cdot 0.8 = 2.34 \cdot 10^{-2}$$
$$\alpha_3(3) = [\alpha_2(1) \cdot 0.1 + \alpha_2(2) \cdot 0.9 + \alpha_2(3)] \cdot 0.5 = 1.38 \cdot 10^{-1}$$
$$\alpha_4(1) = \alpha_3(1) \cdot 0.1 \cdot 0.1 = 4 \cdot 10^{-7}$$
$$\alpha_4(2) = [\alpha_3(1) \cdot 0.8 + \alpha_3(2) \cdot 0.1] \cdot 0.1 = 2.37 \cdot 10^{-4}$$
$$\alpha_4(3) = [\alpha_3(1) \cdot 0.1 + \alpha_3(2) \cdot 0.9 + \alpha_3(3)] \cdot 0.5 = 7.97 \cdot 10^{-2}$$
$$\alpha_5(3) = [\alpha_4(1) \cdot 0.1 + \alpha_4(2) \cdot 0.9 + \alpha_4(3)] \cdot 0.5 = 4.00 \cdot 10^{-2}$$
$$\Rightarrow p_2(\mathbf{o}_3|\lambda_2) = \alpha_5(3) = 4.00 \cdot 10^{-2}.$$

In diesem Fall wird die Beobachtung HMM$_\blacktriangledown$ (Klasse 2) zugeordnet, da $p_2 > p_1$ gilt. Auch dies würde der gefühlsmäßigen Zuordnung entsprechen.

Die Produktionswahrscheinlichkeit $p_1(\mathbf{o}_4|\lambda_1)$ errechnet sich zu

$$\alpha_1(1) = 1 \cdot 0.8 = 0.8$$
$$\alpha_2(1) = \alpha_1(1) \cdot 0.1 \cdot 0.1 = 8 \cdot 10^{-3}$$
$$\alpha_2(2) = \alpha_1(1) \cdot 0.9 \cdot 0.8 = 5.76 \cdot 10^{-1}$$
$$\alpha_3(1) = \alpha_2(1) \cdot 0.1 \cdot 0.1 = 8 \cdot 10^{-5}$$
$$\alpha_3(2) = [\alpha_2(1) \cdot 0.9 + \alpha_2(2) \cdot 0.2] \cdot 0.1 = 1.22 \cdot 10^{-2}$$
$$\alpha_3(3) = \alpha_2(2) \cdot 0.8 \cdot 0.4 = 1.84 \cdot 10^{-1}$$
$$\alpha_4(3) = [\alpha_3(2) \cdot 0.8 + \alpha_3(3)] \cdot 0.6 = 1.16 \cdot 10^{-1}$$
$$\Rightarrow p_1(\mathbf{o}_4|\lambda_1) = \alpha_4(3) = 1.16 \cdot 10^{-1}$$

und $p_2(\mathbf{o}_4|\lambda_2)$

$$\alpha_1(1) = 0.5 \cdot 0.1 = 5 \cdot 10^{-2}$$
$$\alpha_1(2) = 0.5 \cdot 0.1 = 5 \cdot 10^{-2}$$

$$\alpha_2(1) = \alpha_1(1) \cdot 0.1 \cdot 0.1 = 5 \cdot 10^{-4}$$
$$\alpha_2(2) = [\alpha_1(1) \cdot 0.8 + \alpha_1(2) \cdot 0.1] \cdot 0.8 = 3.6 \cdot 10^{-2}$$
$$\alpha_2(3) = [\alpha_1(1) \cdot 0.1 + \alpha_1(2) \cdot 0.9] \cdot 0.5 = 2.5 \cdot 10^{-2}$$
$$\alpha_3(1) = \alpha_2(1) \cdot 0.1 \cdot 0.8 = 4 \cdot 10^{-5}$$
$$\alpha_3(2) = [\alpha_2(1) \cdot 0.8 + \alpha_2(2) \cdot 0.1] \cdot 0.1 = 4 \cdot 10^{-4}$$
$$\alpha_4(3) = [\alpha_3(1) \cdot 0.1 + \alpha_3(2) \cdot 0.9] \cdot 0.5 = 1.82 \cdot 10^{-4}$$
$$\Rightarrow p_2(\mathbf{o}_4|\lambda_2) = \alpha_4(3) = 1.82 \cdot 10^{-4}.$$

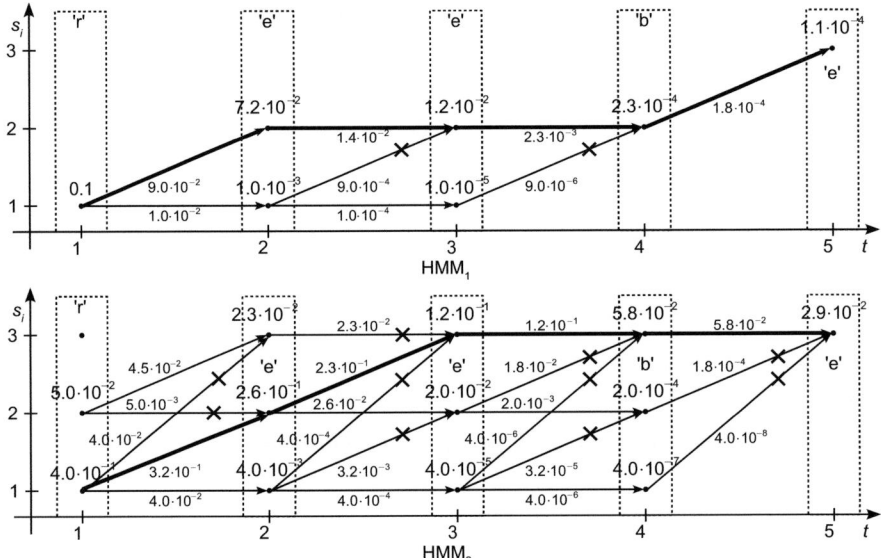

Abb. 11.24. Trellisdiagramm des HMM_1 (oben) und HMM_2 (unten) für die Beobachtung $\mathbf{o}_3$.

Somit wird, da $p_1 > p_2$ gilt, augenscheinlich richtig die Beobachtung $\mathbf{o}_4$ dem HMM_1 (Klasse 1) zugeordnet.

h) Der jeweils wahrscheinlichste Pfad kann mithilfe des Viterbi-Algorithmus gefunden werden, wie in den Abbildungen 11.24 und 11.25 verdeutlicht ist.

Aufgabe 5.3: *Hidden-Markov-Modelle – Segmentierung*

a) Die Erkennung erfolgt in dieser Aufgabe auf Wortebene, d. h. jedes Wort wird mit einem der Hidden-Markov-Modelle (HMM) modelliert. Bei einem Lexikonumfang von $L = 10\,000$ Wörtern werden deswegen $K = 10\,000$ HMM benötigt.

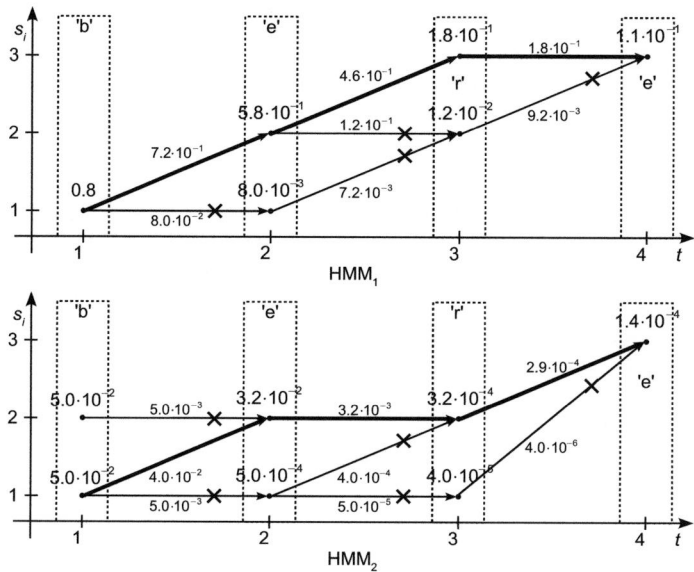

Abb. 11.25. Trellisdiagramm des HMM_1 (oben) und HMM_2 (unten) für die Beobachtung o_4.

b) Sowohl A_1 als auch A_2 besitzen eine obere Dreiecksform. Es handelt sich also um Links-Rechts- oder Bakis-Modelle.

c) Eine ausführliche Beschreibung zu Grammatiken findet sich in Abschnitt 4.4.

c1) Zur Lösung werden unterschiedliche Sonderfälle einzeln betrachtet, wie sie bereits in der Angabe angedeutet sind. Texte S, die nur aus einem Wort (W_1 oder W_2) bestehen, lassen sich bilden durch

$$S \longrightarrow W_1 \mid W_2. \tag{11.154}$$

Es existieren Texte S, die aus beliebig vielen Wörtern bestehen, jedoch stets nur ein *verschiedenes* Wort enthalten, in diesem Fall ergibt sich

$$S \longrightarrow S\,W_1 \mid W_1 \text{ und } S \longrightarrow S\,W_2 \mid W_2. \tag{11.155}$$

Zuletzt werden Texte betrachtet, die aus beliebigen Kombinationen der Wörter W_1 und W_2 bestehen. Diese lassen sich aus einer Zusammenfassung von Gleichung 4.23 und 4.24 bilden:

$$S \longrightarrow S\,W_1 \mid S\,W_2 \mid W_1 \mid W_2. \tag{11.156}$$

c2) Sowohl für W_1 als auch W_2 existieren aufgrund der Belegungen der **B**-Matrix Einschränkungen für die Wahl der Buchstaben. Teilt man die beiden Wörter in die Abschnitte „Wortanfang", „Wortmitte" und „Wortende" ein, so gilt für die möglichen Buchstaben an den jeweiligen Stellen:

	„Wortanfang"	„Wortmitte"	„Wortende"
W_1	‚h', ‚o' oder ‚w'	‚h', ‚o' oder ‚w'	‚h' oder ‚w'
W_2	‚o' oder ‚w'	‚h', ‚o' oder ‚w'	‚h', ‚o' oder ‚w'

Zur Erklärung der obigen Belegungen:

W_1: Es gelten $\mathbf{e}_1 = (1,0,0)^T$ (d.h. das Wort W_1 beginnt im ersten Zustand) und $p_1(v_i|s_1) > 0, 1 \leq i \leq 3$, deswegen kann jeder der drei Buchstaben an erster Stelle stehen. Da $a_{11} > 0$, kann die Wortmitte mit jedem Buchstaben belegt werden. Es gelten aber auch $q_T = 2$ (das Wort enthält mindestens zwei Buchstaben, und das HMM endet im Zustand s_2) und $p_1(v_2|s_2) = 0$, deswegen kann der Buchstabe ‚o' nicht der letzte Buchstabe des Worts W_1 sein.

W_2: Hier gilt ebenfalls $\mathbf{e}_2 = (1,0,0)^T$, jedoch ist $p_1(v_1|s_2) = 0$, weswegen das Wort W_2 nicht mit dem Buchstaben ‚h' beginnen kann. Da $q_T = 2$ und $p_2(v_i|s_2) > 0$, $1 \leq i \leq 3$, kann jeder Buchstabe der letzte Buchstabe des Worts W_2 sein.

Es ergeben sich damit die folgenden beiden Grammatiken

$$\begin{aligned}W_1 &\longrightarrow \overbrace{\underset{\downarrow}{,h'}\,A \mid \underset{\downarrow}{,o'}\,A \mid \underset{\downarrow}{,w'}\,A}^{\text{Wortanfang}} \\ A &\longrightarrow \underbrace{,h'\,A \mid ,o'\,A \mid ,w'\,A}_{\text{Wortmitte}} \mid \underbrace{h \mid w}_{\text{Wortende}} \quad \text{und}\end{aligned} \qquad (11.157)$$

$$\begin{aligned}W_2 &\longrightarrow \overbrace{\underset{\downarrow}{,h'}\,B \mid \underset{\downarrow}{,w'}\,B}^{\text{Wortanfang}} \\ B &\longrightarrow \underbrace{,h'\,B \mid ,o'\,B \mid ,w'\,B}_{\text{Wortmitte}} \mid \underbrace{h \mid o \mid w}_{\text{Wortende}} \quad \text{und}\end{aligned} \qquad (11.158)$$

c3) Aus den Gleichungen 11.156, 3b und 11.158 lässt sich S in Chomsky-Normalform (CNF) überführen:

$$\begin{aligned}S &\longrightarrow S\,W_1 \mid S\,W_2 \mid \tilde{H}\,X \mid \tilde{H}\,Y \mid \tilde{O}\,X \mid \tilde{W}\,X \mid \tilde{H}\,Y \\ W_1 &\longrightarrow \tilde{H}\,X \mid \tilde{O}\,X \mid \tilde{W}\,X \\ W_2 &\longrightarrow \tilde{H}\,Y \mid \tilde{W}\,Y \\ X &\longrightarrow ,h' \mid ,w' \mid \tilde{H}\,X \mid \tilde{O}\,X \mid \tilde{W}\,X \\ Y &\longrightarrow ,h' \mid ,o' \mid ,w' \mid \tilde{H}\,Y \mid \tilde{O}\,Y \mid \tilde{W}\,Y \\ \tilde{H} &\longrightarrow ,h';\ \tilde{O} \longrightarrow ,o';\ \tilde{W} \longrightarrow ,w'\end{aligned} \qquad (11.159)$$

d) Das Ersatz-HMM λ_R besteht aus den Zuständen des HMM λ_1 und des HMM λ_2 und umfasst somit $N = 4$ Zustände. Dabei gehören die Zustände s_1 und s_2 zu HMM λ_1 und s_3 und s_4 zu HMM λ_2. Nach Gleichung 11.159 kann der Text S sowohl mit dem Wort W_1 als auch mit dem Wort W_2 beginnen. Außerdem sind beide Wörter laut Angabe gleich wahrscheinlich. Daraus ergibt sich

$$\mathbf{e}_R = (0.5, 0, 0.5, 0)^T. \tag{11.160}$$

Für die Matrix $\mathbf{A}_R$ gilt die folgende allgemeine Belegung

$$\mathbf{A}_R = \begin{bmatrix} a_{R,11} & a_{R,12} & a_{R,13} & a_{R,14} \\ a_{R,21} & a_{R,22} & a_{R,23} & a_{R,24} \\ a_{R,31} & a_{R,32} & a_{R,33} & a_{R,34} \\ a_{R,41} & a_{R,42} & a_{R,43} & a_{R,44} \end{bmatrix}. \tag{11.161}$$

Da die Zustände $s_{R,1}$ und $s_{R,2}$ aus HMM λ_1 abgeleitet werden, kann man $a_{R,11}$ und $a_{R,12}$ direkt aus $\mathbf{A}_R$ übernehmen, d. h. $a_{R,11} = a_{1,11}$ und $a_{R,12} = a_{1,12}$. Es gilt $q_T = 2$ für λ_1 und λ_2, deswegen können die Zustände $s_{R,3}$ und $s_{R,4}$ (jeweils zu W_2 gehörend) aus dem Zustand $s_{R,1}$ *nicht* erreicht werden, es gilt also $a_{R,13} = a_{R,14} = 0$. Da das Wort W_1 auf das Wort W_2 folgen kann (siehe Gleichung 11.159), kann auch der Zustand $s_{R,1}$ vom Zustand $s_{R,2}$ aus erreicht werden, es gilt deswegen $a_{R,21} > 0$. Ebenso kann der Zustand $s_{R,3}$ (der erste Zustand des Worts W_2) vom Zustand $s_{R,2}$ aus erreicht werden, sodass $a_{R,23} > 0$ gilt. Die Wahrscheinlichkeit, das Wort-HMM λ_1 bzw. λ_2 zu verlassen, beträgt $p = 0.8$. Außerdem sind beide Wörter gleich wahrscheinlich. Also ergeben sich $a_{R,22} = 1 - p = 0.2$ und $a_{R,21} = a_{R,23} = p/2 = 0.4$.

Mit ähnlichen Überlegungen für die Zustände $s_{R,3}$ und $s_{R,4}$ sowie deren Übergangswahrscheinlichkeiten und durch „Zusammenhängen" der beiden Matrizen $\mathbf{B}_1$ und $\mathbf{B}_2$ erhält man schließlich

$$\mathbf{A}_R = \begin{bmatrix} 0.4 & 0.6 & 0 & 0 \\ 0.4 & 0.2 & 0.4 & 0 \\ 0 & 0 & 0.6 & 0.4 \\ 0.4 & 0 & 0.4 & 0.2 \end{bmatrix} \text{ und } \mathbf{B}_R = \begin{bmatrix} 0.1 & 0.2 & 0 & 0.7 \\ 0.2 & 0 & 0.7 & 0.2 \\ 0.7 & 0.8 & 0.3 & 0.1 \end{bmatrix}. \tag{11.162}$$

Da als letztes Wort sowohl W_1 als auch W_2 infrage kommen, gilt $q_T = \{2, 4\}$, d. h. das HMM λ_R kann im Zustand s_2 (Ende des Worts W_1) und im Zustand s_4 (Ende des Worts W_2) verlassen werden.

e) Um das Zustandsübergangsdiagramm zu erhalten, wird zunächst mithilfe der Parameter aus den Gleichungen 11.160 und 11.162 das Strukturdiagramm des HMM λ_R hergeleitet. Es ist in Abbildung 11.26 links gezeigt. Daraus ergibt sich das Zustandsübergangsdiagramm wie in Abbildung 11.26 rechts dargestellt ist.

f) Wird der Text $\mathbf{o} = \{,o', ,h', ,w', ,o', ,w'\}$ mithilfe der Grammatik geparst, so ergeben sich die zehn in Abbildung 11.27 dargestellten Parse-Trees. Jedoch führen die in Abbildung 11.27 gezeigten Parse-Trees nur zu insgesamt drei verschiedenen Segmentierungen: „ohwow", „oh-wow" und „ohw-ow".

g) Die möglichen Pfade sind in Abbildung 11.28 eingetragen. Insgesamt ergeben sich 14 mögliche Pfade.

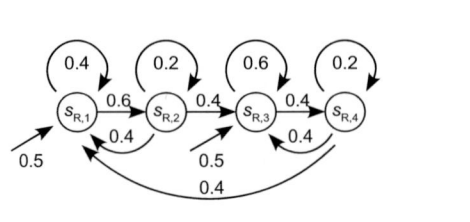
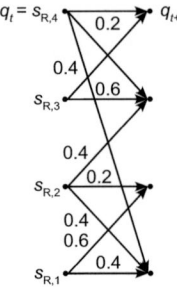

Abb. 11.26. Struktur- (links) und Zustandsübergangsdiagramm (rechts) des Ersatz-HMM λ_R.

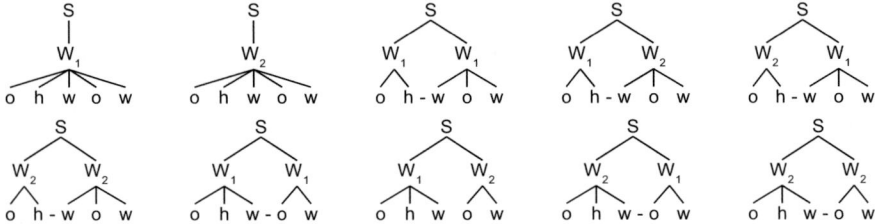

Abb. 11.27. Parse-Trees für den Satz $\mathbf{o} = \{,o`,,h`,,w`,,o`,,w`\}$.

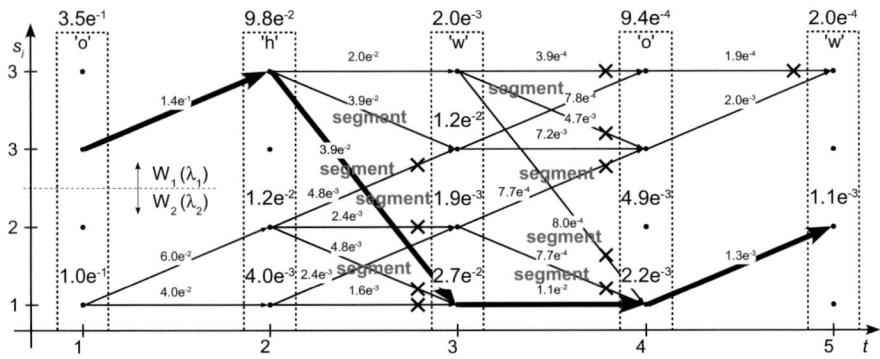

Abb. 11.28. Trellisdiagramm des HMM_R (Beobachtung $\mathbf{o} = \{,o`,,h`,,w`,,o`,,w`\}$) sowie die nötigen Pfad- und Knotengewichte für die Segmentierung mithilfe des Viterbi-Algorithmus.

h) Die errechneten Pfad- und Knotengewichte sind in Abbildung 11.28 zusammen mit den möglichen Segmentgrenzen („Segment") eingetragen. Die wahrscheinlichste Segmentierung wird durch den wahrscheinlichsten Pfad angezeigt, der mithilfe des Viterbi-Algorithmus gefunden wird. Es ergibt sich die Segmentierung „oh-wow". Für diese Segmentierung entsprechen das Wort W_1 dem Ausdruck „wow" und das Wort W_2 dem Ausdruck „oh".

11.5 Lösung zu Abschnitt 6.5

Aufgabe 6.1: *Neuabtastung*

a) Der Einsatz der Handschrifterkennung erfolgt häufig in mobilen Endgeräten wie Pocket- oder Tablett-PCs. Zukünftig könnte die Handschrifterkennung auch im Automobil eingesetzt werden z. B. zur Adresseingabe in das Navigationssystem. Obwohl die Handschrift nicht intuitiv ist, so wird die Fähigkeit, sie zu benutzen von, vielen Menschen bereits in frühen Jahren erlernt und kann somit als natürliche mittelbare Kommunikation zwischen Menschen aufgefasst werden.

b) Ein Teil der Vorverarbeitungskette der automatischen Handschrifterkennung ist die Neuabtastung. Ihre Aufgabe ist es, die weder zeit- noch ortsäquidistant abgetasteten Datenpunkte so (neu) abzutasten, dass sie ortsäquidistant zueinander liegen.

c) Zur Berechnung wird Abbildung 11.29 betrachtet. Es gilt

$$\mathbf{s}_{21} = \mathbf{s}_2 - \mathbf{s}_1, \mathbf{s}_{32} = \mathbf{s}_3 - \mathbf{s}_2 \text{ und } \mathbf{s}_{n1} = \mathbf{s}_n - \mathbf{s}_1, \quad (11.163)$$

$\mathbf{s}_{21}$ ist also der Vektor der von Punkt $\mathbf{s}_1$ nach $\mathbf{s}_2$, $\mathbf{s}_{32}$ der Vektor, der von Punkt $\mathbf{s}_2$ nach Punkt $\mathbf{s}_3$ und $\mathbf{s}_{n1}$ der Vektor, der von Punkt $\mathbf{s}_1$ zum Punkt $\mathbf{s}_n$ zeigt. Da der neue Abtastpunkt auf der Verbindungslinie zwischen $\mathbf{s}_2$ und $\mathbf{s}_3$ liegt, lässt sich $\mathbf{s}_n$ als

$$\mathbf{s}_n = \mathbf{s}_2 + k \cdot \mathbf{s}_{32} \quad (11.164)$$

darstellen. Ziel ist es, den Parameter k so zu wählen, dass

$$|\mathbf{s}_{1n}| = |\mathbf{s}_2 + k \cdot \mathbf{s}_{32} - \mathbf{s}_1| = |\mathbf{s}_{21} + k \cdot \mathbf{s}_{32}| = l \quad (11.165)$$

erfüllt ist. Aus Gleichung 11.165 folgt

$$|\mathbf{s}_{21} + k \cdot \mathbf{s}_{32}|^2 - l^2 = k^2 \cdot |\mathbf{s}_{32}|^2 + |\mathbf{s}_{21}|^2 + 2 \cdot k \cdot (\mathbf{s}_{21}^T \cdot \mathbf{s}_{32}) - l^2 = 0 \quad (11.166)$$

und daraus

$$k_{1,2} = \frac{-\mathbf{s}_{21}^T \cdot \mathbf{s}_{32} \pm \sqrt{(\mathbf{s}_{21}^T \cdot \mathbf{s}_{32})^2 - |\mathbf{s}_{32}|^2 \cdot (|\mathbf{s}_{21}|^2 - l^2)}}{|\mathbf{s}_{32}|^2}. \quad (11.167)$$

Bezeichnen $s_{21,x}$, $s_{32,x}$ die x- und $s_{21,y}$, $s_{32,y}$ die y-Komponenten der Vektoren $\mathbf{s}_{21}$ und $\mathbf{s}_{32}$ und damit

$$(\mathbf{s}_{21}^T \cdot \mathbf{s}_{32})^2 = 2 \cdot s_{21,x} \cdot s_{32,x} \cdot s_{21,y} \cdot s_{32,y} + (s_{21,x} \cdot s_{32,x})^2 + (s_{21,y} \cdot s_{32,y})^2$$
$$|\mathbf{s}_{21}|^2 \cdot |\mathbf{s}_{32}|^2 = (s_{21,x} \cdot s_{32,x})^2 + (s_{21,x} \cdot s_{32,y})^2 + (s_{21,y} \cdot s_{32,x})^2 + (s_{21,y} \cdot s_{32,y})^2,$$

so lässt sich Gleichung 11.167 kompakt schreiben zu

$$k_{1,2} = \frac{-\mathbf{s}_{21}^T \cdot \mathbf{s}_{32} \pm \sqrt{l^2 \cdot |\mathbf{s}_{32}|^2 - |\mathbf{P}|^2}}{|\mathbf{s}_{32}|^2}, \ \mathbf{P} = \begin{bmatrix} s_{21,x} & s_{21,y} \\ s_{32,x} & s_{32,y} \end{bmatrix}. \quad (11.168)$$

Für den Punkt $\mathbf{s}_n$ auf dem neu abgetasteten Schriftzug gilt dann mit den Gleichungen 11.164

$$\mathbf{s}_n = \mathbf{s}_2 + \mathbf{s}_{32} \cdot \begin{cases} k_1 & \text{für } 0 \leq k_1 \leq 1 \\ k_2 & \text{sonst.} \end{cases} \tag{11.169}$$

Hinweis: Es gibt für den Streckungsfaktor k i. d. R. zwei Lösungen. Es wird stets diejenige gewählt, für die k im Bereich $0 \leq k \leq 1$ gegeben ist.

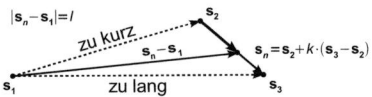

Abb. 11.29. Skizze zur Verdeutlichung der Neuabtastung eines Schriftzugs.

d) Da als gewähltes Abstandsmaß zwischen zwei Punkten der euklidische Abstand verwendet wird (siehe Gleichung 11.165), handelt es sich um eine lineare Interpolation und damit eine lineare Neuabtastung.

e) Ist der Gewichtungsfaktor k gefunden, so erhält man für den interpolierten Druck

$$p_n = p_2 + (p_3 - p_2) \cdot k. \tag{11.170}$$

Ändert sich der Druck zwischen zwei Abtastpunkten tatsächlich linear, so ist diese Interpolation sinnvoll. Bei einer hohen Abtastrate ist dies meist gegeben.

f) Alternativ hätte man als Interpolationsverfahren auch eine polynomiale Interpolation (z. B. quadratisch) oder eine Splineinterpolation verwenden können. Das sich ergebende Bild für eine stückweise quadratische Interpolation zeigt Abbildung 11.30. Für die Berechnung des Abstands l zweier Punkte wird das Wegintegral herangezogen. Für die Länge des Graphen der parametrisierten Kurve $C: \mathbf{r} = \mathbf{r}(t) = (x(t), y(t))^{\mathrm{T}}$ mit $a \leq t \leq b$ gilt

$$\int_C 1 \cdot \mathrm{d}|\mathbf{r}| = \int_a^b 1 \cdot \mathrm{d}s = \int_a^b \sqrt{\left(\frac{\mathrm{d}x(t)}{\mathrm{d}t}\right)^2 + \left(\frac{\mathrm{d}y(t)}{\mathrm{d}t}\right)^2} \, \mathrm{d}t. \tag{11.171}$$

Aufgabe 6.2: *Zeilenneigung*

a) Bei der freien Eingabe von Handschrift kann der Schriftzug gegenüber der horizontalen Linie geneigt oder in sich gekrümmt verlaufen. Mit der Zeilennneigungskorrektur (engl. *skew correction*) wird ein (beliebig frei eingegebener) Schriftzug parallel zur Horizontalachse ausgerichtet.

b) Die Anzahl der in den einzelnen Bins zu liegen kommenden Abtastpunkte ($N(B_i)$) sowie der Informationsgehalt eines jeden Bins sind in folgender Tabelle aufgeführt[1].

---
[1] $3/16 \cdot \mathrm{ld}(16/3) = 0.45$

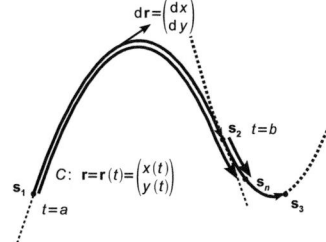

Abb. 11.30. Neuabtastung mit quadratischer Interpolation.

B_i	1	2	3	4	5	6	7	8	9	10
$N(B_i)$	0	1	2	1	3	2	1	3	1	2
$I(B_i)$	0	1/4	3/8	1/4	3/16 · ld(16/3)	3/8	1/4	3/16 · ld(16/3)	1/4	3/8

Den Informationsgehalt $I(B_i)$ eines Bin erhält man zu

$$I(B_i) = -\frac{N(B_i)}{\sum_{j=1}^{B} N(B_j)} \cdot \operatorname{ld} \frac{N(B_i)}{\sum_{j=1}^{B} N(B_j)}. \tag{11.172}$$

Für die Entropie erhält man unter Berücksichtigung des Hinweises $H_y(\alpha) = 3.03$ Bit.

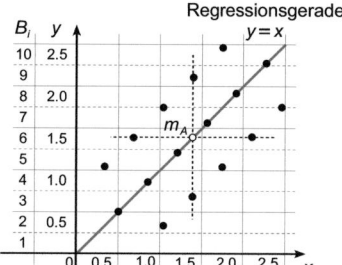
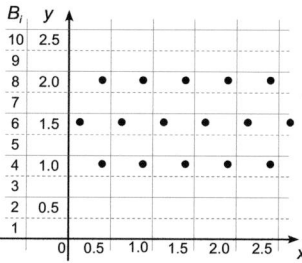

Abb. 11.31. Abtastpunkte eines Schriftzugs (links) und die um den Mittelpunkt rotierten Abtastpunkte (rechts).

c) Bei Betrachtung der Abtastpunkte fällt auf, dass diese um und auf der Gerade $y = x$ liegen. Dies ist nicht zufällig so, sondern die Punkte wurden extra so gewählt. Die gefundene Gerade ist eine Regressions- oder Ausgleichsgerade. Sie ist in Abbildung 11.31 links dargestellt.

Zusatz: Will man die Regressionsgerade $y = m \cdot x + b$ ausgehend von den N Abtastpunkten $s_1 = (x_1, y_1)^T, s_2 = (x_2, y_2)^T, \ldots, s_N = (x_N, y_N)^T$ bestimmen, so wählt man

$$m = \frac{\sum_{i=1}^{N}[(x_i - \bar{x}) \cdot (y_i - \bar{y})]}{\sum_{i=1}^{N}(x_i - \bar{x})^2} \quad \text{und} \quad b = \bar{y} - m \cdot \bar{x} \quad (11.173)$$

mit $\bar{x}$ ($\bar{y}$) dem Mittelwert in x-(y-)Richtung:

$$\bar{x} = \frac{1}{N}\sum_{i=1}^{N} x_i \quad \bar{y} = \frac{1}{N}\sum_{i=1}^{N} y_i. \quad (11.174)$$

Die Steigung der Geraden, ermittelt über die erste Ableitung $\frac{dy}{dx} = \frac{dx}{dx} = 1$, entspricht einem Winkel von $\alpha = 45°$.

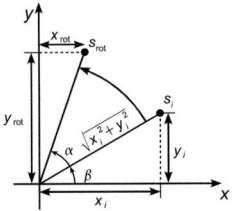

Abb. 11.32. Hilfsskizze zum Rotieren eines Abtastpunkts um den Ursprung und den Winkel α.

d) Zunächst wird das Rotationszentrum in den Ursprung verschoben, d. h. $\mathbf{s}_i - \mathbf{m}$. Durch die Rotation um den Ursprung und den Winkel α kommt der Punkt $\mathbf{s}_i$ auf dem rotierten Punkt $\mathbf{s}_{\text{rot}}$ zu liegen. Die Längenverhältnisse der einzelnen Komponenten der Punkte zeigt Abbildung 11.32, wonach

$$\frac{x_{\text{rot}}}{\sqrt{x_i^2 + y_i^2}} = \cos(\alpha + \beta) = \cos\alpha\cos\beta - \sin\alpha\sin\beta \quad (11.175)$$

$$\frac{y_{\text{rot}}}{\sqrt{x_i^2 + y_i^2}} = \sin(\alpha + \beta) = \sin\alpha\cos\beta + \cos\alpha\sin\beta \quad (11.176)$$

gilt. Ferner lässt sich

$$x_i = \sqrt{x_i^2 + y_i^2} \cdot \cos\beta \quad \Rightarrow \cos\beta = \frac{x_i}{\sqrt{x_i^2 + y_i^2}} \quad (11.177)$$

$$y_i = \sqrt{x_i^2 + y_i^2} \cdot \sin\beta \quad \Rightarrow \sin\beta = \frac{y_i}{\sqrt{x_i^2 + y_i^2}} \quad (11.178)$$

angeben. Setzt man Gleichung 11.177 in Gleichung 11.175 bzw. Gleichung 11.178 in Gleichung 11.176 ein, ergibt sich

$$x_{\text{rot}} = x_i \cdot \cos\alpha - y_i \cdot \sin\alpha \quad (11.179)$$

$$y_{\text{rot}} = x_i \cdot \sin\alpha - y_i \cdot \cos\alpha. \quad (11.180)$$

Um tatsächlich die Rotation um den Punkt $\mathbf{m}$ zu erhalten, wird der gedrehte Punkt wieder aus dem Ursprung herausgeschoben durch $\mathbf{s}_{\text{rot}} + \mathbf{m}$. Ausgedrückt in Matrix-Vektorschreibweise erhält man schließlich

$$\mathbf{s}_{\text{rot}} = \begin{bmatrix} \cos\alpha & -\sin\alpha \\ \sin\alpha & \cos\alpha \end{bmatrix} \cdot (\mathbf{s}_i - \mathbf{m}) + \mathbf{m}. \tag{11.181}$$

e) Prinzipiell lässt sich der Mittelpunkt $\mathbf{m}_A = (\bar{x}, \bar{y})^T$ über $\bar{x}$ und $\bar{y}$ aus der Gleichung 11.174 bestimmen. Es gelingt hier eine qualitative Lösung, da die Punkte geeignet angegeben sind. Sie ist in Abbildung 11.31 rechts dargestellt.

f) Die zur Berechnung benötigten Werte können aus Abbildung 11.31 rechts entnommen werden und sind in unten stehender Tabelle eingetragen und berechnet.[2]

B_i	1	2	3	4	5	6	7	8	9	10
$N(B_i)$	0	0	0	5	0	6	0	5	0	0
$I(B_i)$	0	0	0	$5/16 \cdot \text{ld}(16/5)$	0	$3/8 \cdot \text{ld}(8/3)$	0	$5/16 \cdot \text{ld}(16/5)$	0	0

Als Entropie ergibt sich analog zu obiger Aufgabe $H_y(-\alpha) = 1.58\,\text{Bit}$.

Man sieht, dass das dem horizontal ausgerichteten Schriftzug zugehörige Projektionsprofil eine deutlich geringere Entropie besitzt als das des nicht-horizontal ausgerichteten Schriftzugs. Die Minimierung der Entropie des Projektionsprofils eignet sich genau dann für die Korrektur der Zeilenneigung, wenn die Schriftzüge eine lineare Basislinie aufweisen. Zwei Beispiele, deren Zeilenneigung mithilfe der Projektionsprofile korrigiert werden kann, sind in Abbildung 11.33 links, zwei Negativbeispiele sind in Abbildung 11.33 rechts gezeigt.

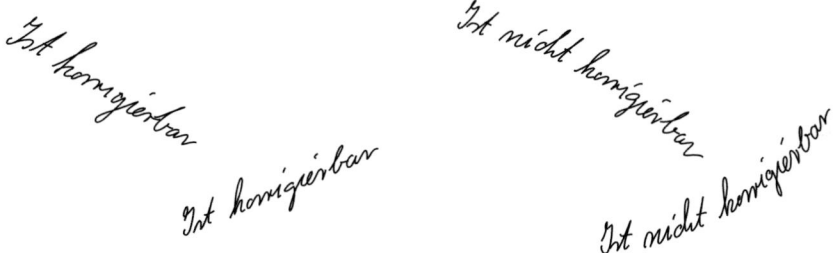

Abb. 11.33. Zwei Beispiel für mithilfe der Projektionsprofile zeilenneigungskorrigierbare (links) und nicht-korrigierbare (rechts) Schriftzüge.

---

[2] $5/16 \cdot \text{ld}(16/5) = 0.52\,\text{Bit}$ und $3/8 \cdot \text{ld}(8/3) = 0.53\,\text{Bit}$

11.6 Lösung zu Abschnitt 7.7

Aufgabe 7.1: *Separierbare Signale*

a) Nach Gleichung 7.4 gilt für das Spektrum eines zweidimensionalen Signals $h(x_1, x_2)$

$$H(\omega_1, \omega_2) = \int_{-\infty}^{\infty} \int_{-\infty}^{\infty} \underbrace{h(x_1, x_2)}_{h_1(x_1) \cdot h_2(x_2)} \cdot e^{-j \cdot (\omega_1 \cdot x_1 + \omega_2 \cdot x_2)} dx_1 dx_2$$

$$\Rightarrow H(\omega_1, \omega_2) = \int_{-\infty}^{\infty} \int_{-\infty}^{\infty} h_1(x_1) \cdot e^{-j \cdot (\omega_1 \cdot x_1)} \cdot h_2(x_2) \cdot e^{-j \cdot (\omega_1 \cdot x_2)} dx_1 dx_2$$

$$\Rightarrow H(\omega_1, \omega_2) = \underbrace{\int_{-\infty}^{\infty} h_1(x_1) \cdot e^{-j \cdot (\omega_1 \cdot x_1)} dx_1}_{H_1(\omega_1)} \cdot \underbrace{\int_{-\infty}^{\infty} h_2(x_2) \cdot e^{-j \cdot (\omega_1 \cdot x_2)} dx_2}_{H_2(\omega_2)}.$$

Es ergibt sich die in Abschnitt 7.1.1 auf Seite 167 vorgestellte Gleichung 7.6.

b) Alle Ergebnisse der kontinuierlichen Faltung gelten auch für die diskrete Faltung.

b1) Nach Gleichung 7.9 gilt für zwei Signale $g(x_1, x_2)$ und $h(x_1, x_2)$

$$g(x_1, x_2) * h(x_1, x_2) = \int_{\xi_1 = -\infty}^{\infty} \int_{\xi_2 = -\infty}^{\infty} g(\xi_1, \xi_2) \cdot h(x_1 - \xi_1, x_2 - \xi_2) d\xi_1 d\xi_2. \quad (11.182)$$

Da aber laut Angabe $h(x_1, x_2) = h(x_1) \cdot h(x_2)$ gilt, kann auch

$$g(x_1, x_2) * h(x_1, x_2) = \int_{\xi_1 = -\infty}^{\infty} \int_{\xi_2 = -\infty}^{\infty} g(\xi_1, \xi_2) \cdot h_1(x_1 - \xi_1) \cdot h_2(x_2 - \xi_2) d\xi_1 d\xi_2 =$$

$$= \int_{\xi_2 = -\infty}^{\infty} \underbrace{\int_{\xi_1 = -\infty}^{\infty} g(\xi_1, \xi_2) \cdot h_1(x_1 - \xi_1) d\xi_1}_{g(x_1, x_2) * h_1(x_1)} \cdot \underbrace{h_2(x_2 - \xi_2) d\xi_2}_{*h_2(x_2)}$$

geschrieben werden. Man erhält als Ergebnis

$$g(x_1, x_2) * h(x_1, x_2) = (g(x_1, x_2) * h_1(x_1)) * h_2(x_2). \quad (11.183)$$

Somit kann die zweidimensionale Faltung für separierbare Signale mit zwei hintereinander ausgeführten eindimensionalen Faltungen durchgeführt werden. Wendet man das Assoziativgesetz der Faltung an, so gilt

$$(g(x_1,x_2) * h_1(x_1)) * h_2(x_2) = g(x_1,x_2) * \underbrace{(h_1(x_1) * h_2(x_2))}_{h(x_1,x_2)}. \tag{11.184}$$

Dies führt zum scheinbaren Widerspruch $h_1(x_1) \cdot h_2(x_2) = h_1(x_1) * h_2(x_2)$, was freilich allgemein nicht richtig sein kann.

Es stellt sich die prinzipielle Frage, wie die eindimensionalen Signale $h_1(x_1)$ bzw. $h_2(x_2)$ im zweidimensionalen Raum dargestellt werden. In der Mathematik üblich ist die Interpretation

$$h_{1,F}(x_1,x_2) = h_1(x_1) * \delta(x_1) = h_1(x_1) \tag{11.185}$$
$$\text{und } h_{2,F}(x_1,x_2) = h_2(x_2) * \delta(x_2) = h_2(x_2). \tag{11.186}$$

Für den konkreten Fall, dass $h_1(x_1) = \cos(x_1)$ und $h_2(x_2) = \cos(x_2)$ gewählt werden, entspricht dies der Darstellung in Abbildung 11.34 für zwei Dimensionen. In diesem Fall gilt für die zweidimensionale Funktion

$$h(x_1,x_2) = h_{1,F}(x_1,x_2) \cdot h_{2,F}(x_1,x_2) = h_1(x_1) \cdot h_2(x_2). \tag{11.187}$$

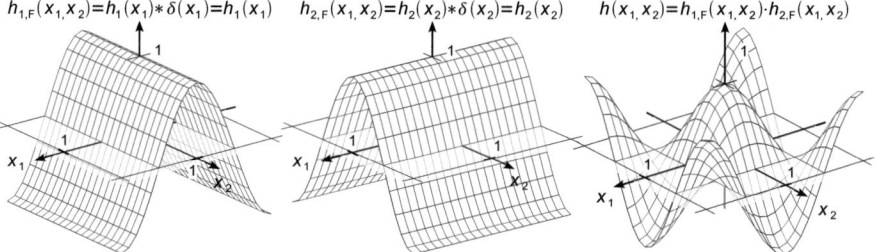

Abb. 11.34. Interpretation eines eindimensionalen Signals in zwei Dimensionen als Multiplikation.

Es gilt aber auch

$$h(x_1,x_2) = \underbrace{[h_1(x_1) * \delta(x_1)]}_{h_{1,F}(x_1,x_2)} \cdot \underbrace{[h_2(x_2) * \delta(x_2)]}_{h_{2,F}(x_1,x_2)} =$$

$$= [h_1(x_1) * \delta(x_1)] \cdot [\delta(x_2) * h_2(x_2)] =$$

$$= \int_{\xi_1=-\infty}^{\infty} h_1(\xi_1) \cdot \delta(x_1 - \xi_1) \mathrm{d}\xi_1 \cdot \int_{\xi_2=-\infty}^{\infty} \delta(\xi_2) \cdot h_2(x_2 - \xi_2) \mathrm{d}\xi_2 =$$

$$= \int_{\xi_1=-\infty}^{\infty} \int_{\xi_2=-\infty}^{\infty} h_1(\xi_1) \cdot \delta(\xi_2) \cdot h_2(x_2 - \xi_2) \cdot \delta(x_1 - \xi_1) \mathrm{d}\xi_1 \mathrm{d}\xi_2 =$$

$$= \underbrace{[h_1(x_1) \cdot \delta(x_2)]}_{h_{1,M}(x_1,x_2)} * \underbrace{[h_2(x_2) \cdot \delta(x_1)]}_{h_{2,M}(x_1,x_2)}.$$

Somit kann die zweidimensionale Darstellung der Funktionen $h_1(x_1)$ und $h_2(x_2)$ auch über

$$h_{1,M}(x_1,x_2) = h_1(x_1) \cdot \delta(x_2), \text{ und } h_{2,M}(x_1,x_2) = h_2(x_2) \cdot \delta(x_1) \quad (11.188)$$

erfolgen. In Abbildung 11.35 sind die zweidimensionalen Funktionen $h_{1,M}(x_1,x_2)$ bzw. $h_{2,M}(x_1,x_2)$ für die konkrete Realisierung $h_1(x_1) = \cos(x_1)$ und $h_2(x_2) = \cos(x_2)$ dargestellt. Wie aus Abbildung 11.35 hervorgeht, handelt es sich bei der Darstellung der Funktionen nach Gleichung 11.188 um den Schnitt entlang der x_1- bzw. x_2-Achse der Funktionen aus Gleichung 11.34. Deswegen wird „lax" der Richtungsdirac aus Gleichung 11.188 weggelassen, und es ergibt sich der scheinbare Widerspruch.

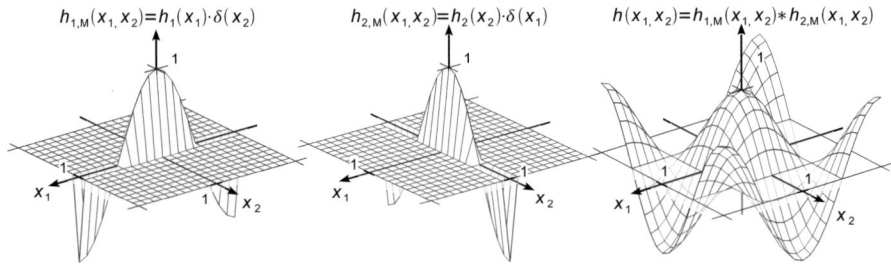

Abb. 11.35. Interpretation eines eindimensionalen Signals in zwei Dimensionen als Multiplikation mit Richtungsdiracs.

b2) In Abbildung 11.36 ist eine Interpretation als Filterfunktion gegeben.

b3) Für die diskrete Faltung unter Voraussetzung, dass die einzelnen betrachteten Funktionen oder Filter endlich sind, gilt nach Gleichung 7.28

$$g[n_1,n_2] * h[n_1,n_2] = \sum_{m_1=-\infty}^{\infty} \sum_{m_2=-\infty}^{\infty} g[m_1,m_2] \cdot h[n_1-m_1, n_2-m_2]. \quad (11.189)$$

Die Anzahl der Additionen und Multiplikation für ein Bild $g[n_1,n_2]$ der Größe $G_2 \times G_1$ mit dem Filter $h[n_1,n_2]$ der Dimension $H_2 \times H_1$ ist demnach

$$N_{\text{Add}} = N_{\text{Mult}} = H_1 \cdot H_2 \cdot G_1 \cdot G_2. \quad (11.190)$$

Für den Fall, dass das Filter $h[n_1,n_2]$ separierbar ist, gilt

$$N_{\text{Add,sep}} = N_{\text{Mult,sep}} = (H_1 + H_2) \cdot G_1 \cdot G_2. \quad (11.191)$$

Abhängig von der Dimension des Filters $h[n_1,n_2]$ ergibt sich also eine beträchtliche Reduktion im Berechnungsaufwand.

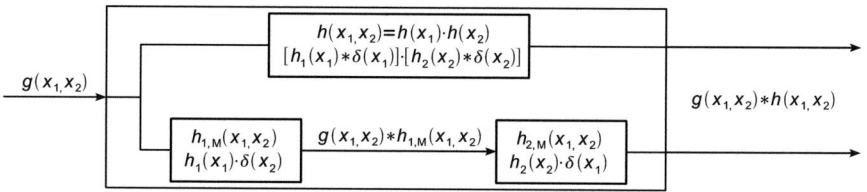

Abb. 11.36. Interpretation zweier separierbarer Filter als Filterstruktur.

Aufgabe 7.2: *Kontinuierliche Faltung*

a) Für das Signal $g(x_1,x_2)$ ist die Lösung trivial, es gilt

$$g(x_1,x_2) = \underbrace{x_1^2}_{g_1(x_1)} \cdot \underbrace{x_2^2}_{g_2(x_2)} = g_1(x_1) \cdot g_2(x_1),$$

mit $g_1(x_1) = x_1^2$ und $g_2(x_2) = x_2^2$.

Die Separierung des Signal $h(x_1,x_2)$ erfolgt über

$$h(x_1,x_2) = -x_1^2 - x_1^2 \cdot x_2^2 + 2 \cdot x_1^2 \cdot x_2 - 2 \cdot x_2 + x_2^2 + 1$$
$$= -x_1^2 \cdot (x_2^2 - 2 \cdot x_2 + 1) + x_2^2 - 2 \cdot x_2 + 1 =$$
$$= (1 - x_1^2) \cdot (x_2^2 - 2 \cdot x_2 + 1) =$$
$$= \underbrace{(1 - x_1^2)}_{h_1(x_1)} \cdot \underbrace{(1 - x_2)^2}_{h_2(x_2)}$$

zu

$$h(x_1,x_2) = h_1(x_1) \cdot h_2(x_2)$$

mit $h_1(x_1) = 1 - x_1^2$ und $h_2(x_1) = (1 - x_2)^2$.

b) Nachdem fünf charakteristische Punkte der Parabel gefunden wurden, erhält man die in Abbildung 11.37 eingetragenen Kurvenverläufe.

c) Es gilt, siehe obige Aufgabe,

$$s(x_1,x_2) = (g_1(x_1) * h_1(x_1)) \overset{*}{\cdot} (g_2(x_2) * h_2(x_2)). \qquad (11.192)$$

Aufgabe 7.3: *Diskrete Faltung*

Es wird empfohlen, für die Lösung dieser und der nächsten Aufgabe eine unbeschriebene Klarsichtfolie und einen abwaschbaren Folienstift zu verwenden.

Allgemeines zur zweidimensionalen, diskreten Faltung: Wird ein Bild, wie es in Abbildung 11.38 links dargestellt ist, mit einem Filter (siehe Abbildung 11.38 Mitte) beaufschlagt, entsteht ein vergrößertes Bild, wie Abbildung 11.38 rechts zeigt.

346   11 Musterlösungen zu den Übungen

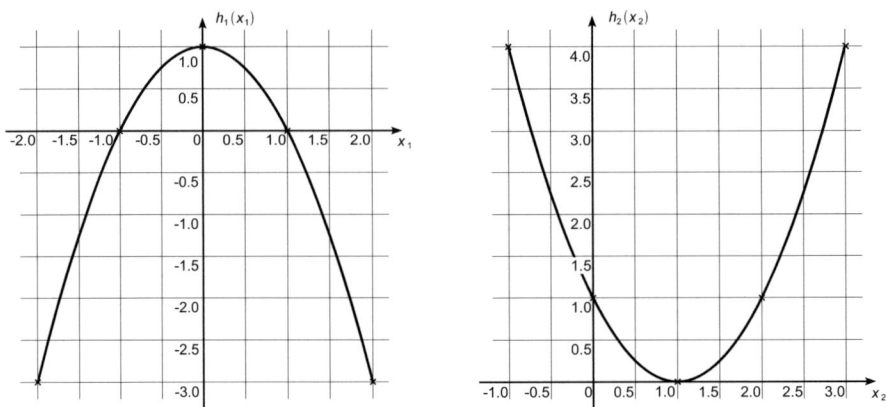

Abb. 11.37. Funktionsverläufe der Filter $h_1(x_1)$ und $h_2(x_2)$.

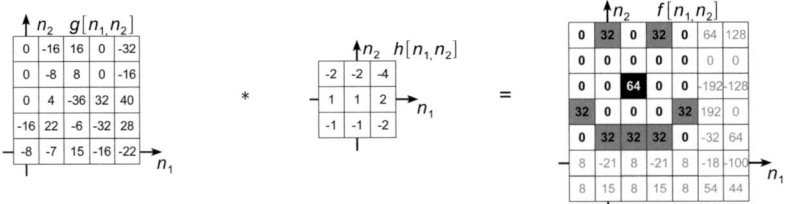

Abb. 11.38. Ergebnis der Faltung (rechts) eines Bilds (links) mit einer Impulsantwort (Mitte).

Im Normalfall ist aber nur ein bestimmter Bereich des Faltungsergebnisses von Interesse. Deswegen werden bestimmte Teile ausgespart. Diese Aussparung zeigt Abbildung 11.39 links.

a) Zunächst wird die Impulsantwort des zu beaufschlagenden Filters zweimal gespiegelt: einmal entlang der n_1- und einmal entlang der n_2-Achse. Das Ergebnis kann zur schnellen Durchführung der Faltung auf eine Klarsichtfolie geschrieben werden. Dabei ist auf die gleiche Skalierung des Faltungskerns und des zu beaufschlagenden Bilds zu achten. Das Ergebnis der Faltung zeigt Abbildung 11.39 rechts.

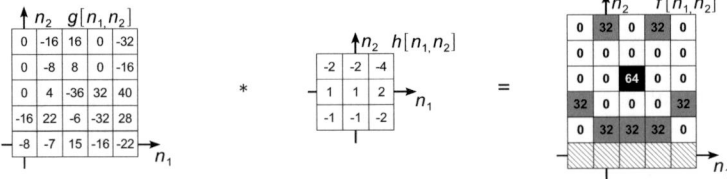

Abb. 11.39. Ergebnis der Faltung (rechts) eines Bilds (links) mit einer Impulsantwort (Mitte).

b) Der minimale Grauwerteintrag beträgt $g_{min} = 0$, der maximale $g_{max} = 64$. Geht man davon aus, dass nur ganzzahlige Grauwerte vorkommen und der gesamte Dynamikbereich [0;64] ausgeschöpft wird, so erhält man

$$b = \lceil \text{ld}(g_{max} - g_{min} + 1) \rceil = \lceil \text{ld}(64 - 0 + 1) \rceil = 7 \,\text{Bit}$$

als Codierbreite eines Pixels. Ein Bild der Größe 5×5 benötigt damit $7 \cdot 5 \cdot 5 = 175$ Bit zur digitalen Speicherung.

c) Ein kausales, zweidimensionales Filter $h[n_1, n_2]$ zeichnet sich aus durch

$$h[n_1, n_2] = \begin{cases} \text{beliebig} & \text{für } n_1, n_2 > 0 \\ 0 & \text{sonst.} \end{cases} \quad (11.193)$$

Betrachtet man die Impulsantwort aus Abbildung 7.32 bzw. Abbildung 11.39, so fällt auf, dass Gleichung 11.193 nicht erfüllt ist. Somit ist $h[n_1, n_2]$ nicht kausal. Das kausale Filter $h_k[n_1, n_2]$ ist die um $n_1 = 1$ und $n_2 = 1$ verschobene Variante von $h[n_1, n_2]$. Es gilt somit $h_k[n_1, n_2] = h[n_1 - 1, n_2 - 1]$.

d) Aus Abbildung 7.32 bzw. Abbildung 11.39 kann die Impulsantwort direkt abgeschrieben werden. Man erhält

$$h_k[n_1, n_2] = -\delta[n_1, n_2] - \delta[n_1 - 1, n_2] - 2 \cdot \delta[n_1 - 2, n_2] + \\ + \delta[n_1, n_2 - 1] + \delta[n_1 - 1, n_2 - 1] + 2 \cdot \delta[n_1 - 2, n_2 - 1] + \\ - 2 \cdot \delta[n_1, n_2 - 2] - 2 \cdot \delta[n_1 - 1, n_2 - 2] - 4 \cdot \delta[n_1 - 2, n_2 - 2].$$

Als z-Transformierte $H(z_1, z_2) \; \bullet\!\!-\!\!\circ \; h[n_1, n_2]$ erhält man, auch unter Verwendung von Gleichung 7.21

$$H(z_1, z_2) = -1 - z_1^{-1} - 2 \cdot z_1^{-2} + \\ + z_2^{-1} + z_1^{-1} \cdot z_2^{-1} + 2 \cdot z_1^{-2} \cdot z_2^{-1} + \\ - 2 \cdot z_2^{-2} - 2 \cdot z_1^{-1} \cdot z_2^{-2} - 4 \cdot z_1^{-2} \cdot z_2^{-2}. \quad (11.194)$$

e) Durch Ausklammern von z_1^{-1} und $2 \cdot z_1^{-2}$ aus Gleichung 11.194 wird

$$H(z_1, z_2) = +(-1 + z_2^{-1} - 2 \cdot z_2^{-2}) + \\ + z_1^{-1} \cdot (-1 + z_2^{-1} - 2 \cdot z_2^{-2}) + \\ + 2 \cdot z_1^{-2} \cdot (-1 + z_2^{-1} - 2 \cdot z_2^{-2})$$

erhalten und damit schließlich

$$H(z_1, z_2) = \underbrace{(1 + z_1^{-1} + 2 \cdot z_1^{-2})}_{H_1(z_1)} \cdot \underbrace{(-1 + z_2^{-1} - 2 \cdot z_2^{-2})}_{H_2(z_2)}.$$

Dies führt zu der in Abbildung 11.40 dargestellten zeitdiskreten Filterstruktur. Da $H(z_1, z_2)$ eine *endliche* Impulsantwort besitzt, ist es ein FIR-Filter.

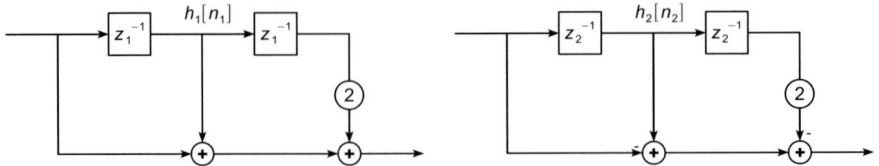

Abb. 11.40. Zeitdiskrete Filterstrukturen der Filter $h_1[n_1]$ (links) und $h_2[n_2]$ (rechts).

f) Für die Einzelimpulsantworten erhält man

$$h_1[n_1] \circ\!\!-\!\!\bullet\; H_1(z_1) = 1 + z_1^{-1} + 2 \cdot z_1^{-2}$$
$$\Rightarrow h_1[n_1] = \delta[n_1] + \delta[n_1 - 1] + 2 \cdot \delta[n_1 - 2] \text{ und} \qquad (11.195)$$
$$h_2[n_2] \circ\!\!-\!\!\bullet\; H_2(z_2) = -1 + z_2^{-1} - 2 \cdot z_2^{-2}$$
$$\Rightarrow h_2[n_2] = -\delta[n_2] + \delta[n_2 - 1] - 2 \cdot \delta[n_2 - 2]. \qquad (11.196)$$

Die Impulsantworten sind in Abbildung 11.41 in das jeweilige Koordinatensystem eingetragen.

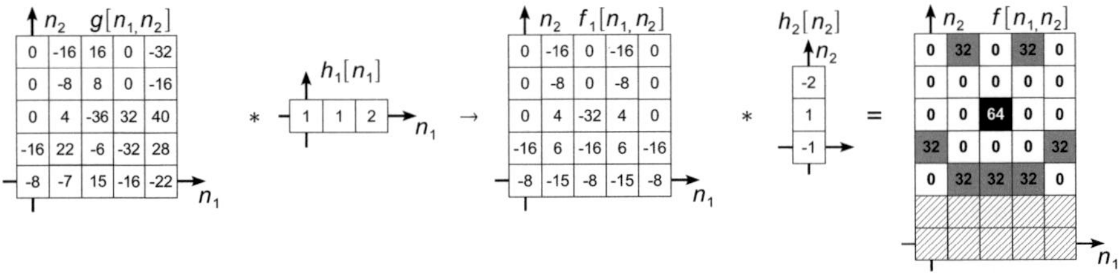

Abb. 11.41. Sequenziell durchgeführte Faltung, die dank der Separierbarkeit des Faltungskerns mit weniger Rechenoperationen zum selben Ergebnis führt.

Man erhält dasselbe Ergebnis wie in Aufgabe a), jedoch hat man dazu weniger Rechenoperationen benötigt.

Aufgabe 7.4: *Bildrekonstruktion*

a) Es handelt sich um den sog. „Motion-Blur". Da jedoch zentral auf den Messaufbau zu gefahren wird, äußert sich dieser „Motion-Blur" in dieser Aufgabe als „Focus-Blur".

b) Die Fläche F [3] und die Pixeldichte D des CCD-Sensors erhält man zu

$$F = l \cdot b = 8.8\,\text{mm} \cdot 6.6\,\text{mm} = 58.08\,\text{mm}^2.$$

---

[3] Aus historischen Gründen entspricht in diesem Fall 1 Zoll nicht 2.54 cm, sondern nur ca. 1.6 cm.

Auf diese Fläche verteilen sich $N = 145\,200$ Pixel. Somit erhält man als Pixeldichte

$$D = \frac{N}{F} = \frac{145\,200}{58.08\,\text{mm}^2} = 2500\,\frac{1}{\text{mm}^2}.$$

c) Aus Abbildung 7.35 kann die Linsengleichung zu

$$\frac{B}{G} = \frac{b-f}{f} \Rightarrow B = \frac{G \cdot (b-f)}{f} \tag{11.197}$$

umgeformt werden. Setzt man die Werte aus der Angabe Gleichung 11.197 ein, erhält man für die gesuchte Größe

$$B = \frac{70\,\text{mm} \cdot (16.032\,\text{mm} - 16\,\text{mm})}{16\,\text{mm}} = 0.14\,\text{mm}. \tag{11.198}$$

Da der CCD-Sensor rechteckig ist und *quadratische* Pixel aufweist ergibt sich, abhängig von der Pixeldichte D

$$N_{\text{Buchst}} = B \cdot \sqrt{D} = 0.14\,\text{mm} \cdot \sqrt{2500\,\frac{1}{\text{mm}^2}} = 7.$$

Der scharf abgebildete Stadt-Kennbuchstabe nimmt sieben Pixel auf dem CCD ein.

d) Durch Umformung der 2. Linsengleichung wird

$$\frac{B}{G} = \frac{b}{g} \Rightarrow g = \frac{b \cdot G}{B} = \frac{16.032\,\text{mm} \cdot 70\,\text{mm}}{0.14\,\text{mm}} = 8016\,\text{mm}$$

erhalten. Die Geschwindigkeit wird demnach in ca. acht Meter Entfernung von dem Gerät gemessen.

e) Es gilt aus dem Physikunterricht (da $v = $ const. angenommen) und mit $v = 198\,\frac{\text{km}}{\text{h}} = 55\,\frac{\text{m}}{\text{s}}$

$$v = \frac{\Delta g}{t} \Rightarrow \Delta g = v \cdot t = 55\,\frac{\text{m}}{\text{s}} \cdot 0.032\,\text{s} = 1.76\,\text{m}.$$

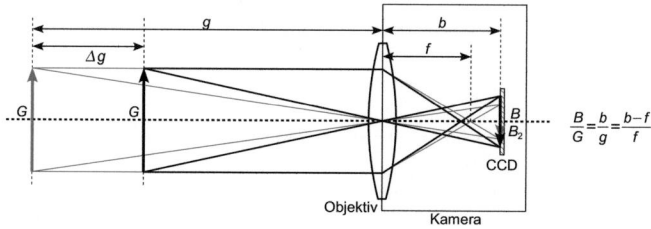

Abb. 11.42. Zur Ermittlung der Abbildungshöhe B_2 des unscharfen Stadt-Kennbuchstabens.

f) Aus der zweiten Linsengleichung folgt, siehe auch Abbildung 11.42

$$\frac{B_2}{G} = \frac{b}{\underbrace{g_2}_{g-\Delta g}} \Rightarrow B_2 = \frac{b \cdot G}{g - \Delta g} = \frac{16.032\,\text{mm} \cdot 70\,\text{mm}}{8016\,\text{mm} - 1760\,\text{mm}} = 0.18\,\text{mm}.$$

Somit folgt für die Anzahl der belichteten Pixel

$$N_{\text{Buchst},2} = B_2 \cdot \sqrt{D} = 9.$$

g) Nachdem $N_{\text{Buchst}} = 7$ Pixel auf $N_{\text{Buchst},2} = 9$ Pixel gestreckt werden, wird ein ursprüngliches Pixel gleichmäßig auf drei Pixel verteilt.

h) Ein Filter, das ein Zentralpixel gleichmäßig auf drei Pixel verteilt, ist ein Mittelwertfilter der Länge drei in die jeweilige Richtung. Man erhält demnach als Impulsantwort in n_1-Richtung

$$h_1[n_1] = 1/3 \cdot \delta[n_1 + 1] + 1/3 \cdot \delta[n_1] + 1/3 \cdot \delta[n_1 - 1]$$

und in n_2-Richtung (unter Berücksichtigung des Hinweises)

$$h_2[n_2] = 1/3 \cdot \delta[n_2 + 1] + 1/3 \cdot \delta[n_2] + 1/3 \cdot \delta[n_2 - 1].$$

Die beiden Impulsantworten sind in Abbildung 11.43 an entsprechender Stelle eingetragen. Die Gesamtimpulsantwort $h[n_1, n_2]$ kann nach den Überlegungen aus Aufgabe 7.1 wie in Abbildung 11.43 links von der unten Mitte angegeben werden.

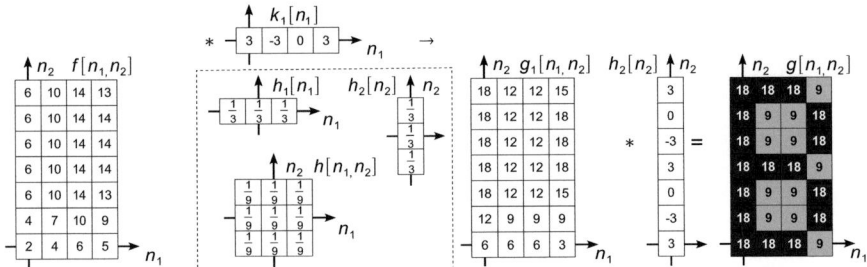

Abb. 11.43. Impulsantworten (verteilt über die Mitte) zur Kompensation des gestörten Bilds (links).

i) Für die kausalen Impulsantworten gilt, siehe Gleichung 11.193,

$$h_{1,k} = h_1[n_1 - 1], h_{2,k} = h_2[n_2 - 1] \text{ und damit } h_k = h[n_1 - 1, n_2 - 1].$$

Für die z-Transformierte erhält man

$$H_1(z_1) = 1/3 + 1/3 \cdot z_1^{-1} + 1/3 \cdot z_1^{-2}$$

$$H_2(z_2) = 1/3 + 1/3 \cdot z_2^{-1} + 1/3 \cdot z_2^{-2}$$
$$H(z_1,z_2) = \left(1/3 + 1/3 \cdot z_1^{-1} + 1/3 \cdot z_1^{-2}\right) \cdot \left(1/3 + 1/3 \cdot z_2^{-1} + 1/3 \cdot z_2^{-2}\right).$$

Aus dem Hinweis der vorherigen Aufgabe kann entnommen werden, dass

$$f[n_1,n_2] = g[n_1,n_2] * h[n_1,n_2] \text{ und damit}$$
$$F(z_1,z_2) = G(z_1,z_2) \cdot H(z_1,z_2). \tag{11.199}$$

j) Durch Umformung von Gleichung 11.199 erhält man

$$G(z_1,z_2) = F(z_1,z_2) \cdot \underbrace{\frac{1}{H(z_1,z_2)}}_{K(z_1,z_2)} = F(z_1,z_2) \cdot K(z_1,z_2). \tag{11.200}$$

Dies entspricht dem Ergebnis aus Gleichung 7.40. Da

$$K(z_1,z_2) = \frac{1}{H(z_1,z_2)} = \frac{1}{H_1(z_1) \cdot H_2(z_2)} = \underbrace{\frac{1}{H_1(z_1)}}_{K_1(z_1)} \cdot \underbrace{\frac{1}{H_2(z_2)}}_{K_2(z_2)} \tag{11.201}$$

gilt, ist $K(z_1,z_2)$ separierbar. Außerdem ist $K(z_1,z_2)$ ein rekursives Filter, besitzt damit eine unendlich lange Impulsantwort und stellt somit ein Infinite Impuls Response (IIR)-Filter dar. Durch die Separierbarkeit lässt sich die Filterstruktur als Kaskade der zwei Filter $K_1(z_1)$ und $K_2(z_2)$ zusammensetzen. Die sich aus den Übertragungsfunktionen

$$K_1(z_1) = \frac{3}{1 + z_1^{-1} + z_1^{-2}} \text{ und } K_2(z_2) = \frac{3}{1 + z_2^{-1} + z_2^{-2}}$$

ergebende Filterstruktur ist in Abbildung 11.44 dargestellt.

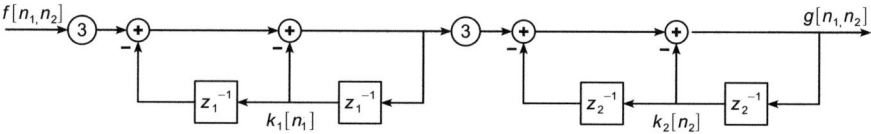

Abb. 11.44. Zeitdiskrete, rekursive (IIR) Filterstruktur des Kompensationsfilters.

k) Die Impulsantwort kann entweder über die z-Rücktransformierte (sehr aufwendig) oder aus der Filterstruktur ermittelt werden. Dazu wird, getrennt für $k_1[n_1]$ und $k_2[n_2]$ eine ‚eins' an den jeweiligen Filtereingang angelegt. Man erhält die in Abbildung 11.43 an entsprechender Stelle eingetragenen Impulsantworten. Zu beachten ist dabei, dass die Impulsantworten unendlich lang sind. Allerdings wird mit ihnen ein 6×9 großes Bild entstört werden. Deswegen nimmt man den Abbruchfehler in Kauf, da er sich erst außerhalb des betrachteten Bildbereichs bemerkbar macht.

l) Zunächst wird das gestörte Bild $f[n_1,n_2]$ mit dem Filter $k_1[n_1]$ beaufschlagt. Das entstehende Bild $g_1[n_1,n_2] = f[n_1,n_2] * k_1[n_1]$ ist in Abbildung 11.43 dargestellt. Anschließend unterzieht man $g_1[n_1,n_2]$ einer Filterung mit $k_2[n_2]$. So erhält man schließlich das entstörte Bild $g[n_1,n_2] = g_1[n_1,n_2] * k_2[n_2]$. Das Ergebnis zeigt Abbildung 11.43 rechts. Somit stammte der Raser aus Berlin.

Aufgabe 7.5: *Histogrammausgleich – kontinuierliche Grauwertverteilung*

a) Damit es sich bei $p_g(g)$ um eine Wahrscheinlichkeitsdichtefunktion (WDF) handelt, müssen

$$\int_0^1 p_g(g)\mathrm{d}g = 1 \text{ und } p_g(g) > 0 \text{ für } 0 \leq g \leq 1 \tag{11.202}$$

erfüllt sein. Durch Einsetzen in Gleichung 11.202 erhält man

$$\int_0^1 p_g(g)\mathrm{d}g = \int_0^1 (6 \cdot g - 6 \cdot g^2)\mathrm{d}g = [3 \cdot g^2 - 2 \cdot g^3]_0^1 = 3 - 2 = 1. \tag{11.203}$$

Außerdem handelt es sich bei $p_g(g)$ um eine nach unten geöffnete Parabel, die ihre Nullstellen bei $g = 0$ und $g = 1$ hat. Da $p(0.5) = 1.5 > 0$ und $p_g(g)$ nach unten geöffnet ist, gilt $p_g(g) > 0$ für $0 \leq g \leq 1$.

b) Trägt man die bereits aus der vorherigen Aufgabe bekannten Punkte in das Diagramm aus Abbildung 7.36 ein (zusammen mit noch zwei weiteren, nämlich $p_g(0.25) = p_g(0.75) = 1.125$), so kann die Parabel, wie in Abbildung 11.45 links gezeigt, skizziert werden.

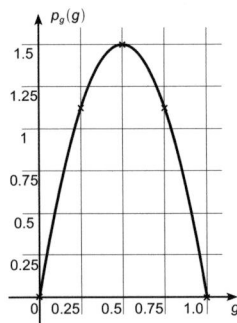 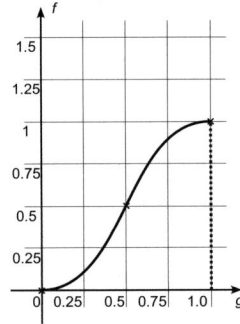 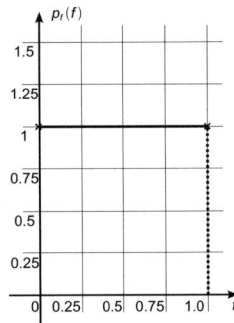

Abb. 11.45. Grauwertverteilung (links), Grauwertgleichverteilung (rechts) und nichtlineare Transformationskennlinie (Mitte).

c) Unter Einhaltung von Gleichung 11.202 und des Wertebereichs $0 \leq f \leq 1$ erhält man $p_f(f) = 1$ für $0 \leq f \leq 1$. Dargestellt ist die WDF der Grauwertgleichverteilung in Abbildung 11.45 rechts.

d) In einer grauwertgleichverteilten Darstellung erhöht sich in der Regel der Kontrast. Jedoch können die Bilder unnatürlich wirken.

e) Da die Grauwerthäufigkeit zweier aufeinander abgebildeter Amplitudenbereiche (das Integral über die Grauverteilung in diesem Bereichen) identisch sein muss, gilt

$$p_g(g_0) \cdot dg_0 = p_f(f_0) \cdot df_0. \qquad (11.204)$$

f) Durch Aufsummierung der einzelnen Grauwertportionen aus Gleichung 11.204 erhält man

$$\int_0^f p_f(f_0) df_0 = \int_0^g p_g(g_0) dg_0 \Rightarrow \int_0^f 1 df_0 = \int_0^g (6 \cdot g_0 - 6 \cdot g_0^2) dg_0$$
$$\Rightarrow f = 3 \cdot g^2 - 2 \cdot g^3.$$

Es folgt damit für die Transformationsgleichung

$$T_f(g) = 3 \cdot g^2 - 2 \cdot g^3.$$

g) Zum Zeichnen können die drei Punkte $T_f(0) = 0$, $T_f(0.5) = 0.5$ und $T_f(1) = 1$ sowie die Ergebnisse aus Teilaufgabe b) (horizontale Tangente im Punkt $T_f(0)$ und $T_f(1)$) herangezogen werden. Das Ergebnis ist in Abbildung 11.45 Mitte dargestellt.

h) Eine exakte Transformation *ist* möglich, da es sich bei $p_g(g)$ bzw. $p_f(f)$ um kontinuierliche Verteilungen handelt.

Aufgabe 7.6: *Histogrammausgleich – diskrete Grauwertverteilung*

a) Durch Auszählen erhält man das in Abbildung 11.46 Mitte dargestellte Grauwerthistogramm $H(g)$. Das kumulierte Histogramm $K(g)$ zeigt Abbildung 11.46 rechts.

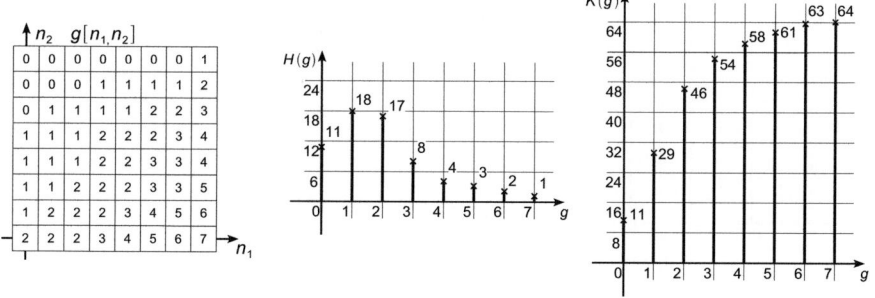

Abb. 11.46. Bitmap (links), zugehöriges Grauwerthistogramm (Mitte) und kumuliertes Grauwerthistogramm (rechts).

b) In einem gleichverteilten Grauwertbild der Größe 8×8 und 3 Bit Quantisierungsbreite kommt jede Graustufe $H(g) = 8$ Mal vor. Das kumulierte Histogramm $K_{\text{gleich}}(x)$ einer Grauwertgleichverteilung ist in Abbildung 11.47 links dargestellt.

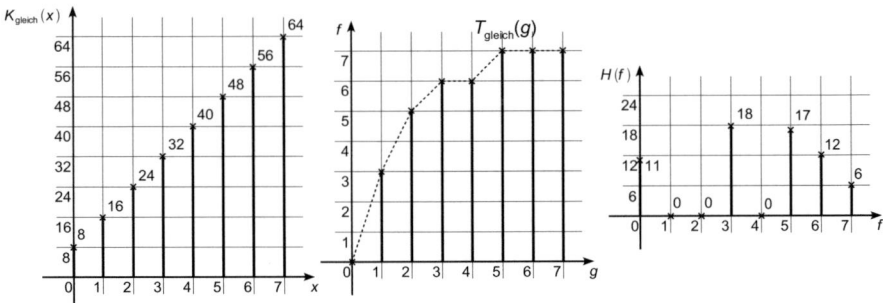

Abb. 11.47. Kumuliertes Histogramm einer Grauwertgleichverteilung (links) und Histogramm eines mithilfe einer Transformationskennlinie (Mitte) transformierten Bilds (rechts).

c) Für jeden Grauwert aus dem kumulierten Histogramm $K(g)$ wird diejenige kumulierte Häufigkeit aus dem kumulierten Histogramm $K_{\text{gleich}}(x)$ gesucht, sodass $|K(g) - K_{\text{gleich}}(x)|$ minimal wird. Die sich ergebende Kennlinie $T_{\text{gleich}}(g)$ zeigt Abbildung 11.47 Mitte. Das resultierende Histogramm $H(f)$ des mithilfe der Kennlinie $T_{\text{gleich}}(g)$ transformierten Bilds $f[n_1, n_2]$ ist in Abbildung 11.47 links dargestellt.

Da im Originalbild $g[n_1, n_2]$ jedem Grauwert eine bestimmte Häufigkeit zugeordnet wird und diese nicht verringert werden kann, gelingt keine exakte Zuordnung.

d) Das zu der gegebenen Verteilung gehörende kumulierte Histogramm $K_{\text{opt}}(x)$ zeigt Abbildung 11.48 links.

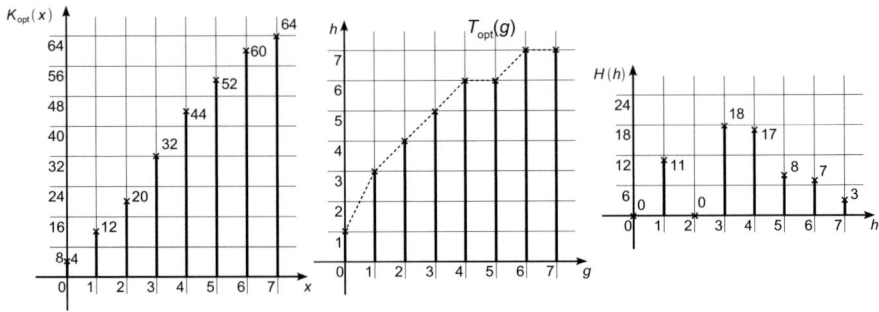

Abb. 11.48. Kumuliertes Histogramm einer „Optimalverteilung" (links) und Histogramm eines mithilfe einer Transformationskennlinie (Mitte) transformierten Bilds (rechts).

e) Die Zuordnung erfolgt gemäß obiger Aufgabe. Man erhält die in Abbildung 11.48 Mitte dargestellte Transformationskennlinie $T_{\text{opt}}(g)$ und das rechts dargestellte Histogramm des transformierten Bilds $h[n_1, n_2]$.

Aufgabe 7.7: *Laplace-Operator*

a) Bei einer sanften Kante tritt typischerweise ein Krümmungswechsel im Grauwertverlauf auf. Um diesen zu detektieren, werden die ersten beiden Ableitungen des Grauwertverlaufs gebildet. An den Nullstellen der zweiten Ableitung (d. h. beim Vorzeichenwechsel) lässt sich eine Kante vermuten.

Darüberhinaus eignet sich der Laplace-Operator zum Finden von Kanten in allen Richtungen, da er richtungsunabhängig ist.

b) Mit dem aus Tabelle 7.1 zu entnehmenden Zusammenhang

$$\frac{\partial^m}{\partial x_1^m} \frac{\partial^n}{\partial x_2^n} g(x_1, x_2) \;\circ\!\!-\!\!\bullet\; (j \cdot \omega_1)^m (j \cdot \omega_2)^n \cdot G_c(\omega_1, \omega_2)$$

gilt für ein Bild $b(x_1, x_2)$ und seiner Fourier-Transformierten

$$b(x_1, x_2) \;\circ\!\!-\!\!\bullet\; B(\omega_1, \omega_2)$$

in der zweiten Ableitung

$$\left(\frac{\partial^2}{\partial x_1^2} + \frac{\partial^2}{\partial x_2^2} \right) \;\circ\!\!-\!\!\bullet\; \underbrace{\left(-\omega_1^2 - \omega_2^2 \right)}_{H(\omega_1, \omega_2)} B(\omega_1, \omega_2).$$

Damit entspricht der Laplace-Operator im Ortsbereich einer Multiplikation mit $H(\omega_1, \omega_2) = -\omega_1^2 - \omega_2^2$ im Ortsfrequenzbereich.

c) Es gilt, siehe Angabe,

$$H(\omega_1, \omega_2) = -\omega_1^2 - \omega_2^2 \stackrel{T_i=1}{=} -\Omega_1^2 - \Omega_2^2 \approx 2 \cdot (\cos(\Omega_1) - 1) + 2 \cdot (\cos(\Omega_2) - 1)$$
$$= 2 \cdot \cos(\Omega_1) + 2 \cdot \cos(\Omega_2) - 4 = H(\Omega_1, \Omega_2).$$

Somit greift die in der Angabe erwähnte Näherungsformel für den Kosinus. Es gilt $\cos(\Omega_i) \approx 1 - \frac{\Omega_i^2}{2}$ und damit $-\Omega_i^2 = 2 \cdot \cos(\Omega_i) - 2$.

d) Mithilfe des Zusammenhangs $\cos(\Omega_i) = 1/2 \left(e^{j \cdot \Omega_i} + e^{-j \cdot \Omega_i} \right)$ erhält man

$$H(\Omega_1, \Omega_2) = 2 \cdot \cos(\Omega_1) + 2 \cdot \cos(\Omega_2) - 4 =$$
$$= e^{j \cdot \Omega_1} + e^{-j \cdot \Omega_1} + e^{j \cdot \Omega_2} + e^{-j \cdot \Omega_2} - 4.$$

Damit erhält man im Zeitbereich die abgetastete Impulsantwort $h[n_1, n_2]$ über

$$H(\Omega_1, \Omega_2) \;\bullet\!\!-\!\!\circ\; h[n_1, n_2] = -4 \cdot \delta[n_1, n_2] + \delta[n_1 - 1, n_2] + \delta[n_1 + 1, n_2]$$

$$+\delta[n_1,n_2-1]+\delta[n_1,n_2+2].$$

Die Multiplikation im Frequenzbereich entspricht im Zeitbereich einer Faltung. Man erhält somit den in Abbildung 11.49 dargestellten Laplace-Operator, mit dem das Bild $b[n_1,n_2]$ zur Kantendetektion diskret gefaltet wird.

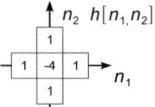

Abb. 11.49. Diskreter Laplace-Operator.

Aufgabe 7.8: *Morphologische Operatoren*

Es wird empfohlen, für die Lösung dieser Aufgabe eine unbeschriebene Klarsichtfolie und einen abwaschbaren Folienstift zu verwenden.

a) Da in diesem Buch morphologische Operationen nur auf Binärbilder definiert sind, können die Erosion und Dilatation auch als Faltung ausgedrückt werden. Dazu stellt man sich das morphologisch zu verändernde Binärbild $b_{\text{bin}}[n_1,n_2]$ als Grauwertbild vor, in dem zunächst nur die Werte $\{0;1\}$ vorkommen. Anschließend wird das Bild mit dem Strukturelement $m[-n_1,-n_2]$[4] gefaltet und mit $1/|m|$ gewichtet, man erhält $b_m[n_1,n_2] = \frac{b_{\text{bin}}[n_1,n_2]*m[-n_1,-n_2]}{|m|}$, ein Grauwertbild. Dabei bezeichnet $|m|$ die Anzahl der im Strukturelement vorkommenden ‚Einsen'. Für das mit dem Strukturelement dilatierte Bild $b_{\text{dil}}[n_1,n_2]$ erhält man

$$b_{\text{dil}}[n_1,n_2] = \lceil b_m[n_1,n_2] \rceil$$

und für das erodierte Bild

$$b_{\text{ero}}[n_1,n_2] = \lfloor b_m[n_1,n_2] \rfloor .$$

Durch die Beschreibung der binären morphologischen Operatoren als Faltung können die in vielen Systemen beschleunigt ablaufenden Faltungsmodule für die Morphologie verwendet werden.

b) Die Operation „Öffnen" kann wahlweise als Faltung oder als direkter Vergleich durchgeführt werden.

b1) Beim „Öffnen" wird ein Bild zuerst erodiert und anschließend dilatiert.

b2) Abbildung 11.50 zeigt links das erodierte Bild $g_{\text{ero}}[n_1,n_2]$ und links das „geöffnete" Bild $g_{\text{offen}}[n_1,n_2]$, das durch Dilatation des erodierten Bilds $g_{\text{ero}}[n_1,n_2]$ entsteht.

---

[4] Die Spiegelung ist notwendig, da es sich bei dem Strukturelement nicht um eine Faltungsmaske, sondern um einen Verknüpfungsoperator handelt.

b3) Durch die „Öffnen"-Operation werden leicht zusammenhängende Objekte aufgebrochen. Dies wird durch die Erosion bewirkt. Die anschließende Dilatation verbindet die fälschlicherweise aufgebrochenen Objektteile wieder miteinander.

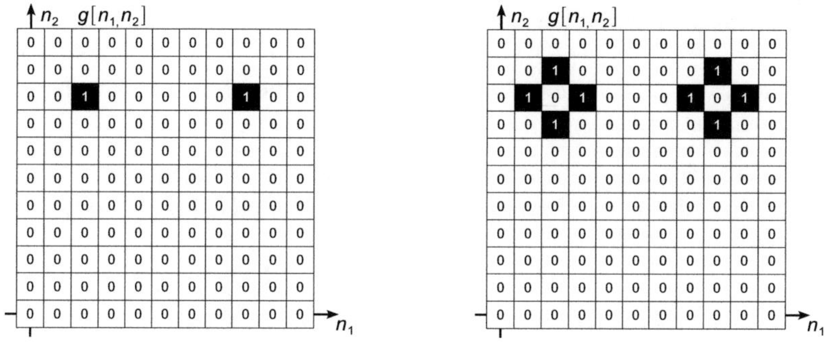

Abb. 11.50. Erodiertes (links) und geschlossenes Bild (rechts).

c) Die Operation „Schließen" kann wahlweise als Faltung oder als direkter Vergleich durchgeführt werden.

c1) Beim „Schließen" wird ein Bild zuerst dilatiert und anschließend erodiert.

c2) Abbildung 11.51 zeigt links das dilatierte Bild $g_{dil}[n_1, n_2]$ und rechts das „geschlossene" Bild $g_{geschlossen}[n_1, n_2]$, das durch Erosion des dilatierten Bilds $g_{dil}[n_1, n_2]$ entsteht.

c3) Durch die „Schließen"-Operation werden leicht zusammenhängende Objekte zu einem großen zusammengefasst, während bereits zusammenhängende Objekte leicht vergrößert werden. Dies wird durch die Dilatation bewirkt. Die anschließende Erosion sorgt dafür, dass sich die Fläche der einzelnen Objekte nicht ändert.

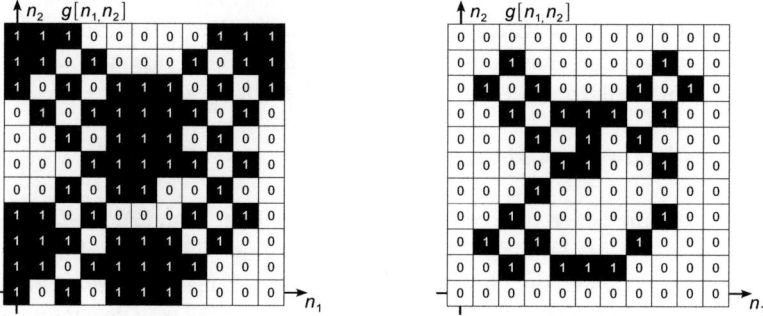

Abb. 11.51. Erodiertes (links) und geschlossenes Bild (rechts).

11.7 Lösung zu Abschnitt 8.3

Aufgabe 8.1: *Farbbasierte Gesichtsdetektion*

Es wird empfohlen, für die Lösung dieser Aufgabe eine unbeschriebene Klarsichtfolie und einen abwaschbaren Folienstift zu verwenden.

a) Nach Gleichung 8.6 auf Seite 205 ist die V-Komponente die, die am ehesten dem Grauwertanteil entspricht[5].

b) Zur Lösung wird eine Folie über das Bild der H- und S-Komponente geschoben. Dabei wird für jedes Pixel überprüft, ob er im Farbbereich, beschrieben durch die Gleichungen

$$0 \leq H \leq 36° \text{ und } 0.1 \leq S \leq 0.57$$

(siehe Gleichungen 8.10 und 8.11, Seite 207), liegt und entsprechend markiert. Durch „UND"-Verknüpfung der beiden Segmentbereiche erhält man das in Abbildung 11.52 links dargestellte und nach Hautfarben segmentierte Bild.

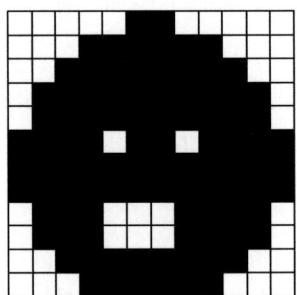 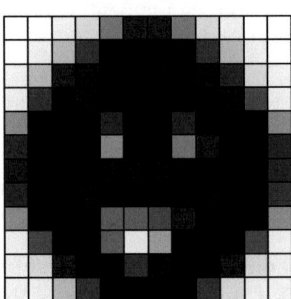

Abb. 11.52. Nach Hautfarben segmentiertes Bild (links) und Grauwertbild (rechts).

c) Allein durch die Form (leicht oval) und Aussparungen an entscheidenden Stellen (Augen, Mund) kann auf ein Gesicht geschlossen werden. Dazu ist in Abbildung 11.52 rechts das ursprüngliche Grauwertbild als Grauwertverteilung gezeigt. Wie man sieht, war das ursprüngliche Bild der beliebte Smilie, also ein Gesicht.

Aufgabe 8.2: *Viola-Jones – Merkmale*

a) Es stellt sich die Frage, wie oft sich ein Merkmal der Dimension $m_s \cdot m \times n_s \cdot n$ in einen Bildausschnitt der Größe $M \times N$ einbeschreiben lässt. In Abbildung 11.53 links ist ein Bildausschnitt der Größe $M \times N$ dargestellt. Zunächst ist seine Skalierung $m = n = 1$. Anschließend wird er in n- und m-Richtung skaliert. Dies gelingt bis zur Skalierung

---
[5] Eigentlich handelt es sich bei der V-Komponente um den dominierenden Farbeindruck.

11.7 Lösung zu Abschnitt 8.3

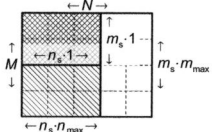
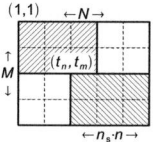

Abb. 11.53. Prinzipbild zur Ermittlung der maximalen Skalierung (links) und möglichen Translationen (rechts) eines Viola-Jones-Basismerkmals.

$$n_{\max} = \left\lfloor \frac{N}{n_s} \right\rfloor \text{ und } m_{\max} = \left\lfloor \frac{M}{m_s} \right\rfloor, \qquad (11.205)$$

da das Merkmal stets vollständig innerhalb des Bildausschnitts zu liegen kommt.

b) Zur Lösung der Aufgabe betrachte man Abbildung 11.53 rechts. Ist nach Gleichung 11.205 sichergestellt, dass die Dimension des Merkmals nicht größer als die Dimension des Bildausschnitts ist, kann das Merkmal an dem Punkt $(t_n, t_m) = (1,1)$ berechnet werden. Anschließend lässt es sich an jedem Punkt bis zur Stelle $(t_{n,\max}, t_{m,\max})$ ermitteln. Für $t_{n,\max}$ und $t_{m,\max}$ gelten die Zusammenhänge

$$t_{n,\max} = N - n_s \cdot n \text{ und } t_{m,\max} = M - m_s \cdot m. \qquad (11.206)$$

Somit erhält man für die Anzahl der Translationen in n- und m-Richtung

$$N_{n,\text{trans}} = t_{n,\max} + 1 = N - n_s \cdot n + 1 \text{ und } N_{m,\text{trans}} = t_{m,\max} + 1 = M - m_s \cdot m + 1. \qquad (11.207)$$

c) Jede Skalierung (n und m) des Merkmals in n- und m-Richtung kann an jedem möglichen Ort (t_n und t_n) der jeweiligen Skalierung berechnet werden. Man erhält somit in Abhängigkeit der Größe des Bildausschnitts $M \times N$

$$N_{\text{ges}} = \sum_{n=1}^{n_{\max}} \sum_{m=1}^{m_{\max}} N_{n,\text{trans}} \cdot M_{m,\text{trans}} = \sum_{n=1}^{n_{\max}} N_{n,\text{trans}} \cdot \sum_{m=1}^{m_{\max}} N_{m,\text{trans}} =$$

$$= \sum_{n=1}^{n_{\max}} (N - n_s \cdot n + 1) \cdot \sum_{m=1}^{m_{\max}} (M - m_s \cdot m + 1) =$$

$$= \Big(\underbrace{\sum_{n=1}^{n_{\max}} N}_{n_{\max} \cdot N} - \underbrace{n_s \cdot \sum_{n=1}^{n_{\max}}}_{\frac{n_s \cdot n_{\max}(n_{\max}+1)}{2}} + \underbrace{\sum_{n=1}^{n_{\max}} 1}_{n_{\max}} \Big) \cdot \Big(\underbrace{\sum_{m=1}^{m_{\max}} N}_{m_{\max} \cdot M} - \underbrace{m_s \cdot \sum_{m=1}^{m_{\max}}}_{\frac{m_s \cdot m_{\max}(m_{\max}+1)}{2}} + \underbrace{\sum_{m=1}^{m_{\max}} }_{m_{\max}} \Big) =$$

$$= \frac{n_{\max} \cdot [2 \cdot N + 2 - n_s \cdot (n_{\max}+1)]}{2} \cdot \frac{m_{\max} \cdot [2 \cdot M + 2 - m_s \cdot (m_{\max}+1)]}{2} =$$

$$= \frac{\cdot \left\lfloor \frac{N}{n_s} \right\rfloor \left\lfloor \frac{M}{m_s} \right\rfloor \left[2 \cdot N + 2 - n_s \cdot \left(\left\lfloor \frac{N}{n_s} \right\rfloor + 1 \right) \right] \left[2 \cdot M + 2 - m_s \cdot \left(\left\lfloor \frac{M}{m_s} \right\rfloor + 1 \right) \right]}{4}$$

Aufgabe 8.3: *Viola-Jones – Integralbild*

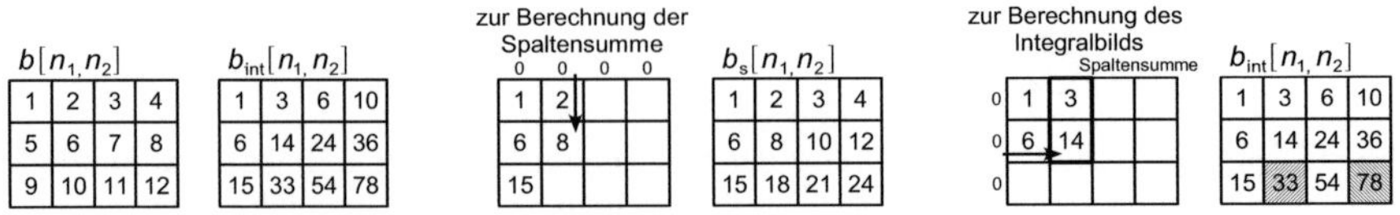

$b[n_1,n_2]$					$b_{\text{int}}[n_1,n_2]$			
1	2	3	4		1	3	6	10
5	6	7	8		6	14	24	36
9	10	11	12		15	33	54	78

zur Berechnung der Spaltensumme: 0 0 0 0

$b_s[n_1,n_2]$				
1	2			
6	8			
15				

$b_s[n_1,n_2]$			
1	2	3	4
6	8	10	12
15	18	21	24

zur Berechnung des Integralbilds Spaltensumme:

0				
0	1	3		
0	6	14		
0				

$b_{\text{int}}[n_1,n_2]$			
1	3	6	10
6	14	24	36
15	33	54	78

Abb. 11.54. Bild (links) und zugehöriges Integralbild (zweites von links) „Spaltensummenbild" (zweites von rechts) und Integralbild (rechts).

a) Man erhält das Integralbild durch jeweils „halbseitiges" Aufsummieren über alle Grauwerte und anschließende Subtraktion. Es ergibt sich

$$m = \underbrace{(1+2+5+6+9+10)}_{=33} - \underbrace{(3+4+7+8+11+12)}_{=45} = -12. \quad (11.208)$$

b) Für das Integralbild $b_{\text{int}}[n_1,n_2]$ gilt nach Gleichung 8.19 auf Seite 211

$$b_{\text{int}}[n_1,n_2] = \sum_{n'_1=1}^{n_1} \sum_{n'_2=1}^{n_2} b[n_1,n_2] \text{ mit } 1 \leq n_1 \leq N_1, \, 1 \leq n_2 \leq N_2.$$

Wendet man diese Formel auf das Bild aus Abbildung 8.19 links an, so erhält man das in Abbildung 11.54 zweite von links dargestellte Integralbild.

c) Da ein Berechnen des Integralbilds nach Gleichung 8.19 in der Praxis zu einem zu hohen Rechenaufwand führen würde, wird das Integralbild üblicherweise rekursiv ermittelt. Dazu wird zunächst die Spaltensumme $b_s[n_1,n_2]$ benötigt.

c1) Man betrachte das Prinzipbild zur Berechnung der Spaltensumme aus Abbildung 11.54 links. Geht man davon aus, dass für die Spaltensumme $b_s[n_1,-1] = 0$ gilt, so erhält man rekursiv die Spaltensumme $b_s[n_1,n_2]$ zu

$$b_s[n_1,n_2] = b_s[n_1,n_2-1] + b[n_1,n_2]. \quad (11.209)$$

Das zugehörige Spaltensummenbild ist in Abbildung 11.54 Mitte, rechts dargestellt.

c2) Man betrachte das Prinzipbild zur Berechnung des Integralbilds aus Abbildung 11.54 Mitte. Diesmal wird davon ausgegangen, dass für $b_{\text{int}}[-1,n_2] = 0$ gilt. Somit kann das Integralbild $b[n_1,n_2]$ rekursiv unter Verwendung von Gleichung 11.209 berechnet werden zu

$$b_{\text{int}}[n_1,n_2] = b_{\text{int}}[n_1-1,n_2] + b_s[n_1,n_2]. \quad (11.210)$$

c3) Man erhält unter Verwendung der Gleichung 11.210 und des Spaltensummenbilds das in Abbildung 11.54 rechts dargestellte Integralbild. Es entspricht dem zuerst berechneten Integralbild.

d) Man erhält $m = -12$, indem die beiden in Abbildung 11.54 rechts hervorgehobenen Felder des Integralbilds voneinander subtrahiert ($m = 33 - (78 - 33) = -12$) werden.

11.8 Lösung zu Abschnitt 9.4

Aufgabe 9.1: *Hauptachsentransformation*

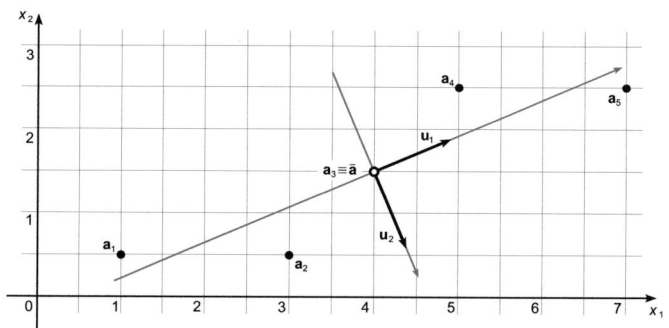

Abb. 11.55. Vollständig ausgefülltes Koordinatensystem der Aufgabe 9.1.

a) In Abbildung 11.55 sind die Datenpunkte $a_1, \ldots a_5$ eingetragen.

b) Man erhält für den Mittelwert

$$\bar{\mathbf{a}} = 1/5 \left[\begin{pmatrix} 1 \\ 0.5 \end{pmatrix} + \begin{pmatrix} 3 \\ 0.5 \end{pmatrix} + \begin{pmatrix} 4 \\ 1.5 \end{pmatrix} + \begin{pmatrix} 5 \\ 2.5 \end{pmatrix} + \begin{pmatrix} 7 \\ 2.5 \end{pmatrix} \right] = \begin{pmatrix} 4 \\ 1.5 \end{pmatrix}.$$

Er ist in Abbildung 11.55 eingetragen.

c) Das mittelwertbefreite Ensemble errechnet sich zu

$$\Psi = \left[\begin{pmatrix} 1 \\ 0.5 \end{pmatrix} - \begin{pmatrix} 4 \\ 1.5 \end{pmatrix}, \begin{pmatrix} 3 \\ 0.5 \end{pmatrix} - \begin{pmatrix} 4 \\ 1.5 \end{pmatrix}, \begin{pmatrix} 4 \\ 1.5 \end{pmatrix} - \begin{pmatrix} 4 \\ 1.5 \end{pmatrix}, \right.$$
$$\left. \begin{pmatrix} 5 \\ 2.5 \end{pmatrix} - \begin{pmatrix} 4 \\ 1.5 \end{pmatrix}, \begin{pmatrix} 7 \\ 2.5 \end{pmatrix} - \begin{pmatrix} 4 \\ 1.5 \end{pmatrix} \right].$$

Für das mittelwertbefreite Ensemble ergibt sich somit

$$\Psi = \begin{bmatrix} -3 & -1 & 0 & 1 & 3 \\ -1 & -1 & 0 & 1 & 1 \end{bmatrix}.$$

d) Zur Berechnung der Kovarianzmatrix Φ wird die Formel aus Gleichung 9.5 verwendet.

$$\Phi = \frac{1}{M} \cdot \Psi \cdot \Psi^T = 1/5 \cdot \begin{bmatrix} -3 & -1 & 0 & 1 & 3 \\ -1 & -1 & 0 & 1 & 1 \end{bmatrix} \cdot \begin{bmatrix} -3 & -1 \\ -1 & -1 \\ 0 & 0 \\ 1 & 1 \\ 3 & 1 \end{bmatrix} = \begin{bmatrix} 4 & 8/5 \\ 8/5 & 4/5 \end{bmatrix}.$$

e) Die Eigenwerte der Kovarianzmatrix Φ erhält man durch Lösung der Gleichung

$$\text{Det}(\Phi - \lambda \cdot \mathbf{I}) = \begin{vmatrix} 4-\lambda & 8/5 \\ 8/5 & 4/5 - \lambda \end{vmatrix} = 0$$

$$\Rightarrow \lambda^2 - 24/5 \cdot \lambda + 16/25 = 0.$$

Man erhält durch ein geeignetes Lösungsverfahren

$$\lambda_1 = 4/5 \cdot \left(3 + 2 \cdot \sqrt{2}\right) = 4.66, \quad \lambda_2 = 4/5 \cdot \left(3 - 2 \cdot \sqrt{2}\right) = 0.14.$$

f) Für den zum Eigenwert λ_i gehörenden Eigenvektor u_i der Kovarianzmatrix Φ gilt

$$(\Phi - \lambda_i \cdot \mathbf{I}) \cdot \mathbf{u}_i = \mathbf{0}.$$

Somit lassen sich für die Eigenvektoren die folgenden Gleichungssysteme aufstellen:

$$\mathbf{u}_1 : \quad \begin{bmatrix} -0.66 & 1.6 \\ 1.6 & -3.86 \end{bmatrix} \cdot \mathbf{u}_1 = \mathbf{0} \text{ und } \mathbf{u}_2 : \quad \begin{bmatrix} 3.86 & 1.6 \\ 1.6 & 0.66 \end{bmatrix} \cdot \mathbf{u}_2 = \mathbf{0}.$$

Die Lösung der obigen Gleichungssysteme kann z. B. mit dem Gauß-Verfahren ermittelt werden. Nach einer Normierung, damit $|\mathbf{u}_i| = 1$ gilt, erhält man schließlich für die Eigenvektoren

$$\mathbf{u}_2 = \begin{pmatrix} 0.92 \\ 0.38 \end{pmatrix} \text{ und } \mathbf{u}_1 = \begin{pmatrix} 0.38 \\ -0.92 \end{pmatrix}.$$

Die beiden Eigenvektoren sind als neues Koordinatensystem in Abbildung 11.55 dargestellt.

g) Die Bedingung für die Orthogonalität zweier Eigenvektoren $\mathbf{u}_i$ und $\mathbf{u}_j$ lautet

$$\mathbf{u}_i^T \cdot \mathbf{u}_j = \begin{cases} 1 & \text{für } i = j \\ 0 & \text{sonst.} \end{cases}$$

Für die Eigenvektoren aus dieser Aufgabe lässt sich

$$\mathbf{u}_1 \cdot \mathbf{u}_1 = (0.92, 0.38) \cdot \begin{pmatrix} 0.92 \\ 0.38 \end{pmatrix} = 1,$$

$$\mathbf{u}_1 \cdot \mathbf{u}_2 = (0.92, 0.38) \cdot \begin{pmatrix} -0.38 \\ 0.92 \end{pmatrix} = 0 \text{ und}$$

$$\mathbf{u}_2 \cdot \mathbf{u}_2 = (-0.38, 0.92) \cdot \begin{pmatrix} -0.38 \\ 0.92 \end{pmatrix} = 1$$

berechnen. Damit ist die Orthogonalität gezeigt.

Aufgabe 9.2: *Hauptachsentransformation – Reduzierung des Rechenaufwands*

a) Das mittelwertbefreite Ensemble Ψ hat die Dimension $N_1 \cdot N_2 \times M = 10\,000 \times 15$. Die Kovarianzmatrix, für sie gilt $\Phi = \frac{1}{M} \cdot \Psi \cdot \Psi^T$, besitzt somit die Dimension $N_1 \cdot N_2 \times N_1 \cdot N_2 = 10\,000 \times 10\,000$.

b) Es gilt für den Zusammenhang der Eigenvektoren $\mathbf{u}_i$ und der Eigenwerte λ_i

$$\Phi \cdot \mathbf{u}_i = \lambda_i \cdot \mathbf{u}_i.$$

c) Aus der Kovarianzmatrix Φ der Dimension $10\,000 \times 10\,000$ lassen sich $N = N_1 \cdot N_2 = 10\,000$ Eigenvektoren und damit Eigengesichter ermitteln. Dabei sind aber nur die ersten $M - 1 = 14$ Eigengesichter sinnvoll bzw. von ‚null' verschieden.

d) Für die Kovarianzmatrix gilt

$$\Phi = \frac{1}{M} \cdot \Psi \cdot \Psi^T.$$

e) Die Matrix $\Omega = \frac{1}{M} \cdot \Psi^T \cdot \Psi$ besitzt die Dimension $M \times M$.

f) Ihre Eigenwerte γ_i und Eigenvektoren $\mathbf{e}_i$ genügen der Bestimmungsgleichung

$$\Omega \cdot \mathbf{e}_i = \gamma_i \cdot \mathbf{e}_i. \tag{11.211}$$

g) Gleichung 11.211 lässt sich umschreiben zu

$$\frac{1}{M} \cdot \Psi^T \cdot \Psi \cdot \mathbf{e}_i = \gamma_i \cdot \mathbf{e}_i.$$

Durch Erweiterung mit dem mittelwertbefreiten Ensemble erhält man somit

$$\underbrace{\frac{1}{M} \cdot \Psi \cdot \Psi^T}_{\Phi} \cdot \underbrace{\Psi \cdot \mathbf{e}_i}_{\tilde{\mathbf{u}}_i = c \cdot \mathbf{u}_i} = \gamma_i \cdot \underbrace{\Psi \cdot \mathbf{e}_i}_{\tilde{\mathbf{u}}_i = c \cdot \mathbf{u}_i} \Rightarrow \Phi \cdot \tilde{\mathbf{u}}_i = \gamma_i \cdot \tilde{\mathbf{u}}_i. \tag{11.212}$$

h) Man erhält aus $\tilde{\mathbf{u}}_i = \Psi \cdot \mathbf{e}_i$ einen Vektor, der in dieselbe Richtung wie $\mathbf{u}_i$ zeigt. Allerdings kann seine Länge von ‚eins' verschieden sein. Mithilfe des Hinweises, dass $|\tilde{\mathbf{u}}_i| = \sqrt{\gamma_i \cdot M}$ gilt, erhält man somit

$$\mathbf{u}_i = \frac{\Psi \cdot \mathbf{e}_i}{\sqrt{\gamma_i \cdot M}}$$

und den zugehörigen Eigenwert $\lambda_i = \gamma_i$.

Aufgabe 9.3: *Prokrustes-Analyse*

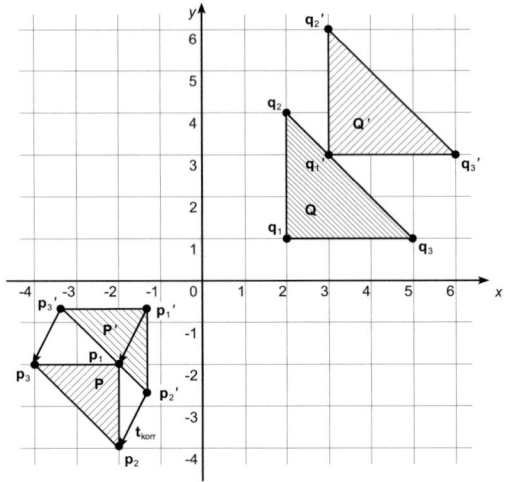

Abb. 11.56. Vollständig ausgefülltes Koordinatensystem zur Lösung der Aufgabe 9.3.

a) In Abbildung 11.56 sind die drei Punkte $\mathbf{p}_1$, $\mathbf{p}_2$ und $\mathbf{p}_3$ des Dreiecks $P = [\mathbf{p}_1, \mathbf{p}_2, \mathbf{p}_3]$ eingetragen.

b) Die Rotationsmatrix $\mathbf{A}_{\text{rot}}$ und die Skalierungsmatrix $\mathbf{A}_{\text{skal}}$ erhält man zu

$$\mathbf{A}_{\text{rot}} = \begin{bmatrix} \cos(180°) & -\sin(180°) \\ \sin(180°) & \cos(180°) \end{bmatrix}, \quad \mathbf{A}_{\text{skal}} = \begin{bmatrix} 1.5 & 0 \\ 0 & 1.5 \end{bmatrix}.$$

Daraus ergibt sich die Rotations- und Skalierungsmatrix

$$\mathbf{A} = \mathbf{A}_{\text{skal}} \cdot \mathbf{A}_{\text{rot}} = \begin{bmatrix} -1.5 & -0 \\ 0 & -1.5 \end{bmatrix}.$$

Wendet man die Transformationsmatrix $\mathbf{A}$ auf die Punkte $\mathbf{p}_1$, $\mathbf{p}_2$ und $\mathbf{p}_3$ des Dreiecks P an, so erhält man das skalierte und rotierte Dreieck $\mathbf{Q}' = [\mathbf{q}'_1, \mathbf{q}'_2, \mathbf{q}'_3]$ mit

$$\mathbf{q}'_1 = \begin{bmatrix} -1.5 & -0 \\ 0 & -1.5 \end{bmatrix} \cdot \begin{pmatrix} -2 \\ -2 \end{pmatrix} = \begin{pmatrix} 3 \\ 3 \end{pmatrix},$$

$$\mathbf{q}'_2 = \begin{bmatrix} -1.5 & -0 \\ 0 & -1.5 \end{bmatrix} \cdot \begin{pmatrix} -2 \\ -4 \end{pmatrix} = \begin{pmatrix} 3 \\ 6 \end{pmatrix} \text{ und}$$

$$\mathbf{q}'_3 = \begin{bmatrix} -1.5 & -0 \\ 0 & -1.5 \end{bmatrix} \cdot \begin{pmatrix} -4 \\ -2 \end{pmatrix} = \begin{pmatrix} 6 \\ 3 \end{pmatrix},$$

welches in Abbildung 11.56 eingezeichnet ist.

11.8 Lösung zu Abschnitt 9.4

c) Die Translation des Dreiecks $\mathbf{Q}'$ um den Vektor $\mathbf{t} = (-1,-2)^T$ führt zum Dreieck $\mathbf{Q} = [\mathbf{q}_1, \mathbf{q}_2, \mathbf{q}_3]$ mit

$$\mathbf{q}_1 = \mathbf{q}'_1 + \mathbf{t} = \begin{pmatrix} 3 \\ 3 \end{pmatrix} + \begin{pmatrix} -1 \\ -2 \end{pmatrix} = \begin{pmatrix} 2 \\ 1 \end{pmatrix},$$

$$\mathbf{q}_2 = \mathbf{q}'_2 + \mathbf{t} = \begin{pmatrix} 3 \\ 6 \end{pmatrix} + \begin{pmatrix} -1 \\ -2 \end{pmatrix} = \begin{pmatrix} 2 \\ 4 \end{pmatrix} \text{ und}$$

$$\mathbf{q}_3 = \mathbf{q}'_3 + \mathbf{t} = \begin{pmatrix} 6 \\ 3 \end{pmatrix} + \begin{pmatrix} -1 \\ -2 \end{pmatrix} = \begin{pmatrix} 5 \\ 1 \end{pmatrix},$$

das in Abbildung 11.56 eingezeichnet ist.

d) Nach Gleichung 9.59 gilt für den quadratischen Fehler E_i allgemein

$$E_i = \left| \begin{pmatrix} x_i \\ y_i \end{pmatrix} \right|^2.$$

Somit erhält man für den skalaren Wert des quadratischen Fehlers E_i

$$E_i = \left| \begin{pmatrix} x_i \\ y_i \end{pmatrix} \right|^2 = x_i^2 + y_i^2 = (p_{x,i} - a_x \cdot q_{x,i} + a_y \cdot q_{y,i} - t_x)^2 + (p_{y,i} - a_y \cdot q_{x,i} - a_x \cdot q_{y,i} - t_y)^2.$$

e) Die Parameter a_x, a_y, t_x und t_y werden so gewählt, dass

$$\frac{\partial E}{\partial (a_x, a_y, t_x, t_y)} \stackrel{!}{=} 0 \qquad (11.213)$$

gilt.

f) Da $E = \sum_{i=1}^{N} E_i$, gilt für die Bedingung aus Gleichung 11.213

$$\frac{\partial E}{\partial (a_x, a_y, t_x, t_y)} = \frac{\partial}{\partial (a_x, a_y, t_x, t_y)} \sum_{i=1}^{N} E_i = \sum_{i=1}^{N} \left(\frac{\partial E_i}{\partial (a_x, a_y, t_x, t_y)} \right) \stackrel{!}{=} 0.$$

g) Die partiellen Ableitungen nach den Parametern a_x, a_y, t_x und t_y errechnen sich zu

$\frac{\partial E_i}{\partial a_x}$: $(q_{x,i}^2 + q_{y,i}^2) \cdot a_x + \quad 0 \quad \cdot a_y + q_{x,i} \cdot t_x + q_{y,i} \cdot t_y = p_{x,i} \cdot q_{x,i} + p_{y,i} \cdot q_{y,i}$

$\frac{\partial E_i}{\partial a_y}$: $\quad 0 \quad \cdot a_x + (q_{x,i}^2 + q_{y,i}^2) \cdot a_y - q_{y,i} \cdot t_x + q_{x,i} \cdot t_y = p_{y,i} \cdot q_{x,i} - p_{x,i} \cdot q_{y,i}$

$\frac{\partial E_i}{\partial t_x}$: $\quad q_{x,i} \cdot a_x - \quad q_{y,i} \cdot a_y + 1 \cdot t_x + 0 \cdot t_y = \quad p_{x,i}$

$\frac{\partial E_i}{\partial t_y}$: $\quad q_{y,i} \cdot a_x + \quad q_{x,i} \cdot a_y + 0 \cdot t_x + 1 \cdot t_y = \quad p_{y,i}.$

Mit $\dfrac{\partial E}{\partial (a_x, a_y, t_x, t_y)} = \sum_{i=1}^{N} \dfrac{\partial E_i}{\partial (a_x, a_y, t_x, t_y)}$ erhält man das Bestimmungsgleichungssystem aus Gleichung 9.22 auf Seite 231.

h) Für die Werte aus dieser Aufgabe und Gleichung 9.21 auf Seite 231 erhält man

$X_p = (-2) + (-2) + (-4) = -8; \quad Y_p = (-2) + (-4) + (-2) = -8;$
$X_q = 2 + 2 + 5 = 9; \quad Y_q = 1 + 4 + 1 = 6;$
$C_1 = [(-2) \cdot 2 + (-2) \cdot 1] + [(-2) \cdot 2 + (-4) \cdot 4] + [(-4) \cdot 5 + (-2) \cdot 1] = -48;$
$C_2 = [(-2) \cdot 2 - (-2) \cdot 1] + [(-4) \cdot 2 - (-2) \cdot 4] + [(-2) \cdot 5 - (-4) \cdot 1] = -8;$
$Z = (2^2 + 1^2) + (2^2 + 4^2) + (5^2 + 1^2) = 51.$

Damit ergibt sich für die Parameter a_x, a_y, t_x und t_y

$$a_x = -\frac{(-8) \cdot 9 + (-8) \cdot 6 - 3 \cdot (-48)}{3 \cdot 51 - 9^2 - 6^2} = -2/3$$

$$a_y = \frac{(-8) \cdot 9 - (-8) \cdot 6 - 3 \cdot (-8)}{3 \cdot 51 - 9^2 - 6^2} = 0$$

$$t_x = \frac{(-8) \cdot 51 - (-48) \cdot 9 + (-8) \cdot 6}{3 \cdot 51 - 9^2 - 6^2} = -2/3$$

$$t_y = \frac{(-8) \cdot 51 - (-48) \cdot 6 + (-8) \cdot 9}{3 \cdot 51 - 9^2 - 6^2} = -4/3.$$

i) Da $a_x = s \cdot \cos(\alpha)$ und $a_y = s \cdot \cos(\alpha)$ gelten, erhält man aus

$$a_x^2 + a_y^2 = s^2 \cdot \cos^2 \alpha + s^2 \cdot \sin^2 \alpha = s^2 \cdot \underbrace{(\cos^2 \alpha + \sin^2 \alpha)}_{=1} \Rightarrow s = \sqrt{a_x^2 + a_y^2}$$

und damit

$$\cos \alpha = \frac{a_x}{\sqrt{a_x^2 + a_y^2}} \Rightarrow \alpha = \arccos \frac{a_x}{\sqrt{a_x^2 + a_y^2}} \text{ bzw.}$$

$$\sin \alpha = \frac{a_y}{\sqrt{a_x^2 + a_y^2}} \Rightarrow \alpha = \arcsin \frac{a_y}{\sqrt{a_x^2 + a_y^2}}.$$

Somit gilt $\alpha_{\text{korr}} = 180°$, $s_{\text{korr}} = 2/3$ und $\mathbf{t}_{\text{korr}} = (-2/3, -4/3)^T$.

j) Für die Punkte $\mathbf{p}'_i$ des um den Winkel $\alpha_{\text{korr}} = 180°$ rotierten und um den Faktor $s_{\text{korr}} = 2/3$ skalierten Dreiecks $\mathbf{P}'$ erhält man

$$\mathbf{p}'_1 = \begin{bmatrix} -2/3 & 0 \\ 0 & -2/3 \end{bmatrix} \cdot \begin{pmatrix} 2 \\ 1 \end{pmatrix} = \begin{pmatrix} -4/3 \\ -2/3 \end{pmatrix},$$

$$\mathbf{p}'_2 = \begin{bmatrix} -2/3 & -0 \\ 0 & -2/3 \end{bmatrix} \cdot \begin{pmatrix} 2 \\ 4 \end{pmatrix} = \begin{pmatrix} -4/3 \\ -8/3 \end{pmatrix} \text{ und}$$

$$\mathbf{p}'_3 = \begin{bmatrix} -2/3 & -0 \\ 0 & -2/3 \end{bmatrix} \cdot \begin{pmatrix} 5 \\ 1 \end{pmatrix} = \begin{pmatrix} -10/3 \\ -2/3 \end{pmatrix}.$$

Die Punkte sind in Abbildung 11.56 zum Dreieck **P'** zusammengefasst eingetragen.

Man stellt fest, dass das Dreieck **P'** durch die Translation $\mathbf{t}_{\text{korr}} = (-2/3, -4/3)^T$ auf das ursprüngliche Dreieck **P** abgebildet wird, wie in Abbildung 11.56 verdeutlicht ist.

k) Wird ein Polygon zuerst rotiert und skaliert, anschließend translatiert, so muss das entstehende Polygon um dieselbe Strecke in entgegengesetzter Richtung translatiert und anschließend zurück rotiert und skaliert werden. Bei der Prokrustes-Analyse wird hingegen davon ausgegangen, dass zwei Polygone durch Rotation, Skalierung und *anschließender* Translation aufeinander abgebildet werden können. Da aber die Transformationen Rotation, Skalierung und Translation im Allgemeinen nicht kommutativ sind, ergeben sich für die exakte Kompensation verschiedene Werte.

Aufgabe 9.4: *Triangulation*

Zur Lösung dieser Aufgabe betrachte man Abbildung 11.57. Sie zeigt ein Dreieck mit den Punkten $\mathbf{a} = (x_a, y_a)^T$, $\mathbf{b} = (x_b, y_b)^T$ und $\mathbf{c} = (x_c, y_c)^T$. Der Mittelpunkt **m** des Umkreises ist der Schnittpunkt der Mittelsenkrechten zweier Seiten des Dreiecks.[6]

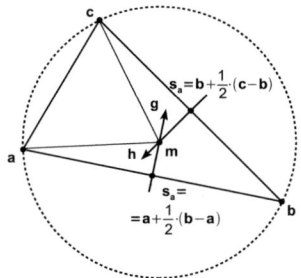

Abb. 11.57. Umkreismittelpunktskonstruktion für die Triangulation.

a) Für die Mittelsenkrechten der Seiten **g** bzw. **h** gilt

$$\mathbf{g} = \mathbf{s_a} + \lambda \cdot \begin{bmatrix} 0 & -1 \\ 1 & 0 \end{bmatrix} \cdot (\mathbf{b} - \mathbf{a}) = \begin{pmatrix} x_{s,a} \\ y_{s,a} \end{pmatrix} + \lambda \cdot \begin{pmatrix} y_a - y_b \\ x_b - x_a \end{pmatrix} \quad \text{und} \quad (11.214)$$

$$\mathbf{h} = \mathbf{s_b} + \mu \cdot \begin{bmatrix} 0 & -1 \\ 1 & 0 \end{bmatrix} \cdot (\mathbf{c} - \mathbf{b}) = \begin{pmatrix} x_{s,b} \\ y_{s,b} \end{pmatrix} + \mu \cdot \begin{pmatrix} y_b - y_c \\ x_c - x_b \end{pmatrix} \quad (11.215)$$

mit $\mathbf{s_a} = \mathbf{a} + 1/2 \cdot (\mathbf{b} - \mathbf{a})$ und $\mathbf{s_b} = \mathbf{b} + 1/2 \cdot (\mathbf{c} - \mathbf{b})$, dem Seitenmittelpunkt der Seite [**a**; **b**] bzw. [**b**; **c**]. Der Umkreismittelpunkt befindet sich im Schnittpunkt der beiden Geraden **g** und **h**. Durch Gleichsetzen der Gleichungen 11.214 und 11.215 erhält man somit

---

[6] Dies liegt daran, dass die Mittelsenkrechte einer Seite, begrenzt durch die Punkte $\mathbf{p}_1$ und $\mathbf{p}_2$, den Ort aller Punkte beschreibt, die von $\mathbf{p}_1$ und $\mathbf{p}_2$ denselben Abstand besitzen.

$$\mathbf{g} = \mathbf{h} \Rightarrow \begin{pmatrix} x_{s,a} \\ y_{s,a} \end{pmatrix} + \lambda \cdot \begin{pmatrix} y_a - y_b \\ x_b - x_a \end{pmatrix} = \begin{pmatrix} x_{s,b} \\ y_{s,b} \end{pmatrix} + \mu \cdot \begin{pmatrix} y_b - y_c \\ x_c - x_b \end{pmatrix},$$

wodurch sich zwei Gleichungen

$$x_{s,a} + \lambda \cdot (y_a - y_b) = x_{s,b} + \mu \cdot (y_b - y_c) \text{ und} \qquad (11.216)$$
$$y_{s,a} + \lambda \cdot (x_b - x_a) = y_{s,b} + \mu \cdot (x_c - x_b) \qquad (11.217)$$

mit zwei Unbekannten λ und μ aufstellen lassen. Setzt man

$$\lambda = \frac{x_{s,b} - x_{s,a} + \mu \cdot (y_b - y_c)}{y_a - y_b},$$

beispielsweise ermittelt durch Umformung von Gleichung 11.216, in Gleichung 11.217 ein, so ergibt sich

$$y_{s,a} + \frac{x_{s,b} - x_{s,a} + \mu \cdot (y_b - y_c)}{y_a - y_b} \cdot (x_b - x_a) = y_{s,b} + \mu \cdot (x_c - x_b)$$

und damit für μ

$$\mu = \frac{(x_b - x_a) \cdot (x_{s,b} - x_{s,a}) + (y_a - y_b) \cdot (y_{s,a} - y_{s,b})}{(x_b - x_c) \cdot y_a + (x_a - x_b) \cdot y_c + (x_c - x_a) \cdot y_b}. \qquad (11.218)$$

Setzt man den Wert der Variablen μ aus Gleichung 11.218 in Gleichung 11.215 ein, erhält man den Mittelpunkt $\mathbf{m}$ zu

$$\mathbf{m} = \mathbf{s_b} + \frac{(x_b - x_a) \cdot (x_{s,b} - x_{s,a}) + (y_b - y_a) \cdot (y_{s,b} - y_{s,a})}{(x_b - x_c) \cdot y_a + (x_a - x_b) \cdot y_c + (x_c - x_a) \cdot y_b} \cdot \begin{pmatrix} y_b - y_c \\ x_c - x_b \end{pmatrix}$$
$$= \mathbf{s_b} + \frac{1}{2} \cdot \frac{(x_b - x_a) \cdot (x_c - x_a) + (y_b - y_a) \cdot (y_c - y_a)}{(x_b - x_c) \cdot y_a + (x_a - x_b) \cdot y_c + (x_c - x_a) \cdot y_b} \cdot \begin{pmatrix} y_b - y_c \\ x_c - x_b \end{pmatrix}.$$

b) Ist der Mittelpunkt $\mathbf{m}$ bekannt, so kann der Radius r des Umkreises zu

$$r = |\mathbf{a} - \mathbf{m}| = |\mathbf{b} - \mathbf{m}| = |\mathbf{c} - \mathbf{m}|$$

berechnet werden.

11.9 Lösung zu Abschnitt 10.3

Aufgabe 10.1: *Tracking mit vollständiger Suche*

a) Die Objektverfolgung wird in der automatischen Erkennung von Benutzerverhalten (engl. *behaviour recognition*) eingesetzt, um z. B. das Geschehen auf Bahnhöfen oder in Flugzeugen zu überwachen.

b) Für die Objektverfolgung mithilfe der vollständigen Suche wird jedes Bild $b_t[n_1, n_2]$ der Sequenz $B[n_1, n_2]$ nach dem betreffenden Objekt durchsucht. Ein Vorteil dieses Tracking-Algorithmus ist seine einfache Implementierbarkeit: Liegt z. B. eine Realisierung des Viola-Jones-Algorithmus zur Gesichts*detektion* bereits vor (siehe Abschnitt 8.2), so erfolgt eine Erweiterung auf die Objekt*verfolgung* durch sequenzielles Anwenden des Viola-Jones-Algorithmus. Der Nachteil liegt in dem u. U. sehr hohen Rechenaufwand, da stets eine vollständige Suche des Objekts im Bild erfolgt.

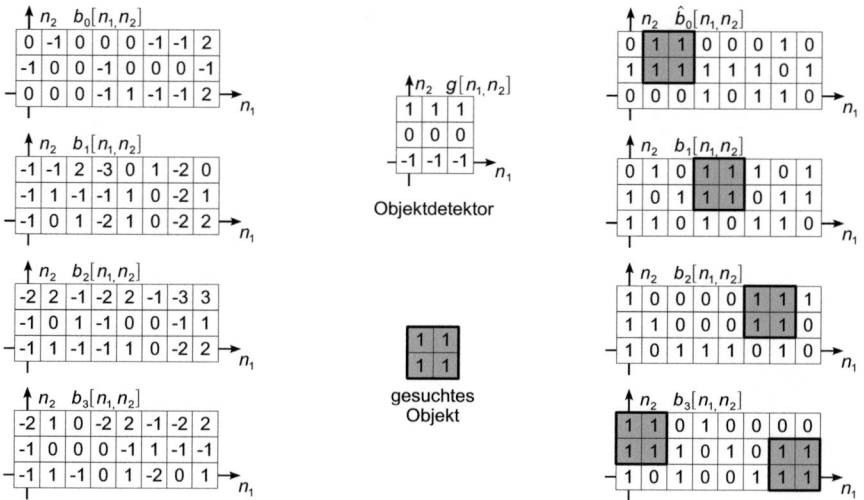

Abb. 11.58. Einzelbilder (links), Objektdetektor (dargestellt als Faltungsmaske, oben Mitte), gesuchtes Objekt (unten Mitte) und Einzelbilder nach Objektdetektion (rechts). Hervorgehoben ist jeweils das detektierte Objekt.

c) Das dargestellte Filter ist der Prewitt-Gradientenoperator (siehe Abbildung 7.21 auf Seite 185). In der vorliegenden Form wird er zur Detektion von horizontalen Kanten verwendet.

d) Die Ergebnisse der Faltungen $\hat{b}_t[n_1, n_2] = b_t[n_1, n_2] * g[n_1, n_2]$, $0 \le t \le 3$ sind in Abbildung 11.60 rechts gezeigt.

e) Mithilfe der in der Angabe gegebenen Möglichkeit über die Erosion wird das gesuchte Objekt in den Bildern $b_0[n_1, n_2], \ldots, b_2[n_1, n_2]$ eindeutig detektiert. Aufgrund von Rauschen wird jedoch in dem Bild $b_3[n_1, n_2]$ ein zweites, dem gesuchten Objekt ähnliches Objekt gefunden. Wird nur das Bild $b_3[n_1, n_2]$ betrachtet, so ist es nicht möglich zu entscheiden, welches der beiden detektierten Objekte das *tatsächlich* gesuchte bzw. verfolgte Objekt darstellt.

f) Es wird davon ausgegangen, dass außerhalb des Bilds liegende Pixel den Grauwert ‚null' besitzen und deswegen nicht für die Anwendung des Objektdetektors berücksichtigt werden. Die sich mit dieser Einschränkung ergebende Anzahl an zu berechnenden Werten W ist für jedes Pixel des Bilds $b_t[n_1, n_2]$ in Abbildung 11.59 angegeben. Jeder Wert w wird mit einer Multiplikation ermittelt, ferner werden $W - 1$ Additionen zur Ermittlung des Ergebnisses der Faltung benötigt.

3	6	9	9	9	9	9	9
2	4	6	6	6	6	6	6
1	2	3	3	3	3	3	3

Abb. 11.59. Zur Abschätzung des Berechnungsaufwands der Objektverfolung mithilfe der vollständigen Suche für ein Bild $b_t[n_1, n_2]$ der Dimension 3×8.

Mit den Werten aus Abbildung 11.59 ergibt sich so für jedes Bild $b_t[n_1, n_2]$

$$\tilde{M}_v = \overbrace{3 + 6 + 6 \cdot 9}^{1.\,\text{Zeile}} + \overbrace{2 + 4 + 6 \cdot 6}^{2.\,\text{Zeile}} + \overbrace{1 + 2 + 6 \cdot 3}^{3.\,\text{Zeile}} = 126,$$

$$\tilde{A}_v = \overbrace{2 + 5 + 6 \cdot 8}^{1.\,\text{Zeile}} + \overbrace{1 + 3 + 6 \cdot 5}^{2.\,\text{Zeile}} + \overbrace{0 + 1 + 6 \cdot 2}^{3.\,\text{Zeile}} = 102.$$

Für $T = 4$ Bilder werden demnach $M_v = 4 \cdot \tilde{M}_v = 504$ und $A_v = 4 \cdot \tilde{A}_v = 408$ Additionen für die Objektdetektion mithilfe der vollständigen Suche benötigt.

Aufgabe 10.2: *Tracking mit Condensation-Algorithmus*

a) Nach einer *Initialisierung* werden aus den initialisierten Partikeln neue Partikel abgeleitet (durch das sog. „Sampling"). Anschließend werden die Partikel gemäß eines Bewegungsmodells verschoben („Drift"). Da zwei Partikel, die von demselben ursprünglichen Partikel abgeleitet wurden, die gleiche Drift erfahren und um statistische Schwankungen der Objektposition auszugleichen, wird die Position der Partikel zusätzlich verrauscht („Diffusion"). Im letzten Schritt wird die Wahrscheinlichkeit für das Auftreten des Objekts an dem durch das jeweilige Partikel beschriebenen Ort im aktuellen Bild berechnet („Messung"). Aus dieser Wahrscheinlichkeit wird die „Gewichtung" der Partikel für den nächsten Iterationsschritt ermittelt.

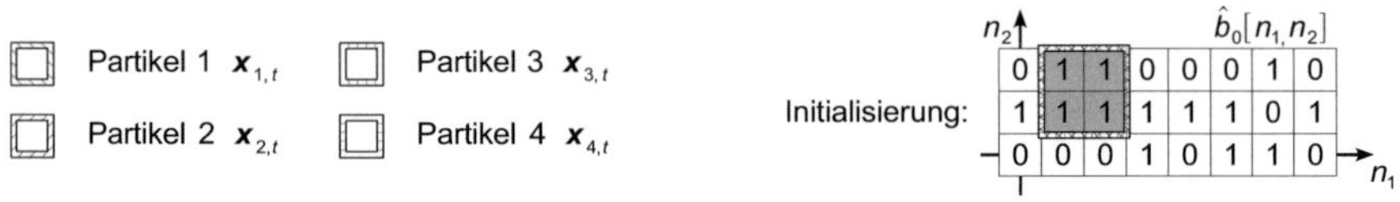

Abb. 11.60. Bezeichnung der Partikel (links) und Ergebnis der Initialisierung (rechts).

b) Die Initialschätzung wird erhalten, indem das Bild $b_0[n_1, n_2]$ mit dem Filter $g[n_1, n_2]$ beaufschlagt wird und das Ergebnis z. B. mit dem Strukturelement $m[n_1, n_2] = \mathbf{1} \in \mathbb{R}^{2 \times 2}$ erodiert wird. In Abbildung 11.60 rechts ist der Ort der Initialschätzung hervorgehoben und entspricht dem Ergebnis der vollständigen Suche aus Abbildung 11.58

oben rechts. An dieser Stelle werden die $N = 4$ Partikel initialisiert, d. h. sie kommen an diesem Ort zu liegen. Die Unterscheidung der einzelnen Partikel erfolgt in dieser und in der nächsten Teilaufgabe gemäß der Konvention aus Abbildung 11.60 links. Für die Gewichte gilt $\pi_{i,0} = 1/4$ (siehe Tabelle 11.9).

c) Es werden im Folgenden die drei Iterationsschritte unterschieden, wobei der Iterationsschritt i der Detektion des Objekts in Teilbild $b_t[n_1, n_2]$ entspricht. Die Wahl der Gewichte findet sich zusammengefasst in Tabelle 11.9.

1. Iteration (Bild $b_1[n_1, n_2]$)

Die Initialschätzung (alle vier Partikel am selben Ort) wird gemäß des Bewegungsmodells um einen Pixel nach „rechts" verschoben (siehe Abbildung 11.61 links). Um die Partikel räumlich zu trennen, erfahren sie im nächsten Schritt eine Diffusion.

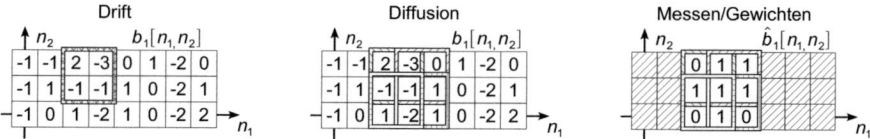

Abb. 11.61. Durchführung der Drift (links), Diffusion (Mitte) und Auswertung des jeweiligen Partikels (rechts) für das Bild $b_1[n_1, n_2]$ (1. Iteration).

Diese zusätzliche Verschiebung erfolgt gemäß Tabelle 10.2: Das erste Partikel $\mathbf{x}_{1,1}$ bleibt unverändert am selben Ort, da $\mathbf{z}_1 = (0,0)^\mathrm{T}$ gilt. Für das zweite Partikel $\mathbf{x}_{2,1}$ würden die Verschiebungen $\Delta\mathbf{z}_2$ und $\Delta\mathbf{z}_3$ zu einem außerhalb des Bilds $b_1[n_1, n_2]$ liegenden Partikel. Deswegen wird das Partikel in Richtung $\Delta\mathbf{z}_4 = (1,0)^\mathrm{T}$ verschoben. Die Verschiebung des dritten Partikels $\mathbf{x}_{3,1}$ erfolgt in Richtung $\Delta\mathbf{z}_5 = (1,-1)^\mathrm{T}$ und die des vierten Partikels $\mathbf{x}_{4,1}$ in Richtung $\mathbf{z}_6 = (0,-1)^\mathrm{T}$. Die endgültige Lage der Partikel $\mathbf{x}_{i,1}$ im Bild $b_1[n_1, n_2]$ zeigt Abbildung 11.61 Mitte.

Gemäß der „Funktionsweise" des Partikels nach Abbildung 10.11 auf Seite 274 wird nur dieser Bereich (und eine für die Faltung benötigte Umgebung) mit dem Objektdetektor ausgewertet. Das Ergebnis zeigt Abbildung 11.61 rechts. Über den Inhalt der schraffierten Pixel kann keine Aussage gemacht werden.

2. Iteration (Bild $b_2[n_1, n_2]$)

Das Bewegungsmodell wird auf die Partikel $\mathbf{x}_{i,1}$ des vorherigen Iterationsschritts angewendet. Die Lage der Partikel im Bild $b_2[n_1, n_2]$ zeigt Abbildung 11.62 links. Das Ergebnis der Diffusion gemäß Tabelle 10.2 ist in Abbildung 11.62 Mitte verdeutlicht. Sie stellen die Partikel $\mathbf{x}_{i,2}$ dar, an deren Bildkoordinaten das Bild $b_2[n_1, n_2]$ mit dem Objektdetektor ausgewertet wird (siehe Abbildung 11.62 rechts).

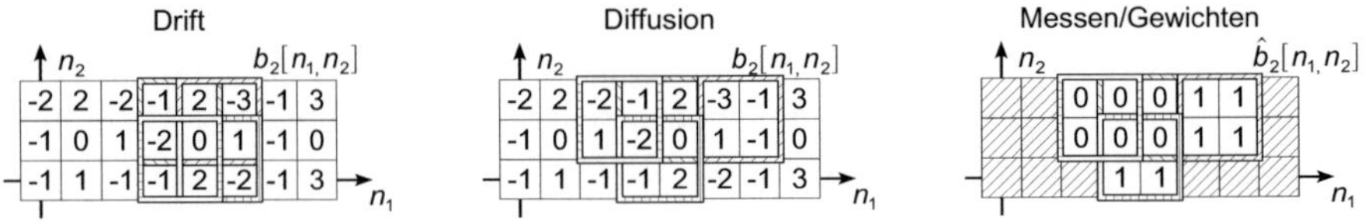

372 11 Musterlösungen zu den Übungen

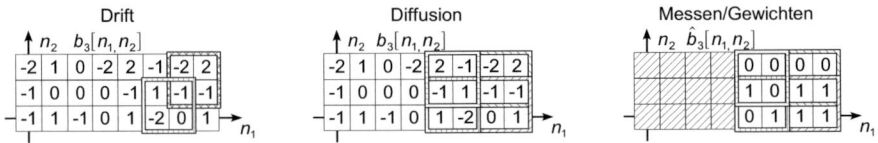

Abb. 11.62. Durchführung der Drift (links), Diffusion (Mitte) und Auswertung des jeweiligen Partikels (rechts) für das Bild $b_1[n_1, n_2]$ (2. Iteration).

3. Iteration (Bild $b_3[n_1, n_2]$)

Es gilt für die Gewichte der Partikel $\mathbf{x}_{1,2}$ und $\mathbf{x}_{4,2}$ $\pi_{1,2} = \pi_{4,2} = 0$ (siehe Tabelle 11.9). Deswegen werden sie in dieser Iteration nicht mehr berücksichtigt. Um eine konstante Anzahl von $N = 4$ Partikeln zu beizubehalten, werden diese Partikel in dieser Iteration von dem Partikel $\mathbf{x}_{2,2}$ abgeleitet, da $\pi_{2,2} > \pi_{3,2}$[7]. Es ergibt sich damit nach der Drift die in Abbildung 11.63 links gezeigte Verteilung der Partikel.

Abb. 11.63. Durchführung der Drift (links), Diffusion (Mitte) und Auswertung des jeweiligen Partikels (rechts) für das Bild $b_1[n_1, n_2]$ (3. Iteration).

Die Diffusion verschiebt die Partikel $\mathbf{x}_{i,3}$ an die in Abbildung 11.63 Mitte gezeigten Orte. Wird der Gesichtsdetektor an diesen Stellen ausgewertet, erhält man das in Abbildung 11.63 rechts gezeigte Ergebnis.

d) In Abbildung 11.64 ist das detektierte Objekt jeweils hervorgehoben. Im Gegensatz zu der Objektverfolgung mithilfe der vollständigen Suche (siehe Aufgabe 10.1) wird mit dem Conditional Density Propagation (Condensation)-Algorithmus in jedem Bild nur ein möglicher Kandidat für das gesuchte Objekt gefunden.

e) Da die Anzahl der Rechenoperationen in jedem Bild aufgrund der Verteilung der Partikel unterschiedlich sein kann, erfolgt hier die Abschätzung des Rechenaufwands separat für jedes Bild, wobei $M_{t,c}$ die Anzahl der Multiplikationen und $A_{t,c}$ die Anzahl der Additionen in dem Bild $\hat{b}_t[n_1, n_2]$, $0 \leq t \leq 3$ angibt.

---

[7] Diese (willkürliche) Zuordnung dient der Anschauung und nur für diese Aufgabe. In der praktischen Umsetzung entstehen beim Random-Sampling für die beiden Partikel $\mathbf{x}_{1,2}$ und $\mathbf{x}_{4,2}$ auf Grund ihrer Gewichte von $\pi_{1,2} = \pi_{4,2} = 0$ *keine* Nachkommen. Stattdessen werden aus den Partikeln $\mathbf{x}_{2,2}$ und $\mathbf{x}_{3,2}$ gemäß ihrer Gewichte Nachkommen gebildet. Somit könnte durchaus eines der Partikel von dem Partikel $\mathbf{x}_{3,2}$ abgeleitet werden.

11.9 Lösung zu Abschnitt 10.3   373

Partikel	$\mathbf{x}_{1,t}$	$\mathbf{x}_{2,t}$	$\mathbf{x}_{3,t}$	$\mathbf{x}_{4,t}$
$t=0:$	$\pi_{1,0}=1/4$	$\pi_{2,0}=1/4$	$\pi_{3,0}=1/4$	$\pi_{4,0}=1/4$
$t=1:$	$\pi_{1,1}=3/13$	$\pi_{2,1}=4/13$	$\pi_{3,1}=3/13$	$\pi_{4,1}=3/13$
$t=2:$	$\pi_{1,2}=0$	$\pi_{2,2}=2/3$	$\pi_{3,2}=1/3$	$\pi_{4,2}=0$
$t=3:$	$\pi_{1,3}=2/9$	$\pi_{2,3}=4/9$	$\pi_{3,3}=2/9$	$\pi_{4,3}=1/9$

Tabelle 11.9. Gewichte $\pi_{i,t}$ der Partikel $\mathbf{x}_{i,t}$, $1 \leq i \leq 4$ für die Initialisierung ($t=0$) und die Iterationsschritte ($t=1,2,3$).

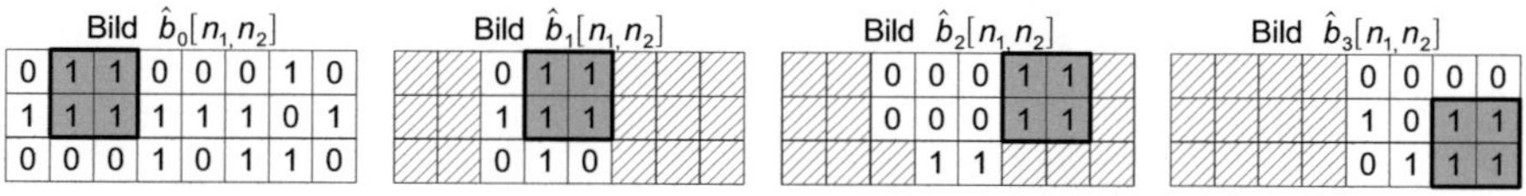

Abb. 11.64. Mithilfe des Condensation-Algorithmus gelingt eine eindeutige Objektverfolgung.

Zur übersichtlichen Darstellung zur Anzahl der zu berechnenden Werte sind diese für jedes Bild (jede Iteration) in Abbildung 11.65 zusammengefasst.

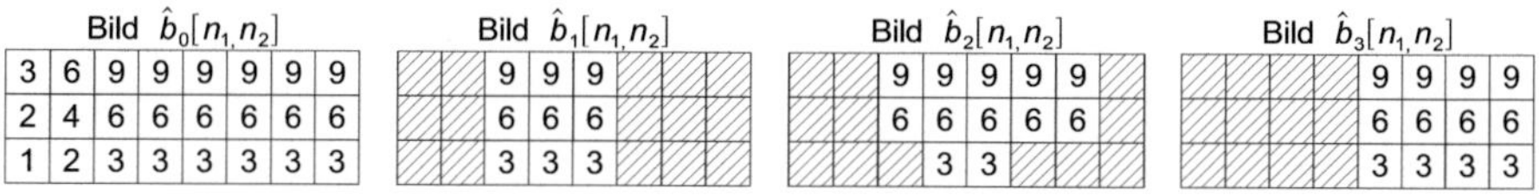

Abb. 11.65. Zur Abschätzung des Berechnungsaufwands der Objektverfolung mithilfe des Condensation-Algorithmus für die Bilder $\hat{b}_0[n_1,n_2],\ldots,\hat{b}_3[n_1,n_2]$.

Unter Berücksichtigung der in Abbildung 11.65 eingetragenen Werte und den Überlegungen zur Lösung der Aufgabe 10.3 ergibt sich so für jedes Bild $b_t[n_1,n_2]$:

$$M_{0,v} = \overbrace{3+6+6\cdot 9}^{\text{1. Zeile}} + \overbrace{2+4+6\cdot 6}^{\text{2. Zeile}} + \overbrace{1+2+6\cdot 3}^{\text{3. Zeile}} = 126,$$

$$A_{0,v} = \overbrace{2+5+6\cdot 8}^{\text{1. Zeile}} + \overbrace{1+3+6\cdot 5}^{\text{2. Zeile}} + \overbrace{0+1+6\cdot 2}^{\text{3. Zeile}} = 102,$$

$$M_{1,v} = \overbrace{3\cdot 9}^{\text{1. Zeile}} + \overbrace{3\cdot 6}^{\text{2. Zeile}} + \overbrace{3\cdot 3}^{\text{3. Zeile}} = 54, \quad A_{1,v} = \overbrace{3\cdot 8}^{\text{1. Zeile}} + \overbrace{3\cdot 5}^{\text{2. Zeile}} + \overbrace{3\cdot 2}^{\text{3. Zeile}} = 45$$

$$M_{2,v} = \overbrace{5\cdot 9}^{\text{1. Zeile}} + \overbrace{5\cdot 6}^{\text{2. Zeile}} + \overbrace{2\cdot 3}^{\text{3. Zeile}} = 81, \quad A_{2,v} = \overbrace{5\cdot 8}^{\text{1. Zeile}} + \overbrace{5\cdot 5}^{\text{2. Zeile}} + \overbrace{2\cdot 2}^{\text{3. Zeile}} = 69,$$

$$M_{3,v} = \overbrace{4\cdot 9}^{\text{1. Zeile}} + \overbrace{4\cdot 6}^{\text{2. Zeile}} + \overbrace{4\cdot 3}^{\text{3. Zeile}} = 72, \quad A_{3,v} = \overbrace{4\cdot 8}^{\text{1. Zeile}} + \overbrace{4\cdot 5}^{\text{2. Zeile}} + \overbrace{4\cdot 2}^{\text{3. Zeile}} = 60.$$

Somit ergibt sich für die Gesamtanzahl an Multiplikationen und Additionen

$$M_\text{c} = \sum_{t=0}^{3} M_{t,\text{c}} = 126 + 54 + 81 + 72 = 333 \text{ und}$$

$$A_\text{c} = \sum_{t=0}^{3} A_{t,\text{c}} = 102 + 45 + 49 + 60 = 256.$$

Verglichen mit den Ergebnissen der Objektdetektion mithilfe der vollständigen Suche, stellt dies eine relative Reduktion der Anzahl der Multiplikationen um $\Delta m \approx 51\,\%$ und der Anzahl der Additionen um $\Delta a \approx 59\,\%$ dar.

Abkürzungsverzeichnis

AAM	Active Appearance-Modelle
ABK	Anzeige/Bedienkonzept
AdaBoost	Adaptive Boosting
AM	Appearance-Modell
ASM	Active Shape Modell
BNF	Backus-Naur-Form
cAAM	combined Active Appearance-Modell
CCD	Charge Coupled Device
CFG	Context-Free Grammar, kontextfreie Grammatik
CIE	Commission International de l'Eclairage
CMOS	Complementary Metal-Oxide-Semiconductor
CNF	Chomsky-Normalform
Condensation	Conditional Density Propagation
CPU	Central Processing Unit
CRT	Cathode-Ray-Tube
DFT	diskrete Fouriertransformation
DNF	Disjunktive Normalform
dpi	dots per inch
DTW	Dynamic Time Warping
EBNF	Erweiterte Backus-Naur-Form
EM	Expectation-Maximization
FIR	Finite Impuls Response
FIS	Fahrerinformationssystem
HCI	Human-Computer Interaction

HMM	Hidden-Markov-Modelle
iAAM	independet Active Appearance-Modell
IDCT	inverse diskrete Kosinus-Transformation
IDFT	inverse diskrete Fouriertransformation
IIR	Infinite Impuls Response
KI	Künstliche Intelligenz
KNF	Konjunktive Normalform
LCD	Liquid-Crystal-Display
LED	Light Emitting Diode
MM	Markov-Modelle
MFCC	Mel Frequency Cepstral Coefficient
MIPS	Million Instructions per Second
MMI	Man-Machine-Interface
MMK	Mensch-Maschine-Kommunikation
MP3	MPEG-1 Audio Layer 3
MUX	Multiplexer
NTSC	National Television System Committee
OCR	Optical Character Recognition
PAL	Phase Alternating Line
PCA	Principal Component Analysis
PCM	Puls-Code-Modulation
PDM	Point Distribution Modell
PMT	Photo Multiplier
SAW	Surface Acoustic Wave
SMS	Short Message Service
SNR	Signal zu Rauschleistungsverhältnis
TFT	Thin-Film-Transistor
TN	Twisted-Nematic
UV	Ultraviolett
VQ	Vektorquantisierer
WDF	Wahrscheinlichkeitsdichtefunktion

Sachverzeichnis

A Star *siehe* A*-Algorithmus
A-Algorithmus *siehe* heuristische Suche
AAM 241
ABK 109
Abstand
  euklidischer 125
  Mahalanobis 125–126
  quadratischer 125
Abtastung
  ideale 169–171
Active
  Blob 241
  Shape-Modell *siehe* ASM
AdaBoost 214
Adaptation 45
  Hell-dunkel 44
Adaptive Boosting *siehe* AdaBoost
Add, Compare, Select 136
Äquivalenz ⇔ 81
Akkommodation 44, 46
Aktive Konturen 237
Aktives TFT-LCD 33
Algorithmus
  AdaBoost 214–215
  Baum-Welch- 133–135
  Condensation- 270–272
  EM- 135
  Rückwärts- 133
  Viola-Jones 209–218
  Viterbi- 135–136
  Vorwärts- 132–133
AM 241
Ambiguität 98

Amboss 56
Analyse
  Differenzbild- 264
  Prokrustes- 230–231, 238
Annotation 232
Anschlagrate 12
Anschlagverzögerung 12
Antiextensiv 188
Anwendung
  AMM, der 253–254
  ASM, der 240–241
  Condensation-Algorithmus 272–273
Anzeige/Bedienkonzept *siehe* ABK
Appearance-Modell *siehe* AM
  Active *siehe* AAM
ASM 237, 272
  -Iteration 239
  Anpassung, der 237–238
  Initialschätzung, der 237
assoziatives Netz 91
Assoziativität 83
Assoziativspeicher 91
A*-Algorithmus 78
Außenohr 56
auditiv 3
Augapfel 44
Auge 44–45
Augenhöhle 44
Ausgabegeräte 28–36
Aussage
  atomar 79
  elementar 79
Aussagenlogik 79

Aussprachelexikon 141
Automat
  deterministischer 102
  nicht-deterministischer 103
Automatentheorie 100–106
Axiom 81

Backus-Naur-Form *siehe* BNF
Basilarmembran 57
Basislinie 156
batch *siehe* Stapel
Batch-Job 9
Bayer-Matrix 25
Bedeutungseinheit *siehe* Klasse
Bedienkonzept 4
Begriffsschrift *siehe* Prädikatenlogik
Beleuchtungsstärke 48
Belichtung 48
Beobachtungswahrscheinlichkeit 128
Beschneiden *siehe* pruning
Bestrahlungsstärke 48
Bewegungsmodell 268
Bewertungs
  -filter 61
  -funktion 77
    monotone 78
  -maß 76
Bildabtastung 22–23
Bildaufzeichnung 174–176
  CCD, mit 23
  Flachbettscanner, mit 24
  PMT, mit 23
  Trommelscanner, mit 25
  Videokamera, mit 25
Bildfunktion *siehe* Ortsfunktion
Bildpyramide 209
Bildrestauration 177–183
Bildschirm 28–34
  berührungsempfindlicher *siehe* Touchscreen
  flacher 30–34
Bildsequenz
  dynamische 261–263
Bildsignal 166
Bildstörung 174–176
  lineare, ortsinvariante 176
Bildverarbeitung 4
  Grundlagen der 165–191
Bildverbesserung 177–183

Bildwiederholfrequenz 262
Binarisierung 187
Blickfeld 50
blinder Fleck 45
Blooming-Effekt 23
Blur
  Focus 176
  Motion 176
Blurring 176, 180
BNF 96
Breadth-First *siehe* Breitensuche
Breitensuche 75–76, 78

Cathode-Ray-Tube *siehe* CRT
CCD 22–23
Central Processing Unit *siehe* CPU
Cepstrum 137
CFG 94–95
Charge Coupled Device *siehe* CCD
Chomsky-Normalform *siehe* CNF
Chorioidea *siehe* Aderhaut
Chrominanz 204
  -komponente 204
  -werte 207
CIE 53
  -Normtafel 53–55
closing *siehe* Schließen
CMOS 26
CNF 95
Cockpit 1
Commission International de l'Eclairage
    siehe CIE
Complementary Metal-Oxide-Semiconductor
    siehe CMOS
Condensation 270
Conditional Density Propagation *siehe* Condensation
Context-Free Grammar *siehe* CFG
Cornea 44
CPU 7
CRT 28
CRT-Bildschirm 28–30
  Auflösung
    Computermonitor 29
    PAL 29
  Bildwiederholungsrate 29
    Computermonitor 29
    PAL 29

Datenbank
  AR- 232
  Gesichts- 225
  Mugshot- 225
Datenrate
  Peripheriegeräte, der 7
  Sinnesorgane, der 43
Datenraten 7
Datenwahrscheinlichkeit
  unvollständige 131
de Morgan 83
Delaunay-Kriterium 242
Depth-First *siehe* Tiefensuche
Detektionsfenster 216
DFT 172
Dialog
  -design 71
  -form 4, 106
  -gestaltung 106–114
  -system 71–114
Diffusion 268, 271
Dilatation 189–190
Dirac 170
Direct AM 241
Disjunktive Normalform *siehe* DNF
Distributivität 83
DNF 83
dots per inch *siehe* dpi
dpi 13
Dreiecksnetz 243
Drift 268, 271
Dvoraklayout 11
Dynamic Time Warping *siehe* DTW
Dynamikbereich
  Helligkeit- 45
Dynode 23

EBNF 96
Egalisieren 181
Eigenface *siehe* Eigengesicht
Eigengesicht 226
  Bestimmung des 225–228
Eingabe
  feldgeführte 152
  freie 152
  liniengeführte 152
Eingabegeräte 8–27
Einheits
  -impuls *siehe* Dirac

-sequenz 171
-sprung 171
Einsprungswahrscheinlichkeit 127
Einzelbild 262
electronic ink *siehe* elektronische Tinte
Elektronen
  -kanone 28
  -strahlröhre *siehe* CRT
elektronische Tinte 21
Energiedichte 48
Ensemble
  Bild- 224
  mittelwertbefreites 225, 235
Entropie 154
Entscheiderschwelle 187, 212, 215
Ergonomie 4
Erkennung
  Handschrift, der 159–160
    Offline- 151
    Online- 151
  Sprache, der
    Einzelwort- 137, 140
    fließend gesprochener 137, 140
Erosion 189
Erweiterte Backus-Naur-Form *siehe* EBNF
eustachische Röhre 56
Expansion *siehe* Dilatation
Expectation-Maximization *siehe* EM
Expertensystem 110–112
  Einsatzgebiet des 111
  Entwicklung des 113

Fahrerinformationssystem *siehe* FIS
falsch
  negativ 213
  positiv 213
Faltung
  diskrete 174
  kontinuierliche 168
Faltungs
  -kern *siehe* Faltungsmaske
  -maske 174
Farb
  -mischung 51–55
    RGB 51
    additive 51–52
    subtraktive 52–53
    uneigentliche 54, 290
  -sättigung 203

-sehen 48–49
-system
  CMY- 52
  CMYK- 54
  HSV- 205–206
  rg-Chrominanz- 207
  RGB- 52, 203
  YUV- 204–205
-ton 203
-würfel 52
  CMY- 52
  RGB- 52
  YUV- 205
-wert 205
Fenster
  ovales 56
  rundes 57
Filter
  Gauß- 178
  Gradienten- 184–186
    Frei-Chen- 185
    Prewitt 185
    Sobel 185
  Laplace- 186
  Median- 179
  Mittelwert- 177–178
Finite Impuls Response *siehe* FIR
FIR 194
first in, last out 103
FIS 109
Flüssigkristall 30
  -anzeige *siehe* LCD
  -zelle 30–32
Flimmern 29
  CRT-Bildschirms, des 29
  Passives Matrix-Displays, des 32
Form
  -eigenschaft
    Wahrung, der 238–239
  -mittelwert 234
  objektabhängige 232
Fovea Centralis 45, 46
Fragenetz 91
frame *siehe* Einzelbild
  rate *siehe* Bildwiederholfrequenz
Frames *siehe* Rahmen
Frequenz
  -gruppen 61
  -skala

Bark- 61
Mel- 61, 136

Gauß
  -pyramide 209
Gehör
  -gang 56
  -knöchelchen 56
gelber Fleck *siehe* Fovea Centralis
Gesichts
  -detektion 203–218
    blockbasierte 208–218
    farbbasierte 203–208
  -feld 50
    horizontales 50
    primäres 50
    vertikales 50
Gestenerkennung 27
Gewichtsmatrix 124
Glaskörper 44
Gradient 184
Gradientenbild 185
Grafiktablett 21–22
Grammatik 93–100
  Anwendung der 99–100
  kontextfreie *siehe* CFG
  Normalform
    Backus-Naur 96
    Chomsky 95
  Normalform, der 95–96
Graphem 159
Graustufen
  -bild 175
  -sequenz *siehe* Graustufenbild
Grenzfrequenz 170
Griffel 20, 22
  passiver 22
gustatorisch 3

Hören 3, 55–64
Hörfläche 59–61
Hörnerv 57
Haarzellen 57
Halbbild 26, 29, 262
Halbmondsichel 207
Hammer 56
haptisch 3
Hautfarbe 203
  Segmentierung, nach 207–208

HCI 2
Helikotrema 56
Helligkeit 203
Heuristik 77
heuristische Suche 76
Hidden-Markov-Modell *siehe* HMM
Histogramm
  -ausgleich 180–183
  Grauwert- 181
  kumuliertes 182
HMM 126–136
  ergodisches 128–129
  Gesamt- 139
  Klassifizierung mit 129–133
  Links-Rechts 129
  Spracherkennung, in der 136–141
  Training von 133–135
Homotop 188
Hornhaut *siehe* Cornea
Human-Computer Interaction *siehe* HCI

IDCT 137
Idempotenz 83, 188
Identifikation
  Eigengesichter, mit 228
  Gesichts- 223–254
    ASM, mit 239–240
  Problem der 223
IDFT 172
IIR 194
Implikation ⇒ 79, 81
Impulsantwort
  diskrete 174
  kontinuierliche 168
Inferenz
  -komponente 112
  -maschine 110
  -mechanismus 88
    Expertensysteme, der 110
    Prädikatenlogik, der 88
    Produktionsregeln, der 88
    Rahmen, der 93
    semantischen Netze, der 91
  -strategie 112
Infinite Impuls Response *siehe* IIR
Inklusion 188
Integralbild 211
Intelligente Systeme 4, 71–78, 109–114
intensity *siehe* Helligkeit

Interaktion 2
Interaktivität 72
Interlacing *siehe* Halbbild
Interpolation
  bilineare 246–247
Iris 44
Isolatorpunkte 19

Joystick 16–17
  analoger 17
  digitaler 17
  isometrischer 17

Künstliche Intelligenz *siehe* KI
Kanten
  -hervorhebung 184–187
  -richtung 186
  -stärke 186
Kaskade 217
Kellerautomat 103–106
Kernlinie 153, 156
KI 72
  Teilgebiete der 72
kinästhetisch 3
Klasse 124
Klassifikator
  Abstands- 124–126
  Kaskadierung des 217–218
  schwacher 212
  starker 215
  statistischer 124, 126
Klassifizierung 124
KNF 83
Kommutativität 83
Kompensation
  Blur- 180
  Rausch- 177–179
Konjunktion · 79, 81
Konjunktive Normalform *siehe* KNF
Kontaktkugel 13
Kontraktion *siehe* Erosion
Kontrapositiv 83
Kontrastverhältnis 29
Korrektklassifikation 214
Korrelation 224
Kostenfunktion *siehe* Bewertungsfunktion
Kovarianzmatrix 125, 225
Kronecker-Delta 135

Labeling 138, 215
landmark *siehe* Merkerpunkt
Lautheit 59
Lautsprecher 35–36
  -korb 35
  dynamischer 35
Lautstärkepegel 59
LCD 30–33
  reflektives 32
LED 18
Lederhaut *siehe* Sclera
Lena 175
Lernfähigkeit 71
Letternhebel 11
Leuchtdichte 47
Licht
  -ausbeute 48
  -menge 48
  -stärke 47
  -strahl
    kollimiert 25
  -strom 48
Light Emitting Diode *siehe* LED
Linse 44
Liquid-Crystal-Display *siehe* LCD
Literal 85
Lochkarte 8–9
  Codierung der 8
  Stanzer 9
Lochmaske 29
Lochscheibe 14
Logik 79–87
logisches Schließen 85
Luminanz 204

Man-Machine-Interface *siehe* MMI
Markerpunkt 232
Markierungskarte *siehe* Lochkarte
Markov-Modell *siehe* MM
Maskierer *siehe* Störschall
Maus 13–16
  optische 15
    Auflösung 15
  opto-mechanische 13–15
    Auflösung 15
Medium 3
Mel Frequency Cepstral Coefficient *siehe* MFCC
Membran

Foto- 25
Lautsprecher- 35
Mikrofon- 27
Mensch-Maschine
  -Dialog 108
  -Kommunikation *siehe* MMK
menschliche Sinnesorgane 43–64
Merkmal
  Appearance-Modell, mit 241–254
  Eigengesicht, mit 224–228
  Formmodell, mit 228–241
  Viola-Jones- 210–212
    Selektion, des 212–214
Merkmals
  -extraktion 124
    Handschrifterkennung, in der 157–158
    Spracherkennung, in der 136–137
  -vektor 124
Messgrößen
  physikalische 46–48, 57–59
  psychoakustische 57–59
  psychooptische 46–48
Metrik 136
MFCC 136
Mikrofon 26–27
  dynamisches 27
  Keulencharakteristik 27
  Kohle- 27
  Kondensator- 27
  Kugelcharakteristik 27
  Piezo- 27
  Richtcharakteristik 27
  Richtwirkung 27
Mikrofonkapsel 27
Million Instructions per Second *siehe* MIPS
Minkowski
  -Addition *siehe* Dilatation
  -Subtraktion *siehe* Erosion
MIPS 15
Mithörschwelle 62
Mittelohr 56
MM 127
MMI 2
MMK 1
  Disziplinen 4–5
  Einflüsse 1
  Einflussfaktoren 1
Mobiltelefon 1

Modalität 3
  mechanische 3
  Multi- 3
  Sinnes- 3
Modell
  Benutzer 108
  Form- 229, *siehe* PDM
  Graphem 159
  Handschrifterkennung, in der 159–160
  Objekt- 241
  Phonem- 138
  Spracherkennung, in der 137–138
  Textur- 241, 248
  wissensbasiert 108
Modus Ponens 86
Monte-Carlo-Simulation *siehe* Random-Sampling
Morphable Models 241
Morphologie 188
MP3 63
MPEG-1 Audio Layer 3 *siehe* MP3
Multimedia 3
Multiplexer *siehe* MUX
Mustererkennung 4
MUX 64

n-Gramm 141
National Television System Committee *siehe* NTSC
Negation
  doppelte ¬¬ 83
Negation ¬ 79, 81
Netz
  assoziatives 91
  semantisches 90–91
Neuabtastung
  ortsäquidistante 153
normally black mode 31
normally white mode 31
Normfarbtafel 53
Normspektralwertfunktionen 53, 54
Normvalenz 53
  luminanznormiert 54
NTSC 262

Oberlängenlinie 156
object tracking *siehe* Objektverfolgung
Objektvariationen 235
Objektverfolgung 261–273

-prozess 267
  Differenzbild, mit 264–265
  Realisierung, der 263–273
  stochastische 265–273
OCR 151
Öffnen 190
Ohr 56–57
Ohrmuschel 56
olfaktorisch 3
opening *siehe* Öffnen
Operator
  Differenz- 184
    vorwärts 184
    zentriert 184
  morphologischer 187–191
    Anwendung des 191
Optical Character Recognition *siehe* OCR
Opticus 45
Optomatrix 18
Ortsfunktion 165

PAL 29, 262
Parameter
  Appearance- 250
    Anpassung 251
  Anpassung, der 250
  Initialschätzung, der 251
Parse-Tree 97
  natürliche Sprache, der 99
  Objekterkennung, der 100
Parsing 96–98
Partikel 266
Passives Matrix-Display 32–33
PCA 224
PDM 234–236
  Anwendung des 236
Peripheriegerät 7
Pfad
  wahrscheinlichster 135
Phase Alternating Line *siehe* PAL
Phonem 137, 138
  -kombination 141
  -schreibweise 141
Phosphorzellen 29
Photo Multiplier *siehe* PMT
Piezoelement 20
Piezomikrofon 18
Plasma-Display 33–34
PMT 23

Point Distribution-Modell   *siehe* PDM
Polarisationsfilter   30
Poldiagramm   27
Prädikatenlogik   80–81
  erster Ordnung   80
Prädiktormatrix   252
Prallaxenverschiebung   17
Prellen   12
Principal Component Analysis   *siehe* PCA
Prisma   25
Produktions
  -regeln   88–90
  -wahrscheinlichkeit   128, 130
progressiv   *siehe* Vollbild
Projektionsprofil   153
  Abschnitt des   153
Pruning   73
Psychoakustik   57–64
Puls-Code-Modulation   *siehe* PCM
push-down automaton   *siehe* Kellerautomat

Quantisierung   172–173
  lineare   173
Quantisierungsrauschen   173
Quantor
  All- $\forall$ 81
  Existenz- $\exists$ 81

Röhre
  Plumbicon   25
  Trinitron-   29
  Vidicon   25
Röhrenbildschirm   *siehe* CRT-Bildschirm
Rückwärtsverkettung   90
Rückwärtswahrscheinlichkeit   133
Rahmen   92–93
  -abgleich   93
  -struktur   92
Random-Sampling   268
Raum
  -koordinate   165
  Eigengesicht-   226
  Form-   235
    Verschiebung, in   238, 239
  morphologischer   188
Rauschen
  Impuls-   176
  weißes, gaußverteiltes   175
Referenzlinie   156

Regenbogenhaut   *siehe* Iris
Residuum   252
Resolution   85–87
Resolvente   85
Retina   45
Rhodopsin   48
richtig
  negativ   213
  positiv   213
Richtungs
  -änderung   158
  -histogramm   *siehe* Projektionsprofil
  -impuls   170
Riechen   3
Rotation   229
Row-Scanning   11
Ruhehörschwelle   60

Sakkade   46
salt-and-pepper   *siehe* Impulsrauschen
SAW   18
Scala
  Media   56
  Tympani   56
  Vestibula   56
scale   *siehe* Schriftgröße
Scanner   22–25
  Auflösung   22
  Bauform   24–25
  Farbauflösung   22
  Flachbett   24
    Auflösung   24
  Trommel   24–25
    Auflösung   24
Schätzfunktion   77
Schall
  -druck   59
  -druckpegel   59
  -intensität   59
  -leistung   59
  -schnelle   59
Schattenmaske   *siehe* Lochmaske
Scherwinkel ϕ_0 155
Schiebepuzzle   72
Schließen   190
Schlitzmaske   29
Schmecken   3
Schnecke   56
Schneckenloch   *siehe* Helikotrema

Schnittstellentechnologie 4
Schrift
  -größe 152
    Normierung, der 156–157
  -linie *siehe* Referenzlinie
  -neigung 152, 155
    Korrektur der 155–156
Schwellwertentscheidung 187, 224
Schwingspule
  Lautsprecher 35
  Mikrofon 27
Sclera 45
Segmentgrenze 141
Seh
  -nerv *siehe* Opticus
  -purpur *siehe* Rhodopsin
Sehen 3, 44–55
  fotopisches 46
  Prinzip des 45–46
  skotopisches 46
Sekantensteigungswinkel 157
Sekundär
  -elektron 23
  -farben 52
semantisches Netz 90–91
Separierbarkeit 165–166
Short Message Service *siehe* SMS
Sicke 35
Signal
  diskret 168–174
  kontinuierliches, zweidimensionales 165–168
  Rauschleistungsverhältnis, zu *siehe* SNR
Signumfunktion 158
Sinne 43
Sinnesmodalität 3
Skalierung 229
skew *siehe* Zeilenneigung
Skolemfunktion 84
slant *siehe* Schriftneigung
Slot 92
snakes *siehe* Aktive Konturen
  smart *siehe* ASM
Software
  -Ergonomie 3
  -technik 4
space dots *siehe* Isolatorpunkte
Spacemouse 16
  Freiheitsgrade 16

Spektraldarstellung
  diskrete 171–172
  kontinuierliche 166–167
Spektralwertkurve 53
Spektrum
  elektromagnetisches 45
  hörbares 57
  Orts- 166
  Periodisierung des 169
  sichtbares 45
Spezifität 214
Spinne 35
Spline 153
Sprach
  -kommunikation 123–141
  -modell 141
  -verarbeitung 4
Sprache
  kontextfreie 96–98
Stäbchen 48
Störschall 62
Störung
  additive 175–176
Stacks 103
Stapel 9, 103
state space *siehe* Zustandsraum
Steigbügel 56
Stiftgeschwindigkeit 152
Strahlungs
  -dichte 48
  -energie 48
  -leistung 48
  -stärke 47
Strukturelement 188
Suchbaum 73
  Breitensuche, der 76
  heuristische Suche 77
  Tiefensuche, der 75
  vollständiger 73
Suche
  informierte 78
Suchstrategie 73–76
  A*-Algorithmus 78
  Breitensuche 75–76, 78
  heuristische 76
  Tiefensuche 74–75
Suchverfahren 72–73
Surface Acoustic Wave *siehe* SAW
System

intelligentes *siehe* Intelligente Systeme
interaktives 2
Wissens- 112
Szintillatoren 34

taktil 3
Tastatur 10–12
  Computer- 11–13
  Layout 10–11
    Dvorak 11
    QWERTY 10
    QWERTZ 10
  Prelleffekt 12–13
Tasten 3
Tautologie 79
Textur 241
  -Mapping 245
  formnormierte 247
  Mittelwert- 241, 247
TFT 30
Theorem 81
  -beweisen 79–87
    Resolution, durch 86–87
Thin-Film-Transistor *siehe* TFT
Tiefensuche 74–75
TN 31
  -Mode 31
Tonheit 58
Touchscreen 17–20
  akustischer 18–19
  Funktionsprinzip 18–20
  kapazitiver 20
  optischer 18
  piezoelektrischer 20
  resistiver 19
  SAW 18
Trackball 16
Training 124
  Handschrifterkennung, in der 160
  HMM, von 133–135
  Spracherkennung, in der 138–139
Transformation
  -parameter 231, 251
  affine 229–230
  Fourier- 166
    diskrete *siehe* DFT, *siehe* DFT
    inverse diskrete *siehe* IDFT
  Hauptachsen- *siehe* PCA
  Kahunen-Loève- *siehe* PCA

Kosinus-
  inverse diskrete *siehe* IDCT
  z- 171–172
Transformations
  -kennlinie 182
  -paare
    Fouriertransformation, der 167
Transitionsfunktion 101
Transkription *siehe* Labeling
Translation 229
Trellis 130–132
  -diagramm 130
Trennfunktion 126
Triangulation 242–245
  Delaunay- 243
Trommelfell 56
Twisted-Nematic *siehe* TN
typematic-delay *siehe* Anschlagverzögerung
typematic-rate *siehe* Anschlagrate

Übergangswahrscheinlichkeit 127
Ultraviolett *siehe* UV
Uneindeutigkeit *siehe* Ambiguität
Unschärfe *siehe* Blurring
Unterlängenlinie 156
Usability 2
  Engineering 2
UV
  -Licht 34
  -Strahlung 33

Vektorquantisierer *siehe* VQ
Verarbeitung
  Bild- 4
  Signal- 4
  Sprach- 4
Verdeckung 62–64
  Nach- 63
  Simultan- 63
  spektrale 62–63
  Vor- 63
  zeitliche 63
Verhältnistonhöhe 58
Verifikation 223
Verteilung
  Stäbchen 50
  Zapfen 50
Verwischung *siehe* Blurring

vestibulär 3
Videokamera 25–26
   Bildwiederholfrequenz 26
   CCD 25
   CMOS 26
   Farb- 25
     1-Chip 25
     3-Chip 25
   Schwarz-Weiß 25
Vierfeldertafel 212
visuell 3
Vollbild 26, 29, 263
Vorverarbeitung
   Handschrifterkennung, in der 152–157
Vorverarbeitungskette
   Handschrifterkennung, in der 157
Vorwärts
   -verkettung 88
   -wahrscheinlichkeit 132
VQ 137

Wahrheitstabelle 79
   Prädikatenlogik, für die 81
Wahrscheinlichkeitsdichtefunktion *siehe* WDF
Wahrscheinlichkeitspropagierung 267

Warping 245–247
Wavelet
   Basis- 210
   Haar-ähnliches 209
WDF 268
Wellen
   longitudinale 55
   transversale 55
wenn-dann-Regel 88
Wissensbasis 110
Wissensrepräsentation 87–93
   Prädikatenlogik, mit 88
Wissensverarbeitung 72

Zapfen 48
   L (560 nm) 49
   M (530 nm) 49
   S (430 nm) 49
Zeilenneigung 152, 153
   Korrektur der 153–154
Zeilensprungverfahren 29
Ziliarmuskel 44
Zustands
   -automat 101–103
   -raum 72

MIX
Papier aus verantwortungsvollen Quellen
Paper from responsible sources
FSC® C105338

If you have any concerns about our products,
you can contact us on
ProductSafety@springernature.com

In case Publisher is established outside the EU,
the EU authorized representative is:
Springer Nature Customer Service Center GmbH
Europaplatz 3, 69115 Heidelberg, Germany

Printed by Libri Plureos GmbH
in Hamburg, Germany